Max von Laue – *Furchtlos und treu*

Zur Erinnerung an 1977

„Die Physik der Zwanziger Jahre“

für Hans-Joachim Queisser

Jost Lemmerich

Max von Laue – *Furchtlos und treu*

Eine Biographie des Nobelpreisträgers für Physik

Basilisken-Presse
Rangsdorf 2020

Bildquelle Einband: Im Hintergrund die Abbildung eines Korrekturbogens für die Neuauflage der „Relativitätstheorie" mit handschriftlichen Anmerkungen von Laue (Quelle: AMPG, III. Abt., Rep. 50, Nr. 69), die Fotografie von Max von Laue stammt aus dem Jahre 1959 und wurde wohl von Lotte Meitner-Graf gemacht (Quelle: Fotografie im Nachlass des Autors).

Impressum

Die Deutsche Nationalbibliothek verzeichnet diese Publikation in der Deutschen Nationalbibliographie; detaillierte bibliographische Daten sind im Internet über https://dnb.d-nb.de abrufbar.

Jost Lemmerich:
Max von Laue – ***Furchtlos und treu***
Eine Biographie des Nobelpreisträgers für Physik

Rangsdorf: Basilisken-Presse 2020; 591 Seiten, 96 Abbildungen

Friedensallee 21, D-15834 Rangsdorf, Tel. 033 708 – 20 431
verlag@naturundtext.de; www.basilisken-presse.de

Redaktion und Lektorat: Ekkehard Höxtermann, Mirjam Neuber
Einbandgestaltung, Layout und Satz: Elke Mehler, www.querwerker.de
Druck und Bindung: druckhaus köthen GmbH & Co. KG, www.koethen.de

ISBN 978-3-941365-56-8

Inhalt

„Furchtlos und treu“ ist das Motto des Adelsemblems der Familie Laue. Laues Vater erhielt 1913 den erblichen Adelstitel, weswegen sich Laue seit 1913 Max von Laue nennen durfte. Quelle: GSta PK, Herolds Amt, I HA, Rep. 176, Nr. 5833

Vorwort

Wenn zwei Menschen ein Leben lang befreundet sind, den gleichen Beruf haben und ihre Leistungen weltweit bekannt sind, so wird man erwarten, dass beiden Biographien gewidmet werden, in denen die Freundschaft einen entsprechenden Anteil hat. Albert Einstein (1879–1955) und Max von Laue (1879–1960) waren über 45 Jahre eng befreundet. In den zahlreichen Einstein-Biographien wird diese Tatsache in den allermeisten Fällen gar nicht angesprochen. Bei einer Erwähnung wird das gegenseitige Vertrauen, die gegenseitige Hilfe oft nur gering bewertet.[1]

Eine ausführliche Biographie über Max von Laue gibt es bisher nicht. Auch Katharina Zeitz hat in ihrer Dissertation unter dem Titel „Max von Laue (1879–1960)" nicht viel Biographisches veröffentlicht. Sie wies darauf hin: „Eine Biographie Max von Laues soll diese Abhandlung damit ausdrücklich nicht sein."[2] Die von ihr behandelten Themen „Max von Laues Beitrag zum Wiederaufbau der Wissenschaft nach dem Zweiten Weltkrieg", „Max von Laue in Berlin – der Auf- und Ausbau des Fritz-Haber-Instituts" und „Max von Laue – der Wissenschaftsorganisator" werden in der vorgelegten Biographie nur im Zusammengang mit weiterem Material behandelt. Es gab viele, teils ausführliche Nachrufe[3] und 1979 eine Ausstellung[4]. Doch Laues wissenschaftliches Werk, die Resonanz der Zeitgenossen sowie die heutige Bedeutung fordern eine ausführliche Biographie[5].

Max von Laue, sein Vater erhielt erst 1913 den erblichen Adelstitel, schrieb 1944 „Mein physikalischer Werdegang. Eine Selbstdarstellung". Sie konnte mitten im Zweiten Weltkrieg nicht erscheinen. 1951 hat er sie ergänzt, und der Text wurde dem Band III seiner „Gesammelten Schriften" vorangestellt.[6] Wie oft bei solchen persönlichen Rückblicken hat er viele Einzelheiten und persönliche Freundschaften nicht erwähnt. Für die „Gesammelten Schriften" hat Max von Laue eine Auswahl seiner Veröffentlichungen getroffen. Einige nicht aufgenommene Arbeiten sind aber zum Verständnis seiner Entwicklung und seiner Wirkung als Theoretischer Physiker wichtig. Sie werden daher in diese Biographie eingebunden.

Die wissenschaftlichen und wissenschaftshistorischen Veröffentlichungen von Max von Laue wurden möglichst vollständig berücksichtigt und ihr Inhalt, ihre Aussage je nach der Bedeutung referiert, um sein vielfältiges Bemühen um Klarheit zu zeigen. Damit man den Stil, die Wortwahl, ihre Aussagekraft beurteilen kann, ist aus der Korrespondenz und teilweise auch aus den Veröffentlichungen ausführlich zitiert worden. Die wissenschaftlichen Veröffentlichungen von Max von Laue sind oft sehr mathematisch. Das konnte in die Biographie nicht entsprechend aufgenommen werden. Wer an diesen wichtigen Einzelheiten interessiert ist, muss die Originalarbeiten studieren.

Der Nachlass Max von Laues ist an verschiedenen Orten deponiert. Die Personalakten werden jeweils an den Stätten seines Wirkens aufbewahrt: Friedrich-Wilhelms-Universität (Humboldt-Universität) Berlin, Ludwig-Maximilians-Universität München, Universität Zürich, Johann Wolfgang Goethe-Universität Frankfurt am Main, Archiv der Max-Planck-Gesellschaft zur Förderung der Wissenschaften in Berlin-Dahlem. Hauptteile der umfangreichen Korrespondenz liegen im Archiv der Goethe-Universität Frankfurt am Main, im Archiv der Max-Planck-Gesellschaft Berlin-Dahlem und im Archiv des Deutschen Museums.

Max von Laue war ein passionierter Briefeschreiber. Meistens schrieb er, auch auf Reisen, mit der Schreibmaschine. Seine handschriftlichen Briefe sind häufig schwierig zu entziffern. Es sind viele Antwortschreiben erhalten. Mehrere Adressaten haben seine Briefe aufgehoben und ihren Nachlässen zugefügt, so fast vollständig sein Sohn Theodor, Lise Meitner, Walther Meißner, Wilhelm Wien, teilweise Albert Einstein. Die Briefe an Max Planck gingen offenbar im Krieg verloren. Die Briefe an Max von Laue und die von Max Planck hat die Familie dem Nachlass zugefügt und an das Archiv der Goethe-Universität Frankfurt am Main zur Verwahrung gegeben, ebenso einen Teil der Familienkorrespondenz.

Die wissenschaftliche Korrespondenz dokumentiert seine Denk- und Handlungsweise, ein Problem zu lösen. Lehrbücher, Manuskripte von Lehrveranstaltungen und Veröffentlichungen zur Physik und zu anderen Zweigen der Wissenschaft zeigen in den allermeisten Fällen den geraden Weg zum „endgültigen" Ergebnis. Laues Briefe dagegen zeugen von quälenden Sackgassen, Umwegen und Zweifeln, die der Wissenschaftler erlebt.

Der große Umfang an Briefen von sehr verschiedenen Menschen erforderte eine Auswahl. Sie folgte den zwei vielschichtigen Motiven, Max von Laue als Handelnden und als Mitmenschen darzustellen. Für Leser des 21. Jahrhunderts wurde an wichtigen Stellen kurz auf die Zeitgeschichte des 20. Jahrhunderts eingegangen.

Auf seinem Lebensweg änderte sich das politische Umfeld fünf Mal. Das hatte stets eine Rückwirkung auf sein Leben und das seiner Familie und Freunde. Daher wurde auch dieser Aspekt mit Zitaten berücksichtigt. Alle diese authentischen, oft spontan geschriebenen Dokumente bilden das Gerüst der Biographie. Vollständig fehlt der Biographie die Ergänzung durch wichtige Äußerungen in Gesprächen, des Dialogs. Sie kann daher nicht den Anspruch der „biographischen Wahrheit" erfüllen, wie sie zwischen Sigmund Freud und Arnold Zweig diskutiert wurde, als Zweig seine Absicht erklärte, eine Freud-Biographie zu schreiben. Freud antwortete darauf am 31. Mai 1936:

> „Nein, ich liebe Sie viel zu sehr, um ein solches zu gestatten. Wer Biograph wird, verpflichtet sich zur Lüge, zur Verheimlichung, Heuchelei, Schönfärberei, und selbst zur Verhehlung seines Unverständnisses, denn die biographische Wahrheit ist nicht zu haben, und wenn man sie hätte, wäre sie nicht zu gebrauchen."[7]

Das Urteil über die folgende Biographie steht den Lesern zu.

KUNGLIGA
SVENSKA
VETENSKAPS-
AKADEMIEN
har vid sitt sammanträde den
11 November 1915 i enlighet
med föreskrifterna i det af
ALFRED NOBEL
den 27 November 1895 upp-
rättade testamente beslutat
att öfverlemna det pris, som
för 1914 bortgifves åt den, som
inom Fysikens område har
gjort den viktigaste upptäckt
eller uppfinning, till

Die Urkunde des Nobelpreises für Physik 1914 für Max von Laue,
gestaltet von Sofia Gisberg.
Quelle: Archiv der Max-Planck-Gesellschaft, Berlin-Dahlem

Einleitung

Als Max Laue, Albert Einstein, Otto Hahn und Lise Meitner um die Jahrhundertwende studierten, gab es nur Spekulationen über den Aufbau der Materie. Wie konnte man die Struktur der Kristalle begreifen? Ein negativ geladenes Teilchen war entdeckt worden. Es wurde Elektron genannt und bald ausführlich mathematisch beschrieben.[1] Offenbar war es ein Baustein der Atome. Aber was waren Atome? Die Chemiker arbeiteten erfolgreich mit der Vorstellung von Atomen, so, als wenn sie wüssten, was sie wären. Robert Bunsen und Gustav Kirchhoff hatten 1859 die Spektralanalyse erfunden; jedes chemische Element hatte ein charakteristisches Spektrum, aber warum?

Hoch entwickelt war bereits die Mathematik. Der englische Physiker James Clerk Maxwell wandte sie 1855 auf die Formulierung der elektromagnetischen Erscheinungen, die Michael Faraday entdeckt hatte, und 1864 auf das Licht an. Aber waren es schwingende Elektronen, die die Strahlung aussandten, wie mehrere Physiker annahmen?

Eine weitere Frage war: Was waren die von W. C. Röntgen 1895 in Würzburg entdeckten Strahlen, die durch Materie gehen? Waren es Impulse?[2]

Wie breiteten sich die von Heinrich Hertz entdeckten elektromagnetischen Wellen aus? Auch die Ausbreitung des Lichts musste diskutiert werden. Das Medium, das es dafür geben musste, nannte man „Aether“. Man konnte ihn nicht sehen und nicht analysieren. Umgab er die Erde, bewegte er sich mit der Erde?

Grundlagenforschung fand im Deutschen Reich in der Regel an den 21 Universitäten statt. Neun Universitäten hatten 1886/87 mehr als hundert akademische Lehrer. Die 1810 gegründete Friedrich-Wilhelms-Universität Berlin hatte 288 Dozenten für 5.766 Studenten, die Ludwig-Maximilians-Universität in München 158 Dozenten für 3.060 Studenten.

Der Göttinger Mathematiker Felix Klein und der Referent im Preußischen Kultusministerium, Friedrich Althoff, führten für einige Universitäten ein System der Schwerpunktforschung ein.[3] Göttingen erhielt als Schwerpunkt Mathematik. Die Studenten bestimmten das Studium weitgehend selbst. Es gab nur den Abschluss mit dem Doktorexamen mit einer schriftlichen Arbeit und mündlichen Prüfungen. Die Naturwissenschaften, auch die Physik, gehörten in der Regel zur Philosophischen Fakultät. Daher war eine Prüfung in Philosophie Pflicht.

Dieser Rahmen bestimmte die akademische Laufbahn von Max Laue.

Kindheit und Jugend

Max Theodor Felix Laue wurde am 9. Oktober 1879 in Pfaffendorf (Landkreis Koblenz) im Deutschen Reich geboren. Preußen war eines der vier Königreiche im Kaiserreich Deutschland, das 1871 nach dem siegreichen Krieg gegen Frankreich gegründet worden war. Das Militär nahm im Staat und in Preußen eine bedeutende und angesehene Rolle ein. Max Laues Vater, Carl Julius (1848–1927), war bei der Geburt des Sohnes im Rang eines Leutnants Militär-Intendantur-Assessor. Er hatte, erst als Unteroffizier, dann als Vizefeldwebel, den Feldzug 1870/71 mitgemacht, wurde zum Leutnant der Landwehr befördert und mit dem Eisernen Kreuz II. Klasse ausgezeichnet.[1]

Links im Bild ist das alte Coblenz zu sehen, in der Mitte im Vordergrund Pfaffendorf, der Geburtsort Max von Laues, rechts die Feste Ehrenbreitenstein.
Quelle: im Nachlass des Autors

Bei Koblenz liegt die große Festung Ehrenbreitenstein. Carl Julius Laue war wahrscheinlich dort stationiert und tat Dienst auf der Feste. Er stammte aus dem Magdeburgischen und hatte einen Bruder und zwei Schwestern. 1878 heiratete er Minna, geborene Zerrenner, die Tochter eines Magdeburger Kaufmanns. Dessen Vater Theodor war Besitzer von drei Spiritusfabriken. Carl Julius lernte Minna in Magdeburg kennen, als er 1868/69 dort diente.[2]

Die Grundschule besuchte der 1879 geborene Sohn Max wahrscheinlich in Pfaffendorf.[3] Doch schon bald musste die Familie umziehen, denn beim Militär war es üblich, dass bei einer Beförderung ein Ortswechsel erfolgen musste. In der Zwischenzeit wurde die Tochter Elisabeth geboren. Über Brandenburg an der Havel und Altona ging es 1888 nach Posen (dem heutigen Poznan in Polen), der Hauptstadt und Festung der gleichnamigen preußischen Provinz. Carl Julius Laue wurde zum Hauptmann befördert. Der zehnjährige Max besuchte das dortige Friedrich-Wilhelms-Gymnasium. Die Heimat der Eltern wurde gelegentlich besucht, und es gab einen Ausflug in den Harz zur Teufelsmauer.[4] Der Tertianer Laue musste wiederum die Schule wechseln, denn es ging nach Berlin, wo er das Wilhelms-Gymnasium besuchte. Im dortigen Unterricht hatte er ein grundlegendes Erlebnis: Er hörte von der Abscheidung des metallischen Kupfers aus einer Kupfer-Sulfatlösung. In seiner Autobiographie schrieb er dazu:

> „Der Eindruck dieser ersten Berührung mit der Physik war ein gewaltiger. Ein paar Tage ging ich gedankenvoll herum und war für nichts zu gebrauchen, so daß meine Mutter mich besorgt fragte, was mir fehle. Als sie der Sache auf den Grund gekommen, sorgte sie, daß ich des öfteren in die ‚Urania' kam, eine populär-wissenschaftliche Gesellschaft, in deren Räumen in der Taubenstraße physikalische Apparate in großer Zahl, fertig für einfache Versuche, standen; man brauchte nur nach der beigegebenen Erläuterung auf einen Knopf drücken und beobachtete den lehrreichen Vorgang."[5]

Aber bald musste die Familie nach Straßburg weiterziehen, das 1682 von Ludwig XIV. annektiert und zur Festung gegen Deutschland ausgebaut worden war. Nach dem siegreichen Feldzug 1870/71 kam Straßburg wieder zum Deutschen Reich.

Straßburg war eine Großstadt mit etwas über 100.000 Einwohnern, von denen 9.485 dem Militär angehörten. Die evangelische Bevölkerung übertraf den katholischen Anteil. Die Stadt wurde im Krieg 1870/71 stark zerstört, und das Reich förderte intensiv den Wiederaufbau. Dazu gehörte auch der Bau eines Universitätsgebäudes.

Ansicht von Straßburg, einer Stadt, in der zur militärischen Sicherung 1872 insgesamt 14 Forts gebaut wurden. Dadurch war sie eine der stärksten Waffenplätze des Deutschen Reiches. Quelle: im Nachlass des Autors

Die Familie wohnte in einer geräumigen Dienstwohnung in der Nähe des Allerheiligen-Klosters. Laues Vater wollte, dass der Sohn zur weiteren Erziehung in eine Kadettenanstalt kommen sollte, damit er das Gehorchen lerne. Doch der Mutter gelang es, den Vater davon abzubringen. Der Tertianer ging ab 1893 auf das berühmte Protestantische Gymnasium. Es war, wie damals üblich, eine Schule nur für Jungen. In seinen Erinnerungen widmete Max Laue dieser Zeit und den Lehrern einen längeren Abschnitt. Er lobte

> „[... den] grundgütigen Direktor H. Veil [...], der wußte, daß jede Individualität ein Recht hat, sich nach eigenem Gesetz zu entfalten, der, selbst begeisterter Altphilologe mit starkem theologischem Einschlag, die Berechtigung der Mathematik und der Naturwissenschaften anerkannte und mich mehr als einmal gegen andere Lehrer in Schutz nahm, wenn diese an meinen mathematischen und physikalischen Neigungen Anstoß nahmen, wie das gelegentlich vorkam."[6]

Max Laue in Uniform, Straßburg 1898/99.
Quelle: Bildagentur bpk, Nr. 10024545, G. Michel

Ebenso herzlich gedachte er seines Lehrers für alte Sprachen und Religion, Erdmann, und zitierte dessen Ausspruch „Wer sich für eine große Sache begeistert, kann nicht ganz zu Grunde gehen". Laue selbst meinte: „Dies habe ich in meinem Leben bestätigt gefunden".[7]
Auch der Mathematik- und Physiklehrer, Professor Göhring, war ihm eine Erwähnung wert, sowohl wegen des Unterrichts, das wissenschaftliche Denken anzuregen, wie auch des Rates, die „Populären Schriften" von Hermann von Helmholtz zu lesen, was eine lebenslange Bewunderung für Helmholtz bei Max Laue bewirkte.[8] Mit zwei Schulfreunden[9], die ähnliche naturwissenschaftliche Neigungen hatten, wurden in den letzten zwei Schuljahren allerlei gelungene und missglückte Experimente gemacht, wozu die Erzeugung von Röntgenstrahlen zählte. Sie studierten Adolf Wüllners „Lehrbuch der Experimentalphysik"[10] und bildeten sich selbstständig in Mathematik weiter, so weit, dass sie sich an der Differential- und Integralrechnung versuchten. Max wurde der beste Schüler in diesem Fach. Bei Wanderungen und Radtouren[11] mit den Freunden in die nähere und weitere Umgebung von Straßburg wurde Laues Interesse für die Landschaft und Tierwelt vertieft, hatte er doch als Kind von seinem Großvater mütterlicherseits die Bände von „Brehms Tierleben" geschenkt bekommen. Im März 1898 bestand Laue das Abiturexamen, aber nur in Mathematik und Physik erhielt er die Note „sehr gut". Nun musste er seine Militärdienstzeit ableisten, was ihm nicht behagte, denn das Exerzieren mit dem Gewehr, das „Griffeklopfen", fiel ihm schwer.[12] Auch die Art und Weise, wie die Rekruten behandelt wurden, sah er sehr kritisch. Lebenslang war er gegen das militaristische Gehabe, die kritiklose Unterordnung, wie viele Briefe belegen.

Studium der Physik

Bereits während seines Militärdienstes wurde ihm erlaubt, an der Straßburger Reichs-Universität zu studieren. Die französische Universität wurde 1871 aufgelöst und die Kaiser-Wilhelms-Universität gegründet. Laue wurde am 19. Oktober 1898 immatrikuliert. Er hörte im Wintersemester 1898/99 bis zum Schluss des Sommersemesters 1899 Experimentalphysik II bei Ferdinand Braun, wie im Studienbuch eingetragen ist, sowie „Potentialtheorie" bei Reye, „Bestimmte Integrale" bei Krazer, „Analytische Geometrie des Raumes", „Darstellende Geometrie", „Übungen in Geometrie" und „Physikalische Übungen" bei Braun, „Allgemeine Experimentalchemie" bei Fittig und „Ethik" bei Ziegler.[1]
Der 45-jährige Ferdinand Braun war seit 1895 Ordinarius in Straßburg.[2] Sein Weg bis zur Professur führte über eine Stellung als Gymnasiallehrer. In dieser Zeit erkannte er bei der Untersuchung von Kristallen den Gleichrichter-Effekt. Angeregt durch die Entdeckung der Röntgenstrahlen 1895 beschäftigte er sich mit Entladungsröhren. Es gelang ihm die Erfindung zur bildhaften Darstellung elektrischer Vorgängen mit der nach ihm benannten „Braunschen Röhre". Nachdem der junge Italiener Guglielmo Marconi die nachrichtentechnische Anwendung der Hertzschen Wellen gezeigt hatte, begann Braun 1898 sehr erfolgreich mit Hochfrequenz-Untersuchungen, unterstützt von seinem Assistenten Jonathan Zenneck[3], der auch das Anfängerpraktikum leitete. Laue hörte in Uniform die anregenden Vorlesungen und sah die Experimente, die Ferdinand Braun brillant vorführte.
Anders als manche theoretischen Physiker hat Max Laue stets experimentelle Arbeiten gewürdigt, was vielleicht auf der Teilnahme an Brauns Vorlesungen beruhte.
Um die Zeit des Weihnachtsfestes 1898 wurde es Gewissheit, dass seine Mutter an Krebs erkrankt war. Man versuchte, ihr Leben durch eine Operation zu retten. Aber es war zu spät. Jahrzehnte später schrieb er an seinen Sohn Theodor:

> „Anfang März bat sie noch den Oberpfarrer Steinwedel, der Elly und mich konfirmiert hatte, ihr und uns Allen das heilige Abendmahl zu geben. Dann ging es schnell mit ihren Kräften abwärts.

Am 19-ten saß ich allein an ihrem Bett und flößte ihr auf ihren Wunsch mit einem Teelöffel etwas Wasser ein. Und als ich das wieder einmal tun wollte, ging ein leichtes Zucken durch ihren Körper und sie hatte es überstanden. Ich drückte ihr alsbald die Augen zu. Mein Vater kam erst später in's Zimmer. Aufgebahrt wurde sie dann in dem großen Gesellschaftszimmer unserer Dienstwohnung. Ich hatte mir vom Militär 3 Tage Urlaub geben lassen (aber eine Schießübung mußte ich doch mitmachen), und saß dann an ihrer Bahre, bis sie nach 2 oder 3 Tagen mit einem großen, feierlichen Zug zum Güterbahnhof gebracht wurde. Begraben wurde sie dann in Magdeburg. Mein Vater hatte mir nicht erlaubt, auch an dieser Feier teilzunehmen."[4]

Der Mathematiker David Hilbert (1862–1943) bei einer Vorlesung im Jahre 1932.
Quelle: Fotografie im Nachlass des Autors

Es kam zu einer Entfremdung mit dem Vater, der sich nach einigen Jahren wieder verheiratete und in Berlin wohnte. Warum Max zu seiner jüngeren Schwester lebenslang kein geschwisterliches Verhältnis entwickelte, ist nicht bekannt.
Im Herbst 1899 setzte Laue sein Studium in Göttingen fort. Eingetragen wurde er als „stud. Math." mit der Matrikel-Nr. 387. Er freundete sich mit Paul Kirchberger an, der Physik studierte.[5] In Göttingen konnte Laue wiederum Vorlesungen bedeutender Wissenschaftler hören. Zusätzlich nahm er an chemischen und physikalischen Praktika teil.

Die Mathematik bildete mit Felix Klein, David Hilbert und ab 1902 mit Hermann Minkowski einen glänzenden Schwerpunkt in Göttingen. In seinem „Physikalischen Werdegang" schrieb Laue über Hilbert:

„Dieser Mann steht vor meiner Erinnerung als das vielleicht größte Genie, das ich mit Augen gesehen habe. [...]
Die Mathematik vermittelt das Wahrheitserlebnis am reinsten und unmittelbarsten; darauf beruht ihr Wesen für die allgemeine Bildung des Menschen. Und ein schön in sich geschlossener mathematischer Beweis gehörte schon auf der Schule zu meinen größten Freuden."[6]

Dazu kam 1904 der 1866 geborene Carl Runge. Er vertrat die Angewandte Mathematik. Die Familie führte ein offenes Haus, in dem sich die jüngere Generation traf.
Woldemar Voigt hatte den Lehrstuhl für Physik. Er veröffentlichte 1910 „Die fundamentalen Eigenschaften der Kristalle". Ob in den Vorlesungen, die Laue bei ihm hörte, darüber etwas gebracht wurde, ist nicht bekannt. Aber unter dem Eindruck, wie Voigt den Stoff darbot, kam Laue zu dem Entschluss, sich endgültig der Theoretischen Physik zu verschreiben. Weitere akademische Lehrer Laues in Göttingen waren Max Abraham, Ernst Zermelo und Walther Nernst. Doch das Hören von Vorlesungen war für Laue der kleinere Teil vom Studium, die Lektüre der wissenschaftlichen Literatur bildete den Hauptteil. Dabei waren es wahrscheinlich die Lehrbücher von Gustav Robert Kirchhoff „Vorlesungen über mathematische Physik", „Emission und Absorption" und die „Abhandlungen über mechanische Wärmetheorie", die er las. In seinen Erinnerungen ging er auf das Studium der von dem Schotten James Clerk Maxwell gefundenen Gleichungen über den Zusammenhang von Elektrizität und Magnetismus ein, die Maxwell auf Grund der Induktionsexperimente von Michael Faraday aufgestellt hatte. Laue zitierte zu Maxwells Gleichungen einen Ausspruch des österreichischen Physikers Ludwig Boltzmann:

„War es ein Gott, der diese Zeichen schrieb, die mir das innere Toben stillen, die Kräfte der Natur rings um mich her enthüllen?"[7]

Einer schlagenden Studentischen Verbindung schloss sich Max Laue nie an. Viele Studenten studierten im Wintersemester in München, um in den Bergen Ski zu laufen. Auch Laue folgte diesem Ritus, aber er hatte damals noch nicht das Ski laufen erlernt und musste sich mit Wanderungen begnügen. Erst 1906 erfreute er sich am Skisport.

Laue musste in München 105 Mark Kolleggelder zahlen.[8] Im Physikalischen Praktikum erschien einmal Conrad Röntgen und unterhielt sich mit Laue über Physik.
Wieder wechselte er den Studienort, denn zum Sommersemester 1902 ging es nach Berlin, wo er seine beiden engsten Schulfreunde traf, zu denen er auch zog. Laue kam aber erst weit nach dem Semesterbeginn an, da er noch als Reserve-Offizier acht Wochen lang an einer Übung teilnehmen musste.

Übersicht der von Laue besuchten Vorlesungen an der Ludwig-Maximilians-Universität in München	
Allgemeine Psychologie	Prof. Dr. Lipps
Kant Kritik der reinen Vernunft	Dr. Cornelius
Goethes Faust	Dr. Bormski
Theorie der analytischen Funktionen	Prof. Dr. Alfred Pringsheim
Kinetische Gastheorie	Dr. Korn
Variationsrechnung	Dr. Korn
Physikalisches Praktikum	Geheimrat Röntgen
Neuere geometrische Optik	Prof. Graetz
Über elektrische Schwingungen	Dr. Zehnder

Quelle: UAF, NL Laue, Mappe 1.10

Berlin wurde für Laue noch nicht zum endgültigen Aufenthaltsort. Die vielfältigen wissenschaftlichen Einrichtungen in der Stadt, nicht nur die Friedrich-Wilhelms-Universität, auch die Technische Hochschule und die Physikalisch-Technische Reichsanstalt werden ihm mit ihren Forschungen anfangs nicht bekannt gewesen sein.
Laue wusste, dass Max Planck Theoretische Physik an der Universität lehrte. Er hatte dessen Lehrbuch über Thermodynamik von 1897 gelesen, doch Plancks große Entdeckung von 1900, die Quantisierung der Strahlung, war ihm nicht bekannt. Mit der Matrikel-Nummer 4671 wurde Max Laue am 1. Juli 1902 an der Königlichen Friedrich-Wilhelms-Universität zu Berlin immatrikuliert. Im „Anmeldebuch" wurden die belegten Vorlesungen eingetragen.[9]

Sommersemester von Ostern bis Michaelis [29. September] 1902			
Prof. Planck	Theoretische Optik	Antestat 4.7.1902	Abtestat 1.8.1902
Prof. Planck	Mathem.-Physik. Übungen	Antestat 4.7.1902	Abtestat 1.8.1902
Dr. Starke	Über elektrische Entladungen und die sie begleitenden Erscheinungen	3.7.1902	1.8.1902

Semester von Oktober 1902 bis April 1903			
Prof. Planck	Theorie der Wärme	6.11.1902	2.3.1903
Prof. Planck	Mathem.-Physik. Übungen	6.11.1902	2.3.1903
Prof. Schwarz	Anwendung der Theorie der ellipt. Funktionen		
Prof. Schwarz	Grundlagen der Spektralanalyse und die Grenzen ihrer Anwendbarkeit	14.11.1902	1.3.1903

Die von Laue belegten Vorlesungen an der Königlichen Friedrichs-Wilhelms-Universität zu Berlin.
Quelle: UAF, NL Laue, Mappe 1.10

Die theoretische Optik im weiten Sinn wurde für Laue über lange Zeit hin ***das*** Forschungsgebiet. Auf Grund seiner in Göttingen erworbenen Kenntnisse nahm Laue erfolgreich an den Übungen in Theoretischer Physik teil und zog „sogleich beim ersten Mal durch eine besonders elegante Lösung der gestellten Aufgabe Planck's Aufmerksamkeit auf mich […]."[10] Planck war ein disziplinierter Vortragender, der sich sehr sorgfältig vorbereitete, doch nach der Vorlesung sogleich ging, so dass die Hörer keine Fragen stellen konnten.[11]
Laues wenige Notizen zu Vorlesungen von Planck sind undatiert und die Blätter nicht paginiert. Eine Überschrift in den Mitschriften lautet „Kristalloptik". Es folgt die Bezeichnung der verwendeten Größen elektrische Kraft, ihr Richtungssinn, elektrisches Potential, Dielektrizitätskonstanten, magnetische Kraft. Ausgangspunkt der folgenden mathematischen

Behandlung war der Poyntingsche Satz, der in der mathematischen Formulierung der Vektorrechnung die Stärke des Energiestroms beschreibt. Planck trug zur Polarisation, Reflexion und Brechung vor, Laue notierte u. a. die Rechnungen.
Im Sommersemester 1903 las Planck über das „System der gesamten Physik". Die Aufzeichnungen Laues zu dieser Vorlesung zeigen ein weites Gebiet der Physik. Wiederum begann Planck mit dem mathematischen Apparat, den Lagrangeschen Gleichungen zweiter Art, dann wurde die Ableitung der elastischen Bewegungsgleichungen aus dem Hamilton-Prinzip behandelt. Anschließend trug er die Ableitung der Maxwellschen Gleichungen aus dem Hamilton-Prinzip vor und die kinetische Energie des Äthers.
Es folgten die Strahlungsvorgänge, Reflexion, absorbierendes Medium, Streuung, adiabatische Prozesse, Schwarze Strahlung, Wiensches Verschiebungsgesetz, Entropie der Strahlung. Die von ihm 1900 gefundene Gesetzmäßigkeit der Strahlung eines Schwarzen Körpers und die daraus folgende Quantisierung der Strahlung hat Planck dabei offenbar nicht erwähnt.[12]
Der ganze Zyklus der Vorlesung von Planck über Theoretische Physik umfasste sechs Semester; Laue hörte also nur einen kleinen Teil davon. Planck hatte, wie damals üblich, kein Sekretariat in der Universität. Die jeweiligen Assistenten mussten die Lösungen der gestellten Hausaufgaben durchsehen und interessante Lösungen gegebenenfalls mit Planck besprechen.[13]
Für einen angehenden Theoretiker, wie es Laues Studiengang vorsah, war die Teilnahme an eher experimentell ausgelegten Vorlesungen ungewöhnlich. Doch Max Laue verband stets beide Richtungen der Physik in seinen Arbeiten.

Otto Lummer forschte an der Physikalisch-Technischen Reichsanstalt (PTR). Auf dem Gebiet der Optik hatte Lummer zusammen mit Ernst Gehrcke ein sehr einfaches Interferometer erfunden. Lummer brachte mehrere, in der PTR gebaute optische Geräte zur Vertiefung der Anschauung mit in die Vorlesung. Die Versuche machten auf Laue, der im Wintersemester 1902/03 bei Lummer eine Vorlesung über die „Grundlagen der Spektralanalyse und die Grenzen ihrer Anwendbarkeit" bei Lummer hörte, einen nachhaltigen Eindruck, denn zehn Jahre später, bei der Überreichung eines wissenschaftlichen Preises in Breslau, sagte er:

„Nun erinnere ich mich, bei Herrn Lummer einen Versuch zur Demonstration des Kirchhoffschen Gesetzes gesehen zu haben, den zu sehen man damals wenigstens nicht allzu häufig Gelegenheit hatte. Auf dem Grunde eines langen gleichmäßig auf helle Rotglut geheizten Rohres steht ein Porzellantiegel, auf dessen Boden mit Tinte irgend eine Figur gezeichnet ist. Von dieser Figur ist nicht das mindeste zu erkennen, solange die Wände des Rohres auf gleichmäßige Temperatur erhitzt sind; sie tritt aber sofort hervor, sowie man dies Temperaturgleichgewicht stört. Dem Kirchhoffschen Gesetz zufolge ist nämlich im Temperaturgleichgewicht die Intensität der Strahlung unabhängig von der Beschaffenheit der Wände für alle Richtungen, so daß man nur eine unterschiedslose gleichmäßige Helligkeit sieht.“[14]

Otto Lummer (1860–1925)
Quelle: Archiv der Max-Planck-Gesellschaft, Berlin-Dahlem

Offenbar hörte Laue in Berlin keine Vorlesungen über Experimentalphysik, die seit 1894 von Emil Warburg gehalten wurden. Laue freundete sich damals wohl auch nicht mit den jungen Experimentalphysikern wie James Franck und Richard Pohl an.

Am 19. März 1903 wurde Laue ohne eine besondere Feier im Rahmen der üblichen Laufbahn zum Leutnant der Reserve befördert, denn er war ja nicht mehr im aktiven Dienst.

Dissertation und erste wissenschaftliche Arbeiten

Im Sommersemester 1903 bat Laue Professor Planck um ein Thema für seine Doktorarbeit. Da er die Vorlesungen über Optik gehört hatte, schlug Planck ihm vor, die Theorie der Interferenzerscheinungen an einer planparallelen Platte zu bearbeiten.[1] Im Nachlass Laues befinden sich einige Blätter mit Notizen zum Thema.[2]
Interferenzuntersuchungen hatten in Berlin eine Tradition, denn der Amerikaner Albert A. Michelson kam mit seiner Familie im Herbst 1880 aus den USA zu Hermann von Helmholtz, um seinen berühmt gewordenen Versuch zur Ätherdrift auszuführen.[3]
Während der Arbeit an der Dissertation hörte Laue Plancks Vorlesung über Thermodynamik, in der er auch die Herleitung des von ihm gefundenen Strahlungsgesetzes von 1900 und die Hypothese der Energiequanten vortrug.
Am 8. Juni 1903 reichte Laue seine Dissertation und den Lebenslauf ein und meldete sich zur Prüfung an.[4] Er hatte zwei Semester in Straßburg, vier in Göttingen, ein Semester in München und zwei in Berlin gehört. Max Planck schrieb bereits am 13. Juni eine 1½-seitige Beurteilung der Dissertation:

Über die Interferenzerscheinungen an planparallelen Platten

Als Frucht dieser Untersuchung ergibt sich die Widerlegung eines gelegentlich von Lummer und Gehrcke gezogenen Schlusses wenn nämlich zu 8 mit [nicht lesbar] Gangunterschieden interferierende Strahlen neunter mit dem nämlichen Gangunterschied hinzutritt, u. es gewinnt dadurch das Interferenzbild noch an Schärfe, so ist man deshalb nicht zu dem Schlusse berechtigt, daß der 9. Strahl mit dem 1. Strahl interferenzfähig (inhärent) ist. Verf. zeigt dies außer durch seine Formel auch noch durch eine diskrete Betrachtung von elementarer Natur.

Auszug aus der Beurteilung der Dissertation durch Max Planck.
Quelle: HUA, Phil. Fak., Nr. 4, Vol. 17538465b

Planck ging noch auf die Behandlung des Energieprinzips in Laues Dissertation ein, das bei dem Einfall einer ebenen Welle auf eine durchsichtige planparallele Platte zu beachten ist. Sein Urteil über die Arbeit lautete „Diligentiae et a aminis documentun laudabile“. Walther Nernst als zweiter Gutachter schloss sich Plancks Urteil an. Die mündliche Prüfung fand am 9. Juli statt. Planck prüfte als erster. Es gab Fragen zur Elektrizität fester und flüssiger Körper, zu den Gleichungen der elektrischen und magnetischen Felder, zu elektrischen Einheiten, den Wirbelsätzen von Helmholtz und zur Thermodynamik. Das Urteil lautete: „recht befriedigende Kenntnisse“. Emil Warburg fragte ebenfalls nach der Elektrizität fester und flüssiger Körper, nach der Schallfortpflanzung, Fresnelsche Wellenlänge, Thermoelement, Widerstandsmessung, Induktion. Sein Urteil lautete: „allgemein recht befriedigende Kenntnisse“. Der Mathematiker H. A. Schwarz prüfte über Integralgleichungen, partielle Differentialgleichungen, Poissonsche Integrale, galvanische Strömungen. Er schrieb, dass Laue sehr gut unterrichtet antwortete, die Antworten zeichneten sich „durch Klarheit, Bestimmtheit und Richtigkeit aus“. Im Pflichtfach Philosophie prüfte Friedrich Paulsen über Immanuel Kant und gab das Prädikat „magna cum laude“.

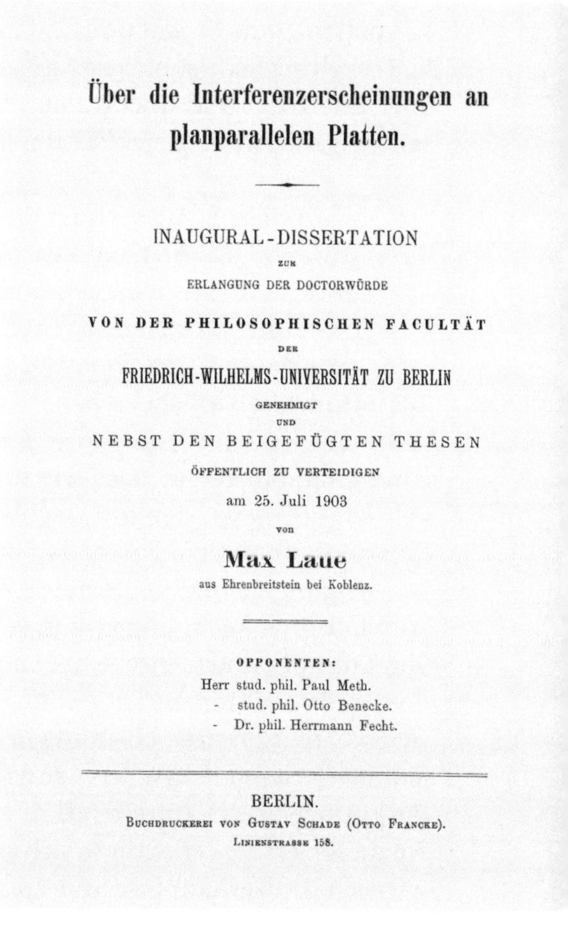
Über die Interferenzerscheinungen an planparallelen Platten.

INAUGURAL-DISSERTATION
ZUR
ERLANGUNG DER DOCTORWÜRDE
VON DER PHILOSOPHISCHEN FACULTÄT
DER
FRIEDRICH-WILHELMS-UNIVERSITÄT ZU BERLIN
GENEHMIGT
UND
NEBST DEN BEIGEFÜGTEN THESEN
ÖFFENTLICH ZU VERTEIDIGEN
am 25. Juli 1903
von
Max Laue
aus Ehrenbreitstein bei Koblenz.

OPPONENTEN:
Herr stud. phil. Paul Meth.
- stud. phil. Otto Benecke.
- Dr. phil. Herrmann Fecht.

BERLIN.
Buchdruckerei von Gustav Schade (Otto Francke).
Linienstrasse 158.

Titelblatt der Inaugural-Dissertation von Max Laue. Er widmete sie seinen Eltern.
Quelle: SB PK, Ah 7856, Phil. Diss, 1903

Wie üblich mussten am Ende die akademischen Lehrer aufgezählt und ihnen gedankt werden. Laue gab für Straßburg Ferdinand Braun, Adolf Krazer und Theodor Reye an, für Göttingen Max Abraham, Theodor des

Coudres, David Hilbert, Felix Klein, Walther Nernst, Eduard Riecke, Woldemar Voigt und Otto Wallach, für München Arthur Korn, Alfred Pringsheim und Conrad Röntgen und für Berlin Otto Lummer, Friedrich Paulsen und Max Planck.[5] Die Dissertation umfasste 58 Seiten. In der Einleitung ging Laue auf die bisherigen Interferenz-Arbeiten anderer Wissenschaftler ein. Er erwähnte die Arbeiten des französischen Physikers Armand Hippolyte Louis Fizeau um 1850 und schrieb: „zur größten Vollkommenheit brachte Michelson diese Methode." Weiter referierte er die Ergebnisse Otto Lummers und anderer an einer planparallelen Platte und grenzte seine eigene Arbeit gegen die der Vorgänger ab:

> „Von diesen Autoren ist bisher nur die Frage behandelt worden, wie groß der Abstand zweier unendlich kleiner Spektrallinien sein darf, wenn sie noch getrennt werden sollen. Danach beurteilt man das Auflösungsvermögen. Eine eingehendere Untersuchung muß aber die endliche Breite der Linien und ihre Intensitätsverteilung in ihnen in Betracht ziehen."[6]

Laue ging davon aus, dass das Licht aus einer unbegrenzten Reihe von zeitlich unbegrenzten Sinusschwingungen besteht, nicht, wie andere Physiker annahmen, aus gedämpften, aber immer wieder neu erregten Schwingungen, und folgte damit seinem Lehrer Planck.[7]

Anhand einer Rechnung knüpfte er seine Kritik an einer Veröffentlichung von Lummer und Gehrcke an. Laue bewies logisch und rechnerisch eindeutig, dass sie einem Trugschluss unterlagen. Sie hatten behauptet, dass sich die Interferenzerscheinungen ändern würden, wenn man die Anzahl der interferierenden Wellen von acht auf neun erhöht. Das war nach Laues Rechnungen nicht zutreffend.

An diesen ersten Teil schloss sich ein zweiter an, in dem Laue untersuchte, wie sich die Verhältnisse ändern, wenn das Strahlenbündel, das auf die Platte fällt, durch einen Spalt auf der Platte begrenzt wird. Er erkannte, das Beugung am Spalt auftritt. Das führt zu Strahlen, die von der ursprünglichen Richtung abweichen. Laue wies darauf hin:

> „Die Strahlenbündel, die aus der Vorderfläche austreten, geben vielmehr dasselbe Interferenzphänomen, wie die an der Hinterfläche austretenden, daher fordert das Energieprinzip, daß in diesem

Fall nicht nur ein einzelner Punkt des Gesichtsfeldes, sondern ein gewisser Bereich erleuchtet ist."[8]

Es wurden die Interferenzbedingungen dieser Anordnung berechnet. Am Ende hieß es:

„Zum Schluß möge es mir gestattet sein, meinem hochverehrten Lehrer, Herrn Professor Planck meinen ehrfurchtsvollsten Dank für die Anregung zu dieser Arbeit und die mir gewährte Unterstützung auszusprechen."[9]

Laue bestand am 25. Juli 1903 die Prüfung mit „magna cum laude". Als er seinen Vater davon telegraphisch unterrichtete, bekam er zunächst keine Antwort, weil er den Vater durch das Telegramm erschreckt hatte, da die Tochter auf Reisen war.[10]

Am 8. August 1903 fand in feierlicher Form die Promotion mit der Verlesung des Eides – auf Latein – statt.[11] Natürlich gab es danach mit den Freunden und Opponenten eine frohe Feier!

Knapp drei Monate nach der Veröffentlichung der Dissertation erschien eine verkürzte Fassung in den Annalen der Physik.[12] Sie zeigt die damaligen Gründe für die Arbeit auf:

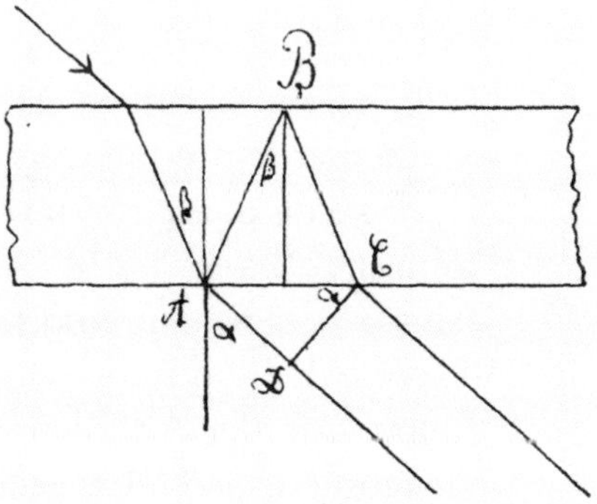

Zeichnung aus Laues Dissertation über die Interferenzerscheinungen an einer planparallelen Platte, die die experimentelle Anordnung verdeutlicht. An der Oberfläche kommt es nicht mehr zu Reflexionen.
Quelle: SB PK, Ah 7856, Nr. 14

„Das Ziel aller spektroskopischen Untersuchungen muß sein, die Funktion zu ermitteln, welche die Intensitätsverteilung in der Spektrallinie in ihrer Abhängigkeit von der Schwingungszahl darstellt."[13]

Wieder wurde der Trugschluss von Lummer und Gehrcke öffentlich richtiggestellt. Das war an sich damals nicht unüblich, aber durch einen „so jungen Kollegen" doch etwas Ungewöhnliches.

Max Laue blieb nach der Promotion nicht in Berlin, denn, wie er in seinen Erinnerungen schrieb, zog es ihn in eine kleinere Stadt.[14] Es war Göttingen, wohin es ihn zog, um für alle Fälle das Staatsexamen abzulegen, falls er doch Lehrer an einer Höheren Schule werden müsste. Er hörte auch noch Vorlesungen über spezielle physikalische Probleme wie Max Abrahams Vorlesung über Elektronentheorie, d. h. die Ausweitung der Theorie von Maxwell durch die Einführung des Elektrons.[15] Auch die Vorlesung des Astronomen Karl Schwarzschild über Geometrische Optik belegte er. Für die Lehramtsprüfung hatte er das Fach Chemie gewählt, das auch die Prüfung in Mineralogie vorsah. Da er sich nur allgemeine Kenntnisse darüber anlas, scheiterte er fast bei der Prüfung durch den Geologen Professor Adolf von Koenen. Nur die guten Kenntnisse in der Chemie retteten Laue bei der Beurteilung der Prüfung.

In Göttingen nahm er, zusammen mit den Professoren David Hilbert, Felix Klein, Hermann Minkowski und Carl Runge, an den Treffen der Mathematiker teil und lernte den drei Jahre jüngeren Max Born kennen. Doch zu einer engen Freundschaft kam es von beiden Seiten nicht.[16]

Johannes Stark[17] hatte 1904 das „Jahrbuch der Radioaktivität und Elektronik" gegründet, und Laue übernahm es, einen längeren Artikel „Zur Theorie der kontinuierlichen Spektren" zu schreiben.[18] Er fasste zuerst die Ergebnisse der Arbeiten von elf Physikern aus den letzten zehn Jahren zusammen, darunter auch die von Planck von 1900 und 1902 und gab damit einen kritischen Abriss des Wissensstandes. Einleitend hieß es:

> „Eine Reihe von Beobachtungstatsachen zeigt, daß selbst bei dem homogensten, in der Natur vorkommenden Licht der Strahlungsvorgang kein so einfacher, geordneter ist, wie etwa das Tönen einer Stimmgabel. Dazu gehört u. a. dass Mißlingen aller Interferenzversuche mit Licht zweier verschiedener Quellen. Das zeigt auch die Tatsache, daß das natürliche Licht meist unpolarisiert ist. Fresnel wurde dadurch zu der Vorstellung geführt, daß die Folge regelmäßiger Sinusschwingungen, welche jedes lichterregende Teilchen – um modern zu reden, jedes schwingende Elektron – ausführt, in Intervallen, welche klein sind gegen die Zeit einer optischen Beobachtung, aber groß gegen die Schwingungsperiode, von Bewegungsantrieben unterbrochen wird, die dazu dienen, dem Elektron die durch die Schwingungen ausgestrahlte Energie wieder zu ersetzen."[19]

Es folgten Bemerkungen zu Interferenzversuchen von Michelson, um zu bemerken, dass man dadurch nichts über die Konstitution des Lichtes erfährt. Danach wies er auf eine weitere Anschauung über das Licht hin. Sie zeigt, wie unsicher die Physiker damals mit einer Aussage waren:

> „Daß in der Tat jede Anschauung über die Konstitution des Lichtes sich mit diesem Versuch verträgt, hat Schuster an folgendem Beispiel gezeigt. Er denkt sich die Lichtwelle als eine ungeordnete Folge sehr kurzer Impulse. Diese Auffassung hat noch nachträglich ein besonderes Interesse dadurch erhalten, daß nach der zuerst wohl von Wiechert und Stokes ausgesprochenen Idee die Röntgenstrahlen eine Folge solcher Impulse sind, welche beim Aufprall der sich im Kathodenstrahl bewegenden Elektronen gegen die Antikathode entstehen."[20]

Darauf folgend behandelte Laue die Hypothese von Planck zur „natürlichen Strahlung". Der letzte Teil des Artikels weist auf Laues zukünftige Arbeit hin.

> „Die Hypothese von der natürlichen Strahlung spielt hier dieselbe Rolle, wie das Prinzip der molekularen Unordnung in der kinetischen Gastheorie. Erst so ist es möglich geworden, auf elektromagnetischer Grundlage der Strahlung Entropie und Temperatur zuzuschreiben, und aus der mathematischen Bedingung des Temperaturgleichgewichts die Formel abzuleiten, welche die Energieverteilung im Spektrum der Hohlraumstrahlung gibt."[21]

Woldemar Voigt legte in der Sitzung der Göttinger Akademie am 23. Juli 1904 eine erste und am 25. Februar 1905 eine zweite umfangreiche Arbeit Max Laues vor.[22] Ausgehend von seiner vorigen Veröffentlichung und einer Arbeit von Woldemar Voigt „Ueber die Aenderung der Schwingungsform des Lichtes beim Fortschreiten in einem dispergierenden und absorbierenden Mittel"[23] ging Laue unter dem Titel „Ueber die Fortpflanzung der Strahlung in dispergierenden und absorbierenden Medien" der Frage der Änderung der Schwingungsform des natürlichen Lichtes nach:

> „Die hier angeregte Frage scheint mir nun von großem Interesse für die Strahlungstheorie zu sein, und doch ist meines Wissens eine

> derartige Wirkung von ihr bisher nicht berücksichtigt worden. In der folgenden Untersuchung wollen wir daher den Schluß von der Aenderung der Schwingungsform auf die Aenderung des Spektrums auf rechnerischem Wege ziehen."[24]

Es wurde eine sehr mathematische Arbeit. Hatte sich Laue nicht als Mathematikstudent immatrikulieren lassen? Er bezog sich auf eine Arbeit von Max Planck, wiederum mit der Hypothese über „natürliche Strahlung", und untersuchte theoretisch einen idealen Resonator mit einem vorgeschalteten Farbfilter. Er kam zu dem Schluss, dass die Hypothese von der „natürlichen Strahlung" die notwendige Bedingung für die Gültigkeit des zweiten Hauptsatzes der Thermodynamik für Strahlungsvorgänge sei.
Die zweite Veröffentlichung wurde im Februar 1905 unter dem gleichen Titel, nur bezeichnet mit II, vorgelegt.[25] Einleitend wurde auf den Grund dafür hingewiesen:

> „Als meine erste Arbeit über diese Frage erschienen war, hatte Herr Planck die Liebenswürdigkeit, mich brieflich darauf aufmerksam zu machen, daß sich gegen den Gang der Untersuchung ein Einwand, welcher das Resultat in Frage stellt, geltend machen läßt. Dort wird nämlich nur von einer ebenen Welle gesprochen; bei natürlicher Strahlung läßt sich eine solche nicht isolieren [...]."[26]

Ausgehend davon, dass zwischen einer Kugelwelle und einer ebenen Welle kein Unterschied besteht, wurde die mathematische Behandlung durchgeführt. Laue ging auf den Einfluss der Spaltbreite bei Spektralapparaten auf das Spektrum ein. Mehrfach merkte er den zweiten Hauptsatz der Thermodynamik an. Die natürliche Strahlung verliere beim Durchgang durch ein selektierendes absorbierendes Medium ihre „Ungeordnetheit". Das Resultat seiner ersten Arbeit blieb erhalten, die Bedenken von Planck trafen nicht zu.
Aber Laue war wohl nicht ganz zufrieden mit den zwei Veröffentlichungen, denn am 17. September ging ein weiteres Manuskript mit dem gleichen Titel ab, diesmal an die „Annalen".[27] Untersucht wurde die Dispersion und/oder die selektive Absorption einer Lichtwelle. Einleitend wies er auf den Grund hin:

„Der Zweck der folgenden Untersuchung soll sein, den Schluß von der Änderung der Schwingungsform auf die Änderung des Spektrums ohne Beschränkung auf eine bestimmte Differentialgleichung rechnerisch durchzuführen. [...]
Das Verfahren, welches wir anwenden wollen, beginnt damit, daß wir die Schwingungen im Ausgangspunkt durch ein Fourier Integral als Überlagerung reiner Sinusschwingungen darstellen."[28]

Wiederum wurde auf die Arbeit von Planck von 1900 „Über das Gesetz der Energieverteilung im Normalspectrum" zurückgegriffen.[29] Die Wechselwirkung mit den Elektronen der durchstrahlten Materie diskutierte Laue mit der Bemerkung, die rückblickend seine Teilnahme an Hilberts Seminar über das Elektron berührt:

„[...] denn hier beeinflußt die vom Störungsgebiet ausgehende Welle die Bewegung der Elektronen, und die Erregungen, welche von diesen ausgehen, interferieren möglicher Weise mit der ersteren so, daß die resultierende Welle sich langsamer ausbreitet."[30]

Eine wichtige Aussage machte Laue im sechsten Paragraphen, noch bevor Einsteins berühmte Arbeit[31] erschien:

„Nun breitet sich eine elektromagnetische Störung im letzteren [gemeint war das Vakuum] mit der Lichtgeschwindigkeit v aus; trotzdem kann man dies nicht ohne weitere Untersuchungen auf die Ausbreitung in der Materie übertragen; denn hier beeinflußt die vom Störungsgebiet ausgehende Welle die Bewegung der Elektronen, und die Erregungen, welche von diesen dann ausgehen, interferieren möglicherweise mit der ersteren so, daß die resultierende Welle sich langsamer ausbreitet. Aber schneller kann sie sich nicht fortpflanzen, da an Orten, an welche noch keine der sich superponierenden Wellen gelangt ist, unmöglich die resultierende sein kann. Die Elektronentheorie führt also zu dem Schluß, daß elektrodynamische und optische Wirkungen sich in der Materie höchstens mit Geschwindigkeit v fortpflanzen und man sollte erwarten, daß auch die Gruppengeschwindigkeit stets kleiner, höchstens ihr gleich ist."[32]

Laue diskutiert noch den Konflikt mit dem zweiten Hauptsatz der Thermodynamik bei hohem Auflösungsvermögen.
Es hatte im Sommersemester 1905 ein ganz anderes interessantes Thema in Göttingen gegeben: David Hilbert veranstaltete unter der Mitwirkung von Hermann Minkowski, Emil Wiechert und Gustav Herglotz ein Seminar über die Theorie des Elektrons. Zu den Teilnehmern gehörten Max Laue und Max Born. Doch das Seminar regte Laue zu keiner diesbezüglichen Veröffentlichung an; erst fünfzig Jahre später veröffentlichte er etwas zur Geschichte des Elektrons.[33] Eine kleine Arbeit wurde noch in Göttingen fertig: Gehrcke hatte ihn auf die Krümmung der Spektrallinien bei der Verwendung eines Stufengitters aufmerksam gemacht. Laue behandelte das Problem der Abbildung mathematisch und konnte die Krümmung beweisen.[34]
Bald nach dem Abschluss dieser Arbeit im September 1905 kam Laue wieder nach Berlin, denn Planck hatte ihm eine Assistentenstelle angeboten, die er im November antrat.[35] Nun kam er in näheren Kontakt mit seinem akademischen Lehrer.[36] Seine Pflichten waren gering: Er musste die Institutsbibliothek verwalten und die Aufgaben der Studenten korrigieren, was er als sehr lehrreich empfand.[37] Zwei lebenslange Freundschaften entwickelten sich, zuerst mit einem Studenten und Doktoranden von Planck, dem nur drei Jahre jüngeren Walther Meißner[38]. Im Herbst 1907 kam Lise Meitner aus Wien nach Berlin, um einige Semester Theoretische Physik bei Planck zu hören. Es vergingen allerdings mehrere Jahre, bis die beiderseitige Zurückhaltung aufgegeben wurde und eine sehr enge Freundschaft entstand.

Im Sommer 1906 war Laue voll beschäftigt. Er musste für acht Wochen an einer militärischen Übung teilnehmen und hatte es übernommen, den vierten Band der Vorlesungen von Hermann von Helmholtz herauszubringen, wie er Einstein am 2. Juni mitteilte, mit dem er über die Theorie der Strahlung, Emission und Absorption und die „Lichtquanten" diskutierte.[39]
Zu Beginn des Wintersemesters trug Max Planck im Physikalischen Kolloquium die Arbeit „Zur Elektrodynamik bewegter Körper" von Albert Einstein aus Zürich vor. Sie war im Band 17 der vierten Folge der Annalen der Physik erschienen, zu deren Herausgebern Planck gehörte. Laue war unter den Zuhörern. In seinen Erinnerungen heißt es:

„Fremdartig mutete mich die Transformation von Raum und Zeit an, welche die darin verkündete Relativitätstheorie vornahm, und die Skrupel, welche andere später laut geäußert haben, sind mir keineswegs erspart geblieben. Aber diese Ideen arbeiteten in mir weiter, zumal Planck in der Folgezeit eine Reihe eigener Untersuchungen darüber erschienen ließ.“[40]

Es handelte sich dabei um die später als Spezielle Relativitätstheorie bekannte Theorie, mit der sich Laue erst mehr als ein Jahr später beschäftigten sollte.
Arnold Sommerfeld, Ordinarius für Theoretische Physik an der Universität München, bot Max Laue eine Stelle an, doch nach einer Aussprache mit Max Planck entschloss er sich, in Berlin zu bleiben.[41]
Auf der Sitzung der Physikalischen Gesellschaft zu Berlin am 3. November 1907 wurde, auf Vorschlag von Max Planck sowie unter seinem Vorsitz, Dr. Max Laue in die Gesellschaft aufgenommen.[42]
Mehrfach hatte Laue in seinen Arbeiten zu optischen Problemen die Bedeutung der Thermodynamik, den zweiten Hauptsatz der Wärmelehre, erwähnt. Er konnte das Problem nun mit Planck diskutieren. Jahrzehnte später erinnerte er sich in einem Brief aus der Zeit des Zweiten Weltkrieges an Lise Meitner, in dem er auch von der Zerstörung des Wohnhauses von Planck berichtete:

„Was habe ich in diesem Hause nicht alles erlebt, seit Planck dort mit mir über die Umkehrbarkeit der Spiegelung und Brechung diskutierte und die Nichtadditivität der Entropie dabei herauskam! Das war 1906, noch zu Lebzeiten Ludwig Boltzmanns, dessen 100-ter Geburtstag heute ist.“[43]

Im April 1906 schickte Laue das Manuskript „Zur Thermodynamik der Interferenzerscheinungen“ an die Redaktion der Annalen der Physik.[44] Die Formulierungen zeigen deutlich, dass Laue aus den vorigen Arbeiten gelernt hatte, einleitend das Thema klar darzustellen:

„Bisher hat die Thermodynamik der Strahlung die Interferenzerscheinungen nicht in den Kreis ihrer Betrachtungen aufgenommen; sie setzt vielmehr stets voraus, daß alle Energiegrößen, wie die Intensität eines Strahlenbündels, die Helligkeit einer beleuchteten Fläche etc., sich additiv aus den entsprechenden Energiegrößen aller zusammentreffenden Strahlenbündel zusammensetzen. Der Begriff der Kohärenz ist ihr ganz fremd; sie charakterisiert ein Strahlenbündel allein durch seine Intensität und durch die geometrischen Bestimmungsstücke [...]. Andererseits ist es leicht einzusehen, daß es auch für die Thermodynamik nicht gleichwertig ist, ob zusammentreffende Strahlen kohärent sind oder nicht. Hier liegt eine Lücke der Theorie, zu deren Ausfüllung die folgende Untersuchung einen Beitrag liefern soll."[45]

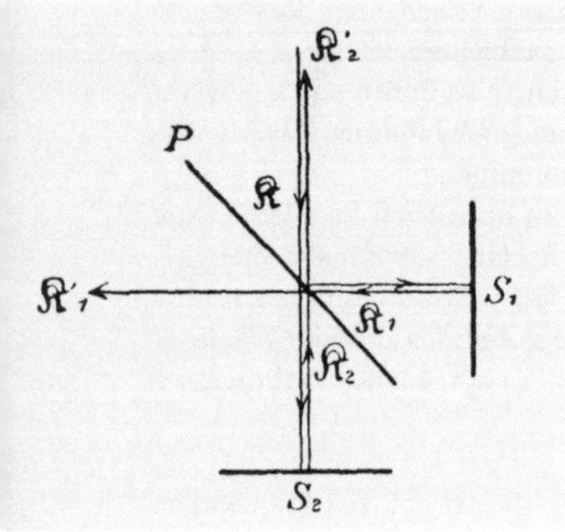

Schematische Darstellung des Michelson-Interferometers. Die Versuchsanordnung „besteht [...] in einer planparallelen (nicht, wie bei Michelson, einseitig versilberten) Platte *P* aus nur unmerklich absorbierendem Material und aus zwei absolut reflektierenden, ebenen, zur Platte *P* symmetrisch liegenden Spiegeln S_1 und S_2". Quelle: Laue I/1961: 56

Laue ging für die Betrachtungen von dem anerkannten Additionstheorem der Entropien aus. Er benutzte als ideelles Beispiel mit einer kleinen Abänderung das Michelson-Interferometer, dessen Teiler-Platte nicht einseitig versilbert war. Er bemerkte:

> „Das Ziel unserer Untersuchung ist, an den erwähnten Interferenzerscheinungen zu zeigen, daß er [der Satz, daß die Entropie eines Systems sich additiv aus der Entropie seiner Teile zusammensetzt] sich nicht mit dem Entropieprinzip verträgt."[46]

Nach einer mathematischen Behandlung der Reflexion an den Spiegeln und Laufzeitbetrachtungen kam er zu dem Ergebnis:

> „Es gibt also Interferenzphänomene, denen wir Verminderung der Entropie zuschreiben müssen, wenn wir das Additionstheorem als gültig ansehen."[47]

Nun diskutierte er die Unmöglichkeit eines Perpetuum mobile zweiter Art. Die Unmöglichkeit, nicht kohärente Strahlen zur Interferenz zu bringen, fordert aber die Unmöglichkeit der Realisierung eines Perpetuum mobile zweiter Art.
Der letzte Abschnitt war der Entropie und Wahrscheinlichkeit nach Boltzmann gewidmet:

> „Wenn dagegen ein System von Strahlenbündeln gegeben ist, so hat man, bevor man zur Berechnung seiner Entropie schreitet, die Frage nach der Kohärenz seiner Glieder zu beantworten – was prinzipiell stets möglich ist – und danach zu entscheiden, wie weit man das Additionstheorem der Entropie verwenden darf. [...]
> Diese Überlegungen werfen auch ein Licht auf die Frage, wie Wahrscheinlichkeitsbetrachtungen im Gebiet der Strahlungstheorie anzuwenden sind. Geht man z. B. von dem von Hrn. Einstein vorgeschlagenen heuristischen Gesichtspunkte aus, daß sich monochromatische Strahlung (wenigstens bei geringer Dichte) thermodynamisch so verhält, wie wenn sie aus unabhängigen Energiequanten von bestimmter Größe bestände [...].“[48]

Mit einer Reverenz an Boltzmann beendete Laue seine Veröffentlichung:

> „Es spricht für die außerordentliche Tragweite jenes Boltzmannschen Gedankens des Zusammenhanges der Entropie mit der Wahrscheinlichkeit, daß er uns auf dem eigenartigen Gebiete der Interferenzerscheinungen, in welchem uns die eigentliche Thermodynamik vollkommen im Stich läßt, auf so einfache Weise die Entscheidung zwischen dem Entropieprinzip und dem Additionstheorem der Entropie ermöglicht.“[49]

Auf der Sitzung der Physikalischen Gesellschaft zu Berlin am 4. Mai trug er über „Die spektrale Zerlegung des Lichtes durch Dispersion“ vor.[50] Auch diese Abhandlung ist für die sechs Jahre spätere Entdeckung und Interpretation der Natur der Röntgenstrahlen von Interesse. Zuerst referierte Laue über verschiedenen Arbeiten anderer Autoren zu dem Thema:

> „[…] sie wollen nur dieser ausgesprochen analytischen Methode [gemeint war die Zerlegung mit Hilfe des Fourierschen Integrals] eine anschaulichere, wenn auch weniger strenge an die Seite stellen, indem sie die Lichtwelle als eine Folge sehr kurzer Impulse auffassen, und zunächst das Verhalten des einzelnen Impulses untersuchen. [...] Wir wollen, wie schon gesagt, die Lichtwellen als Folge von Impulsen auffassen, deren Breite gegen die Lichtwellenlänge klein ist; wir können dabei etwa an die elektromagnetischen Impulse denken, aus denen nach der Hypothese von Wiechert und Stokes die Röntgenstrahlen bestehen.“[51]

Am 12. Juni 1906 bat Laue die Fakultät um die ***venia legendi*** und reichte die dazu erforderliche Arbeit ein: seine Veröffentlichung von April über die Thermodynamik der Interferenzerscheinungen.[52] Der Dekan forderte Max Planck und Paul Drude auf, ihr Urteil abzugeben, letzteren als Ordinarius für Experimentalphysik.[53] Die über fünfzig Ordinarien der Philosophischen Fakultät mussten den Antrag zur Kenntnis nehmen und abzeichnen. Max Planck begründete die Habilitation sehr ausführlich. Er würdigte Laues Arbeiten zu den Interferenzerscheinungen an einer planparallelen Platte mit der vollständigen Klärung der Beobachtungen. Dann ging er auf die Veröffentlichung über die Fortpflanzung der Strahlung in dispergierenden und absorbierenden Medien ein und lobte den selbstständigen Weg Laues. Ganz besonders und ausführlich hob Planck die thermodynamischen Veröffentlichungen hervor.

> „Da somit Dr. L. in mehr als einer Weise gezeigt hat, daß er im Stande ist, große wissenschaftliche Fragen selbstständig anzugreifen u. zur [nicht lesbar, evtl. „zur Lösung zu bringen“], so trage ich keine Bedenken, seine Zulassung zu den weiteren Habilitationsleistungen zu empfehlen. Ich bin überzeugt, daß seine Vorlesungen eine wertvolle Ergänzung des theoretisch-physikalischen Unterrichts bilden werden.“[54]

Nernst schloss sich dem Urteil von Planck an. Um das Verfahren erfolgreich zu bestehen, musste Max Laue je drei Themen für ein Colloquium und eine Vorlesung einreichen. Für das Kolloquium waren das: 1. Die Energieströmung in der Elastizitätslehre und Elektrodynamik, 2. Über elektromagnetische Bewegungsgröße und 3. Über die Dynamik des Elektrons nach der Cohnschen Theorie, für die öffentliche Antrittsvorlesung: 1. Über die Fortpflanzung des Lichtes in dispergierenden Medien, 2. Über das Auflösungsvermögen spektroskopischer Apparate und 3. Die Entwicklung der Elektrizitätstheorien nach Maxwell und Hertz. Für das Kolloquium wurde der erste Titel gewählt, für die öffentliche Antrittsvorlesung, die er im November hielt, der dritte Titel.

Planck fühlte sich, wie spätere Briefe zeigen, für Laue verantwortlich. Denn Laues Denkweise und seine mathematische Behandlung der Physik entsprachen in vielen Bereichen denen von Planck, was Laue als Zuspruch fühlte.[55] Und auch das wissenschaftliche und menschliche Verhältnis zwischen ihnen war für beide von Bedeutung. Max Planck pflegte generell einen verantwortungsvollen Umgang mit seinen Mitmenschen. Nachdem am 15. Juli 1906 der Ordinarius für Experimentalphysik in Berlin, Paul Drude, seinem Leben ein Ende gesetzt hatte, fragte Planck in seiner Traueransprache für Drude bestürzt:

> „Wie konnte das geschehen? Mußte es denn so kommen? Es ist unmöglich, an dieser Frage schweigend vorüberzugehen, immer wieder drängt sie sich mit elementarer Kraft den Zurückschauenden auf, und sie gewinnt für alle, die ihm im Leben näher standen, einen unsäglich schweren Inhalt, wenn man an die Möglichkeit denkt, daß das Unheil, rechtzeitig erkannt, vielleicht hätte vermieden werden können.“[56]

Paul Drude (1863–1906), Direktor des Physikalischen Instituts der Universität Berlin 1905/06 und von 1900 bis zu seinem Tod Herausgeber der „Annalen der Physik“.
Quelle: im Nachlass des Autors

In den Sommerferien 1906 reiste Laue in die Schweiz und besuchte dabei auch Einstein in Bern. Jahrzehnte später schilderte er Carl Seelig das Treffen:

„Gemäß brieflicher Vereinbarung suchte ich ihn im Amt für geistiges Eigentum auf. Im allgemeinen Empfangsraum sagte mir ein Beamter, ich solle wieder auf den Korridor gehen, Einstein würde mir entgegenkommen. Ich tat das auch, aber der junge Mann, der mir entgegenkam, machte mir einen so unerwarteten Eindruck, daß ich nicht glaubte, es könne der Vater der Relativitätstheorie sein. So ließ ich ihn an mir vorübergehen, und erst als er aus dem Empfangszimmer zurückkam, machten wir Bekanntschaft miteinander."[57]

In dieser Zeit begann die Diskussion zwischen Laue und Einstein über die Frage, was eigentlich Strahlung sei. Für Max Laue war dies wegen seiner intensiven Beschäftigung mit den Beugungs- und Interferenzerscheinungen von großer Bedeutung. Einstein hatte 1905 in den Annalen der Physik einen Aufsatz mit dem Titel „Über einen die Erzeugung und Verwandlung des Lichtes betreffenden heuristische Gesichtspunkt" und ein Jahr später eine Abhandlung namens „Theorie der Lichterzeugung und Lichtabsorption" veröffentlicht. Dazu schrieb Laue an Einstein am 2. Juni 1906. Vorab bat er ihn, seine Worte nicht auf die „Goldwaage" zu legen,

„[… denn er wäre] für den Rest dieses Jahres einigermassen aus der theoretischen Physik ausgeschaltet und betreibe das Alles ein wenig als Dilettant. Doch sollen Sie wenigstens den guten Willen sehen. […]
Wenn Sie am Anfang Ihrer letzten Arbeit Ihren heuristischen Gesichtspunkt dahin formulieren, dass Strahlungsenergie nur in gewissen Quanten absorbiert und emittiert werden kann, so weiss ich nichts dagegen einzuwenden; auch alle Ihre Anwendungen stimmen mit dieser Fassung überein. Nun ist das keine Eigentümlichkeit der elektromagnetischen Vorgänge im Vakuum sondern der absorbierenden oder emittierenden Materie. Die Strahlung besteht daher nicht aus Lichtquanten, wie im § 6 der ersten Arbeit steht, sondern verhält sich nur im Energieaustausch mit der Materie so, wie wenn sie daraus bestünde. Der Nachweis, dass das erste zu unmöglichen Folgerungen führt, scheint mir das Wesentliche meiner Thermodynamik der Interferenzerscheinungen zu sein; dann fällt aber auch die im § 6 gegebene Ableitung des Wienschen Vertei-

lungsgesetzes fort, und an deren Stelle ergibt sich das Plancksche. Ihre Beschränkung auf geringe Strahlungsdichten wird dann überflüssig, und es ist meines Erachtens von grosser Bedeutung, dass man den selben Gedanken auf Gebieten verwerten kann, die der eigentlichen Strahlungstheorie so fern liegen wie Voltaeffekt, Erzeugung von Kathodenstrahlen u. s. w. […].
Ich habe über Ihren heuristischen Gesichtspunkt übrigens nie mit meinem Chef gesprochen."[58]

Am 10. November 1906 wurde Max Laue habilitiert und hielt seine Antrittsvorlesung.
Im Wintersemester 1907/08 las er „Ausgewählte Themen aus der Theoretischen Optik", im Sommersemester 1908 und dem folgenden Wintersemester war sein Thema „Elektronentheorie".

Wahrscheinlich war es Planck, der Laue für die Herausgabe der „Vorlesungen über Elektrodynamik und Theorie des Magnetismus" von Hermann von Helmholtz vorschlug, die 1907 erschienen.[59]
In demselben Jahr reichte Laue eine weitere Arbeit zum Problem der Entropie, jetzt von partiell kohärenten Strahlenbündeln, bei der Redaktion der Annalen ein.[60] Eine Art „Gedankenexperiment" für die Zerlegung eines Strahls in zwei Strahlen wurde zur Veranschaulichung verwendet.

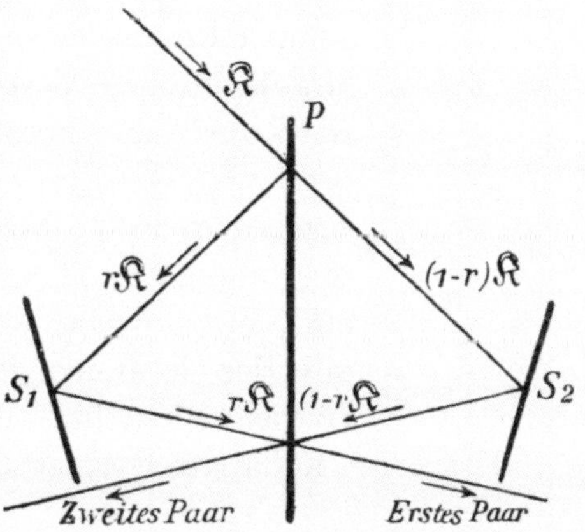

Skizze zur Untersuchung der Umkehrbarkeit der Spiegelung und Brechung an einer planparallelen Platte – *P* ist eine absorptionsfreie planparallele Platte, S_1 und S_2 sind ebene Spiegel.
Quelle: Laue I/1961: 70

Nochmals wurde die Umkehrbarkeit von Spiegelung und Brechung unter der Voraussetzung der Homogenität diskutiert. In § 2 gab er an:

„Durch diese Überlegung ist aber die Umkehrbarkeit jeder regulären, absorptionsfreien Spiegelung und Brechung bewiesen. […]
Trotzdem wollen wir im folgenden Paragraphen die Umkehrbarkeit

> dieses Vorganges für die Grenze zweier isotroper Medien noch besonders beweisen. Bei der Neuheit des Gegenstandes kann eine doppelte Sicherung der Grundlagen nützlich scheinen."[61]

Im vierten Paragraphen wurde das Maß der Interferenzfähigkeit diskutiert. Die Rechnung erfolgte dann an zwei entsprechenden Wellen. Sie zeigte, dass die Kohärenz bei jeder Spiegelung abnimmt. Ebenso wird in § 9 die Entropie mathematisch untersucht, doch Laue musste gestehen: „Doch scheinen mir auf diesem Gebiete noch manche Schwierigkeiten zu liegen."[62] Abschließend ging er auf Hohlraumstrahlung ein:

> „Ferner ist in einem von vollkommen spiegelnden Wänden eingeschlossenen, absorbierende und diathermane Körper enthaltenden Hohlraum Gleichheit der Temperatur aller Körper und Strahlenbündel noch nicht hinreichende Bedingung für den Zustand maximaler Entropie. Vielmehr ist es denkbar, daß trotz des vollzogenen Temperaturausgleiches noch partielle Kohärenz zwischen einigen Strahlenbündeln besteht. Bei jeder Absorption und Zerstreuung wird diese aber herabgesetzt, während neue Kohärenzen nicht geschaffen werden [...]. Daher nähert sich der Zustand mit der Zeit sicher dem durch absolute Inkohärenz gekennzeichneten Entropiemaximum. Die Theorie ist also vollkommen im Recht, wenn sie auf Gleichgewichtszustände das Additionstheorem anwendet. Nur falls der Hohlraum gar keine absorbierenden Substanzen enthält, können sich in ihm – wie auch andere instabile Strahlungszustände – Kohärenzen dauernd halten."[63]

In demselben Jahr behandelte Laue das Problem der Beugung einer Lichtwelle mathematisch an einem elektrisch leitenden Körper, denn Henry du Bois und Heinrich Rubens hatten herausgefunden, dass sehr kurzwelliges polarisiertes Licht an einem Drahtgitter stärker absorbiert wird, wenn die Polarisationsrichtung der Strahlung mit der Richtung der Gitterstäbe übereinstimmt.[64]

1906 promovierte Kurd von Mosengeil bei Max Planck über die Theorie der stationären Strahlung in einem gleichförmig bewegten Hohlraum. Es war eine sehr kritische Auseinandersetzung mit einer Arbeit des Wiener Theoretischen Physikers Fritz Hasenöhrl zur Strahlung in bewegten Körpern mit der Aussage, dass die Energie der Strahlung einer Masse entspräche. Das war richtig zu stellen. Mosengeil kam bei einem Skiunfall ums Leben. Seine Dissertation wurde nach seinem Tod „gekürzt und mit einer Korrektur von M. Planck" in den Annalen publiziert.[65] Planck hatte Ende Januar 1907 darüber mit Wilhelm Wien, dem Mitherausgeber, korrespondiert:

> „Auf Ihren Wunsch habe ich Hr. Laue, meinen Assistenten, veranlaßt, von der Mosengeil-Dissertation einige Kürzungen vorzunehmen."[66]

Aber nicht nur die Entropie der Strahlung beschäftigte Laue, auch die Relativitätstheorie Einsteins interessierte ihn sehr. Im Juli 1907 reichte er einen kurzen Beitrag mit dem Titel „Die Mitführung des Lichtes durch bewegte Körper nach dem Relativitätsprinzip" für die Debatte über das Relativitätsprinzip bei den Annalen der Physik ein.[67] Er zitierte Einsteins Annalen-Arbeit von 1905[68] und erwähnte das Verhältnis der Geschwindigkeit von Körpern zur Lichtgeschwindigkeit. Laue bezog sich dabei auf den Versuch von Fresnel. Seine Aussage lautete:

> „Nach dem Relativitätsprinzip wird also das Licht vom Körper vollkommen mitgeführt, aber gerade deswegen ist seine Geschwindigkeit relativ zu einem Beobachter, der die Bewegung nicht mitmacht, nicht gleich der Vektorsumme aus seiner Geschwindigkeit gegen den Körper und der des Körpers gegen Beobachter. Der Notwendigkeit, einen ‚Äther' in die Optik einzuführen, welcher die Körper durchdringt, ohne an ihrer Bewegung teilzunehmen, sind wir auf diese Weise enthoben."[69]

In demselben Monat beendete Laue die kritische Arbeit „Zur Cohnschen Elektrodynamik", die eine Arbeit von Richard Gans zu dem Thema der longitudinalen und transversalen Masse eines Elektrons betraf.[70] Ebenso kritisch behandelte er eine Veröffentlichung von Orso Mario Corbino über das Zeeman-Phänomen.[71] Brieflich gab es eine Diskussion mit Einstein über die „natürliche und die nicht-natürliche Strahlung", wie Laues Brief an Einstein vom 4. September 1907 deutlich macht.[72] Er hätte mit Woldemar Voigt einmal darüber gesprochen:

> „Er sagte nämlich, man könnte doch an sich nicht mehr wahrnehmbare Lichtenergie durch Anhäufung über lange Zeiten z. B. photographisch nachweisen. Ich erwiderte ihm nur, dass kein Mensch wisse, wie nicht-natürliche Strahlung auf die Platte wirkt, ohne recht von dieser Entgegnung befriedigt zu sein. Denn es ist mir nicht sicher, dass die Ungeordnetheit der Strahlung bei photochemischen Vorgängen wesentlich ist. [...]
> Im übrigen scheint mir die Frage, was mit diesen kleinen Energiequanten im absorbierenden Körper geschieht, nicht spruchreif."[73]

Wenn er wieder einmal in die Nähe von Bern komme, wolle er Einstein besuchen, denn „die Anregungen, welche ich aus der Unterhaltung mit Ihnen gewonnen habe, sind mir so wertvoll, dass ich gern mehr davon hätte."[74]

Zwei Tage zuvor hatte Laue über den Besuch bei Einstein begeistert an Jacob Laub geschrieben:

> „Das ist ein Revolutionär. Er hat in den ersten zwei Stunden des Gesprächs die ganze Mechanik und Elektromechanik umgestürzt, und zwar aus Gründen der Statistik."[75]

Im September 1907 schickte Laue mit dem Mitautor, Professor Friedrich Franz Martens, eine Arbeit an die Annalen, die auf einer experimentellen Arbeit im Physikalischen Institut der Handelshochschule basierte.[76] Sie untersuchten die Polarisation der Strahlung, die von erhitzten Blechen wie z. B. Platin ausging. Eine historische Einführung war vorangestellt. Laue und Martens trugen die Ergebnisse auf der 79. Naturforscherversammlung in Dresden 1907 vor. In der anschließenden Diskussion lobte Heinrich Rubens die Arbeit.
Auf dieser Tagung hielt Arnold Sommerfeld einen Vortrag mit dem Thema „Ein Einwand gegen die Relativitätstheorie der Elektrodynamik und ihre Beseitigung". Er erwähnte dabei Laues Arbeit von 1905 über „Die Fortpflanzung der Strahlung in dispergierenden und absorbierenden Medien".[77]

In Dresden sprach Laue mit Sommerfeld über die Möglichkeit, ob er in München eine Stellung als Privatdozent bekommen könnte, wie ein Brief aus Berlin vom 16. Oktober 1907 zeigt:

> „Sehr geehrter Herr Professor!
> Verzeihen Sie, wenn dieser Brief ein paar Tage später eintrifft, als Sie erwarteten. Ich habe Herrn Professor Planck mehrmals verfehlt, bevor es mir gelang, ihn zu sprechen.
> Ich habe mich in voller Würdigung der Gründe, welche Sie angeführt haben, entschlossen, hier in Berlin zu bleiben. Besonders fällt noch ins Gewicht, dass die metalloptischen Untersuchungen von Professor Martens und mir sich voraussichtlich noch lange hinziehen und ich sie nicht gerne abbrechen möchte, bevor sie nicht zu einem gewissen Abschluss gekommen sind.
> Für den Rat, welchen Sie mir in Dresden gaben, sowie für Ihre Bereitwilligkeit, mich als Privatdozent in München anzunehmen, wenn ich trotzdem darauf bestünde, fühle ich mich Ihnen aufs tiefste in Dank verpflichtet.“[78]

Dann diskutierte Laue die Definition der Strahlengeschwindigkeit in stark absorbierenden Medien.[79]
Innerhalb von vier Jahren hatte sich Max Laue durch eigene Arbeiten und die kritische Auseinandersetzung mit Arbeiten anderer „einen Namen gemacht“.
In den Verhandlungen der Deutschen Physikalischen Gesellschaft, aber ebenso in den Annalen der Physik, wurde 1908/09 von Laue eine Arbeit mit dem Titel „Die Wellenstrahlung einer bewegten Punktladung nach dem Relativitätsprinzip“ veröffentlicht.[80] Laue ging auf die Publikationen von Oliver Heaviside und Max Abraham ein, die im Prinzip übereinstimmten. Für nicht zutreffend erklärte er aber die Form, die die bewegte Ladung annimmt. Denn in Entfernungen, die gegen die Dimension der bewegten Ladung groß sind, träfen die Behauptungen von Heaviside und Abraham nicht mehr zu. Die Frage ließe sich in der Relativitätstheorie viel einfacher mit Hilfe der Transformationsformeln für die Geschwindigkeit lösen, wie er zeigen konnte. Er bezog sich auf eine mathematische Behandlung durch Planck.[81] Dieser betrachtete die Relativitätstheorie Einsteins noch etwas skeptisch:

> „Nun muß allerdings hervorgehoben werden, daß diese Theorie heutzutage noch keineswegs als gesichert anzusehen ist. Allein da ihre Abweichungen von den übrigen in Betracht kommenden Theorien sich nur auf äußerst kleine Glieder beschränken, so wird man jedenfalls sagen dürfen, daß sie eben bis auf jene Abweichungen als richtig gelten kann […]."[82]

Auf der Versammlung deutscher Naturforscher und Ärzte zu Köln Ende September 1908 trug Laue seine Ergebnisse zusammenfassend unter dem Titel „Das Additionstheorem der Entropie" vor.[83] Hermann Minkowski präsentierte den Kollegen seine Darstellung der Relativitätstheorie, die Ort- und Zeitkoordinaten gleich behandelte. Dabei fiel auch der später berühmt gewordene Satz:

> „Von Stund' an sollen Raum für sich und Zeit für sich völlig zu Schatten herabsinken und nur noch eine Art Union der beiden soll Selbstständigkeit bewahren."[84]

Planck wusste von Laues Wunsch, nach München zu gehen. Er schrieb am 6. März 1909 an Laue, dass er mit seiner Frau zur Behandlung ihres Lungenleidens in Baden-Baden wäre, und dass er sich sehr freue, „daß Hr. Sommerfeld mit Ihrer Übersiedlung nach München einverstanden ist".[85] Er riet Laue, sich erst abzumelden, wenn seine Anmeldung in München ganz sicher sei. Als Privatdozent musste sich Laue umhabilitieren. Dazu war normalerweise die Vorlage einer neuen Habilitationsschrift erforderlich. Doch durch Sommerfelds Votum wurde Laue dies erlassen.

Neben der Freundschaft mit Max Planck entwickelte sich um 1908/09 die Freundschaft von Laue mit dem 1864 geborenen Wilhelm Wien, der bei Hermann von Helmholtz Physik studiert hatte. Danach war er an der Physikalisch-Technischen Reichsanstalt tätig und leistete grundlegende experimentelle und theoretische Arbeiten zur Strahlung. Er wurde der Nachfolger von Röntgen in Würzburg, als dieser einen Ruf nach München annahm. Wien besaß in Mittenwald ein Haus – eine Hütte – und lud im Winter Kollegen zum Skilaufen ein. Wahrscheinlich nahm Laue im Winter 1908/09 erstmals daran teil.

Am 3. Mai 1909 schickte Laue aus München an Wilhelm Wien zwei Sonderdrucke zurück, die Wien ihm geliehen hatte, und legte dem Brief einen Zettel bei mit seinen Gedanken über die Interferenzfähigkeit von spektral zerlegtem Licht, die er in ähnlicher Form in einen Enzyklopädieartikel aufnehmen wollte. Er bat Wien um dessen Meinung, Rat und die Rückgabe des Zettels.[86]

Wilhelm Wien (1864–1928), ein langjähriger Freund von Max von Laue, ca. 1911.
Quelle: Archiv der Max-Planck-Gesellschaft, Berlin-Dahlem

Die Aufforderung, einen Enzyklopädieartikel zu schreiben, kam durch Arnold Sommerfeld zustande, dem Ordinarius für Theoretische Physik an der Ludwig-Maximilians-Universität München. Sommerfeld redigierte den fünften Band „Physik" der „Encyclopädie der mathematischen Wissenschaften mit Einschluss ihrer Anwendungen". Laue sollte das Kapitel „Wellenoptik" bearbeiten. Wilhelm Wien bearbeitete „Elektromagnetische Lichttheorie" und „Theorie der Strahlung" und schloss das Manuskript 1909 ab. Aufgeführt wurde von ihm auch die „Untersuchung von Laue über Veränderung der Strahlung beim Durchgang durch absorbierende und dispergierende Stoffe". Im Artikel „11. Interferenzphänomene" erwähnte Wien die Arbeiten von Laue in den Annalen der Physik Band 20 und 23.[87]

Im Dezember legte Laue überraschend aus gesundheitlichen Gründen sein Amt als Assistent von Planck nieder und verließ Berlin, um nach München zu Sommerfeld zu gehen.[88]

Privatdozent an der Universität München

Max Laue hatte bis zu dieser Zeit eine nahezu geradlinige wissenschaftliche Karriere durchlaufen. In München könnte nun seine Berufung auf eine Professur erfolgen. Seine Chancen standen gut, denn es gab nur sehr wenige jüngere Theoretische Physiker, die bei verschiedenen akademischen Lehrern gehört hatten und in der Behandlung der offenen Probleme so versiert waren, wie es Laue mit seinen Veröffentlichungen gezeigt hatte. Außerdem hatte die Ludwig-Maximilians-Universität in München einen Lehrstuhl für Theoretische Physik. Das war an den deutschen Universitäten um 1910 noch nicht die Regel. Führend in diesem Fach waren Berlin, Göttingen und München, und die Beiträge Laues zum Fach kannte man.

In München hatte Arnold Sommerfeld, ein hervorragender akademischer Lehrer[1], den Lehrstuhl für Theoretische Physik inne. Nach einem Studium der Mathematik in Göttingen begann er seine Laufbahn als akademischer Lehrer an der Bergakademie in Clausthal.[2] Dann folgte er einem Ruf an die Technische Hochschule in Aachen und war dort mehr Mathematiker – mit Arbeiten zur Theorie des Kreisels und Beiträgen zur Statik – als Physiker.[3] Er wurde 1900 auf Betreiben von Röntgen auf den verwaisten Lehrstuhl für das Fach der Theoretischen Physik an die Ludwig-Maximilians-Universität in München berufen, den der Österreicher Ludwig Boltzmann aufgegeben hatte, um nach Wien zurückzukehren. Sommerfeld arbeitete hauptsächlich zur Natur der Röntgenstrahlen und über die Relativitätstheorie. Sommerfelds Institut hatte eine eigene Werkstatt und einen Mechaniker, sodass auch experimentell gearbeitet werden konnte.

Arnold Sommerfeld (1868–1951), Mathematiker und Physiker, Begründer der sogenannten „Sommerfeldschule der Theoretischen Physik“. Quelle: DMA, Reproduktion durch das Archiv der Max-Planck-Gesellschaft, Berlin-Dahlem

Zur Entstehung und zu den Eigenschaften der Röntgenstrahlen entwickelte Sommerfeld eine Theorie auf der Grundlage von Plancks Formel $E = h \cdot \nu$, indem er $E\tau = h$, also das Wirkungsquantum, ansetzte, wobei τ die Stoßdauer darstellte. Doch es war nicht möglich, damit die beiden Arten der Röntgenstrahlung – die charakteristische Strahlung, die vom Anodenmaterial abhing, und die Bremsstrahlung bzw. das kontinuierliche Spektrum, das von der Energie der Elektronen bestimmt wurde – zu beschreiben.[4]
Noch im Jahr seiner Übersiedlung nach München erschienen von Laue zwei Arbeiten zur Thermodynamik der Beugung.[5] Laue ging in der ersten Veröffentlichung über die Beugung am Gitter von Wilhelm Wiens Arbeit über die Thermodynamik der Strahlung aus, nach der Beugung als unumkehrbar galt.

> „Ganz anders liegt die Sache, seit wir wissen, daß zur Berechnung der Entropie die Kohärenzverhältnisse zwischen verschiedenen Teilen des Strahlungsvorganges berücksichtigt werden müssen. [...] Die Beugung ist – nach unserer Annahme – im allgemeinen unumkehrbar. Unregelmäßige Anordnung vieler, gleicher, beugender Körper zerstreut die Strahlung in derselben Art wie ein einzelner, nur viel stärker, vergrößert daher die Entropie noch viel mehr.“[6]

Fünf Monate später erschien seine Arbeit „Zur Thermodynamik der Beugung“.[7] Darin wurde die Beugung an kleinen durchsichtigen Körpern und an großen Öffnungen theoretisch untersucht. Seine Grundaussage lautete:

> „Daher ist die Beugung an großen Öffnungen ebenso wie die an kleinen Teilchen ein irreversibler Vorgang.“[8]

Das Thema der Beugung und Thermodynamik ließ ihn nicht los; zu viel Grundsätzliches war noch zu klären. Unter dem Titel „Thermodynamische Betrachtungen über die Beugung“[9] trug er auf der Tagung der Deutschen Naturforscher und Ärzte in Salzburg vor und stellte das Manuskript im Oktober 1909 fertig. Laue behandelte das Problem für die Kollegen mit sehr wenig Mathematik, aber viel erklärendem, definierendem Text:

> „Vorausgeschickt sei, daß bei der Frage nach der Umkehrbarkeit nur die Beugung an vollkommen spiegelnden oder vollständig durch-

> sichtigen Körpern in Betracht zu ziehen ist; denn jede Absorption von Strahlung macht den Vorgang irreversibel, weil der absorbierte Bruchteil der Energie niemals in einer zu der ursprünglichen Schwingung kohärenten Form wieder zu erhalten ist. Auch die Vorgänge der geometrischen Optik sind nur bei fehlender Absorption umkehrbar."[10]

Er sprach zuerst über die Rayleigh-Beugung an kleinen durchsichtigen Teilchen. Eine Aussage war:

> „Wir schließen daraus, daß es kein Verfahren geben kann, welches die Beugung der Strahlung an kleinen, durchsichtigen Teilchen vollständig rückgängig macht, daß dies vielmehr einen irreversiblen Vorgang darstellt."[11]

Danach wurde die Gitterbeugung behandelt:

> „Daher ist die Gitterbeugung ein umkehrbarer Vorgang in dem Sinne, daß bei fehlender Absorption keine Entropiezunahme eintritt [...]."[12]

Im April 1910 reichte Laue bei der Redaktion der Annalen der Physik ein Manuskript mit dem Titel „Die Wärmestrahlung in absorbierenden Körpern"[13] ein, in dem er die bisherigen Ergebnisse von Kirchhoff, Clausius und Planck diskutierte und erweiterte. Seine Arbeit hing wahrscheinlich mit den Untersuchungen von Professor Martens zusammen.[14] Wichtiger war die im Mai eingereichte Arbeit „Ist der Michelsonversuch beweisend?"[15], eine Gegendarstellung zu einer Veröffentlichung von Emil Kohl.

> „Da der Michelsonsche Interferenzversuch als das Fundament der Relativitätstheorie eine ganz einzigartige Bedeutung für die Entwicklung der Physik gewonnen hat, so ist es notwendig, seine Deutung wie gegen alle Zweifel so auch gegen die jüngst von Hrn. Kohl geäußerten Bedenken sicherzustellen."[16]

Sehr sorgfältig analysiert Laue Gegenargumente, den Aufbau des Interferometers, die Spiegelneigungen, die Abbildung der Interferenzstreifen. Er zitiert Michelsons Buch von 1903 und die späteren Arbeiten zusammen mit Morley und Miller.[17] Der Irrtum von Kohl läge in der falschen Annahme, es handle sich um Interferenzen gleicher Neigung. Am Ende hieß es:

> „Mit Genehmigung von Hrn. Kohl füge ich hinzu, daß er nach Kenntnisnahme der vorliegenden Betrachtungen den hier gegebenen Darlegungen bezüglich der Entstehung des Interferenzsystems vollkommen beipflichtet."[18]

Der wissenschaftliche Dialog von Max Planck und Max Laue wurde nun per Post fortgesetzt. Dies zeigt ein Brief von Planck von Juli 1910 aus Berlin an Laue über eine offenbar nicht publizierte Überlegung Laues zu einer Aussage von Heinrich Hertz über bewegten Äther sowie die Entropie in turbulent bewegten Systemen.[19]

In Max Laues privatem Leben war es noch nicht zur Bindung an eine Frau gekommen. Im Kreise seiner Freunde und Bekannten in Berlin fand er keine zukünftige Ehefrau oder suchte sie auch nicht, und Studentinnen der Physik gab es nur ganz wenige. Lise Meitner aus Wien war da eine große Ausnahme. Ob Laue bei den Reisen in die Schweiz die Bekanntschaft mit seiner späteren Frau gemachte hatte ist nicht überliefert, aber denkbar, denn nach einem Besuch bei Einstein in Bern reiste Laue noch durch die Schweiz. Als er wieder in München war, bat er am 26. April 1909 Fräulein Magdalena von Milkau, sie in ihrer Wohnung zum Zweck einer kleinen Besprechung besuchen zu dürfen.[20] Doch noch kam es nicht zu einer Übereinstimmung der Wünsche für ein gemeinsames Leben.

Magdalena von Milkau, die spätere Magdalena von Laue.
Quelle: Universitätsarchiv Frankfurt/M.

Vielleicht verkehrte Max Laue während seiner Studienzeit in Göttingen im gastfreien Haus von Professor Runge. Dessen Tochter Iris studierte Mathematik und Physik. Das Ehepaar Runge war mit dem Ehepaar Ewald befreundet; der Ehemann Paul Peter studierte in München bei Sommerfeld. Iris Runge besuchte sie 1909. Bei Ausflügen, die Iris Runge mit dem Ehepaar Ewald zum Ammersee unternahm, lernte sie Laue kennen. Seine etwas unbeholfene Art, vielleicht auch seine Sprachschwierigkeiten, insbesondere bei seelischer Erregung, hielten die lebensgewandte Iris auf Distanz. Als Max Laue dann, ohne sie zu fragen, im Juli nach Göttingen fuhr, um bei dem Vater um die Hand der Tochter Iris anzuhalten, erhielt er eine Absage. Weder die Eltern noch die Tochter stimmten einer Verbindung mit Laue zu.[21] Da Iris Runge in München studierte, blieb es wohl nicht aus, dass sie sich gelegentlich begegneten.
Max Laue hatte als Adresse in München auf dem Brief an Wilhelm Wien die Heßstraße 3 angegeben, die spätere Ludwigstraße 22. Im Hochsommer 1910 informierte er Max Planck von seiner Verlobung mit Magdalena Caroline Freiin von Milkau-Degen.[22] Sie war 1891 in Meran in Südtirol, das damals noch zum Österreichischen Kaiserreich gehörte, als Tochter eines höheren Berufsoffiziers geboren und hatte mehrere Jahre in der Schweiz gelebt. Die Schönheit der Schweizer Landschaft vergaß sie nie. Ihre Mutter Emilie war verwitwet.
Max Planck gratulierte in einem Brief vom 5. August 1910 vom Grunderhof bei Gmund am Tegernsee zur Hochzeit:

> „Sehr geehrter Herr Dr.!
> Vor Allem noch einmal meine herzlichsten Glückwünsche für Sie und Ihr Fräulein Braut.
> Sie wissen, daß ich es aufrichtig meine, wenn ich Ihnen meine Freude darüber ausspreche, daß Sie nun für so Vieles, was Sie früher entbehren mußten, reichsten Ersatz und dauerndes Lebensglück gefunden haben. Sicherlich hätte meine Frau auch freudigen Anteil genommen, sie war Ihnen doch immer herzlich zugetan.
> Nun aber besten Dank für Ihren Brief vom 31. Man soll einem Bräutigam die kostbare Zeit nicht wegnehmen, aber ich möchte Ihnen wenigstens doch kurz bestätigen, daß wir über die Hertzsche Theorie vollkommen einig sind."[23]

Er erwähnte noch seinen Vortrag in Königsberg und die notwendige Kritik an Ernst Mach:

> „Im Oktober kommt Mach dran, ich habe die betr. Notiz schon geschrieben, will sie doch noch ein bisschen reifen lassen. Natürlich möchte ich alles vermeiden, was den würdigen alten Herrn persönlich verletzen könnte, aber seiner ‚anti-metaphysischen Theorie' muss ich nun doch eins hinaufgeben, das bin ich meiner eigenen Überzeugung schuldig. Auch davon kriegen Sie eine Korrektur.
> Ihren Überzeugungen bezüglich der Fortpflanzungsgeschwindigkeit von Wellen stimme ich natürlich ganz bei, ich möchte nur noch dahingestellt sein lassen, ob die Formel für solche Wellen auch nach der Relativitätstheorie wiedergegeben wird (wenn es mir auch wahrscheinlich ist). Ich will durch einen Schüler jetzt die vollständige Hydrodynamik einer vollkommenen Flüssigkeit (ohne Reibung) auf Grund der Rel. Theorie ausarbeiten lassen."[24]

Die standesamtliche Trauung des Ehepaars Laue fand am 6. Oktober 1910 in München statt.[25] Die Trauzeugen waren ein Vetter der Braut, der Arzt Dr. Robert Born und der Rechtsanwalt Rudolf Pixto. Zur Feier gab es auch Einladungen an die jüngeren Kollegen. Das Ehepaar wohnte in der Bismarckstraße 22.
Das Interesse an der Relativitätstheorie wuchs in den fünf Jahren nach Einsteins erster Veröffentlichung so stark, dass sich Verlage bemühten, einen Autor für ein Buch darüber zu gewinnen.[26] In seinem physikalischen Werdegang bemerkte Laue, unter Erwähnung seiner Arbeit von 1907, dazu:

> „Ich weiß nicht, war es dies allein, oder kam noch anderes dazu, was 1910 zu der Anfrage des Verlages F. Vieweg & Sohn führte, ob ich eine Monographie über die Relativitätstheorie schreiben wolle. Ich tat es und wurde so der Autor der ersten zusammenfassenden Darstellung dafür, die im allgemeinen eine gute Aufnahme fand […].
> Ich schrieb sie – ich hatte mich 1909 von Berlin nach München umhabilitiert – in einem kleinen Bootshaus, das am Ufer des herzoglichen Parks in Feldafing auf den Pfählen im Wasser des Starnberger Sees stand und einen herrlichen Blick auf Herzogstand, Heimgarten,

Benediktenwand und die Berge des Karwendel gewährte. So gut habe ich es nie wieder getroffen."[27]

Magda, wie Max Laue seine Frau nannte, vor ihrem Bootshaus in Feldafing am Starnberger See, 1911. Quelle: Universitätsarchiv Frankfurt/M.

Laue beendete bereits im Mai 1911 das druckfertige Manuskript. Es wurde das 38. Heft in der Reihe „Die Wissenschaft. Sammlung naturwissenschaftlicher und mathematischer Einzeldarstellungen" des Braunschweiger Verlages Vieweg & Sohn.[28] Im Vorwort versuchte Laue vorbeugend, die Kritiker zu besänftigen.

> „In den 5½ Jahren, welche seit Einsteins Begründung der Relativitätstheorie vergangen sind, hat die Theorie in immer wachsendem Maße Beachtung gefunden. Freilich ist diese Beachtung nicht durchweg Zustimmung. Manche Forscher, darunter auch Träger sehr bekannter Namen, halten ihre empirische Begründung für nicht hinreichend fest. Bedenken dieser Art ist natürlich nur durch weitere Versuche abzuhelfen; immerhin legt das vorliegende Büchlein Wert auf den Nachweis, daß z. B. kein einziger empirischer Grund gegen diese Theorie vorhanden ist. Weit größer aber ist die Zahl derjenigen, welche sich mit ihrem gedanklichen Inhalt nicht befreunden können, denen namentlich die Relativität der Zeit mit ihren manchmal in der Tat recht paradox aussehenden Konsequenzen unannehmbar erscheint."[29]

Laue erwähnte die grundlegenden Arbeiten von Einstein, Planck und Minkowski und die von Sommerfeld in jüngster Zeit. Dann wies er auf die Grundlagen für das Verständnis des Buches hin:

> „Bei dem Leser setzt die Darstellung außer dem gebräuchlichen mathematischen Rüstzeug des theoretischen Physikers, der Infinitesimalrechnung und der Vektoranalysis nur noch eine gewisse Kenntnis der Maxwellschen Theorie voraus […].“[30]

Am Ende des Vorworts dankte Laue Dr. A. Rosenthal für die Unterstützung bei den Korrekturen. Der Inhalt mit einem Umfang von 208 Seiten war streng gegliedert in die folgenden sieben Kapitel: I. Die Problemstellung, II. Die älteren Theorien der Elektrodynamik bewegter Körper, III. Die Relativitätstheorie, kinematischer Teil, IV. Weltvektoren und -tensoren, V. Die Elektrodynamik des leeren Raumes nach dem Relativitätsprinzip, VI. Die Minkowskische Elektrodynamik der ponderablen Körper und VII. Dynamik. Obwohl Laue im Vorwort „mathematisches Rüstzeug“ voraussetzte, flocht er gelegentlich einfache, sehr anschauliche Beispiele ein. So heißt es in der 4., vermehrten Auflage des Buches:

> „Man denke sich z. B. zwei Astronomen auf verschiedenen gegeneinander bewegten Himmelskörpern könnten miteinander in Gedankenaustausch treten. Sie würden feststellen, daß sie für alle astronomischen Ereignisse wesentlich verschiedene Zeitangaben ma-

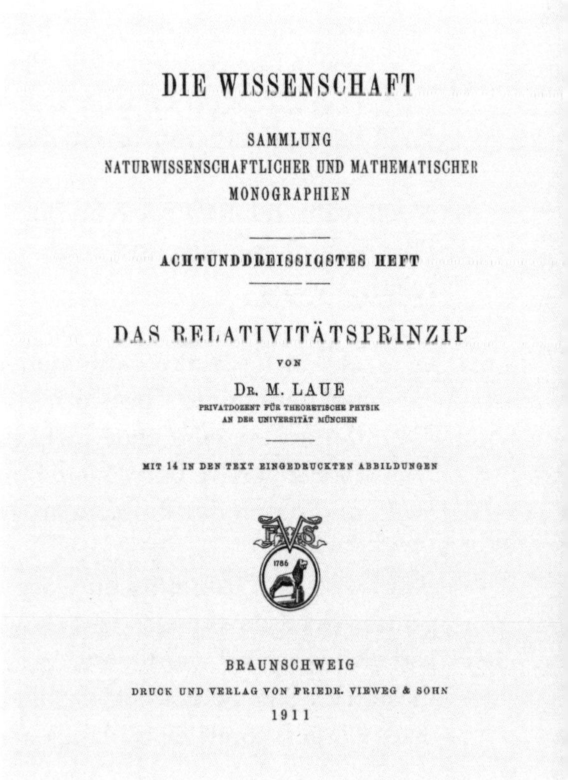

DIE WISSENSCHAFT

SAMMLUNG
NATURWISSENSCHAFTLICHER UND MATHEMATISCHER
MONOGRAPHIEN

ACHTUNDDREISSIGSTES HEFT

DAS RELATIVITÄTSPRINZIP

VON

DR. M. LAUE
PRIVATDOZENT FÜR THEORETISCHE PHYSIK
AN DER UNIVERSITÄT MÜNCHEN

MIT 14 IN DEN TEXT EINGEDRUCKTEN ABBILDUNGEN

BRAUNSCHWEIG
DRUCK UND VERLAG VON FRIEDR. VIEWEG & SOHN
1911

Titelblatt des Buches „Das Relativitätsprinzip“ von Max Laue, hier die erste Auflage von 1911.

> chen; und dies, trotzdem sie (wie wir annehmen wollen) dabei dieselben physikalischen Grundsätze anwenden, allein aus dem Grunde, daß jeder sie als ruhend annimmt."[31]

Das Buch enthielt keinerlei philosophische Betrachtungen zu Raum und Zeit, keine Erwähnung von Kants „a priori"-Vorstellungen des Menschen über den Raum.
Nicht alle Kollegen waren mit Laues Darstellungen einverstanden, denn strenge Theoretiker bemängelten die Beschreibung von Experimenten in einem solchen Buch. Aus Anlass der Bearbeitung einer neuen Auflage Jahrzehnte später, schrieb Max von Laue darüber an Wilhelm Westphal am 21. Januar 1950:

> „Ich wundere mich übrigens, daß jetzt ein solches Verlangen nach dem Buche besteht, nachdem man es mir früher so oft schlecht gemacht hat. Als ich 1911 Planck das Manuskript zur Kritik gab, gab er es mir zurück mit der Bemerkung, ich dürfe unter keinen Umständen verlautbaren lassen, daß er es in den Händen gehabt habe."[32]

Noch während der Arbeit am Buch griff Laue mit einer Publikation in der Physikalischen Zeitschrift in den Streit zwischen Relativisten und Antirelativisten ein:

> „Da sich die alten kinematischen Bedingungen der Starrheit nicht mit der Lorentz-Transformation vertragen, so kam es dabei zunächst darauf an, eine neue Definition dafür zu schaffen. Es ist das Verdienst von M. Born, zuerst mit einer solchen hervorgetreten zu sein und damit das Problem aufgerollt zu haben."[33]

Am Ende der Diskussionen waren es zehn Freiheitsgrade. Laue ging in seiner Arbeit davon aus, dass es keine Überlichtgeschwindigkeit gibt und legte Minkowskis vierdimensionale Welt seinen Betrachtungen zugrunde. Er kam zu dem Schluss, dass „die Zahl der kinematischen Freiheitsgrade eines Körpers somit keine obere Grenze" hat.[34] In einer Fußnote bemerkte er:

> „Ich möchte nicht unerwähnt lassen, daß ich mehrfach Gelegenheit hatte, mit Hrn. Prof. Sommerfeld über diese Dinge zu sprechen."[35]

Max Born schrieb bald nach dem Erscheinen von Laues Buches eine Besprechung für die Physikalische Zeitschrift.

> „Das Buch wendet sich an einen mathematisch geschulten Leserkreis; es ist bei der außerordentlichen Knappheit und Präzision der Darstellung keine leichte Lektüre."[36]

Als Mitarbeiter von Minkowski kritisierte Born die mathematische Behandlung mehr nach Sommerfelds Methode als nach Minkowskis Matrizenkalkül. Auch an anderen Stellen merkte Born Abweichungen von Minkowskis Lösungsweg an. Am Ende der Besprechung hieß es:

> „Den Abschluß des Buches bildet eine Anwendung der allgemeinen Dynamik auf die Hohlraumstrahlung, wobei die Resultate Mosengeils in eleganter Weise wiedergewonnen werden. Die Fülle von Anregungen, die dieses Buch in kleineren und größeren Fragen enthält, läßt ***sich in einem kurzen Bericht kaum andeuten.***"[37]

Bereits 1913 erschien die zweite, verbesserte Auflage von Laues Buch zur Relativitätstheorie. Trotz der Arbeit am Manuskript reichte Laue Ende April 1911 eine Arbeit „Zur Dynamik der Relativitätstheorie" ein. Er behandelte die Frage, wie das Elektron, ein Massepunkt, bei Bewegung verformt wird. Laue erwähnte dazu die Veröffentlichungen von Einstein und Planck wie auch die von Ehrenfest und Born. Letzterer schrieb dem Elektron Kugelsymmetrie zu, was Laue kritisch beurteilte. Laue ging auch auf den Versuch von Trouton und Noble von 1903 ein:

> „Nach der Elektronentheorie erfährt ein gleichförmig bewegter, geladener Kondensator von den elektromagnetischen Kräften ein Drehmoment. Trouton und Noble versuchten dies an einem bifilar aufgehängten Kondensator als Folge der Erdbewegung nachzuweisen, konnten aber keine Drehung desselben aus der Ruhelage finden. Die Relativitätstheorie vermag das Ergebnis natürlich sehr einfach dadurch zu erklären, daß die Erde, relativ zu welcher der Kondensator ruht, ein berechtigtes Bezugssystem ist. Wie aber gestaltet sich die Theorie, wenn man ein anderes Bezugssystem wählt? Das elektrodynamische Drehmoment ist

> auch nach der Relativitätstheorie vorhanden. Warum tritt keine Drehung auf?"[38]

Dann ging er auf die Frage ein, welche Energiearten zusammenzufassen seien, und meinte:

> „Alle diejenigen, welche in einem berechtigten System, dem Ruhesystem, keine Störung zeigen, [können] daher auch keinen Impuls geben. [...]
> Ein vollständiges statisches System ist ferner der Kondensator des Trouton-Nobleschen Versuches mit seinem Feld. Ebensowenig wie ein Massepunkt bedarf das ganze System bei gleichförmiger Geschwindigkeit eines Drehmoments."[39]

Im Sommersemester 1911 las Max Laue über die „Thermodynamik mit besonderer Berücksichtigung der chemischen Anwendungen". Eine Vorlesung zur Relativitätstheorie gab es in diesem Semester nicht.
Am 1. Juli 1911 legte Sommerfeld als Mitglied der mathematisch-physikalischen Klasse der Königlich Bayerischen Akademie der Wissenschaften eine Arbeit von Laue vor: „Über einen Versuch zur Optik bewegter Körper".[40] Ausgehend von den Michelson-Versuchen untersuchte Laue, im Hinblick auf die Relativitätstheorie, ob der Äther die Drehung der Erde mitmacht oder nicht. Dazu nahm er einen umlaufenden Lichtstrahl in einem Spiegelsystem an. Nach der klassischen Theorie ändere sich die Lage des Mittelpunktes des Kreises bei Erdbewegung nicht, nach der Relativitätstheorie wird der Kreis elliptisch. Laue regte entsprechende Versuche an.
Die Diskussionen über die Relativitätstheorie gingen bei den Physikern weiter, und Laue fühlte sich aufgerufen, den Kollegen das Verständnis von Einsteins Überlegungen zu erleichtern. Im Dezember 1911 reichte er bei der Physikalischen Zeitschrift folgenden Beitrag ein: „Zwei Einwände gegen die Relativitätstheorie und ihre Widerlegung".[41] Er nahm die paradox erscheinende Aussage der Relativitätstheorie, das Uhrenparadoxon, und prüfte den Einwand dagegen, unter anderem mit Hilfe von Minkowskis vierdimensionaler Welt mit ihrer Gleichwertigkeit aller zeitlichen Richtungen. Er wandte sich gegen die Aussagen von Emil Wiechert zur Existenz des Äthers.

> „Im übrigen scheint mir, als könne die ganze Frage nach der Existenz des Äthers und der absoluten Zeit ohne Schaden aus der physikalischen Diskussion verbannt werden, solange also nicht ganz neue Tatsachen, wie etwa die Existenz von Überlichtgeschwindigkeiten oder ein Widerspruch zwischen den Erscheinungen der Gravitation und dem Relativitätsprinzip vom Experiment nachgewiesen werden [...]."[42]

In dieser Zeit korrespondierte Laue mit Einstein, da er dessen Arbeit zur Gravitation studierte, denn er wollte im Münchner Kolloquium darüber vortragen. Noch war die Anrede „Lieber Herr Professor". Einige Einwände hatte er gegen die Gleichwertigkeit der beiden Systeme ***K*** und ***K***`.

> „Ausserordentlich charakteristisch scheint mir auch, dass das Gravitationspotential eine physikalische Bedeutung bekommt, welche dem elektrostatischen Potential völlig abgeht."[43]

Doch er glaube bei alledem nicht an die Richtigkeit der Theorie. Laue ging auf die Schwierigkeiten der Messung der Lichtablenkung durch die Sonne ein und erwähnte, dass Michelson schon Interferenzversuche mit langen Lichtwegen in zwei verschiedenen Höhen über dem Erdboden zu dem Problem vorgeschlagen hätte.[44]

Der theoretische Physiker Max Laue sah in dem Streit, wohin der Weg führen muss. Er nahm an der Tagung der Deutschen Naturforscher und Ärzte in Karlsruhe 1911 teil und hörte den Kollegen Emil Budde über die „Theorie des Michelsonversuches" vortragen,[45] was ihn zu einem sehr kritischen Diskussionsbeitrag veranlasste. Er griff nur drei Punkte auf und stellte die Aussage von Budde richtig. Eine ausführliche Veröffentlichung dazu, unter dem gleichen Titel wie Buddes Vortrag, folgte in der Physikalischen Zeitschrift, wobei Laue besonders auf die optischen Vorgänge an der Teilerplatte des Interferometers einging.[46]

Laue selbst trug seine „Bemerkungen zum Hebelgesetz in der Relativitätstheorie" vor.[47] Am Anfang des Textes spürt man Laues Begeisterung für die Physik:

> „Eines der schönsten Ergebnisse der Relativitätstheorie ist wohl der Satz von der Trägheit der Energie; seine allgemeinste Formulierung

hat Herr Planck vor 3 Jahren in Köln vorgetragen. Sie behauptet, daß, wo immer eine Energieströmung von der Dichte ***S*** auftritt, stets mit ihr eine Bewegungsgröße verbunden ist, welche, auf die Volumeneinheit bezogen, den Betrag $g = S/c^2$ hat."[48]

Im März 1912 erschienen zwei weitere Arbeiten Laues zur Relativitätstheorie, u. a. nochmals eine sehr ausführliche zu dem Versuch von Trouton und Noble von 1903,[49] ob ein geladener Platten-Kondensator infolge seiner Bewegung mit der sich drehenden Erde ein Drehmoment erfährt.[50]

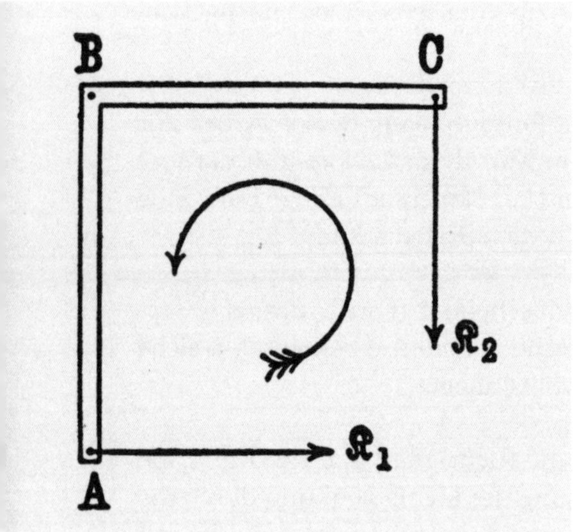

Winkelhebel mit der Betrachtung in zwei Bezugssystemen: „In dem nach dem Relativitätsprinzip berechtigten Bezugssystem K^0 ruht ein Winkelhebel ***ABC*** mit zwei gleich langen, zueinander senkrechten Armen ($AB = BC = l^0$). In ***B*** ist er um eine zu seiner Ebene senkrechte Achse drehbar. In ***A*** und ***C*** greifen zwei der Größe nach gleiche Kräfte K_1^0 und K_2^0 an; K_1^0 ist parallel zu ***BC***, K_2^0 zu ***BA***. Die Drehmomente dieser Kräfte sind $\pm \mid K_1^0 \mid l^0$ und heben sich gegenseitig auf."
Quelle: Laue 1961/I: 163

„Vielfach wird der Michelsonsche Interferenzversuch als einzige Stütze betrachtet, welche die Relativitätstheorie gegenüber der ‚Absoluttheorie' besitzt. Dies ist aber keineswegs der Fall. Auch der Trouton-Noblesche Versuch entscheidet im gleichen Sinne; und wenn er trotz der Wertschätzung, welche ihm H. A. Lorentz 1904 entgegenbrachte, einigermaßen in Vergessenheit geraten ist, so dürfte dies im wesentlichen daran liegen, daß seine Theorie jene Anschaulichkeit entbehrt, welche die des Michelson-Versuchs so sehr auszeichnet."[51]

Nun ergänzte Laue die Theorie. Er berechnete zuerst die Kräfte, die auf den ruhenden Kondensator ausgeübt werden, und ging auch auf den Kraftlinienverlauf an den Rändern das Kondensators ein, was zu großen Schwierigkeiten führte:

„Nur quantitativ wird man unser Ergebnis übertragen können, daß neben der Anziehung der Platte am Rande der Platten und an der Begrenzung des Dielektrikums Kräfte angreifen, welche im Ruhezustand die Platten tangential spannen, und das die Gesamtheit dieser Kräfte im Fall der Bewegung das Drehmoment hervorbringt."[52]

Eine weitere umfangreiche Arbeit lag noch auf dem Schreibtisch von Laue: Er hatte das Kapitel „Wellenoptik" für den fünften Band, dritter Teil, der „Encyclopädie der mathematischen Wissenschaften mit Einschluss ihrer Anwendungen"[53] zu schreiben, der erst 1913 erschien, so dass auch eine Abhandlung über die Interferenzversuche mit Röntgenstrahlen aufgenommen werden konnte. Den Band redigierte Sommerfeld, der wahrscheinlich Laue als Autor für das Kapitel ausgesucht hatte.

Der Münchener Bierkeller, in dem die Physiker zum Kegeln einkehrten, ganz links Max Laue, ganz rechts Paul Peter Ewald, 1912.
Quelle: Archiv der Max-Planck-Gesellschaft, Berlin-Dahlem

Als Privatdozent musste Laue auch Vorlesungen halten. Er las im Sommersemester 1912 über „Das Relativitätsprinzip und seine Folgerungen". Rein sprachlich war Laue kein guter Vortragender, und da die alte Regel „Trias sunt collegium" galt, hing die Vorlesung davon ab, ob drei Studenten teilnahmen. Peter Paul Ewald, ein Doktorand von Sommerfeld, berichtete, dass bei schönem Sommerwetter gelost wurde, wer zu Laues Vorlesung gehen musste.[54]

An den Universitäten war es üblich, dass in der Mittagszeit keine Vorlesungen stattfanden. Die Münchener Universität lag in der Nähe vom Hofgarten des Schlosses. Dort gab es das Café Lutz, wo die Hörer von Sommerfelds Vorlesungen, des Seminars oder des Kolloquiums über das Gehörte diskutierten. Das war für die Ausbildung, das Verständnis der Vorlesung von Sommerfeld und das Leben im Institut mit dem kleinen Kreis der Studierenden von großer Bedeutung. Zusätzlich wurde ein „bonzenfreies Seminar" veranstaltet. Es fanden auch Kegelabende statt, und zum Löschen des Durstes traf man sich in einem Bierkeller.

Die Natur der Röntgenstrahlen war weithin unklar. Sommerfeld hatte Anfang 1909 mit Einstein darüber korrespondiert, der ihm in einem langen Brief aus Zürich am 19. Januar 1909 teils witzig antwortete, aber keine physikalisch eindeutige Erklärung geben konnte.[55]

Erste Solvay-Konferenz für Physik, 1911
Stehend von links nach rechts: Robert Goldschmidt, Max Planck, Heinrich Rubens, Arnold Sommerfeld, Frederick Lindemann, Maurice de Broglie, Martin Knudsen, Friedrich Hasenöhrl, Georges Hostelet, Édouard Herzen, James Jeans, Ernest Rutherford, Heike Kamerlingh Onnes, Albert Einstein, Paul Langevin
Sitzend von links nach rechts: Walther Nernst, Marcel Brillouin, Ernest Solvay, Hendrik Antoon Lorentz, Emil Warburg, Jean-Baptiste Perrin, Wilhelm Wien, Marie Curie, Henri Poincaré
Quelle: aus dem Nachlass des Autors

Ende Oktober 1911 hatte in Brüssel der erste Solvay-Kongress zum Thema „Strahlung" stattgefunden. Ein reicher belgischer Industrieller, Ernest Solvay, hatte, beraten durch den Berliner Physiko-Chemiker Walther Nernst, Geld für einen internationalen Kongress gestiftet. Sommerfeld war unter den Eingeladenen, zu denen u. a. Marie Curie, Einstein, Lorentz, Nernst, Planck und Rutherford gehörten. Sommerfeld trug seine Vorstellungen über die Röntgenstrahlen vor, aber in der ausführlichen Debatte kam es zu keiner Einigung, ob es sich um Impulse handelt oder um Wellen, deren Wellenlänge man jedoch nicht kannte, die aber nach allen Überlegungen sehr kurz sein müsste.[56]

Sommerfeld wollte einen guten Experimentalphysiker finden, um seine Vorstellungen über die Röntgenstrahlen im eigenen Institut prüfen zu können. Walter Friedrich hatte gerade bei Röntgen seine Dissertation über „Räumliche Intensitätsverteilung der X-Strahlen", die von einer Platin-Antikathode ausgehen, abgeschlossen.[57] Somit war er ein geeigneter Experimentalphysiker für die Aufgabe, und Sommerfeld bemühte sich, ihn für sein Institut zu gewinnen. Aber Röntgen zögerte, Friedrich frei zu geben, was Sommerfeld nicht hinnahm. Schließlich gab Röntgen nach, und Friedrich konnte nach Sommerfelds Ideen experimentieren.

Wilhelm Conrad Röntgen (1845–1923), Porträt ohne Datum, mit Widmung vom Deutschen Röntgen-Museum zum 25-jährigen Jubiläum des MPI für Biophysik.
Quelle: Archiv der Max-Planck-Gesellschaft, Berlin-Dahlem

Röntgen hatte 1895 in Würzburg die nach ihm benannten Strahlen entdeckt und experimentell zahlreiche grundlegende Untersuchungen über die Natur der Strahlen ausgeführt, so dass nur wenig Unerforschtes blieb. Röntgen war der Meinung, er hätte die longitudinalen Ätherwellen entdeckt, über die bereits Hermann von Helmholtz nachgedacht hatte.[58] Ein wichtiger Beitrag über die Natur der Röntgenstrahlen wurde von dem Engländer

Charles G. Barkla 1904 geleistet, der experimentell die Polarisation der Röntgenstrahlen durch Streuung an Stoffen verschiedenen Atomgewichtes entdeckte, was einen Hinweis auf den Charakter von Wellen gab. Er wurde 1917 mit dem Nobelpreis geehrt. Im Jahrbuch der Radioaktivität und Elektronik veröffentlichte er 1908 eine Zusammenfassung der damaligen fremden und eigenen Arbeiten zu diesem Thema.[59] Die übliche Methode zum Nachweis der Wellennatur einer Strahlung waren Beugungsuntersuchungen. Das hatte bereits Röntgen mit seinen X-Strahlen versucht, aber ohne Erfolg. Nach der Entdeckung der Radioaktivität gab es ein weiteres ungeklärtes Phänomen: Was bedeuten die γ-Strahlen, die beim radioaktiven Zerfall beobachtet wurden? Waren sie identisch mit den Röntgenstrahlen, entstanden sie aus Röntgenstrahlen, wie William Henry Bragg annahm?[60] Zwei junge Physiker, Robert Wichard Pohl und Bernhard Walter, experimentierten 1909 zum Nachweis der Beugung von Röntgenstrahlen mit einer keilförmigen Spaltanordnung. Die visuelle Auswertung der erhaltenen Bilder auf den Fotoplatten brachte keine eindeutige Erklärung.[61] Sommerfeld sandte am 1. März 1912 seine zusammenfassende und kritische Darstellung mit dem Titel „Über die Beugung der Röntgenstrahlen“ an die Redaktion der Annalen der Physik. Der Schlusssatz seines Beitrages lautete:

> „Jedenfalls wird es sich verlohnen, weiter sorgfältige Beugungsaufnahmen mit Röntgenstrahlen zu machen, nachdem durch diese Arbeit gezeigt ist, daß sich dieselben theoretisch verwerten lassen, und nachdem namentlich Hr. Kollege Koch in der folgenden Arbeit nachgewiesen hat, daß sie sich mit aller erforderlichen Genauigkeit ausmessen lassen.“[62]

Was von Februar bis April 1912 wirklich in den beiden Physikalischen Instituten der Münchener Universität und im Café Lutz diskutiert wurde ist damals von niemandem dokumentiert worden.[63] Alle Beschreibungen sind später, teilweise erst Jahrzehnte später, verfasst worden. Laues jahrelange Beschäftigung mit optischen Interferenzproblemen sieht in der Rückschau wie eine Vorbereitung zur Entdeckung aus, wenn man Laues „Mein physikalischer Werdegang – Eine Selbstdarstellung“ liest:

> „Von besonderer Bedeutung für mich wurde es, daß in München noch die Tradition der Raumgitterhypothese für die Kristalle leben-

dig war, von der man anderswo kaum noch sprach. Das lag zum Teil daran, daß sich von den Zeiten Leonhardt Sohnckes, der bis 1897 in München gewirkt und zu ihrer mathematischen Durcharbeitung viel beigetragen hatte, Gittermodelle in den Sammlungen der Universitätsinstitute zu sehen waren. In erster Linie gebührt das Verdienst dem Mineralogen Paul von Groth, der in seinen Vorlesungen stets darauf hinwies. Und nun ereignete es sich im Februar 1912, daß P. P. Ewald, ein Doktorand Sommerfelds, welcher das Verhalten von Lichtwellen in einem Raumgitter aus polarisierbaren Atomen mathematisch untersuchen sollte, damit aber zunächst nicht zurecht kam, mich in meiner Wohnung besuchte und um Rat bat. Freilich wußte ich ihm nicht zu helfen; aber bei der Besprechung entfuhr mir wie zufällig der Satz, man solle doch viel kürzere Wellen, nämlich Röntgenstrahlen durch Kristalle senden. Wenn die Atome wirklich ein Raumgitter bilden, müsse das Interferenzerscheinungen ergeben, ähnlich den Lichtinterferenzen an optischen Gittern. Dies sprach sich unter den jüngeren Physikern Münchens herum, die jeden Wochentag nach Tisch im Café Lutz zusammenkamen. Einer dieser Schar, Walter Friedrich, der kurz zuvor mit einer Arbeit über Röntgenstreuung bei Röntgen promoviert hatte und darauf hin Sommerfelds Assistent geworden war, erbot sich dies zu prüfen. Die einzige Schwierigkeit war, dass Sommerfeld zunächst von der Idee nichts hielt und Friedrich lieber einen Versuch über die Richtungsverteilung der von der Anode ausgehenden Strahlung gesetzt hätte. Aber auch dies wurde überwunden, als sich Paul Knipping, ebenfalls ein Röntgen'scher Doktorand, zur Hilfe anbot. Und so begannen gegen Ostern 1912 die Versuche."[64]

Die Erinnerungen des damals Rat suchenden Paul Peter Ewald weichen von Laues Schilderung ab.[65] In seiner Einführung führte er aus, dass Sommerfeld damals – also vor Laues Überlegungen – bereits durch die Versuche von Pohl und Walter und die Messungen von Peter Paul Koch von der Wellennatur der Röntgenstrahlen überzeugt war und die Wellenlänge etwa zu 0,4 Ångström annahm.

„Dies ist die eine Grundlage der Laueschen Idee, die auf Sommerfelds Arbeiten beruht; die zweite ist diese: Sommerfeld war vom

Göttinger Mathematischen Verein her befreundet mit dem Mathematiker Arthur Schoenflies, der als Anwendung der damals noch jungen geometrischen Gruppentheorie die 230 möglichen periodischen Anordnungen von Symmetrieelementen abgeleitet und als Habilitationsschrift Felix Klein eingereicht hatte. Kleins [des Mathematikers Felix Klein] Reaktion war, wie Sommerfeld mir sagte: ‚Was Sie da haben ist Kristallographie.' Die Strukturtheorie der Kristalle war, zu einer Zeit, in der die ganze Idee der atomaren Struktur der Materie noch von namhaften Forschern bekämpft wurde, unter den Kristallographen, außer in ihrer primitivsten Form der 14 Bravaisschen Gitter, nicht hoch angesehen.
Eine Ausnahme bildete der Münchner Mineraloge Paul Groth, der seinerseits mit L. Sohncke befreundet gewesen war, dem Physikprofessor an der Technischen Hochschule München."[66]

Paul Peter Ewald (1888–1985) entwickelte eine theoretische Grundlage für die Röntgeninterferenzen der Kristalle und konnte so die Einzelheiten der Röntgenstreuungsversuche von Laue erklären. Quelle: Universitätsbibliothek Göttingen, Scan: Archiv der Max-Planck-Gesellschaft, Berlin-Dahlem

Ewald erwähnte dann die ausgestellten Kristallmodelle, die auch Laue aufführte.

> „Als ich Sommerfeld 1910 um das Thema für eine Doktorarbeit bat, leuchtete mir sofort derjenige unter vielen Vorschlägen ein, den er wegen Zweifels an seiner Durchführbarkeit am wenigsten empfahl, den er mir aber den noch zubilligte; es war: zu untersuchen, ob Resonatoren, wie sie seit Drude, Lorentz und Planck im Körperinnern zur Erklärung des Brechungsvermögens für Licht angenommen wurden, wohl Doppelbrechung erzeugen könnten, wenn sie nicht regellos im brechenden Medium verteilt wären sondern periodisch auf einem Gitter von geeigneter Symmetrie."[67]

Es folgten Einzelheiten über die damals unbekannte Struktur der Kristalle. Die ersten Folgerungen aus seinen Rechnungen beunruhigten Ewald, war es doch eine wesentliche Abweichung von den bekannten Theorien,

„[...] die mich unerfahrenen Adepten erschreckte, [daher] wollte ich Laues Ansicht hören. Auf dem Weg vom Institut in seine Wohnung in der Bismarckstraße – er und seine junge Frau hatten mich zum Abendessen eingeladen, und wir gingen durch den Englischen Garten – begann ich ihm meinen Fall vorzutragen, als ich merkte, daß Laue den Gegenstand meiner These nicht kannte. Ich mußte also von vorn anfangen mit dem Modell der im Raumgitter angeordneten Resonatoren. Laue fragte ‚Warum diese Annahme?' Ich antwortete, daß die Kristallographen darin den wesentlichen Unterschied zwischen Kristallen und amorphen Körpern, wie z. B. Glas, sehen. Laues Reaktion war: ‚Ach so'. Ob Laue die Gittervorstellung schon früher gekannt hat oder nicht, läßt diese Antwort offen; sicher ist aber, daß sie ihm nicht geläufig war. Das Wort Raumgitter hat höchstwahrscheinlich dazu beigetragen, bei Laue die Assoziation mit Beugungsgitter auszulösen, denn Laue hatte für seinen Beitrag zur Enzyklopädie der mathematischen Wissenschaften erst vor kurzem das Kapitel über ein- und zweidimensionale Beugungsgitter geschrieben. Als ich fortfahren wollte mit der Darlegung meines Problems, unterbrach mich Laue mit der Frage: ‚Welche Abstände haben die Resonatoren?' Meine Antwort war ausweichend: Es hänge davon ab, ob man in den Gitterpunkten Atome, Moleküle oder Gruppen von solchen annehme. Mir sei der Abstand nicht wichtig, da er auf alle Fälle nur 10^{-3} oder 10^{-4} der Wellenlänge des Lichts sei. Dies war sicherlich der Punkt, an dem Laue die Sommerfeldsche Bestimmung der Röntgenwellenlänge ins Gedächtnis kam, die um den gleichen Faktor kleiner ist als die Wellenlänge des sichtbaren Lichts. Im Laufe der weiteren Unterhaltung hörte mir Laue nur mit halbem Ohr zu. Statt sich für meine Skrupel zu interessieren, unterbrach er mich mindestens zweimal mit der Frage: ‚Was geschieht denn mit ganz kurzen Wellen im Kristall?' Ich kann mich nicht erinnern, daß er je das Wort Röntgenstrahlen hätte fallen lassen, das mir vielleicht die Bedeutung seiner Frage klargemacht hätte, obwohl ich nicht weiß, ob ich damals Sommerfelds Resultat kannte. Meine Antwort war: ‚Ich weiß nichts über das Verhalten von ganz kurzen Wellen, aber man kann das aus den Formeln in meiner Arbeit herauslesen, in denen die Summe der Kugelwellen in eine solche von ebenen Wellen transformiert wird. Diese Formeln sind streng gültig für alle

Wellenlängen; ich lasse Sie ihnen gern da – ich selbst aber muß erst meine Dissertation abschließen und einreichen und kann jetzt keine Zeit auf Ihre Frage verwenden.'"[68]

Eine Fotografie vom Nachbau der Apparatur mit dem Tafelständer der ersten Aufnahmen von Röntgenstrahlinterferenzen an Kristallen im Deutschen Museum München.
Quelle: im Nachlass des Autors

Ewald reichte am 16. Februar 1912 seine Arbeit ein und verließ München nach der mündlichen Prüfung. An den Experimenten und Diskussionen, die zur Entdeckung führten, war er daher nicht beteiligt.

So war der Stand, als Laue wahrscheinlich auf die experimentelle Prüfung seiner Idee drängte. Wer die experimentelle Anordnung bestimmte, ob es Laue war, Friedrich oder Knipping oder ob es eine gemeinsame Diskussion gab, ist ebenfalls nicht überliefert. Die Experimente wurden in Friedrichs Raum durchgeführt.

Aus den von der Antikathode ausgehenden Röntgenstrahlen wurde mit einer Art Kollimator aus zwei Bleiplatten mit Bohrungen ein feines Strahlenbündel ausgeblendet. Ein Goniometer wurde als Halterung für den Kristall benutzt, um den Einfallswinkel auf die Kristallfläche systematisch ändern zu können. Da die Richtung des abgebeugten Strahls unbekannt war, wurden fünf fotografische Platten in lichtdichter Verpackung an verschiedenen Orten aufgestellt. Es wurden Röntgenröhren mit kalter Kathode verwendet. Die Hochspannung wurde von einem Funkeninduktor geliefert. Infolge der Dauerbelastung, die Belichtungszeit betrug viele Stunden, ließ die Strahlleistung im Verlauf der Belichtung nach. Der Verschleiß an Röhren war hoch, da das Vakuum der Röhre schlechter wurde. Über die Konstanz der abgestrahlten Wellenlänge wurden keine Angaben gemacht. Als erstes Kristall wurde Kupfersulfat $CuSO_4 \cdot 5\ H_2O$ benutzt, das im Institut zu finden war. Vom wissenschaftlichen Standpunkt war es keine glückliche Wahl, eine so komplexe Verbindung zu wählen.

An die ersten Ergebnisse erinnerte sich Laue:

> „Nicht der erste [Versuch], wohl aber der zweite führte zu einem Ergebnis. Das Durchstrahlungsphotogramm eines Stückes Kupfersulfat zeigte neben dem primären Röntgenstrahl einen Kranz abgebeugter Gitterspektren. Tief in Gedanken versunken ging ich durch die Leopoldstraße nach Hause, als mir Friedrich diese Aufnahme gezeigt hatte. Und schon nahe meiner Wohnung, Bismarckstraße 22, vor dem Hause Siegfriedstraße 10, kam mir der Gedanke für die mathematische Theorie der Erscheinung. Die auf Schwerd (1835) zurückgehende Theorie der Beugung am optischen Gitter hatte ich kurz zuvor für einen Artikel in der Enzyklopädie der mathematischen Wissenschaften neu zu formulieren gehabt, so daß sie, zweimal angewandt, auch die Theorie des Kreuzgitters mit umfaßte. Ich brauchte sie nur, den drei Perioden des Raumgitters entsprechend, dreimal hinzuschreiben, um die neue Entdeckung zu deuten. Insbesondere ließ sich der beobachtete Strahlenkranz sogleich in Beziehung zu den Kegeln setzen, welche jede der drei Interferenzbedingungen für sich allein bestimmt. Als ich ein paar Wochen später zu einer anderen, übersichtlicheren Aufnahme diese Theorie quantitativ prüfen konnte und sie bestätigt fand, da war das für mich der entscheidende Tag."[69]

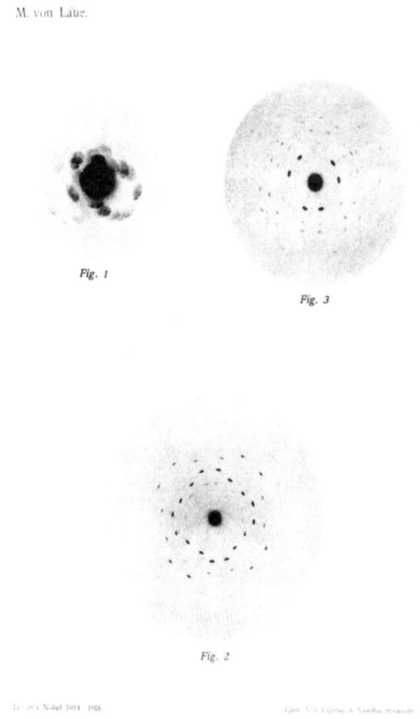

Erste gelungene Röntgenstrukturaufnahme, 1912. Quelle: Santessen 1920

In der Veröffentlichung von 1913 hatte Laue noch Bedenken:

> „Jetzt soll diese Theorie einer ersten quantitativen Prüfung unterzogen werden. Mag es sein, daß es dabei nicht gelingt, zur vollen Wahr-

heit durchzudringen, daß besonders die Werte für die Wellenlängen der Röntgenstrahlen später ersetzt werden müssen durch andere, welche zu ihnen in einfachen rationalen Verhältnissen stehen."[70]

Zum 10-jährigen Jubiläum der Entdeckung im Frühjahr 1912 erinnerte sich Walter Friedrich an die Vorgänge im Institut.[71] Ausführlich wies er auf die Vorarbeiten von Haga und Wind, Walther und Pohl und die Versuche von Barkla sowie W. H. Bragg hin. Die Vorstellungen der Physiker, ob es Impulse oder Wellen sein könnten, wurden diskutiert, ebenso die Arbeiten unter Röntgen. Über Sommerfelds Beitrag bemerkte Friedrich:

> „Gerade in die Zeit vor der Laueschen Entdeckung fallen auch seine Arbeiten über eine Hypothese, die er zur Vervollständigung der Impulstheorie gemacht hatte, daß nämlich der Bremsvorgang des Kathodenstrahlelektrons durch das Plancksche Wirkungsquantum reguliert werden sollte. […]
> Die Optik hatte ihren berufenen Vertreter in M. v. Laue."[72]

Danach erwähnte er das Interesse von Röntgen an Kristallen und die Anwesenheit des Altmeisters der Kristallographie, Paul von Groth:

> „So war denn der Boden für die Lauesche Entdeckung in der glücklichsten Weise wie wohl nirgends wo anders vorbereitet. Den äußeren Anlaß zu dem glänzenden, so außerordentlich fruchtbaren Gedanken Laues, daß beim Durchgang von Röntgenstrahlen durch Kristalle Interferenzerscheinungen ähnlicher Art, wie beim Durchgang des Lichtes durch ein Beugungsgitter, auftreten müssen, bildete die Arbeit P. P. Ewalds über das Verhalten langer elektromagnetischer Wellen in einem Raumgitter, die dieser auf Veranlassung Sommerfelds begonnen hatte und später als Doktorarbeit herausgegeben hat." [73]

Friedrich fügte die Größenordnungen der Wellenlänge und der Gitterkonstanten hinzu.

> „Ich selbst erfuhr von dem Gedanken Laues gelegentlich einer der wissenschaftlichen Aussprachen, die sich an unser Colloquium anschlossen und den so erstrebenswerten Kontakt zwischen experimenteller

und theoretischer Physik vermittelten, und die so reich an gegenseitiger Anregung waren. Mit dem Enthusiasmus, der der Jugend eigen ist, erklärte ich mich sofort bereit, einen einschlägigen Versuch zu machen, wenn auch zunächst sich die lebhafteste Diskussion für und wider die Realisierbarkeit der Idee entspann. Selbst die Einwände, die von berufenster Seite gemacht wurden, konnten Laue und mich nicht von dem Plane des Versuches abbringen. Zwar war ich als Assistent Sommerfelds zurzeit beschäftigt mit dem Aufbau einer Versuchsanordnung zur Untersuchung eines Problems zur Bremsstrahlung, der meine Zeit sehr in Anspruch nahm; indessen fanden wir bald eine willkommene Hilfe in P. Knipping, der soeben seine Doktorarbeit abgeschlossen hatte, und dem daher mehr Zeit zur Verfügung stand."[74]

Es folgte eine Beschreibung der Versuchsanordnung. Alle Einzelheiten der Ergebnisse der fünf verschieden positionierten Platten wurden in der ersten Veröffentlichung ausführlich beschrieben.
Eine völlig andere Darstellung der Ereignisse gab Abram F. Ioffe von den Ereignissen fünf Jahrzehnte später.[75] Er forschte damals im Institut bei Röntgen. Nach seiner Darstellung war der Ausgangspunkt der Entdeckung ein Vortrag von Ewald im Seminar über Schwingungen der Elektronen im Kristallgitter, worüber zwei Tage lang im Café diskutiert wurde. Irrtümlicherweise schrieb Ioffe die Beugungsversuche an Röntgenstrahlen mit einem engen Spalt und die Bestimmung der Wellenlänge von 10^{-9} cm dem Vater von Wolfgang Pauli und die Gitterkonstante von 10^{-8} cm, die man aus dem Molekulargewicht, der Dichte und der Anzahl der Atome berechnen kann, Ewald zu:

„Laue stellte beide Zahlen einander gegenüber und sprach den Gedanken aus, daß die periodische Verteilung der Elektronen im Gitter in der Ausbreitung der Röntgenstrahlen zum Ausdruck kommen müßte, ähnlich wie ein Beugungsgitter ein optisches Spektrum erzeugt. Dagegen erhob der Skeptiker Wagner Einspruch: Was für ein Spektrum kann das sein, wenn das Gitter in allen drei Dimensionen periodisch ist und sich die Spektren der verschiedenen Richtungen überkreuzen? Von Laue gab nicht klein bei. Die Caférunde schlug vor, eine Wette um eine Schachtel Schokolade abzuschließen. Um festzustellen wer recht hatte, nahm es Walter Friedrich,

> der damals bei Röntgen mit Röntgenstrahlen arbeitete, auf sich, in Übereinstimmung mit den Vorschlägen der Versammlung in den Weg der Strahlen einen Kristall zu bringen und senkrecht dazu eine Photoplatte aufzustellen. Diese konnte rechtwinklig gestreute Strahlen feststellen."[76]

Arnold Sommerfeld war nach den Skiferien im März 1912 kurz nach München zurückgekehrt und fuhr dann mit seiner Frau an den Gardasee, um schließlich zu einem Vortrag nach Wien zu reisen. Er war, als die Experimente durchgeführt wurden, abwesend, sodass nach seiner Rückkehr die Ergebnisse der Beugungsaufnahmen bereits vorlagen.[77]
Der junge Privatdozent Max Laue hatte zwei grundlegende Fragen mit einem Experiment geklärt: erstens, dass Röntgenstrahlen transversale elektromagnetische Wellen sind, und zweitens, dass die Atome in Kristallen eine geordnete Struktur haben. Sommerfeld erkannte die Bedeutung der Entdeckungen voll an, aber wie er sich mit der Tatsache abgefunden hat, abfinden musste, dass Laues Idee so erfolgreich war, behielt er für sich. Kein klagender Brief darüber ist erhalten, kein „hätte ich" bekannt.
Nun musste eine möglichst schnelle Veröffentlichung der Ergebnisse erfolgen. Laue schickte am 1. Mai 1912 an Wilhelm Westphal eine Postkarte, und die an sich schon undeutliche Schrift wurde noch undeutlicher:

> „Lieber Herr Kollege!
> Einige hiesige Mitarbeiter und ich sitzen jetzt an einer experimentellen Arbeit, die wir, sobald das Ergebnis einigermassen gesichert ist, möglichst schnell veröffentlichen möchten. Darum möchte ich mir drei Fragen erlauben: 1) An welchen Tagen sind die nächsten Sitzungen der Deutschen Physik. Gesellschaft? 2) Wären Sie vielleicht so liebenswürdig, die Arbeit vorzulegen und auch über sie ein paar Worte zu sagen? Es handelt sich um ganz einfache Dinge. – Freilich kann ich Ihnen noch nicht versprechen, dass wir die Sache nicht doch noch anderswo publizieren. Es ist alles eine Frage der Schnelligkeit.
> Ihr M. Laue"[78]

Westphal bekam dann noch einen Brief von Laue aus München, geschrieben am 23. Mai 1912:

„Lieber Herr Kollege!
Ich beabsichtige, im Juni in der Deutschen Physikalischen Gesellschaft vorzutragen und zwar in der ersten Sitzung, die auf den 8. Juni folgt. (Letzteres ist nämlich der Termin, an welchem die Arbeit der hiesigen Akademie vorgelegt wird.) Das Thema möchte ich heute noch nicht genau formulieren. Doch will ich Ihnen sagen, daß die beiliegende Photographie dabei eine große Rolle spielt. Ich empfehle Ihnen und den Herren Kollegen ein eifriges Raten, was die bedeutet. Wer's rät, bekommt einen Thaler. Aber fragen Sie nicht Planck. Der weiß es, sagt aber nichts.
Kurz und gut. Sie sehen, daß ich heute (und gleichzeitig fast das ganze Institut) sehr vergnügt darüber bin."[79]

Später schrieb er eine weitere Postkarte, auf der ein Röntgenbeugungsbild zu sehen ist:

„Lieber Herr Kollege!
Ich bin selbstverständlich am Anfang der Sitzung da; doch bin ich [?] Ihnen für Ihre Bemerkung dankbar. Nach meiner Erinnerung begannen die Sitzungen früher um 8^{15}. Wie man vergessen kann! Die [?] interferierenden Strahlen sind sicher keine Impulse, sondern [?] homogene Schwingungen. Ob sie schon in der primären Strahlung existieren oder erst im Krystall als Fluoreszenzstrahlung entstehen können [?], wissen wir noch nicht. Auf die Nachsitzung freue ich mich auch.
Auf Wiedersehen
Ihr M. Laue"[80]

Laue sprach dann in der Sitzung der Physikalischen Gesellschaft in Berlin am 14. Juni 1912.[81] Zum 25-jährigen Jubiläum der Laueschen Entdeckung erinnerte Max Planck an diese denkwürdige Sitzung:

„Es war am 14. Juni 1912 hier in diesem Saal an dieser Stelle, Herr Rubens führte den Vorsitz. Wir alle waren in großer Spannung. Ich erinnere mich noch deutlich der Einzelheiten des Herganges. Als Herr v. Laue nach der theoretischen Einleitung die ersten Aufnahmen zeigte, die den Durchgang eines Strahlenbündels durch ein ziemlich willkürlich orientiertes Stück von triklinem Kupfervitriol

> darstellten – man sah auf der photographischen Platte neben der zentralen Durchstoßstelle der Primärstrahlen ein paar sonderbare Flecken –, da schauten die Zuhörer gespannt und erwartungsvoll, aber doch wohl nicht ganz überzeugt auf das Lichtbild an der Tafel. Aber als nun jene Figur 5 sichtbar wurde, das erste typische Lauediagramm, welches die Strahlung durch einen genau zur Richtung der Primärstrahlung orientierten Kristall regulärer Zinkblende wiedergab mit ihren regelmäßig und sauber in verschiedenen Abständen vom Zentrum angeordneten Interferenzpunkten, da ging ein allgemeines, nur schwaches ‚ah' durch die Versammlung. Ein jeder von uns fühlte, daß hier eine große Tat vollbracht war [...]."[82]

In der Diskussion vertrat Planck die Meinung, dass vielleicht erhebliche Teile des Raumgitters nach Amplitude und Phase fast die gleichen Schwingungen haben und sich so relativ zueinander nicht oder nur unbeträchtlich verschieben. Es würde dann zwar nicht der ganze Kristall, soweit er bestrahlt ist, als einheitliches Raumgitter wirken, wohl aber wäre dies bei jedem derartigen Teil der Fall. Rubens bemerkte darauf hin, dass die Krümmung der einfallenden Wellen einen Einfluss auf die Form der Interferenzflecke haben kann.
Auf der Sitzung sprachen nach Laue noch zwei Redner. Zuerst Kurt Herrmann über „Zeitliche Änderung der lichtelektrischen Elektronenemission" und danach Robert A. Millikan zum „Einfluß des Charakters der Lichtquelle auf den lichtelektrischen Effekt". Max Laue schlug in der Sitzung vor, Friedrich und Knipping als Mitglieder der Deutschen Physikalischen Gesellschaft aufzunehmen, was angenommen wurde.

Als Mitglied der Mathematisch-Physikalischen Klasse der Königlich Bayerischen Akademie der Wissenschaften trug Sommerfeld die Ergebnisse der Versuche von Laue, Friedrich und Knipping am 4. Mai 1912 vor.[83]
Die Vorlage ihrer ausführlicheren Arbeit bei der Sitzung der Bayerischen Akademie durch Sommerfeld erfolgte am 8. Juni. Auf knapp acht Seiten entwickelte Laue die Theorie der Beugung an einem Raumgitter. Noch ging er davon aus, dass die Atome des Kristalls der Ausgangspunkt der interferierenden Strahlung sein würden, obwohl er im Brief an Westphal bereits die Möglichkeit der Interferenz der einfallenden Strahlen angedeutet hatte.

„Wenn die Röntgenstrahlen wirklich in elektromagnetischen Wellen bestehen, so war zu vermuten, daß die Raumgitterstrukturen bei einer Anregung der Atome zu freien oder erzwungenen Schwingungen zu Interferenzerscheinungen Anlaß geben; und zwar zu Interferenzerscheinungen derselben Natur wie die in der Optik bekannten Gitterspektren.“[84]

Über die Art der Anregung der Atome machte Laue keinerlei Angaben. Die Theorie der Beugung wandte er für die drei Perioden des Raumgitters des Kristalls an. Die Schnittlinien der entstehenden Strahlungskegel bilden die kreisförmig angeordneten Interferenzpunkte, die man deutlich bei der Aufnahme der Zinkblende sieht. Aus diesen Bildern errechnete Laue die Wellenlänge der Röntgenstrahlen zu $1{,}3 \cdot 10^{-9}$ bis $5{,}2 \cdot 10^{-9}$ cm. In den „Allgemeinen Folgerungen“ diskutierte er nochmals die Korpuskular- und die Wellen-Theorie der Röntgenstrahlen. Er erwähnte Sommerfelds Überlegungen:

„Die primäre Strahlung hingegen wird man nach Sommerfelds Vorstellungen wohl, soweit sie ‚Bremsstrahlung‘ ist, als aus durchaus unperiodischen Impulswellen bestehend annehmen müssen [...].“[85]

Sommerfeld veranstaltete ein Fest aus Anlass der Entdeckung. Max Laue wurde dazu nicht eingeladen.[86] Der Grund dafür bleibt unklar; Sommerfeld hat auch später zu diesem Vorfall nie Auskünfte gegeben. Laues Verstimmung darüber hielt eigentlich lebenslang an.
Am 6. Juni informierte Laue Wilhelm Wien über die Versuche in München:

„Hochverehrter Herr Geheimrat!
Der Versuch, die Raumgitter der Krystalle zu Interferenzerscheinungen bei Röntgenstrahlen zu benutzen, ist geglückt. Umstehend ein von Friedrich und Knipping aufgenommenes Photogramm. ZnS regulär wird dabei in Richtung einer 4-zähligen Symmetrieaxe durchstrahlt. Übermorgen legt Professor Sommerfeld die Arbeit der Akademie vor.“[87]

Sechs Tage später, Wien hatte ihn offenbar zum Kolloquium eingeladen, antwortete Laue:

„Hochverehrter Herr Geheimrat!
Am Colloquium am 18ten d. M. nehme ich gern teil und werde gern vortragen."[88]

Am 10. Juni 1912 gratulierte Einstein auf einer Postkarte aus Prag, wo er für einige Zeit eine Professur hatte.

„Lieber Herr Laue!
Ich gratuliere Ihnen herzlich zu Ihrem wunderbaren Erfolg. Ihr Experiment gehört zu dem Schönsten, was die Physik erlebt hat."[89]

Einstein fragte noch nach einem möglichen Treffen in München.[90]
Für die Sitzung der Bayerischen Akademie am 6. Juli schrieb Laue eine ausführliche Arbeit[91] zur Vorlage durch Sommerfeld, wie die Photogramme zu deuten wären. Er ging von der Aufnahme der Zinkblende aus und errechnete die Gitterkonstante zu $3{,}38 \cdot 10^{-8}$ cm. Dann berechnete er die Interferenzpunkte, die sich durch die Strahlungskegel ergeben. Die Übereinstimmung der Rechnungen mit den Diagrammen war so gut, dass er schrieb:

„Der Leser mag sich selber durch Abgreifen mit dem Zirkel von der Übereinstimmung der Figur mit dem Photogramm überzeugen."[92]

Aber einige Detailfragen blieben offen, wie Laue anmerkte.[93]

Sehr bald wurde in England durch William Henry Bragg und vor allem durch seinen Sohn, William Lawrence Bragg im Cavendish Laboratory Cambridge, wie auch von Henry G. J. Moseley sowie Charles Galton Darwin, auf Grund von Überlegungen und Experimenten die zutreffende Erklärung der Detailfragen gegeben: Die Interferenzen werden von den Röntgenstrahlen erzeugt, die von der Antikathode der Röntgenröhre ausgesandt wurden.[94] Mit dem Tempo der englischen Arbeitsgruppen konnten Laue wie auch Sommerfeld mit seinem Institut nicht mithalten.
Für den nicht ganz sachkundigen Physiker und die Berichterstatter minderten die jetzt gefundenen Einzelheiten die Bedeutung der Idee und den Erfolg von Laue. Der einfachste Weg zu einer Entdeckung wird oft mit der Bemerkung abgetan, „das hätte auch jemand anderes leicht

William Henry Bragg (1862–1942) und sein Sohn William Lawrence Bragg (1890–1971). Gemeinsam erhielten sie 1915 den Nobelpreis für Physik für ihre Verdienste um die Erforschung der Kristallstrukturen mittels Röntgenspektroskopie.
Quelle: Presseartikel, im Nachlass des Autors

gefunden". Aber das ist nicht richtig, gerade nach Röntgens Entdeckung und den vielen Versuchen, die Wellenlänge dieser Strahlen zu bestimmen, war es erst Laue, der klar das richtige Experiment für die Dimension der Strahlung vorschlug und nicht, wie man von einem Theoretiker erwarten würde, eine Theorie mit Hilfsannahmen aufstellte!
Von der Mitte des Jahres 1912 an und in dem folgenden Jahrzehnt beschränkten sich die Untersuchungen an mehreren Universitäten ganz überwiegend auf anorganische Substanzen. Die Kristallforschung erlebte einen ungeahnten Aufschwung. Aber es war anfänglich „undenkbar", dass man mit Hilfe dieser Methode die Struktur organischer Verbindungen oder sogar makromolekulare Strukturen aufklären könnte. Es war Laue vergönnt, diese erfolgreiche Entwicklung des Gebietes zu erleben. Ihn interessierten jedoch stets grundlegende Fragen, wie er öfter betont hat.
Ohne dass Laue davon Kenntnis hatte, bemühte sich Planck um eine akademische Stellung für Laue an der Berliner Universität. Es gab am 27. Juni 1912 zu diesem Thema eine Fakultätssitzung, und es wurde ein Antrag an das Kultusministerium am 1. Juli 1912 geschickt, in dem um die Errichtung eines Extraordinariats für Theoretische Physik gebeten und Laue als gewünschter Vertreter genannt wurde.[95]
Aber noch andere, fremde Aktivitäten bestimmten Laues weiteren wissenschaftlichen Weg. Der Niederländer Peter Debye war Sommerfelds Assistent in Aachen und dann auch in München gewesen, bevor er einem Ruf von Alfred Kleiner, dem Ordinarius für Experimentalphysik, an die Universität Zürich folgte, um dort die Theoretische Physik zu vertreten. Aber Debye war auf diesem Posten nicht glücklich und wollte in seine Heimat zurückkehren. Darüber korrespondierte er am 23. März 1912 aus Maastricht mit Sommerfeld und teilte ihm mit, dass er einen Ruf nach Utrecht angenommen hätte. Zu seinen Gründen führte er aus:

„Da sah ich, daß ich in Zürich sicher Jahre opfern mußte, um ein Laboratorium einigermaßen in Ordnung zu bringen, während ich zu gleicher Zeit der großen Gefahr ausgesetzt war, aus Mangel an unverbrauchter Energie nichts anständiges in einem eigenen Gebiet zu leisten.“[96]

Er nannte drei Personen als seine möglichen Nachfolger. An erster Stelle stand Max Laue. Nur sechs Tage später antwortete Debye Sommerfeld aus Zürich und bedankte sich für das angebotene „Du“. Über Laue schrieb er seinen sehr persönlichen Eindruck:

„Die Candidatur Laue hat die allerbesten Aussichten. Kleiner ist ganz von ihm eingenommen und meinte noch heute Morgen, daß er [Laue] offenbar unter allen Candidaten, über die wir sprachen, am allerersten in Betracht komme. Die Worte, welche Du aus Laues Brief zitierst, sind mir schließlich verständlich. Wenn seine Frau nicht mit dem Geld auskommt und sie nicht fein genug veranlagt ist, daraus keine häuslichen Unannehmlichkeiten entstehen zu lassen, so wird er das Gefühl haben, daß irgendjemand (natürlich außerhalb stehend) ihm das allerbeste, worauf er ein Anrecht hat, sein Glück, raubt. Und wenn er mal dieses Gefühl hat, so braucht er unbedingt jemand, über den er sich ärgern kann und wird unzurechnungsfähig und findet dann (wir müssen sagen Gott sei Dank) schließlich auch einen Dämon. Ich bin überzeugt, daß die Stelle in Zürich ihm alles bringen wird, was nötig ist zu seiner Gesundung.“[97]

Alfred Kleiner fragte am 1. April 1912 bei Sommerfeld an, ob Max Laue für die Position in Frage käme:

„Wir denken an Laue, ich wäre Ihnen aber sehr verbunden, wenn Sie sich allgemein u. rückhaltlos über die Angelegenheit aussprechen wollten. z. B. auch darüber, ob Sie es gerechtfertigt finden, wenn jetzt der hiesige Privatdozent Dr. Greinacher übergangen wird, gegen dessen Auffassung des Entscheides ich durch objektive Voten seitens der Oberbehörde gerechtfertigt sein möchte.
Betreffend Laue wäre uns natürlich sehr erwünscht, etwas zu erfahren über seine Qualitäten als Dozent, ferner über seine persönlichen

Eigenschaften, u[nd] ev. über die Aussichten, daß er einen Ruf nach Zürich folgen könnte u[nd] möchte."[98]

Sommerfeld antwortete umgehend und sehr ausführlich am 3. April. Er sei überrascht, dass Debye, sein ehemaliger Assistent und Privatdozent in München, nun Zürich verlassen will:

„Was Laue betrifft, so ist er ohne Frage der tüchtigste der jüngeren Forscher auf dem theoretisch-physikalischen Gebiet. Sein Buch über Relativität war ein großer Erfolg und wird allerseits anerkannt. Er war einer der allerersten, die die Bedeutung der Einstein'schen Entdeckung erkannten, z. B. hat er daraus sogleich den Fresnel'schen Mitführungskoeffizienten abgeleitet. Sein Urteil ist von großer Sicherheit, z. B. als er Fehler in der Arbeit von Kohl über den Michelson-Versuch nachwies. Sehr interessant sind seine früheren Arbeiten über die Thermodynamik cohärenter Strahlen, auf die Planck in allgemeinen Aufsätzen wiederholt zu sprechen kommt (Rede in Leiden und Vorlesung a. d. Columbia-Universität).
Laue hat in München namentlich gelesen über Optik (mit manchen originellen Versuchen), Thermodynamik, Relativität, Elektronentheorie und hat mir bei Übungen über physikalische Differentialgleichungen geholfen. In den letzten beiden Semestern hat er selbst im Anschluß an seine Vorlesung ein Colloquium abgehalten, in dem die Teilnehmer Vorträge hielten, gern und mit sorgfältiger Präparation über moderne Themata. Dies ist entschieden ein großer Lehrerfolg für einen Privatdozenten angesichts des Umstandes, dass auch der Ordinarius die Studenten schwer zum Reden bringt. Laue hat sich immer an einen kleinen Kreis von Studenten gewandt, die wirklich etwas lernen wollen, und hat diese ausserordentlich gefördert. Sie haben sich es z. B. immer gern gefallen lassen, wenn er Stunden einlegte.
Ich schreibe dies, um zu zeigen, dass Laue tatsächlich ein am Unterricht lebhaft interessierter, eindrucksvoller Docent ist. Er stellte an sich und seine Zuhörer hohe Anforderungen. Niemals wird er etwas vortragen, was er nur halb durchdacht oder nicht auf die einfachste Form gebracht hat. Auch wird er im Interesse sog. populärer Darstellung nicht leicht seine Zuhörer die principiellen Schwierig-

keiten eines Gegenstandes unterschlagen.
Im persönlichen Verkehr spricht er etwas schnell und hastig, ex cathedra aber ist sein Vortrag stets wohlgeordnet und wird von mitarbeitenden Zuhörern nur gerühmt. (In seinen ersten Münchener Semestern hat er entschieden zu schwer vorgetragen. In den letzten drei Semestern hat er dies abgelegt.) Er ist auch experimentell interessiert und anregend, nicht in so hohem Maaße wie Debye, aber doch so, dass er von den Röntgen'schen Praktikanten und Assistenten wiederholt um Rat gefragt ist, und zwei derselben jetzt zu einer praktischen Arbeit in meinem Institut veranlasst hat.
Persönlich ist er tadellos, ich habe in diesen 3 Jahren nie eine Differenz oder eine Schwierigkeit mit ihm gehabt. So befreundet wie mit Debye, den ich von seinen ersten wissenschaftlichen Schritten her kenne, bin ich mit Laue natürlich nicht. Seine Natur ist auch zurückhaltender. Laue hat eine nette junge Frau, keine Kinder, ist pekuniär ziemlich unabhängig.
Er wird sicher mit Freuden nach Zürich kommen, ist auch sofort abkömmlich."[99]

Sommerfeld diskutierte dann noch, dass Laue bei einer Berufung nach Tübingen nicht berücksichtigt wurde und wie er Heinrich Greinacher einschätzte. Er kam nochmals auf den Vergleich mit Debye zurück.
Kleiner fragte nun an, ob er mal inkognito eine Vorlesung von Laue anhören könnte. Sommerfeld antwortete ihm am 13. Mai, also nach der Entdeckung der Röntgeninterferenzen:

„Sehr geehrter Herr College!
Die Vorlesungen von Dr. Laue liegen Dienstag, Donnerstag, Freitag 3 – 4 Uhr Relativitätstheorie, Samstag 10 – 12 Übungen dazu. Es hören etwa 10 Herren (für dieses Thema eine rechte anständige Zahl). Daß Sie unbemerkt bleiben, ist also ausgeschlossen. Wenn ich in einer kleinen Vorlesung, bei der ich alle Gesichter kenne, zwei fremde ältere Herren sehe, würde ich auch etwas aus dem Text kommen, schon deshalb, weil ich mich verpflichtet fühlen würde, für diese etwas weiter auszuholen. Ich besinne mich, dass ich mich in Aachen während einer ganzen Stunde über ein fremdes Gesicht alterirte – es schwebten damals auch bei mir Berufungsdinge. Ich möchte also

sehr empfehlen, dass Sie sich Laue vorher vorstellen, oder direkt mich autorisieren, ihn auf Ihren Besuch im Allgemeinen vorzubereiten. In dieser Woche fällt Donnerstag (Himmelfahrt) aus, Laue hat dafür heute eingelegt. Am Mittwoch d. 26. V. abends 6 – 8 trägt Laue zufällig in unserem Colloquium vor. Besonders charakteristisch für Laues Unterricht dürften die Übungen am Samstag sein (Aufgaben und Vorträge der Teilnehmer). Laue wird jedenfalls mit Freuden die Gelegenheit wahrnehmen, Ihnen die wundervollen Interferenz-Aufnahmen mit Röntgenstrahlen an Krystallen zu zeigen, die jetzt hier auf seine Veranlassung gemacht wurden u. uns alle in Atem halten.
Ich bitte Sie sehr, mir Ihre Ankunft und die Dauer Ihres Aufenthaltes vorher kurz anzuzeigen. Ich werde mich sehr freuen, wenn Sie und Herr Direktor Keller Zeit finden, mich abends oder mittags zu besuchen, und würde dazu gern auch Röntgen bitten, den Sie ja von Zürich her kennen. Vielleicht können Sie mich darüber vorher informieren, desgleichen, ob es Ihnen erwünscht ist, dass ich auch Laue dazu auffordere. Ich vermute, dass Ihnen Letzteres im Interesse der ungezwungenen Aussprache nicht erwünscht sein wird, und sage selbstverständlich Laue überhaupt nur dann etwas, wenn Sie mich autorisieren."[100]

In der Rückschau stellt sich die Frage, warum nach der Laueschen Entdeckung keine deutsche Universität Laue eine ordentliche Professur anbot? War das System der Berufungen damals so starr, dass eine Ausnahme nicht einmal diskutiert werden konnte?
Alfred Kleiner schrieb nach dem Besuch in München im Juni an Sommerfeld:

„Hochverehrter Herr Kollege!
Für Ihren freundlichen Empfang in München u. die viele Mühe, die Sie sich in unserer Berufungssache machen, spreche ich Ihnen meinen besten Dank aus. Ich werde Sie über den Gang der Angelegenheit auf dem Laufenden halten, da ich wohl weiß, was für Spannungen mit derartigen Sachen verbunden sind.
[...] theile ich Ihnen mit, daß wir nur Laue postieren [?] werden, nach reiflicher Ueberlegung u. trotz letztlicher [?] Bedenken, die wir geäußert haben, z. B. betreffend Mitbethätigung am Laboratoriums-

betrieb, wozu wir seinerzeit Einstein und dann auch Debye haben verpflichten können."[101]

In Zürich tagte am 16. Juli 1912 der Regierungsrat und behandelte den Vorschlag der Philosophischen Fakultät, II. Sektion, den Privatdozenten an der Münchener Universität, Dr. M. Laue, auf den vakanten Lehrstuhl für Theoretische Physik zu berufen.

> „In München hat er epochemachende Untersuchungen durchgeführt, die in Fachkreisen Aufsehen gemacht haben. Schon ist die Zahl seiner wissenschaftlichen Publikationen eine recht ansehnliche und dazu sind sie nach ihrem inneren Wert von großer Bedeutung. Auch über seine Dozententätigkeit liegen günstige Urteile vor. Doch haben die beiden Delegierten gefunden, daß der Art des Vortrages noch einzelne Mängel anhaften, namentlich das leise, schnelle, wenig deutliche Sprechen, die der Vorgeschlagene ablegen müsse. Es wird indes konstatiert, daß Laue gründlich vorbereitet zur Vorlesung erschien, mit Klarheit die schwierigsten Probleme behandle und die Studierenden mit seinem Vortrag fasse."[102]

Am 22. August 1912 wurde der „erbetenen Enthebung" Laues aus seiner Stellung als Privatdozent an der Ludwig-Maximilians-Universität stattgegeben.[103] Vielleicht war das Ehepaar zu diesem Zeitpunkt noch im Urlaub auf Wangerooge. Von dort aus schrieb Laue an Edgar Meyer am 2. August 1912.[104] Er bat Meyer, seine verspätete Antwort zu entschuldigen. Er ging dann auf frühere Überlegungen der Physiker über die Beugung an hintereinander liegenden Kreuzgittern ein. Zur Publikation der ersten Ergebnisse hieß es: „Wann die Abhandlung erscheint? Das weiss der Himmel!"[105] Er hoffe auf ein Erscheinen im September und berichtete über Versuche, die in Zürich fortgesetzt werden sollen, und die dafür notwendigen Gelder. 1.000 Franken hatte die Solvay-Stiftung bewilligt. Aber alle zehn Tage sei eine Röntgenröhre für 130 Mark nötig. Als zukünftige Adresse gab er ab 1. Oktober 1912 die Röttelstraße 15 in Zürich an.

Professur in Zürich

Als Max Laue an die Züricher Universität berufen wurde, war Albert Einstein, nach dem Intermezzo an der Deutschen Universität in Prag, wieder in der Schweiz, nun aber an der Eidgenössischen Technischen Hochschule Zürich. So konnten sich Einstein und Laue bei den verschiedenen akademischen Veranstaltungen und auch privat treffen.[1] Einstein war intensiv mit den Problemen von Raum und Zeit, der Allgemeinen Relativitätstheorie, beschäftigt. Die Berufung Laues nahm er skeptisch auf, wie er seinem Freund Heinrich Zangger am 20. Mai 1912 noch aus Prag schrieb:

Albert Einstein (1879–1955), etwa 1910/11. Laue traf ihn zum ersten Mal im Sommer 1906 in Bern.
Quelle: Archiv der Max-Planck-Gesellschaft, Berlin-Dahlem

> „Nach Zürich an die Universität kommt ja nun Laue. Ich freue mich auf den Verkehr mit ihm. Er wird wohl bald wieder fortberufen werden, was aber weniger schade sein wird als bei Debye. Denn Laue besitzt nach meiner Ansicht nur formale Begabung und ist kein Lehrer. Er hat aber doch manches, was mir fehlt, sodass ein gemeinsames Arbeiten von uns beiden vielleicht nützlich sein kann. Ich glaube fast, es wäre gescheiter gewesen, den Ehrenfest als Extraordinarius zu berufen. Sagen Sie aber niemanden etwas von solchen nutzlosen Äusserungen."[2]

Für sein aktuelles wissenschaftliches Interesse fand Einstein in Laue zwar einen Zuhörer, aber keinen Mitarbeiter. Doch Laue konnte Einstein selbstverständlich bei mathematischen Problemen beraten.[3] Zusammen mit Einstein war auch sein Assistent, der 1888 geborene Otto Stern, mitgekommen. Er hatte in Freiburg im Breisgau, Breslau und München Chemie und Physikalische Chemie studiert und war sowohl ein hervorragender

Theoretiker als auch ein ideenreicher Experimentator. Mit Laue verband ihn bald eine lebenslange Freundschaft.[4]
Der Umzug nach Zürich kostete Laue 735 Franken. Auf seine Anfrage hin erhielt er 500 Franken Zuschuss von der Universität Zürich mit der Auflage, dass er ihn zurückzuzahlen habe, wenn er vor Ablauf einer dreijährigen Tätigkeit seinen Rücktritt vom Amt nehmen würde.[5] Sein Jahresgehalt betrug 4.500 Franken, dazu kamen die Kolleggelder. Der Lehrauftrag sah vier bis sechs Stunden Vorlesungen in der Woche vor. Die Amtsdauer seiner Anstellung war auf sechs Jahre festgesetzt.
In Zürich erhielt Laue einen Brief von William Henry Bragg vom 10. Oktober aus England, und er antwortete nur fünf Tage später ausführlich:

> „Haben Sie vielen Dank für Ihren freundlichen Brief vom 10ten d. M. Das Interesse für meine Arbeit, welches sich darin ausspricht, hat mir eine große Freude bereitet. Sie haben offenbar schon viel mehr über die Theorie der Aufnahmen mit geneigten Krystallen nachgedacht, als ich; mich haben in den letzten drei Monaten dringende Arbeiten anderer Art (zum Beispiel die 2te Auflage einer Schrift über das Relativitätsprinzip) völlig in Anspruch genommen; ich bin nicht einmal im Stande, Ihre Formeln für die Lage der Flecke bei geneigtem Krystall nachzuprüfen, doch soll dies bald nachgeholt werden. Denn die Arbeit von Stark im letzten Heft der phys. Zeitschr. wird mich doch wohl zu weiteren Durchrechnungen zwingen."[6]

Es folgte eine Diskussion über die Abhängigkeit der Interferenzfigur vom Antikathodenmaterial der Röntgenröhre und die Anregung der Atome im Kristall durch bestimmte Wellenlängen.
Einen Monat später antwortete Laue auf den nächsten Brief von William Henry Bragg:

> „Ich muss Sie vielmals um Entschuldigung bitten, daß ich mit meiner Antwort solange habe warten lassen, aber mich drängt die Verlagsbuchhandlung mit den Korrekturen für die zweite Auflage meines Buches über das Relativitätsprinzip; ich habe zeitweise täglich einen Druckbogen bekommen. Zusammen mit der Arbeit, mich in die hiesigen Verhältnisse einzufinden, hat mich das in den letzten Wochen völlig in Anspruch genommen."[7]

Laue fragte Bragg nach einem Verlag für eine englische Ausgabe des Buches über die Relativitätstheorie, denn er hätte jemanden für die Übersetzung:

> „Daß die von Ihnen angegebene Methode, die Lage der [Interferenz-] Flecke zu berechnen, zu guten Ergebnissen führt, glaube ich gern. Sie ist nämlich mit der meinigen völlig identisch."[8]

Laue legte noch eine Tabelle mit seinen errechneten Werten bei. Die Unterschiede zwischen Braggs und seinen Werten würden empirisch nicht zu finden sein. Zu den komplexen Problemen, wie die Interferenzpunkte entstehen und wie sich die Röntgenstrahlung spektral zusammensetzt, führte Laue aus:

> „Ich glaube aus diesem Grunde, daß man aus Ihren Betrachtungen keine physikalischen Schlüsse ziehen kann, die meinen Anschauungen widersprechen. Dennoch sind mir Ihre Bemerkungen äusserst wertvoll. Angenommen nämlich, daß alle möglichen Wellenlängen einer gewissen Grössenordnung in dem Teile der einfallenden Röntgenstrahlung vorhanden wären, welche für diese Erscheinungen verantwortlich ist, so müssten Interferenzpunkte in allen Richtungen auftreten, in welchen man Atome miteinander verbinden kann. Diese Richtungen liegen offenbar so dicht nebeneinander, daß – unter der jetzigen Annahme – die ganze Platte geschwärzt sein müßte. Daß tatsächlich nur einzelne Punkte geschwärzt sind, beweist mir, daß nicht Impulse, sondern eine oder einige spektral homogene Strahlungsarten (noch unbekannter Herkunft) eine Rolle dabei spielen."[9]

Er stimmte dann auch Versuchen mit verschiedenem Antikathodenmaterial zu, die vielleicht bereits von Friedrich gemacht worden sind, und ging auf eine Veröffentlichung von Stark ein, die von Röntgenstrahlkorpuskeln handelt. In einem Brief vom 13. November an Bragg kam er nochmals auf den Vergleich der berechneten Zahlen zurück und bewies die gute Übereinstimmung.[10]

Am 14. Dezember 1912 hielt Laue seine Antrittsvorlesung in Zürich über das Thema „Die Wellentheorie der Röntgenstrahlung".[11] Zuerst würdigte er Röntgens Entdeckung und erwähnte die beiden Anschauungen über die Natur der Strahlen: die Korpuskular- und die Wellentheorie. Ein historischer Rückblick auf die Lichttheorien Newtons und Huygens schloss sich an. Dann leitete er zu den Experimenten mit Röntgenstrahlen über, deren Wellenlänge aber so klein ist, dass Versuche mit Beugungsgittern nicht möglich wären. Erst im letzten Abschnitt ging Laue auf die Beugung am Raumgitter der Kristalle und die Theorie der Röntgenstrahlbeugung mit den Versuchen von Friedrich und Knipping ein.[12]

Die Universität Zürich um 1900, Ansicht von Nordwesten.
Quelle: Fotografie im Nachlass des Autors

Laue war voller Ungeduld, die eigenen Forschungen über die Röntgeninterferenzen aufnehmen zu können, denn nun gab es Konkurrenz durch die Kollegen in Deutschland, England und Frankreich, die mit eigenen Arbeiten das Gebiet erweiterten. Laue fühlte sich selbstverständlich verpflichtet, auf die Kritik an seiner Theorie zu antworten.[13] Die Physikalische Zeitschrift veröffentlichte ab 1913 in fast allen Heften mehrere experimentelle und theoretische Arbeiten über Röntgenbeugung. Wichtig für Laue waren Paul Peter Ewalds Bemerkungen zu seiner Arbeit über die dreizählig-symmetrischen Aufnahmen an regulären Kristallen, denn Ewald entwickelte unabhängig von Laue seine eigene Theorie.[14]

Ende 1912 erschien von Robert Pohl „Die Physik der Röntgenstrahlen" im Verlag Vieweg & Sohn.[15] Es war seine Habilitationsschrift, umgearbeitet zu einem Buch mit 156 Seiten. Im Vorwort bemerkt Pohl:

> „Die Darstellung schließt sich durchweg der elektromagnetischen Auffassung der Röntgenstrahlen als kurze Ätherimpulse an, ohne jedoch, wie ich hoffe, der Deutung der experimentalen Tatsachen irgendwie Zwang anzutun.
> Nach Vollendung des Manuskriptes erfuhr ich von den Versuchen der Herren Laue, Friedrich und Knipping, und die Freundlichkeit dieser Herren ermöglichte es mir, als Nachtrag ein besonderes Kapitel über die Interferenzerscheinungen anzufügen, die in vielfacher Hinsicht von grundlegender Bedeutung sind."[16]

Im Zürich fand Laue für seine experimentellen Arbeiten keine entsprechende apparative Ausrüstung vor. Über Sommerfeld bat er die Solvay-Stiftung, ihn beim Ankauf eines Röntgenapparates finanziell mit 5.000 Franken zu unterstützen. Auch an die Akademie in Berlin schrieb er:

> „[...] die physikalisch-mathematische Klasse der Kgl. Preussischen Akademie der Wissenschaften bitte ich mir zur Förderung meiner Untersuchungen über die Interferenzerscheinungen an Röntgenstrahlen, hervorgerufen durch das Raumgitter der Kristalle, eine Summe von vielleicht 2000 M zu bewilligen."[17]

Er erwähnte die bisherigen Untersuchungen an regulären Kristallen. Nun sollten andere Systeme und der Einfluss der Temperatur bzw. die Wärmebewegung der Gitterbausteine untersucht werden. Das Institut International de Physique Solvay hätte ihm bereits 4.000 Mark bewilligt, die er für die Anschaffung eines Hochspannungstransformators und eines rotierenden Gleichrichters von Siemens & Halske verwenden würde. Vom Schweizer Erziehungsministerium hätte er 800 Mark erhalten. Die Berliner Akademie bewilligte am 22. April 1913 dem außerordentlichen Professor Laue 1.500 Mark.
Die wissenschaftliche Leistung Laues verbreitete sich unter den Physikern. Es kam eine Anfrage aus den USA von Michael Pupin von der Columbia-Universität New York an Wilhelm Wien mit der Frage nach

einer möglichen Berufung von Laue nach New York. Laue schrieb am 9. Mai 1913 an Wilhelm Wien:

> „Zürich würde mich jedenfalls nicht halten, der Kleinkrämergeist, der im Erziehungsministerium und zum Teil auch an der Universität herrscht, macht den Aufenthalt trotz aller Naturschönheit nicht so sehr angenehm. Aber freilich gibt es eine deutsche Universität, an die man mich gern beriefe und an die ich auch gern ginge!“[18]

Auch Planck korrespondierte mit Wilhelm Wien, der ihn wahrscheinlich ebenfalls auf Laues Wunsch nach einem Ortswechsel aufmerksam gemacht hatte, über Laue und dessen Absicht, wieder nach Berlin zu kommen. So schrieb Planck an Wien am 22. Juni 1913, denn er kannte die Columbia-Universität von seinen Vorlesungen von 1909:

> „Wegen Laue war ich gestern im Ministerium. Man wird hier für ihn tun, was möglich ist. Aber definitiv läßt sich nichts versprechen, ehe die Etatsituation das Extraordinariats für theoretische Physik das Finanzministerium passiert hat. Nun werden die Vorlagen für den neuen Etat (ab April 1914) im Laufe des Oktobers im Finanzministerium bearbeitet. Früher entscheiden die Herrn nicht, weil sie abwarten, was alles an Forderungen einläuft. [...] Wäre es nicht möglich, die Verhandlungen mit Amerika bis Oktober hinauszuziehen, entweder dadurch, daß Sie Hrn. Pupin bis dahin vertrösten, oder daß Laue selber sich bis dahin Bedenkzeit ausbittet?
> So stark ich hoffe, so wenig möchte ich die Ursache sein, daß er etwas aus seiner Hand gibt, so lange er nichts sicher hat. Ich schreibe ihm sogleich in dem selben Sinn.“[19]

Einige Wochen später, am 31. Juli, schrieb Planck an Wien:

> „Unsere Akademie hat letzte Woche Einstein zum Mitglied gewählt. Er wird spätestens im Frühjahr nach Berlin übersiedeln. Wenn dann, wie ich sehr hoffe, auch Laue an die Universität berufen wird, ist für die theoretische Physik hier gesorgt.“[20]

Noch war es aber nicht so weit. Laue teilte am 30. Juni dem Erziehungsrat des Kantons Zürich mit, dass er den Ruf an die Columbia-Universität abgelehnt hat.[21]

Im Jahre 1913 feierte der Kaiser der Deutschen, Wilhelm II. König von Preußen, sein 25-jähriges Jubiläum als Regent. Das nahm er zum Anlass, seinen Untertanen seine Huld zu zeigen, indem er Standeserhöhungen, Adelstitel, Beförderungen, Belobigungen und Orden in großer Zahl auf Vorschläge hin verteilen ließ. Max Laues Vater war in der Zwischenzeit mehrfach befördert worden und hatte nun den Rang eines Wirklichen Geheimen Kriegsrats. Mit einem Schreiben vom 16. Juni 1913 teilte ihm das Heroldsamt mit:

> „Ich finde Mich an dem heutigen Tage Meines fünfundzwanzigjährigen Regierungsjubiläums in Gnaden bewogen, nachstehenden Persönlichkeiten den erblichen Adel zu verleihen und zwar: 26. dem Wirklichen Geheimen Kriegsrat (mit dem Range eines Rates 1. Klasse) Laue, Militär-Intendant des III. Armeekorps."[22]

Das Schreiben war nicht mit der persönlichen Unterschrift des Regenten versehen. Julius von Laue musste noch den Tauf- und Konfirmationsschein vorlegen sowie seinen Familienstand angeben. Auch ein Wappenentwurf wurde verlangt. Er wünschte die Aufnahme des Eisernen Kreuzes in das Wappen, das ihm im Krieg 1870/71 verliehen worden war, sowie das Motto „Furchtlos und treu". Die Ehrung war zudem nicht kostenlos; Julius von Laue sollte dafür 4.800 Mark zahlen. Um die Summe aufzubringen, musste er Wertpapiere aus seinem Besitz verkaufen. Die Anzahl der Geehrten war groß, über sechzig wurden geadelt, und die Aufzählung der niedrigeren Ehrungen füllte viele Seiten in der amtlichen Mitteilung. Sein Sohn Max verwendete das „von" auf amtlichen Schreiben, doch auch gelegentlich in Briefen an Freunde. Am sonstigen Leben änderte sich für ihn nichts.

Max von Laue las im Sommersemester 1913 „Theoretische Optik mit Versuchen und Übungen". Seine wissenschaftliche Arbeit kam nur langsam voran. Eine Frage, an der arbeitete, war die Gestalt der Schwärzungen der Interferenzpunkte auf der fotografischen Platte. Sie waren nicht streng kreisförmig, sondern etwas länglich, und änderten sich, wenn man den Abstand zwischen der Antikathode und dem Kristall vergrößerte – sie wurden dann kreisförmiger. Laue untersuchte zusammen mit seinem Schweizer Mitarbeiter Franz Tank das Problem der Gestalt der Interferenzpunkte bei den Röntgeninterferenzen.[23] Das Problem wurde auf einigen Seiten mathematisch nach Fresnel erfolgreich behandelt, und, um die Aussage zu unterstreichen, hieß es:

> „Diese Tatsache ist qualitativ ja auch ganz leicht verständlich, da die Schärfe der Maxima wesentlich davon abhängt, daß zwischen je zwei interferierenden Schwingungen genau die gleiche Phasendifferenz besteht; diese Bedingung ist aber nur bei unendlicher Entfernung der Lichtquelle erfüllt."[24]

In seiner Vorlesung wurde auch die Frage von Planck in der Diskussion nach Laues Vortrag in der Deutschen Physikalischen Gesellschaft über den Einfluss der Wärmebewegung der Atome erwähnt. Zur Klärung waren Experimente bei tiefen Temperaturen vorgesehen.
Mehrfach setzte sich Laue mit den Publikationen anderer Physiker über die Deutung der Photogramme auseinander. Mal wies er recht deutlich und kurz auf die Fehler hin, mal ging er ausführlich darauf ein. So, als er eine Vorstellung des Niederländers Leonard S. Ornstein zurückwies:

> „Soweit herrscht völlige, wenn auch von Herrn Ornstein verkannte Übereinstimmung zwischen ihm und mir. Das hört aber auf, sowie es sich um die dritte der erforderlichen Summationen handelt. Wie sich die bei Herrn Ornstein abspielt, vermag ich aus seiner Arbeit nicht zu ersehen."[25]

Zu den Sommersemesterferien verabredete Laue mit Wilhelm Wien einen Skiurlaub in St. Anton und wollte ihm auch etwas über die Röntgeninterferenzen mitteilen.[26] Im Juli 1913 erschien im Philosophical Magazine eine Arbeit des dänischen Physikers Niels Bohr aus Kopenhagen „On the Constitution of Atoms and Molecules".[27] Kühn entwarf er ein Modell für das Wasserstoffatom und konnte die experimentell ermittelten Frequenzen der Spektrallinien nach der Formel des Schweizers Walter Ritz ableiten. Ob das im Skiurlaub diskutiert und abgelehnt wurde, ist leider nicht überliefert, aber viele Physiker konnten diesen Vorstellungen nicht folgen. Max von Laue schrieb an Niels Bohr und ging auf dessen mathematische

Ein Blick in das Auditorium der 85. Versammlung der Deutschen Naturforscher und Ärzte 1913 in Wien, rechts im Bild das Ehepaar Laue. Quelle: im Nachlass des Autors

Formulierung ein, denn er konnte einen, seiner Meinung nach schlüssigeren Weg aufzeigen.
Für Laue ergab sich bei der 85. Versammlung der Deutschen Naturforscher und Ärzte vom 21.–28. September 1913 in Wien eine gute Gelegenheit, seine Vorstellungen von den Röntgeninterferenzen einem größeren Auditorium darzulegen.[28]

Zu den Vortragenden gehörte auch Albert Einstein, der über den Stand des Gravitationsproblems sprach. Auf der gemeinsamen Sitzung der Abteilungen für Physik, Chemie und Mineralogie trug Max von Laue über Röntgeninterferenzen vor. Einführend ging er auf die Bemühungen der Kristallographen und die Größe der Raumgitter ein, die man nur mit sehr kurzwelliger Strahlung, Röntgenstrahlung, untersuchen kann. Er würdigte die Beugungsversuche von Herman Haga und Cornelis Wind sowie Pohl, dann besprach er Friedrichs und Knippings Experimente und die daraus resultierenden Folgerungen. Mit didaktischem Geschick trug er seine Theorie der Beugung vor, ausgehend von der Beugung eines Strahls an Gitterpunkten in einer Ebene. Nebenbedingung war eine monochromatische Strahlung. Er ging zum dreidimensionalen Fall über und wies darauf hin, dass die Röntgenstrahlung ein ausgedehntes kontinuierliches Spektrum hat, was die Theorie komplexer macht. Er erwähnte die Arbeiten von Vater und Sohn Bragg sowie Moseley und Darwin zur spektralen Zerlegung und Aussonderung einer monochromatischen Röntgenstrahlung. Eingehend wurden die Ergebnisse bei verschiedenen Kristallen diskutiert, wie die jüngsten Vorstellungen über Diamanten von Debye. Anschließend trug Friedrich über Röntgenstrahlinterferenzen vor und bemerkte, dass Laue anfänglich nicht von einem kontinuierlichen Röntgenspektrum ausging. Ausführlich beschrieb er die Reflexionsmethode von W. H. Bragg und W. L. Bragg sowie Darwins Beobachtung von fünf verschiedenen charakteristischen Röntgenlinien. In der lebhaften Diskussion stellte Laue die Behauptung von Friedrich richtig:

> „Mein verehrter Mitarbeiter Herr Friedrich hat mich hier etwas schlecht gemacht, indem er mir die Ansicht zuschrieb, es wäre das Spektrum der primären Röntgenstrahlung monochromatisch. Daran habe ich nie gedacht; und wenn ich mich früher über die Frage, wie die Einfarbigkeit der abgebeugten Strahlen entsteht, vielleicht nicht klar ausgesprochen habe, so geschah dies, weil ich gegen die einzige Erklärungsmöglichkeit, die ich sah, selbst schwere Bedenken hatte. Diese Möglichkeit bestand aber darin, den Atomen stark selektive Eigenschaften zuzusprechen, so daß diese aus der Fülle der in der einfallenden Strahlung vorhandenen Wellenlängen auf nur wenige ansprechen sollten. Freilich ist in der Zwischenzeit diese Ansicht widerlegt; wäre sie richtig, so müßten schon bei kleinen Drehungen des Kristalls die vorhandenen Interferenzpunkte verschwinden und andere auftauchen, entsprechend der selektiven Spiegelung in Braggs Versuchen. Davon ist aber keine Rede; vielmehr wandern dabei die vorhandenen Interferenzpunkte mit nur langsam veränderlicher Intensität nach dem Spiegelungsgesetz."[29]

Nur einen Monat später konnte Max von Laue erneut einen grundlegenden Vortrag halten. Der große Erfolg der 1. Solvay-Konferenz von 1911 in Brüssel weckte den Wunsch nach einer Fortsetzung dieser Treffen, denn es waren auf mehreren Gebieten, besonders bei den Röntgenstrahlen, bedeutende Erfolge erzielt worden. Das vorbereitende Komitee umfasste den Niederländer Hendrik Antoon Lorentz, Madame Marie Curie, Marcel Brillouin, Heike Kamerlingh Onnes, Martin Knudsen, Walther Nernst, Ernest Rutherford und Emil Warburg. Zu den Eingeladenen gehörten aus Frankreich Louis Georges Gouy und Paul Langevin, aus England waren es William Barlow, William Henry Bragg, James Hopwood Jeans, William Jackson Pope und Joseph John Thomsen. Deutschland war durch Eduard Grüneisen, Heinrich Rubens, Arnold Sommerfeld, Woldemar Voigt und Wilhelm Wien vertreten. Albert Einstein und Max von Laue waren für die Schweiz anwesend. Für die USA kam Robert Williams Wood, für Belgien wurde Robert B. Goldschmidt eingeladen. Das Thema des Treffens war „Die Struktur der Materie".
Laue musste, da das Treffen im Semester lag – er las im Wintersemester 1913/14 über „Thermodynamik mit Übungen und über Strukturtheorie" –, beim Erziehungsrat in Zürich um Urlaub nachsuchen, der ihm bis Anfang November genehmigt wurde.[30]

Die wissenschaftlichen Sekretäre Maurice de Broglie und Frederick Alexander Lindemann führten das Protokoll. Getagt wurde vom 27. bis 31. Oktober 1913 in einem eleganten Hotel in Brüssel.[31] Eröffnet wurde das Treffen aber nicht mit einem Vortrag von Max von Laue, sondern von Joseph John Thomson über „Die Struktur des Atoms“. Da Niels Bohr nicht teilnahm, beschränkte man sich in der Diskussion auf die sich oft widersprechenden Streuexperimente von α- und β-Strahlen. Das Thema von Laues Beitrag war „Die Interferenz von Röntgenstrahlen an drei-dimensionalen Kristallgittern“. Wie in Salzburg stellte er nicht seine Entdeckung an den Anfang; zuerst würdigte er die Forschung der Kristallographen und leitete dann auf die unerwarteten Ergebnisse der Experimente von Friedrich und Knipping über. Bei der Theorie der Beugung am dreidimensionalen Gitter ging er auf Ewalds Beitrag und den der beiden Braggs ein wie auch auf Moseleys und Darwins Arbeiten. Laue diskutierte die Zusammensetzung der von der Antikathode ausgehenden Strahlung und die Wechselwirkung mit den Atomen im Kristall und erwähnte die Anschauung von Ewald über die Resonanz der Atome mit der Strahlung. Den Abschluss bildete eine Erörterung der Frage, wie genau man nun die Struktur der Kristalle bestimmen könnte. Auch Debyes Theorie über den Einfluss der Temperatur auf die Beugungsbilder bezog er ein.

Lorentz eröffnete die Diskussion mit einer Bemerkung zu realen Reflexionen an den Atomen nach Bragg und zur Formel von Laue über die Intensität der Beugungsmaxima. Es folgte eine Aussprache von Einstein, Lindemann, Lorentz, Nernst und Wien über die Beobachtung der Null-Punkt-Energie. William Henry Bragg sprach über die Reflexion von Röntgenstrahlen und das von ihm entwickelte Spektrometer sowie die ersten Ergebnisse bei Anti-Kathoden aus Osmium, Platin und Iridium. Absolute Messungen wurden an den Alkalihalogeniden gemacht. Dazu machte Bragg Angaben zu den Strukturen der Substanzen. In der Diskussion ließ sich Sommerfeld ausführlich korrigierend über die von Laue angegebene Formel zur Intensität der interferierenden Strahlung aus. Über die kristalline Struktur und die chemische Konstitution trugen Barlow und Pope vor. Leider ist nichts von den privaten Gesprächen der Teilnehmer überliefert.[32]

Die Forschung über die Struktur der verschiedenen Kristalle weitete sich aus, auch prinzipielle Fragen gab es zu klären. Im visuellen Bereich war die Abhängigkeit des Brechungsindexes von der Temperatur experimentell von Hippolyte Fizeau 1864 geprüft worden, um, wie er schrieb, Folge-

rungen „für die Kenntnisse der Structur der Körper und die Theorie des Lichtes zu ziehen“. Er hatte positive wie auch überraschend negative Änderungen von ***n*** ermittelt.[33]
Jetzt konnte man mit Hilfe der Röntgeninterferenzen weiterforschen. Peter Debye griff theoretisch das Problem der thermischen Bewegung der Atome im Gitter auf, die sich bei den Röntgeninterferenzen in der Struktur der Schwärzungen bemerkbar machen sollte. 1913 behandelte er in mehreren Veröffentlichungen die Problematik, wie die Wärmebewegung der Atome die Röntgeninterferenzbilder verändert. Zu Beginn des Jahres erschien eine Gesamtdarstellung unter dem Titel „Interferenz von Röntgenstrahlen und Wärmebewegung“ mit den folgenden Thesen:

> „1. Die Wärmebewegung der Atome hat einen wesentlichen Einfluß auf die bei Röntgenstrahlen beobachtbaren Interferenzerscheinungen.
> 2. Die Schärfe der Interferenzmaxima wird nicht, ihre Intensität ebenso wie die räumliche Intensitätsverteilung aber wohl beeinflußt.
> 3. Die Interintensität nimmt wegen der Wärmebewegung exponentiell ab.“[34]

Zum letzten Punkt gab er noch Details an.
Auf Grund der bis Mitte 1913 erschienenen Beiträge von Debye veröffentlichte Laue eine Abhandlung „Über den Temperatureinfluß bei den Interferenzerscheinungen an Röntgenstrahlen“.[35] Eingegangen war sie bei der Redaktion der Annalen der Physik am 18. Oktober, sie erschien aber erst nach dem Solvay-Kongress. Wiederum wurde es eine kritische Betrachtung eigener Veröffentlichungen. Zuerst würdigte er Debyes Beitrag zu dem Problem. Dann folgte eine mathematische Behandlung der Gestalt der Interferenzflecken:

> „Nun fanden wir früher, daß die Länglichkeit bei wachsender Entfernung der Antikathode vom Kristall weit eher schwindet, als nach der Formel verständlich, wenn man den bestrahlten Teil des Kristalles als einheitliches Raumgitter auffaßt. Wir äußerten damals die Vermutung, daß die Wärmebewegung die Einheitlichkeit stört und so dies Ergebnis erklärt. Jetzt sehen wir, daß sich diese Vermutung nicht bestätigt. Es scheint somit, als wäre der damals benutzte Kristall (Flußspat) ein Konglomerat vieler nicht mit der nötigen Genauigkeit

> zusammengesetzter Stücke. Zu verwundern wäre das schliesslich nicht, wenn man bedenkt, daß Fehler in der Zusammensetzung von der Größe 10^{-9} cm sich schon erheblich bemerkbar machen müssen."[36]

Die ausführliche mathematische Behandlung führte zu einer Formel, die den Einfluss der Temperatur wiedergab. Vermutungen, die W. L. Bragg und Debye bereits geäußert hatten, konnten bestätigt werden.
Ende des Jahres 1913 arbeitete Laue an einem Beitrag für eine Festschrift der Dozenten der Züricher Universität. Erneut wählte er als Thema seines Beitrages „Die Interferenzerscheinungen an Röntgenstrahlen, hervorgerufen durch das Raumgitter der Kristalle". Nach einem nochmaligen Überblick über fremde und eigene Untersuchungen und Ergebnisse behandelte er die folgenden Punkte: I. Die Lage der Interferenzpunkte, II. Die Intensität der Interferenzpunkte und die Form der Interferenzpunkte.[37] Zu II. bemerkte Laue, dass nach den Überlegungen von Debye der Einfluss der Wärmebewegung zu vernachlässigen sei, nur die Lageänderung mache sich bemerkbar. Laue kam zu folgenden Aussagen:

> „Die Wärmebewegung unterdrückt somit das Reflexionsvermögen der weniger dicht belegten Netzebenen. Durch die Wärmebewegung werden die kürzeren Wellenlängen bei der Interferenz benachteiligt."[38]

In den Abschnitt über Steinsalz und Diamant fügte Laue zum besseren Verständnis der Strukturen Zeichnungen ein.

Im Dezember 1913 konnten Laue und J. Stephan van der Lingen die Ergebnisse ihre Versuche über den Debye-Effekt abschließen.[39] Mit der gleichen Röntgenröhre wurden bei 600 °C und in einem Dewargefäß bei der Temperatur der flüssigen Luft Röntgenbeugungsaufnahmen von Steinsalz gemacht. Die Versuche zeigten, dass wenigstens qualitativ die Theorie von

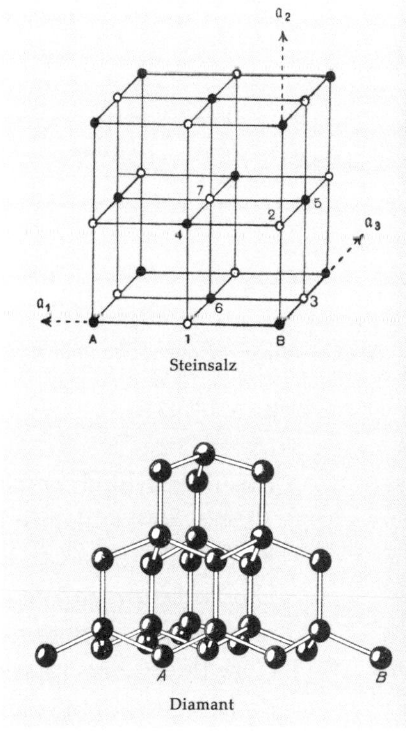

Gitterstruktur beim Steinsalz und beim Diamant.
Quelle: Laue 1961/I: 316, 321

Debye zutraf. Die Autoren dankten für die finanzielle Hilfe dem Institut international de Physique Solvay und der Kgl. Preußischen Akademie der Wissenschaften.

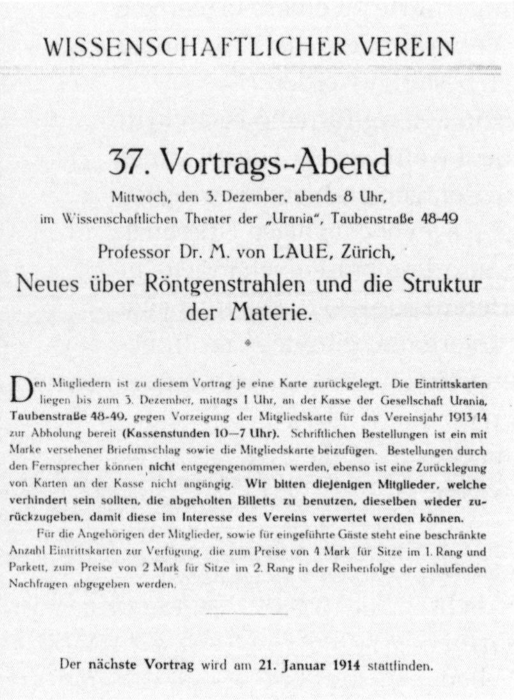

WISSENSCHAFTLICHER VEREIN

37. Vortrags-Abend

Mittwoch, den 3. Dezember, abends 8 Uhr,
im Wissenschaftlichen Theater der „Urania", Taubenstraße 48-49

Professor Dr. M. von LAUE, Zürich,

Neues über Röntgenstrahlen und die Struktur der Materie.

Den Mitgliedern ist zu diesem Vortrag je eine Karte zurückgelegt. Die Eintrittskarten liegen bis zum 3. Dezember, mittags 1 Uhr, an der Kasse der Gesellschaft Urania, **Taubenstraße 48-49**, gegen Vorzeigung der Mitgliedskarte für das Vereinsjahr 1913/14 zur Abholung bereit **(Kassenstunden 10—7 Uhr)**. Schriftlichen Bestellungen ist ein mit Marke versehener Briefumschlag sowie die Mitgliedskarte beizufügen. Bestellungen durch den Fernsprecher können **nicht** entgegengenommen werden, ebenso ist eine Zurücklegung von Karten an der Kasse nicht angängig. **Wir bitten diejenigen Mitglieder, welche verhindert sein sollten, die abgeholten Billetts zu benutzen, dieselben wieder zurückzugeben, damit diese im Interesse des Vereins verwertet werden können.**

Für die Angehörigen der Mitglieder, sowie für eingeführte Gäste steht eine beschränkte Anzahl Eintrittskarten zur Verfügung, die zum Preise von 4 Mark für Sitze im 1. Rang und Parkett, zum Preise von 2 Mark für Sitze im 2. Rang in der Reihenfolge der einlaufenden Nachfragen abgegeben werden.

Der **nächste Vortrag** wird am **21. Januar 1914** stattfinden.

Anzeige eines Vortrages, den Laue im Dezember 1913 in der Berliner „Urania" hielt.
Quelle: Bleyer u. a. 2013

Am 3. Dezember war Laue in Berlin, wahrscheinlich zusammen mit seiner Frau, denn er hatte einen Vortrag in der „Urania" übernommen. Die Einladung zu diesem Vortrag hat sicher bei Max von Laue Erinnerungen an seinen ersten Besuch in der „Urania" als Schüler wachgerufen. Man kann davon ausgehen, dass einige Berliner Kollegen zum Vortrag gekommen waren. Wahrscheinlich war auch sein Vater unter den Zuhörern.

Am 19. Januar 1914 fragte Laue bei Johannes Stark an, ob er Interesse an einem Aufsatz über Röntgenstrahlinterferenzen für dessen „Jahrbuch der Radioaktivität und Elektronik" hätte.[40] Stark antwortete sofort, doch als Laue erfuhr, dass auch ein Beitrag von Bragg aufgenommen werden sollte, kamen ihm Bedenken. Er schrieb an Stark, er hielte es für besser, wenn sein „Referat nicht noch neben dem von Bragg in Ihrem Jahrbuch erscheint."[41] Er habe außerordentlich viel über Braggs Arbeiten berichtet und müsste dann stark umschreiben. Am Ende erschienen die Beiträge von Bragg und Laue doch in einem Band.[42]

Die Vorlesungen, die Vorträge, verbunden mit Reisen, die Veröffentlichungen zu den Röntgeninterferenzen und die Arbeiten zur Theorie füllten eigentlich seine Tage voll aus. Dennoch war Max von Laue weiterhin an den Fragen zur Speziellen Relativitätstheorie interessiert. Wie oft Laue und Einstein über dessen Ideen zur Allgemeinen Relativitätstheorie in Zürich diskutierten ist nicht überliefert, aber es ist sehr wahrscheinlich, dass dies oft der Fall war. Damals gelang es Einstein offenbar nicht, Laue von

seinen Ideen zur Allgemeinen Relativitätstheorie zu überzeugen. In der Zwischenzeit kamen die Bemühungen von Planck und Nernst voran, für Einstein an der Königlich Preußischen Akademie der Wissenschaften eine besoldete Stelle zu schaffen.
Die Redaktion des Jahrbuchs der Philosophie bat Laue um einen Beitrag. Er gab ihm den Titel „Das Relativitätsprinzip".[43] Die Einleitung verführte zum Weiterlesen, denn der Text war im Stil einer Vorlesung gestaltet:

> „Die Vorgänge, welche Gegenstand der Physik sind, vollziehen sich in Raum und Zeit. Durch Bestimmung des Raum- und Zeitpunktes seines Eintretens ist ein Ereignis festgelegt. Diese Bestimmung geschieht wissenschaftlich durch die Angabe von vier Zahlen. Die eine mißt die Zeit (t) von einem verabredeten Nullpunkt an, die drei anderen sind die ‚Koordinaten' des Ortes. Wir denken im folgenden stets an kartesische Koordinaten (x, y, z), welche die drei senkrechten Abstände eines Punktes von den drei zueinander senkrechten Ebenen messen."[44]

Es folgte eine Einführung in die Newtonsche Mechanik, Kraft = Masse mal Beschleunigung, und die Frage nach einem Inertialsystem:

> „Passt aber wenigstens die Definition des Inertialsystems nur auf ein einziges Bezugssystem? Muß man bei immer weiter fortgesetzter Annäherung schließlich auf ein bestimmtes System kommen? Keineswegs."[45]

Daran anschließend behandelte Laue die Galilei-Transformation mit verschiedenen Geschwindigkeiten, um zu folgender Aussage zu kommen:

> „So hat jede Geschwindigkeitsangabe nur einen Sinn, wenn man hinzufügt, relativ zu welchem System der obigen unendlichen Schar [von Inertialsystemen] gemessen wird. Man nennt daher den Satz von der Vielfalt dieser Systeme das Relativitätsprinzip der Mechanik. [...]
> Vielleicht klingt dies nun alles sehr trocken; und dennoch gehören diese Überlegungen zu den wichtigsten Erkenntnissen, die wir uns in der Physik erworben haben."[46]

Zum Verständnis der folgenden Abschnitte wurden einige mathematische Kenntnisse vorausgesetzt, so im § 4 „Die Einsteinsche Kinematik". Am Ende des § 7 „Die Invarianten der Lorentz-Transformation" machte Laue eine kritische Bemerkung zu zeitgenössischen Anschauungen:

> „Die historische Entwicklung, welche von der Elektrodynamik zur Relativitätstheorie geführt hat, hat manche veranlaßt, das neue Relativitätsprinzip als das der Elektrodynamik dem alten Relativitätsprinzip der Mechanik gegenüberzustellen. Es kann kaum eine verfehltere Bezeichnungsweise geben; schon weil sie gelegentlich das Mißverständnis hervorgerufen hat, als könnte das eine für die Elektrodynamik, das andere für die Mechanik gelten. Darum sei ausdrücklich betont: Gäbe es in zwei verschiedenen Teilen der Physik verschiedene Relativitätsprinzipe, so wäre nun ein Bezugssystem nach beiden berechtigt. Durch beide zusammen wäre dies System ausgezeichnet; an allen Erscheinungen, welche beiden Gebieten gleichzeitig angehören, müßte man absolute Bewegungen erkennen. Zwei Relativitätsprinzipe höben ihre Bedeutung gegenseitig auf."[47]

Er würdigte nochmals Einstein, Poincaré und Lorentz für ihre Überlegungen.
Gerade zur Zeit der Arbeit am Beitrag für das Jahrbuch der Philosophie erhielt Laue – noch vor der Veröffentlichung durch die Herausgeber der Annalen der Physik, Wilhelm Wien und Max Planck – Kenntnis von einer Arbeit von K. Schaposchnikow „Zur Relativdynamik des homogenen Körpers"[48], in der dieser behauptet, dass zwischen Plancks und Laues Arbeiten zu diesem Problem ein Widerspruch bestehe. Laue wies dem Autor nach, dass zwar beide Arbeiten kleine Unterschiede in der Bezeichnung hätten, aber:

> „Wir behaupten somit mit vollster Entschiedenheit, daß zwischen beiden Darstellungen der relativistischen Dynamik in keinem Punkte der mindeste Unterschied besteht."[49]

Am 4. November 1913 schickte Max von Laue ein Manuskript an Wilhelm Wien, zu dem ihn Einstein ermutigt hatte und das die Gesetzmäßigkeit für die Abbildung von beleuchteten und selbstleuchtenden Gegenständen behandelt.[50] Wieder zeigte sich Laues Sorgfalt, ein Problem zu erkennen und auf seine Art zu lösen. Der Ausgangspunkt war die von Ernst Abbe entwickelte Theorie des Mikroskops und die Weiterführung durch Leonid Mandelstam,[51] die aber Laue nur als eine Annäherung bezeichnete:

> „Wir meinen damit hauptsächlich die Annahme einer relativ (d. h. verglichen mit der Lichtwellenlänge) groben Struktur. Es gibt aber auf diesem Gebiete einen streng gültigen Äquivalenzsatz, gültig für beliebige Körper und beliebig gebaute sowie beliebig eingestellte optische Instrumente. [...]
> Damit unser Problem überhaupt gestellt ist, muß gesagt werden, wie der Körper in dem einen Fall strahlen soll, d. h. mit welchen Intensitäten seine verschiedenen Teile nach den verschiedenen Richtungen leuchten sollen, und wie im anderen Falle die Intensität des fremdes Lichtes von der Richtung abhängen soll.“[52]

Auch die Kohärenzverhältnisse zwischen der Strahlung verschiedener Richtungen müssten berücksichtigt werden. Laue löste das Problem, indem er eine statistische Behandlungsweise vorsah. Sein Beweis lautete:

> „Denken wir uns den Körper und seine Umgebung gleichzeitig in der angegebenen Weise strahlend, so sehen wir mit unserem Instrument in eine allseitig gleiche Hohlraumstrahlung hinein und können bekanntlich keinerlei Umrisse von deren Begrenzung erkennen. [...] Diese setzt sich aber additiv zusammen aus den Bildern, welche der Körper nur im eigenen und nur im fremden Licht ergeben würde. Und das heißt: Beide Bilder sind einander komplementär.“[53]

Er ging auf einen Vortrag von Henry Siedentopf in München ein, der die Beobachtung eines vollständig durchsichtigen Körpers behandelt hatte. Laue wunderte sich, dass seine Fachgenossen den Beweis nicht kannten. Er gab noch den Vergleich mit Mandelstams Aussage an.[54]
Ebenso gab es bei der nächsten Veröffentlichung von Laue „Die Freiheitsgrade von Strahlenbündeln“ eine Anmerkung zum Freund unter dem Titel „Nach einer persönlichen Mitteilung von Hrn. Einstein“. Wiederum war der Ausgangspunkt eine fremde Arbeit. Der englische Physiker James Jeans hatte zusammen mit John William Rayleigh über die Strah-

lungstheorie gearbeitet. Laue griff Jeans' Veröffentlichung von 1905 über die Freiheitsgrade der Strahlung und dessen Beispiel eines Würfels mit vollständig spiegelnden Wänden auf:

> „Daß ein Strahlenbündel von endlicher Länge eine endliche Zahl von Freiheitsgraden besitzt, ist leicht einzusehen. Nehmen wir an, für einen bestimmten Moment befinde sich in einem Hohlraum ein einziges Strahlenbündel von bestimmter Länge und sonst kein Schwingungsvorgang, so kann man angeben, welche Eigenschwingungen des Hohlraumes und mit welcher Stärke jede daran beteiligt sind."[55]

Anknüpfend an die vorangegangene Veröffentlichung behandelte Laue das Problem mathematisch, um zu einer Formel zu kommen, die für ein streng monochromatisches, linear polarisiertes Strahlenbündel die Anzahl der Freiheitsgrade angab. In § 3 ging es um die Einbeziehung von Einsteins Theorie der Strahlungsschwankung. Sie ergab einen ähnlichen Ausdruck wie die Boltzmannn-Gibbsche Statistik für die relative Energieschwankung eines Körpers. Laue konnte seine Überlegungen auch auf elastische Wärmeschwingungen anwenden.[56]

Ende März 1914 reiste Einstein nach Berlin, um seine Stelle an der Akademie anzutreten. Seine Familie blieb noch in Zürich. Die ernsten und heiteren Gespräche der Freunde konnten erst mehrere Jahre später fortgesetzt werden, als Laue wieder nach Berlin kam.

Mit der Züricher Universitätsverwaltung bekam Max von Laue im Frühjahr 1914 einige Schwierigkeiten. Er hatte für das Sommersemester ein zweistündiges Kolleg über „Strahlungstheorie" angekündigt, aber das Thema bereits im Wintersemester in einem inoffiziellen Kolleg behandelt. Deswegen wollte er nun „Statistische Mechanik" vortragen.[57] Doch am 11. Mai 1914 änderte er das Thema nochmals in „Hydrodynamik". Er erhielt postwendend vom Dekanat die Antwort, dass nachträgliche Änderungen von Vorlesungen nicht vom Dekanat bewilligt werden können. Nach § 8 der neuen Universitätsordnung müsse er sich an die Hochschulkommission wenden.

Aber es gab auch freudige Ereignisse. Max von Laue wurde eine schöne Ehrung zuteil: Er erhielt den „Erich-Ladenburg-Preis" der Universität Breslau verliehen. Zur Entgegennahme fuhr er nach Breslau.[58] In seiner Rede am 14. Juni dankte er zuerst Otto Lummer, der 1904 an die Universität Breslau auf den Lehrstuhl für Experimentalphysik berufen worden war. Laue erinnerte an Lummers Vorlesung in Berlin und die Experimente, die er 1903 erlebt hatte. Damit war das Thema Optik eingeleitet, und er verwendete die optische Abbildung, um auf die Grenze der Beobachtbarkeit einzugehen, die Unmöglichkeit, Atome zu sehen, und die Kritik, ob es sie gäbe.

> „Man sollte diese Skeptiker einmal fragen, ob sie die Sonne und die Fixsterne für wirklich halten, oder ob sie auch die Behauptung der Astronomie, daß es sich bei diesen um riesige, unvorstellbar weit von uns entfernte Körper handelt, für eine Arbeitshypothese erklären."[59]

Laue stellte die Frage, was man beobachten könnte, wenn man sehr kurzwellige Strahlung verwenden würde. So leitete er zur Untersuchung der Röntgenbeugung über. Ein längerer Abschnitt war nochmals der Frage des optischen Auflösungsvermögens gewidmet. Die abschließenden Worte zeigten Laues Gedanken zur Forschung und zu ihrem Erfolg:

> „Meine Herren, nach den Statuten der Ladenburgstiftung soll, wer den Erich-Ladenburg-Preis empfängt, auch über die Ziele seiner Forschung sprechen. […] Doch mit den eigentlichen Zielen, die sich jeder wissenschaftlich Forschende steckt, ist es eine heikle Sache. Gerade wenn sie hoch gesteckt sind, ist es einigermaßen zweifelhaft, ob sie sich erreichen lassen, ja es ist nicht einmal sicher, ob sie sich nicht im Laufe der Zeit mit dem Fortschritt der Wissenschaft verschieben. Deshalb bitte ich die hohe Fakultät, es zu entschuldigen, wenn ich mich nicht auf dies Gebiet wage. Was herauskommen wird, das muß man eben abwarten. Jedenfalls kann ich der Fakultät versprechen, was ich schon bei der Promotion in Berlin dem dortigen Gebrauche entsprechend gelobt habe, zu forschen […]."[60]

Am 16. Juni schrieb er aus Berlin mit der Adresse Meierottostr. 8 an den Dekan:

> „Am Sonntag den 14ten d. M. erhielt ich in Breslau die Aufforderung des preußischen Kultusministeriums, zu einer Besprechung am 17ten d. M. nach Berlin zu kommen. Ich habe deswegen dem Herrn Rektor um Verlängerung meines Urlaubes bis zum 24ten d. M. gebeten. Ich werde jedoch versuchen, früher nach Zürich zurückzukehren."[61]

Die Antwort des Dekans vom 18. Juni lautete:

> „Hochverehrter Herr Professor,
> auf Ihre Mitteilung betr. Verlängerung Ihres Urlaubes um acht Tage bin ich genötigt Sie dahin zu orientieren, dass es nicht in der Befugnis des Rektors steht, einen so lange dauernden Urlaub während des Semesters zu bewilligen. Mit einem solchen Gesuche müssen Sie sich direkt an die Erziehungs-Direktion wenden."[62]

Max von Laue teilte am 22. Juni dem Dekan mit:

> „Ich bin gestern zurückgekehrt und nehme heute meine Vorlesungen wieder auf. Die Besprechung mit Geheimrat Elster im preussischen Kultusministerium hat zu nichts Endgültigem geführt. Da keine schriftliche Berufung vorliegt, so kann ich auch meine hiesige Stellung noch nicht kündigen."[63]

Ein politisches Ereignis am 28. Juni 1914, die Ermordung des österreichischen Thronfolgerpaars, führte innerhalb von wenigen Wochen am 1. August zum Ausbruch eines Weltkrieges. Das Ehepaar Laue machte zu dieser Zeit Urlaub in der Schweiz. Sie kamen am 28. August wieder nach Deutschland zurück. Bereits am 15. Juli hatte Laue an den Dekan geschrieben:

> „Gestatten Sie mir, Ihnen und der Fakultät mitzuteilen, daß ich heute zum nächsten Semester eine Professur an einer deutschen Universität anzunehmen beabsichtige."[64]

Der Regierungsrat nahm Laues Kündigung in der Sitzung am 1. August 1914 zur Kenntnis:

> „I. Dr. M. von Laue wird die nachgesuchte Entlassung als Professor an der philosophischen Fakultät II der Universität Zürich auf 15. Oktober 1914 unter Verdankung der geleisteten Dienste gewährt."[65]

Er wurde noch aufgefordert, die Umzugsentschädigung von 1912 zurückzuzahlen. Die Neue Züricher Zeitung brachte eine kurze Notiz vom Weggang Max von Laues.

Professur in Frankfurt am Main, I. Weltkrieg, Nobelpreis für Physik

Max von Laue wird die Geschichte der Gründung der Frankfurter Universität[1] wahrscheinlich nicht gekannt haben, als ihm bei den Verhandlungen mit dem Kultusministerium in Berlin seine Berufung dorthin mitgeteilt wurde. Die reiche Kaiserstadt war bis 1866 Freie Reichsstadt. Seit 1824 gab es einen Physikalischen Verein mit einem regen wissenschaftlichen Leben. Gegen Ende des 19. Jahrhunderts wurden die Ideen zur Gründung einer Hochschule, einer Akademie, einer Universität von mehreren wohlhabenden Bürgern wie auch von leitenden Männern der Stadtverwaltung, vor allem durch den Oberbürgermeister Franz Adickes, lebhaft diskutiert und ihre Realisierung vorangetrieben. Adickes war es, der die großzügigen Stifter in der Familie Oppenheimer fand. So erhielt der Physikalische Verein 1906 ein großes Gebäude mit einem Hörsaal und Laboratoriumsräumen. Durch zähe Verhandlungen und weitere Geldzuwendungen kam es 1914 zur Universitätsgründung. Das Gebäude des Physikalischen Vereins kam zur Universität. Am 10. Juni 1914 genehmigte der Kaiser die Gründung der Universität, die sich aber aus eigenen Mitteln erhalten musste. Erster Rektor wurde der Physiker Richard Wachsmuth. Nach seinem Studium ging er an die Physikalisch-Technische Reichsanstalt und arbeitete unter Helmholtz. Sein weiterer Lebensweg führte ihn über Göttingen, Rostock und Freiberg bis zum Physikalischen Verein in Frankfurt am Main. Bald darauf wurde er an die dortige Akademie als Dozent für Physik berufen. Mit großer Energie wurden von Wachsmuth die ersten fünfzig Professoren für die Universität ausgesucht und berufen. Für das Fach der Theoretischen Physik standen auf der üblichen Dreier-Liste zu-erst Peter Debye, dann Gustav Mie und wegen „seiner Jugend" an dritter Stelle Max von Laue. In der Begründung hieß es:

> „Von seinen wissenschaftlichen Leistungen, die durchweg durch selbständige Ideen, Gedankenschärfe und Klarheit der Darstellung ausgezeichnet sind, zeugen zahlreiche größere und kleinere Publikationen [...].
> Am meisten ist sein Name aber bekannt geworden durch die überraschende experimentelle Entdeckung ersten Ranges, mit der er im vorigen Jahr hervorgetreten ist (unter Mitwirkung von Friedrich und

> Knipping, die seine Ideen zur Ausführung brachten): Die Erzeugung von Interferenzerscheinungen beim Durchgang von Röntgenstrahlen durch Kristalle."[2]

Die Tragweite der Entdeckung für die Kristallphysik und Atomlehre sei gar nicht abzusehen.

> „Laue ist ein feiner, bescheidener und liebenswürdiger Mensch. Seine Lehrfähigkeit hat sich nach Mitteilung von Professor Sommerfeld in München sowie aus der Schweiz ausserordentlich entwickelt, sodass dem ihm aus seinen ersten Dozenten-Semestern anhaftenden Ruf eines schlechten, weil viel zu schweren Vortrags lebhaft entgegengetreten werden kann."[3]

Im abschließenden Urteil wurde Laue vor Debye und Mie gesetzt.[4]
Die geplante festliche Einweihung der Universität in Anwesenheit des Kaisers war auf den 18. Oktober 1914 festgesetzt worden. Er konnte aber nicht kommen, wie er aus dem Großen Hauptquartier telegraphieren ließ; der Erste Weltkrieg war am 1. August 1914 ausgebrochen.
Das Kulturministerium hatte am 7. August 1914 an Max von Laue geschrieben:

> „Herr Prof. Max von Laue – Zürich ist bereit, eine ordentliche Professur in der Naturwissenschaftlichen Fakultät der Universität Frankfurt a/M, welche mit dem Wintersemester 1914/15 eröffnet werden soll, zu übernehmen."[5]

Es folgten die Einzelheiten, die Bestellung zum Direktor des Instituts für Theoretische Physik, die Besoldung, 6.600 Mark plus Wohngeldzuschuss, 1.300 Mark Besoldungszulage und für die Leitung des Instituts 1.000 Mark, Honorar für die Vorlesung bis 3.000 Mark ganz, darüber 75 Prozent, Prüfungsgebühr 3.900 Mark jährlich.
Mit dem Beginn des Krieges kam es vielfach zu Äußerungen eines ungehemmten Nationalismus. Das zeigten auch die Reden der Professoren an der Berliner Universität und anderen Universitäten. Sie priesen die Überlegenheit des deutschen Charakters über den anderer Völker, erklärten den Krieg für heilig und prophezeiten den deutschen Sieg. Es wurde ein

„Krieg der Geister“ im wahrsten Sinne des Wortes entfesselt, denn die Angegriffenen wehrten sich energisch. Angeregt durch die Schriftsteller Ludwig Fulda und Hermann Sudermann und unter Mitwirkung von Georg Reicke wurde ein entsprechender Aufruf formuliert und veröffentlicht, den 15 Naturwissenschaftler mitunterzeichneten. Auch die Namen von Max Planck und Walther Nernst waren dabei. Aber oft kannten die Unterzeichner den endgültigen Text nicht im Wortlaut. Jeder Abschnitt begann mit den Worten „Es ist nicht wahr [...]“. Der Aufruf wurde, nach der Anzahl der Unterschriften, das „Manifest der 93“ genannt.[6] Max von Laue gehörte nicht zu den Unterzeichnern.
Max Planck verteidigte das Verhalten der deutschen Armee beim Durchmarsch durch das neutrale Belgien gegenüber seinem niederländischen Kollegen Hendrik Antoon Lorentz. Fritz Haber schrieb am 23. September 1914 an Svante Arrhenius nach Stockholm:

> „Aber jetzt sehen wir es als unsere sittliche Pflicht an, mit Einsetzung alle Kräfte den Gegner niederzuringen und zu einem Frieden zu bringen, der die Wiederkehr eines ähnlichen Krieges auf Menschenalter hinaus unmöglich macht und der friedlichen Entwicklung Westeuropas eine sichere Grundlage gibt.“[7]

An Wilhelm Wien schrieb Laue diesbezüglich am 27. November 1914 aus Frankfurt/M.:

> „Vor Kurzem erhielt ich von H. A. Lorentz und P. Ehrenfest eine Zuschrift, in welcher auf mögliche Weisen festgestellt werden sollte, daß sich die Belgier keine Grausamkeiten gegen die deutschen Verwundeten hätten zu schulden kommen lassen. Aber wie sollen die Beiden sich authentisches Material verschafft haben? Vom hiesigen Mineralogen Boeke, einem geborenen Holländer, höre ich, daß Lorentz leider sehr wenig deutschfreundlich ist und darin weit mehr Temperament entwickelt, als man von einem sonst so ruhigen Mann erwarten sollte. Schade!“[8]

Offiziell nahm Max von Laue am 1. Oktober 1914 seine Tätigkeit als ordentlicher Professor für Theoretische Physik an der Universität Frankfurt am Main auf. Am 17. September hatte er vom Ministerium den Bescheid erhalten,

> „[...] daß seine Majestät der Kaiser und König, mein Allergnädigster Herr, geruht haben, Sie zum ordentlichen Professor in der Naturwissenschaftlichen Fakultät der Königlichen Universität Frankfurt a. M. zu ernennen.“[9]

Das Ehepaar Laue bezog eine Wohnung in einem großen villenartigen Haus in der Beethovenstraße 33 in der Nähe der Senckenberganlage. Als Kollegen hatte er Otto Stern, der sich von Zürich umhabilitiert hatte. Sterns Arbeitsgebiete waren die Molekular- und Quantentheorie, und so sprachen sie sich über den Vorlesungsplan ab. Stern wurde bereits zu Beginn des Krieges eingezogen, sodass Laue ihn über seine Überlegungen brieflich unterrichten musste.

Gegen Ende des Jahres 1914 hielt Laue in Frankfurt am Main beim Physikalischen Verein einen eher populären Vortrag „Über Interferenzerscheinungen“.[10]

Nach einem langen Urlaub in Berchtesgaden gelang Laue ein einfacher Beweis zur Anwendung der Wahrscheinlichkeitsrechnung auf die Strahlungstheorie, an dem Einstein „seine helle Freude haben kann“.[11] Das schrieb er an Stern, aber Einstein hatte eine andere Vorstellung. Laue fragte, ob es zulässig sei, in einer Fourierreihe, die die Schwingungen „natürlicher Strahlung“ wiedergeben soll, die Koeffizienten als statistisch voneinander unabhängig zu betrachten. Einstein hatte darüber auf dem ersten Solvay-Kongress 1911 über Strahlungsenergie und Schwankungen vorgetragen[12] und die Hauptformel der Thermodynamik für eine umkehrbare Wärmezufuhr, $dS = dQ/T$, das Boltzmann-Prinzip (1), wie auch Plancks Formel (2) und Einsteins eigene Definition (3) zugrunde gelegt. Laue schrieb unter dem Titel „Die Einsteinschen Energieschwankungen“ direkt nach der Einleitung:

> „Wir wollen zeigen, wie man die Schwankungsgesetze 1), 2) und 3), die doch offenbar denselben Sachverhalt in verschiedener Weise ausdrücken, auch gemeinsam, auf einem kürzeren, rein statistischen und den Temperaturbegriff vollständig vermeidenden Wege ableiten kann. Da wir dabei die Grundlagen der Einsteinschen Betrachtungen nicht verlassen, so müssen sich die Ergebnisse selbstverständlich völlig decken.“[13]

Die Deckung der Ergebnisse gelang Laue ohne Einschränkung. Gleichzeitig beschäftigte sich Max von Laue mit einer zweiten, grundlegenden Erwiderung auf eine Arbeit von Einstein und dessen Mitarbeiter Ludwig Hopf. Noch vor der Veröffentlichung schickte er seinen Text an Einstein, der Einwände erhob. In einem langen Brief vom 27. Mai 1915 versuchte Laue, den Freund von seiner Anschauung zu überzeugen:

> „Nun aber zu Deinem Haupteinwand. Du sagst: In einer Fourierreihe, die für einen Teil (oder mehrere Teile) ihres Entwicklungsbereiches Null werden soll, bestehen Verknüpfungen unter den Koeffizienten. […] Wie sehr mir das aus dem Herzen gesprochen ist […].
> Ferner trifft dieser Satz meine Betrachtungen nicht. Denn ich verlange ***nicht***, dass meine Fourierreihen in dem Teil des Entwicklungsbereiches [der Strahlung], der nicht Geltungsbereich ist, verschwinden; ich fordere überhaupt nichts von ihnen. Die sind mir dort vielmehr völlig gleichgültig, da sie mit der Wirklichkeit nichts zu tun haben."[14]

Doch er erkannte, dass die Arbeit umgearbeitet werden müsste. So korrespondierte er noch darüber mit Wilhelm Wien, wie aus einem Brief vom 21. Juni 1915 deutlich wird. Wien hatte ihm ohne Kommentar eine seiner Veröffentlichungen über die „Unordnung" von Strahlung geschickt und Laue dankte:

> „Ich hatte auch immer das dunkle Gefühl, als hätte ich schon so etwas gelesen […].
> Ich habe eine Wahrscheinlichkeitshypothese für monochromatische Schwingungen aufgestellt, die allen Ansprüchen an ihre Stabilität genügt. D. h.: Denken Sie sich in einem Hohlraum Resonatoren und Strahlung im Temperaturgleichgewicht, so bleibt diese Ordnung nachweislich erhalten. Dabei ist von Energieelementen und sonstigen Quantenwundern keine Rede, es geht alles natürlich zu."[15]

Er sei voller Zuversicht, dass das Plancksche „h" in der Schwankungsformel vorkommt, und hoffe, dass es das Einsteinsche Schwankungsgesetz sein würde.

> „Sie sehen, ich bin im Augenblick nicht gerade bescheiden, aber das müssen Sie meiner Freude an der Sache zu Gute halten. Ich hoffe auch, Ihre berechtigte Neugier in wenigen Wochen befriedigen zu können."

Es galt, die Veröffentlichung von Einstein und Hopf „Über einen Satz der Wahrscheinlichkeitsrechnung und seine Anwendung in der Strahlungstheorie" von 1910[16] zu korrigieren, und Max von Laue tat das mit der ihm eigenen Ehrlichkeit und Noblesse. Es ging um die mathematisch-physikalische Frage,

> „[...] ob es berechtigt ist, in einer Fourierreihe, welche die Schwingungen natürlicher Strahlung darstellen soll, die Koeffizienten als statistisch voneinander unabhängig zu betrachten."[17]

Das Problem war, so Laue, für die Auffassung von Planck über die natürliche Strahlung und die Quantentheorie von Bedeutung. Unter Punkt V ist das Ergebnis der ausführlichen mathematischen Behandlung angegeben:

> „Das Zusammenwirken noch so vieler, räumlich ungeordneter Schwingungszentren kann der Strahlung nicht den Grad von Ungeordnetheit verleihen, der zur statistischen Unabhängigkeit benachbarter Koeffizienten in den Fourierschen Reihen für die Strahlung notwendig wäre. Ist in Wirklichkeit eine solche Ungeordnetheit bei der Strahlung vorhanden, so beruht sie auf einer Ungeordnetheit in der Schwingung der einzelnen Resonatoren."[18]

Laue wies noch auf Einwände und eine mündliche Mitteilung von Einstein hin. In einer Korrektur zitierte er aus einem Vortrag von Wilhelm Wien über die „Ziele und Methoden der Theoretischen Physik".[19] Einstein antwortete Laue seinerseits mit einer Veröffentlichung:

> „In der zitierten Arbeit bringt Laue die mathematische Grundlage der Statistik der Strahlung in eine Form, die an Prägnanz und Schönheit nichts zu wünschen übrigläßt. Was aber die Anwendung jener Grundlage auf die Strahlungstheorie anbelangt, so scheint er mir einem bedenklichen Irrtume zum Opfer gefallen zu sein [...].

> Nach meiner Ansicht ist daher keiner der von Laue betrachteten Fälle der natürlichen Strahlung bezüglichen Unordnung äquivalent, so daß aus seinen Ergebnissen über die natürliche Strahlung nichts gefolgert werden kann."[20]

Er fand einen mathematischen Ausweg auf den Einwand von Laue. Nun schrieb Laue aus Frankfurt am 15. Juli 1915 an Wilhelm Wien[21] über seine Arbeit in den Annalen und die Einsteinsche Erwiderung, die er absichtlich noch nicht angesehen hatte, um unbeeinflusst zu bleiben. Er erwähnte noch ein Gespräch mit Einstein in Göttingen. Laue war nicht ganz überzeugt von Einsteins Lösung und antwortete unter dem Titel „Zur Statistik der Fourierkoeffizienten der natürlichen Strahlung".[22] Einleitend bemerkte er:

> „In einer Entgegnung auf unsere Untersuchungen über einen Satz der Wahrscheinlichkeitsrechnung und seine Anwendung auf die Strahlungstheorie macht uns Hr. Einstein zwei Einwände, die wir hier eingehend besprechen möchten, obwohl wir – wie wir sogleich vorausschicken wollen – dem zweiten eine große Berechtigung zusprechen müssen. Denn so klargestellt, wie es bei der Wichtigkeit der Frage zu wünschen wäre, scheint uns die Sachlage bisher noch nicht."[23]

An den Anfang stellte Laue eine grundlegende Frage:

> „Warum soll Strahlung, die von vielen ‚natürlich' strahlenden Quellpunkten ausgeht, nicht natürliche Strahlung sein? […] Wir glauben daher, daran festhalten zu sollen, daß sich aus der Zusammensetzung der Strahlung aus vielen Einzelstrahlen kein Grund gegen die statistische Koppelung verschiedener Fourierkoeffizienten herleiten läßt."[24]

Zum zweiten Einwand von Einstein führte Laue aus, dass sich Einstein

> „[...] um die Entstehung der Strahlung aus Einzelstrahlungen überhaupt nicht mehr kümmert, sondern einfach die Fourierentwicklung einer Schwingungsfunktion f (t), also die Schwingungen irgendeines linearen Gebildes, behandelt."[25]

Bei der mathematischen Durchführung wurde Laue von seinem Kollegen Ernst Hellinger und dem Würzburger Mathematiker Emil Hilb unterstützt, denen er in der Veröffentlichung dankte. Das erhaltene Ergebnis stimmte mit dem von Einstein überein. Laue merkte aber an:

> „Es gibt also kein Wahrscheinlichkeitsgesetz mit Koppelungsgliedern, das auf beliebige Zeitbereiche anwendbar wäre. Nun wäre es an sich wohl denkbar, daß es in der Natur bevorzugte Zeitbereiche gäbe, die man hier zu benutzen hätte; für annähernd einfarbige Schwingungen könnte die Periode oder der reziproke Wert der spektralen Breite (in Schwingungszahlen gemessen) ein Maß für solche Zeiten abgeben. Doch scheint uns eine derartige Theorie wenig aussichtsreich."[26]

Am 11. November 1915 teilte Max von Laue der Universität Frankfurt/M. mit:

> „Ich gestatte mir die Mitteilung, daß die Schwedische Akademie der Wissenschaften mir heute den Nobelpreis für Physik für 1914 verliehen hat."[27]

Die Universität gratulierte durch den Kuratoriumsvorsitzenden am 15. November:

> „Für Ihre freundliche Mitteilung vom 11. ds. Mts. verbindlich dankend, spreche ich Ihnen namens des Kuratoriums und in meinem eigenen Namen die aufrichtigsten Glückwünsche zur Verleihung des Nobelpreises für Physik 1914 aus.
> Nicht nur für unsere junge Universität ist diese Verleihung sehr erfreulich, sondern sie bedeutet unter den gegenwärtigen Verhältnissen eine besonders hoch einzuschätzende Anerkennung."[28]

Die erste Gratulation von außerhalb kam von Otto Stern, der im Osten militärisch eingesetzt war. Am 18. November gratulierten Laue die Mitglieder der Naturwissenschaftlichen Fakultät. Auch die Zeitungen brachten eine Meldung über den jüngsten Nobelpreisträger, der gerade 36 Jahre alt geworden war. Wilhelm Wien gratulierte sofort, und Max von Laue dankte ihm aus Frankfurt am 14. November:

„Für Ihren freundlichen Glückwunsch herzlichsten Dank! Die Zeitungsnachrichten, auf die Sie sich berufen, sind richtig. Als mich vorgestern kurz nach Tisch zwei Redaktionen anriefen und mich auf Grund eines Wolf-Telegrammes beglückwünschten, hegte ich zumindest noch Zweifel, namentlich, da das Telegraphenamt auf meine Anfrage erklärte, ein solches Telegramm sei ihm nicht bekannt. Aber gegen 5 Uhr kam die Depesche aus Stockholm unterzeichnet vom Sekretär der Akademie, Aurivillius [Christopher Aurivillius, von 1901 bis 1923 Ständiger Sekretär der Kgl. Schwedischen Akademie der Wissenschaften.]. Was aus der Reise nach Stockholm wird, weiß ich noch nicht. Zunächst scheint es mir fraglich, ob sich die Schweden eine internationale Gelehrten-Gesellschaft während des Krieges einladen, oder ob sie das nicht lieber verschieben. Den Brief, in dem das wohl stehen wird, habe ich noch nicht. Und wenn sie schon zum nächsten Sommer einladen, so weiß ich nicht, ob ich hinreisen kann. Denn nach einer mündlichen Mitteilung von Prof. Pohl (aus Berlin) hat Ihr Vetter Max [Max Wien] doch noch Absichten auf mich. Wenn ich aber erst feldgrau bin, kann ich vielleicht nicht abkommen. Aber ich gebe zu, dass ich das ein wenig bedauern würde.
Den Nobelpreis für 1915 hat die Schwedische Akademie, wie Sie auch gelesen haben werden, an Bragg und seinen Sohn verliehen. Auch das freut mich sehr, und ich finde, die Akademie hat es so den Engländern auf eine feine Weise beigebracht, dass die zweifellos sehr großen Verdienste ihrer Physiker doch nicht selten deutsche Forschungsergebnisse zur Voraussetzung haben.
Der Stockholmer Akademie habe ich gestern meinen Dank telegraphisch ausgesprochen. Aber darf ich nicht einen kleinen Teil dieses Dankes auch Ihnen abstatten? Sie sind, soviel ich von den Satzungen der Nobelstiftung weiß, doch auch um Ihre Meinung dabei gefragt worden. Und wenn – gleich mir ja keiner der Beteiligten etwas von dem Gang dieser Verhandlungen verraten darf, so wäre es mir doch recht schwer, anzunehmen, dass Sie an der Verleihung des Preises an mich so ganz unschuldig sein sollten.
Mit der Bitte, meine Frau und mich Ihrer Gattin bestens zu empfehlen, und mit herzlichem Gruß
Ihr ganz ergebener Dr. M. Laue“[29]

Max von Laue hatte an Svante Arrhenius geschrieben und ihn gebeten, den Braggs zu gratulieren. Arrhenius schrieb am 12. Januar 1916 an William Henry Bragg:

> „Professor von Laue wrote me and asked me to say you and your son his very best compliment and congratulations to the Nobel Prize. As he says, it could not have fallen to more able and worthy scientists."[30]

Aufgrund des Krieges gab es am 10. Dezember 1915 keine Feier in Stockholm. Das Preisgeld von 156.661,05 Kronen wurde über die Deutsche Bank überwiesen und musste in die deutsche Währung umgetauscht werden. Laue erhielt Mitte 1916 das Preisgeld mit der Urkunde und der Medaille über die Deutsche Gesandtschaft in Stockholm. Er teilte das offenbar nicht zu versteuernde Preisgeld mit Friedrich und Knipping, die jeweils ein Drittel bekamen. In patriotischer Haltung zeichnete er für seinen Anteil Kriegsanleihen.[31]

Als Nobelpreisträger wurde Laue nun jährlich von der „Nobelstiftelsen" aufgefordert, Vorschläge für die nächsten Kandidaten abzugeben. Als er 1916 gefragt wurde, schlug er Max Planck vor, im nächsten Jahr Albert Einstein in Berlin und Hendrik A. Lorentz in Leiden gemeinsam für die Begründung der Relativitätstheorie.[32]

Ferdinand Springer fragte am 15. November 1915 bei Laue an, ob er dessen Nobelvortrag in seinem Verlag erscheinen lassen könnte. Laue antwortete elf Tage später aus Frankfurt am Main und dankte für das Anerbieten, jedoch hätte sein bester Freund einen Verlag in Karlsruhe übernommen, der ihn herausgeben würde.[33] Der Vortrag erschien erst 1920 in der C. F. Müllerschen Hofbuchhandlung, nachdem Laue ihn in Stockholm gehalten hatte.

M. v. Laue

Professor der theoretischen Physik an der Universität Berlin

Über die Auffindung der Röntgenstrahl-Interferenzen

Nobelvortrag, gehalten am 3. Juni 1920 in Stockholm.

16 Seiten broschiert Preis 2.50 Mk.

„Frankfurter Zeitung": Schon der Entdecker der Röntgenstrahlen hat nach Interferenz- oder Beugungs-Erscheinungen bei dieser Strahlungsart gesucht, um die Frage zu entscheiden, ob man es hier mit einem Wellenvorgang oder mit der Ausschleuderung kleinster Teilchen zu tun habe. Obgleich seine Untersuchungen erfolglos blieben, fand die Wellentheorie starke Anhängerschaft, denn nach Maxwell-Lorentz müssen elektromagnetische Wellen entstehen, wenn Elektrizitätsträger ihre Geschwindigkeit ändern. Die Vertreter der Korpuskulartheorie können freilich noch heute manche Erscheinungen anführen, die der Erklärung durch die Wellentheorie trotzen. Über diese Dinge, namentlich über die Vorarbeiten und selbständigen Untersuchungen, die der Nobelpreisträger für Physik, Professor Max v. Laue (Berlin), früher Ordinarius an der Universität Frankfurt, ausgeführt hat und die zur Auffindung von Gitterspektren und damit von Interferenzen führten, gibt der „Nobelvortrag" Aufschluß, den Laue am 3. Juni 1920 in Stockholm vor der Kommission der Nobelstiftung gehalten hat.

Die Anzeige der C. F. Müllersche Hofbuchhandlung zum Erscheinen des Nobelvortrages von Laue. Quelle: Scan im Nachlass des Autors

Die im Winter begonnene Schlacht an der Ostfront gegen russische Truppen und auch die heftigen Kämpfe in Frankreich in der Champagne hielten auch im Frühjahr 1915 an. Um an der Front in Frankreich einen Durchbruch zu erzielen, wurde nach den Plänen von Fritz Haber vom Kaiser-Wilhelm-Institut für Physikalische Chemie und Elektrochemie ein Großeinsatz von Giftgas (Chlor) am 22. April 1915 bei Ypern ausgeführt. Das Grauen des Krieges nahm immer mehr zu.
An der Universität ging auch im Krieg der Vorlesungs- und Übungsbetrieb weiter. Doch viele Studenten wurden eingezogen oder meldeten sich freiwillig zum Dienst mit der Waffe. So waren die Vorlesungen oft nur schwach besucht. Laue las „Theorie der Elektrizität" mit Übungen sowie „Statistische Mechanik" mit Übungen.
Auch weiter entfernte Fragestellungen faszinierten Max von Laue. Der Frankfurter Kollege Richard Lorenz hatte ihn für „Die Wanderung von Unstetigkeiten in elektrolytischen Lösungen" interessiert.[34] Dabei ging es um die Ionenwanderung und eine Weiterarbeit an bereits vorhandenen Theorien. Laues Veröffentlichung erschien in der Zeitschrift für anorganische und allgemeine Chemie mit dem Hinweis, dass das Manuskript im April 1915 fertiggestellt worden war, aber erst am 5. Oktober in der Redaktion einging, weil es zunächst in einer Festschrift für Julius Elster und Hans Geitel gedruckt werden sollte.
Im Herbst konnte Max von Laue aus Frankfurt an Wilhelm Wien melden, wie es um seinen Kriegseinsatz stand:

> „Ihrem Vetter Max Wien verdanke ich es übrigens, daß ich die Aussicht habe, zum Militär genommen zu werden. Der endgültige Bescheid steht allerdings noch aus."[35]

Das Jahr 1915 ging mit einer wissenschaftlichen Überraschung zu Ende. Der Charakter der Röntgenstrahlen war durch die Entdeckung der Wechselwirkung mit der Struktur von Kristallen aufgeklärt worden. Was für ein Bild erhielte man, wenn eine regellose Anordnung von Atomen durchstrahlt würde? Die erstaunlichen Ergebnisse wurden am 3. Dezember 1915 auf einer Sitzung der Kgl. Gesellschaft der Wissenschaften zu Göttingen vorgelegt.[36] Das erweiterte sehr bald die Anwendung der Röntgenbeugungsuntersuchungen ganz wesentlich, nachdem Debye und Paul Scherrer erfolgreiche Versuche gemacht hatten.

Die umfangreiche Korrespondenz der Gratulationen zur Verleihung des Nobelpreises hatte Laue über längere Zeit beansprucht. Im Dezember 1915 schrieb er an Otto Stern:

> „Sie können mir schon wieder gratulieren, nämlich dazu, daß jetzt keine Gratulationen mehr kommen. Aber drei Wochen habe ich schwer daran zu arbeiten gehabt [...].
> Nun wenigstens habe ich mich doch sehr gefreut, wie viel längst verschollene Bekannte sich bei dieser Gelegenheit wieder einstellten."[37]

Trotz der immer härter werdenden Kämpfe im furchtbaren Krieg an allen Fronten ging das Leben für viele Menschen weitgehend ungestört weiter. Zu Beginn des Jahres 1916 schrieb Laue an Wilhelm Wien über eine Verabredung zum Skilaufen:

> „Ich freue mich außerordentlich darauf, auch auf Mies Teilnahme daran. Kommt Sommerfeld nicht mit? Ich würde die Gelegenheit gern zu einem Versuch benutzen, die Beziehungen zu ihm etwas zu verbessern."[38]

Er wusste natürlich nichts von einem Brief Sommerfelds an Wilhelm Wien vom 10. Februar über den geplanten Ausflug:

> „Ich werde am 3ten voraussichtlich schließen und bin dann bereit, zu Ihnen zu stoßen. Hoffentlich kommt Mie, und hoffentlich kommt Laue nicht. Ich fürchte, dass mein Behagen sehr unter seiner Anwesenheit leiden würde."[39]

Laue konnte sich wieder freuen, denn in der Physikalischen Zeitschrift erschien eine sehr lobende Besprechung seines Beitrags über Wellenoptik in der „Encyklopädie der mathematischen Wissenschaften mit Einschluß ihrer Anwendungen" von Clemens Schaefer.[40] Am 1. März 1916 berichtete Max Planck an Wilhelm Wien: „Laue sprach ich letzte Woche und fand ihn unverhofft frisch."[41] Es gab keinen Hinweis auf eine seelische Unruhe, die Laue peinigte. Aber bereits am 11. April antwortete Planck auf einen Brief von Wien voller Besorgnis:

„Was Sie mir über Laue schreiben, hat mich tief traurig gemacht. Denn ich sehe kein gutes Ende voraus. Das Unklügste, was er tun könnte, wäre natürlich seine jetzige Stellung einfach aufzugeben. Aber auch, wenn ihm eine andere geboten werden sollte, die ihn zunächst nach allen Richtungen befriedigt, bin ich doch fest überzeugt, daß er es nicht lange darin aushält, wie es hier ergangen ist, wie er von Tag zu Tag seine Wünsche und Entschlüsse änderte, und zwar gleich mit einem so leidenschaftlichen Ungestüm, daß Vernunftgründe nicht zu Worte kommen konnten. Dabei die beständige Angst vor Intrigen, die heimlich Feinde gegen ihn aussinnen. Ein Glück für ihn ist, daß er jetzt in der Wissenschaft und in der Welt eine so bekannte Stellung einnimmt, daß man ihm so etwas leichter ausreden kann. Von dem Projekt der Kaiser-Wilhelm-Gesellschaft habe ich noch nichts gehört und kenne auch die Verhältnisse dort zu wenig, um eine Meinung darüber zu haben, ob sie sich für Laue eignen würde. Aber, wie gesagt, ich bin recht pessimistisch geworden. Vielleicht kommt er jetzt, wenn er in Mittenwald bei Ihnen ist, in der herrlichen Natur, auf andere und ruhigere Gedanken. Grüßen Sie ihn vielmals von mir und auch Sommerfeld, wenn er dort ist."[42]

Planck hatte richtig vermutet, denn Laue fand durch den Aufenthalt und die Gespräche in Mittenwald wieder sein seelisches Gleichgewicht. Dazu hatte wohl auch das Ereignis der Geburt des Sohnes am 22. Juni beigetragen, der auf den Namen Theodor getauft wurde. Vier Tage später teilte er Wilhelm Wien mit: „Meiner Frau und dem Jungen geht es vortrefflich."[43]

In der Mitte des Jahres 1916 geriet Max von Laue in eine Art Berufungsstrudel. Die Wiener Universität beklagte den Verlust ihres Physikers Friedrich Hasenöhrl. Er fiel Anfang Oktober 1915 bei Kämpfen in der Nähe von Trient. Nun wurden verschiedene Kandidaten für eine Nachfolge angeschrieben, so auch Laue. Dieser machte am 24. Juli dem Vorsitzenden des Kuratoriums der Universität Frankfurt von der Anfrage aus Wien Mitteilung.[44] Die Universität Frankfurt bemühte sich, Laue zu halten. Das Kuratorium schrieb daraufhin am 28. Juli 1916 an den Minister für geistliche und Unterrichtsangelegenheiten:

„Das Kuratorium würde es in Hinblick auf die Stellung, die Professor von Laue durch seine hervorragenden Leistungen in der wissenschaftlichen Welt einnimmt, ausserordentlich bedauern, wenn

> die Universität Frankfurt a. M. seine Lehrkraft nach so kurzer Zeit schon wieder verlieren sollte."[45]

Der Dekan telegrafierte am 1. August 1916 an das Ministerium und bat, „alle Schritte zu tun, […] um das Verbleiben Professor v. Laues zu erreichen."[46] Aus Frankfurt wandte sich Laue am 26. Juli 1916 ratsuchend an Wilhelm Wien:

> „Hochverehrter Herr Geheimrat!
> Aus dem Wiener Kultusministerium erhielt ich neulich die Anfrage, unter welchen Bedingungen ich einen Ruf nach Wien, wenn ein solcher käme, annehmen wollte.
> Das ist nun eine sehr unangenehme Sache. Denn ich gehe unter keinen Bedingungen hin (ich weiß noch zu gut, wie ich mich in Zürich nach Deutschland gesehnt habe), habe aber leider im Januar leichtsinnigerweise der Wiener Fakultät geantwortet, als sie danach fragte, ich wäre zu Verhandlungen über Wien bereit. Ich hätte dies wohl nicht getan, wenn ich nicht fest geglaubt hätte, meine Berufung nach Berlin käme der ganzen Wiener Angelegenheit zuvor und erledigte sie ohne mein Zutun; auch mochte ich den Wienern nicht unmittelbar Nein sagen, um sie nicht zu kränken. Wie soll ich nun aus der ganzen Geschichte herauskommen? Am liebsten schöbe ich sie zunächst auf die lange Bank, schon um nicht in der Augusthitze nach Berlin und Wien fahren zu müssen.
> Am angenehmsten wäre es mir, ich könnte den Wienern die Wahrheit sagen und schreiben: Ich hoffe nach Berlin berufen zu werden, und halte Wien dabei für einen Umweg, wenn nicht für einen Abweg; drum bleibe ich lieber in Frankfurt. Aber soviel Ehrlichkeit widerspricht wohl dem akademischen Gebrauch.
> Das einzig nützliche, was man aus dieser Berufung machen könnte, wäre meines Erachtens ein Druck auf das Berliner Ministerium, sich wegen der Berliner Berufung nun endlich einmal zu entscheiden."[47]

Wilhelm Wien gab ihm den guten Rat des Hinhaltens. Am selben Tag schrieb Laue an Sommerfeld, den er zuerst nach einigen Einzelheiten zum Periodischen System fragte, da er am nächsten Montag über Röntgenstrahlspektren vortragen wolle, um dann fortzufahren:

„Bei mir hat jetzt das Wiener Ministerium angefragt, unter welchen Bedingungen ich bereit wäre, nach Wien zu gehen. Da muß ich also nächste Woche nach Wien reisen. Aus meiner Einberufung scheint leider nichts zu werden, wenigstens bin ich bis heute ohne Antwort."[48]

Doch am 16. August konnte Laue dem Kultusministerium mitteilen, dass er aus Wien die Nachricht erhielt, der Finanzminister müsse erst noch gefragt werden. Damit hätte seine Reise nach Wien keinen Sinn.[49]
Vom Urlaub in Tirol berichtete er Wilhelm Wien am 19. August 1916, dass sein linkes Knie „in Reparatur" sei. Außerdem schrieb er:

„Die Berufungsangelegenheit kommt wahrscheinlich zu einem erfreulichen Ende, sofern mir hier alle Wünsche erfüllt werden, die ich so eingerichtet habe, dass die Universität Frankfurt einen Nutzen hat, auch wenn ich fortkomme."[50]

Wenn die Wiener die Verhandlungen wieder aufnehmen, so schrieb er, würde er ablehnen. Die Leitung der Universität Frankfurt überlegte, ob zur Entlastung Laues für die Vorlesungen für die ersten Semester ein Extraordinariat eingerichtet werden sollte, um ihn zu halten. In einem Brief von Laue aus Würzburg an den Oberbürgermeister von Frankfurt vom 14. November 1916 teilte er offen seine künftigen Berufungswünsche mit:

„Ich habe heute die Berufung nach Wien abgelehnt. Ich bitte aber trotzdem, die Verhandlungen über die Einrichtung eines Extraordinariates nicht fortzusetzen, wenigstens nicht meinetwegen. Denn sobald der Friede wieder da ist, führe ich meinen alten Plan aus und gehe zu meinem verehrten Lehrer Planck nach Berlin. In welcher Stellung, ist mir gleichgültig, hoffentlich kommt bis dahin die Berufung nach Berlin."[51]

Nur fünf Tage später schrieb er an den Kultusminister, dass er die Berufung nach Wien endgültig abgesagt hätte und

„[...] spätestens zum Ende dieses Krieges von meinem Amt zurücktrete, um nach Berlin zu gehen [...], dessen Universität ich als meine

> eigentliche Heimat in wissenschaftlicher Hinsicht betrachte. [...] Frankfurt hätte mir trotz vielfacher Vorzüge meiner hiesigen Stellung und der außerordentlichen Liebenswürdigkeit, die ich vom Kuratorium und den Kollegen stets erfahren hatte, auf die Dauer keinen vollständigen Ersatz dafür geboten."[52]

Laue schrieb im Weiteren, dass er beabsichtige, zum 1. April 1917 zu kündigen.

> „Für die Zukunft plane ich, eine Anstellung an der physikalisch-technischen Reichsanstalt nachzusuchen; den ersten Schritt in dieser Richtung habe ich schon getan."[53]

Der Brief trägt einen handschriftlichen Vermerk vom Ministerium:

> „Mit dem Direktor der Physik. Tech. Reichsanstalt, Prof. Dr. Warburg habe ich gestern gesprochen. Er hatte bisher [?] Gesuch des Prof. von Laue erhalten. [...]
> Prof. v. Laue hat bei seinem Hiersein am 7/12/16 erklärt, daß er jedenfalls vor Beendigung des Krieges seine Professur in Frankfurt nicht aufgeben werde."[54]

Manche Physiker, die Kriegsteilnehmer geworden waren, litten unter einem Mangel an wissenschaftlicher Anregung und Aussprache. So ging es dem geborenen Frankfurter Wilhelm Lenz, der Anfang 1914 bei Sommerfeld eine Assistentenstelle erhalten hatte. Seine Urlaubszeit reichte nicht aus, um nach München zu fahren, aber er konnte Laue in Frankfurt besuchen. Lenz schrieb darüber am 25. September an Sommerfeld, und der Bericht zeigt Laues Methode, sich mit Problemen zu beschäftigen:

> „Wir sprachen natürlich über Einstein's neue Relativität, in deren Bedeutung Laue einen merkwürdig hartnäckigen phänomenologischen Standpunkt einnimmt. [... Laue] sagt, bei Einstein richte sich das Bezugssystem nach den Körpern, nach seiner Auffassung sollten sich, wie das früher immer ge[schah], Körper nach dem Bezugssystem richten, das wir als etwas Gegebenes nehmen müssten. Die Perihelbewegung des Merkur imponiert ihm garnicht darüber seien

schon unzählige Theorien gemacht. Ausserdem versteht er nicht, warum man sich nicht mit der Nordström'schen Theorie zufrieden gebe.
Mein Gefühl neigt mehr dem Einsteinschen Standpunkt zu, denn nur die Erfahrung wird lehren, wer recht hat.
Die Quanten standen natürlich im Mittelpunkt des Gesprächs. Auch hier hatte Laue [...] interessante mehr phänomenologische Gesichtspunkte."[55]

Ab Ende Oktober 1916 war Laue in Würzburg und arbeitete im Institut von Wilhelm Wien über Verstärkerröhren.
Max von Laue fühlte sich als Deutscher verpflichtet, im Krieg seinen Beitrag zu leisten. Er hatte 1909 nach der Teilnahme an sechs Übungen auf eigenen Wunsch seinen Abschied als Leutnant vom Militär genommen. Ein Grund dafür war die Erzählung eines Oberleutnants aus Südwestafrika, der im Kasino von den grausamen Hinrichtungsmethoden bei gefangenen Hereros berichtete.[56] Jetzt verweigerte man Laue, trotz seiner Bitte, den Wiedereintritt in das Heer.

„XVII Armeekorps Frankfurt 1.7.1915
Auf Ihr unter dem 20.6.15 an das Bezirkskommando II Frankfurt a.M. gerichtetes Schreiben, worin Sie um die Verwendung während der Dauer des mobilen Verhältnisses bitten, die ergebene Mitteilung, dass Ihrem Wunsche leider nicht entsprochen werden kann."[57]

Nun versuchte Laue, sich im Krieg wissenschaftlich nützlich zu machen, und besprach die Möglichkeiten, wahrscheinlich mit Wilhelm Wien, denn am 15. September teilte er von seinem Urlaubsort am Starnberger See dem Dekan in Frankfurt etwas verschlüsselt mit:

„Die Kgl. Verkehrstechnische Prüfungskommission (in der u. a. Prof. Max Wien aus Jena sitzt) hat mich auf meinen Wunsch der Inspektion der Verkehrstruppe zur Wiedereinstellung im Heere und meiner Verwendung für Funkentelegraphische Zwecke vorgeschlagen. Die Einberufung ist in etwa 4 Wochen zu erwarten."[58]

Da er dann die Vorlesung nicht halten könne, ging Laue auf die Frage seiner Vertretung ein. Wenn es nötig sein sollte, schlug er dafür als Vertreter Max Abraham vor.
Die Fakultät teilte am 18. Oktober 1916 ihre Sorgen um die Aufrechterhaltung der gut besuchten Vorlesungen in Theoretischer Physik dem Ministerium mit:

> „Sie glaubt aber in diesen schweren Zeiten, wo jedermann seine Dienste dem Vaterlande zur Verfügung stellt, nicht im Wege stehen zu dürfen, wenn ein so hervorragender Forscher wie Professor von Laue sich militärisch wichtigen Arbeiten widmen will."[59]

Doch die Bedenken wurden hinfällig, da Laue sich bereit erklärte, an den Sonnabenden vormittags zweistündig zu lesen. Auch die anderen Verpflichtungen mussten erfüllt werden. Am 11. November 1916 hatte Laue einen Vortrag bei der Deutschen Chemischen Gesellschaft über „Krystallforschung mit Röntgenstrahlen" gehalten.[60] Bereits bei mehreren Veröffentlichungen und Vorträgen hatte Laue sein Interesse an der Geschichte der Naturwissenschaften gezeigt. Deshalb ging er in seinem Vortrag zuerst auf die Vorstellung vom Aufbau der Kristalle an der Wende zum 19. Jahrhundert durch René Haüy ein, dann auf Paul Groth in München. Es folgten Ausführungen über die Gitter und Raumgitter und die Abbildung im Mikroskop. Bei der Betrachtung mit nur einer Wellenlänge könne man keine Struktur erkennen, erst bei der Anwendung von drei Wellenlängen gelänge das. Er machte eine etwas spaßige Bemerkung mit dem Stand des damaligen Wissens:

> „Für Röntgenstrahlen haben wir keine Linsen und deswegen kein Mikroskop; allein deshalb können wir die Raumgitter der Kristalle nicht ebenso einfach mikroskopieren.
> Aber würde uns dies ermöglicht, wenn uns eine gütige Fee das Röntgen-Mikroskop bescherte? Es überrascht vielleicht, wenn wir diese Frage verneinen, und dennoch ist dies zweifellos die richtige Antwort darauf."[61]

Nochmals gab es einen historischen Rückblick auf die Kristallographen Bravais, Wiener, Schucke, Sohncke, Fedorow und Schoenflies aus Frankfurt über die Entwicklung der Einteilung der Symmetrieeigenschaften der Kristalle, Spiegelung an einer Ebene, Drehung um eine Achse und Drehung mit Spiegelung. Als Beispiele wurden NaCl, KCl, $CaCl_2$ und Diamant aufgeführt. Trotz des Krieges erwähnte Laue die Arbeiten der Braggs in England.

Die seelische Belastung durch den Krieg und die Probleme des täglichen Lebens im Krieg nahmen zu. Dennoch fand Max von Laue noch 1916/17 Zeit, für das von Stark herausgegebene „Jahrbuch der Radioaktivität und Elektronik" einen ausführlichen Bericht über die Gravitationstheorie des finnischen Physikers Gunnar Nordström zu schreiben.[62] Nordström hatte an der Universität Helsinki studiert und dort 1908 promoviert. 1906 war er in Göttingen gewesen. Bevor er nach Helsinki zurückkehrte, war er zu einem längeren Aufenthalt in Leiden bei Lorentz. Ab 1912 publizierte er seine Ideen zu einer Allgemeinen Relativitätstheorie.

Wie üblich bei den Berichten im Jahrbuch gab es zuerst eine Liste der behandelten Literatur: acht Arbeiten von Nordström und die von Einstein in Zusammenarbeit mit Adriaan Fokker verfasste Arbeit über Nordströms Gravitationstheorie sowie einige Sekundärliteratur. Laue stellte sich auf die Seite Einsteins, wie die Einleitung zeigt:

> „Unter den Gravitationstheorien, welche an die Relativitätstheorie anknüpfen, hat zurzeit wohl die Einsteinsche Theorie die meisten Anhänger. Und sie verdient dies in gewisser Hinsicht durch die gewaltige geistige Leistung, aus dem allgemeinen Grundsatz ‚Die Gesetze der Physik müssen so beschaffen sein, daß sie in Bezug auf beliebig bewegte Bezugssysteme gelten' eine mathematische Theorie nicht nur der Gravitation, sondern der Physik überhaupt, samt einer ganz neuen Auffassung von Raum und Zeit zu entwickeln. Hinzu kommt ihre bestechende mathematische Eleganz. Ihre größte werbende Kraft liegt aber wohl in dem genannten Grundsatz selbst, besonders da er scheinbar eine erhebliche Lücke im Aufbau unseres physikalischen Weltbildes schließt."[63]

Dann zitierte Laue die drei wichtigen Unterschiede zur Newtonschen Theorie: die Lichtablenkung durch Gravitation, die Periheldrehung des Merkur, die Gleichwertigkeit der Bezugssysteme. So leitete er zu Nordströms Theorie über, die er würdigt, indem er schreibt, dass sie „bisher weniger beachtet zu sein scheint, als sie verdient [...]."[64]

Laue stellte fünf Forderungen auf, denen die Nordströmsche Theorie genügen müsse. Das Relativitätsprinzip soll unverändert gelten, für die Gravitationsstatik soll das Newtonsche Anziehungsgesetz gelten, für alle statischen und stationären Systeme soll der Äquivalenzsatz M = g · m gelten. Dazu kamen zwei mathematische Forderungen. Laue prüfte nun, ob alle diese Forderungen von Nordströms Aussagen erfüllt wurden. Nur bei der Gravitationsstatik zweifelte Laue an Nordströms Ergebnis und untersuchte es genauer. Als versierter Thermodynamiker musste er sich auch dieses Kapitels annehmen. Die Rotverschiebung durch Gravitation wurde behandelt, und Laue stellte fest, dass sogar zahlenmäßig die Werte von Einstein und Nordström übereinstimmen. Im Abschnitt über die longitudinalen Gravitationswellen merkte er an, dass die Energie solcher Wellen für einen Nachweis zu gering sei. Im § 6 „Ansätze zur Fortbildung der Theorie" fasste Laue die Aussagen von Nordström dahingehend zusammen,

> „[...] wie man durch Einführung einer fünfdimensionalen ‚Welterweiterung', in der außer x, y, z, l noch eine weitere Konstante w auftritt, die Grundgleichungen der Elektrodynamik und der Gravitationstheorie zusammenfassen kann."[65]

Der einzige Mangel sei „die ungeklärte Perihelbewegung des Merkur".[66]
Max von Laue wurde von der Inspektion der Verkehrstruppen der Technischen Abteilung der Funker-Truppe „Tafunk" zugewiesen. Am 24. März 1917 teilte er dem Minister mit, dass seine Tätigkeit, die bisher nur auf mündlichen Abmachungen beruhte, nun in einen schriftlichen Vertrag umgewandelt werden sollte.[67]
Mit der Entwicklung der Hochfrequenztechnik zur Übertragung von Nachrichten war das Problem der Verstärkung hochfrequenter Signale akut geworden. Nahezu gleichzeitig erfanden der österreichische Physiker Robert von Lieben und der amerikanische Physiker Lee de Forest 1906 die elektronische Verstärkerröhre. Von Lieben führte seine Verstärkerröhre den Berliner Physikern noch im Jahr seiner Patentanmeldung 1906 vor. Wollte man nicht durch unzählige Versuche zu Verbesserungen gelangen, so musste man erst einmal verstehen, wie sich die vom Glühdraht ausgesandten Elektronen verhalten. Wilhelm Wien in Würzburg und sein Vetter Max Wien in Jena erkannten 1914 die Bedeutung der Ver-

besserung der Verstärkerröhre für die militärische Nachrichtentechnik. Das Physikalische Institut von Wilhelm Wien in Würzburg und das Chemische Institut mit den vielen Glasbläsern fertigten in großem Umfang Verstärkerröhren. Max Wien arbeitete an der Universität Jena sehr erfolgreich auf dem Gebiet der Hochfrequenztechnik. Max von Laue wurde für die Grundlagenforschung eingesetzt. Erst gegen Kriegsende legte er in drei Veröffentlichungen von Mitte 1918 bis 1919 seine Theorie der Glühelektronen vor.[68] Für ihn war das ein neues Gebiet. Als Ort der Veröffentlichung war das Institut für Theoretische Physik der Universität Frankfurt am Main angegeben. Doch die Arbeit ist sehr wahrscheinlich in Würzburg gemacht worden, denn er dankte seinem Freund Dr. M. Linnemann in Würzburg. Außerdem wohnte das Ehepaar Laue in der Mergentheimer Straße in Würzburg.
Wieder begann er seine Veröffentlichung, sie hatte über 50 Seiten Umfang, mit kritischen Bemerkungen über die Vorstellungen seiner Vorgänger:

> „Zweck der folgenden Untersuchung ist die Klärung der Begriffe über Glühelektronen. In der Literatur findet man vielfach die Vorstellung eines Elektronengases im sonst leeren Raum, welches in Hinsicht auf Zustandsgleichung und thermodynamische Funktionen wie ein anderes Gas behandelt wird, gerade als stießen die Elektronen sich nicht ab. Die Elektronenaussendung wird gelegentlich der Verdampfung thermodynamisch entsprechend betrachtet und mit der Clausius-Clapeyronschen Formel behandelt. Alles dies ist von vornherein gewissen Bedenken ausgesetzt und bewährt sich in der Tat bei genauerer Untersuchung nicht ganz."[69]

Laue behandelte die Elektronenwolke mathematisch. Die Veröffentlichungen von Walter Schottky und Owen Richardson u. a. wurden von ihm berücksichtigt.[70] Graphische Darstellungen des Potentialverlaufs unterstützten die Aussage der Ergebnisse:

> „Als wesentliches Ergebnis der vorliegenden Untersuchung betrachten wir, daß die Glühelektronen im Gleichgewichtszustand eine den Glühelektroden anliegende Schicht bilden; diese Schicht hat bei nicht zu starken äußeren Einwirkungen eine das Elektrodenmaterial und die Temperatur kennzeichnende Energie, Entropie und Ladung pro

> Flächeneinheit und eine negative Oberflächenspannung, welche bei gekrümmten Oberflächen einen negativen Kapillardruck zur Folge hat.“[71]

Die zweite Veröffentlichung über Glühelektronen betraf die Ermittlung ihrer Entropiekonstante.[72] Die dritte Arbeit schloss sich eng an die Praxis an und untersuchte die Betriebsverhältnisse von Trioden (Glühfaden – Steuergitter – Anode) verschiedener Gitterbauart, einzelnem Draht, Platte und gitterförmigem Zylinder. Das Manuskript wurde erst im Frühjahr 1919 fertiggestellt. Die von Heinrich Barkhausen gemessenen Kurven der Abhängigkeit des Anodenstroms von der Gitterspannung simulierte Laue für die drei Anordnungen mathematisch und konnte eine Optimierung der Bauart mit einem gitterförmigen zylindrischen Steuergitter ableiten.

Die Siegeszuversicht vieler Deutscher vom August 1914 schwand mit der Dauer der verlustreichen Kämpfe mehr und mehr. Die allgemeine Versorgungslage der Bevölkerung verschlechterte sich, der berüchtigte „Kohlrübenwinter“ 1916/17 zeigte das deutlich. Der Mangel an männlichen Arbeitskräften wurde durch Frauen in den Munitions- und anderen Fabriken ersetzt. Ob und wie das Zeitgeschehen Max von Laue und seine Frau bedrückten, ist leider nicht durch Dokumente überliefert.
In Zürich starb 1916 überraschend der Ordinarius für Experimentalphysik Alfred Kleiner. Wie es der akademische Brauch war, erschien ein Gedächtnisheft, zu dem auch Laue einen Beitrag über „Ein Versagen der klassischen Optik“ schrieb, den er 1917 um eine vorläufige Mitteilung ergänzte.[73] Wieder zeigte sich Laues Bereitschaft, wissenschaftliche Ergebnisse anzuzweifeln, als nicht endgültig anzusehen:

> „Uns scheint hier der experimentelle Nachweis vorzuliegen, daß, wo sich Strahlungstheorie und Wellentheorie in Schwankungsfragen und den damit zusammenhängenden thermodynamisch-statistischen Überlegungen widersprechen, die Wellentheorie im Unrecht ist. Bis zu einer Abänderung der klassischen Optik, die dem durch Berücksichtigung der Planckschen Konstante h Rechnung trägt, scheint uns freilich ein langer Weg.“[74]

Im Frühjahr des vierten Kriegsjahres versuchten die deutschen Truppen in Frankreich mit einer großen Offensive, dem Sieg näher zu kommen, die aber nicht den erhofften Erfolg hatte. Max von Laue arbeitete in dieser Zeit an der mathematischen Lösung der Röntgeninterferenzerscheinungen bei Mischkristallen.[75] Der Anstoß dazu kam durch eine Veröffentlichung in der Physikalischen Zeitschrift 1917 von Lars Vegard und Harald Schjelderup, die Untersuchungen an KCl und KBr gemacht hatten.[76] An Wilhelm Wien schrieb Laue am 5. Mai 1918 aus Frankfurt und schickte ihm sein Manuskript für die Annalen der Physik, das ihm viel Arbeit gemacht hatte:

> „Das Ergebnis, daß man enantiomorphe Kristalle durch ihr Beugungsbild unterscheiden kann, gerade weil sich das Fehlen eines Symmetriezentrums nie im Beugungsbild bemerkbar macht, klingt sehr paradox. Ist aber doch zweifellos richtig."[77]

Am 20. Mai teilte Laue dem Kuratorium der Frankfurter Universität mit:

> „Um meinen alten und sehnlichsten Wunsch, nach Berlin zu kommen, der Erfüllung näher zu bringen, habe ich heute an Exzellenz Naumann im Kultusministerium die Bitte geschrieben, mit Professor Dr. Max Born in Berlin die Lehrstühle tauschen zu dürfen.
> Ich würde damit persönlicher Ordinarius an der Universität Berlin. Die Zustimmung von Professor Born und der an der Besetzung der theoretischen Physik fachlich interessierten Mitglieder der Frankfurter naturwissenschaftlichen Fakultät habe ich zuvor eingeholt."[78]

Max von Laue hatte die recht unbestimmte Hoffnung auf eine finanzielle Unterstützung seiner wissenschaftlichen Arbeit im Kaiser-Wilhelm-Institut (KWI) für Physik durch einen Privatmann gehegt. Als sich dieser nicht erfüllte, fragte er Max Born, ob er mit ihm die Lehrstühle tauschen würde, wenn die Besoldungsfrage gelöst wäre. Es sollten noch einige Monate vergehen, bevor dieser in akademischen Kreisen höchst ungewöhnliche Tausch der Lehrstühle Realität werden konnte. Born wurde dadurch Ordinarius, Laue erhielt nur ein Extraordinariat und musste somit doch vierstündig lesen. Davon berichtete Laue Einstein Ende Januar 1918. Einstein, der noch nicht von einer Magenerkrankung genesen war, meinte:

> „Um übrigens noch etwas ganz anderes anzuschneiden, möchte ich Dich fragen, ob Du in dem zur Zeit zugänglichen Teil der Erdoberfläche keinen geeigneteren Ort zur Heilung eines kranken Magens weißt, als Berlin. Ich möchte den Ärzten nicht ins Handwerk pfuschen, möchte aber doch meinen, daß jetzt im Kriege ungefähr ***jeder*** Ort für diesen Zweck besser ist.“[79]

Im nächsten Brief vom 18. Februar wurden die Schwierigkeiten eines Vortrages durch Laue über Thermodynamik zu Plancks 60. Geburtstag am 23. April erörtert, ohne auf Einzelheiten einzugehen.[80]
Ein wichtiger Fortschritt der Theoretischen Physik war 1913 von dem jungen dänischen Physiker Niels Bohr vollbracht worden. Er behandelte das Atom mathematisch als eine Art Planetenmodell. Um den Atomkern kreisten Elektronen auf festen Bahnen; die Absorption von Strahlung verstand er als Energieaufnahme mit einem Wechsel auf eine größere Bahn, die Abstrahlung als Rückkehr des Elektrons auf die ursprüngliche Bahn unter Abgabe der Energie. Max von Laue wurde zwar auf diesem Gebiet nicht aktiv, studierte aber Bohrs Veröffentlichungen, wie ein Brief an Bohr aus Frankfurt vom 28. Oktober 1918 zeigt:

> „Verehrter Herr Kollege!
> Beim Lesen Ihrer schönen Arbeit über die Quantentheorie der Spektrallinien (Teil I) bin ich auf eine Schwierigkeit gestoßen. Es handelt sich um die Ableitung Ihrer Gleichung 6). Die Gleichung ist zweifellos richtig, aber man versteht nicht recht, aus welchem Grunde Sie die Summe [...], die in der vorhergehenden Formel steht, fortlassen dürfen.“[81]

Es folgte Laues Rechnung und dann:

> „Wenn Sie diese Ausführungen überzeugen, so übernehmen Sie sie vielleicht im Dienste der Sache in einer Ihrer folgenden Teile, die wir alle mit Spannung erwarten.“[82]

Bohr antwortete am 11. November handschriftlich auf den Brief von Laue [von seiner Frau oder Sekretärin geschrieben]. Die Antwort zeigte Bohrs typische Art der Problembehandlung. Zuerst ging er auf den mathematischen Teil ein und bezog sich u. a. auf Boltzmann:

„Es würde mir leid tun, wenn die knappe Form, in welcher die Rechnungen an dieser und anderer Stelle in meiner Abhandlung gehalten sind, dem Leser Schwierigkeiten bereiten würden. Die Entschuldigung für die Kürze der Rechnung will in der Bestrebung liegen, die Aufmerksamkeit des Lesers von der mehr philosophischen Seite der Betrachtungen, auf welche das Hauptgewicht der Arbeit gelegt ist, so wenig wie möglich abzulenken."[83]

Laue antwortete aus Würzburg am 20. November:

„Verehrter Herr Kollege!
Ich danke Ihnen bestens für Ihren Brief vom 11. d. M., ich habe mir die Sachlage nochmals eingehend überlegt und muss Ihnen danach zugeben, daß man in der Tat bei einer mehr symmetrischen, beide Integrationsgrenzen gleichmäßig berücksichtigenden Beweisführung sagen kann, daß die Klammerausdrücke für beide Grenzen einander gleich sind.
Aber daß jemand, der nichts weiter als Ihre Arbeit vor sich hat, dies einsieht, muß ich auf Grund der Erfahrungen, die ich bei mir und anderen durchaus zuständigen Fachgenossen (z. B. Dr. P. S. Epstein) gemacht habe, leugnen."[84]

Laue schlug ihm vor, die Stelle bei Boltzmann anzugeben. Beide Wissenschaftler schätzten sich bald nicht nur als Fachgenossen, auch als Menschen.

Im August 1918 hatte die Deutsche Oberste Heeresleitung bereits eingestanden, dass die militärische Lage an den Fronten eine Fortsetzung des Krieges nicht möglich macht. Am 9. November 1918 verzichtete der Deutsche Kaiser und König von Preußen Wilhelm II. auf den Thron und verließ Deutschland für immer. Er fand Aufnahme in den Niederlanden. Philipp Scheidemann rief die erste Deutsche Republik aus. Am 11. November 1918 erfolgte die Unterzeichnung des Waffenstillstands. Es kam zu Aufständen politisch radikaler Gruppen, und Bürgerwehren versuchten, die Ordnung zu schützen.
Der neue Staat hatte nicht die Verwaltung des Wilhelminischen Staates außer Kraft gesetzt, aber es waren neue Zuständigkeiten geschaffen worden. Die Bezeichnungen der früheren Ministerien auf den Briefbögen

wurden durch Stempel ersetzt, so auch bei dem früheren „Ministerium der geistlichen und Unterrichts-Angelegenheiten", das nun „Ministerium für Kunst und Wissenschaft" hieß. Mit dem Datum vom 28. Dezember 1918 erhielt Laue vom Ministerium in Berlin die Mitteilung:

> „Den ordentlichen Professor Dr. Max von Laue habe ich vom 1. April 1919 ab in gleicher Eigenschaft in die Philosophische Fakultät der Universität zu Berlin versetzt."[85]

Berlin – Allgemeine und Spezielle Relativitätstheorie

Bisher spürten die Wissenschaftler, vor allem die Physiker, im besiegten Deutschland wenig von den grundlegenden Änderungen des politischen Lebens in der ersten deutschen Demokratie. Zwar war durch den „Krieg der Geister" der Kontakt mit den Physikern in England, Frankreich und den USA abgebrochen, doch verliefen 1919 die wissenschaftlichen Diskussionen in Deutschland wie gewohnt, manchmal ironischer und recht deutlich, jedoch in den üblichen akademischen Bahnen. Laue kam in Berlin in ein ihm gut bekanntes akademisches Umfeld zurück. Das sollte sich sehr bald ändern. In den nächsten 25 Jahren gab es wieder und wieder hasserfüllte rassistische Angriffe auf wissenschaftliche Theorien und experimentelle Ergebnisse. Dazu kamen sogenannte Philosophen und Weltverbesserer wie Oswald Spengler mit seiner Schrift „Der Untergang des Abendlandes" und Rudolf Steiners religiöse Erneuerungsideen. Dies abzuwehren, richtig zu stellen und gesicherte Erkenntnisse zu verteidigen übernahmen Max Planck in der Preußischen Akademie der Wissenschaften und ganz überwiegend und unerschrocken Max von Laue.[1]

Albert Einstein um 1920
Quelle: Fotografie im Nachlass des Autors

Seit März 1914 war Albert Einstein in Berlin, um im April die Stellung in der Nachfolge des verstorbenen Mitglieds Jacobus Henricus van't Hoff an der Königlich Preußischen Akademie anzutreten. Einstein erhielt ein persönliches Gehalt und durfte, wenn er es wollte, an der Universität lesen. Er war zuerst allein gekommen. Als seine Frau mit den beiden Söhnen aus der Schweiz nachreiste, bahnte sich rasch das Ende der Ehe an, und Mileva ging mit ihren Kindern wieder zurück nach Zürich. Einstein lebte zuerst allein, später bei seiner Cousine Elsa Einstein. Wissenschaftlich beschäftigte er sich weiterhin intensiv mit der Allgemeinen Relativitätstheorie. Wichtig war eine Bestätigung der Rotverschiebung im Spektrum und auch die Lichtablenkung durch die Masse der Sonne. Aber ältere Messungen weitab von dieser Fragestellung waren zu ungenau. Einstein konnte den Astronomen Erwin Freundlich für seine Probleme interessieren. Es wurde eine Expedition zu einer Sonnenfinsternis ausgerüstet, um die im August 1914 auf der Krim zu beobachtende Eklipse auszunutzen. Der Weltkrieg führte zum vorzeitigen Abbruch des Unternehmens.

In Berlin freundete sich Einstein bald mit dem theoretischen Physiker Max Born und dessen Frau Hedwig an. Born war zur Entlastung von Planck berufen worden, zu einer wissenschaftlichen Zusammenarbeit kam es aber nicht. Als die verwaltungstechnischen Fragen für einen Tausch der Lehrstühle von Laue mit Born noch nicht abgeschlossen waren, teilte Einstein am 8. Februar 1918 Frau Born seine Meinung dazu mit, denn Max Born war auf Reisen.

> „Laue will hierher. Als er vor einiger Zeit Aussicht hatte, durch private Stiftung so eine Art Forschungsstelle ohne Lehrverpflichtung hier zu erhalten, begründete er sein Streben nach Berlin mit seiner Abneigung gegen die Unterrichtstätigkeit. Nun, da dieser Plan, wie es scheint, nicht realisiert wird, denkt er an einen Stellentausch mit Ihrem Mann. Primärer Wunsch also: ‚Nach Berlin', Motiv: Ehrgeiz (der Frau?). Planck weiß davon, das Ministerium wohl kaum. Mit Planck habe ich noch nicht darüber gesprochen. Ich denke mir, daß sein Streben danach geht, sein Nachfolger zu werden. Der Arme! Nervöse Subtilität. Streben nach einem Ziel, das seinem natürlichen Bedürfnis nach ruhigem Leben ohne komplizierte menschliche Beziehungen feindlich entgegensteht. Lesen Sie bitte dazu Andersens hübsches kleines Märchen über die Schnecken. Die objektive Möglichkeit für das Zustandekommen von Laues Plan hängt an zwei Bedingungen
> 1. Hinreichende Dotierung Ihrer Stelle für Laue,
> 2. Geneigtheit Ihres Mannes, die Stelle zu tauschen.
> Nehmen wir einmal an, 1. sei erfüllt, dann erhebt sich die Frage, ob Ihr einwilligen sollt; dies ist natürlich die Frage, die Sie heute schon quält. Meine Meinung ist: Unbedingt annehmen."[2]

Einstein ging dann noch auf die Möglichkeiten der Entfaltung der Kräfte von Born ein, die in Frankfurt gegeben wären.[3]

Planck konnte Laue über dessen Berufung beruhigen. Zu seinem 60. Geburtstag hatten die Berliner Kollegen in der Deutschen Physikalischen Gesellschaft Max Planck mit vielen Redebeiträgen gewürdigt. Die Reden von Max von Laue, Arnold Sommerfeld, Emil Warburg und Albert Einstein erschienen später in einer Druckfassung.[4] Warburg überreichte Planck den Band, der sich am 19. Juli 1918 bei Laue für die „lieben Erinnerungen" bedankte und ihm mitteilte:

> „Die Angelegenheit Ihrer Versetzung nach Berlin ist in gutem Gange. Der Minister hat bei unserer Fakultät wie auch schon bei der Frankfurter angefragt, welchen Standpunkt sie in dieser Frage einnimmt, und ich zweifle nicht, daß sie ihren früher öfter zum Ausdruck gebrachten Wunsch abermals geltend machen wird."[5]

Planck erwähnte noch Borns Leistungen in Berlin.[6]
Kaum war Laue, noch ohne seine Familie, in Berlin angekommen, setzte er sich – vielleicht nach einem kleinen Hinweis von Planck – dafür ein, dass Lise Meitner der Professorentitel verliehen wurde. Er stellte am 3. März beim Ministerium für Wissenschaft, Kunst und Volksbildung einen Antrag und erläuterte ihre wichtigen wissenschaftlichen Arbeiten. Meitner erhielt den Titel noch im Juli 1919.[7] Laue verfasste dann auch das Gutachten der Fakultät für Meitners Habilitation 1922 an der Berliner Universität.
Ein wissenschaftliches Ereignis lenkte von den Alltagssorgen ab: Der englischen Sonnenfinsternisexpedition in Funchal gelangen mehrere gute Aufnahmen von Sternenlicht. Im Herbst waren die Auswertungen nahezu abgeschlossen. Sie zeigten die von Einstein berechnete Ablenkung durch die Masse der Sonne und die Rotverschiebung! Das war eine wichtige Bestätigung für Einsteins Überlegungen.

Es war die Zeit der Unterzeichnung des Friedensvertrages in Versailles am 28. Juni 1919 mit den härtesten Bedingungen wie Gebietsabtretungen, Zahlungen, Nutznießungsrechten an deutschem Staatseigentum, Abgaben von rollendem Material der Eisenbahn, Industriegütern aller Art. Wieder empfanden viele Deutsche, dass ihr Nationalstolz verletzt war, wieder suchte man Schuldige an der Katastrophe. Laue schrieb dazu an Wilhelm Wien aus Berlin am 21. Juni 1919, dass er für die Unterzeichnung der Kapitulation wäre:

> „Sonst verwüsten uns die Ententeheere das ganze Land, zerstören die Ernte und lösen das Reich in Einzelstaaten auf.“[8]

Und Laue meinte, auch bei der Unterzeichnung stände es schlimm um sie. Es sei trostlos. Einige Wochen später teilte er Wilhelm Wien mit, dass er noch nicht liest und noch keine Wohnung gefunden hätte. Ob seine Frau übersiedeln könne, sei fraglich.[9] Mehrere Tage später berichtete er von einer möglichen Berufung an die Technische Hochschule in Zürich, die ihn außerordentlich freuen würde:

> „Hier liegen die Dinge doch eben so, daß ich mit meinem jetzigen Gehalt auf die Dauer nicht auskommen kann, und auf Kapitalzinsen ist doch kaum auf Dauer zu rechnen.“[10]

Seine Frau blieb noch in Würzburg, und Laue fuhr häufig mit der Bahn von Berlin zu ihr. Wahrscheinlich hatte er sich in Berlin bereit erklärt, einer Bürgerwehr beizutreten, die die öffentliche Ordnung aufrecht erhalten sollte, denn nach der Kapitulation kam es in der Stadt immer wieder zu bewaffneten Auseinandersetzungen radikaler politischer Gruppierungen, vor allem im sogenannten Zeitungsviertel. Am 31. August 1919 schrieb er an Wilhelm Wien:

> „Morgen Nachmittag habe ich meine erste Wache im Roten Rathaus. Am Maschinengewehrkurs habe ich schon am Freitag teilgenommen.“[11]

Ein Einsatz blieb ihm offenbar erspart. Trotz aller seelischen Belastungen setzte Laue seine wissenschaftliche Arbeit unvermindert fort. Die Grundlage der Speziellen Relativitätstheorie, die Konstanz der Lichtgeschwindigkeit in bewegten Systemen, war 14 Jahre nach der Veröffentlichung durch Einstein für manche Physiker immer noch nicht experimentell genügend gesichert. Am Jahresende 1919 reichte Laue eine längere Arbeit bei der Redaktion der Annalen der Physik mit dem Titel „Zum Versuch von Harreß“ ein.[12] Wieder handelte es sich um eine Art Korrektur. Um 1909, als Laue seine Idee von einem Versuch mit umlaufenden Spiegeln publizierte, hatte Georges Sagnac eine ähnliche Anordnung publiziert. Auch Franz Harreß hatte sich in seiner Dissertation der Problematik mit einer verbesserten Apparatur angenommen, die dann von Carl Zeiss in Jena

gebaut wurde. Die translatorische Bewegung wurde durch Drehung von Glaskörpern ersetzt.
Harreß fiel im Weltkrieg, bevor er die Dissertation abschließen konnte, wie Otto Knopf berichtete, der sich verpflichtet fühlte, dessen Arbeit zu beenden.[13] Manch physikalische Selbstverständlichkeit der Versuche von Harreß und Knopf behandelte Laue in seiner Veröffentlichung nur kurz, aber wenn es um grundlegende Ergebnisse in der fremden Arbeit ging, war er peinlich genau. Erste Korrekturen an den Veröffentlichungen von Harreß hatte bereits Paul Harzer vorgenommen. Eine Krümmung des Lichtstrahls trete zwar bei der Drehung auf, sie wäre aber zu klein, um beobachtet zu werden. Für Laue war die Klärung der Ergebnisse von Knopf so wichtig, dass er in zwei längeren Briefen an Einstein um dessen Meinung bat, nachdem er ihm seine Überlegungen dargelegt hatte.[14] Sehr genau diskutierte er eine Veränderung der Schwingungszahl des Lichtes bei der Spiegelung und die Interferenz der Strahlenbündel im Vereinigungspunkt. Das letzte Kapitel, Paragraph 8, begann mit der Frage: „Was kann uns nun der Harreßsche Versuch, wenn er erst bis zu der ganzen erreichbaren Vollendung durchgeführt ist, lehren?" Eindringlich forderte Laue:

> „Die Optik der ohne Beschleunigung bewegten Körper ist eine so einheitliche und in sich verflochtene Theorie, daß man sie nur als Ganzes bestätigen oder widerlegen kann. Jede Bestätigung irgendeiner ihrer Aussagen kommt immer dem Ganzen zugute. Voraussetzung der Theorie ist bisher, daß die mit der Drehung verbundenen Beschleunigungen die Lichtgeschwindigkeit in keiner wahrnehmbaren Weise beeinflussen. Die allgemeine Relativitätstheorie stützt diese Annahme. Ob sie zutrifft, kann nur die sehr wünschenswerte Wiederholung des Versuchs zeigen."[15]

Max von Laue und Max Wien schrieben in diesem Sinn am 28. Juli 1921 aus Berlin an die Helmholtz-Gesellschaft über die Versuche von Harreß zur Fortpflanzung des Lichts in einem bewegten Glaskörper, der translatorischen Bewegung des bekannten Fizeauschen Interferenzversuchs. Ähnliche Experimente seien von Pieter Zeeman und Auda Snethlage an Quarz und Glas gemacht worden. Um die experimentelle Basis der Relativitätstheorie zu stärken, regten sie weitere Versuche in dieser Richtung

an; sie wären eine Ehrenpflicht der deutschen Physik.[16]
Freudige Familienereignisse verdrängten die täglichen Sorgen in dieser Zeit des Umbruchs. Am 1. Oktober 1919 konnte Laue Wilhelm Wien mitteilen: „Wir haben am 19.9. unsere Tochter Hildegard getauft."[17]

Der Frieden innerhalb von Deutschland war nicht stabil. So versuchte am 13. März 1920 eine Gruppe um die „Alldeutschen" Wolfgang Kapp und General Walther von Lüttwitz mit einer ihm unterstellten Brigade, die Regierungsgewalt an sich zu reißen. Die Regierung floh, und am passiven Widerstand der Bevölkerung und der Behörden brach der Aufstand zusammen.

Die Teilnehmer am „bonzenfreien" Kolloquium in Berlin 1920 (von l. n. r.): Otto Stern, Wilhelm Lenz, James Franck, Rudolf Ladenburg, Paul Knipping, Niels Bohr (lachend), E. Wagner, Otto von Bayer, Otto Hahn (nach links blickend), Lise Meitner, Georg von Hevesy, Wilhelm Westphal, Hans Geiger, Gustav Hertz (mit Pfeife), Peter Pringsheim
Quelle: Archiv der Max-Planck-Gesellschaft, Berlin-Dahlem

Kein Friede hatte den „Krieg der Geister“ beendet. Durch den Ersten Weltkrieg und den „Aufruf an die Kulturwelt“ der Professoren war der Kontakt zu den englischen und französischen Kollegen noch unterbrochen. So bedeutete der Besuch von Niels Bohr aus Kopenhagen im April 1920 in Berlin eine sehr willkommene Öffnung des wissenschaftlichen Dialogs. Bohr trug in der Universität über die Erweiterung seines Atommodells vor. Seine leise Stimme und der deutliche dänische Akzent erschwerten den Zuhörern der jüngeren Generation rein sprachlich das Verständnis, denn ihre Plätze waren natürlich auf den hinteren Bänken. Sie baten ihn, ein „bonzenfreies“ Kolloquium für sie zu halten, dem er gerne nachkam. Laue zählte bereits zu den „Bonzen“.

Um Max von Laue enger in den Kreis der Berliner Physiker einzubinden, sollte er in die Preußische Akademie aufgenommen werden. Nach den Statuten musste dafür eine unbesetzte Stelle zur Verfügung stehen. Am 11. Mai 1920 wurde auf Betreiben von Max Planck von den Mitgliedern der Physikalisch-Mathematischen Klasse Albert Einstein, Theodor Liebscher, Walther Nernst, Max Planck, Heinrich Rubens, Erhard Schmidt und Emil Warburg ein entsprechender Antrag mit einer Laudatio von Planck gestellt.[18] Als anerkannter Wissenschaftler und Nobelpreisträger war Laues einstimmige Wahl auf der Sitzung der Gesamtakademie am 24. Juni mehr eine Formsache. Das Kultusministerium musste noch zustimmen und tat das am 14. August. Laue erhielt ein kleines Jahresgehalt von 300 Mark[19] und bedankte sich am 2. September. Er war der erste Nobelpreisträger in dieser Sektion und das jüngste Mitglied.
Wie üblich gab es zum Leibniz-Tag der Akademie am 30. Juni 1920 eine Antrittsrede des Gewählten, die je nach dem Charakter des Redners einen mehr oberflächlichen oder tiefsinnigen Inhalt hatte. Dann kam eine Erwiderung des Sekretars der Klasse, in diesem Fall von Max Planck. Was war für Laue von seinen bisherigen Arbeiten, seinen Überlegungen so wichtig, dass er sie bei dieser Gelegenheit erwähnen wollte? Frei von Eitelkeit berichtete er:

> „Meine wissenschaftliche Tätigkeit begann mit Arbeiten über Optik, namentlich über ihren Zusammenhang mit den Prinzipien der Statistik und Thermodynamik. Plancks Begriffsbestimmung der ‚natürlichen Strahlung‘ verwandte ich, um zu untersuchen, wie sich solche in einem

> dispergierenden Körper fortpflanzt. Es folgten hier in Berlin, unter lebhafter Unterstützung durch Planck, Arbeiten über die Thermodynamik der Interferenzerscheinungen. Es handelte sich bei ihnen darum, ob man die Entropie in einem System mehrerer Lichtstrahlen ohne Rücksicht auf die Frage nach ihrer Kohärenz berechnen darf, wie man bis dahin wohl stets stillschweigend angenommen hatte. Die Betrachtung der Interferenzerscheinungen zeigt aber, daß man bei diesem Verfahren mit dem zweiten Hauptsatz in Widerspruch gerät, und in der Tat fordert Boltzmanns Zurückführung der Entropie auf Wahrscheinlichkeit eine Sonderstellung kohärenter Strahlen."[20]

Dann ging er auf Einsteins Relativitätstheorie ein:

> „[Bald] zog mich dieser neue Gedankenkreis mächtig in seinen Bann. Die Frage, ob sich der Fizeausche Interferenzversuch am strömenden Wasser in ihn einfüge, war der Gegenstand meiner ersten kleinen Untersuchung darüber. Es folgten weitere Einzelanwendungen des neuen Prinzips, mittels deren ich mich allmählich immer mehr in dies Gebiet einlebte."[21]

Laue sprach von seinen eigenen Bedenken gegenüber der Theorie und deutete die aktuelle Kritik an der Relativitätstheorie an. Sein Buch über die Relativitätstheorie hätte er mit großer Begeisterung geschrieben, und in den nächsten Wochen würde der zweite Band über die Allgemeine Relativitätstheorie erscheinen.

> „Meine Übersiedlung nach München im Jahre 1909 brachte mich an eine Universität, an welcher durch Röntgens und von Groths Wirken einerseits viel von den Röntgenstrahlen, andererseits von dem Raumgitterbau der Kristalle die Rede war. Bei den Röntgenstrahlen schwebte damals noch die Frage, ob sie, wie Stokes und Wiechert, W. Wien und Sommerfeld wollten, elektromagnetische Wellen geringer Wellenlänge oder, wie Bragg und andere meinten, eine Korpuskularstrahlung darstellten."[22]

Es folgte ein Passus über Interferenzerscheinungen und Raumgitter von Kristallen.

„Aber die Raumgitter, welche die Natur fix und fertig in den Kristallen uns zur Verfügung stellt, ermöglichen es, die beim Licht wohlbekannten Gitterspektren auch bei den Röntgenstrahlen nachzuahmen.“[23]

Zu der Entdeckung der Röntgeninterferenzen gab es aber keine Einzelheiten, keine Namen der Beteiligten, kein Datum. Seinen Dienst im Kriege und die Arbeiten über Elektronenröhren riss er nur kurz an.

„Vor 7 Jahren hat hier, bei der entsprechenden Gelegenheit, Einstein von den zwei Aufgaben der theoretischen Physik gesprochen; nämlich einmal aus Beobachtungen die dafür grundlegenden Gesetze herauszufühlen, und sodann, wo solche Gesetze bekannt sind und sich bewährt haben, aus ihnen Folgerungen zu ziehen, welche die Kenntnis des betreffenden Gebiets vervollständigen und möglichst zu neuen Versuchen und Beobachtungen hinüberleiten. Es ist mir versagt geblieben, an der Lösung der ersten, höheren Aufgabe mitzuwirken. Gelang mir etwas, so lag es stets daran, daß ich mir getraute, aus vorhandenen Prinzipien selbst recht weitgehende Folgerungen zu ziehen und sie auf Dinge anzuwenden, für deren Deutung sie zunächst nicht aufgestellt waren. Den Mut dazu entnahm ich einmal aus dem tiefempfundenen Bedürfnis, das physikalische Weltbild im Sinne seiner Einheit auszubauen und zu vervollständigen, und aus Freude, mit den Mittel des Gedankens die Natur beherrschen zu können.“[24]

Die Erwiderung von Planck schloss direkt an den letzten Teil von Laues Rede an und ging auf dessen Arbeitsweise und ihre Erfolge ein:

„Sie sprachen von den beiden Aufgaben, die dem theoretischen Physiker gesetzt sind und von denen er je nach seiner Geistesrichtung der einen oder der anderen sich ausgiebiger widmet. Wenn nun die Kunst, aus gewissen mit den üblichen Anschauungen nicht in Einklang zu bringenden Erfahrungen die grundlegenden Gesetze herauszufühlen, jenem göttlichen Seherblick entstammt, der das wesentliche vom unwesentlichen, das notwendige vom zufälligen, das reale vom konventionellen reinlich zu scheiden versteht, gehört

> dann nicht gerade der erste größere wissenschaftliche Wurf, der Ihnen gelang: die Aufdeckung der Grenzen für die Gültigkeit des bis dahin immer unbedenklich angewandten Additionstheorems der Entropie, und die dadurch bewirkte Vollendung der Verschmelzung der Begriffe der Entropie und der Wahrscheinlichkeit, mit zu denjenigen Leistungen des theoretischen Physikers, die Sie wohl mit Recht die höheren nennen?"[25]

Planck erwähnte Laues entschlossenen Mut, eine gewonnene Überzeugung zu verteidigen. Zur Entdeckung der Röntgeninterferenzen meinte er, es wäre eine Forderung von Laues wissenschaftlichem Gewissen gewesen, nach der Aufklärung des Widerstreites zu suchen, sowohl über die Natur der Röntgenstrahlen wie auch der Struktur der Kristalle. Der Schluss enthielt indirekt eine Bitte:

> „So sind Sie zu unserer Freude in diesen Kreis eingetreten, als jüngster Sproß in der Familie der akademischen Physiker, welche ein regelmäßiger vertrauensvoller Gedankenaustausch zu engem Bunde zusammenschließt. Freilich darf ich, um ganz offen zu sein, nicht verschweigen, daß es mir auch heute noch nicht gelingen will, mich ganz dem beruhigenden Gefühle des sicheren Besitzes hinzugeben, da doch die Befürchtung nicht ausgeschlossen scheint, es möchte Ihr beweglicher Geist sich über kurz oder lang doch noch einmal von fremden Klängen anziehen und fortlocken lassen."[26]

Max von Laue nahm seine Pflichten als Akademiemitglied sehr ernst und trug oft über die neuesten eigenen und fremden Forschungsergebnisse vor. Er versäumte nur wenige Sitzungen. Neben den Verpflichtungen in der Akademie gab es weitere Obliegenheiten, denen er ebenfalls nachkommen musste. Eine kleine Gruppe von jungen Wissenschaftlern hatte 1845 in Berlin eine „Physikalische Gesellschaft" gegründet. Anfänglich wirkte sie nur in Berlin, doch nach und nach traten Physiker aus allen Teilen des Reiches und auch Ausländer bei. Einen politischen oder bildungspolitischen Aspekt verfolgte sie nicht. Die vorherrschende Stellung der Berliner Mitglieder führte bald zur Bildung eigener Gesellschaften in einigen Universitätsstädten, die Gau-Vereine genannt wurden und lokale eigene Veranstaltungen durchführten. Laue wurde bereits bei seinem ers-

ten Aufenthalt in Berlin durch Planck Mitglied. Nun nahm er wieder an den Sitzungen der Deutschen Physikalischen Gesellschaft aktiv teil. Ende 1921 wurde in Berlin der Vorstand der Physikalischen Gesellschaft zu Berlin neu gewählt: „Vorsitzender: Laue, Stellvertretender Vorsitzender: Goldstein, Schriftführer: Scheel, Schatzmeister: Pirani, Beisitzer: Berliner, Boas, Gehlhoff, Henning, Kohlschütter, Lamla, Nernst, Planck, Rubens". Von 1918 bis 1920 war Arnold Sommerfeld gewählter Vorsitzender der Gesamt-DPG, danach waren es Wilhelm Wien und Franz Himstedt. 1919 kam es zur Gründung der „Deutschen Gesellschaft für Technische Physik".[27]
Nur wenige Wochen nach seiner Ernennung zum Mitglied der Berliner Akademie brach das Ehepaar Laue auf, um an den Feierlichkeiten der Nobelpreisverleihung in Stockholm Anfang Juni 1920 teilzunehmen. Während des Ersten Weltkrieges wurden die Verleihungen der Preise zeitweise, die feierliche Übergabe ganz ausgesetzt. Nach dem Ende des Krieges wurde das nun im Sommer 1920 nachgeholt. Zu den deutschen Nobelpreisträgern gehörten, neben Laue, Max Planck, Fritz Haber, Johannes Stark und Richard Willstätter.

Die Dankesrede von Max von Laue war eine komprimierte Darstellung der Entdeckung.

> „Wenn andere Nobelpreisträger hier Ihren Dank für diese hohe Auszeichnung aussprechen, indem sie die Geschichte ihrer Entdeckung erzählen, so können sie berichten, wie ihnen anfangs ein hohes, aber erreichbar scheinendes Ziel vorschwebte, wie sie ihm auf mancherlei Wegen zustrebten, die sich zunächst meist als Irrwege erwiesen, und wie sie dann nach heissem, jahrelangem Bemühen das Ziel endlich erreichten. Und in meinen Augen wächst ihr Verdienst mit den Schwierigkeiten, die sie überwanden. Was ich Ihnen hier zu sagen weiss, sticht dagegen etwas ab. Gewiss habe ich das Problem, Röntgenstrahlinterferenzen herzustellen, lange gekannt, ehe seine Lösung gelang. Aber ich habe nie geglaubt, selbst etwas dazu beitragen zu können, und mich deshalb auch nicht weiter darum bemüht, bis ich plötzlich den Weg erblickte, der sich dann unmittelbar als der kürzeste zum Ziel erwies. Kann ich Ihnen also über eigene Vorarbeiten wenig sagen, so will ich Ihnen doch die Lage in wissenschaftlicher und persönlicher Beziehung schildern, aus der heraus mir der Gedanke gekommen ist."[28]

Die fünf deutschen Nobelpreisträger der Jahre 1915 bis 1919

Max von Laue (1879–1960),
Nobelpreis für Physik 1914

Max Planck (1858–1947),
Nobelpreis für Physik 1918

Johannes Stark (1874–1957),
Nobelpreis für Physik 1919

Richard Willstätter (1872–1942),
Nobelpreis für Chemie 1915

Fritz Haber (1868–1934),
Nobelpreis für Chemie 1918

Quellen: Richard Willstätter/ETHZ, alle anderen: Archiv der Max-Planck-Gesellschaft, Berlin-Dahlem

Einführend erwähnte Laue die Forschungen von Wilhelm Conrad Röntgen über Interferenz- oder Beugungserscheinungen und die Annahme einer Wellenstrahlung von George Stokes und Emil Wiechert. Außerdem teilte er mit, dass Wilhelm Wien eine Abschätzung der Wellenlänge mit Hilfe der Quantenvorstellung gemacht hätte. Auch die Versuche, Beugungserscheinungen zu beobachten, wurden erwähnt, ebenso die Vorstellungen von William Henry Bragg über den korpuskularen Charakter der Röntgenstrahlen. Es folgte eine Passage mit biographischem Inhalt über die Einflüsse der Vorlesungen von Voigt, Planck und Lummer auf sein Interesse an der Wellenlehre.

> „Ein grosses Glück war es, dass mir Sommerfeld den Artikel ‚Wellenoptik' für die Encyklopädie der mathematischen Wissenschaften zu bearbeiten gab. Denn dabei musste ich nach einer mathematischen Darstellung der Gittertheorie suchen, welche sich – ohne gerade neu zu sein – möglichst einfach auf Kreuzgitter übertragen liess. Schon damals dachte ich an die weitere Übertragung auf Raumgitter; doch ging ich der Sache nicht nach, weil ja solche in der eigentlichen Optik keine Rolle spielen."[29]

Im nächsten Abschnitt erzählte er über seine erste Zeit in München, von Röntgen und Sommerfeld und den Kristallographen. Eine Darstellung der Entdeckungsgeschichte folgte:

> „So standen die Dinge, als im Februar 1912 eines Abends P. P. Ewald zu mir kam. Er arbeitete auf Sommerfelds Veranlassung an der mathematischen Untersuchung, wie sich lange elektromagnetische Wellen in einem Raumgitter verhalten, und hat später eine darauf fussende Theorie der Kristalloptik als Dissertation herausgegeben. Damals aber stand er noch vor Schwierigkeiten und bat mich um Rat. Nun vermochte ich ihm freilich auch nicht zu helfen. Aber mir kam bei dem Gespräch der naheliegende Gedanke, einmal nach dem Verhalten von Wellen zu fragen, welche gegen die Gitterkonstanten des Raumgitters kurz sind. Und hier sagte mir mein optisches Gefühl sogleich: Dann müssen Gitterspektren auftreten."[30]

In der Erinnerung sprach er gegenüber Ewald aus, dass er bei Kristallen und Röntgenstrahlen Interferenzerscheinungen erwartete. Er erwähnte Friedrichs Bereitschaft, die entsprechenden Experimente zu machen, und deutete die Zweifel unter den „anerkannten Meistern unserer Wissenschaft" – Sommerfeld – an dem Erfolg an. Ausführlich berichtete Laue dann über die gelungenen Aufnahmen und das Echo auf die ersten Ergebnisse sowie die vielfältigen Arbeiten von Kollegen im In- und Ausland.[31]
An Wilhelm Wien schrieb er aus Zehlendorf begeistert über die Reise und schickte ihm den Baedecker von Schweden zurück, den Wien eigentlich Max Planck geliehen hatte,

> „[...] den aber tatsächlich wir benutzt haben. Die Reise haben wir wie ein Märchen erlebt, und es wird uns schwer, wieder in die Wirklichkeit zurück zu finden. Zuerst die Ausreise mit den 4 deutschen Kollegen, dann eine Woche ununterbrochner und so schöner Feste, daß man ihrer nicht müde wurde, schließlich noch eine Woche, in der wir allein die landschaftliche Schönheit Schwedens, namentliche der Ostküste, genossen – daran wird unsere Erinnerung zu zehren haben.
> Die Rückreise haben wir von Stockholm bis Malmö zu Schiff gemacht, was ich zur Nachahmung jedem empfehlen kann."[32]

Voll Ungeduld musste Laue immer noch auf die Bestätigung seiner Berufung an die Friedrich-Wilhelms-Universität warten. Ganz offen teilte er am 27. März 1920 Einstein seine Wünsche mit, wobei er am Anfang des Briefes auf die Preissteigerung der langsam beginnenden Inflation anspielte:

> „Ich habe Dir gestern eine Schachtel Streichhölzer entführt; was jetzt ebenso schlimm ist, als hätte jemand früher einen silbernen Löffel gestohlen. Ich schicke Dir daher die Schachtel so voll, wie sie war, zurück.
> Da sich die Zeichen mehren, daß eine Berufung für mich bevorsteht – wohin, habe ich bisher nicht sicher ausmachen können –, so will ich Dir sogleich einmal sagen, was ich in diesem Fall hier fordern werde; denn Du wirst ja jedenfalls dabei nach Deiner Meinung befragt und kannst Dich so besser auf den Schreck, den Du bekommen wirst, vorbereiten.
> Ich will nämlich die Vorlesungsverpflichtungen loszuwerden versu-

chen. Begründung: Um zugleich Vorlesungen in bisherigem Umfang zu halten und wissenschaftlich zu arbeiten, dazu fehlt mir die Nervenkraft. Wollen die verehrten Mitmenschen, daß ich wieder einmal etwas Wissenschaftliches leiste, – und das wäre durchaus vernünftig, zumal bei meinen Vorlesungen doch nichts rechtes herauskommt – so werden sie mir wohl oder übel die Forderung bewilligen müssen. Hätten wir die wirtschaftlichen Verhältnisse der Vorkriegszeit, so wäre die Sache ganz einfach. Dann könnte ich mich selbst zum Privatgelehrten ernennen, was stets mein Ideal war. Jetzt geht das leider nicht mehr, und so muß ich eine ähnliche Freiheit mir durch Verhandeln zu schaffen suchen, obwohl man dann leicht in eine Lage kommen kann, bei der man das Gefühl hat, seinen Mitmenschen etwas schuldig zu bleiben. Doch auf diese Gefahr hin muß ich es, wie die Dinge liegen, wagen."[33]

Laues Wunsch erfüllte sich trotz aller Mühe nicht: Er musste weiterhin Vorlesungen halten. Aber am 1. April konnte die Familie ein Einfamilienhaus mit einem Garten in der Albertinenstraße 17 in Berlin-Zehlendorf beziehen.

Das Wohnhaus der Familie Laue in der Albertinenstraße 17 in Berlin-Zehlendorf.
Quelle: Archiv der Max-Planck-Gesellschaft, Berlin-Dahlem

Die bald geschlossene Freundschaft mit der Familie Laue wurde für Lise Meitner sehr wichtig, nicht nur durch die Aussprache über Tagessorgen, auch die schönen Ausflüge mit dem Ehepaar in die weitere Umgebung Berlins genoss sie sehr. Mit Max von Laue konnte sie die üblichen akademischen Probleme besprechen.
Am 3. August 1920 schrieb Laue an Sommerfeld:

> „Ihr Brief vom 31.7. hat mir eine große Freude bereitet; schlägt er doch Töne an, denen ich trauen darf. Ich will sogleich hinzufügen, daß ich dies Gefühl nicht hätte, wenn er nicht auch ein paar Vorwürfe gegen mich enthielte. [...] Als ich im Januar (oder war es Februar) den Brief an W. Wien schrieb, stand ich unter dem Eindruck gewisser sehr unangenehmer Erlebnisse hier, die mich meine Mitmenschen nicht gerade gerecht beurteilen ließen.
> Im Übrigen mag Ihnen mein Nobelvortrag sagen, wie ich den Einfluß der Münchner geistigen Luft auf die Auffindung der Röntgeninterferenzen bewerte; er kann jeden Tag erscheinen. Wenn ich manchmal mit einer gewissen Bitterkeit an die Münchner Zeit gedacht habe, so lagen die Gründe dazu nicht auf dem Gebiet der wissenschaftlichen Anregung; die habe ich kaum irgend wo anders so reichlich genossen.
> Wohl habe ich dort manches persönlich Unerfreuliche erfahren. Ich will nur einen Punkt, der nicht der schlimmste ist, berühren. Warum haben Sie mich ausgeschloßen, als Sie mit Friedrich und Knipping und den anderen jüngeren Fachgenossen die Entdeckung der Röntgeninterferenzen feierten?
> Nun können Sie natürlich mit Recht darauf hinweisen, daß ich Ihnen gegenüber nicht immer korrekt aufgetreten war, namentlich kurz nach meiner Übersiedelung nach München. Aber Sie wußten doch, in welchem Gemütszustande ich zu Ihnen kam. Hätten Sie mir ‚mildernde Umstände' bewilligt, so hätten Sie jedenfalls unsere persönlichen Beziehungen sehr wesentlich gebessert.
> Doch lassen wir das Vergangene ruhen; sagen wir ‚Schwamm darüber'. Es hat mich immer tief geschmerzt, mit einem Fachgenossen nicht gerade gut zu stehen, dessen Leistungen ich so hoch bewerten muß. Es wird mir eine große Erleichterung sein, wenn das jetzt anders wird. Und deswegen freue ich mich in ganz besonderem Maße auf unser Zusammentreffen in Nauheim."[34]

Gemeint war die bevorstehende Tagung der Deutschen Naturforscher und Ärzte in Bad Nauheim vom 19. bis 25. September 1920. Aber noch vor der Tagung kam es zu einem öffentlichen politisch-rassistisch gefärbten Angriff auf die Relativitätstheorie.

So erfreulich wie die Zeit in Stockholm war das Leben in Berlin in der Weimarer Republik leider nicht. Es gab nur wenige gemeinsame Anstrengungen der politischen Parteien, die Lasten des Friedensvertrags sinnvoll zu tragen. Max Planck war sehr bald Mitglied der Deutschen Volkspartei DVP geworden, und auch Max von Laue trat dieser Partei bei. Beide blieben jedoch parteipolitisch inaktiv. Parolen von Rechts wie „Die Juden sind unser Unglück" oder „Die Juden sind an allem schuld" wurden laut, und das Missverständnis der Speziellen und noch mehr der Allgemeinen Relativitätstheorie war ein Vorwand, gegen Einstein zu hetzen. Die vielen zustimmenden und erklärenden Publikationen halfen nicht dagegen. In Berlin bildete sich eine Anti-Relativitäts-Gesellschaft, als deren Anführer Paul Weyland, der kein Physiker war, und Ernst Gehrcke auftraten. Sie veranstalteten am 24. August 1920 eine „Großkundgebung" der „Arbeitsgemeinschaft deutscher Naturforscher zur Erhaltung reiner Wissenschaft" in der Berliner Philharmonie.[35] Von „Viel-Harmonie" war nichts zu hören, es gab nur unsachliche Angriffe auf Einstein, der anwesend war. Auch Max von Laue, Walther Nernst und Heinrich Rubens waren Zuhörer. Gehrcke hielt einen Vortrag. Umgehend unterrichtete Laue Sommerfeld von den Vorgängen:

> „Der Artikel und die gestrige Rede des Herrn Weyland standen auf der gleichen Stufe: Einstein als Plagiator, wer Anhänger der Relativitätstheorie ist, als Reklamemacher, die Theorie selbst als Dadaismus (dies Wort ist wirklich gefallen!). Und das Unglaublichste, Leute die einen wissenschaftlichen Ruf wie Lenard und Wolf in Heidelberg haben, geben sich zu Vorträgen in solcher Gesellschaft her. Gestern sprach nach Weyland Gehrcke, obwohl er den alten Kohl wieder aufwärmte, war seine ruhige, sachliche Art zu reden eine Erholung nach Weyland, der sich mit den gewissenlosesten Demagogen messen kann. Es ist eine Schande, daß so etwas vorkommen kann.
> Heute haben nun Nernst, Rubens und ich an alle größeren Berliner Zeitungen eine kurze, aber energische Erklärung gegen dies Trei-

ben geschickt. Ob alle Zeitungen sie abdrucken, bleibt abzuwarten; bei der Verquickung mit antisemitischer Politik, welche sich schon in der Verteilung von Hetzblättern im Vorraum des Saales kundgab, ist es nicht selbstverständlich. Wie dem auch sei, es muß mehr geschehen."[36]

Laue bat Sommerfeld, Vorsitzender der Deutschen Physikalischen Gesellschaft in Nauheim, eine Gegenresolution zu Stande zu bringen.

„Es ist und bleibt doch unverständlich, wie demoralisierend eine Revolution selbst in unseren Kreisen wirkt."[37]

Die Redaktion des Berliner Tageblatts erhielt mehrere Zuschriften von Physikern, die sich mit aller Entschiedenheit gegen die Art der Darstellung von Weyland vom 24. August stellten. Dann hieß es:

„Wir veröffentlichen von den Zuschriften nur eine einzige, die aber durch das Gewicht der unterzeichneten Namen für viele wiegt."[38]

Max von Laue, Walther Nernst und Heinrich Rubens wiesen darin auf Einsteins bedeutende Beiträge zur Physik hin, aber auch auf seine Abneigung gegen Reklame. Zum Schluss schrieben sie:

„Es scheint uns eine Forderung der Gerechtigkeit, ungesäumt dieser Überzeugung Ausdruck zu geben, umso mehr, als gestern Abend keine Gelegenheit geboten wurde."[39]

Wenige Tage später ging der nächste Brief an Sommerfeld:

„Wenn etwas noch geeignet ist, Ihren Eifer anzuregen, so ist es gewiss die Mitteilung, daß Einstein und seine Frau fest entschlossen zu sein scheinen, wegen dieser Anfeindungen Berlin und Deutschland überhaupt bei nächster Gelegenheit zu verlassen.
Dann erleben wir zu allem sonstigen Unglück also auch noch, daß national sein wollende Kreise einen Mann vertreiben, auf den Deutschland stolz sein konnte, wie nur auf ganz wenige."[40]

Laue erwähnte, dass seine Frau etwas zu Einstein bringen wolle, aber sie war sich nicht sicher, ob es das richtige Haus wäre, und fragte einen mit ihr eintretenden Herrn, ob hier Einstein wohne. Die Antwort lautete: „Leider noch immer." Dann bat Laue Sommerfeld, mit Planck Kontakt aufzunehmen, der im Grundner Hof bei Gmund sei.

> „Denn man muß sich in Nauheim gegen diese Verquickung antisemitischer Hetze mit wissenschaftlicher Gegnerschaft doch einmal gründlich zur Wehr setzen. Wohin sollen wir sonst kommen?[41]

In der Protestversammlung wurde auch die Priorität von Einsteins Überlegungen zur Perihelbewegung des Merkur angegriffen. Das Problem und die Lösung wären bereits vor Einsteins Veröffentlichung bekannt gewesen. Laue fühlte sich aufgerufen, den Freund zu verteidigen. Mit dem Titel „Historisch-Kritisches über die Perihelbewegung des Merkur" ging er auf die Veröffentlichungen von Paul Gerber von 1898 und spätere Veröffentlichungen ein, in der die Formel und Größe der Perihelbewegung angegeben wurden. Das war in Übereinstimmung mit der von Einstein aus der Allgemeinen Relativitätstheorie abgeleiteten Größe, ohne dass er Gerbers Arbeit kannte. Laue ging auf die Interpretation der Ergebnisse ein:

> „So einfach diese Entdeckung [gemeint war Gerbers Ergebnis] zu machen war, so bedeutsam hätte sie werden können, wenn Gerber seinen Ansatz aus vernünftigen physikalischen Vorstellungen mathematisch einwandfrei hätte ableiten können. Dann hätte seine Erklärung den Wert gehabt, die Perihelbewegung mit gewissen anderen Tatsachen in Beziehung zu setzen – andere Erklärungsarten gibt es aber in der Physik überhaupt nicht."[42]

Die Deutsche Physikalische Gesellschaft (DPG) informierte ihre Mitglieder in einem Schreiben über die Herbsttagung, die in Bad Nauheim stattfinden sollte. Die Teilnehmerkarte kostete 100 Mark, die Damenkarte 50 Mark. Es gab eine wissenschaftlich-technische Industrieausstellung auf dem Gelände der Messe. Außerdem wurde in Zusammenarbeit mit der Firma Carl Zeiss und dem Pathologischen Institut der Universität ein Lehrgang von den Professoren Ambronn, Siedentopf und Zsigmondy für wissenschaftliche Mikroskopie angeboten. Die Physikalische Zeitschrift brach-

Otto Hahn (1879–1968) und Max von Laue, Anfang der 1920er Jahre. Hahn, der „Vater der Kernchemie", erhielt 1945 den Chemie-Nobelpreis für das Jahr 1944.
Quelle: Archiv der Max-Planck-Gesellschaft, Berlin-Dahlem

te vorab das weitgespannte Vortragsprogramm der Nauheimer Tagung vom 19. bis 25. September 1920 für den Bereich der Physik. Es gab Vorträge über Atomistik, Spektren, Kristallphysik und Radioaktivität mit einem Beitrag von Otto Hahn über Versuche zusammen mit Lise Meitner. Für den 17. September waren verschiedene Sitzungen der DPG vorgesehen.[43]

„Geplant ist eine gemeinsame Sitzung mit der Abteilung für Mathematik, in der vornehmlich Fragen der Relativitätstheorie behandelt werden sollen. Die Abteilung Physik wird ihre Sitzungen zusammen mit der Deutschen Physikalischen Gesellschaft abhalten; letztere wird außerdem ihre internen Fragen, besonders die Neugestaltung des Zeitschriftenwesens, in einer Geschäftssitzung ausführlich zur Erörterung stellen.
Der Mitgliedsbeitrag für die Teilnehmer der Versammlung beträgt 40 Mark, Wohnung wird allen Teilnehmern umsonst gewährt. Frühstück, Mittagessen und Abendessen kosten zusammen 20 M., oder 28 M., oder 34 M., Frühstück allgemein 3 M. Außerdem sollen Bürgerquartiere zur Verfügung gestellt werden mit Anrecht auf Mittags- und Abendtisch in gewissen Gasthäusern zu noch billigeren Preisen. Über die Gewährung von Fahrpreisermäßigung auf der Eisenbahn schweben Verhandlungen."[44]

Zur Relativitätstheorie gab es sechs Vorträge, die auch in der Physikalischen Zeitschrift veröffentlicht wurden: Hermann Weyl: Elektrizität und Gravitation; Gustav Mie: Das elektrische Feld eines um ein Gravitationszentrum rotierendes geladenes Partikel; Max von Laue: Theoretisches über

neuere optische Beobachtungen zur Relativitätstheorie; Leonard Grebe: Über die Gravitationsverschiebung der Fraunhoferschen Linien; Hugo Dingler: Kritische Bemerkungen zu den Grundlagen der Relativitätstheorie; Franz Paul Liesegang: Ein Schaubild zur Darstellung der Zeit-Raum-Verhältnisse in der Speziellen Relativitätstheorie.
Laue behandelte in seinem Vortrag die Lichtablenkung an der Sonne. Er ging von dem Satz aus, dass die Lichtablenkung nach der Allgemeinen Relativitätstheorie durch die geodätischen Nulllinien der Welt dargestellt sei.

> „Dieser Satz ist bisher nicht bewiesen. [...] Natürlich muß sich dieser Satz wie in der beschränkten, so in der allgemeinen Relativitätstheorie aus der Elektrodynamik des leeren Raums beweisen lassen. Und tatsächlich kann man den altbekannten Weg dazu vollständig übertragen."[45]

Der mathematische Beweis gelang. In der anschließenden Diskussion fragte Georg Hamel: „Gibt es einen exakten Nachweis dafür, daß die Rotverschiebung wirklich eintritt?" Anstelle von Laue antwortete Albert Einstein:

> „Es ist eine logische Schwäche der Relativitätstheorie in ihrem heutigen Zustande, daß sie Maßstäbe und Uhren gesondert einführen muß, statt sie als Lösungen von Differential-Gleichungen konstruieren zu können. Was aber die Zuverlässigkeit der Konsequenzen hinsichtlich der Beziehung auf das empirische Fundament der Theorie anbelangt, so sind die Konsequenzen, welche das Verhalten der starren Körper und Uhren betreffen, die am besten gesicherten. Da das emittierende Atom als ‚Uhren' im Sinn der Theorie anzusehen sind, so gehört die Rotverschiebung zu den sichersten Ergebnissen der Theorie."[46]

Die geplante gemeinsame Sitzung zur Relativitätstheorie zusammen mit den Mathematikern unter der Leitung von Planck am 23. September wurde zu einer unsachlichen Auseinandersetzung zwischen Philipp Lenard und Albert Einstein. Zusätzlich ergriffen Max Born, Oskar Kraus, Gustav Mie, Melchior Palágyi und H. Rudolph das Wort. Lenard verteidigte den Äther und die Gravitationsfelder, und Einstein bemühte sich um die Klärung von Begriffen. Die Physikalische Zeitschrift veröffentlichte die Diskussion.

Der Bericht darüber umfasst knapp zwei Druckseiten.[47]
Im Rahmen des internationalen Boykotts Deutschlands wurde z. B. in der englischen Zeitschrift „Nature" nichts über die Angriffe auf Einstein erwähnt, wohl aber gab es einige Veröffentlichungen zur Relativitätstheorie, auch eine kurze von Einstein.[48]
Hermann Weyl nahm in einer ausführlichen Veröffentlichung zu den wissenschaftlichen Fragen der Diskussion über die Relativitätstheorie Stellung. Zur Auseinandersetzung zwischen Lenard und Einstein bemerkte er:

> „Der letzte und dramatischste Teil, die allgemeine Diskussion über die Relativitäts-Theorie, gestaltete sich im wesentlichen zu einem Zweikampf zwischen Einstein und Lenard. Mit großem Geschick, Strenge und Unparteilichkeit waltete Planck seines Amtes als Vorsitzender; ihm war es nicht zum wenigsten zu danken, daß dieses ‚Nauheimer Relativitätsgespräch', in welchem entgegengesetzte erkenntnistheoretische Grundauffassungen der Wissenschaft aufeinanderstießen, einen würdigen Verlauf nahm."[49]

Einige Philosophen bezogen die Relativitätstheorie in ihre Überlegungen zu Raum und Zeit ein. Dabei gab es auch Missverständnisse. Laue versuchte helfend und klärend mit einer Publikation in den „Kant-Studien" mit dem Titel „Die Lorentz-Kontraktion" einzugreifen.[50]
Er übte auch Kritik an der Ausdrucksweise von Hermann Minkowski:

> „Bei den vielen, sehr zu begrüßenden Versuchen der Philosophen von Fach, zur Relativitätstheorie Einsteinscher Prägung Stellung zu nehmen, begegnet man fast immer einem merkwürdigen Mißverständnis hinsichtlich der Rolle der Lorentz-Kontraktion. Es erklärt sich aus der Art, wie die Theorie zu dem Schluß auf diese Verkürzung gelangt, und findet seine besondere Stütze in dem Wortlaut eines berühmten Vortrags von Minkowski; denn danach ist die Lorentz-Kontraktion in der Relativitäts-Theorie ‚rein ein Geschenk von oben'. Wir hätten daraufhin eigentlich eine weit strengere Beurteilung der Theorie gerade von philosophischer Seite erwartet, ja geradezu ihre Ablehnung wegen mangelnder Wissenschaftlichkeit. Denn ‚ein Geschenk von oben', was ist das anderes als ein neuer Ausdruck für ‚ein Wunder'?"[51]

Mit einigen einfachen Beispielen versuchte Laue, die Physik der Lorentz-Kontraktion zu erklären und machte darauf aufmerksam, dass die Physiker nicht immer streng der kausalen Verkettung folgen:

> „Im Gegenteil beruht gerade bei den umfassendsten Naturgesetzen ihr Wert für die Wissenschaft darauf, daß sie uns der Mühe entheben, den oftmals wenig übersichtlichen Kausalreihen der Natur in allen Einzelheiten nachzugehen."[52]

Als Beispiel nannte Laue die Bildung von Wasser aus Wasserstoff und Sauerstoff, wobei die chemische Formel nichts über die Veränderung der Atome aussagt. Als weitere Beispiele führte er die Gesetze der Planetenbewegung und das Gravitationsgesetz an. Zur Erklärung der Leistung der Relativitätstheorie und der Lorentz-Kontraktion verwendete er als Beispiel zwei ruhende Punktladungen, die ihre Coulombsche Kraft aufeinander in einem System ausüben.

> „Wir bringen sie auf eine gemeinsame, nach Richtung und Größe unveränderliche Geschwindigkeit gegen dasselbe System bei unverändertem Abstand von einander."[53]

Die Kraft zwischen ihnen verändert sich bei unverändertem Abstand. Es ist die Veränderung von ihrem Verhältnis zum Bezugssystem. Im letzten Abschnitt ging Laue kurz auf die Allgemeine Relativitätstheorie ein. Damals arbeitete er an der Erweiterung seines Buches über die Spezielle Relativitätstheorie um die von Einstein entwickelte Allgemeine Relativitätstheorie.[54]

An der Berliner Universität war das Fach Physik hervorragend besetzt. Im Wintersemester 1920/21 lasen u. a. Heinrich Rubens: Experimentalphysik II, Elektrizität und Optik; Max Planck: Theorie der Wärme und Mathematisch-physikalische Übungen; Max von Laue: Allgemeine Relativitätstheorie und Nicht-euklidische Geometrie; Albert Einstein: Verschiedenes aus der Theoretischen Physik. Neben der Vorlesungsbelastung und der Arbeit an dem Band über die Allgemeine Relativitätstheorie fand Laue im Herbst 1920 noch die Zeit, auf eine Arbeit von Walter Schottky einzugehen, der bei Planck 1912 mit der Arbeit „Zur relativtheoretischen Energetik und Dynamik" promoviert hatte.[55] Wiederum wies Laue auf eine Korrektur hin, die zeigte, wie intensiv er sich auch mit den mathematischen Problemen der Allgemeinen Relativitätstheorie beschäftigte.[56]

Gegen Ende des Jahres 1920 feierten die Physiker das 25-jährige Jubiläum der Entdeckung der Röntgenstrahlen. Die „Naturwissenschaften" veröffentlichte die Vorträge der Feierlichkeit. Laue wählte als Thema „In welchem Sinne kann man von einem ‚Mikroskopieren' des Feinbaus der Kristalle mittels der Röntgenstrahlen reden?" Er ging, didaktisch sehr anschaulich, von den Vorgängen beim Lichtmikroskop aus und zeigte Beugungsbilder von Gittern. Bei immer kleiner werdendem Abstand der Gitterelemente gelänge eine Abbildung mit Licht nicht mehr. Dann ging er auf ein Raumgitter mit Symmetrieeigenschaften über und erwähnte die Versuche von Friedrich und Knipping, ohne auf die anfänglichen Schwierigkeiten hinzuweisen. Eine Erwähnung der Forschung mehrerer Kollegen schloss sich an. Er beendete seinen Beitrag mit den Worten:

> „Wir feiern in diesem Heft das fünfundzwanzigjährige Jubiläum der Röntgenschen Entdeckung. Über die an Gebrechen und Krankheiten leidende Menschheit hat sie unendlichen Segen gebracht. Größeres aber hat sie, so möchte ich meinen, in der reinen Wissenschaft bedeutet. Sie hat geradezu eine neue Epoche eingeleitet, und zwar eine Epoche, in der sich wie nie zuvor weithin glänzende Fortschritte der Physik häuften."[57]

Er zitierte:

> „Was Du ererbt von deinen Vätern hast, erwirb es, um es zu besitzen."[58]

Die politischen Verhältnisse in einigen europäischen Staaten, wie in der Sowjetunion und Ungarn, waren für rassische und religiöse Minderheiten oft sehr ungünstig, und Studenten aus diesen Ländern wurden durch die Qualität der Ausbildung an deutschen Universitäten und Technischen Hochschulen angezogen. So kamen aus Ungarn Dennis Gábor, Leó Szilárd und Eugene Paul Wigner nach Berlin. Obwohl Gábor und Wigner an der TH in Berlin studierten, besuchten sie auch Vorlesungen von Planck und von Einstein über die Relativitätstheorie an der Universität. Szilárd hörte 1921 an der Friedrich-Wilhelms-Universität bei Laue „Allgemeine

Relativitätstheorie" und nahm am Proseminar teil. Er bat ihn um ein Thema für die Dissertation, und Laue schlug ihm etwas über die Relativitätstheorie vor. Doch Szilárd kam mit der Fragestellung nicht zurecht und fand ein ganz anderes Problem, das er lösen konnte. Er fragte Laue – wohl mit etwas Zögern –, ob dieser seine erste Ausarbeitung darüber lesen würde. Bereits am nächsten Tag kam die Zustimmung Laues, denn Szilárd hatte ein Problem aus der Thermodynamik aufgegriffen und als Hörer der Vorlesung von Laue entsprechend behandelt.[59]
Für Laue war es selbstverständlich, dass er Szilárd ein Thema aus der Relativitätstheorie vorschlug, denn im Frühjahr 1921 beendete er den noch ausstehenden Band über die „Allgemeine Relativitätstheorie".[60] Sein Vorwort dazu stimmte einen zuversichtlichen Ton an, weit ab von den bisherigen heftigen Debatten:

> „Bewundert viel und viel gescholten – so steht die allgemeine Relativitätstheorie heute da. Die lautesten Schreier auf beiden Seiten haben dabei gemeinsam, daß sie von ihr herzlich wenig verstehen. Und doch, gibt es irgend einen Zweig der Wissenschaft, dem man nicht mit Redensarten, sondern nur mit harter Arbeit beikommt, so ist es diese Theorie. Wir widmen unser Buch denen, die sich ihr Verständnis erarbeiten wollen."[61]

Es folgte eine Aufzählung der Bücher von Albert Einstein, Paul Kirchberger, Hermann Weyl und Ernst Cassirer zum Thema. Mit einigen Kollegen und ihrem Unverständnis ging er deutlich um:

> „Aber von einem Physiker gibt es bisher kein streng wissenschaftliches Buch von einiger Vollständigkeit darüber; und wir möchten meinen, daß nur ein Physiker die Schwierigkeiten ganz nachempfinden und zu beheben wenigstens versuchen kann, welche die große Mehrzahl seiner Fachgenossen zurzeit noch von der allgemeinen Relativitätstheorie fernhält. Diese Schwierigkeiten liegen bei einer Gruppe zum Teil sehr bedeutender Männer, die in Lenard ihren Wortführer gefunden hat, in den gedanklichen Grundlagen der neuen Theorie. Sie steht ihnen mit Empfindungen gegenüber, welche man nicht unpassend mit Goethes Abneigung gegen die Newtonsche Optik verglichen hat. Die meisten wissen sich aber dieser Theo-

> rie gegenüber keinen bestimmten Standpunkt zu sichern, weil sie ihr mangels hinreichender Bekanntschaft mit nicht-euklidischer Geometrie und der zugehörigen Tensorrechnung nicht nahe genug zu kommen vermögen."[62]

Laue dankte David Hilbert, der ihm seine Ausarbeitung über die Grundlagen der Physik zur Verfügung gestellt hatte, und auch Ludwig Bieberbach, Georg Hamel und Emil Hilb:

> „In Herrn Max Gut (jetzt in Zürich) fand ich einen Korrektor, welcher nicht nur den Druck, sondern auch die ganze Darstellung einer höchst sorgfältigen, in jede Einzelheit eindringenden Durchsicht unterzog."[63]

Der Schlusssatz des Vorwortes lautete:

> „Dies Buch ist keine Reklameschrift; und doch wollen wir den Wunsch nicht verhehlen, daß die Theorie auch in der vorliegenden Fassung etwas von dieser Überzeugungskraft auf den Leser ausüben möge."[64]

Das Buch war ein Erfolg, denn bereits 19 Monate später erschien die zweite Auflage mit einer Umarbeitung der Tensorrechnung und einer Änderung der Vorzeichen. Laue dankte Walter Gordon für seinen Rat bei der Umarbeitung. Die Angaben zur Rotverschiebung wurden erweitert, ebenso Einsteins kosmologische Ideen. Laue teilte den Stoff in acht Kapitel unterschiedlichen Umfangs ein:

- I. Unser empirisches Wissen und die bisherigen Theorien über die Schwerkraft
- II. Die allgemeine Relativitätstheorie
- III. Weltvektoren und -tensoren in Riemannschen Räumen
- IV. Die einfachsten nichteuklidischen Geometrien
- V. Die Grundgesetze der Physik in der allgemeinen Relativitätstheorie
- VI. Anwendungen der Grundgesetze in besonderen Fällen
- VII. Strenge Lösungen der Feldgleichungen in Einsteins Theorie der Schwere
- VIII. Weiterbildung der Relativitätstheorie

Eine schriftliche Stellungnahme von Einstein zu Laues Buch ist leider nicht erhalten, denn sie trafen sich ja bei den Sitzungen der Preußischen Akademie und verkehrten freundschaftlich miteinander. Der Göttinger Mathematiker Felix Klein und Wolfgang Pauli waren mit der Darstellung nicht zufrieden, sie fanden sie zu kompliziert.[65]
Seit Juli 1917 hatte Albert Einstein zusätzlich zu dem Posten in der Akademie die Direktion des Kaiser-Wilhelm-Instituts für Physik übernommen. Noch gab es kein Institutsgebäude, und Einstein konnte nur finanzielle Mittel für Forschungen an anderen Instituten verteilen.[66]
Durch den verlorenen Krieg waren vielfach die staatlichen Mittel für die Forschung gekürzt worden oder fielen vollständig weg. Mit der Gründung der Notgemeinschaft der Deutschen Wissenschaft wurde unter dem Vorsitz von Friedrich Schmidt-Ott 1920 ein neues Gremium geschaffen, das auf Grund einer Anfrage eines Forschers wissenschaftliche Geräte erwarb und sie ihm dann für eine begrenzte Zeit zur Verfügung stellte. Anschließend wurden sie an den nächsten Forscher verliehen. Max von Laue unterstützte die Arbeit der Notgemeinschaft. Im Fachausschuss für die Fragen zur Förderung der Physik war er bis 1933 Vorsitzender, der stets wiedergewählt wurde. Für kurze Zeit war Johannes Stark Mitglied, aber als ein Wahlverfahren eingeführt wurde, wurde er nicht gewählt.[67]
Im Mai 1921 fand in Stuttgart die 34. Hauptversammlung des Vereins Deutscher Chemiker statt. Die Zeitschrift für angewandte Chemie berichtete darüber. Über den äußeren Ablauf hieß es, dass die gemeinsamen Fachgruppensitzungen davon Zeugnis ablegten,

> „[...] daß die deutschen Chemiker noch keineswegs gewillt sind, in dem wirtschaftlichen Kampfe, den die Ententeländer bis zu unserer völligen Vernichtung führen wollen, die Waffen ihres technisch-wissenschaftlichen Könnens zu strecken."[68]

Der Vorsitzende Friedrich Quincke ging in der allgemeinen Sitzung auf die historische Entwicklung der Anschauungen über die Atome ein, denen Planck und Laue am besten von allen deutschen Physikern ihre Begründung gaben. An Max Planck wurde die Liebig-Denkmünze und an Laue die Adolf-Baeyer-Denkmünze verliehen. In der Laudatio für Laue hieß es:

> „[...] dem Pfadfinder im Bau der Kristalle, der durch geniale Verknüpfung der Kristallstruktur mit der Wellennatur der Röntgenstrahlen der Erforschung des inneren Aufbaues anorganischer und organischer Stoffe neue Wege wies und dadurch die Chemie in deren Grundanschauungen durchgreifend beeinflußte.“[69]

Max von Laue sprach auch für Planck, der nicht kommen konnte. Er gab einen historischen Abriss über die Strahlungstheorien.[70]
Laues Buch über die Spezielle Relativitätstheorie erschien 1921 bereits in der vierten Auflage. Wiederum hatte er Vieles am Text geändert, was nicht üblich war, und der Rezensent, Rudolf Seeliger, merkte an:

> „Man könnte die Sachlage etwas kraß ausgedrückt vielleicht so fassen, daß die erste Auflage ein Mathematiker, diese aber ein Physiker geschrieben hat und wir nun das Buch durchaus befriedigt aus der Hand legen. [...] Mit Spannung und Vergnügen werden wohl alle Leser dem zweiten Teilband entgegensehen, der hoffentlich recht bald erscheint.“[71]

Mehrere Universitäten organisierten vor dem Beginn des Wintersemesters Vortragsveranstaltungen. Max von Laue wurde 1921 von der Kieler Universität eingeladen. Er wählte als Thema „Das physikalische Weltbild.“ Seine Einleitung zeigte deutlich, wie stark ihn die politischen Ereignisse bewegten, aber auch, dass er über die politischen Grenzen hinaus dachte:

> „Wir leben in einer Zeit politischer Umwälzungen, und die Stadt, in der wir versammelt sind, mahnt uns besonders lebhaft an geschichtliche Ereignisse [gemeint war der Aufstand der Matrosen 1918], an die jeder vaterlandsliebende Deutsche nur mit tiefster Trauer und Scham denken kann. Die Kieler Herbstwoche möchte Sie der wenig erfreulichen politischen Gegenwart etwas entrücken, und dieser Vortrag insbesondere will Sie herausführen in das Gebiet der Naturerkenntnis, auf dem man an die Leistungen, die durch das Zusammenwirken aller Kulturvölker zustande gekommen sind und noch täglich zustande kommen, seine reine Freude haben kann. Freilich leben wir auch in der Erkenntnis der unbelebten Natur – in diesem Sinne bitte ich Sie heute das Wort ‚Physik‘ aufzufassen – in einem

> tiefgreifenden Umsturz. Die Weiterentwicklung, die stets das Leben der Wissenschaft ausmacht, hat seit Beginn dieses Jahrhunderts eine Geschwindigkeit erreicht, wie wohl niemals zuvor; Altes, was felsenfest zu stehen schien, ist gefallen oder wenigstens erschüttert; Neues und Unerhörtes, was noch nicht immer die Abklärung des Alten erreicht hat, ist an seine Stelle getreten."[72]

Mehrfach betonte Laue die Bedeutung der Erhaltungssätze. Er würdigte Einsteins Kühnheit der Gedanken, die notwendig gewesen sei, um das Wesen der Schwere verständlich zu machen. Ebenso wurde das Ende der Äthertheorien erwähnt wie auch die Radioaktivität, der Zerfall der Atome.

> „Und tatsächlich zeigen die Energiemengen, die bei radioaktivem Atomzerfall frei werden, daß dort eine Energiequelle von unvergleichlicher Mächtigkeit sitzt. Könnten wir die Energie, welche ein Gramm Radium im Lauf seiner Halbwertszeit von etwa 1800 Jahren abgibt, auf einmal freimachen – freilich haben wir keine Mittel dazu –, so hätten wir einen Sprengstoff, gegen den alle bekannten als Kinderspiel erscheinen müßten."[73]

Das Bohrsche Atommodell wurde gewürdigt und das Plancksche Wirkungsquantum. Im IV. Abschnitt fasste er seine Aussagen zusammen:

> „Jede Wissenschaft ist ein System von Urteilen, und bei der Physik beziehen sich die Urteile auf Tatsachen der physikalischen Wirklichkeit. Unter Wahrheit des Systems dieser Wissenschaft müssen wir eine Art von Übereinstimmung zwischen diesen Urteilen und den Tatsachen verstehen, und diese Übereinstimmung kann nur darin liegen, daß jedem Urteil eine Tatsache und jeder Tatsache ein Urteil eindeutig entspringt."[74]

Diese Aussage Laues wird immer wieder in seinen kritischen Analysen der Arbeiten anderer Physiker deutlich.

Philipp Lenard versuchte weiterhin, die Priorität von Einsteins Aussagen zur Lichtablenkung anzugreifen, indem er eine Veröffentlichung von Johann Soldner „Über die Ablenkung eines Lichtstrahls von seiner geradlinigen

Philipp Lenard (1862–1947), Nobelpreisträger für Physik 1905, Gegner der modernen Physik und Befürworter einer „Deutschen Physik“, hier auf einem um 1932 entstandenen Foto.
Quelle: Archiv der Max-Planck-Gesellschaft, Berlin-Dahlem

Bewegung, durch die Attraktion eines Weltkörpers, an welchem er nahe vorbeigeht“ von 1801[75] mit entsprechenden Vorbemerkungen und Anmerkungen versah.[76] Max von Laue antwortete umgehend. Einleitend führte er aus:

> „Zum Hauptgegenstand können wir uns kurz fassen und, ohne auf die zurzeit noch aussichtslose Erörterung über den empirischen Betrag der Lichtablenkung an der Sonne einzugehen, die Frage stellen: Sollte nicht ein gewisser Fortschritt gegenüber Soldners Berechnungen allein schon darin liegen, daß die allgemeine Relativitäts-Theorie diese Ablenkung mit der elektromagnetischen Wellentheorie, statt mit der Emissionstheorie des Lichtes verknüpft.“[77]

Die Trägheit der elektromagnetischen Energie, so führte Laue aus, sei bereits vor der Relativitätstheorie bekannt gewesen. Er erwähnte Poincarés, Abrahams und Hasenöhrls wichtige Beiträge zum elektromagnetischen Impuls. Zu Lenards Vorschlag, eine Masse, die auf Energie beruht, nach einem bestimmten Autor zu benennen, bemerkte Laue:

> „[... Das] wäre gänzlich überflüssig, weil es nach unserer Auffassung, welche auch Herr Lenard zu vertreten scheint, andersartige Massen überhaupt nicht gibt.“[78]

Im Frühjahr 1922 wurde Max von Laue eine schöne Ehrung zuteil. Die Zeitschrift „Die Naturwissenschaften“ edierte im Heft 16 unter dem Titel „Zehn Jahre Laue-Diagramme“ Beiträge zur Geschichte ihrer Entdeckung und ihrer aktuellen wissenschaftlichen Bedeutung:

Walter Friedrich:	Die Geschichte der Auffindung der Röntgenstrahlinterferenzen (363–366)
Paul Knipping:	Zehn Jahre Röntgenspektroskopie (366–369)
Gregor Wentzel:	Bericht über neuere Ergebnisse der Röntgenspektroskopie (369–381)
Lise Meitner:	Über die Wellenlänge der γ-Strahlen (381–384)
Peter Debye:	Laue-Interferenzen und Atombau (384–391)
Paul Niggli:	Die Bedeutung des Laue-Diagrammes für die Kristallographie (391–399)
Ernst Schiebold:	Beiträge zur Auswertung der Laue-Diagramme (399–411)
Michael Polanyi:	Röntgenographische Bestimmung von Kristallanordnungen (411–416)

Die acht Beiträge, die unter dem Titel „Zehn Jahre Laue-Diagramme" in den „Naturwissenschaften" abgedruckt wurden.
Quelle: Naturw., 10. Jg., H. 16, 21.4.1922

Infolge des Weltkrieges waren eigentlich weniger als zehn Jahre Forschung auf dem Gebiet der Röntgenstrahlen vergangen. Dennoch waren auf vielen, bisher experimentell nicht zugänglichen Gebieten international beachtete, grundlegende Fortschritte erzielt worden. Einen solchen breitgefächerten Erfolg hatten nur wenige Entdeckungen.
Nicht immer beschäftigte sich Laue mit elementaren Fragen. Zusammen mit Walter Gordon, dem letzten Doktoranden von Planck, versuchte er Anfang 1922, theoretisch die Wärmeleitfähigkeit der glühenden Metalldrähte in Glühlampen beim Betrieb mit Wechselspannung zu bestimmen. Der Einfluss einiger Parameter – wie der Drahtenden – musste vernachlässigt werden, um zu einem Ergebnis zu kommen.[79] Ein Jahr später befasste sich Laue zusammen mit Richard Bär und Edgar Meyer mit der Physik des Lichtbogens in Helium.[80]
Das Zusammenwirken und die Diskussionen der Physiker in Berlin waren und blieben für den Weg zu gesicherten Ergebnissen wichtig, auch wenn dies nicht immer ohne kleinere Spannungen ablief. Einstein spekulierte gelegentlich über physikalische Effekte – ausgehend von den Relativitätstheorien –, so auch über Strahlung auf dem Gebiet, in dem Laues

Meinung maßgebend war. Von einer Reise in Italien schrieb Einstein am 20. Oktober 1921 seinem Schweizer Freund Michele Besso: „Interessantes Experiment über Lichtemission in Arbeit in Berlin. Lichtstrahl gekrümmt nach Undulationstheorie."[81]

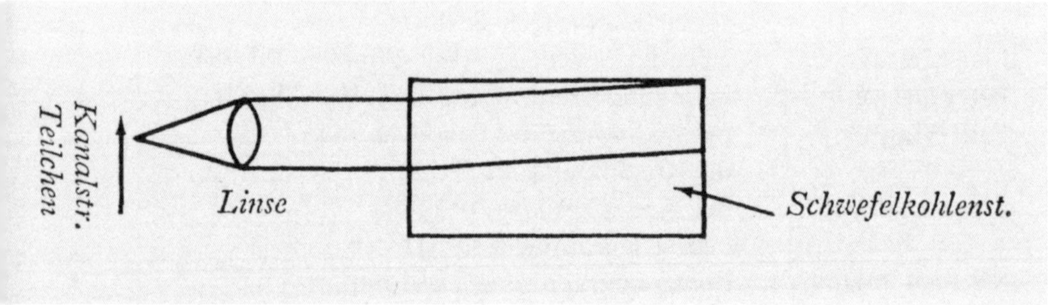

Zeichnung aus dem Brief an Besso.
Quelle: Speziali 1972: 170

Das Experiment wurde in der Physikalisch-Technischen Reichsanstalt von Hans Geiger und Walther Bothe ausgeführt. An Max Born schrieb Einstein am 30. Dezember 1921 darüber:

> „Die Lichtaussendung des bewegten Kanalstrahlenteilchens ist streng monochromatisch, während doch nach der Undulationstheorie die Farbe der elementaren Emission nach verschiedenen Richtungen verschieden sein müßte. Damit ist sicher bewiesen, daß das Undulations-Feld keine reale Existenz hat und daß die Bohrsche Emission ein Momentanprozess im eigentlichen Sinne ist. Es ist mein stärkstes wissenschaftliches Erlebnis seit Jahren."[82]

Doch Born und Franck meldeten ihr Unverständnis, und darauf erwiderte Einstein:

> „Der Witz ist der: Das Kanalstrahlenteilchen sendet nach der Wellentheorie nach verschiedenen Richtungen kontin. variable Farbe aus. So eine Welle pflanzt sich in dispergierenden Medien mit einer Geschwindigkeit fort, die Funktion des Ortes ist. Daraus müßte eine Abbiegung der Wellenfläche folgen, wie bei terrestrischer Refraktion. Der experimentelle Befund ist aber negativ."[83]

Einstein teilte am 18. Januar 1922 Born die Meinung Laues mit. Sie zeigt, wie man miteinander umging:

> „Laue bekämpft heftig mein Experiment bzw. meine Interpretation zu demselben. Er behauptet, daß die Undulationstheorie überhaupt keine Strahlenbiegung bedinge. Er schlug ein hübsches Experiment vor, um mit Kapillarwellen, die ja starke Dispersion zeigen, die eventuelle undulatorische Strahlenkrümmung zu untersuchen zum Ersatz für eine Theorie, die so schwer mit der erforderlichen Strenge zu kriegen ist.“[84]

Einstein musste dann einsehen, dass er „einen Bock geschossen“ hatte, also falsch lag.[85]
Die unwissenschaftlichen Angriffe auf die Relativitätstheorie waren in den 1920er Jahren keine singuläre Erscheinung. Die Anthroposophen entwickelten auf dem Gebiet der Naturwissenschaften Vorstellungen, die weitab von gesicherten Erkenntnissen lagen. Sie stellten die These auf, dass die exakten Naturwissenschaften Schuld an der allgemeinen moralischen Krise wären, und sie versuchten, Einfluss auf die Gesellschaft zu nehmen. Rudolf Steiner hatte 1913 die Anthroposophische Gesellschaft gegründet. Zu Steiners 60. Geburtstag veröffentlichte Hans Wohlbold in einem von Friedrich Rittelmeyer herausgegebenen Buch den Beitrag „Rudolf Steiner und die Naturwissenschaften“, in dem er Anklagen gegen die naturwissenschaftliche Erkenntnis formulierte:

> „Das moderne Leben und Denken ist im weitesten Umfang von naturwissenschaftlichen Ergebnissen und Impulsen erfüllt. Auf der Oberfläche schwimmt das, was man gern als die großen Errungenschaften der Zeit feiert und was sich auf allen Gebieten des praktischen Lebens in der Technik auswirkt. […]
> Alles was groß ist in unserem äußeren Leben, danken wir der Naturwissenschaft, und wir danken ihr zugleich das ganze seelische und physische Elend der letzten Jahre. Der Mensch ist verelendet durch die Naturwissenschaften, wenn er über das äußere Dasein hinausstrebt zu einem Innenleben […].“[86]

Max von Laue ließ das nicht gelten und schrieb eine Erwiderung. Sie zeigt sehr deutlich seine eigene Auffassung von der allgemeinen Bedeutung der Naturwissenschaften und der Religion, der er sich verbunden fühlte.

> „Richtig ist, daß die Einwirkung der Technik auf den Gang der Weltgeschichte, die niemals fehlte, sich seit dem Ausgang des 18. Jahrhunderts stärker bemerkbar macht als je zuvor. [...]
> Aber sind die Naturwissenschaften wirklich für den Gang der Geschichte allein, oder auch nur zum Teil verantwortlich? Stammen aus ihnen die Treibkräfte, welche die Völkerschicksale bestimmt haben? Ist es überhaupt denkbar, daß eine Wissenschaft, d. h. ein reines Erkenntnissystem, dem Menschen Zwecke setzt für sein Tun und Lassen im praktischen Leben, also vor allem anderen Menschen gegenüber?“[87]

Laue erwähnte Wohlbolds Ausdruck „naturwissenschaftliche Weltanschauung“ und fragte wieder, ob es so etwas gäbe. In einem Punkt stimmte er Wohlbold zu:

> „Erst wenn der Wunsch lebendig wird, diese [naturwissenschaftlichen] Errungenschaften für sich zu benutzen, wenn dieser Wunsch die Grenzen des Berechtigten übersteigt, wenn angestachelt durch die neuen Möglichkeiten der Befriedigung, Genußsucht oder Machthunger die besseren Triebe der Seele überwuchern, dann sind die schlimmen Folgen verständlich, die Wohlbold nicht ohne Beredsamkeit schildert. Also nicht naturwissenschaftlich, sondern materialistisch ist die Weltanschauung, welche das heutige Unheil über die Menschheit gebracht hat.“[88]

Er zitierte nochmals Wohlbold:

> „Die Naturwissenschaft hat die Welt entgeistigt, darum ist Europa heute ein Trümmerhaufen und die Menschheit verblutet sich. Aber wie sie die Religion entthront hat, muß sie an ihre Stelle etwas anderes setzen, ein Wissen vom Geist aus ihren eigenen Prinzipien.“[89]

Dies griff Laue als Halbwahrheit an. Doch er bemerkte auch, dass der kindliche Glaube nicht mehr zu bewahren sei, aus dem man früher seine sittliche Kraft zog:

> „Aber darf man den Naturwissenschaften deswegen eine Schuld zuschreiben? Liegt die nicht vielmehr darin, daß die Kirchen nicht den eigentlich religiösen Inhalt ihrer Lehre zu trennen vermochten von mythischen Elementen, welche allerhand über den Weltlauf in Natur und Menschengeschichte zu offenbaren vorgeben?“[90]

Ein philosophisch gebildeter Mensch hätte es leichter, so meinte Laue, weil ihm die Kantsche Philosophie hilft, den Geltungsbereich der naturwissenschaftlichen Erkenntnis zu begreifen:

> „Freilich bleibt auch ihm seine Sehnsucht ungestillt, und er muß entsagen – ganz wie es Schiller in jenem Distichon tut:
> Welche Religion ich bekenne? Keine von allen.
> Die Du mir nennst. Und warum keine? Aus Religion.“[91]

Im II. und III. Teil seines Beitrages setzte sich Laue mit Steiners Werken, insbesondere den Büchern über „Unsere atlantischen Vorfahren“ [des sagenhaften Kontinents Atlantis] und „Die Geheimwissenschaft im Umriss“ auseinander und wies ihm viele Fehler zu physikalischen Fragen nach, denn Steiner behauptete u. a., dass die Wärme ein Stoff sei.[92]
Bei der Relativitätstheorie gab es immer noch wissenschaftliche Fragen, zu denen Laue Stellung nahm, wohl aus einem inneren Antrieb, um zum Verständnis zu kommen. Auf der Sitzung der Physikalisch-Mathematischen Klasse der Preußischen Akademie am 20. April 1922 trug er seine Vorstellungen über „Die Bedeutung des Nullkegels in der allgemeinen Relativitätstheorie“ vor.[93] Er knüpfte dabei an seine Veröffentlichung in der Physikalischen Zeitschrift von 1920 an.[94]
Hermann Minkowski hatte 1908 eine zeichnerische Darstellung der vier Dimensionen – einen Doppelkegel – veröffentlicht, die ein leichteres Verständnis der Speziellen Relativitätstheorie ermöglichte. Nachdem Laue die mathematische Formulierung für die Spezielle Relativitätstheorie angegeben hatte, fragte er:

> „Läßt sich diese Formel in irgendeiner Weise in die allgemeine Relativitätstheorie hinüberretten? Wobei wir freilich nicht erwarten können, daß sie die einfache Gestalt des Integranden bewahrt. Nur die Bezugnahme auf den Vorkegel ist das Wesentliche. In der Tat werden wir diese Frage bejahen können [...].“[95]

Die Innenpolitik der Weimarer Republik führte zu keiner Stabilisierung, das Gegenteil trat leider ein. Aus den Reihen der Mitglieder des 1894 gegründeten Alldeutschen Verbandes mit seiner extrem nationalistisch-antisemitischen Haltung kamen die Mörder des Außenministers Walther Rathenau, der am 24. Juni 1922 kurz nach dem Verlassen seines Hauses im Auto erschossen wurde. Es wurde Staatstrauer angeordnet.[96] Wenige Tage danach gab es einen Mordversuch an dem früheren Reichskanzler Philipp Scheidemann und dem Journalisten Maximilian Harden.
Einstein fürchtete, ebenfalls ein Opfer zu werden, denn er sollte auf der 100-Jahr-Versammlung der Gesellschaft deutscher Naturforscher und Ärzte vom 17. bis 23. September in Leipzig einen Vortrag halten. Er schrieb über seine Bedenken an Max Planck,[97] der das Schreiben mit einem eigenen Brief umgehend am 8. Juli 1922 an Max von Laue schickte:

> „Lieber Kollege!
> Das beiliegende Schreiben trifft mich wie ein Blitz aus heiterem Himmel. Also so weit haben es die Lumpen gebracht, daß sie eine Veranstaltung der deutschen Wissenschaft von historischer Bedeutung zu durchkreuzen vermögen. Einstein wird also den für die 1. allgemeine Sitzung der Naturforscherversammlung am 18. September angekündigten Vortrag über ‚Die Relativitätstheorie in der Physik‘ nicht halten, und die Bedeutung dieser Sitzung ist dadurch auf das empfindlichste bedroht. Zudem drängt die Zeit aufs äusserste; denn in den nächsten Tagen muss an den Druck der Programme gegangen werden.
> In dieser Notlage weiss ich nur eine Rettung: daß Sie den Vortrag übernehmen, und ich richte daher im Namen des Vorstandes und im Namen der ganzen Gesellschaft an Sie die ergebenste Bitte, daß wir an Stelle von Einstein Sie als Redner über das genannte Thema einsetzen dürfen. Ich bin mir sehr wohl bewusst, welches Opfer wir Ihnen damit zumuten. Denn Sie verlieren die volle Ferienerholung

nach der Last im zu Ende gehenden Semester so wie irgend einer, und haben dabei wahrscheinlich ohnehin den Kopf noch voll von manchen anderen Dingen. Aber ich tröste mich ein wenig mit dem Gedanken, daß Sie wahrscheinlich ohnehin zu der Versammlung nach Leipzig gehen würden, und fand, dass Sie in der Materie des Vortrags gerade so mitten innen stehen wie kaum ein anderer. Denn ich wüßte unter allen theoretischen Physikern Deutschlands Niemanden, dem ich mit gleicher Zuversicht eine derartige Bitte vortragen könnte."[98]

Die Bitte von Planck war nicht vergeblich, Laue übernahm die schwierige Aufgabe. Planck war erleichtert, wie er am 9. Juli an Laue schrieb:

„Lieber Kollege!
Ihr gestriger Brief hat mich sehr glücklich gemacht, und wenn ich auch annehme, dass Sie das Ihnen zugemutete Opfer um der guten Sache bringen wollen, so darf ich jetzt auch hinzufügen, dass Sie mir damit persönlich einen Freundschaftsdienst erweisen, den ich nicht vergessen werde."[99]

Zum Ende hin führte Planck aus:

„Im Uebrigen glaube ich, dass auch rein sachlich genommen der eingetretene Wechsel seine Vorzüge hat. Namentlich wird dadurch zur Evidenz gebracht, daß die Relativitätstheorie nicht nur von Juden betrieben wird, und es wird denjenigen der Wind aus den Segeln genommen, die immer meinen, das ganze Relativitätsprinzip sei nichts anderes als eine künstliche Reklame für Einstein."[100]

Max von Laue schrieb Einstein am 8. Juli, dass er zugesagt habe, aber noch hoffe, dass sich die Lage doch noch ändere. Der Nachsatz lautete:

„Schreib mir bitte gelegentlich, wie Du Deinen Vortrag ungefähr disponiert hättest. Vielleicht kann ich ihn benutzen."[101]

Einstein bedankte sich bei dem Freund am 12. Juli 1922:

„Lieber Laue!
Ich bin Dir sehr dankbar dafür, dass Du den Vortrag in Leipzig so bereitwillig übernommen hast und gebe ihn also auch meinerseits definitiv und vertrauensvoll in Deine Hände. Nun habe ich noch ein Anliegen, dessen Erfüllung Dir hoffentlich liegen wird. Ich verreise ja im Oktober für weiss Gott wie lange, und es ist nötig, dass ein Anderer mich unterdessen als Direktor des K.-W.-Institut vertritt. Es ist nun mein Wunsch, dass Du diese Vertretung vom 1. Oktober an auf unbestimmte Zeit übernehmen möchtest. Selbstverständlich übertrage ich auf Dich die mit dieser Stellung verbundenen Einkünfte.
Da ich gewissermassen offiziell schon von Berlin abgereist bin, komme ich morgen nicht in die Sitzung und bitte Dich, im Fall Deiner Einwilligung, das Gesagte dem Direktorium als meinen Antrag zu unterbreiten. Auch bitte ich Dich zu erklären, dass ich mit der Bewilligung von M. 4 000 an die Herrn Kallmann und Knipping für den Ankauf des Hoffmann'schen Elektrometers einverstanden bin.
Mit den besten Feriengrüßen
Dein A. Einstein“[102]

Über Störungen des Vortrages von Laue gab es keinen Hinweis in der Physikalischen Zeitschrift.[103]
Im Juli war überraschend der Ordinarius für Experimentalphysik, Heinrich Rubens, gestorben. Er hatte viele Jahre das berühmte Berliner „Mittwochskolloquium“ erfolgreich geleitet. Nun wurde Max von Laue diese wichtige Aufgabe übertragen, die er mit großem Geschick bis in die 1940er Jahre auf einem hohen Niveau halten konnte, trotz des politischen Drucks und des unsicheren Umfelds nach 1933! Den Lehrstuhl für Experimentalphysik übernahm Walther Nernst, nachdem die Verhandlungen mit Wilhelm Wien erfolglos geblieben waren.
Die Physiker verfügten über mehrere Publikationsorgane für ihre aktuellen Ergebnisse. Doch es gab nur Starks „Jahrbuch der Radioaktivität und Elektronik“ für zusammenfassende Darstellungen. Der Verleger Ferdinand Springer erkannte diese Lücke in der naturwissenschaftlichen Literatur, denn das „Jahrbuch“ deckte keineswegs das ganze Gebiet ab. Er brachte im Herbst 1922 den ersten Band der „Ergebnisse der exakten Naturwissenschaften“ heraus. Über das Projekt schrieb Springer:

„Die Ergebnisse der exakten Naturwissenschaften stellen das ‚Gewordene' dar, den augenblicklichen Zustand des Wissens auf den einzelnen Gebieten, d. h.: sie sollen einen Überblick über die Sache geben, nicht über die Veröffentlichungen."[104]

Max von Laue schrieb den elften Beitrag über Röntgenstrahl-Spektroskopie, unterteilt in die drei Abschnitte „Die Meßmethoden", „Das kontinuierliche Spektrum" und „Das Absorptionsgesetz". Er zitierte keine eigene Arbeit, lobte aber Manne Siegbahns Veröffentlichungen und bezog auch die γ-Strahlen ein. Eine ausführliche Literaturliste schloss den Aufsatz ab, der deutlich das sorgfältig abwägende Urteil Laues zeigt, was er für wesentlich für die Forschung hielt.[105]
Während der Semester kam Laue nicht zu größeren schriftlichen Arbeiten, dafür musste ein Teil der Semesterferien verwendet werden. In der vorlesungsfreien Zeit wurde im Winter Ski gelaufen, und im Sommer wurden Hochgebirgswanderungen mit befreundeten Kollegen unternommen.

Vor der Blaueishütte bei der Besteigung des Hochkalters in den Berchtesgadener Alpen: Heinrich Barkhausen, Max von Laue, Otto Hahn mit Bobek (sitzend) und einem Unbekannten, 1923
Quelle: Berninger 1969

Im Oktober 1922 trug Laue auf der 10. Jahresversammlung der Deutschen Beleuchtungstechnischen Gesellschaft im Hörsaal des Staatlichen Kunstmuseums über „Unsere jetzigen Vorstellungen von der Natur des Lichtes" vor. Eine Druckfassung erschien im Dezember. Der Vortragende machte es seinen Zuhörern nicht leicht, denn ohne Kenntnisse der aktuellen Physik konnten sie ihm nur zu Beginn folgen. Laue ging vom Kirchhoffschen Strahlungsgesetz und dem Wienschen Verschiebungsgesetz aus. Diese zwei Gesetze

„[...] gäben für die Herstellung von Lichtquellen, bei denen

> es sich um Wärmestrahlung handelt, die beiden Richtlinien; man suche sich der Sonnentemperatur möglichst anzunähern und verwende als Strahler möglichst solche Körper, welche für das sichtbare Licht, dass man erzeugen will, ein möglich großes, für alle andere Strahlung ein möglich kleines Absorptionsvermögen besitzen."[106]

Dann erwähnte er Plancks Untersuchung der Hohlraumstrahlung und bemerkte:

> „Im Zusammenhang damit war er gezwungen, eine neue universelle Konstante, das Elementare Wirkungsquantum, einzuführen." [107]

Wesentlich für das Verständnis von Emission und Absorption sei Einsteins Arbeit von 1905 und auch der Zeeman-Effekt von 1896. Danach gab Laue einen Abriss der Atomtheorien und erwähnte Joseph J. Thomson und Niels Bohr sowie Sommerfelds Anwendung der Relativitätstheorie auf die Bewegung der Elektronen um den Kern, den Stark-Effekt und die Elektronenstoßversuche von James Franck und Gustav Hertz.[108]
Auf den „Dualismus" der Strahlung – Welle und Teilchen – ging Laue nicht ein, obwohl gerade das Thema aktuell war, denn in der Physik hatte es eine kleine Sensation gegeben. Der amerikanische Physiker Arthur H. Compton hatte mit einem sehr einfachen Experiment entdeckt, dass bei der Streuung von Röntgenstrahlen an Elementen mit niedrigem Atomgewicht eine Verringerung der Frequenz der gestreuten Strahlung auftritt. Das konnte er aus dem Energie- und Impulssatz ableiten.[109]
Der Vorgang wurde sowohl von Peter Debye als auch von Niels Bohr und seinen Mitarbeitern Hendrik Anthony Kramers und John C. Slater gedeutet, die meinten, dass der Energie- und Impuls-Erhaltungssatz für den Einzelprozess keine Gültigkeit hätte.[110] Hans Geiger und Walther Bothe machten 1925 in der Physikalisch-Technischen Reichsanstalt ein Koinzidenzexperiment, das eindeutig das Gegenteil zeigte. Die weitgehende Folgerung war: „Man kann die Stoßgesetze der Mechanik auf die Lichtteilchen anwenden." Die Eigenschaft der Strahlung „Welle – Teilchen" war experimentell bewiesen worden. Sie war zuerst von Einstein bei der Erklärung des Photoelektrischen Effekts verwendet worden. Das wurde anfänglich von manchen Physikern, darunter Max Planck, nicht anerkannt.[111]

Laue schrieb im Nachruf auf Hans Geiger: „Die Physik war vor einem Irrweg bewahrt."
Bothe und Laue waren in der Berliner Zeit Bothes bis 1930 nachbarlich verbunden. Es wurden gemeinsame Ausflüge in das märkische Umland gemacht, und der hochmusikalische Bothe erlebte bei Laues eine Rundfunkübertragung mit einem Gerät mit Verstärkerröhren.[112]
Am 9. November 1922 teilte Max von Laue handschriftlich auf einem kleinen Briefbogen der Preußischen Akademie dem Präsidenten der Kaiser-Wilhelm-Gesellschaft, Adolf von Harnack, mit:

> „Euer Excellenz, gestatte ich mir mitzuteilen, dass mir Kollege Einstein für die Zeit vom 1.10.22 bis zu seiner Rückkehr die Leitung des K.-W.-Instituts für Physik und die damit verbundenen Einkünfte übertragen hat. Ich bitte Euer Excellenz, mir diese auf mein Postscheckkonto 60651 beim Postscheckamt Berlin überweisen zu lassen.
> Mit vorzüglicher Hochachtung
> Euer Excellenz ganz ergebener
> M. v. Laue"[113]

Auf dem Brief zeichnete Harnack ab, und Friedrich Glum, der Generalsekretär der KWG, gab die entsprechende Anweisung. Doch eine Schwierigkeit war entstanden: Einstein hatte bereits sein Gehalt für das letzte Quartal des Jahres in Höhe von 15.000 Mark überwiesen bekommen. So musste Harnack den Tatbestand Laue mitteilen, dass er erst ab dem 1. Januar mit einem Gehalt rechnen könne: „Bezüglich dieses Gehaltsverzuges stelle ich E. H. eine unmittelbare Verständigung mit H. Prof. Dr. Einstein ergebenst anheim." Die beginnende Inflation führte offenbar dazu, dass Laue Anfang 1923 die Summe von 13.500 Mark überwiesen wurde.[114]

In seiner neuen Stellung als Vertreter von Einstein musste Laue die Gelder des Instituts für die Forschung einsetzen. Im Mai 1923 bat Laue das Kuratorium des KWI für Physik, an Herrn Professor Ludendorff, den Direktor des Astrophysikalischen Observatoriums Potsdam, zwei Millionen Mark für die Sonnenfinsternisexpedition zu überweisen.[115] Arnold Sommerfeld benötigte Mitte 1923 für die Honorierung von Mitarbeitern eine Million Mark. Er wandte sich an Laue als Verwalter der Gelder des KWI für Physik, um diese Summe zu bekommen.[116] Auch nach Einsteins Rückkehr von

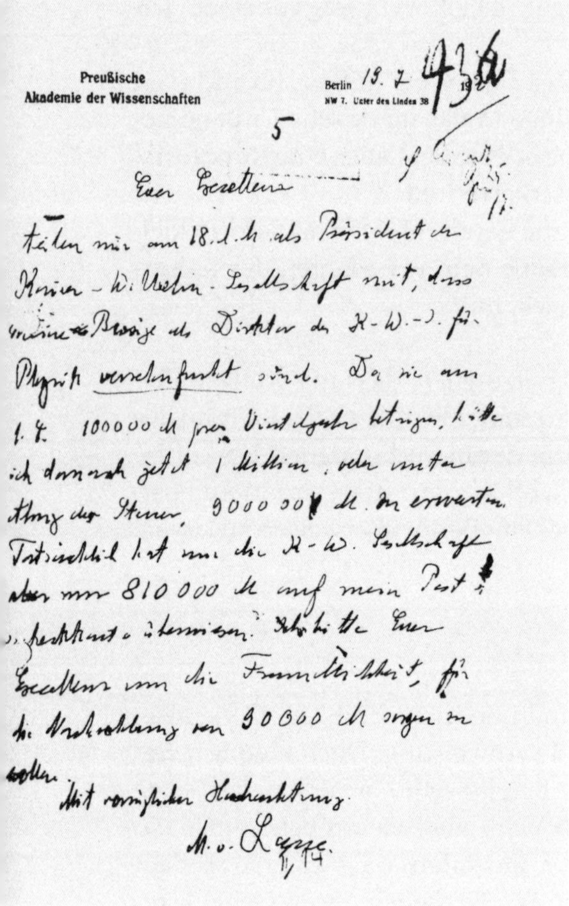

Preußische Akademie der Wissenschaften

Berlin 19. 7. 192[illegible] 436
NW 7. Unter den Linden 38

5

Euer Exzellenz

teilen mir am 18. d. M. als Präsident der Kaiser-Wilhelm-Gesellschaft mit, dass meine Bezüge als Direktor des K.-W.-I. für Physik verdoppelt sind. Da sie am 1. 4. 100000 M pro Vierteljahr betrugen, bitte ich danach jetzt 1 Million, oder unter Abzug der Steuer, 900000 M. zu erwarten. Tatsächlich hat mir die K.-W. Gesellschaft aber nur 810000 M auf mein Postscheckkonto überwiesen. Ich bitte Euer Exzellenz um die Freundlichkeit, für die Nachzahlung von 90000 M sorgen zu wollen.

Mit vorzüglicher Hochachtung

M. v. Laue

Ein Brief von Laue an die Preußische Akademie der Wissenschaften, in dem das Ringen um finanzielle Mittel deutlich wird.
Quelle: Archiv der Max-Planck-Gesellschaft, Berlin-Dahlem, I. Abt., Rep. 1A, Nr. 1659

seiner Weltreise behielt Laue seine Position. Da sie sich in der Universität und in der Akademie oft trafen und sie ihre Ansichten über die Förderung der verschiedenen Projekte besprechen konnten, gibt es nur ganz wenige Briefe über ihre Zusammenarbeit. Ein Brief Einsteins vom 3. Oktober 1925 an Laue zeigt das Vertrauen:

> „Ich sende Dir hier ein Gesuch, das an und für sich gewiss berechtigt ist, dessen Bewilligung für uns allerdings nicht in Betracht kommen dürfte. Vielleicht kannst Du aber dem Mann einen Rat geben. Ich habe Dir – glaube ich – erzählt, dass Tomaschek beabsichtigt, auf der Zugspitze zu ‚millern'. Piccard (Schweizer Physiker, Brüssel), den Du ja kennst, gedenkt (?) ebenfalls zu ‚millern' und zwar mit einem Ballon. Was könnte man nur thun, um System in diese Seuche zu bringen? Es wäre doch gar zu schade, wenn zu viel Geld auf diese doch faule Sache verwendet würde.
> Beste Grüße
> Dein Einstein"[117]

Als Vorsitzender des Gauvereins Berlin der Deutschen Physikalischen Gesellschaft hielt Laue am 8. Dezember 1922 den Nachruf auf Max Abraham und würdigte dessen Beiträge zur Elektrodynamik, insbesondere sein Buch „Über die Dynamik des Elektrons". Er meinte, dass Abrahams geistreiche und kritische Haltung zur Relativitätstheorie vielleicht ein Grund gewesen wäre, warum er keine Berufung erhalten hatte.[118]

Ein wichtiger Besucher aus den USA kam auf seiner Europareise auch nach Berlin: Robert Millikan, Präsident des California Institute of Technology und Direktor des Norman Bridge Laboratory of Physics in Pasadena. Noch war er nicht Träger des Nobelpreises, den er für die Bestimmung der Elementarladung eines Elektrons 1923 erhalten sollte. Aber er war ein wichtiger Berichterstatter in den USA darüber, wer in Europa finanzielle Unterstützung für Forschungen bekommen könnte.

Der amerikanische Physiker Robert Millikan (1868–1953, 2. v. r.) im Kreis seiner Berliner Kollegen Walther Nernst, Albert Einstein, Max Planck und Max von Laue, wohl in Laues Haus in Berlin-Zehlendorf, 1928 oder 1931.
Quelle: Archiv der Max-Planck-Gesellschaft, Berlin-Dahlem

Die wirtschaftliche Situation verschlechterte sich Anfang 1923 rapide, denn die Inflation vernichtete nicht nur alle Einlagen bei Banken und Sparkassen, sie führte auch zu einer katastrophalen Arbeitslosigkeit. In den Verhandlungen der Deutschen Physikalischen Gesellschaft erschien eine Mitteilung mit dem Titel „Stellenvermittlung für promovierte Physiker und Werkstudenten der physikalischen und physikalisch-technischen Richtung bei der Fachgemeinschaft deutscher Hochschullehrer der Physik". Die wirtschaftliche Not wurde nur zurückhaltend angesprochen:

> „Es hat sich gezeigt, daß diese [gemeint waren Werkstudenten] häufig vorzügliche Dienste leisten und mindestens einen auf dem Technikum ausgebildeten Laboranten ersetzen, so daß ihre Ferientätigkeit sehr häufig zu dauernder späterer Anstellung oder auch, wenn die ungünstigen Vermögensverhältnisse ein Weiterstudium nicht gestatten, schon vorher zu einer dauernden Anstellung geführt hat."[119]

Am 10. Februar 1923 starb Wilhelm Conrad Röntgen nach einigen Tagen Krankenlager in München. Als Vorsitzender des Gauvereins der DPG hielt Laue in der Sitzung vom 23. Februar in Berlin die Traueransprache für das Ehrenmitglied. Er hatte den sehr zurückhaltenden Röntgen in seinem Studiensemester in München wie auch in den Jahren als Privatdozent erlebt. So konnte er von Röntgens übertriebener Ängstlichkeit vor einer endgültigen Veröffentlichung von Ergebnissen berichten und auch von Röntgens eigener Einschätzung seiner großen Entdeckung, die er als gleichwertig mit seinem experimentellen Beweis ansah, dass in bewegten Körpern nach Maxwell ein Verschiebungsstrom entsteht.[120]
Trotz der bedrückenden Sorgen in dieser Zeit ging das wissenschaftliche Leben normal weiter. In der Sitzung der Physikalisch-Mathematischen Klasse der Akademie am 15. Februar 1924 ließ Einstein durch Planck eine Arbeit zur Allgemeinen Relativitätstheorie überreichen, und Max von Laue sprach über „Die Lösungen der Feldgleichungen der Schwere von Schwarzschild, Einstein und Trefftz und ihre Vereinigung". Nach Einstein wäre der ganze Kosmos mit einer nebelartigen Materie gleichmäßig erfüllt. Unter bestimmten Bedingungen können Sterne entstehen. Dann verglich Laue seine Aussage mit Trefftz' Lösung und kam zu dem Schluss:

> „[...] so sehen wir auf die Weise die Möglichkeit, unter mathematisch strenger Erfüllung der Feldgleichungen und der Grenzbedingungen einen sphärisch geschlossenen Kosmos aufzubauen [...]."[121]

Am 23. März 1923 wies das Kuratorium des KWI für Physik das Bankhaus Mendelssohn & Co. an, Laue bereits 90.000 Mark für das Quartal zu überweisen. Am 21. September entsprach diese Summe 70.500.000 Mark. Infolge der Inflation ging auch Laue seines Vermögens verlustig. Im Juni teilte er dem Kuratorium des KWI für Physik mit, dass er ab dem 1. Juli 1923 eine Sekretärin, Fräulein Hildegard Bathe, einstellen würde. Sie sollte

225.000 Mark für ein ¾ Jahr erhalten. Für das Schreibpapier hatte Laue 8.000 Mark und für das Porto 6.000 Mark ausgegeben, die er zurück erbat.[122]
Bei dem Kuratorium des KWI für Physik waren ständig Bitten um finanzielle Unterstützung der physikalischen Forschung eingegangen. Um bei der rasanten Entwertung kalkulieren zu können, wurden die bewilligten Summen in „Goldmark“ angegeben. Die meisten Bitten konnten noch befriedigt werden. Am 13. Oktober 1923 wurde mit der Einführung der „Rentenmark“ eine Abwertung von $1 : 10^{12}$ angeordnet. Die wirtschaftliche Erholung von der Inflation ging nur langsam voran.
Ein Brief von Planck an Laue vom 19. November 1923 dokumentiert ihren engen Gedankenaustausch. Geschrieben ist er auf Akademiepapier.[123] Sie hatten sehr wahrscheinlich nach einer Sitzung in der Akademie zu dritt ein Problem diskutiert, da auch Nernst erwähnt wird.

> „Lieber Kollege!
> Ich habe Ihre Beweisführung genau überlegt und möchte Ihnen hier kurz meine Meinung darüber sagen. Aus Ihrer Betrachtungsweise geht unzweifelhaft hervor, dass nach den Sätzen der Allgemeinen Thermodynamik die beiden miteinander im Gleichgewicht befindlichen Metallkörper von derselben Materie aber verschiedenen Aggregatzustandes unmöglich entgegengesetzte freie Ladungen aufweisen können. Der Nernstsche Einwand mit den beiden unabhängigen Komponenten ist nicht aufrecht zu erhalten.
> Aber eine Potentialdifferenz zwischen beiden Körpern ist auch ohne freie Ladungen möglich, nämlich dann, wenn die beiden Körper nicht nur an ihren Berührungsflächen, sondern auch an ihren Oberflächen (Berührungsflächen mit dem Vakuum) elektrische Doppelschichten tragen. Natürlich müssen diese vom Aggregatzustand abhängig sein, nämlich so, dass die drei entsprechenden Potentialdifferenzen das Gesetz der Spannungsruhe erfüllen.
> Wie das in Wirklichkeit ist, lasse ich ganz dahingestellt. Ich wollte nur sagen, dass nach meiner Meinung sich aus der Thermodynamik allein hierfür nichts ableiten lässt. Wir sprechen aber wohl noch ausführlich über diesen Punkt.“[124]

Am 6. Dezember 1923 gab es eine umfangreiche Sitzung der Physikalisch-Mathematischen Klasse der Akademie. Max Planck trug über die Natur

der Wärmestrahlung vor und reichte noch zwei weitere theoretische Abhandlungen ein. Auch Albert Einstein legte eine Arbeit vor: „Bietet die Feldtheorie Möglichkeiten für die Lösung des Quantenproblems?" Max von Laue sprach „Zur Theorie der von glühenden Metallen ausgesandten positiven Ionen und Elektronen". Das Thema schloss sich an seine Arbeiten über Elektronenröhren während des Krieges und eine Veröffentlichung von Schottky an. In der Einleitung wurden die einschränkenden Parameter aufgeführt, dass alle Ladungsträger Elektronen und alle positiv geladenen einatomig mit einem Elementarquantum Elektrizität geladen seien. Mit Gedankenexperimenten versuchte Laue, eine Anschaulichkeit der Vorgänge zu erreichen. Die Veröffentlichung hatte längere Textstellen, teilweise mit spekulativen Betrachtungen über das Verhalten der Ladungsträger, auch an den Grenzflächen.[125]
Nach wie vor interessierte sich Laue für die mathematischen Probleme der Relativitätstheorie, wie aus einer Veröffentlichung in den Annalen der Physik unter dem Titel „G. A. Schotts Form der relativistischen Dynamik und die Quantenbedingungen" vom Frühjahr 1924 hervor geht. Ihn störte, dass bei der Berechnung der Energie eines bewegten Massenpunktes komplizierte Wurzelrechnungen auftreten. In einer Fußnote wies er auf eine Besprechung darüber mit Walter Gordon hin.[126]
Leider waren die Vorgänge bei der Entdeckung der Röntgenstrahlinterferenzen selbst nach zehn Jahren immer wieder mal Gegenstand von Meinungsverschiedenheiten, wer was wann gesagt haben soll. So wies Laue Ewald gegenüber dessen Darstellung eines Gespräches zwischen Ewald, Sommerfeld und ihm entschieden zurück. Ewald beklagte sich gegenüber Sommerfeld:

> „Mein mangelhafter historischer Sinn macht mich in dieser Doktorfrage als Zeuge nahezu wertlos. Ich erinnere mich deutlich nur noch des ungeheuren Erstaunens bei mir, dass Laue bei einem Spaziergang im engl. Garten eine absolute Ahnungslosigkeit von der Vorstellung des Raumgitterbaus der Kristalle offenbarte. Ich glaube wohl, dass die Idee der Interferenzen Laue zuerst bei einer Konsultation kam, die in Sachen meiner Dr.-Arbeit in seiner Wohnung des abends zwischen ihm u. mir stattfand."[127]

Andererseits konnte sich Laue freuen, denn im 16. Heft der „Naturwissenschaften" erschienen drei Aufsätze über die Ausweitung seiner grundlegenden Entdeckung von Peter Debye „Laue-Interferenzen und Atombau", von Paul Niggli „Die Bedeutung des Lauediagrammes für die Kristallographie" und von Ernst Schiebold „Beiträge zur Auswertung der Laue-Diagramme".[128]

Auch das Verhältnis von Laue zu Sommerfeld war wieder freundschaftlich, denn als Sommerfeld am 16. Februar 1924 nach Berlin zu einem Vortrag kam, wohnte er bei Laues in Zehlendorf.[129]

Eines der wenigen Familienbilder zeigt Magda von Laue mit den beiden Kindern Theodor und Hildegard, ca. 1925.
Quelle: Universtätsarchiv Frankfurt/M.

Vielfältige Verpflichtungen, die nicht immer wissenschaftlicher Natur waren, musste Laue neben seiner Lehrtätigkeit erfüllen. Das Direktorium des Kaiser-Wilhelm-Instituts für Physik – lange Zeit ohne ein eigenes Institutsgebäude – bestand aus Einstein, Haber, Nernst, Planck, Warburg und Laue. Es hatte einen Etat und konnte, vergleichbar mit der „Notgemeinschaft", auf Antrag einzelnen Forschern und Professoren an Universitätsinstituten Geräte beschaffen und kleinere Stipendien vergeben. Das Direktorium tagte häufig vor oder nach den Sitzungen der Akademie der Wissenschaften vor Ort.

Mehrfach war Laue von wissenschaftlichen Vereinen zu Vorträgen eingeladen worden. Am 7. Mai 1924 sprach er vor dem Berliner Bezirksverband des Vereins Deutscher Ingenieure über „Atomaufbau und Atomzertrümmerung". Er verwendete offenbar sein Manuskript vom Vortrag zur Kieler Herbstwoche und ging nochmals auf die große Energieabgabe beim radioaktiven Zerfall ein. Als Beispiel führte er das Heliumatom mit dem Atomgewicht 4,000 an, das man sich aus vier Wasserstoffkernen mit dem Atomgewicht von 1,008 aufgebaut denken könne. Es bleibe dabei ein Massenüberschuss von 4,032 gegen 4, der nach der Relativitätstheorie

eine große Energie bedeute, die beim Zusammentritt zum Heliumkern auftrete. Diese große Energie müsse man auch zur Spaltung des Heliumkerns einsetzen, was mit den derzeitigen Mitteln nicht möglich sei. Kritisch wies er auf das Bohr'sche Atommodell hin und den Widerspruch der Annahme gekrümmter Elektronenbahnen ohne Energieabgabe.[130]
Die Verpflichtungen zu Ansprachen und Vorträgen nahmen nicht ab. Auf der Sitzung der Physikalischen Gesellschaft zu Berlin am 27. Juni 1924 gratulierte Laue dem Kollegen Walther Nernst zum 60. Geburtstag und erwähnte dessen vielfältigen wissenschaftlichen Erfolge. Die gelegentlich etwas rechthaberischen Diskussionsbeiträge von Nernst umging Laue diplomatisch:

> „Da die Thermodynamik auf so vielen Wegen auf die Quantentheorie führt, hat Hr. Nernst auch zu diesen Stellung genommen. Wir wissen zur Genüge, daß auf diesem Gebiet noch alles im Fluß ist; es gibt kaum zwei Physiker, die hier völlig übereinstimmen. So haben auch die Nernstschen Anschauungen manche Kritik und bei ihm selbst im Laufe der Zeit manche Änderung erfahren. Aber niemand kann verkennen, wie anregend seine Ansichten stets auf die Forschung gewirkt haben, weil sie stets wesentliche Punkte betrafen, an denen ein Fortschritt einsetzen konnte."[131]

Gerade zum Geburtstag von Nernst wurde der Neubau des Instituts für Physikalische Chemie bezugsfertig, dem er als Direktor vorstand. Während seiner Zeit als Präsident der Physikalisch-Technischen Reichsanstalt hatte Nernst das Innenministerium darauf hingewiesen, dass die PTR einen Theoretischen Physiker als Berater benötige. Er schlug für diesen Posten Max von Laue vor, aber die schlechte finanzielle Situation verhinderte eine Realisierung. Erst Nernsts Nachfolger, Friedrich Paschen, konnte die Einstellung erreichen, und Laue wurde diese nebenamtliche Tätigkeit bewilligt. Meistens ging Laue einmal in der Woche zur PTR in Charlottenburg, einerseits, um mit Rat zu helfen, andererseits, um Anregungen für eigene Arbeiten zu finden. Es dauerte einige Jahre, bis er durch die Experimente von Walther Meißner ein ergiebiges Thema fand: die Theorie der Supraleitung.[132]
Vergleicht man Laues Veröffentlichungen zu verschiedenen Gebieten der Theoretischen Physik und den teilweise weit entfernt liegenden Proble-

men, so verwundert die Bandbreite der Gebiete. Die meisten Theoretischen Physiker, wie beispielsweise Max Planck, bearbeiteten intensiv ein abgegrenztes Gebiet. Trieb Laue eine innere Unruhe dazu, die sich dann in dem Wunsch nach einem Wechsel des Umfeldes seiner Tätigkeit äußerte, um allem zu entkommen? Oder war es die erfolglose Suche nach einem neuen, noch ungelösten bedeutenden physikalischen Problem? Sich mit dem Bohrschen Atommodell zu beschäftigen, hätte wahrscheinlich zu Meinungsverschiedenheiten mit Sommerfeld geführt, der dazu bereits wichtige Beiträge publiziert hatte. Auch schloss er sich nicht dem Ausbau einer neuen Theorie an, wie einige seiner Kollegen es taten. So war es auch bei der von Werner Heisenberg im Juli 1925 vorgelegten und dann zusammen mit Max Born und Pascual Jordan formulierten Quantenmechanik. Sie hat Max von Laue nicht zu eigenen Arbeiten auf diesem neuen Feld bewegt, ebenso wenig wie die von Erwin Schrödinger oder die von Paul Dirac formulierten Theorien der Quantenmechanik. Aber er betrachtete ihre Veröffentlichungen kritisch. Als Wolfgang Pauli bei Sommerfeld promovierte und erste Ergebnisse in den Annalen der Physik publizierte, war Laue mit einer Bemerkung zur Thermodynamik nicht einverstanden und bat Sommerfeld um die Dissertation.[133]

Laue blieb aber doch mit wenigen Ausnahmen den Röntgeninterferenzen und der Relativitätstheorie und später der Supraleitung „treu". Die Kernphysik war noch eine überwiegend experimentelle Wissenschaft. In Berlin war es Lise Meitner im Kaiser-Wilhelm-Institut für Chemie, die erfolgreich auf diesem Gebiet forschte. Mit Laues verband sie eine enge Freundschaft, und sie werden sicher über aktuelle und grundlegende Probleme ihrer Wissenschaft gesprochen haben.

In dieser Zeit gelang es Laue durch eine mündliche Abmachung mit dem Ministerium, vom Halten einer Hauptvorlesung befreit zu werden.[134]

Beim Lesen der Veröffentlichungen von Kollegen fühlte sich Laue gelegentlich aufgefordert, Ergänzungen oder Hinweise zu publizieren. Der Physiker Kurt Zuber, an der Universität Zürich, untersuchte die Verzögerungszeiten, die bei der elektrischen Entladung durch einen Funken auftreten. Er maß die auftretende Verzögerungszeit.[135] Laue wird ihn wahrscheinlich gekannt haben oder durch Edgar Meyer davon gehört haben. Er machte „Bemerkungen" mathematischer Art zu den Ergebnissen und kam zu dem Schluss, dass „in einer Funkenstrecke der von ihm benutzten Art der auf der Ungeordnetheit molekularer Vorgänge beruhende Zufall eine entscheidende Rolle spielt".[136]

Zwei umfangreiche theoretische Arbeiten zu Problemen der Röntgeninterferenzen schloss Laue 1925 und 1926 ab. Beide Male war es zugleich auch eine Stellungnahme zu Arbeiten von anderen Kollegen aus Europa mit anderen Interpretationen und anderen Theorien.[137] Im Briefwechsel mit Paul Peter Ewald wurde der Einfluss der Temperatur auf die Gitterschwingungen diskutiert. Die Rechnung des Kollegen Debye zweifelte Laue an. Das Verfahren von Ivar Waller ergäbe die gleichen Werte wie seine Berechnung der Gitterschwingungen.[138] Sehr bald danach schrieb er an Ewald, dass Ralph Walter Graystone Wyckoff, ein amerikanischer Kristallograph, eine vollständige Übereinstimmung gefunden hätte.[139] Nun wurde ein Treffen im Urlaub verabredet, um über das Problem zu diskutieren. Aber nicht im Hochgebirge, denn Frau Laue litt an Asthma, sondern in Holzhausen, wo Ewalds Mutter wohnte.
Das Manuskript „Über die Röntgenstrahlinterferenzen an Mischkristallen", in dem Kristalle, die aus zwei Atomarten aufgebaut sein sollten, untersucht wurden, reichte Laue im Juli 1925 ein. Zu Beginn der Arbeit er setzte sich mit den Anschauungen des Göttinger Professors Gustav Tammann über die Anordnung der Atome und deren gesetzmäßige Verteilung im Raumgitter auseinander.[140] Wie Tammann meinte, müsste bereits eine geringe Abweichung von dieser Verteilung in den Röntgendiagrammen den Anschein einer vollkommenen Unordnung hervorrufen. Die Röntgendiagramme ließen jedoch den Schluss zu, dass die Raumgitter an allen Punkten gleichmäßig besetzt wären. Das hätte er, Laue, in seiner Theorie von 1918 auch gezeigt, und er führte nochmals den mathematischen Beweis durch. Als Beispiel nahm er NaCl, mit der Einschränkung, dass Unregelmäßigkeiten bis zur völligen Unordnung vorkommen könnten. Er konnte Tammanns Einwände widerlegen.[141]
Im zweiten Teil untersuchte Laue die völlige Ungeordnetheit, doch wäre es möglich, dass sie nicht vollständig erreicht werden könne und in der Umgebung eines Atoms einer Art sich mehrere dieser Atome anlagern. Sein Ergebnis war die Verwaschung aller Maxima.
Im dritten Teil untersuchte er die Wahrscheinlichkeit der im Einzelfall auftretenden Abweichungen von dem im Teil I und II errechneten Mittelwert. Doch die Röntgendiagramme verschiedener gleich zusammengesetzter Kristalle hätten keine Abweichungen ergeben. Dafür führte er auch die Ergebnisse an, die bei der Methode von Debye und Scherrer auftraten, bei der gepulverte Substanzen untersucht wurden.[142]

Im Juli 1926 lieferte Laue den Herausgebern der Annalen der Physik, Wilhelm Wien und Max Planck, das Manuskript „Der Einfluß der Temperatur auf die Röntgenstrahlinterferenzen". Es gab eine Einleitung mit einer Würdigung der bisherigen Veröffentlichungen über das Problem. Besonders lobend wurden Max Born und Erwin Schrödinger genannt, aber auch der Schwede Ivar Waller aus Uppsala wurde erwähnt.[143] Nachdem er die anderen Arbeiten besprochen hatte, kam die Passage:

> „Sucht man wegen dieser mangelnden Übereinstimmung mit dem Experiment nach nicht ganz sicher begründeten Punkten in der Rechnung, so kann man einen Verdacht vielleicht gegen den Grundgedanken fassen, welchen Debye der Betrachtung zugrunde legt, und den alle seine Nachfolger beibehalten. Weil nämlich die Wärmeschwingungen gegenüber den Röntgenstrahlen eine sehr kleine Schwingungszahl haben, mittelt Debye die elektromagnetische Energie zur Berechnung der Intensität zunächst über eine Zeit, in welcher die Atome sich nur wenig von ihrem augenblicklichen Platz fortbewegen, die aber doch sehr viele Röntgen[strahl]perioden umfaßt, und zwar so, als ob die Atome ruhten. Erst die spätere Mittelung über alle Amplituden und Phasen der Wärmeschwingungen beseitigt bei ihm, was in seinem Ergebnis zunächst auf die genannte Lage der Atome hinweist. Das Verfahren ist bisher nie beanstandet worden; jedenfalls aber ist diese Mittelung in zwei Schritten ungewöhnlich, und wir empfanden das Bedürfnis, sie zur Nachprüfung durch eine dem sonstigen Verfahren der Optik näher angepaßten Berechnung zu ersetzen."[144]

Laue merkte an, dass auch er dieses Verfahren benutzt hatte. Nun untersuchte er mathematisch den Einfluss des Dopplereffekts des um die Ruhelage schwingenden Atoms, die Annahme, dass die Atome des Raumgitters unabhängig voneinander um die Ruhelage schwingen, die Eigenschwingungen des Kristallgitters und ihren Einfluss bei den Interferenzpunkten und die diffuse Streustrahlung. Er kam zu folgendem Ergebnis:

> „Die hier durchgeführte Abänderung der Methode, den Interferenzeffekt für thermisch bewegte Atome im Raumgitter nach dem Dopplerschen Prinzip zu berechnen, verändert somit von Grund

aus den Gang der Rechnung, hingegen nichts an den Ergebnissen des älteren Verfahrens, das damit eine volle Bestätigung findet."[145]

Nach wie vor gab es keine wissenschaftliche Zusammenarbeit zwischen der Friedrich-Wilhelms-Universität und der Technischen Hochschule in Berlin-Charlottenburg.[146] Doch es kam zu einer persönlich Bekanntschaft von Max von Laue mit dem Professor für angewandte Mathematik, Richard Edler von Mises. Über Straßburg und Dresden kam er an die Technische Hochschule in Berlin-Charlottenburg. Er war der Begründer der „Zeitschrift für Angewandte Mathematik und Mechanik" und interessierte sich für Kristallographie. Mit Laue plante er die Herausgabe einer Sammlung von stereoskopischen Bildern von Kristallgittern und Zeichnungen. Sie nahmen in den 1920er Jahren Kontakt mit dem Verleger Ferdinand Springer auf und erklärten, dass sie eine Veröffentlichung auch mit englischem Text wünschten. Die Zeichnungen fertigte Elisabeth Verständig, die Photographien wurden wahrscheinlich von Clara von Simson angefertigt. Ein Verlagsvertrag wurde am 26. Januar 1926 geschlossen. Unter dem Titel „Stereoskopbilder von Krystallgittern" erschien das Buch noch 1926.[147]
Das Honorar von 1.500 Reichsmark wurde aufgeteilt: 500 Reichsmark erhielt Clara von Simson, 500 Reichsmark die Studienassessorin Elisabeth Verständig, 500 Reichsmark die Universitätskasse.[148] Exemplare gingen an die Mitarbeiterinnen und an die Kollegen Max Planck, Walther Nernst, Arthur Wehnelt, Arnold Sommerfeld, Paul Peter Ewald, Paul von Groth und den englischen Kollegen Norman N. Greenwood.
In der Akademiesitzung am 18. Februar 1926 trug Laue eine Arbeit über „Die Zerstreuung inhomogener Röntgenstrahlen an mikrokristallinen Körpern" vor, die er zusammen mit Hermann Mark veröffentlichte. Wie so oft gab es eine historische Einleitung zu den aktuellen Fragestellungen der Physik um 1911. Laue und Mark sahen die Diskrepanz zwischen der Theorie und der Beobachtung in der nicht zutreffenden Annahme über die Kopplung der Elektronen der Atome. Auch seien die bisherigen Streuversuche an mikrokristallinen Stoffen mit dem breiten kontinuierlichen Spektrum und den charakteristischen Linien gemacht worden. Sie behandelten mathematisch die Streuung der Bremsstrahlung am Kristallpulver und konnten durch Versuche mit polykristallinem Aluminium und Diamantpulver hinreichende Übereinstimmung zwischen den theoretischen und experimentellen Werten erhalten.[149]

Unter dem Titel „Lorentz-Faktor und Intensitätsverteilung in Debye-Scherrer-Ringen" erweiterte Laue die Veröffentlichung mit Mark, denn Debyes und Scherrers Anordnung zur Strukturuntersuchung eignete sich auch für pulverförmige Stoffe. In der Einleitung wurden die Themen der zweiteiligen Veröffentlichung angegeben:

> „Der erste Teil setzt dabei, wie seinerzeit Lorentz, die Interferenzmaxima, welche von einem einzelnen idealen Kristall bei streng monochromatischem Röntgenlicht geliefert werden, als unendlich scharf voraus; er bezweckte lediglich eine Klärung theoretischer Fragen. In Teil II lassen wir diese Annahme fallen, um den Einfluß der Teilchengröße und -form auf den Intensitätsverlauf in einem Debye-Scherrer-Ring zu erörtern und deren Bestimmung uns Beobachtungen zu ermöglichen."[150]

Ein Fazit der Rechnungen war:

> „Es dürfte danach die Möglichkeit gegeben sein, aus der Breite der Interferenzringe die allgemeine Gestalt der Kristallteilchen zu ermitteln."[151]

Für das Fach der Theoretischen Physik an der Friedrich-Wilhelms-Universität war bereits am 1. April 1926 eine Wende eingetreten, als Max Planck die Leitung des Instituts niedergelegt hatte. Doch er las weiterhin, wie er an Wilhelm Wien im Oktober 1926 schrieb.[152] Die Fakultät hatte für die Nachfolge eine Liste mit Rufen an Arnold Sommerfeld, Erwin Schrödinger und Max Born erstellt. Einstein hatte an diesem Posten kein Interesse, seine vielen Reisen hätten das auch nicht ermöglicht. Werner Heisenberg fehlte auf der Liste. War er mit 26 Jahren zu jung für eine Berufung?
Mit Blick auf die bisherigen Veröffentlichungen Max von Laues kann man nicht erkennen, dass auf einem anderen grundlegenden Gebiet der Physik, insbesondere der Erforschung des Atoms, experimentell und theoretisch revolutionäre Fortschritte erzielt worden waren. Mit Hilfe des Atommodells von Niels Bohr konnte man das System der Spektren verstehen. Bohr konnte vieles vom Aufbau des Periodischen Systems der Elemente erklären. Doch blieb manches unklar, so z. B., warum die um den Atomkern umlaufenden Elektronen keine Strahlung abgeben. Noch vor dem

Abschluss seiner Promotion ging Werner Heisenberg, ein Schüler Sommerfelds, nach Göttingen zu dem Theoretischen Physiker Max Born. Sie versuchten 1923 eine mathematische Beschreibung des Heliumatoms, wie sie Niels Bohr für das Wasserstoffatom gemacht hatte, aber es gelang nicht. Nach vielen Umwegen, auch anderer Physiker, kam Heisenberg 1925 zu dem Schluss, dass eine Theorie des Atoms nur auf beobachtbare Größen wie die Frequenz der Spektrallinien aufgebaut sein kann. Diese Theorie erweiterte er zusammen mit Max Born und Pascual Jordan mit Hilfe der Matrizenrechnung.[153]
Sehr bald lieferten Kollegen, wie Wolfgang Pauli, wichtige ergänzende Beiträge. Max Planck und Max von Laue sahen aus der Distanz kritisch zu. Erst als durch Erwin Schrödinger mit bekanntem mathematischen Rüstzeug, den Differentialgleichungen, das Atom und sein Verhalten beschrieben wurden, akzeptierten sie den Fortschritt.
Max Born wies in seiner Veröffentlichung „Zur Quantenmechanik der Stoßvorgänge" auf das Problem der Kausalbeziehungen in der Physik hin:

> „Man bekommt keine Antwort auf die Frage ‚wie ist der Zustand nach dem Zusammenstoße', sondern nur auf die Frage, ‚wie wahrscheinlich ist ein vorgegebener Effekt des Zusammenstoßes'. Hier erhebt sich die ganze Problematik des Determinismus. [...] Ich selber neige dazu, den Determinismus in der atomaren Welt aufzugeben. Aber das ist eine philosophische Frage, für die physikalische Argumente nicht allein maßgebend sind. Praktisch besteht jedenfalls sowohl für den experimentellen als auch den theoretischen Physiker Indeterminismus."[154]

Im März 1927 erschien in der Zeitschrift für Physik Heisenbergs Veröffentlichung „Über den anschaulichen Inhalt der quantentheoretischen Kinematik und Mechanik", in dem er die „Unbestimmtheit" der Quantentheorie entwickelte.[155] Er ging von sehr einfachen Betrachtungen aus. Bei der Bestimmung des Ortes eines Teilchens mit Strahlung bestimmt deren Wellenlänge die Genauigkeit der Ortsangabe. Mit der Verkleinerung der Wellenlänge nimmt zwar die Genauigkeit der Ortsbestimmung zu, aber die Energie der Strahlung ebenfalls, so dass das Teilchen dann nicht mehr am Ort verbleibt. An anderer Stelle behandelte er das Problem der Bestimmung der Energie und formulierte:

> „Aber an der scharfen Formulierung des Kausalgesetzes: ‚Wenn wir die Gegenwart genau kennen, können wir die Zukunft berechnen', ist nicht der Nachsatz, sondern die Voraussetzung falsch. Wir können die Gegenwart in allen Bestimmungsstücken prinzipiell nicht kennenlernen. […] Die Physik soll nur den Zusammenhang der Wahrnehmungen formal beschreiben. Vielmehr kann man den wahren Sachverhalt viel besser so charakterisieren: Weil alle Experimente den Gesetzen der Quantenmechanik und damit der Gleichung der Unbestimmtheitsrelation unterworfen sind, so wird durch die Quantenmechanik die Ungültigkeit des Kausalgesetzes definitiv festgestellt."[156]

Die erklärte Ungültigkeit des Kausalgesetzes war vielleicht für die Berufungskommission ein Grund, Heisenberg nicht auf die Liste zu setzen. Sowohl Planck als auch Laue und einige Philosophen nahmen später zur Frage der Kausalität Stellung.
In dieser Zeit wurde politisch versucht, Gesetze außer Kraft zu setzen. Der studierte Germanist Dr. Joseph Goebbels war seit 1926 Gauleiter der NSDAP von Berlin-Brandenburg. Unter ihm wurde gegen den Berliner Polizeivizepräsidenten Bernhard Weiß eine antisemitische Hetze schlimmster Art eingeleitet. Weiß verbot am 5. Mai 1927 in Berlin und Brandenburg die NSDAP, nachdem Goebbels am 4. Mai offen zu brutalen Angriffen auf Redakteure kritischer Zeitungen aufgerufen hatte. Trotz des Verbots demonstrierte eine große Gruppe von Nationalsozialisten am 12. Mai auf dem damaligen Wilhelm-Platz (jetzt Richard-Wagner-Platz). Die Zeitungen berichteten beinahe täglich über blutige Schlägereien. Kneipen, in denen sich Kommunisten, aber auch unpolitische Bürger trafen, wurden überfallen.[157]
Max Planck und Max von Laue wie auch Lise Meitner verspürten in ihren Wohngebieten nichts von diesen Auseinandersetzungen, und auch in ihren Vorlesungen kam es zu keinen Störungen. Wieder sah es so aus, als könnte Laue ein eigenes KWI für Röntgenphysik erhalten; Planck war für kurze Zeit sehr optimistisch. Doch am 22. Dezember 1926 schrieb Laue an Lise Meitner:

> „Sodann war ich heute nachmittag bei Planck, um nochmals die Frage des K-W-I für Röntgenphysik zu besprechen. Von der freudigen Zustimmung, mit der er neulich in der Kaiser-Wilhelm-Gesell-

> schaft davon sprach, war nicht mehr viel zu bemerken. Ich fürchte, es wird nichts daraus, und die letzte Hoffnung entschwindet mir, einmal aus dem Lehramt heraus zu kommen. Das ist sehr traurig."[158]

In einem handschriftlichen Brief vom 5. März 1927, dessen Schriftzüge die Erregung zeigen, teilte Laue Wilhelm Wien seine berufliche Situation mit. Er glaube nicht an ein KWI für Röntgenphysik, aber er müsse aus der akademischen Laufbahn heraus. Er fragte, ob nicht für ihn eine Stellung in der Physikalisch-Technischen Reichsanstalt als Direktor in Frage käme, da er „den Eindruck hätte, als dächte man auch in der Reichsanstalt an die Möglichkeit, mich dorthin zu holen".[159]
Ebenso wie Planck wusste auch Einstein von der Unzufriedenheit Laues durch die Belastung, die das Lehramt ihm auferlegte. Er versuchte, ihn in einem Brief vom 12. Mai mit dem geplanten KWI für Physik wieder zu beruhigen:

> „Mir würde es für Dich am besten gefallen, wenn Du das K.W. Institut erhieltest. Du würdest als Leiter nicht nur Anregungen geben können, sondern auch eine menschlich gute Atmosphäre schaffen. Dort würde ich auch gern und viel hingehen, um mich nach Kräften zu beteiligen."[160]

Die Berufung von Sommerfeld als Nachfolger von Planck scheiterte. Er lehnt den Ruf nach Berlin ab, da die bayerische Staatsregierung ihm Zusicherungen über finanzielle Verbesserungen für München machte. Sommerfeld informierte Laue, der sich für seine Berufung eingesetzt hatte, über seinen Schritt bereits am 8. Juni.[161] Er schrieb, dass er, trotz Schuldgefühl, nicht nach dem „unruhigen Berlin" kommen würde, um ihm am 14. Juni 1927 nun die endgültige Absage, verbunden mit einem Rat, mitzuteilen:

> „Lieber Laue!
> Nehmen Sie meinen aufrichtigen Dank für Ihren Brief und auch dafür, dass Sie mich nicht ausschimpfen. Mein Brief an Richter [im Kultusministerium für die Berufung zuständig] ist bereits letzten Samstag abgegangen. Es würde mir nicht leicht geworden sein, ihm gegen meine Überzeugung zuzureden, die Planck'sche Nachfolge in

der von Ihnen beabsichtigten Weise zu ordnen, wie ich Ihnen schon in Berlin des Morgens im Hotel sagte.
Denn ich glaube, Sie sind nach der Lage der Berliner Geschäfte mit wissenschaftlichen und organisatorischen Dingen voll beansprucht und hierfür unentbehrlich. Warum wollen Sie sich also eine Tätigkeit aufladen, die Ihnen doch nicht liegt? Warum wollen Sie nicht ebenso wie Einstein eine Sonderstellung unter den deutschen Professoren einnehmen?"[162]

Der nächste Kandidat war der fast vierzig Jahre alte Erwin Schrödinger. Er hatte eine Professur in Zürich. Infolge eines Vortrags des jungen französischen Physikers Prince Louis de Broglie, der mutig der Materie Wellenvorstellungen zuschrieb, hatte Schrödinger die Idee, eine Wellentheorie der Materie auszubauen. Anstelle der Heisenberg-Born-Jordan'schen Matrizenrechnung traten bei Schrödinger die den Physikern vertrauten Differentialgleichungen. Das war auch ein Gesichtspunkt, der dazu beitrug, dass Schrödinger auf die Berliner Liste gesetzt wurde. Er nahm der Ruf an und übernahm die Hauptvorlesungen in Theoretischer Physik.[163]
Planck schrieb an Laue am 3. Juli 1927 im Zusammenhang mit der Berufung von Schrödinger, nachdem er die Fortsetzung eines Stipendiums für Paul Peter Ewald begrüßt hatte:

„Nun ist ja, wie ich in der Zeitung lese, die Berufung von Schrödinger wirklich ergangen. Ich nehme an, dass Schrödinger in der nächsten Zeit nach Berlin kommen wird, um sich die Sachen hier etwas genauer anzusehen; ich habe ihn gebeten, wieder bei mir abzusteigen. Natürlich ist es vor allem wichtig, dass er sich mit Ihnen, als dem nächsten beteiligten Kollegen, in Beziehung setzt, und ich möchte schon jetzt betonen, dass bei Ihren Unterhandlungen mit ihm nur die Rücksicht auf den endgültigen Zustand (d. h. wenn ich selber nicht mehr da bin) massgebend sein darf. Sie müssen sich also mit ihm jedenfalls gründlich unter vier Augen aussprechen. Hoffentlich kommt nun wirklich bald etwas Positives heraus."[164]

Für Laue änderte sich nichts an der Universität und der Akademie, denn er war weiterhin in engem Kontakt mit Planck. So diskutierten sie die Möglichkeit, für Einstein einen besoldeten Assistenten zu beschaffen. Für

Erwin Schrödinger (1887–1961), Nachfolger von Einstein und Laue auf dem Lehrstuhl für Theoretische Physik in Zürich. Gemeinsam mit Paul Dirac (1902–1984) erhielt er 1933 den Nobelpreis für Physik.
Quelle: Foto im Nachlass des Autors

kurze Zeit sah es nochmals so aus, als ob doch eine berufliche Wende für Laue realisierbar wäre. Für die Gründung von neuen Instituten der Kaiser-Wilhelm-Gesellschaft reichten die eigenen Mittel der Gesellschaft nie aus. Mal fand man einen großzügigen Sponsor, mal waren es industrielle Interessengruppen, die die finanziellen Mittel zur Verfügung stellten. Im Frühjahr 1927 bestand zeitweilig eine Chance, dass in München, wohl auf Betreiben von Wilhelm Wien, ein KWI für Röntgenphysik gegründet werden könnte, aber Harnack war skeptisch, die Mittel der KWG mussten für andere Projekte eingesetzt werden.

Das wissenschaftliche Leben in Berlin war sehr vielfältig. Die Freundschaft Laues mit Lise Meitner führte nicht nur zu gemeinsamen Ausflügen in die Umgebung von Berlin und zu wissenschaftlichen Gesprächen. Es gab auch eine gemeinsame Veröffentlichung: „Die Berechnung der Reichweitestreuung aus Wilson-Aufnahmen". Ein Doktorand von Frau Meitner, Kurt Freitag, untersuchte mit einer Nebelkammer die Reichweite der α-Strahlen, die von einem ThC + C' Präparat ausgingen und durch einen engen Spalt in die Kammer eintraten. Es zeigten sich Unterschiede in der Bahnlänge, die durch die Dichteschwankungen des Gases bei der Expansion bedingt waren. Mit Hilfe der beobachteten Reichweite und der Gasdichte konnte das Problem mit einer Reihenentwicklung befriedigend gelöst werden.[165]

Im vorherigen Jahr waren bereits die Einladungen zu einem Internationalen Physiker-Kongress zu Ehren von Alessandro Volta (gest. 1827) in Como im September 1927 ergangen. In Italien regierte unter Mussolini ein faschistisches Regime. Viele deutsche Physiker, die eingeladen waren, befürchteten eine politische Kundgebung, vielleicht auch Mussolinis Auftreten, zumal der Südtirol-Konflikt von italienischer Seite verschärft wurde. Laue korrespondierte darüber mit Sommerfeld:

„Gestern abend sprachen Planck, J. Franck und ich über die Einladung nach Como, die wir alle erhalten hatten. Unsere Meinung ging dahin, die Einladung anzunehmen. Tun die Italiener etwas Taktloses, so fällt das auf sie selbst zurück."[166]

Außerdem erwähnte er noch den Aufenthalt seiner Frau in Schwarzeck im Bayerischen Wald mit häufig wechselndem Befinden.

„Sie ist Ihrer Gattin für die freundliche Fürsorge während der Münchner Tage sehr dankbar."[167]

Schließlich nahmen an der Tagung in Como aus Deutschland Max Born, James Franck, Walther Gerlach, Eduard Grüneisen, Max von Laue, Lise Meitner, Friedrich Paschen, Max Planck, Arnold Sommerfeld, Otto Stern und Karl W. Wagner teil. Das Vortragsthema Laues lautete: „Über den Dopplereffekt bei der Zerstreuung von Röntgenstrahlen durch thermisch bewegte Atome". Heisenberg war unter Dänemark aufgeführt, obwohl er bereits wieder in Leipzig war.
Mehrere Teilnehmer nahmen die Gelegenheit wahr und schlossen eine Reise durch Italien an.[168]
Auch in Deutschland nahm der politische Rechtsdruck unter den Studenten zu. Die Deutsche Studentenschaft hatte sich mit der stark rechtsradikalen, österreichischen Studentenschaft zusammengeschlossen. Nun wurde mit Hilfe der Deutschen Volkspartei versucht, im Preußischen Landtag eine Neuregelung des Studentenrechts zu erreichen. Der Kultusminister Carl Heinrich Becker erkannte klar die Gefahr. Mit sehr deutlichen Worten wies er darauf hin, nicht ohne der Jugend eine besondere „Geisteslage" zuzubilligen:

„Außerdem ist es ein Gesetz jeder Jugend, Männerstolz vor Königsthronen und Ministersesseln zu beweisen. [...]
Und nun kommen die politischen Drahtzieher und nutzen diese Geisteslage aus.
‚Du bist doch großdeutsch?' Gewiss.
‚Du bist doch für die akademische Freiheit.' Natürlich.
‚Die Regierung bedroht sie, also stimmst Du mit Nein. Aber dann geht doch unsere Selbstverwaltung verloren. Die österreichischen Brüder würden das als Verrat an der grossdeutschen Sache auffassen.'"[169]

Dann klagte Becker die Altakademiker an.

> „Hier sitzt allerdings viel Ressentiment gegen den neuen Staat, sitzt in Deutschland Reaktion, nicht auf den Universitäten, nicht bei den Professoren, sondern bei vielen Altakademikern im Lande. Man muss wissen, dass die meisten grossen Verbände ausgesprochen oder unausgesprochen das antisemitische Prinzip haben."[170]

Der allergrößte Teil der Studenten der Physik und die Deutsche Physikalische Gesellschaft waren frei von solchen Ansichten. Vor allem Lenard und Stark mit ihren wenigen Anhängern waren anderer Meinung.
Es war wohl wiederum die Nähe zu Lise Meitner, die Laue zu einer Veröffentlichung auf dem Gebiet der Kernphysik anregte, das ihm eigentlich fern lag. Hans Geiger und John M. Nuttall hatten 1911 einen formelmäßigen Zusammenhang zwischen der Halbwertszeit und Energie von α-Teilchen ermittelt.[171] Unklar war, wie die Teilchen mit geringer Energie aus dem Feld des Atomkerns austreten können. Der russische Physiker George Gamow veröffentlichte Anfang 1928 eine Theorie, wie man das mit Hilfe der von Erwin Schrödinger entwickelten Wellenmechanik verstehen könne.[172] Darauf ging Laue ein und bemerkte sehr typisch für ihn:

> „Die Quantentheorie des Atomkerns, wie sie von Gurney und Condon skizziert, von Gamow näher ausgeführt ist, schlägt die erste Brücke von der Physik der Elektronenschale des Atoms zur Physik des Kernes. Ihr Grundgedanke, daß die Wellenmechanik die Überwindung selbst der höchsten Potentialschwellen im Prinzip zuläßt, ist so einleuchtend, und die Ableitung der bisher ganz geheimnisvollen Geiger-Nuttallschen Beziehung so überzeugend, daß man diese Arbeiten wohl den schönsten Erfolgen der neueren Physik zurechnen darf. Aber das Mathematische ist in Gamows Untersuchung nicht ganz in Ordnung. Damit sich nicht Fehlschlüsse in der Literatur festsetzen, sei die folgende Richtigstellung gestattet."[173]

Es handelte sich bei der Theorie Gamows um die Spiegelung von Schrödinger-Wellen in einem Potentialtopf und den möglichen Austritt von Wellen, die Durchtunnelung.[174]
Am 20. Februar 1928 schrieb Max von Laue an Wilhelm Wien aus sei-

nem Haus in Zehlendorf über Schwierigkeiten bei der Fertigstellung des Handbuchartikels[175], Reproduktionen von Beugungserscheinungen u.a. und die Herausgabe von einer fotografischen Aufnahme von stehenden Wellen. Zu seiner beruflichen Situation bemerkt er:

> „Bitte, wenden Sie Ihren ganzen Einfluß daran, daß ich endlich einmal so gestellt werde, daß ich wieder arbeiten kann! Seit 16 Jahren leide ich unter dem Unglück, das die Professur für mich bedeutet. Hätte ich noch mein Vermögen, so hätte ich sie längst aufgesteckt und mich in die mir am Besten zusagende Stellung, die eines Privatmannes, begeben. So kann ich das leider nicht, und muß zusehen, wie die besten Arbeitsjahre vorübergehen, ohne daß ich meine Kräfte, die durchaus noch da sind, anwenden kann. Denn auf Lehr- und Verwaltungsaufgaben bin ich meiner Natur nach nun einmal nicht eingestellt. Ich habe nie etwas anderes sein wollen als Forscher. Und aus welchen Motiven hat man mir eine andere Stellung bisher trotz aller Bemühungen Plancks und Anderer vorenthalten! Die unwürdigsten, verlogensten Schmähungen über meinen Charakter habe ich mit anhören müßen! Nun ich bin gewiß kein Engel, aber ich möchte doch meinen, daß ich in sittlicher Beziehung himmelhoch über meinen Feinden stehe, ja daß gerade diese Tatsache jene zu meinen Feinden macht. Ich wenigstens kann Individuen, die mit Detektivs arbeiten und sich nicht gescheut haben, Einbrüche in meiner Wohnung, in meinem Schreibtisch zu veranlassen, um Material gegen mich zu gewinnen, nur mit Titeln benennen, die ich zu schreiben leider unterlassen muß.
> Doch nun Schluß! Sie werden mir diesen Gefühlsausbruch nicht verübeln. Es ist ja nicht das erste Mal, daß ich Ihnen gegenüber meinem Herzen Luft mache, und Sie werden das als Zeichen des Vertrauens zu Ihnen zu würdigen wissen.
> Ich verbleibe mit herzlichem Gruß Ihr stets ergebener
> M. Laue".[176]

Max Planck antwortete auf einen Brief von Wien am 26. Februar:

> „Ihre Mitteilung über den Brief von Laue ist mir sehr betrübend, denn ich hatte angenommen, daß er von seinen fixen Ideen jetzt

> weniger gequält wird, als im vorigen Jahr. Mir gegenüber läßt er sich absolut nichts davon merken, und ich habe ja auch keinen Grund, ihn danach zu fragen und damit seine Aufmerksamkeit darauf zu lenken. Soweit ich die Sache beurteilen kann, wäre es das Beste, wenn Sie ihn kurz auf Ihr baldiges Herkommen und eine mündliche Aussprache vertrösten. Was er mit der von ihm angestrebten Stellung meint, ahne ich nicht im entferntesten, er hat mir, nachdem der Plan mit dem Röntgen-Institut sich verflüchtigt hat, nie mit einem Wort eine Andeutung darüber gemacht, welche Ideen ihn nach dieser Richtung beherrschen. Ich hoffe ja dringend, daß dieser Depressions-Zustand auch diesmal sich allmählich wieder beruhigen wird, und daß er in den kommenden Ferien sich erholen kann."[177]

Ob Wien etwas zu Gunsten von Laue unternehmen konnte, ist nicht bekannt. Die reine Forschungsstelle der Berliner Akademie war von Einstein besetzt. Bei den allgemeinen wirtschaftlichen Schwierigkeiten war es unrealistisch, darauf zu hoffen, dass eine zweite Stelle vom Ministerium bewilligt werden würde.

Der „Handbuchartikel" war für den 18. Band des von Wilhelm Wien und Friedrich Harms herausgegebenen „Handbuchs der Experimentalphysik" bestimmt, der 1928 erschien. Laue hatte drei Beiträge übernommen. In „Die Optik der bewegten Körper [eigentlich: der Lichtquellen]" erwähnte er in einer historischen Einleitung Maxwell und Einstein und referierte dann die Arbeiten von Fizeau, Doppler, Michelson und anderen. Der zweite Beitrag hatte das Thema „Spiegelung und Brechung des Lichtes an der Grenze zweier isotroper Körper". Es wurde unter Benutzung der Maxwellschen Theorie behandelt. Der dritte Beitrag betraf „Interferenz und Beugung elektromagnetischer Wellen. (Mit Ausnahme der Röntgenstrahlen)". Laue begann auch diese Beiträge jeweils mit einer historischen Einleitung, um dann mit einer sehr umfangreichen Einbindung der Arbeiten anderer Wissenschaftler, auch kleinerer Veröffentlichungen, fortzufahren.[178]

Ein großer Ehrentag stand bevor: der 70. Geburtstag von Max Planck. Bereits im Vorjahr hatten die Physiker einen Spendenaufruf beschlossen. Max Born hatte die Idee, Planck eine goldene Medaille für seine Verdienste um die theoretische Physik zu verleihen, die sein Bildnis auf der Vorderseite zeigte. Eine solche Medaille sollte dann jährlich an bedeutende Physiker verliehen werden. Auf einer gemeinsamen Sitzung der Physikalischen Gesellschaft zu Berlin und der Deutschen Gesellschaft für Technische Physik am 28. Juni wurde Planck eine Medaille überreicht, der nach den Dankesworten ein zweites Exemplar an Albert Einstein übergab. Die Nachsitzung fand in den Räumen der „Deutschen Gesellschaft 1914" in der Schadowstraße statt.[179]

Max von Laue hatte das große Glück, dass er bereits als junger Mann in enger Freundschaft mit den deutlich älteren Physikern Max Planck und Wilhelm Wien verbunden war, wie die Briefe aus den Nachlässen belegen. So traf Laue der plötzliche Tod von Wien am 30. August 1928 persönlich schwer. Er telegraphierte an Planck, der aus Winterthur antwortete:

> „Lieber Kollege!
> Aufs tiefste erschüttert mich der Inhalt Ihres Telegramms, nachdem ich mich über Ihren freundlichen Gruss aus Brand so herzlich gefreut hatte. Ich habe sogleich Frau Wien mein Beileid ausgesprochen und werde sie Ende d. M. in München aufsuchen."[180]

Max von Laue vertrat bei der Trauerfeier in München die Preußische Akademie der Wissenschaften.[181] Zusammen mit Eduard Rüchardt aus München verfasste er einen ausführlichen Nachruf, der Wiens vielseitige und erfolgreiche wissenschaftliche Tätigkeit würdigte. Zur Persönlichkeit schrieben sie:

> „Wiens Persönlichkeit, auch die wissenschaftliche, lernte man ganz nur im Umgang mit ihm kennen. Sei es durch Arbeit in seinem Institut, sei es auch durch Teilnahme an den winterlichen Gebirgstouren, zu denen er vor dem Kriege alljährlich eine Reihe seiner Schüler, Mitarbeiter sowie befreundeter Fachgenossen um sich versammelte.
> Gerade dabei, unter freiem Himmel, strahlte von ihm Lebensfreude, eine Freude am Forschen aus, die sich mitreißend auf die ganze Umwelt übertrug. Wieviel Arbeiten er so angeregt, wie oft er jüngere Fachgenossen ermutigt oder vielleicht nur ihnen selbst merklich auf den richtigen Weg gelenkt hat, das weist keine Literatur aus; danach müßte man jeden einzelnen befragen, dem das unvergessliche Glück zuteil geworden, mit Willy Wien Ski laufen zu dürfen." [182]

Die vielfältigen täglichen Aufgaben, die Laue zu erledigen hatte, werden ihn von der Trauer abgelenkt haben. Obwohl er eine Sekretärin hatte, tippte er viel von seiner Korrespondenz eigenhändig, denn seine Handschrift war nach wie vor schwierig zu entziffern. Seine meist handschriftlichen Manuskripte waren schwer zu lesen und mussten nach Laues Korrekturen nochmals gesetzt werden.
Die Realisierung eines Kaiser-Wilhelm-Instituts für Physik wurde von den Berliner Physikern nicht aufgegeben, obwohl sich die wirtschaftliche Lage weiter verschlechterte. Damit war eine Finanzierung des Instituts aus Mitteln der KWG, der Industrie oder des Staates nahezu aussichtslos. Trotzdem plante man weiter, wie aus einem Brief von Einstein an den Freund deutlich wird.

> „Lieber Laue,
> Du kannst in jeder Beziehung auf mich rechnen. Ich halte es auch objektiv für richtig und erspriesslich, wenn Dir alle Lehrverpflichtungen abgenommen werden. Nach meiner Überzeugung wäre es unbedingt das Richtige gewesen, wenn Du Leiter das K.W. Instituts geworden wärst, wie es geplant war. Ich habe es damals unbegreiflich gefunden, dass Du nicht damals dabei geblieben bist. Dies könnte immer noch nachgeholt werden.“[183]

Dann versucht er Laue zu beruhigen:

> „Dass es in unseren Kreisen Leute gibt, die Dir nicht wohlwollen oder Deine wissenschaftlichen Verdienste nicht hochschätzen, ist eine unglückliche Illusion, die von Zeit zu Zeit in Deinem Kopf spukt.“[184]

Am 5. März 1929 wurde dem Präsidenten der KWG, Adolf von Harnack, ein bedeutendes Schriftstück überreicht. Es war der fast poetische „Antrag: Errichtung eines Instituts für theoretische Physik als Ausbau des Kaiser-Wilhelm-Instituts für Physik“. Einleitend wurde auf die Aktivität vom Juli 1917 zur Gründung eines Instituts für physikalische Forschung hingewiesen, das am 1. Oktober unter der Direktion von Albert Einstein „in das Leben getreten ist“. Die Vertretung Einsteins durch Laue wurde erwähnt, ebenso, dass ein geplanter kleiner Bau für das Institut bisher nicht realisiert wurde.

„In den verflossenen 12 Jahren hat die Bedeutung eines solchen Kaiser-Wilhelm-Instituts sich nicht gemindert, sondern noch wesentlich erhöht. Es hat eine Entwicklung der theoretischen Physik stattgefunden, die in der Geschichte des Faches nicht ihresgleichen hat und so mächtig und erfolgreich dasteht, dass wir fast in Verlegenheit geraten, aus der Geschichte der Wissenschaft ihresgleichen namhaft zu machen."[185]

Dann wurde in einer Art Selbstlob der Erfolg der finanziellen Unterstützung fremder Forschungen beschrieben.

„Aus diesem Grunde darf von einem physikalischen Institut, in welchem nicht nur Mittel verteilt, sondern hervorragend qualifizierte Menschen in gemeinsamer Tätigkeit verbunden werden, mit der besten Wahrscheinlichkeit ein grosser Erfolg erwartet werden. Dies gilt vermehrt und gesteigert darum, weil es kein reines Forschungsinstitut für theoretische Physik im Deutschen Reiche gibt, und der schöpferischste und fruchtbarste Zweig der ‚exakten' Naturwissenschaften tatsächlich bei uns keine Stelle hat, an der die Atmosphäre des Faches sich zur gemeinsamen Lebensluft eines zusammenarbeitenden Kreises geeigneter Persönlichkeiten verdichtet."[186]

Als Standort des zu gründenden Instituts wurde die Mitte der beiden bereits bestehenden Institute in Berlin-Dahlem vorgeschlagen: das Institut für Physikalische Chemie und Elektrochemie unter Fritz Haber und wahrscheinlich das KWI für Chemie. Der Antrag war unterschrieben von Einstein, Haber, Laue, Nernst, Paschen, Planck und E. Warburg.[187]
„Zu Albert Einsteins fünfzigstem Geburtstage" lautete der Titel, mit dem Max von Laue dem Freund zum Geburtstag am 14. März 1929 gratulierte. Nach einer Einleitung hieß es:

„Denn wir geraten wahrhaft in Verlegenheit, wenn wir sagen sollen, welche seiner Ideen die Forschung am nachhaltigsten beeinflußt hat. Weder können wir uns heute die Relativitätstheorie von 1905 aus der Physik fortdenken, die durch Beseitigung des alten Vorurteils einer ‚absoluten' Zeit die zum Teil hundertjährigen Rätsel des Lichtäthers, der Elektrodynamik und Optik der bewegten

> Körper mit einem Schlage löste, welche die ehrwürdige Newtonsche Mechanik präzisierte und überhaupt eine ganze Epoche der Physik abschloß und krönte. Noch können wir uns heute die Thermodynamik vorstellen ohne die Quantentheorie der spezifischen Wärme, noch die Atomtheorie ohne die ‚*hν*-Beziehung', die allen Wandelungen dieser Theorie gegenüber unverändert ihre Stellung behauptet hat und als unmittelbarer Ausdruck grundlegender Erfahrungen sich auch in Zukunft behaupten dürfte. Das alles aber verdanken wir den Taten des jungen Einstein.
> Dann haben wir miterlebt, wie der Gereiftere langsam und tastend, aber unbeirrt seinem Ziel zustrebend, die allgemeine Relativitätstheorie schuf, damit die Lehre von der Schwerkraft der Mechanik einfügte und die Gleichheit von schwerer und träger Masse zu verstehen lehrte."[188]

Es folgten noch einige Einzelheiten und die Gratulation:

> „Zu einem Geburtstag bringt man in Ermangelung von Besserem Wünsche für die Zukunft. Einstein tritt in das Jahrzehnt, das man nicht nur im Scherz als des Mannes beste Jahre bezeichnet. Wir handeln nur als krasse Egoisten, wenn wir weitere Erfolge wünschen, insbesondere Erfüllung der Hoffnung, die er auf seine neue, einheitliche Feldtheorie setzt."[189]

Die Stadt Berlin wollte Einstein ein ganz besonderes Geburtstagsgeschenk machen, ein Grundstück an einem der vielen Gewässer rund um Berlin. Aber es wurde nichts daraus, nationalsozialistische Abgeordnete und die Unbedarftheit der Verwaltung verhinderten die Schenkung. Eine mit Einsteins befreundete Familie nahm die Sache in die Hand und so erwarb Einstein ein Grundstück in Caputh am Zusammenfluss von Templiner See und Schwielowsee. Ein junger Architekt, Konrad Wachsmann, entwarf ein geräumiges, zweigeschossiges, modernes Holzhaus und überwachte den Bau, der im Herbst fertig wurde. Der Architekt stiftete ein Gästebuch, und als erster schrieb Laue am 4. Mai 1930 hinein:

> „Einer muss der erste sein
> der sich in dies Buch trägt ein.

Darum ohne viel zu grübeln
ob es Würd'gere mir verübeln
und trotz der mir eigenen Klaue
setze ich an diese Stelle
meinen Namen hin
M. Laue"

Einstein konnte in Caputh sein Segelboot benutzen, und das Anwesen wurde zum Treffpunkt mit Planck und anderen Physikern, die Laue mit dem Auto dorthin brachte. Ungestört konnten sie dort diskutieren und ihre Scherze über sich und andere machen.[190]
Laue hatte im selben Jahr ein Automobil, einen „Steyr", gekauft. Ein Motorrad fuhr er seit längerem. Er fuhr damit auch zur Universität; sicher für damalige Verhältnisse eine Ausnahme. Auf dem Sozius wurde auch mal Lise Meitner auf Ausflüge in die Umgebung Berlins mitgenommen, wenn Frau Laue aus gesundheitlichen Gründen zu Hause blieb.

Max von Laue in seinem Steyr, eine Aufnahme von Otto Hahn, 1932.
Quelle: Archiv der Max-Planck-Gesellschaft, Berlin-Dahlem

Sehr bald wurde über die Fahrten ein Tagebuch geführt. Die Mitgenommenen wurden gebeten, etwas einzutragen. Am 6. Mai 1929 trugen sich Ernest Rutherford, Lise Meitner und Otto Hahn ein. Am 10. Mai ging es mit Kasimir Fajans, Hermann Mark, Hans Pelzer und Alexander von Brill nach Schildhorn im Grunewald.[191]

Max von Laue war seit 1925 Mitglied des Senats der KWG, jedoch sind Äußerungen von ihm über diese Stellung leider nicht überliefert. Als dann auf Grund einer Initiative von Fritz Haber ein neues Gremium gegründet wurde, der Wissenschaftliche Rat, kam es zu einer Satzungsänderung, die zum Ausscheiden Laues aus dem Senat führte. Der Präsident, Adolf von Harnack, dankte ihm im Juni 1929 für seine Arbeit. Laue wurde dann Mitglied des Wissenschaftlichen Rats.

Immer wieder gab es für Max von Laue einen Anlass, um Arbeiten von Kollegen durch theoretische Betrachtungen zu ergänzen. Josef Hengstenberg und Hermann Mark hatten eine röntgenographische Methode beschrieben, um die Größe und Form submikroskopischer kristalliner Teilchen zu bestimmen.[192] Darüber berichtete Laue den Kollegen in der Sitzung der Physikalisch-Mathematischen Klasse der Akademie am 16. Mai 1929. Er hatte ein ähnliches Thema bereits im Mai 1926 behandelt. Nun galt es, auch den Zuhörern, deren Fachgebiet nicht die Physik war, die Methode und den Fortschritt zu erklären.

> „Es knüpft experimentell an das bekannte Verfahren von Debye und Scherrer zur Untersuchung von Kristallstrukturen an, d. h. man bestrahlt mit homogenem Röntgenlicht viele solche, der Richtung nach ganz oder teilweise ungeordnete Teilchen enthaltende Präparate und photographiert die so entstandenen Interferenzkegel […].“[193]

Ausgewertet wurden nun nicht die Lage und Struktur, sondern die Unschärfe der Ringe und der Einfluss der Dicke des Präparates. Die erzielte Übereinstimmung war zufriedenstellend.[194]

Mit dem Titel „Zur Elektrostatik der Raumgitter“ wurde eine Arbeit von Laue benannt, die 1930 in den Sitzungsberichten der Physikalisch-Mathematischen Klasse der Preußischen Akademie der Wissenschaften erschien. Laue überarbeitete das Thema nochmals 1940, wobei er zwar neuere Veröffentlichungen von Hans Bethe erwähnte, aber meinte, dass diese für seine Betrachtungen nicht von Belang wären. Ausführlich wur-

den die Anordnung der Gitterbausteine und die Geometrie der Grenzschichten beschrieben.[195]
Am 28. Juni 1929 wurde das Goldene Doktorjubiläum von Max Planck festlich in der Friedrich-Wilhelms-Universität begangen. Max von Laue holte die Plancks von der Wangenheimstraße mit dem Auto ab. Die Preußische Akademie sandte eine „Adresse" mit höchstem Lob:

> „Wie ein strahlendes Kronjuwel von unermeßlichem Wert das Auge von allen übrigen Perlen und Edelsteinen abzieht und auf sich gebannt hält, so fesselt uns die Tat, durch welche Sie am Vorabend des Jahrhunderts eine neue Physik, die Physik des Planckschen Wirkungsquantums eingeleitet haben."[196]

Im September 1929 fuhr das Ehepaar Laue mit dem Steyr nach Prag, und mit ihnen kamen Walther Bothe und das Ehepaar Orlich.
Am 9. Oktober 1929 feierte Max von Laue seinen fünfzigsten Geburtstag. Max Planck veröffentlichte seinen Glückwunsch in der Zeitschrift „Die Naturwissenschaften". Einleitend erwähnte er den Zusammenhang von Lebensalter und erfolgreichem Forschen, bemerkte aber, dass die Erfolge der letzten Zeit vor allem von jüngeren Forschern ausgingen:

> „[...] jedenfalls stehen wir vor der eigentümlichen Tatsache, daß die großen entscheidenden Schritte der letzten Zeit vorwiegend von Forschern in jüngerem Lebensalter vollzogen worden sind; und zu diesen Forschern gehört in erster Linie Max von Laue."[197]

Er betonte, dass Laues Entdeckung der Röntgeninterferenzen kein zufälliger Gedanke war,

> „[...] sondern das notwendige Ergebnis einer folgerichtigen Ideenverbindung, die in ihm deshalb früher als in einem anderen Physiker reifte, weil sie in engem Zusammenhang stand mit den Problemen, welche sein ganzes wissenschaftliches Denken ausfüllten."[198]

Planck ging auf Laues Bedürfnis nach Vertiefung der wissenschaftlichen Erkenntnis ein, auf die

„[...] Freude an der Durchführung von Ordnung und Sauberkeit der Theorie, mit einem Wort: sein Bestreben, einen jeden physikalischen Gedanken möglichst bis zu Ende zu denken [...].“[199]

Nach der Erwähnung der verschiedenen wissenschaftlichen Gebiete, die Laue bereichert hatte, würdigte er den Menschen:

„Aber man würde der Persönlichkeit Laues nicht gerecht werden, wenn man ihn nicht auch noch von einer anderen Seite sehen wollte: als den gütigen Menschen, den treuen Freund, und, was ihn noch ganz besonders charakterisiert, den hilfsbereiten Förderer der aufstrebenden Generation. Wieviel jungen Leuten er durch Schwierigkeiten wissenschaftlicher, sozialer und wirtschaftlicher Art hindurch mit Rat und Tat in unermüdlicher Geduld auf den richtigen Weg geholfen hat, das ist in keiner Zeitschrift niedergelegt und in keinem Bericht verzeichnet, das lebt nur fort in den dankbaren Herzen derjenigen, die in dieser Hinsicht mit ihm zu tun hatten.“[200]

Ohne dass die Öffentlichkeit etwas davon ahnte, brach am 25. Oktober 1929 das Weltwirtschaftssystem zusammen. Der sogenannte „Schwarze Freitag“ stürzte Millionen von Menschen ins Elend, und das führte zum Anwachsen radikaler Bewegungen.

Bei seinen wöchentlichen Besuchen in der Physikalisch-Technischen Reichsanstalt wurde Laue auch über eine technische Fragestellung unterrichtet, die weit ab von seinen wissenschaftlichen Interessen lag: Bei dem Zerschneiden von Kristallglasscheiben für optische Zwecke traten Doppelbrechungen auf. Konnte das theoretisch erklärt werden? Konnte man das verhindern? Eine optische Firma in Berlin, Bernhard Halle, lieferte Platten, deren Doppelbrechung eine völlig radiale Symmetrie der Eigenspannungen vermuten ließ. Laue untersuchte, wie man nach dem Zerschneiden mit einer Diamantsäge aus der Doppelbrechung auf die Eigenspannungen schließen könne. Er trug dazu bereits Bekanntes zusammen und entschuldigte das:

„Man wird vielleicht sagen, daß in den ersten Paragraphen nur wenige Dinge stehen, welche sich nicht schon sonst in der Literatur finden. Da sie daselbst aber ziemlich verstreut und deshalb den Optikern, für welche sie jetzt wichtig werden könnten, wohl weniger bekannt sind, läßt sich die Ausführlichkeit, mit der wir sie hier vorbringen, wohl entschuldigen."[201]

Das Ergebnis seiner Untersuchung fasste er so zusammen:

„Während also die Eigenspannungen bis auf wenige Prozent der anfänglichen zurückgehen, treten Dickenänderungen von 1 bis 2 optischen Wellenlängen auf. Die letzteren könnte man vielleicht dadurch kompensieren, daß man den Streifen, bevor man ihn herausschneidet, durch Abschleifen eine Dickenschwankung δ gibt, die der nach der Rechnung zu erwartenden Dickenänderung entgegengesetzt gleich ist."[202]

Er dankte den Mitarbeitern der Physikalisch-Technischen Reichsanstalt Erich Einsporn und Otto Schönrock.[203]
Das KWI für Theoretische Physik war immer noch keine Realität. Am 15. Dezember 1929 entschloss sich Max Planck, nach einer Rücksprache und einem Brief des Präsidenten Harnack und trotz der wirtschaftlichen Krise, Harnack wiederum offiziell auf die Gründung eines KWI für Theoretische Physik hinzuweisen. Er erwähnte dabei eine Ausarbeitung Laues, die dieser am 4. Februar 1930 an Harnack schickte, der sie am 7. Februar abzeichnete.[204] Selbstverständlich bezog er sich auf die gemeinsame Ausarbeitung vom 5. März 1929. Laue grenzte das zu gründende Institut gegen die Physikalisch-Technische Reichsanstalt und die entsprechenden Universitätsinstitute deutlich ab. Ebenso erwähnte er die Unterschiede zu den vorhandenen Kaiser-Wilhelm-Instituten. Nur mit Habers Institut, durch dessen Initiative auch „gewisse zur Physik zählende" Arbeitsgebiete erforscht wurden, gäbe es Berührungspunkte.

„Sobald ein physikalisches Institut existiert, werden sich diese wohl in freundschaftlichem Einvernehmen zwischen allen Beteiligten in dies verpflanzen lassen."[205]

Anschließend ging Laue auf die Arbeitsfelder des neuen Instituts ein und nannte an erster Stelle die Beugungserscheinungen an Elektronen- und

Molekularstrahlen. Deren Erforschung liege erst in den Anfängen und sei für die Strukturlehre der Kristalle von Interesse. An zweiter Stelle führte er die Erforschung des molekularen Magnetismus an, die durch Schrödingers Wellenmechanik auf eine neue theoretische Grundlage gestellt sei. Auch der rein theoretischen Forschung sollte das neue Institut dienen.

> „Um diese Zwecke zu erreichen, denke ich mir am Institut tätig zwei im Prinzip gleichgestellte Direktoren, ein wissenschaftliches Mitglied und etwa 4 Assistenten."[206]

Von sich aus war Laue bereits aktiv geworden und hatte einen Architekten unverbindlich um einen Kostenvoranschlag gebeten. Und er erwähnte die Summe von 1½ Millionen Reichsmark. Zum Schluss zitierte er aus einer Ansprache von Ernest Rutherford vor der Royal Society über die Bedeutung der Forschung.[207]

Physik und Politik der 1930er Jahre

Am 16. Januar 1930 berichtete Laue in der Sitzung der Physikalisch-Mathematischen Klasse der Akademie zuerst über die experimentellen Ergebnisse von verschiedenen Autoren zur Elektronenbeugung. Hermann Mark und Raimund Wierl hatten mit „schnellen Elektronen" an dünnen Schichten von Metallen Beugungsbilder erhalten und sie mit Röntgenbeugungsbildern verglichen. Emil Rupp vom Forschung-Institut der AEG hatte Elektronenstrahlen an der Oberfläche von NaCl, KCl und KBr gespiegelt. Die Maxima der erhaltenen Kurven ließen sich aus der Interferenztheorie erklären. Dann sprach Laue „Zur Elektrostatik der Raumgitter" und seine Überlegungen zu dem Problem. Um zu einer Lösung zu kommen, musste er einige Vereinfachungen voraussetzen, wie z. B. eine ideale, ungestörte Gitterstruktur aus Zellen und ein Dipolmoment. Er kam zu dem Schluss, dass es kein konstantes mittleres Potential im Kristall gibt und dass an den Grenzflächen ein Potentialsprung auftritt. Mit einer Theorie des Kontinuums untersuchte er anschließend die Potentialverteilung an den Ecken und Kanten. Optimistisch und selbstkritisch bemerkte er am Schluss der Veröffentlichung:

> „Aber da jetzt die Elektronenbeugung ein neues Mittel abgibt, die Grenzschichten und insbesondere die elektrischen Felder in ihnen und ihrer Umgebung zu untersuchen, so möchten wir nochmals aussprechen, daß diese Überlegungen einen ersten Schritt darstellen, der notwendig scheint, um aus den Tatsachen Schlüsse ziehen zu können."[1]

Das Problem war also noch nicht gelöst. Rupp experimentierte zusätzlich mit Bleihalogeniden und Tellurhalogenid-Kristallen. Bei Versuchen mit Diamanten ergaben die Ergebnisse keine Übereinstimmung mit der Theorie.[2]
Sicher kannte Laue die Versuche der Reflexion von Elektronenstrahlen an Nickel-Einkristallen von Clinton J. Davisson und Lester H. Germer aus dem Jahr 1927, die den „Wellencharakter der Elektronen bestätigten". Warum er sie nicht erwähnte ist unklar.[3]
Der Wunsch Max von Laues, frei von Vorlesungsverpflichtungen zu werden und vielleicht ein eigenes Institut für Physik im Rahmen der Kaiser-

Wilhelm-Gesellschaft zu leiten, war stark. So suchte er nach einem Partner für die Experimentalphysik im zukünftigen Institut. Er kannte Otto Stern von Zürich und Frankfurt her und die von ihm entwickelte Molekularstrahltechnik. Zusammen mit Walther Gerlach hatte er 1921/22 an der Universität in Frankfurt am Main die Richtungsquantelung von Silberatomen im inhomogenen Magnetfeld nachweisen können. Es gelang Laue, Stern für sein Projekt zu gewinnen. Sie besprachen im Juni 1929 mit dem Architekten Lewicki das Projekt, aber Stern zog es dann doch vor, an der Universität in Hamburg zu bleiben.[4]
Am 10. Juni 1930 starb überraschend Adolf von Harnack, und die Kaiser-Wilhelm-Gesellschaft musste einen neuen Präsidenten finden. Das Ministerium hatte eigene Vorstellungen über die Nachfolge, um seinen Einfluss und die Kontrolle auf die Gesellschaft zu vergrößern. Doch dem Senat der KWG gelang es, Max Planck zur Annahme der Präsidentschaft zu bewegen. Seine Wahl fand am 18. Juli statt. Der Staatsminister a. D. Carl Becker vom preußischen Kultusministerium wurde dritter Vizepräsident.[5]
Planck hatte stets sein großes Interesse an der Gründung eines Kaiser-Wilhelm-Instituts für Physik bekundet. Selbst als Präsident sah er sich aber durch die finanziellen Verhältnisse der Gesellschaft wie auch der sonst üblichen Geldspender nicht in der Lage, die erforderliche Summe aufzubringen. Zwar waren die Vorschläge für ein Kaiser-Wilhelm-Institut für Physik „auf den Weg" gebracht worden, aber weiter kamen sie nicht.

Die Realisierung wurde auf einem Umweg durch Otto Warburg in Gang gesetzt. Otto Warburg hatte an der Berliner Universität bei Emil Fischer Chemie studiert. Er war der einzige Sohn von Emil Warburg, dem Physiker und Ordinarius an der Berliner Universität und von 1905 bis 1922 dem Präsidenten der Physikalisch-Technischen Reichsanstalt (PTR). Otto Warburg hospitierte bei seinem Vater in der PTR, wo er die Bedeutung der physikalischen Messtechnik kennenlernte. Im Ersten Weltkrieg meldete er sich freiwillig. Als er durch einen Brief von Einstein auf den Unsinn seines Kriegseinsatzes nachdrücklich hingewiesen wurde, kam er 1918 an das Kaiser-Wilhelm-Institut für Biologie in der Boltzmannstraße in Berlin-Dahlem. Bei seiner Forschung verband er physikalische Messungen mit zellphysiologischen Untersuchungen. Bald erregten seine Forschungsergebnisse Aufsehen, und im Herbst 1929 folgte er einer Einladung der Rockefeller Foundation und hielt in Baltimore einen Vortrag über seine

Otto Warburg (1883–1970) auf der Terrasse des Kaiser-Wilhelm-Instituts für Zellphysiologie, Ende der 1930er Jahre.
Quelle: Archiv der Max-Planck-Gesellschaft, Berlin-Dahlem

Arbeiten. Warburg hatte erkannt, dass für die weiterführende Erforschung der Zelle eine engere Verbindung mit Chemie und Physik entscheidend sei. So forderte er die Schaffung eines Instituts für Physik im Rahmen der KWG mit Max von Laue als Direktor. Warburgs Vater Emil hatte sich bemüht, Laue als Berater in theoretischen Fragen für die PTR zu gewinnen. Doch die Finanzierung gelang nicht. Die Rockefeller Foundation folgte Otto Warburgs Vorstellungen und bot Anfang 1930 der KWG nicht nur den Bau eines Instituts für Warburg an, sondern war auch bereit, den Bau eines KWI für Physik mit zu finanzieren.[6]

Im Sommer 1930 gab es einen Hohepunkt für die Berliner Physiker, denn Niels Bohr kam nach Berlin, um die Planck-Medaille entgegenzunehmen. Die Verleihung fand im Großen Hörsaal der Universität statt. Bohr sprach „Über das Wirkungsquantum", das eine Schlüsselrolle bei seinem Atommodell hatte. Selbstverständlich war der Besuch von Bohr mit vielen privaten Einladungen verbunden. Laue machte mit Bohr und Planck einen Autoausflug.

Den Herbsturlaub verbrachte das Ehepaar Laue im Anschluss an die Physikertagung in Königsberg zu-sammen mit dem Vetter Rudolf Laue in Ostpreußen auf der Kurischen Nehrung in Nidden.[7]

Noch schien die Weimarer Republik genügend Stabilität gegen die Angriffe von Links und Rechts zu haben. Infolge des Ersten Weltkrieges und der wirtschaftlichen Schwierigkeiten der Nachkriegszeit konnten in Deutschland keine Neubauten von Universitätsinstituten, auch nicht für die Physik, realisiert werden. Um ein modernes Institut zu planen, musste man in die USA reisen, wo zahlreiche neue Institute entstanden waren. Max von Laue war mehrfach als Direktor des zu gründenden Instituts der KWG vorgesehen worden. So war es selbstverständlich, dass er nach Amerika reisen musste. Eigentlich wollte Laue mit seiner Frau fahren, aber medizinische Gründe sprachen dagegen, denn sie litt an Asthma. Als Mitreisenden wählte er den Physiker Rudolf Ladenburg, der 1924 von der Universität Breslau an das KWI für Physikalischen Chemie und Elektrochemie gekommen war. Ladenburg hatte sich intensiv mit der anomalen Dispersionstheorie beschäftigt.[8]

Rudolf Ladenburg (1882–1952), wissenschaftliches Mitglied des Kaiser-Wilhelm-Instituts für Physikalische Chemie und Elektrochemie.
Quelle: Archiv der Max-Planck-Gesellschaft, Berlin-Dahlem

Am 16. September 1930 fuhren sie mit dem Dampfer nach New York, wo sie am 27. September ankamen. Sie besuchten insgesamt 26 Institute, zuerst in und um New York, darunter die Bell Laboratories. Dann ging es nach Princeton, und in „das schöne Washington" zum National Bureau of Standards und der Smithsonian Institution. Die weiteren Stationen waren Columbus und Chicago mit der Universität. Auch Colorado und Glenwood Springs sowie den großen Salzsee sahen sie und fuhren durch die Sierra Nevada. Sodann reisten sie bis in den November hinein nach Pasadena. Dort trafen sie Robert A. Millikan. Auch das Observatorium wurde besucht. Die nächsten Stationen waren der Grand Canyon und der Nordosten und am 28. November nahmen sie an der Physikertagung in Chicago teil. Die Westküste mit ihren Instituten wurde ebenfalls bereist. Selbstverständlich waren auch die Niagarafälle im Programm. Die letzte Station war wieder New York. Max von Laue hoffte, dort Einstein zu treffen, der aber kaum Zeit für ein Gespräch hatte, und so schrieb ihm Laue am 13. Dezember:

> „Lieber Einstein!
> Da ich heute früh nicht zu einer wirklichen Besprechung mit Dir Aermsten kommen konnte, möchte ich Dir zunächst auf diesem

Wege etwas von der Geldbeschaffung für das K.W.I. sagen. Die Research-Corporation, genauer, ihr Präsident, sagte zu Ladenburg, dass sie schon öfter auf Deinen Rat Geld zu wissenschaftlichen Zwecken nach Deutschland gegeben habe. Sollte sie Dich wieder befragen, so denke vielleicht an das K.W.I. Es liegt zurzeit so, dass die Kaiser-Wilhelm-Gesellschaft ein Anerbieten der Rockefeller-Foundation hat, die den Bau und die erste Einrichtung des Instituts finanzieren will; Bedingung ist nur, dass das Geld für den laufenden Etat anderweitig für eine Reihe von Jahren garantiert wird. Diese Bedingung ist, soviel ich weiss, bisher nicht erfüllt. Also denk bitte bei passender Gelegenheit an das K.W.I. Am Besten wird es wohl sein, wenn Du in solchem Fall nur auf dies Institut aufmerksam machst und alle Verhandlungen über die Einzelheiten der Kaiser-Wilhelm-Gesellschaft überlässt.
Mit herzlichem Gruss und mit herzlichsten Wünschen für Deine Reise
Dein M. Laue
Anbei ein Brief an Deine Frau!"[9]

Anfang Dezember traten sie die Rückreise an.

Im Februar 1931 war ihr umfangreicher Reisebericht fertig, der von baulichen Gegebenheiten, wie der Raumaufteilung, bis zu der künstlichen Belüftung und den Institutswerkstätten ging. Zahlreiche wichtige technische Einzelheiten, wie die Verlegung der verschiedenen Versorgungsleitungen und die Bereitstellung von Gleich- und Wechselstrom sowie Anlagen zur Verflüssigung von Wasserstoff und Helium, wurden erwähnt und teilweise genau beschrieben. An drei der besuchten Orte wurden optische Gitter hergestellt, Baltimore, Chicago und Pasadena.[10]
Ladenburg und Laue fügten ihrem Bericht einen längeren Entwurf für das zu gründende Institut der KWG bei und führten viele, ihnen wichtige Gesichtspunkte an:

„1) Die Erschütterungen durch Maschinen sollen nach Möglichkeit von den Laboratorien ferngehalten werden, andererseits sollen Maschinenhaus und grosse Werkstatt möglichst zentral und nahe den Laboratorien liegen, die Werkstatt soll helles

Tageslicht aber kein direktes Sonnenlicht erhalten.

2) Die Laboratorien sollen grösstenteils nach Norden orientiert werden und eine längere Flucht bilden, um einen langen Lichtweg [für optische Versuche] zu ermöglichen; sie sollen ferner möglichst gleiche Grösse erhalten und evtl. zu je zwei zu einem Doppellabor vereinigt werden können.

3) Ein Teil der Laboratorien soll möglichst tief in der Erde liegen, speziell der Gitterraum und ein grosser thermokonstanter Raum."

Der nächste Punkt betraf nochmals den Maschinenraum. Weiter heißt es:

„5) Für besondere Zwecke sollen ferner folgende Laboratorien geschaffen werden.
   a) Hochspannungsräume für Röntgen- und andere Zwecke, so dimensioniert, dass sie auch für extrem hohe Spannungen ausreichen
   b) ein magnetischer Raum, möglichst abseits der übrigen Laboratorien
   c) ein grösseres chemisches Labor
   d) ein Freiluftlaboratorium
   e) ein vertikaler tiefer Schacht, in dem zugleich Sonnenlicht herunter – und in die Flucht der Laboratorien geleitet werden kann."[11]

Anschließend beschrieben die Autoren ausführlich das Gebäude, offenbar nach einer Rücksprache mit dem Architekten der Firma Laternser, der für die KWG arbeitete.

„Für Hausdiener und Hausmechaniker ist je eine 3-Zimmerwohnung mit besonderem Eingang und eigenem Keller an der Südwestecke in einem besonderen Flügel vorgesehen, darüber liegen 6 Wohnräume für Assistenten."[12]

Die Gesamtkosten gaben sie mit 930.000 Reichsmark an. Max Planck zeichnete den Bericht ab und ließ Kopien an die Ausschussmitglieder Heinrich Konen, Fritz Haber und Walther Nernst schicken.[13]

Der Generaldirektor der KWG, Friedrich Glum, fühlte sich in seinen Kompetenzen durch die Hinzuziehung der Firma Laternser ohne vorherige Absprache mit ihm übergangen und betonte das deutlich in einem Schreiben vom 12. Mai 1931 an Laue:

> „Die Generalverwaltung der Kaiser-Wilhelm-Gesellschaft kann selbstverständlich nichts dagegen einwenden, dass Sie privatim sich deswegen mit einer Firma in Verbindung setzen. Ich möchte nur darauf hinweisen, dass ganz abgesehen davon, dass die Ausgestaltung des Bauplanes erfahrungsgemäß sehr wesentlich davon abhängig ist, wer mit der wissenschaftlichen Leitung eines Instituts und seiner einzelnen Abteilungen betraut wird, für die Kaiser-Wilhelm-Gesellschaft eine Bindung an eine einzelne Baufirma unangenehme Konsequenzen haben könnte."[14]

Friedrich Glum (1891–1974), seit 1920 Generalsekretär und von 1922 bis 1937 Generaldirektor der Kaiser-Wilhelm-Gesellschaft.
Quelle: Archiv der Max-Planck-Gesellschaft, Berlin-Dahlem

Immer wieder bemühte sich Laue um Ordnung und exakte Darstellung in den von ihm bearbeiteten Gebieten der Physik, wohl wissend, dass seine sorgfältige Kritik ihm nicht nur Anerkennung einbrachte. Angeregt durch eine Arbeit von Hans Bethe und eine zweite von dem Amerikaner Philip M. Morse über den Einfluss von äußeren und inneren elektrischen Feldern auf die Elektronenbeugung an Kristallen äußerte sich Laue sehr kritisch zu deren Methode. Die Veröffentlichung erschien 1931 in der „Physical Review":

> „They treat the triply periodic internal field as though it ceases suddenly at a certain plane. This is in complete contradiction to electrostatics, as one may not consider this plane as charged without coming into conflict with the atomistic foundations of the whole theory."[15]

Es folgte eine mathematische Behandlung und Lösung des Problems mit Hilfe der Schrödinger-Gleichung. Am Ende wies Laue auf die vergleichbaren Arbeiten von Otto Stern und seinen Mitarbeitern hin.[16]
Die Ergebnisse der Astrophysik über Sternentstehung fanden ein breit gefächertes Interesse. Lise Meitner vom KWI für Chemie trug am 1. Juni auf der 20. Hauptversammlung der KWG in Berlin über „Wechselbeziehungen zwischen Materie und Energie" vor. Wahrscheinlich hatte sie mit Laue darüber gesprochen, denn neben den Besuchen bei Laues und den Ausflügen in die nähere und weiter Umgebung Berlins sahen sie sich bei den Sitzungen der Physikalischen Gesellschaft und im Kolloquium unter der Leitung Laues. Der Reporter der Vossischen Zeitung berichtete am 2. Juni 1931 von Meitners Vortrag:

> „Die Vortragende, eine der wenigen weiblichen Physikerinnen von Format, zeigte in ihren vorbildlich klaren Ausführungen, wie wörtlich man den revolutionären Satz der neuen Physik, dass Masse nur eine spezielle Form von Energie darstellt, zu nehmen hat."[17]

Er referierte über Lise Meitners Erklärung der Energieentwicklung durch den Prozess der Kernverschmelzung bei den Sternen.
Die folgende astrophysikalische Arbeit Laues mit dem Titel „Die Lichtfortpflanzung in Räumen mit zeitlich veränderlicher Krümmung nach der allgemeinen Relativitätstheorie" trug er auf der Sitzung der Physikalisch-Mathematischen Klasse in der Akademie vor. Er ging auf die neuesten Ergebnisse der Astronomen Hubble, de Sitter und Tolman ein. Edwin P. Hubble war seit 1919 am Mount-Wilson-Observatorium tätig. Ende der zwanziger Jahre untersuchte er zusammen mit Milton L. Humason die Rotverschiebung der Strahlung von Galaxien. Es gelang ihnen eine Abschätzung der Geschwindigkeit der Ausdehnung des kugelförmigen Raumes, und sie kamen zu der Erkenntnis, dass die Geschwindigkeit zur Entfernung proportional sei. In seiner Einleitung bemerkte Laue:

> „Hubble benutzt besonders zur Bestimmung der Geschwindigkeiten die übliche Doppler-Formel, zur Bestimmung des Abstandes das Gesetz der quadratischen Abnahme der Intensität mit wachsender Entfernung. Wir wollen untersuchen, inwiefern sich diese Gesetze auf einen Raum der genannten Art anwenden lassen. […]

> Heute kann man wohl nur sagen, dass eine gleichförmige Verteilung [der Massen], welche de Sitter und Tolman in ihren aufgeführten Arbeiten in Rechnung setzen, in den Beobachtungen keine volle Rechtfertigung finden."[18]

Richard C. Tolman setze voraus, dass die Sinusschwingung des Lichts bei der Fortpflanzung als Sinusschwingung erhalten bliebe, aber diese Annahme sei nicht sicher. So ging Laue von den Maxwellschen Gleichungen aus. Der sich ausdehnende Raum „R" sollte sich „ähnlich bleiben", das setzte Laue voraus. Er prüfte nochmals die Berechtigung der Annahme, aus der Rotverschiebung der Spektrallinien die Geschwindigkeit der Ausdehnung des Weltalls zu ermitteln, und stellte den Zusammenhang zwischen der Energie einer Lichtwelle und der Änderungsgeschwindigkeit des Raumes heraus. Laue zeigte, dass jeder Lichtstrahl im Fortschreiten seine Schwingungszahl ν ändert, aber $R\nu$ konstant bliebe. Abschließend wies er mit einem Beispiel auf den Einfluss der langen Laufzeit des Lichts in Folge der großen Entfernung auf die Helligkeit des beobachteten Nebels hin. Sein Schlusssatz lautete:

> „Wir lassen dahingestellt, ob sich daraus schon jetzt Konsequenzen für die Astronomie ergeben."[19]

Im Zusammenhang mit diesen Betrachtungen veröffentlichte Laue in den „Naturwissenschaften" noch eine kritische Aussage unter dem Titel „Entstehung der Elemente und kosmische Strahlung" mit der Folgerung:

> „Gibt es also Entstehung eines Elements, die mit Ausstrahlung einer bestimmten Schwingungszahl ν_0 verknüpft ist, und findet dieser Vorgang überall im Weltraum mit gleicher Häufigkeit statt, so fällt nach jener Hypothese diese Strahlung keineswegs monochromatisch von außen auf die Erdatmosphäre; vielmehr ist sie um so mehr zu den niedrigeren Schwingungszahlen abgewandert, von je weiter sie herkommt."[20]

Die Fortschritte bei der Bestätigung der Relativitätstheorie verminderten aber keineswegs die polemischen Angriffe auf Einstein. Mit dem Titel „100 Autoren gegen Einstein" erschien 1931 eine von Hans Israel, Erich

Ruckhaber und Rudolf Weinmann im Voigtländer Verlag in Leipzig herausgegebene Sammlung recht merkwürdiger Pamphlete, zu der auch Philipp Lenard einen Beitrag leistete. Es waren auch Arbeiten aufgenommen worden, die rein wissenschaftliche Fragen ohne Polemik behandelten.[21] Die instabile politische Lage fand keinen Niederschlag in den Briefen Max von Laues, obwohl sie genug Anlass zu ernster Sorge gab, denn die Radikalisierung von Links und Rechts nahm zu. Trotzdem fand er Zeit und hatte die Konzentration, Theorie zu treiben. 19 Jahre nach der Entdeckung der Röntgeninterferenzen und Laues erster Veröffentlichung zur Theorie sowie 14 Jahre, nachdem Paul Peter Ewald die erste Fassung seiner Theorie vorgelegt hatte, erschien Laues Aufsatz „Die dynamische Theorie der Röntgenstrahlinterferenzen in neuer Form" in den „Ergebnissen der exakten Naturwissenschaften". Die Einleitung zeigte wiederum, dass Laue loben konnte:

> „Ewalds dynamische Theorie der Röntgenstrahlinterferenzen gehört nach unserer Ansicht auf alle Zeiten zu den Meisterwerken der mathematischen Physik. Sie bewältigte mit glänzenden Methoden ein zunächst schier unlösbares Problem, rechtfertigte eigentlich erst die elementare, rein auf Phasenzusammensetzung beruhende Theorie, indem sie deren Unzulänglichkeiten quantitativ abzuschätzen lehrte, zeigte ihre innere Verbundenheit mit der optischen Dispersionstheorie und sagte dabei Abweichungen von den Ergebnissen der älteren Theorie voraus, die wenige Jahre später für die vollständige Deutung der Beobachtungen Hjalmars sowie für eine exakte Messung der Wellenlängen unentbehrlich wurden."[22]

Dann wies Laue darauf hin, dass Ewald und auch der Schwede Ivar Waller von der Vorstellung von Dipolen an den Gitterpunkten der Zellen ausgingen. Der Zwischenraum sollte leer sein. William Lawrence Bragg u. a. hätten aber gezeigt, dass der Raum fast lückenlos mit Elektronenladungen erfüllt sei. Als Voraussetzung setzte Laue an:

> „Wir wollen die positiven Ladungen so verteilt denken, daß sie, solange kein störendes Feld vorhanden ist, die negativen Ladungen überall genau kompensieren."[23]

Für die weitere Behandlung des Problems der Ausbreitung der monochromatischen Röntgenstrahlung verwendete Laue die Maxwellschen Gleichungen. Eine wichtige Aussage beschloss diesen ersten Paragraphen über „Die Dynamische Grundgleichung“:

> „Ewalds Grundgleichung sagt physikalisch aus, daß jeder seiner Dipole vom Feld die Anregung erfährt, die er zur Ausführung der das Feld bestimmenden Schwingung braucht. Wir haben diese Aussage durch Einführung einer Dielektrizitätskonstante in Rechnung gesetzt. Denn die mit ihrer Hilfe auszudrückende Proportionalität zwischen Polarisation und Feldstärke enthält ja die ganze Dynamik der Ladungsträger.“

Im zweiten Paragraphen wurden die „Annäherungen in der Lösung der Grundgleichung“ behandelt, wobei Laue zuerst von Ewalds Ergebnissen mit der Anregungskugel ausging. Dann gab er in Paragraph 3 ein Beispiel für nichtabsorbierende Kristalle an und kam zu der Aussage:

> „Man sieht hier wohl am deutlichsten, wie die starre Interferenzbedingung der elementaren Theorie zwar nicht gerade für ungültig erklärt, aber doch in einem physikalischen Sinne gemildert wird.“

Die mathematische Behandlung bei zwei Strahlen schloss sich an. Im vierten Paragraphen ging es um die „Untersuchung über die Realität der Dispersionsflächen“, die er für nichtabsorbierende Kristalle nachweisen konnte. In Paragraph 5 wurde schließlich die „Reflexion von Röntgenstrahlen an der Grenze nichtabsorbierender Kristalle“ untersucht. Laue erörterte die „Binnenwellen“ und die „Randwellen“ wie auch die Vorgänge an der Grenzfläche und kam damit auf sein Interesse an den Untersuchungen von Mark, Wierl und Rupp zurück. Eine endgültige Lösung konnte er nicht vorlegen, denn er schrieb:

> „Wir dürfen dies nicht tun [die Vereinfachung, die Ewald u. a. für die Grenzflächen ansetzten], weil eine mathematische Ebene im allgemeinen Teile der stetigen Ladungsverteilung abtrennte, welche zu einem Atom gehören, dessen Hauptteil noch auf der Innenseite der Ebene läge. Eine solche Grenzziehung entspräche bestimmt nicht der Wirklichkeit.“[24]

Paul Peter Ewald erhielt ein Exemplar mit der Widmung „Seinem lieben P. P. Ewald als verspätete Antwort auf eine Frage vom Februar 1912 überreicht von M. Laue“, und auf die erste Seite des Textes schrieb er:

„Wer wird nicht den Klopstock loben?
Doch wird ihn jeder lesen? Nein.
Wir wollen weniger erhoben
und – fleißiger gelesen sein.
G. E. Lessing.“[25]

Auch diese Veröffentlichung der „neuen Form“ verlangte große Konzentration und Ideen für Lösungen durch Laue. Die heranwachsenden Kinder erlebten diese Belastung. Wenn der Vater in sich gekehrt am Esstisch saß, dann musste strikt geschwiegen werden! Doch wenn das Nachdenken erfolgreich gewesen und die Veröffentlichung geschrieben war, gab es unbeschwerte Ausflüge. Beide Eltern waren gute Schwimmer, und so wurden die Seen in der Umgebung von Berlin besucht. Frau Laue vermisste aber immer noch die Bergwelt aus ihrer Jugendzeit. An den vielfältigen musikalischen Angeboten in Berlin nahm das Ehepaar rege teil. Magda von Laue hatte in Zehlendorf eine Kaffeerunde mit Lise Meitner und den Ehefrauen von Otto Hahn und Gustav Hertz, Edith Hahn und Ellen Hertz, sowie weiteren Gästen. Auch die Verbindungen zu den Verwandten von Frau Laue waren eng.[26]
Im September fuhren Laues mit dem Steyr nach Bad Elster. Dort fand die jährliche Tagung der Deutschen Physikalischen Gesellschaft statt. Auf dem Weg dorthin besuchten sie den alten Schulleiter des Straßburger Gymnasiums, Dr. Veil. Auf der Tagung war auch das Ehepaar Millikan und mit ihnen unternahmen Laues einen Auto-Ausflug.
Max von Laue hatte die Veröffentlichung seiner „dynamischen Theorie“ an Sir William Lawrence Bragg geschickt, der ihm am 3. November dafür dankte und ihn auf eine frühe Arbeit von Charles Darwin hinwies, die Laue nicht erwähnt hatte.[27]

Es war eine sorgenvolle Zeit. Wie würde es politisch und wirtschaftlich weitergehen? Die Reichstagswahlen am 14. September hatten einen großen Anstieg der NSDAP von 12 auf 106 Mandate im Reichstag ergeben. Die brutalen Auseinandersetzungen vor allem mit den Kommunisten

nahmen weiter zu. Mitte 1931 kam es zu einem neuen Bankenkrach und die Regierung musste nochmals mit Notverordnungen regieren.
Ungeduldig wartete Laue auf eine Reaktion zu den Vorschlägen für den Bau eines KWI für Physik, die Ladenburg und er der Leitung der KWG gemacht hatten, denn im Juni 1931 hatte er von der Leitung der KWG noch immer keine Antwort.[28] Doch als endlich darüber diskutiert wurde, war eine Lösung wieder nicht zu finden. Das wurde auch auf der Sitzung des Kuratoriums des KWI für Physik am 14. Juli 1931 deutlich, zu der Planck als Präsident eingeladen hatte. Die illustre Versammlung von Albert Einstein, James Franck aus Göttingen, Fritz Haber, Heinrich Konen aus Bonn, Max von Laue, Walther Nernst, Max Planck, Friedrich Schmidt-Ott, Erwin Schrödinger, Vertretern der KWG sowie von Ministerien diskutierte den Bau des KWI für Physik. Im Protokoll heißt es über Plancks einleitende Worte:

> „Schon öfter seien in schweren Zeiten grosse Werke entstanden. Man dürfe nicht nur an die Gegenwart denken, sondern müsse den Blick auch in die Zukunft richten. Die Bedeutung des Instituts und seine Notwendigkeit seien anerkannt. [...]
> Aus den verschiedensten Gründen sei es wünschenswert, das neue Institut in eine enge Beziehung zu der Berliner Universität zu bringen. Und zwar denke er an eine weitgehende Kooperation, die am sichersten dadurch herbeizuführen sei, daß der Direktor des Universitätsinstituts neben Hrn. v. Laue zum Direktor des geplanten KW.-Instituts ernannt würde."[29]

Das wurde diskutiert, aber es wurden keine Einzelheiten protokolliert, keine Termine gesetzt.[30]

Gelegentlich passiert es in der Wissenschaft, dass zwei Forscher oder zwei Gruppen von Forschern nahezu gleichzeitig etwas ersinnen. So geschah es mit dem Doppelkristallspektrometer für Röntgenstrahlen, um die Linienbreite zu bestimmen. In Amerika waren es Bergen Davis und Harris Purks und in Deutschland Werner Ehrenberg und Hermann Mark, die 1927 diese Anordnung erfanden. Das interessierte Laue, und er bemerkte zu der Anordnung:

„Die Idee des Doppelspektrometers besteht darin, diese Fehler [die Mosaikstruktur des Kristalls], oder besser die Abhängigkeit des Reflexionsvermögens vom Einfallswinkel, zunächst unabhängig von der Linienform festzustellen und dann die so gewonnenen Ergebnisse zur rechnerischen Verbesserung der eigentlichen Spektrometermessung zu benutzen.
[... Die durchgeführte Rechnung führte zur] Bestimmung der Reflexionskurve für den einzelnen Kristall nur, wenn diese symmetrisch ist. Ist dies der Fall, und kennt man den Symmetriepunkt als Funktion der Wellenlänge, so kann man die Intensitätsverteilung ermitteln."[31]

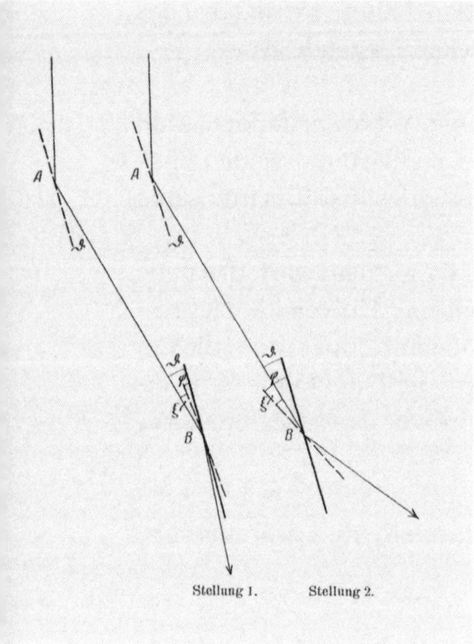

Eine Skizze des Doppelkristallspektrometers zur rechnerischen Verbesserung der Spektrometermessung.
Quelle: Laue II/1961: 150

Durch das nahezu tägliche Treffen von Max Planck und Max von Laue in der Universität und der Akademie spürte Planck die Ungeduld, die Unruhe Laues. Deswegen schrieb er ihm am 10. November. Der Brief gibt auch einen Einblick in die schwierige Art der Findung von Entscheidungen in der KWG und die Stellung und den Einfluss auf Entscheidungen durch den Präsidenten:

„Lieber Kollege!
Ehe wir uns morgen sehen, möchte ich Ihnen doch gleich auf Ihren gestrigen Abend angefangenen Brief einiges sagen. Vor allem bitte ich Sie jetzt, wo doch vieles in der Schwebe ist, nicht allein in Bezug auf das K.W. Institut für Physik, keinen Schritt zu tun, durch den Sie sich selber binden, ohne dass Sie dadurch einen Vorteil erreichen. Speziell die Frage, ob Sie in dem Physik Institut die Leitung einer Abteilung als Direktor übernehmen wollen, können Sie ja beantworten, wenn Ihnen das betreffende Angebot gemacht wird. Ich hoffe sehr, und werde alles daran setzen, was ich kann, dass Ihnen diese Stellung möglichst schmackhaft gemacht wird. Es muss doch endlich einmal gelingen,

Sie von dem Druck der Verpflichtungen, die bei Ihrer jetzigen Universitätsstellung auf Ihnen ruhen, endgültig zu befreien."[32]

Planck merkte noch die positive Einstellung des Ministeriums an.[33] Doch am 30. November musste er persönlich Max von Laue seine Fürsorge zusichern.

„Lieber Kollege!
Ich habe Ihren Brief mit Aufmerksamkeit und innerer Teilnahme gelesen. Sie haben in der Tat Schweres in Ihrer Militärzeit durchgemacht. Dass Sie jetzt noch darunter zu leiden haben, ist mir allerdings ganz neu und völlig unerwartet. Vielleicht sprechen Sie sich einmal mündlich weiter mit mir über diese Dinge aus, wenn Ihnen das eine Erleichterung gewähren kann. Denn ich würde sehr gerne alles tun, um Ihnen beizustehen.
Mit herzlichem Gruss
Ihr Planck"[34]

Ein neues, wissenschaftliches Problem lenkte Laues Gedanken für nahezu drei Jahrzehnte ab. 16 Veröffentlichungen und ein Buch zur Supraleitung erschienen von ihm bis 1952 in mehreren Auflagen. Verschiedene Physiker, sowohl Experimentatoren wie Theoretiker, lieferten Beiträge zur „Erkundung" des Effektes. So blieb leider auch der unwissenschaftliche Streit nicht aus, zu komplex waren die entdeckten Erscheinungen, zu schwierig die Versuche bei der Temperatur des flüssigen Heliums.
Die experimentellen Fortschritte der Physik der tiefen Temperaturen fanden im 20. Jahrhundert anfänglich nur in London, der Royal Institution of Great Britain unter der Leitung von James Dewar, und in Leiden, an der Universität unter Heike Kamerlingh Onnes, statt. 1906 gelang es Kamerlingh Onnes, Wasserstoff zu verflüssigen, und 1908 Helium. Die Messung der Leitfähigkeit von Metallen in Abhängigkeit von der Temperatur erfolgte mit einer Wheatstoneschen Brücke. Zur guten Kontaktgabe bestanden die Zuleitungen aus Quecksilber in dünnen Glasrohren. Beim Experimentieren wurde 1911 die Supraleitung beim Quecksilber von Gilles Holst entdeckt. Kamerlingh Onnes dankte in der Veröffentlichung Holst und einem weiteren Mitarbeiter. Ein einmal induzierter Strom in einem supraleitenden Ring floss ohne Verluste.

Einige Physiker, auch Einstein, versuchten eine Theorie zu dem Phänomen aufzustellen, aber das gelang nur unvollständig. Eine technische Anwendung der Supraleitung wurde diskutiert, doch viel zu optimistisch. In Berlin, in der Physikalisch-Technischen Reichsanstalt, waren in den 1920er Jahren durch den Präsidenten Friedrich Paschen die finanziellen Mittel für Arbeiten auf dem Gebiet der tiefen Temperaturen beschafft worden. Durch die glückliche Wahl Walther Meißners als Leiter für dieses neue Forschungsgebiet und dessen umsichtige Ingenieurarbeit entstand das Laboratorium für Tieftemperatur. Meißner hatte zuerst an der Technischen Hochschule in Berlin Maschinenbau studiert, aber kurz vor der Abschlussprüfung wechselte er zur Physik und promovierte bei Max Planck. So lernte Laue ihn kennen. 1908 trat Meißner in die PTR ein. Er nahm am Ersten Weltkrieg teil. Erst danach konnte er das Tieftemperatur-Laboratorium aufbauen, das 1927/28 der dritte Ort wurde, an dem mit flüssigem Helium experimentiert werden konnte; der zweite war in Toronto, Kanada. Meißner erweiterte die Skala der supraleitenden Elemente auf die Seltenen Erden, wie Niob und Niob-Carbid, sowie Legierungen.

Walther Meißner (1882–1974), ein Freund und Kollege, mit dem Laue oft Ausflüge mit dem Auto unternahm. Quelle: PTB, nach einer Fotografie aus dem Nachlass des Autors

Die Freundschaft von Max von Laue und Walther Meißner vertiefte sich nur langsam, denn, anders als Laue, hatte Meißner allgemein weniger Freiraum, keinen freien Sonnabend und sehr viel kürzere Ferien. Die Familie Laue musste die Urlaubsreisen mit den Kindern nach den Schulferien richten, die nicht mit den viel längeren Semesterferien übereinstimmten. Im Frühjahr 1932 wurde mit dem Auto eine Fahrt nach Riesa und zu Ostern ein Ausflug nach Magdeburg gemacht. Oft wurden Autoausflüge auch zusammen mit Ernst Orlich unternommen, der Professor an der Technischen Hochschule in Berlin-Charlottenburg war. Als der Kaiser den Technischen Hochschulen das Recht zur Promotion verlieh, setzten

die Universitäten durch, dass deren Doktortitel in deutscher Schrift, Sütterlin, abgekürzt werden musste. Max von Laue hat nie diese Art von akademischer Abgrenzung beachtet.
Eine bedeutende Ehrung, die Verleihung der Max-Planck-Medaille durch die Deutsche Physikalische Gesellschaft, wurde Laue im Frühjahr 1932 zuteil. Der so Geehrte hielt üblicherweise einen Vortrag aus seinem Forschungsgebiet. Max von Laue wählte weder die Röntgeninterferenzen noch die Relativitätstheorie, er machte einige theoretische Anmerkungen zu der Dissertation von Gerardus J. Sizoo von der Universität Leiden über ein Problem der Supraleitung, das er unter Anwendung der Maxwellschen Theorie behandelte. Einführend untersuchte er theoretisch den unterschiedlichen Einfluss eines longitudinalen und eines transversalen magnetischen Feldes auf einen supraleitenden Draht bzw. einen Kreiszylinder. Dann analysierte er Sizoos Versuch mit zwei parallel geschalteten Spulen verschiedener Drahtstärken bei Supraleitung. Sizoo konnte kein Magnetfeld nachweisen. Laue konstatierte:

> „Zwischen mehreren parallel geschalteten Supraleitern verteilt sich der Strom so, dass die magnetische Energie ein Minimum wird."[35]

Das konnte nur – abweichend vom Kirchhoffschen Gesetz – theoretisch erklärt werden.[36]
Doch von dem weiten Thema „Röntgeninterferenzen und Materie" kam Laue nie los. Auf Grund der Ergebnisse von fremden Arbeiten beschäftigte er sich mit der Interferenz an Kreuzgittern. Darüber lagen abweichende Ergebnisse vor. Die Veröffentlichung des Japaners Y. Sugiura mit Protonenbeugung an einer Metallschicht wurde von ihm analysiert. Den einleitenden mathematischen Teil veranschaulichten zwei Zeichnungen. In Paragraph 3 übertrug er seine Betrachtungen aus der Arbeit von 1926 auf das Kreuzgitter. Zuerst behandelte er ein völlig durchsichtiges Kreuzgitter, dann ein undurchsichtiges. Das Ergebnis war, dass sich Sugiuras Ergebnisse nur qualitativ deuten ließen.[37]
Heisenberg hatte bereits 1927 mit dem Titel „Über den anschaulichen Inhalt der quantentheoretischen Kinematik und Mechanik" seine Unschärfetheorie und die Ungültigkeit des Kausalgesetzes veröffentlicht. Nicht nur Physiker, vor allem auf dem Treffen in Como zu Ehren von Alessandro Volta, ebenso Philosophen, aber auch viele andere Menschen

versuchten Konsequenzen aus Heisenbergs Aussage zu ziehen. Doch weder strikt ablehnende Folgerungen noch zustimmende führten in den ersten Jahren zur Klärung der Frage.
Zum 70. Geburtstag des Herausgebers der „Naturwissenschaften", Arnold Berliner, wurde er in seiner Zeitschrift gewürdigt. Einstein schrieb eine Laudatio und Max Bodenstein würdigte die Tätigkeit des Jubilars. Der erste Beitrag im Heft war betitelt „Zu den Erörterungen über Kausalität", und sogleich wurde dem Leser Laues Haltung zu der für ihn grundsätzlichen Frage deutlich:

> „In der philosophischen und neuerdings auch in der physikalischen Literatur spielt eine Diskussion über die erkenntnistheoretischen Grundlagen der Physik, soweit man diese gemeinhin als ‚Kausalitätsprinzip' zusammenfaßt. Den Anlaß, daß sie zur Zeit so lebhaft geworden ist, hat die Quantentheorie gegeben, die in ihren derzeitigen Formen zu den Heisenbergschen Ungenauigkeitsbeziehungen führt; diese aber müssen in der Tat in der Frage der eindeutigen Bestimmbarkeit der Naturvorgänge skeptisch stimmen.
> Zu dem philosophischen Teil dieser Erörterungen möchten wir hier nicht Stellung nehmen."[38]

Es folgte eine historische Einleitung, wie Newton und Galilei Anfangsort und Anfangsimpuls eines Massepunktes behandelten. Mit dem Herauslösen der Möglichkeit, Ort und Impuls gleichzeitig genau zu bestimmen, bräche das System der Mechanik zusammen.

> „Und nun ist eingetreten, was über kurz oder lang geschehen mußte. Tatsachen haben sich gefunden, welche die in der Mechanik liegenden Hypothesen widerlegen. Das ist ein Vorgang, wie ihn die Physik oft erlebt hat; man denke nur an alle Wandlungen der Optik, der Wärmelehre, der Elektrodynamik."[39]

Nochmals wurde der Begriff „Massepunkt" im Zusammenhang mit der Entdeckung des Spins und Bohrs Dualismus von Welle und Teilchen erwähnt.

> „Wir stehen hier eben vor dem Quantenrätsel: Was ist ein Körper? Vor diesem Problem verstummt die Frage, welche die Ungenauigkeitsbe-

ziehungen beantworten; es gibt keinen Massepunkt, so braucht man sich um seine Lage und seinen Impuls nicht zu sorgen. […]
Die heutigen Formen der Quantentheorie machen nun den Versuch einer Lebensrettung am ‚Massenpunkt'. Dann kommen sie, unmittelbar jener Wellenvorgänge wegen, zwangsläufig zu den Ungenauigkeitsbeziehungen; und aus diesen wiederum schließen sie, die Physik müsse auf die kausale Deutung des Einzelvorganges verzichten und sich auf die Aufstellung statistischer Gesetzmäßigkeiten beschränken. Wir wollen dieses Verfahren keineswegs tadeln; es stellt wohl den ***zur Zeit*** besten Ausweg dar."[40]

Max von Laue erwähnte die Erfolge von Newtons Theorie und Einsteins allgemeiner Relativitätstheorie und betonte im Schlusssatz wiederum die Bedeutung der Änderung von physikalischen Begriffen:

„Aber zu einer Änderung seines erkenntnistheoretischen Standpunktes, wie immer er sei, können diese Schwierigkeiten niemand zwingen; wenngleich sie – wie jede tiefgehende physikalische Frage – erneut auf die Wichtigkeit erkenntnistheoretischer Überlegungen hinweisen."[41]

Max Planck hatte in einem langen Vortrag über „Die Kausalität in der Natur" im Juni 1932, anlässlich der Guthrie-Lecture, in der Physical Society of London vorgetragen. Er ging auf die von Kant postulierten philosophischen Grundlagen ein, um verschiedene physikalische Größen und ihre Messungen zu diskutieren. Bei der Quantenphysik sah er die Möglichkeit, mit immer feineren Messmethoden unter jede beliebige Grenze der Sinnenwelt zu kommen.

„Im Gegensatz dazu bietet die Wellenfunktion der Quantenmechanik zunächst überhaupt keinen Anhalt für eine unmittelbare Deutung für die Sinnenwelt. Der Name ‚Welle', so anschaulich und passend er gewählt ist, darf uns nicht darüber hinwegtäuschen, daß die Bedeutung dieses Wortes in der Quantenphysik eine ganz andere ist als früher in der klassischen Physik. Dort bezeichnet eine Welle einen bestimmten physikalischen Vorgang, eine sinnlich wahrnehmbare Bewegung oder ein der direkten Messung zugängliches elektri-

> sches Wechselfeld. Hier bezeichnet sie nur gewissermaßen die Wahrscheinlichkeit für das Bestehen eines gewissen Zustandes. […]
> Solche Überlegungen haben die Indeterministen zu einem erneuten Angriff auf das Kausalgesetz veranlasst."[42]

Planck behandelte dann verschiedene physikalische Erscheinungen und deren Beurteilung und Erklärung durch die Deterministen und Indeterministen. Danach äußerte er sich zur Bedeutung der Willensfreiheit, die Annahme eines idealen Geistes. Er stand kritisch zu der Anschauung, dass man den Wahrscheinlichkeitsbegriff zur endgültigen Grundlage der Physik macht.

> „Wie das Kausalgesetz schon die erwachende Seele des Kindes sogleich in Beschlag nimmt und ihm die unermüdliche Frage ‚Warum?' in den Mund legt, so begleitet es den Forscher durch sein ganzes Leben und stellt ihm unaufhörlich neue Probleme."[43]

Selbstverständlich deutete nichts in Plancks Vortrag auf die politische Lage in Deutschland hin. Als Präsident der KWG war ihm die ungünstige finanzielle Situation der Gesellschaft bekannt. Aber war die Wissenschaft, die geliebte Physik, unabhängig von der Politik? Waren die antisemitischen Angriffe auf Einstein und die Spezielle wie die Allgemeine Relativitätstheorie das einzige Ziel? An der Friedrich-Wilhelms-Universität musste die Philosophische Fakultät sich mit der Nachfolge von Walther Nernst befassen. Der Wunschkandidat, auch von Planck, war der Nobelpreisträger James Franck aus Göttingen. Er sollte gleichzeitig, das wünschte Haber, sein Nachfolger im KWI werden. Wenige Monate später sollte das durch die Politik und den Antisemitismus nicht mehr realisierbar werden. James Franck emigrierte mit seiner Familie in die USA.[44]
Unbeschwert gab es bei Schrödingers am 3. Dezember einen der beliebten „Würstelabende", zu dem auch Lise Meitner und Max Planck kamen, Max von Laue und Otto Hahn hatten abgesagt.

Ende Mai 1932 hatte der Reichspräsident Hindenburg den Rücktritt der Regierung Brüning angenommen, und eine von ihm eingesetzte Regierung mit von Papen als Kanzler blieb nur bis Anfang Dezember im Amt. Wer unterstützte die Finanzierung der KWG in den Ministerien? Plancks

Sohn, Erwin, hatte darauf keinen Einfluss, er war als parteiloser Staatssekretär in der Reichskanzlei tätig und das auch in der gleichen Stellung bei der nächsten Regierung, die am 3. Dezember 1932 vom Reichspräsidenten – ohne Wahl – eingesetzt wurde. Sie führte General Kurt von Schleicher an, ein Vertrauter Hindenburgs.

Am 5. Januar 1933 erschien in der Morgenausgabe der „Rheinisch-Westfälischen Zeitung", gezeichnet von „B J G A", ein längerer Aufsatz auf der ersten Seite zum Jahresbeginn: „Um eine neue Staatsidee". Der Verfasser war sehr wahrscheinlich der Generaldirektor der KWG, Friedrich Glum. Es handelte sich um eine kritische Betrachtung der aktuellen politischen Lage und der Arbeit der Parteien:

> „Was uns nottut, aber seit langem fehlt, ist: den Grund für eine unabhängige und aktive Außenpolitik zu legen, die uns aus der Isolierung herausführt, uns gegen die vom Osten drohende Gefahr schützt, dem bedrohten Deutschtum außerhalb unserer Grenzen einen Halt gewährt und unserem Volke in den zu erwartenden Kämpfen der Nationen um einen wieder etwas vergrößerten, aber immer noch knapp bemessenen Nahrungsspielraum auf den Weltmärkten einen seinem Fleiß und seiner Intelligenz entsprechenden Platz verschaffen."[45]

Der Autor sah die Verwirklichung einer zielbewussten Außenpolitik an die Stabilität einer Regierung gekoppelt. Er nannte in diesem Zusammenhang Hitler, Brüning, Papen, Hugenberg. Dann ging er auf eine mögliche Stabilisierung ein:

> „Wir haben diese Möglichkeit in Deutschland zur Zeit nicht, da die Parteien der Rechten in dem Augenblick, da ihre große Stunde gekommen zu sein schien, nicht zueinander finden konnten."[46]

Kurz streifte er das Verhältnis von Beamtenschaft und Heer, die nicht mehr reale Machtfaktoren seien:

> „Also zurück zur Monarchie? Die Frage ist nicht richtig gestellt. Ein Zurück kann es in der Geschichte nicht geben."[47]

Und am Ende des Absatzes schrieb er:

> „Das Ziel dieser Staatsidee kann nur eines sein, ein Ziel, das schon Stein und Fichte vor Augen gehabt haben: die Größe der Nation."[48]

Dann führte er seine Gedanken aus:

> „Auf seine Erreichung hinzuarbeiten wird es vieler Wege und Anstrengungen bedürfen. Darauf kommt es aber in der praktischen Politik an. Uns scheint, daß auch in der Republik die nationalen Parteien der Rechten noch viel tun müßten, um die nationale Staatsidee so herauszuarbeiten, daß sie wirklich imstande ist, eine dauerhafte Autorität zu begründen."[49]

Das Werben der KWG um Sponsoren mit Hilfe von interessanten Vorträgen im Harnack-Haus ging unabhängig von der Politik weiter. Immer wieder versuchte die Generalverwaltung die eigenen Wissenschaftler der Gesellschaft für Vorträge zu gewinnen. Max von Laue hatte sich im Sommer 1932 bereit erklärt, einen Vortrag im Harnack-Haus über thermodynamische Schwankungserscheinungen zu halten. Aus Jena, von den Zeiss-Werken, kam Professor Henry Siedentopf mit einem speziellen Projektor, um den Zuhörern am 11. Januar die Brownsche Molekularbewegung und andere Phänomene zur Veranschaulichung des Vortrags Laues vorzuführen. Laue bat um einen kleinen Tisch in der Nähe des Vortragspultes, da er wünschte, dass seine Sekretärin den Vortrag stenographiert. Der Text wurde aber nicht gedruckt. Da Planck nicht in Berlin war, übernahm Exzellenz Schmidt-Ott in Vertretung die Einführung des Vortragenden.[50]

Der Reichstag wurde zum 24. Januar von Hermann Göring, er war Mitglied der NSDAP, als Reichstagspräsident einberufen. Stand wieder ein Regierungswechsel bevor? An diesem Tag fand ein „Kleines Essen" im Harnack-Haus unter dem Vorsitz des Präsidenten Max Planck statt, zu dem 40 Herren – der Reichskanzler Kurt von Schleicher, der Reichsminister Franz Bracht, mehrere Staatssekretäre, auch Erwin Planck, Militärs, mehrere Chefredakteure und Professoren – geladen waren. Worüber gesprochen wurde ist nicht dokumentiert![51]

Die Regierung von Schleicher war seit dem 3. Dezember 1932 im Amt, aber nicht durch eine Wahl, sondern durch die Ernennung von Hindenburg. Am 28. Januar trat Kurt von Schleicher zurück, denn Hindenburg hatte ihm weitgehende Befugnisse zur Bewältigung der Krise abgelehnt. Die neue, wiederum nicht gewählte Regierung der „nationalen Konzentration" sollte die Krise überwinden. Adolf Hitler wurde am 30. Januar von Hindenburg zum Reichskanzler ernannt, nur die Minister Wilhelm Frick und Hermann Göring waren Mitglieder der NSDAP, zwei waren Mitglieder der Deutschnationalen Volkspartei und sechs Minister waren parteilos.[52]
Wie lange würde Hitlers Kabinett regieren? Wieder nur Monate? Musste sich die Leitung der KWG den neuen Umständen anpassen?
Der Leitartikel der Morgenausgabe der „Vossischen Zeitung" vom 31. Januar 1933 brachte eine kritische Stellungnahme zu der politischen Entwicklung:

> „Der Reichspräsident von Hindenburg hat mit der Entlassung der Regierung Schleicher, für die ein sachlicher Anlaß uns nicht erkennbar ist, und erst recht mit der Betrauung des Kabinetts Hitler, die unberechenbare Gefahren heraufführt, eine ungeheure politische Verantwortung übernommen."[53]

Am 14. Februar fand im Harnack-Haus ein weiteres „Kleines Essen" für 44 Personen statt. Der Reichskanzler a. D. Heinrich Brüning und Exzellenz Schmidt-Ott waren geladen, zwei Mitglieder der NSDAP sowie General Stülpnagel und Admiral Raeder kamen. Erwin Planck, der von seinem Posten bei dem Regierungswechsel sofort zurückgetreten war, nahm an diesem Essen nicht teil.

Am 27. Februar wurden Teile des Reichstagsgebäudes ein Raub der Flammen, die von Menschenhand gelegt worden waren. Die Nationalsozialisten beschuldigten die Kommunisten der Brandstiftung, um sie ohne eine Rechtsgrundlage zu verfolgen, zu verhaften, politisch auszuschalten, umzubringen. Noch konnten Hitler und seine Regierung sich nicht durch eine Wahl legitimieren, das geschah am 5. März. Bei einer Wahlbeteiligung von 89 % erreichten die Nationalsozialisten 44 % und mit den Reaktionären der „Schwarz-Weiß-Roten Front" hatten sie knapp 52 %. Zum 21. März wurde ein Spektakel, der „Tag von Potsdam", aufgeführt. Hindenburg und Hitler gingen in der Garnisonkirche zum Sarg von Friedrich dem Großen, Hindenburg hatte 1866 als junger Leutnant dort gestanden. Mit einem feierlichen Händedruck erhielt Hitler seine Legitimation. Die öffentliche Beflaggung war angeordnet worden.

Lise Meitner schrieb am 21. März an Otto Hahn, der in den USA war:

> „Hier steht natürlich alles und alle unter dem Eindruck der politischen Umwälzung. Heute ist feierliche Reichstagseröffnung in Potsdam. Wir haben schon vorige Woche von der K.W.G. die Anweisung bekommen, neben der schwarz-weiß-roten die Hakenkreuzfahne zu hissen, die Kosten trägt die K.W.G."[54]

Meitner hatte, zusammen mit zwei Freundinnen, die Rundfunkübertragung der Feier gehört.

> „Sie war durchaus harmonisch und würdevoll. Hindenburg sprach ein paar kurze Sätze u. übergab das Wort an Hitler, der sehr maßvoll, taktvoll u. persönlich sprach. Hoffentlich geht es in diesem Sinne weiter."[55]

Dann erwähnt sie, dass Übergangszeiten allerlei Missgriff bedingen, „ist ja fast unvermeidlich".[56]
Am 24. März wurde das Ermächtigungsgesetz verkündet, das die Demokratie aufhob und die Diktatur vollendete. Hitler sagte im Reichstag:

> „Der Unabsetzbarkeit der Richter auf der einen Seite muß die Elastizität der Urteilsfindung zum Zweck der Erhaltung der Gesellschaft entsprechen. Nicht das Individuum kann der Mittelpunkt der gesetzlichen Sorge sein, sondern das Volk! Landes- und Volksverrat sollen künftig mit barbarischer Rücksichtslosigkeit ausgebrannt werden! Der Boden der Existenz der Justiz kann kein anderer sein als der Boden der Existenz der Nation."[57]

Albert Einstein hatte 1932 mit dem Ministerium, der Akademie und Planck erörtert, wie mit seinen Bezügen verfahren werden sollte, denn er wollte einer Einladung an das neue Institut – for Advanced Study –

von Abraham Flexner in Princeton folgen, um dort jährlich einige Monate zu arbeiten. Sein Gehalt sollte für diese Zeit einbehalten werden, und die Akademie behielt sich vor, mit Einstein über die Verwendung zu verhandeln. Einstein löste sich von Deutschland, von Europa, seinen vielen Freunden und Förderern. Ende 1932 verließ er mit seiner Frau Berlin. Im Oktober 1933 kehrten auch seine Sekretärin, Helen Dukas, und sein Mitarbeiter, der Mathematiker Walther Mayer, der Stadt den Rücken. Einstein ging zunächst nach Pasadena. Somit erhielt er anfänglich nur durch die Berichte in den Zeitungen Kenntnis von den Vorgängen in Deutschland, über die er sich äußerte. Er blieb nicht lange in den USA und kehrte nach Europa, zuerst nach Belgien, dann nach England, zurück. Seine öffentlichen Äußerungen wurden von zahlreichen Zeitungen gebracht, kolportiert. Noch auf der Rückreise, von Bord des Schiffes, teilte Einstein der Preußischen Akademie der Wissenschaften am 28. März 1933 mit:

> „Die in Deutschland gegenwärtig herrschenden Zustände veranlassen mich, meine Stellung bei der Preußischen Akademie der Wissenschaften hiermit niederzulegen. Die Akademie hat mir 19 Jahre lang die Möglichkeit gegeben, mich frei von jeder beruflichen Verpflichtung wissenschaftlicher Arbeit zu widmen. Ich weiß, in wie hohem Maß ich ihr zu Dank verpflichtet bin. Ungern scheide ich aus ihrem Kreise auch der Anregungen und der schönen menschlichen Beziehungen wegen, die ich während dieser langen Zeit als ihr Mitglied genoß und stets hoch schätzte. Die durch meine Stellung bedingte Abhängigkeit von der Preußischen Regierung empfinde ich aber unter den gegenwärtigen Umständen als untragbar.
> Mit aller Hochachtung
> Albert Einstein“[58]

Einsteins Schreiben an die Akademie traf am 30. März ein und wurde auf der Sitzung des Plenums am selben Tag verlesen. Im Auszug aus dem Protokoll hieß es:

> „Der Vorsitzende [v. Ficker] berichtete sodann über einen Erlaß des Ministeriums vom 29. März dieses Jahres, in welchem die Akademie aufgefordert wird, zu prüfen, ob die Zeitungsnachrichten, denen zufolge Herr Einstein sich an der Deutschenhetze in Amerika und

> Frankreich beteiligt haben soll, zutreffen und gegebenenfalls das Disziplinverfahren gegen Herrn Einstein zu beantragen. Die Akademie ist der Meinung, daß durch den Austritt des Herrn Einstein sich weitere Schritte von ihrer Seite erübrigen.
> In diesem Sinne soll an das Ministerium berichtet werden."[59]

Das geschah auch noch am selben Tag. Unterschrieben hatten die kurze Mitteilung der Vorsitzende und der Jurist Ernst Heymann, Beständiger Sekretar der Philosophisch-Historischen Klasse. War damit der Fall „Einstein" erledigt? Die Mitglieder der Akademie wussten nicht, was Einstein wörtlich gesagt hatte. Was hatte die Berichterstattung daran geändert? Heymann wurde am 1. April aktiv, das Ministerium erwarte, dass die Akademie eine öffentliche Erklärung zum Fall Einstein abgebe. Der in vielen deutschen Zeitungen veröffentlichte Text Heymanns lautete:

> „Die Preußische Akademie der Wissenschaften hat mit Entrüstung von den Zeitungsnachrichten über die Beteiligung Albert Einsteins an der Greuelhetze in Amerika und Frankreich Kenntnis erhalten. Sie hat sofort Rechenschaft von ihm gefordert. Inzwischen hat Einstein seinen Austritt aus der Preußischen Akademie der Wissenschaften erklärt mit der Begründung, daß er dem Preußischen Staate unter der jetzigen Regierung nicht mehr dienen könne."

Heymann ging dann auf Einsteins Schweizer und die 1913 angenommene preußische Staatsbürgerschaft ein.

> „Die Preußische Akademie der Wissenschaften empfindet das agitatorische Auftreten Einsteins im Auslande um so schwerer, als sie und ihre Mitglieder seit alten Zeiten sich aufs engste mit dem Preußischen Staate verbunden fühlt und bei aller gebotenen strengen Zurückhaltung in politischen Fragen den nationalen Gedanken stets betont und bewahrt hat. Sie hat aus diesem Grunde keinen Anlaß den Austritt Einsteins zu bedauern.
> Für die Preußische Akademie der Wissenschaften
> Heymann
> Beständiger Sekretar"

Dieser Alleingang führte sofort zu einem Protest der Mitglieder Gottlieb Haberlandt und Max von Laue, der an von Ficker schrieb und die Einberufung einer Plenarsitzung am 6. April forderte, um „die Erklärung zur Sprache zu bringen". Er versuchte noch, Friedrich Paschen mit einem Brief vom 3. April für eine gemeinsame Erklärung zu gewinnen, die jedoch noch die nicht belegten Äußerungen Einsteins kritisierte:

> „[...] ist doch [die Preußische Akademie der Wissenschaften] keine politische, sondern eine wissenschaftliche Körperschaft und muß deshalb bei voller Anerkennung der Unvereinbarkeit der politischen Äußerungen Einsteins mit seiner bisherigen Stellung bedauern, in ihm eins der genialsten Mitglieder zu verlieren, die sie überhaupt besessen hat."[60]

Die Sitzung fand am 6. April statt, und unter 5) hieß es im Protokoll:

> „Die Akademie billigt nachträglich den Schritt des Herrn Heymann und spricht ihm den Dank für sein sachgemäßes Handeln aus. [...]
> I. Nachtrag
> Auf Wunsch von Herrn von Laue wird festgestellt, daß kein Mitglied der phys.-math. Klasse Gelegenheit gehabt hat, an der Erklärung der Akademie vom 1. April 1933 zum Fall Einstein mitzuwirken."[61]

Am 1. April offenbarte sich der antisemitische Terror, jüdische Geschäfte wurden bestreikt, zerstört, verwüstet. Am 7. April wurde das „Gesetz zur Wiederherstellung des Berufsbeamtentums" bekannt gemacht. Viele Zeitungen, so auch die „Vossische Zeitung", brachten den Text:

> „1. Beamte, die nicht arischer Abstammung sind, sind in den Ruhestand (§§ 8ff.) zu versetzen; soweit es sich um Ehrenbeamte handelt, sind sie aus dem Amtsverhältnis zu entlassen.
> 2. Vorstehender Absatz gilt nicht für Beamte, die bereits seit dem 1. August 1914 Beamte gewesen sind oder die im Weltkrieg an der Front für das Deutsche Reich oder seine Verbündeten gekämpft haben oder deren Väter oder Söhne im Weltkrieg gefallen sind." [62]

Fast alle Universitäten und Hochschulen hatten zahlreiche jüdische Lehrer, Mitglieder, die Juden waren, wie auch die Friedrich-Wilhelms-Universität, die Preußische Akademie der Wissenschaften, die Kaiser-Wilhelm-Gesellschaft zur Förderung der Wissenschaften. Max von Laue war nicht nur mit Einstein befreundet – als Direktor des KWI für Physik verlor dieser seinen Posten –, unter das Gesetz fielen auch andere Freunde und Bekannte, Max Born, James Franck, Fritz London, Peter Pringsheim und Otto Stern, auch sein Doktorand Leo Szilárd, um nur einige zu nennen. Lise Meitner hat erst nach 1933 mitgeteilt, dass sie aus einer jüdischen Familie stammt. Laue griff die Durchführung des Gesetzes an, er verteidigte Einstein, er hielt zu seinen Freunden. Es wurden turbulente Wochen und Monate. Noch wurde Laue die persönliche Gefährdung wohl nicht bewusst. Max Planck war zu dieser Zeit in Taormina auf Sizilien zur Erholung. Er wurde durch den Generaldirektor der KWG, Friedrich Glum, von den Vorgängen in Berlin unterrichtet. Am 18. April 1933 schrieb er an ihn mit einem Dank für die telegraphische Mitteilung, dass die Nachricht:

> „[…] sehr beruhigend und wohltätig war, denn gleichzeitig mit ihr fand ich hier bei meiner Ankunft einige wenig erfreuliche Berichte vor. Hr. v. Laue telegraphierte sogar: ‚Persönliche Anwesenheit dringend erwünscht.' Ich kenne aber meinen verehrten und lieben Collegen zu gut, um nicht zu wissen, daß er sehr aufgeregt und dann etwas urteilslos sein kann, und antwortete ihm brieflich, daß ich meine Reise nur dann abbreche, wenn das im Interesse der K. W. G. läge, und in dieser Beziehung würde ich mich allein durch die amtlichen Berichte von dort leiten lassen. Denn in der Akademie übernehme ich erst am 1. Mai den Vorsitz.
> Dort haben sich allerdings gelegentlich des Austritts von Einstein recht unerfreuliche Dinge abgespielt; aber wenn ich dafür die Verantwortung hätte tragen müssen, dann hätte ich diese Reise überhaupt nicht angetreten."[63]

An Max von Laue hatte er am 16. April geschrieben:

> Lieber Herr Kollege!
> Ihr Telegramm hat mir natürlich viel zu denken gegeben. Einerseits sehe ich es als selbstverständliche Pflicht an, mich zu [?] für die

> Mitwirkung an allen wichtigen Entscheidungen zur Verfügung zu stellen. Andererseits ist es praktisch eine bedeutsame Pflicht für mich, den Erholungsurlaub zur Stärkung meiner Kräfte zu benutzen, die ich für die aufregenden Wochen im Mai notwendig brauche. Nun ist es ja mir nicht bekannt, auf welche Angelegenheit sich Ihr Telegramm bezieht. Und da habe ich mir das Folgende klargemacht. Sollte die K.W.G. irgendwie ins Spiel kommen, so würde ich unbedingt meine Reise abbrechen und sogleich nach Berlin kommen. Denn hier trage ich für alles, was geschieht, die letzte Verantwortung. Aber gerade hier bin dadurch beruhigt, daß sowohl Ex. Schmidt-Ott als auch Glum als auch v. Cranach mir ausdrücklich versichert haben, daß ich in dieser Beziehung mich völlig darauf verlassen könne, von ihnen rechtzeitig benachrichtigt zu werden, im Fall meine Abreise von hier notwendig würde."[64]

Max Planck ging dann noch auf seine Verpflichtungen in der Akademie der Wissenschaften ein.
Max von Laues Stellung an der Universität ermöglichte es ihm nicht, irgendeinen Einfluss auf die nun anstehenden Entlassungen zu nehmen. Paul Peter Ewald war 1933 Rektor der Technischen Hochschule Stuttgart. Er legte am 20. April aus Protest gegen die Diffamierung der Juden sein Amt nieder. Aber wer setzte sich dann auf den Posten?[65]
Im 8. Heft der Physikalischen Zeitschrift vom 15. April 1933 gratulierte Laue seinem verehrten Lehrer zum 75. Geburtstag am 23. April für die Deutsche Physikalische Gesellschaft. Er hätte ihm gern „Otium cum dignitate" gewünscht, aber es würde ihm kaum zuteil werden, durch die Sorgen um die Zukunft der deutschen Wissenschaft und die Ämter Plancks als Präsident der KWG und Sektretar der Akademie. Der Schlusssatz lautete:

> „Wir wünschen ihm noch viele Jahre. Denn – wir brauchen ihn."[66]

Im Heft vom 21. April erschien in den „Naturwissenschaften" eine Laudatio von Fritz Haber „Zum fünfundsiebenzigsten Geburtstage des Präsidenten der Kaiser Wilhelm-Gesellschaft Max Planck". Haber würdigte Plancks Einsatz für die Gesellschaft, trotz seines hohen Alters. In seinem typischen Stil hieß es:

> „Die Leistung eines Präsidenten der Kaiser Wilhelm-Gesellschaft, der seinen Posten ausfüllt, ist die eines bedeutenden Mannes in der Stellung eines englischen Königs. Seine verfassungsmäßige Gewalt ist gering. Aber in Wahrheit ist er imstande, durch seine Persönlichkeit alles Wesentliche zu bewirken. [...]
> Es ist dem Präsidenten Planck in den drei Jahren der Weltkrise, während deren er in seinem Amte steht, unter dem Druck der wirtschaftlichen Notlage naturgemäß nicht möglich gewesen den Forschungsbereich der Gesellschaft durch den Aufbau neuer Institute zu erweitern."[67]

Dann lobte er, wie Planck es erreicht hatte, dass:

> „[...] die Kraft und Fruchtbarkeit des ganzen unvermindert dasteht."[68]

Das „Gesetz zur Wiederherstellung des Berufsbeamtentums" betraf zwei Abteilungsleiter und sechzehn Assistenten des Kaiser-Wilhelm-Instituts von Haber. Haber, der als Kriegsteilnehmer nicht unter das Gesetz fiel, versuchte das Institut zu erhalten und besonders Betroffenen finanziell zu helfen. Er rang um den Entschluss, ob er sich den Forderungen der Nationalsozialisten beugen sollte oder widerstehen könnte. Lise Meitner und Max von Laue standen ihm zur Seite bei der schwierigen Entscheidung. Sein Freund und von ihm erwählter Nachfolger, James Franck, hatte im April seine Professur in Göttingen aus Protest niedergelegt und bereitete seine Emigration vor. Haber entschloss sich am 30. April, dem Beispiel von Franck zu folgen und legte sein Amt unter deutlicher Ablehnung der nationalsozialistischen Forderungen nieder. Mit einem handschriftlichen Brief vom 2. Mai bat er Laue, ihn im Amt zu vertreten, bis Otto Hahn aus Amerika zurück wäre, der dann einspringen sollte. Fritz Haber emigrierte nach England.[69]

Am 10. Mai loderten, überwiegend in den Universitätsstädten, die Flammen der Bücherverbrennung. Studenten und andere Teilnehmer plünderten die Bibliotheken. Die Werke von jüdischen, aber auch nichtjüdischen Autoren wurden verbrannt. In Berlin fand das Spektakel gegenüber der Universität statt. Auch Einsteins Werke warf man ins Feuer.[70] Am 14. Mai schrieb Laue an den Freund, und er sah die Allmacht der nationalsozialistischen Politik voraus:

„Lieber Einstein!
Ich benutze eine Gelegenheit, Dir einen Gruss zu senden, nachdem ein Sonderdruck mit entsprechender Widmung, den ich Dir schickte, soviel ich weiss, nicht an Dich gelangt ist. Dass ich über die Ereignisse hier sehr traurig bin, brauche ich kaum zu versichern: das Schlimmste ist die vollkommene Ohnmacht etwas dagegen zu tun. Was Aufsehen erregte, verschlimmert die Lage nur.
Mit Deinem Fortgehen von hier ist mir Berlin zum großen Teil verödet, trotz Planck, Schrödinger und manchen Anderen. Aber warum musstest Du auch politisch hervortreten! Ich bin weit entfernt, Dir aus Deinen Aeußerungen einen Vorwurf zu machen.
Nur finde ich, soll sich der Gelehrte damit zurückhalten. Der politische Kampf fordert andere Methoden und andere Interessen, als die wissenschaftliche Forschung. Der Gelehrte kommt in ihm in der Regel unter die Raeder. So ist's nun auch Dir ergangen. Aus den Truemmern laesst sich, was war, nicht wieder zusammensetzen. Aber wenn wir uns auch nur noch selten sehen sollten, ich denke wir halten uns beide in gutem Angedenken.
In alter Freundschaft
Dein M. Laue“[71]

Wie deutlich die Bemerkung Laues an Einstein der Realität entsprach, bekam Planck zu spüren. Adolf Hitler gewährte am 16. Mai dem Präsidenten der Kaiser-Wilhelm-Gesellschaft, Max Planck, auf dessen Bitte hin eine Audienz. Sie verlief offenbar völlig ergebnislos. Als Planck versuchte, sich für Fritz Haber einzusetzen, wurde Hitler ausfallend und schimpfte auf die Juden, die alle Kommunisten wären. Planck zog sich zurück.[72]
Max von Laue bemühte sich, für die entlassenen Kollegen im Ausland Stellungen zu finden und schrieb am 21. Mai 1933:

„Lieber Sommerfeld!
Ich danke Ihnen für Ihre beiden Briefe; die Namen der vom ‚Beamtengesetz' Betroffenen melde ich nächste Woche, wenn wieder mehrere Listen zusammengekommen sind, erstens an P. Ehrenfest in Leiden, zweitens an den Hamburger Banquier Dr. C. Melchior (Hamburg 1 Ferdinandstr. 75). Ersterer führt die Namen einer holländischen Organisation zu, welche sich wohl bald mit dem internationalen

Hilfswerk für vertriebene Gelehrte vereinigen wird, letzterer dem Hilfswerk der deutschen Juden. Was dann weiter geschieht, kann ich zurzeit nicht sagen."[73]

Der Dialog über das politische Handeln eines Wissenschaftlers ging weiter. Einstein war noch in Oxford und schrieb am 26. Mai 1933:

> „Lieber Laue!
> Ich habe beide Exemplare Deiner schönen zusammenfassenden Arbeit erhalten und danke Dir herzlich dafür. Wie Du fühlst, kann ich mir denken. Denn diese Dinge gehen weit über das Persönliche hinaus in ihrer Bedeutung. Es ist wie eine Völkerwanderung von unten, ein Zertrampeln des Feinen durch das Rohe. Deine Ansicht, dass der naturwissenschaftliche Mensch in den politischen, d. h. menschlichen Angelegenheiten im weiteren Sinn, schweigen soll, teile ich nicht. Du siehst ja gerade an den Verhältnissen in Deutschland, wohin solche Selbstbeschränkung führt.
> Es bedeutet, die Führung den Blinden und Verantwortungslosen widerstandslos zu überlassen."[74]

Einstein erwähnte als Beispiele Giordano Bruno, Spinoza, Voltaire und Humboldt:

> „[…] ich bedauere kein Wort, was ich gesagt habe, und glaube dadurch den Menschen gedient zu haben. Glaubst Du, dass ich es bedauere, unter solchen Umständen nicht in Eurem Lande bleiben zu können? Dies wäre mir unmöglich gewesen, selbst wenn man mich in Watte gepackt hätte. Mein Gefühl warmer Freundschaft für Dich und einige wenige andere dort bleibt bestehen. Hoffentlich sehen wir uns in besseren Zeiten wieder."[75]

Dann erwähnt er eine Arbeit zusammen mit seinem Assistenten, Mayer, über eine Theorie von Dirac.[76]
Einsteins Brief wurde schnell befördert. Schon am 30. Mai antwortete Laue und setzte ihm seine Vorstellungen über den politischen Wissenschaftler auseinander:

„Ich bleibe im Übrigen dabei, daß Unsereiner sich nicht in die Politik aktiv einmischen soll. Du nennst Giordano Bruno, Spinoza, Voltaire und Humboldt als Beispiele für Gelehrte, welche es doch getan haben. Dabei übersiehst Du, soviel ich beurteilen kann, einige recht wesentliche Unterschiede. Inwieweit Giordano Bruno Gelehrter war, kann ich wegen vollständiger Unbildung, was diesen Mann anlangt, nicht sagen. Voltaire war es bestimmt nicht, selbst wenn er einige wissenschaftliche Essays geschrieben haben sollte. Bei Spinoza und Humboldt weiß ich andererseits nicht, inwiefern sie in Politik ‚gemacht' haben sollen. Aber das Alles waren doch keine Vertreter irgend einer der exakten Wissenschaften! Kannst Du mir einen Mathematiker, einen Physiker, einen Chemiker von Ruf nennen, der sich mit einigem Erfolge um Politik gekümmert hat? Diese Wissenschaftler sind nun einmal – ob man es bedauert oder nicht – weltfremd, dass sie an sich einen umfassenden Geist, der sich beruflich mit ihnen befasst, weltfremd machen. Wer über Geschichte, Ethik, Jura arbeitet, der steht dem Weltgetriebe so nahe, daß er sich recht gut darum kümmern kann. Er braucht sich dazu nicht geistig umzustellen. Aber unsereiner soll seine Hände davon lassen.
Ich kann Dir diese Unterschiede nicht besser erläutern, als an Kant und Fichte, zwei Männer, die sich geistig doch recht nahe standen. Aber der eine war ganz Gelehrter, wie unsereiner. Er kam nie auf die Idee, außerhalb seiner Philosophie wirken zu wollen, ja er hätte wohl etwas gelächelt, hätte jemand ihm dazu geraten. Der andere war ein Mann von gewaltiger ethischer Leidenschaft – dem lag es, die Reden an die deutsche Nation zu halten.
Hier ist viel Unruhe, man kommt wenig zum Arbeiten.
Mit herzlichem Gruß
Dein M. Laue"[77]

Aus Oxford bat Einstein am 7. Juni 1933 Laue, seine Streichung aus weiteren Mitgliederlisten deutscher Gesellschaften zu veranlassen:

„Lieber Laue!
Ich habe erfahren, dass meine nicht geklärten Beziehungen zu solchen deutschen Körperschaften, in deren Mitgliederverzeichnis mein Name noch steht, manchen meiner Freunde in Deutschland Ungele-

genheiten bereiten könnte. Deshalb bitte ich Dich, gelegentlich dafür zu sorgen, dass mein Name aus den Verzeichnissen dieser Körperschaften gestrichen wird. Hierzu gehört z. B. die Deutsche Physikalische Gesellschaft, die Gesellschaft des Ordens pour le merite. Ich ermächtige Dich ausdrücklich, dies für mich zu veranlassen. Dieser Weg dürfte der richtige sein, da so neue theatralische Effekte vermieden werden.
Freundlich grüsst Dich Dein
A. Einstein
P.S. Dein Büchlein über Wellenmechanik gefällt mir ausserordentlich."[78]

Im sechsten Band vom „Handbuch der Radiologie" veröffentlichte Laue einen Beitrag „Korpuskular- und Wellentheorie", den er an Einstein geschickt hatte. Einstein löste alle Bindungen an Deutschland – aber die stärkste Bindung konnte er nicht lösen – an seine Muttersprache Deutsch.
Anfang Juni trat die Politik für kurze Zeit in den Hintergrund. Laues unternahmen mit Verwandten eine Autoreise über Maulbronn in den Schwarzwald. Bereits am 14. Juni konnte Laue an Einstein melden, dass er dessen Wünsche teilweise erledigen konnte:

„Bei der gestrigen Rückkehr von einer wundervollen Auto-Fahrt nach dem südlichen Schwarzwald fand ich Deinen Brief vom 7.6. Ich habe darauf hin Deinen Austritt aus der Deutschen Physikalischen Gesellschaft dem Geschäftsführer mitgeteilt und Deinen Brief sodann an Planck weitergegeben.
So sehr ich Dir dankbar bin, daß Du uns die Lage möglichst zu erleichtern strebst, so konnte ich Beides doch nicht ohne die herzlichste Betrübnis tun. Ich hoffe, daß in nicht zu langer Zeit die Geister sich beruhigt haben werden, und daß dann die Deutsche Physikalische Gesellschaft in der einen oder anderen Form die Verbindung mit Dir wieder herstellen kann."[79]

Laues Doktorand Leo Szilárd fiel ebenfalls unter das „Beamtengesetz" und emigrierte nach England, wo er ein Geheimpatent für eine Atombombe anmeldete, dann ging er in die USA.
Trotz der politischen Repressalien: Die Physik kam für einen Wissenschaftler wie Laue an erster Stelle, wie der Brief vom 26. Juni an Einstein deutlich macht.

„Lieber Einstein!
Ich benutze eine besondere Gelegenheit, Dir diesen Brief zu senden. Er soll Dir zunächst einen herzlichen Gruß bringen. Daneben die Mitteilung, dass die Berliner Physik, trotzdem ihr noch weitere schmerzliche Verluste bevorstehen, doch in der Sache ungestört weiter geht. Im Schrödingerseminar wird munter referiert, und wir brauchen uns auch keineswegs scheuen, daselbst von Relativitätstheorie zu reden. Nicht einmal mir ist etwas widerfahren, als ich in der ersten Vorlesung dieses Semesters von der Relativitätstheorie sprach, ‚bekanntlich aus dem Hebräischen übersetzt ist'. Du verstehst wohl die Anspielung auf den ‚berühmten' Aufruf der sogenannten Studentenschaft ‚wider den undeutschen Geist'. Oder hast Du dies Prachtstück unfreiwilligen Humors nicht zu sehen bekommen?"[80]

Max von Laue fragt dann nach Einsteins Aufenthaltsort und bittet ihn indirekt, nicht wieder Politisches zu tun, denn dann würde wieder „so ungefähr die Gesamtheit der deutschen Gelehrten dafür verantwortlich gemacht werden". Er erwähnte die Hilfsunternehmungen des Auslandes und die Schwierigkeiten bei der Nachfolge für Walther Nernst.[81]

Die deutsche Bevölkerung hatte bisher keine Erfahrung mit dem Leben in einer rechtlosen Diktatur. Man wusste nicht, wie weit man mit einer Kritik, geschweige denn mit einem Widerstand ungestraft gehen konnte. Unklar war anfangs auch, ob sich Hitler länger halten könnte als seine Vorgänger. War das wieder nur eine Übergangsregierung? Ein furchtbares Beispiel sollte ein Jahr später die Rechtlosigkeit zeigen.

Im Herbst ging Planck mit seiner Frau nochmals auf Urlaub, diesmal nach Fures, und er blieb im Kontakt mit Laue, der ihm mitteilte, dass Erwin Schrödinger aus gesundheitlichen Gründen seine Professur niedergelegt hatte Am 11. September antwortete Planck:

„Besten Dank für Ihren Brief vom 9. d. M. Den Rücktritt von Schrödinger empfinde ich als eine neue schwere Wunde, die unserer Berliner Physik geschlagen wird und der wir mit aller verfügbaren Energie standhalten müssen. Soweit ich sehe, läßt sich das Unglück aber nicht vermeiden, denn wenn die entscheidenden Gründe auf

> dem Gebiet der Gesundheit und Arbeitsfähigkeit liegen, kann man nichts mehr dagegen einwenden. Hoffentlich haben sich die üblen Wirkungen dieser Angelegenheit nicht auf Ihren Gesundheitszustand geladen."

Ob aber nicht doch politische Gründe für Schrödinger ausschlaggebend waren, das wurde bereits nicht mehr einem Brief anvertraut.
Dann erwähnte Planck das Schicksal Lise Meitners an der Universität [Sie erhielt das Verbot zu Vorlesungen und durfte keine Doktoranden haben] und berichtete, dass er mit einem Mitarbeiter im Ministerium über einen freiwilligen Rücktritt von Frau Meitner gesprochen hätte.

> „Für die Leitung der Verhandlungen auf der Physikertagung in Würzburg [Laue war Vorsitzender der Deutschen Physikalischen Gesellschaft] wünsche ich Ihnen alles Gute: Gesundheit und Frische. Es ist ein Glück, für die Physik, daß Sie diesmal an der Spitze stehen. Wenn die Mehrheit wirklich so unvernünftig ist, Stark zum Vorsitzenden zu wählen, so wird sie das bald büßen müssen [...]."[82]

Die allermeisten Gesellschaften und Vereine passten sich sehr bald den politischen Forderungen der Nationalsozialisten an. Die Deutsche Physikalische Gesellschaft hatte selbstverständlich zahlreiche jüdische Mitglieder, Einstein war 1916 bis 1918 ihr Vorsitzender gewesen. Die Mitglieder Philipp Lenard und Johannes Stark hatten 1933 sofort begonnen, die nationalsozialistische Führung für ihre eigenen Ziele zu gewinnen und Stark in eine beherrschende Stellung zu lancieren, um ihren Hass auf Einstein und sein Freunde nun mit staatlicher Unterstützung durchzusetzen und eine „Deutsche Physik" zu betreiben. Dafür war die Physikertagung im Herbst 1933 ein geeigneter Zeitpunkt. Stark strebte das Amt des Vorsitzenden an, das Max von Laue innehatte. Die Tagung sollte in Würzburg stattfinden und das Thema war: Atomforschung und die Grenzen der elektrischen Messungen. Das Ehepaar Laue fuhr mit dem Steyr nach Würzburg, und das Ehepaar Grotrian begleitete sie. In Veitshöchheim wurde ein ehemaliger Kommilitone besucht, der dort als Lehrer tätig war. Am 18. September, vor dem Beginn des wissenschaftlichen Teils der Tagung, sprach zuerst Karl Mey, dann Max von Laue als Vorsitzender der DPG. In seiner Rede band er geschickt historische Rückblicke und damit verbunden indirekt und ganz direkt eine Kritik an den aktuellen Zuständen ein:

„Wenn wir uns morgen im Physikalischen Institut der hiesigen Universität versammeln, so stehen wir an historischer Stelle. In diesem Hause entdeckte Ende 1895 Wilhelm Conrad Röntgen die nach ihm benannten Strahlen. Über deren Bedeutung für die Physik und den ganzen Bereich ihrer Anwendungen zu reden, wäre überflüssig, um nicht zu sagen geschmacklos. Aber wir wollen doch der Größe der Leistung Röntgens gedenken, der zuerst mit Bewußtsein sah, und aus dem Zwielicht der Ungewißheit in die Klarheit sicherster wissenschaftlicher Erkenntnis hob, woran mancher vor ihm dicht vorübergegangen war."[83]

Damit spielte er wohl auf Lenard an, der nach Röntgens Entdeckung seine Priorität angemeldet hatte. Seine Labortagebücher zeigen jedoch deutlich, welche Schwierigkeiten er hatte, Röntgens Experiment nachzuarbeiten.

„Sodann gedenken wir an dieser Stelle des Nachfolgers von Röntgen; Willy Wien hat 17 Jahre in diesem Hause gelehrt und geforscht. Seine klassischen theoretischen Arbeiten über die Wärmestrahlung, die in der Form des Wienschen Verschiebungsgesetzes ein integrierender Bestandteil unserer Wissenschaft geworden sind, stammen aus seinen früheren Jahren, als er als junger Physiker unter Helmholtz an der Physikalisch-Technischen Reichsanstalt arbeitete."[84]

Der nächst Abschnitt würdigte die erfolgreiche Zeit Wiens in Würzburg und lobte seinen Einsatz in den vier Weltkriegsjahren mit der Entwicklung von Verstärkerröhren zusammen mit Max Seddig.

„Einen Gedenktag besonderer Art hat die Physik am 22. Juni diesen Jahres feiern können. An diesem Tage waren es 300 Jahre, daß der Prozeß Galileis vor der Inquisition endigte. Den Anlaß zu dem Prozeß gab bekanntlich die Lehre das Kopernikus über die Bewegung der Erde und der anderen Planeten um die Sonne, eine Lehre, die damals als den hergebrachten Anschauungen widerstreitend ähnliches Aufsehen und Aufregung hervorrief, wie in unserem Jahrhundert die

> Relativitätstheorie. Galilei war nicht ihr einziger, aber ihr erfolgreichster Verfechter, weil er sie durch seine wundervollen Entdeckungen der Jupitermonde, der Phasen der Venus und der Eigendrehung der Sonne so überzeugend zu stützen vermochte. Der Prozeß endigte mit der Verurteilung. Galilei mußte der Kopernikanischen Lehre abschwören und wurde zu lebenslänglichem Kerker verdammt."[85]

Laue erwähnte dann die Erleichterungen der Haft und die beiden Hauptwerke Galileis.

> „An diese Verurteilung hat sich nun die bekannte Legende geheftet, Galilei habe, während er den Widerruf der Lehre von der Bewegung beschwor und unterschrieb, gesagt: ‚Und sie bewegt sich doch.' Das ist Legende, historisch unbeweisbar und ohne innere Wahrscheinlichkeit – und doch unausrottbar im Volksmunde. Worauf beruht ihre Lebenskraft? Doch wohl darauf, daß Galilei ja bei den ganzen Prozeßverhandlungen innerlich die Frage gestellt haben muß: ‚Was soll das alles? Ob ich, ob irgendein Mensch es nun behauptet oder nicht, ob politische, ob kirchliche Macht dafür ist oder dagegen, das ändert doch nichts an den Tatsachen! Wohl kann Macht deren Erkenntnis eine Zeitlang aufhalten, aber einmal bricht diese doch durch.'"[86]

Und so ist es ja auch gekommen. Der Siegeszug der Kopernikanischen Lehre war unaufhaltsam. Selbst die Kirche, die Galilei verdammte, hat den Widerstand schließlich, wenn auch 200 Jahre später, in aller Form aufgegeben.

> „Auch später gab es für die Wissenschaft manchmal schlechte Zeiten, so in Preußen unter dem sonst so verdienten Könige Friedrich Wilhelm I. Aber bei aller Bedrückung konnten sich ihre Vertreter aufrichten an der sieghaften Gewißheit, die sich ausspricht in dem schlichten Satze: Und sie bewegt sich doch!"[87]

Als dritter Redner sprach Johannes Stark, der selbstverständlich Laues Rede heftig kritisierte, denn er bemühte sich um den Posten des Vorsitzenden. Doch er scheiterte, vielleicht, weil er am Ende seiner Rede etwas von „Gewalt anwenden" gesagt hatte. Gewählt wurde der Vorsitzende der Deutschen Gesellschaft für Technische Physik, Karl Mey. Er war so alt wie Laue und hatte in Berlin bei Emil Warburg Physik studiert. Die Forschung auf dem Glühlampengebiet bei Osram war ihm unterstellt. Auf der Tagung gab es keine Diskussionen über die Relativitätstheorie. Eigentlich sollte Werner Heisenberg die Planck-Medaille auf der Tagung verliehen bekommen, aber er war zu der Zeit nicht in Deutschland. Er erhielt sie dann auf einer Sitzung der Physikalischen Gesellschaft zu Berlin am 3. November 1933 von Max Planck überreicht.

In dem politisch turbulenten und seelisch bedrückenden Jahr war Laue dennoch wissenschaftlich tätig. Für die zweite Auflage des „Handwörterbuchs der Naturwissenschaften" bearbeitete er den Beitrag „Statistische Physik". Mit seinem ehemaligen Doktoranden Friedrich Möglich veröffentlichte Laue zudem eine Arbeit „Über das magnetische Feld in der Umgebung von Supraleitern" in den Sitzungsberichten der Akademie. Die zu klärende Frage war, wie man das magnetische Feld bei drei unterschiedlichen Versuchen – von verschiedenen Physikern – mit supraleitenden Ringen verstehen könnte und welche weiteren Experimente die Physiker zur Klärung durchführen sollten. Bei dem ersten Versuch wurde in einem supraleitenden Ring mit einem äußeren Magnetfeld ein Dauerstrom erzeugt, bei dem zweiten wurde der Ring oberhalb der Supraleitung in ein Magnetfeld gebracht und dann unter die Sprungtemperatur abgekühlt, und bei der dritten Versuchsanordnung wurde einem supraleitenden Ring von außen ein Strom zugeführt.

> „Die folgenden Ausführungen sollen die Möglichkeit zu experimentellen Untersuchungen über die Stromverteilung ergeben, indem sie für die drei genannten Versuchsarten Aussagen über das Feld machen, die der Messung zugänglich sind. Und zwar sollen sie aus der Voraussetzung, daß der Supraleiter ein vollkommener Leiter im Sinne der Maxwellschen Theorie ist, für einige typische Formen des Leiters das Magnetfeld behandeln, nämlich für die sehr lang gestreckte Schleife aus Kreisdrähten, und für den Kreisring (Torus)."[88]

Die Autoren erwähnten eine Arbeit von Gabriel Lippmann, der für das Problem die Maxwellsche Theorie angewendet hatte. Für die Lösung beschränkten Laue und Möglich die Rechnung auf den zweidimensionalen Fall. Es gelang ihnen, mit Hilfe der Maxwellschen Theorie zu einem plausiblen Ergebnis zu kommen. Das Ergebnis zeigte, dass man mit dieser klassischen Theorie auf dem richtigen Weg zur Weiterarbeit und Beschreibung der Phänomene der Supraleitung war.[89] Aber, wie bei manchen Theorien, kam man am Ende nicht zu einer endgültigen Lösung. Es vergingen viele Jahre, bis mit ganz neuen Ideen und Experimenten über den Leitungsmechanismus in Metallen und Metallverbindungen auf einem ganz anderen Weg eine Lösung gefunden wurde.

Johannes Stark hatte am 1. Mai 1933 Friedrich Paschen als Präsident der Physikalisch-Technischen Reichsanstalt verdrängt. Damit verlor Laue seinen Posten als wissenschaftlicher Berater, denn Stark hatte am 15. November an den Reichsminister des Inneren geschrieben, „daß ein erfolgreicher Einfluß auf die Betätigung der Reichsanstalt durch die zeitlich geringe Mitarbeit des Herrn von Laue nicht ausgeübt wird".[90] Er bat den Minister, den Vertrag mit Laue zum 31. März 1934 kündigen zu dürfen. Dem wurde stattgegeben. Stark organisierte die PTR nach nationalsozialistischem Muster. Doch die Experimente über die Supraleitung in der PTR interessierten ihn, sie waren ja „nichtjüdisch".
Anfang 1933 war Robert Ochsenfeld als Mitarbeiter zu Walther Meißner gekommen. Es war nur ein befristeter Vertrag, denn auch die finanzielle Situation der PTR erlaubte keine feste Anstellung. Meißner und Ochsenfeld untersuchten u. a. das Verhalten von supraleitenden Metallen wie Blei und Zinn als Einkristalle im magnetischen Feld. Mitte Oktober reichten sie ein Manuskript für die Rubrik „Kurze Originalmitteilungen" unter der Überschrift „Ein neuer Effekt bei Eintritt der Supraleitfähigkeit" bei den „Naturwissenschaften" ein.[91] Sie beschrieben, dass bei der normalen Leitung die magnetischen Feldlinien das Metall durchdringen, bei Supraleitern jedoch die Feldlinien aus dem Metall verdrängt wurden und die magnetischen Feldlinien den Supraleiter umschlossen. Diese als Meißner-Ochsenfeld-Effekt bezeichnete Entdeckung erregte großes Aufsehen unter den Physikern.
Ochsenfeld verließ 1933 die PTR. Walther Meißner folgte 1934 einem Ruf an die Technische Hochschule München und führte dort die Versuche mit seinem Mitarbeiter F. Heidenreich weiter. Meißners wissenschaftlicher Austausch mit Laue zu dem Thema wurde daher schriftlich fortgesetzt.
Ende November stellte Max Planck als „Ständiger Sekretar" der Akademie beim Ministerium einen Antrag, die durch den Rücktritt von Einstein freigewordene Stelle eines „im Hauptamt" beschäftigten Mitglieds an „ihr

Mitglied, den Prof. der theoretischen Physik Max v. Laue" mit dem entsprechenden Gehalt zu geben. Es folgte eine eingehende Begründung. Aber: Das Ministerium schwieg lange! Letztlich bekam Laue die Position nicht.[92]

Seit vielen Jahren warteten die Öffentlichkeit und viele Wissenschaftler jeweils im Spätherbst auf die Nachricht aus Stockholm, wer die Nobelpreise für Chemie, Physik und Medizin verliehen bekommt. Nach der „Machtübernahme" war das 1933 besonders interessant. Es wurden die Forschungsergebnisse von Werner Heisenberg (für 1932) sowie Erwin Schrödinger und Paul Dirac (für 1933) mit den Nobelpreisen für Physik geehrt. Max von Laue würdigte die drei in einem kurzen Aufsatz. Nach einer Einleitung mit einer Erwähnung der Arbeiten von Bohr hieß es:

> „Werner Heisenberg, neben dem man aber Max Born und Pascual Jordan nicht vergessen darf, entwarf, zunächst von dem Formalismus der Bohrschen Theorie ausgehend, ihn aber dann vollständig abstreifend, eine mathematische Atomtheorie, deren Programm unter völligem Verzicht auf Anschaulichkeit lautet: Es soll nur von Größen die Rede sein, die sich in möglicher Erfahrung wiederfinden, also z. B. von Energieniveaus, nicht von Bahnen bestimmter Form."[93]

Die genannten Forscher konnten die Energieniveaus des Wasserstoffspektrums zutreffend berechnen, und Heisenberg leitete seine „berühmte Ungenauigkeitsbeziehung" ab. Zu Schrödinger schrieb Laue von dessen Überlegung:

> „[…] de Broglies genialen Gedanken der Verknüpfung eines Wellenvorganges mit der Bewegung jeglichen Körpers auf die Bewegung in beliebigen Potentialfeldern zu verallgemeinern. So entstand eine partielle Differentialgleichung, die „Schrödingergleichung", aus der sich sicher zur größten Überraschung ihres Urhebers die wohlbekannten Energieniveaus des Balmerspektrums [d. h. des Wasserstoffspektrums] als Eigenwerte ergaben."[94]

Die Quantenmechanik von Heisenberg-Born stimmte mit Schrödingers Theorie überein, denn sie ließen sich mathematisch ineinander umformen.

„Aber beide Theorien entsprangen der Newton'schen Mechanik und genügten daher nicht der Relativitätstheorie. Das große Verdienst Paul Adrien Maurice Dirac's ist, eine Art relativistische Schrödingergleichung geschaffen zu haben."[95]

Max von Laue ging dann auf die Erklärung der Feinstruktur des Wasserstoffspektrums ein.

„Daß Dirac aus seiner Theorie das Dasein eines positiven Elektrons folgern mußte, darf nicht unerwähnt bleiben. Dies bildete lange den schwersten Einwand dagegen. Wie groß war das Staunen, als dann Anderson und andere das positive Elektron in der Wilsonkammer fanden!"[96]

Kritisch schloss Laue seine Würdigung:

„Gegenüber dieser glänzenden Entwicklung darf man nicht vergessen, daß bei allem das ‚Quantenrätsel' bestehen bleibt. Eine völlig befriedigende, in sich abgeschlossene Physik existiert zur Zeit nicht, der oft besprochene Riß zwischen Korpuskular- und Wellen-Vorstellung klafft nach wie vor."[97]

Am Ende des Jahres erschien in der italienischen Zeitschrift „Scientia" von Laue ein Aufsatz mit dem Titel „Materie und Raumerfüllung". Er ging von einem Vortrag Erwin Schrödingers zur Frage „Warum sind die Atome so klein?" aus und von Paul Ehrenfests Ansprache in Leiden zu der Frage „Warum sind die Atome so dick?". Die Aussage von Ehrenfest, dass das „Pauli-Verbot" einen anderen Aufbau der Atome nicht erlaube, erläuterte Laue an Hand der Quantenzahlen, der Begrenzung der Anzahl der Teilchen in den einzelnen Niveaus K, L, M, N und des Spin ± ½. Sein Fazit war, dass durch den Dualismus von Korpuskel- und Wellendarstellung das Ergebnis im schärfsten Widerspruch zur überkommenen Dynamik stehe. Die Bahn eines Teilchens würde dann nur ungenau bestimmbar sein.

„Daraus leitet sich dann weiter die Aussage her, dass sich überhaupt alle Naturvorgänge nur mit einer beschränkten, manchmal recht ge-

ringen Genauigkeit voraussehen lassen – also der berühmte Widerspruch gegen jegliche Kausalität. [...]
So steht also die Physik heute vor einer Aufgabe von unerhörten Schwierigkeiten. Man darf in gewissem Sinne sagen: sie ist auf einen Standpunkt weit, weit vor Galilei zurückgeworfen."[98]

Am 11. November (!!!) gab es ein „Bekenntnis der Professoren an den deutschen Universitäten und Hochschulen zu Adolf Hitler und dem nationalsozialistischen Staat" mit sehr vielen Unterschriften, aber nicht der von Max von Laue.

Unmittelbar nach der „Machtübernahme" hatte sich Johannes Stark bemüht, auch das physikalische Schrifttum unter seine Kontrolle zu bekommen. Die Physikalische Zeitschrift erschien im Verlag Hirzel in Leipzig und wagte offenbar nicht, Starks Einflussnahme abzuwehren. Max von Laue unterrichtete Arnold Sommerfeld am 10. Januar über einen Brief Arnold Berliners, der schrieb:

„Ich habe S. [Rudolf Seeliger? Karl Scheel?] geraten sich mit Ihnen in Verbindung zu setzen, um mit Ihnen zu besprechen, in welcher Weise man hier gegen das dolose [arglistige] Verhalten sowohl von Hirzel wie von Stark – der nicht etwa S. benachrichtigt hatte – vorgehen soll. Man sollte doch unter den Physikern etwas mehr Entschlossenheit gegen solche Uebergriffe zeigen als das im allg. unter den deutschen Gelehrten bisher der Fall gewesen ist. Wollen Sie nicht auch Herrn Sommerfeld dafür interessieren."[99]

Laue teilte Sommerfeld mit, dass er sich mit dem Vorsitzenden der DPG, Dr. Mey, in Verbindung gesetzt hat, da aber die DPG keine Verbindung zur Physikalischen Zeitung hätte, sähe er nicht, wie man eingreifen könnte. Am 15. Februar informierte Laue Sommerfeld:

„Dass das Kultusministerium die für mich beantragte hauptamtliche Stellung in der Akademie ohne Begründung abgelehnt hat, wissen Sie wohl schon."[100]

Der Emigrant Fritz Haber konnte in England auf Dauer nicht Fuß fassen und beschloss daher, nach Palästina zu gehen. Auf der Reise dorthin brach er am 29. Januar 1934 in Basel zusammen und starb. Im siebenten Heft der „Naturwissenschaften" vom 16. Februar 1934 wurde auf der ersten Seite ein kurzer Nachruf auf Haber von Laue veröffentlicht, der zuerst an die Feier erinnerte, die am 9. Dezember 1928 zum 60. Geburtstag des abwesenden Fritz Haber veranstaltet wurde. Vor dem Institutseingang wurde von seinen Mitarbeiterinnen und Mitarbeitern eine Linde gepflanzt. Dann würdigte Laue die Arbeiten auf den vielen Gebieten, auf denen Haber so erfolgreich geforscht hatte. Als Beispiel hob er die Trennung von Ortho- und Para-Wasserstoff durch Karl Friedrich Bonhoeffer und Paul Harteck heraus. Mit einem historischen Vergleich verurteilte Laue die Diffamierung des jüdischen Mitbürgers:

> „Am 2. Mai 1933 reichte Haber sein Abschiedsgesuch ein.
> Themistokles ist in die Geschichte eingegangen nicht als der Verbannte am Hof des Perserkönigs, sondern als der Sieger von Salamis. Haber wird in die Geschichte eingehen als der geniale Erfinder desjenigen Verfahrens, Stickstoff mit Wasserstoff zu verbinden, das der technischen Stickstoffgewinnung aus der Atmosphäre zugrunde liegt, als der Mann, der auf diese Weise, wie es bei der Überreichung des Nobelpreises an ihn hieß, ‚ein überaus wichtiges Mittel zur Hebung der Landwirtschaft und des Wohlstandes der Menschheit' schuf, der Brot aus Luft gewann und einen Triumph errang ‚im Dienste seines Landes und der Menschheit'."[101]

Abschließend zitierte er Erinnerungen der Botanikerin Margarete von Wrangell, die einige Zeit mit Haber gearbeitet hatte.[102]
Johannes Stark protestierte mit einem Brief an die Deutsche Physikalische Gesellschaft am 3. März. Haber wäre nicht von den Nationalsozialisten in die Verbannung geschickt worden.

> „Dieses unverantwortliche Vorgehen des Herrn v. Laue ist um so mehr bedauerlich und schädlich, als nahezu zu gleicher Zeit die englische Wochenschrift ‚Nature' in ähnlicher Weise das Nationalsozialistische Deutschland verleumdet."[103]

Die Preußische Akademie der Wissenschaften gedachte wie üblich im Rahmen einer Festsitzung des Verstorbenen. Der Physikochemiker Max Bodenstein hielt die Gedächtnisrede. Er erinnerte auch an Habers Einsatz im Gaskrieg.
Trotz der wissenschaftspolitischen Ungewissheit versuchte Max Planck als Präsident der KWG, das geplante KWI für Physik zur Realisierung zu bringen und schrieb in diesem Sinn an das Ministerium des Inneren am 5. März.

> „[…] für die Leitung des Instituts wäre ein wissenschaftlicher Forscher ersten Ranges vorhanden, der Direktor des Physikalischen Instituts an der Universität Leipzig, Professor Peter Debye, in voller Schaffenskraft stehend […]".[104]

Offenbar hatten sich Planck und Laue über die Frage der Besetzung des Direktorenpostens ausgesprochen.
Max von Laue erhielt vom Ministerium die Genehmigung, einer Einladung von Frederick Lindemann nach Oxford folgen zu dürfen. Der gebürtige Engländer hatte bei Nernst promoviert und war 1914 nach England zurückgekehrt. Er war ab 1919 Professor an der Universität Oxford. Laue besuchte ihn im März. Er war nicht nur mit Lindemann zusammen, er traf auch Schrödinger und mit ihm Fritz London, der ebenfalls eine Theorie der Supraleitung auf der Basis der Maxwellschen Theorie entwickelt hatte. Das führte zu einer intensiven Korrespondenz im Jahr 1935. Nach dem Besuch schrieb Laue neun Mal an Fritz London, der sieben Mal antwortete. Doch noch gab es keine Erklärung über das Verhalten der Elektronen im supraleitenden Zustand. Die Theorie der Abhängigkeit der Leitfähigkeit von der Temperatur von Felix Bloch mit der Annahme eines „Elektronengases" war nicht auf die Supraleitung zu übertragen.[105]
Die persönliche Überwachung in Deutschland nahm zu. Max von Laue muss das gespürt haben, wie aus einem Brief von Max Planck vom 22. März hervorgeht:

> „Lieber Kollege!
> Ihr Brief vom 20. d. M. hat mir in seinem ersten Teil viel Freude gemacht, im zweiten allerdings um so weniger. Inzwischen werden Sie als erste Antwort darauf mein Telegramm empfangen haben

mit dem von Ihnen mir anheimgestellten Inhalt. Ich kann ja nur durchaus nicht voraussehen, ob und wie man gegen Sie vorgehen wird, da ich, wie Sie wissen, keine Beziehungen zu den maßgebenden Stellen habe. Aber das Eine kann ich Ihnen mit voller Sicherheit sagen, daß ich in Ihrer Lage keinen Augenblick zögern würde, meine Rückkehr nach Berlin dadurch nicht im mindesten beeinflussen zu lassen, daß Jemand von der Partei irgendwo vorgesprochen hat. Nach allen meinen Erfahrungen würde jede von Ihnen ergriffene Vorsichtsmaßregel als Zeichen eines schlechten Gewissens Ihrerseits gedeutet werden, und diejenigen, welche Ihnen etwa übel gesinnt sind, würden, sobald sie etwas von Unsicherheit bei Ihnen zu entdecken glauben, sofort dreister werden und dadurch an Terrain gewinnen. Meine Maxime ist immer: jeden Schritt vorher überlegen, dann aber, wenn man ihn verantworten zu können glaubt, sich nichts gefallen zu lassen. Ich hoffe nur, dass die Ferienerholung schließlich doch die stärkere Wirkung auf Sie ausübt, und daß Sie erfrischt nach Haus zurückkehren. Was später geschieht, werden wir ja sehen. Am 10. April bin ich wieder in Berlin."[106]

Der Brief an Planck ist nicht erhalten, und so kann man nur vermuten, ob und welche Verdächtigungen Laue erlebt hatte, von denen er Planck berichtete. Die Antwort von Planck sollte beruhigend wirken, aber konnte sie das bei dem zunehmenden Terror? Max von Laue war ganz deutlich ein Gegner des Hitler-Regimes und damit ein Ziel für Angriffe. Schon das Klingeln eines SA-Mannes in Uniform an der Haustür konnte beunruhigend wirken. Anfangs durchsuchten SA-Männer ohne Genehmigung Briefkästen auf „verdächtige Post".[107]
Im nächsten Brief vom 31. März von Planck an Laue, wieder aus Cannero, ging es um eine Unterschriftensammlung für den unter das „Beamtengesetz" fallenden und entlassenen Göttinger Mathematiker Richard Courant. Planck konnte sich nicht entschließen, die vorgelegte Erklärung zu unterzeichnen, er wollte das mit Laue in Berlin besprechen und lud ihn zum Tee um 5 Uhr am 9. April; er würde sich freuen, wenn Frau Laue mitkäme.[108]

Zusammen mit Eduard Justi, dem späteren Nachfolger Meißners in der PTR, griff Laue eine Veröffentlichung von Paul Ehrenfest über „Phasengleichgewichte" auf. Das thermodynamische Problem war reizvoll, denn die spezifische Wärme von flüssigem Helium zeigt bei etwas mehr als 2O K einen drastischen Anstieg, gefolgt von einem Abfall. Messungen an festem Methan ergaben einen ähnlichen Effekt, wie Klaus Clusius und Albert Perlick zeigten. Justi hatte Messungen mit Sauerstoff gemacht und ebenfalls solche Phänomene beobachtet. So kamen sie zu dem Ergebnis:

> „Wir möchten aus diesen Tatsachen entnehmen, daß Gleichgewichte dritter Art wirklich vorkommen. Hingegen halten wir die Gleichgewichte zweiter Art, falls sie überhaupt existieren, für unbeobachtbar, weil die eine der beiden Umwandlungen bei ihnen einen Widerspruch gegen den zweiten Hauptsatz enthielte."[109]

Mehr und mehr wurden bewährte Personen aus ihren Ämtern verdrängt und Nationalsozialisten nahmen ihre Posten ein. Der Staatsminister a. D. Friedrich Schmidt-Ott leitete zusammen mit Fritz Haber die „Notgemeinschaft der Deutschen Wissenschaft". Er wurde vom Minister Bernhard Rust auf Wunsch Adolf Hitlers durch Johannes Stark ersetzt, wie ihm bei einer Unterredung am 23. Juni mitgeteilt wurde. Aber im Entlassungsschreiben vom gleichen Tag hieß es: „Ihrem Wunsche entsprechend habe ich Sie von Ihrem Amte als Präsident der Notgemeinschaft d. d. W. entbunden."[110]
Max von Laue schrieb an Schmidt-Ott am 27. Juni 1934:

> „Euer Excellenz!
> Mit tiefem Bedauern habe ich von Ihrem Rücktritt vom Präsidium der Notgemeinschaft gehört. Die überwiegende Mehrzahl der deutschen Physiker, insbesondere die Mitglieder des physikalischen Fachausschußes, teilen dies Bedauern. Denn Sie haben Ihr Amt in fast 15 Jahren in einer Weise geführt, die es jedem Nachfolger schwer macht, Ihnen gleich zu kommen. Unter den jetzigen Umständen noch dazu wird der Wechsel im Präsidium, fürchte ich, den Auftakt bilden zu schweren Zeiten für die deutsche Wissenschaft, und die Physik wird wohl den ersten und schwersten Stoß zu erleiden haben."[111]

Die Rechtlosigkeit und Brutalität des Staates zeigte sich bald. Ein parteipolitisches Problem der Nationalsozialisten wurde durch Hitler am 30. Juni 1934 brutal und grausam gelöst. Er hatte 1931 den ehemaligen Berufsoffi-

zier Ernst Röhm, der die NSDAP bereits in Bayern unterstützt hatte, zum Obersten Stabschef der SA ernannt, die 4½ Millionen Mitglieder zählte. Sie war berüchtigt für ihre brutalen Übergriffe, insbesondere auf Kommunisten. Nach und nach wurden Hitler und Röhm in der Partei zu Rivalen. Auf Anweisung Hitlers wurden am 30. Juni und 1. Juli Röhm und weitere hohe SA-Führer verhaftet und ermordet. Offiziell wurde ihnen ein Putschversuch nachgesagt, an dem angeblich auch Kurt von Schleicher beteiligt gewesen sein sollte. Er und seine Frau wurden in ihrem Haus erschossen. Amtlicherseits wurden 77 Hinrichtungen angegeben, aber die wirkliche Anzahl lag weit höher. Keiner der Mörder des Röhm-Putsches wurde vor Gericht gestellt.[112]
Die politischen Verhältnisse blieben nicht ohne Wirkung auf Laue und seine wissenschaftliche Arbeit, wie eine Veröffentlichung im 26. Heft der „Naturwissenschaften" über „Heisenbergs Ungenauigkeitsbeziehungen und ihre erkenntnistheoretische Bedeutung" zeigt. Der Stil ist von einer inneren Spannung geprägt, es ist wenig von einer philosophischen Abgeklärtheit zu spüren. Laue knüpfte an seine „Erörterungen über Kausalität" vor zwei Jahren an. Dann untersuchte er die „Rückwirkung der Messung":

> „Trotzdem glaube ich nicht, daß die angeführte Überlegung eine der Erkenntnis überhaupt unübersteigliche Grenze zeigt. Diesem Schluß liegt nämlich die stillschweigend gemachte Voraussetzung zugrunde: Zur Eröffnung neuer Meßmöglichkeiten gehören ***notwendig*** neue experimentelle Hilfsmittel."[113]

Nur wer dies annehme, könne weiter folgern:

> „Da wir jetzt bei den feinsten Hilfsmitteln, den Atomen selbst, angelangt sind, können wir niemals weiterkommen. Ist nun diese Voraussetzung richtig?"[114]

Ein historischer Einschub über die Geräte der Versuche von Heinrich Hertz folgte und ein Beispiel aus der Messtechnik, der Prüfung und möglichen Eichung von Voltmetern.

> „Es erscheint überhaupt bedenklich, aus dem jetzigen Stande des physikalischen Wissens allzu weitgehende, das Erkenntnistheoretische

berührende Schlüsse zu ziehen. Ganz abgesehen von den grundsätzlichen Bedenken, das Prinzip der Erforschbarkeit der Natur deswegen aufzugeben, weil man es bisher nicht vollständig anzuwenden verstanden hat, müßte man dazu doch mindestens von einer Grundlage ausgehen, die in sich logisch gefestigt ist und keine inneren Widersprüche enthält. Das läßt sich von der heutigen Physik leider nicht behaupten."[115]

Dann behandelte er kritisch das Problem der Raumerfüllung:

„Die althergebrachte Vorstellung von der Raumerfüllung der Materie verträgt sich nicht mit der Annahme kleinster Partikeln, und doch steht in der heutigen Physik beides nebeneinander. [...]
Und damit spricht man schon von kleineren als dem ‚kleinsten' Teilchen."[116]

Laue betonte, dass sich seine Ausführungen nicht gegen die heutige Quanten- und Atomtheorie wenden.

„Nur gegen den Schluß wenden wir uns, daß auch veränderte Fragestellung nie zu vollem, kausalem Verständnis der physikalischen Vorgänge führen kann. ***Die Ungenauigkeitsbeziehungen setzen – das ist meine Auffassung – jeder korpuskularen Mechanik eine Grenze, nicht aber jeder physikalischen Erkenntnis.***"[117]

Er fragte schließlich:

„Wann eigentlich soll die Kausalität als ‚empirisch bewiesen' gelten? Etwa, wenn das letzte naturwissenschaftliche Problem restlos gelöst ist?"[118]

Am Ende wandte er sich gegen den Kulturpessimismus.[119] Wenn in Deutschland schon eine moralisch-politische „Unbestimmtheit" regiere, so fordere er doch in der Physik eine feste Grundlage.
Wenige Monate nach Laues Veröffentlichung erschien dazu in den „Naturwissenschaften" eine Stellungnahme Richard Edler von Mises' aus Istanbul, wohin er emigriert war. Er lobte zuerst Laues Ausführungen, um dann einzelne Punkte zu besprechen:

> „Aber v. Laue vertritt, wenn ich ihn recht verstehe, auch den Standpunkt, man könne trotz der Ungenauigkeitsrelation der deterministischen Auffassung der Physik treu bleiben: ‚... gegen den Schluß wenden wir uns, daß auch veränderte Fragestellung ***nie*** zu vollem kausalen Verständnis der physikalischen Vorgänge kommen kann.' Hierzu möchte ich nur sagen, daß man meiner Ansicht nach die Heisenbergsche Ungenauigkeitsrelation ***überhaupt nur als einen Satz der statistischen Physik*** aussprechen kann, der im Rahmen einer kausalen Auffassung der Physik keinen Platz und keine Möglichkeit findet."[120]

Es folgte eine Art kritische Wortanalyse über „Fehler bei einer Messung", „Ungenauigkeit", „wahrer Wert". Die Heisenbergsche Relation sage nichts über den wahren Wert, den Fehler aus.

> „Sondern sie besagt, daß das Produkt der ***Streuungen*** der beiden Beobachtungsreihen einen Mindestwert besitzt."[121]

Über die Art einer Mittelwertbildung hieß es, die Heisenbergsche Ungleichung sage lediglich

> „[...] etwas aus über das ***durchschnittliche Verhalten*** sehr vieler (theoretisch: unendlich vieler) Messungen. Gibt man dagegen den Standpunkt auf, daß die Messungen ein Kollektiv bilden, so gibt es keine Verteilung, keine Streuung und daher keine Ungenauigkeitsbeziehung.
> Sehr gerne stimme ich auch der von v. Laue ausgesprochenen Ablehnung des ‚Ignorabimus' zu. Aber ich glaube, man wird sich daran gewöhnen müssen, daß die Annahme statistischer Erklärungen statt kausaler keinen Verzicht auf Erkenntnis, sondern nur eine andere und vielleicht fortgeschrittenere Art der Erkenntnis bedeutet."[122]

Gelegentlich nahmen ausländische Besucher Laues Post für Einstein mit. Dann konnte er ohne Sorge vor einer Zensur oder Schlimmerem schreiben. Am 22. August ergab sich so eine Gelegenheit. Er schickte Einstein seine Kritik an Heisenbergs Ungenauigkeitsrelation und bemerkte:

> „Wir erleben hier allerhand, auch erfreuliches. Dazu rechne ich z. B. das Abstimmungsergebnis in 4 deutschen Akademien über die Ernennung Robustis [Stark] zum Präsidenten der Notgemeinschaft. Sie stimmten mit fast allen Stimmen dagegen, nur in Heidelberg scheint es anders gegangen zu sein. Natürlich nutzt das für den Augenblick garnichts. Aber es ist ja noch nicht aller Tage Abend."[123]

Er erwähnte noch, dass seine eigene Stellung gefährdet sei, denn Planck und er hätten Starks Aufforderung, gegen die Annahme eines Nobelpreises für Deutsche zu stimmen, abgelehnt.[124]
Auch 1934 gab es eine Tagung der deutschen Physiker und Mathematiker. Sie fand vom 10. bis 15. September in Bad Pyrmont statt. Zwei Hauptthemen aus der Experimentalphysik standen auf dem Programm: „Tiefe Temperaturen" und „Physik der Atome und Kerne". Zum ersten Thema wurden sechs zusammenfassende Vorträge gehalten, daran schlossen sich nochmals sechs Vorträge zu Einzelthemen an. Walther Meißner gab im ersten Teil einen „Bericht über neuere Arbeiten zur Supraleitfähigkeit" der verschiedenen nationalen Forschergruppen. Die Skala der supraleitenden Elemente und Legierungen war erweitert worden. Bei dem Bericht über den Zusammenhang von magnetischem Feld und Supraleitung erwähnte Meißner Laues Aussage:

> „Maßgebend für das Verschwinden der Supraleitung ist die größte tangentiale Komponente des Magnetfeldes."[125]

Meißner erwähnte die positive Prüfung dieser Aussage durch eine Forschergruppe in Leiden mit Wander Johannes de Haas, Jacob Voogd und Josina M. Casimir-Jonker, doch es gäbe noch Abweichungen. Sie nahmen Übergangskurven bei Zinn mit einem transversalen Magnetfeld auf und erhielten eine Hysterese.[126]

Am 22. Oktober wurde Max von Laue als Beamter auf den „Führer" Adolf Hitler verpflichtet. Die politische Überwachung der Dozenten an den Hochschulen und Universitäten durch Studenten gehörte zum nationalsozialistischen Staat. Es wurden Listen angelegt, so am 21. Dezember 1934. Die Beurteilung Laues lautete:

„Max von Laue ist in wissenschaftlicher Hinsicht hervorragend, pädagogisch weniger befähigt. Über seine politische Haltung ist nichts bekannt."[127]

Das Reichsministerium für Wissenschaft, Erziehung und Volksbildung war da ganz anderer Meinung! Wie man überwacht und bevormundet wurde zeigte sich bald.
Max von Laue hatte in der „Deutschen Medizinischen Wochenschrift" einen längeren Aufsatz „Aus dem Wirken der Kaiser-Wilhelm-Gesellschaft" geschrieben, der im September veröffentlicht wurde und zunächst die geringere Popularität der Gesellschaft gegenüber den Universitäten erwähnt. Er als Physiker bat den Leser um Verständnis, dass er nicht auf die biologischen und geisteswissenschaftlichen Institute eingehen würde.

„Wir zählen zunächst einmal die in Betracht kommenden Institute auf: Es besteht in Berlin-Dahlem ein Kaiser-Wilhelm-Institut für Chemie, es bestand bis 1933 daselbst eins für physikalische und Elektrochemie. In Göttingen besteht ein Kaiser-Wilhelm-Institut für Strömungsforschung, verbunden mit einer aerodynamischen Versuchsanstalt [...]."[128]

Die weitere Aufzählung der Institute wurde durch einen längeren Abschnitt über die Anwendung von Röntgenstrahlen auf sehr verschiedenen Forschungsgebieten, wie der Metall- und Faserstoff-Untersuchung und der Entdeckung von Elementen, z. B. des Rheniums, unterbrochen. Er zitierte Ludwig Boltzmann:

„Es gibt auf der ganzen Welt nichts Praktischeres als eine – richtige – Theorie."[129]

Ein wenig weg vom Thema führte die folgende Passage, die auch als Laues Lebensmaxime gedeutet werden kann:

„Das tägliche Brot, dies im weitesten Sinne verstanden, ist wichtig; und doch lebt der Mensch nicht vom Brot allein. Sein Leben muß einen Inhalt haben. ‚Wozu nützt', so fragt Boltzmann, die bloße Förderung des Lebens durch Gewinnung praktischer Vorteile auf Kos-

> ten dessen, was es allein lebenswert macht, der Pflege des Idealen?' Und ***ein*** Inhalt ist die Wissenschaft. ***Darin*** sehen wir Gelehrte ihren Rang und ihre Würde, ***darum*** schätzen wir Entdeckungen, wie etwa die beiden von J. Stark gefundenen spektroskopischen Linienaufspaltungen, für die keinerlei praktische Anwendung zur Zeit auch nur in Aussicht steht, so hoch, weil sie uns unseren Lebensinhalt bereichern. Man sage nicht, das sei Sache eines kleinen Kreises von Fachleuten. Was heute die Wissenschaftler von Beruf beschäftigt, dringt allmählich in das ganze Volk."[130]

Max von Laue ging noch auf das 1917 gegründete KWI für Physik – ohne Einstein zu erwähnen – ein, das aber nur einen Fonds zur Unterstützung physikalischer Arbeiten an anderen Instituten verwaltet. Er hoffe, dass das Institut bald Wirklichkeit würde und ein Hort der Theorie werde.[131] Das Reichsministerium für Wissenschaft, Erziehung und Volksbildung schrieb acht Tage nach dem Erscheinen der Zeitung:

> „An Herrn Professor Dr. M. v. Laue durch den Herrn Rektor der Universität Berlin
> An den Herrn Präsidenten der Kaiser Wilhelm-Gesellschaft in Berlin"[132]

Anlass der Beschwerde war Laues Bemerkung über das KWI für physikalische Chemie und Elektrochemie:

> „Die das Kaiser Wilhelm Institut für physikalische Chemie und Elektrochemie betreffende Behauptung ist objektiv unrichtig. Sie ist auch geeignet, in beteiligten Kreisen ein falsches Bild über die von mir im Staatsinteresse getroffenen Maßnahmen hervorzurufen.
> Es kann Ihnen nicht unbekannt sein, daß das Institut nach wie vor besteht, daß lediglich der bisherige Direktor ausgeschieden ist und daß dessen Stelle kommissarisch von einem der drei Abteilungsleiter verwaltet wird.
> Sie haben als Staatsbeamter die Pflicht, die Maßnahmen des Staates in jeder Beziehung zu fördern und alles zu vermeiden, was ihnen abträglich sein kann.
> Ich ersuche sie daher um sofortigen Bericht, wie es zu der falschen Darstellung in Ihrem Aufsatz kommen konnte. Zugleich ersuche

> ich, Ihre Angaben umgehend in der gleichen Zeitschrift und an der gleichen Stelle richtig zu stellen."[133]

An den Präsidenten der KWG erging folgende Aufforderung:

> „Ich ersuche um Mitteilung, ob Sie (oder die Verwaltung der K.W.G.) von dem Aufsatz des Professors von Laue Kenntnis hatten, ob Sie ihn billigten und ob Sie auch ihrerseits der unrichtigen Darstellung von Laues in einer geeigneten Veröffentlichung entgegenzutreten gedenken.
> Gezeichnet: Bachér."[134]

Franz Bachér war Privatdozent für organische Chemie in Rostock und hatte sich 1933 den Nationalsozialisten, der NSDAP und der SS angeschlossen. Zum Zeitpunkt des Briefes an Planck war er Führer der Dozentenschaft an der Universität Rostock, dann an der Technischen Hochschule Berlin-Charlottenburg Professor und stellvertretender Leiter der Hochschulabteilung des Ministeriums für Erziehung, Wissenschaft und Volksbildung, später ihr Leiter. Es war also ein gefährlicher Angriff. Die Erwiderung von Planck an den Reichsminister vom 2. Oktober ist als handschriftlicher Entwurf erhalten:

> „[...] erwidere ich ergebenst, daß ich gewöhnlich [?] vor dem Erscheinen [?] Aufsatz des Hrn. Prof. v. Laue ‚Aus dem Wirken der K.W.G.' Kenntnis hatte und dessen Inhalt im Allgemeinen gebilligt habe. Doch ist die darin enthaltene auf das K.W. Institut für physikalische Chemie und Elektrochemie bezügliche Bemerkung sachlich unzutreffend und kann zu falscher Deutung Anlaß geben. Ich habe daher Hrn. v. Laue auf diesen Punkt aufmerksam gemacht, und Hr. v. Laue hat mir die Zusage gegeben, daß er demnächst eine entsprechende Berichtigung an der gleichen Stelle veröffentlichen wird."[135]

Auf dem Briefentwurf vermerkte Friedrich Glum, der Generaldirektor der KWG, dass er und die Generalverwaltung keine Verantwortung für Laues Text hätten, man wollte also damit nichts zu tun haben:

> „(Ich bemerke, daß weder Herr v. Cranach noch Herr Telschow noch ich den Aufsatz vor Erscheinen gesehen haben. Glum)"[136]

Am 6. Oktober rügte das Ministerium die Haltung Plancks:

> „Ich habe von Ihrem Schreiben vom 2. Oktober 1934 in der Angelegenheit von Laue, Aufsatz über die Kaiser Wilhelm-Gesellschaft, insbesondere von Ihrer Veranlassung gegenüber dem Professor von Laue Kenntnis genommen. Bei Ihrer vorherigen Kenntnis des Aufsatzes hätte ich von Ihnen als Präsidenten der Kaiser Wilhelm-Gesellschaft erwarten müssen, daß Sie von vornherein gegen den beanstandeten Satz Stellung genommen und seine Aufnahme verhindert hätten."[137]

Am selben Tag wurde vom Ministerium an Laue geschrieben:

> „Ich habe von Ihrem Schreiben vom 30. September 1934 Kenntnis genommen. Die von Ihnen gewählte Form der Berichtigung reicht noch nicht aus, um etwaige Mißdeutungen völlig auszuschließen. Ich ersuche deshalb, ihr die Fassung zu geben:
> ‚Der … Satz muss richtig heißen: es besteht in Berlin-Dahlem ein Kaiser Wilhelm Institut für Chemie, sowie eins für physikalische und Elektrochemie; die Direktorenstelle des letzteren wird seit November 1933 kommissarisch verwaltet.'
> Im übrigen vermisse ich noch die Beantwortung meiner Frage, wie Sie zu Ihrer früheren falschen Darstellung gekommen sind."[138]

Sollte die geforderte Änderung die Machtfülle des Ministeriums zeigen, sollte sie andere Autoren davon abschrecken, Ähnliches zu veröffentlichen? Sollte das ein Beispiel sein, wie die Nationalsozialisten mit weltbekannten Wissenschaftlern, Nobelpreisträgern umgehen? War man im Ministerium der Meinung, dass diese Art von Bevormundung nicht nur bei den Betroffenen einen Ansporn zur Mitarbeit bewirkt, allgemein die Forschung im „Dritten Reich" fördert? Manche Autoren waren bemüht, sich durch Angriffe auf Einstein und Verleugnungen dem Regime anzudienen, und einige wissenschaftliche Zeitschriften druckten solche Beiträge ab.[139]

An der Friedrich-Wilhelms-Universität las Arthur Wehnelt, der Mitglied der NSDAP war, Experimentalphysik. Über die Nachfolge von Erwin Schrödinger war noch nicht entschieden worden.[140]

Das Ehepaar Laue musste, wie damals auch andere Eltern, den Kindern den verordneten Beitritt zu einer nationalsozialistischen Jugendorganisation erlauben, sollten sie nicht die höhere Schulbildung und damit die Möglichkeit eines Studiums verlieren. Doch über Politik wurde mit ihnen aus Gründen der Sicherheit kaum gesprochen.[141]

Die Kaiser-Wilhelm-Gesellschaft beschloss, zusammen mit der Gesellschaft Deutscher Chemiker und der Deutschen Physikalischen Gesellschaft ein Jahr nach dem Tod von Fritz Haber eine Trauerfeier im Harnack-Haus zu veranstalten, wie sie bei einem solchen Anlass üblich war. Planck bemühte sich um die Genehmigung, obwohl er durch den Rektor der Berliner Universität in Kenntnis gesetzt worden war, dass man das als „eine Herausforderung des nationalsozialistischen Staates bezeichnet […].“ Planck wandte sich an den Minister Bernhard Rust, um eine Genehmigung zu erhalten. Er verteidigte Habers Brief mit dessen Bitte um Entlassung und gab zu bedenken, dass ein Verbot der Trauerfeier von übelwollender Seite als ein Zeichen der Schwäche gedeutet werden könnte, auch verwies er auf eine geplante Feier zu Ehren Habers in England. Planck betonte, dass die KWG häufig genug ihre positive Einstellung zum heutigen Staat und ihr Treuebekenntnis zum Führer durch Wort und Tat gezeigt hätte.
Trotzdem wurde Beamten, also auch den Professoren, die Teilnahme verboten. Karl Friedrich Bonhoeffer wagte nicht, aus Leipzig zu kommen. Otto Hahn verlas dessen Rede, die keinerlei politische Aussagen enthielt. Lise Meitner, Max Delbrück und Fritz Straßmann nahmen an der Feier teil. Wie bei Trauerfeiern üblich, waren die Tragik des Todes und die Verdienste des Lebenden die Themen, nicht der politisch-rassistische Grund von Habers Emigration.[142] Es wurden nach der Veranstaltung weder öffentliche noch amtliche Schritte gegen die Redner und Teilnehmer vom Ministerium unternommen. Max von Laue hatte nicht gewagt, zur Feier zu gehen, denn er hatte auf dem Weg zum Harnack-Haus Ludwig August Sommer gesehen, der ihm nicht wohlgesonnen war, und fürchtete eine Anzeige.[143]
Die Realisierung des KWI für Physik rückte näher. Max Planck konnte am 11. Februar 1935 Peter Debye über den entscheidenden Fortschritt informieren:

„Ich kann Ihnen heute eine erfreuliche Mitteilung machen, daß die bestehenden Schwierigkeiten wegen des Baues des Kaiser-Wilhelm-Instituts für Physik nunmehr behoben sein dürften. Denn erstens hat die Rockefeller-Foundation erklärt, daß sie bereit sei, den Betrag von 360 000,- $ den sie seinerzeit zur Verfügung stellen wollte, zu zahlen und zweitens sind die Bedingungen, die sie an diese Zahlungen geknüpft hat, inzwischen erfüllt worden."[144]

Carl Sattler sollte den Bau nach Debyes Wünschen planen. Wie Laue darauf reagierte, ist nicht belegt.[145]

Trotz aller politischen Belastungen ging die wissenschaftliche Arbeit für Laue weiter. Im März reichte er bei den „Annalen der Physik" ein längeres Manuskript ein. Es war der Versuch, den Einfluss eines Magnetfeldes auf die Wärmeleitung und Reibung in paramagnetischen Gasen theoretisch zu klären. Der Ausgangspunkt waren Messungen der Verminderung der Wärmeleitfähigkeit von Sauerstoff und Stickoxid sowie Mischungen der beiden Gase durch ein starkes Magnetfeld. Hermann Senftleben und sein Mitarbeiter sowie andere Physiker hatten den recht schwachen Effekt untersucht. Max von Laue bemerkte einleitend:

„Über die Ursache ist zurzeit nichts bekannt; sie muß wohl darin liegen, daß das Magnetfeld beim Stoß zwischen zwei Molekülen die Übertragung von Impuls und Energie beeinflußt. Können wir auch diesen wesentlichsten Punkt nicht aufklären, so gestatten doch die Symmetriebetrachtungen im I. Teil Aussagen über die Abhängigkeit der Wärmeleitung von der Richtung des Feldes gegenüber dem Temperaturgefälle, sowie entsprechende Richtungsaussagen für die Reibung."[146]

Das Ergebnis der umfassenden Rechnungen und Betrachtungen führte nicht zu dem erhofften Erfolg:

„Wir kommen somit zu dem schon in der Einleitung angekündigten Ergebnis, daß Wärmeleitung und Reibung von verschiedenen Koeffizienten der genannten Reihe abhängen, daß daher kein einfacher Zusammenhang zwischen der magnetischen Beeinflußung beider Erscheinungen zu erwarten ist."[147]

Bereits am 22. Mai wurde das nächste Manuskript eingereicht, diesmal für die „Naturwissenschaften" mit dem Titel „Der optische Reziprozitätssatz in Anwendung auf die Röntgenstrahlinterferenzen". Einen Tag zuvor hatte er in der Deutschen Physikalischen Gesellschaft darüber vorgetragen. Es ging um die Anwendung der Maxwellschen Theorie. Hendrik Antoon Lorentz hatte 1905 bewiesen, dass man die Lichtquelle und den Aufpunkt vertauschen kann, ohne dass sich dabei die Intensität ändert.

> „Da man das Wellenfeld im Raumgitter der Krystalle aus der dynamischen Theorie der Röntgenstrahlinterferenzen für den Fall der ***Ein***strahlung kennt, liefert der Satz Aussagen über die aus dem Krystall ***aus***tretende Strahlung, sofern ein Atom strahlt."[148]

Im zweiten Fall ist also das Atom im Kristall die Strahlungsquelle. Die dazu gehörenden Experimente, die Einstrahlung von Elektronen auf Kristalle, wurden in späteren Arbeiten Laues behandelt. In der theoretischen Betrachtung behandelte Laue einen einfallenden Strahl, der einen ins Innere fortschreitenden Strahl erzeugt, und einen anderen, wieder austretenden Strahl (Braggfall). Die bisherigen Versuche zeigten aber keine genügende Richtungsauflösung. Der Autor gab an, dass eine ausführliche Veröffentlichung in den Annalen der Physik erscheinen würde.[149]

Daneben arbeitete Laue auf einem ganz anderen physikalischen Gebiet, denn im Juni wurde eine Arbeit bei der Redaktion der Physikalischen Zeitschrift mit dem Titel „Zur Theorie der Supraleitung" eingereicht. Sie hatte drei Autoren: Max von Laue aus Berlin sowie Fritz und Heinz London aus Oxford. Fritz London hatte bereits wesentliche Arbeiten über Spek-tren und zur Quantenchemie veröffentlicht, bevor er sich mit der Supraleitung beschäftigte. Er wurde in Breslau 1900 geboren und war nach der Promotion bei Sommerfeld bei Paul Peter Ewald und von 1928 bis 1933 Assistent von Erwin Schrödinger in Berlin gewesen. Er und sein jüngerer Bruder Heinz, auch ein Physiker, emigrierten 1933 nach England. So konnte die gemeinsame Veröffentlichung von Laue mit Emigranten wieder als „Ungehorsam" gegen das nationalsozialistische Regime gewertet werden. Die Supraleitungstheorie von Fritz London wurde zur Klärung des Problems der Wärmeerzeugung bei einem stationären Strom im Supraleiter angewandt. Folgendes wurde angenommen:

„Das Vorhandensein eines elektrischen Feldes im Supra-Leiter bedingt das Auftreten einer Wärmeentwicklung entsprechend der Jouleschen Wärme, wenigstens kennt man keine andere Energieform, die hier in Frage käme."[150]

Auch die Annahme vom Sitz der Wärmequellen genau auf der Oberfläche des Supraleiters führte zu keinem Ergebnis. Ebenso ergab die mathematische Behandlung eines rohrförmigen Supraleiters keinen Hinweis. Eine vier-dimensionale Betrachtung führte ebenfalls zu keiner Klärung. Die Autoren bekannten:

„Gegenwärtig ist unsere Kenntnis des supraleitenden Zustandes noch zu unvollständig, um bereits eine Entscheidung zwischen beiden Formulierungen treffen zu können [...]."[151]

Während der Semesterferien, am 31. August, erhielten die Universitätsangehörigen vom Verwaltungsdirektor die Aufforderung, bis zum 20. September nähere Angaben über ihre Mitgliedschaft in der NSDAP zu machen. Max von Laue war nie Mitglied. Sehr wahrscheinlich ahnten manche offenen oder heimlichen Gegner des Regimes, dass sie bei ihren Vorlesungen überwacht wurden. Laue hatte in seiner Spezialvorlesung stets nur wenige Zuhörer, und so war es schwierig, unbemerkt einen Spitzel einzuführen. Die Partei musste auf die Befragung eines Hörers angewiesen sein. Ein Gutachten von Mitte 1935 macht das wahrscheinlich:

„Von Seiten der Dozentenschaft der Universität Berlin ist gegen eine Berufung von Laue's nichts einzuwenden. Gegebenenfalls würde ein Ortswechsel für seine weitere Entwicklung zum nationalsozialistischen Staate nützlich sein. Obwohl er ein Mann mit vornehmen und guten Herzen ist, aber von weicher und bisher demokratischer Art ist, gehört er doch zweifellos zu den grössten Entdeckern dieses Jahrhunderts, der durch den Nachweis des Wellencharakters der Röntgenstrahlen die ‚Struktur der Materie' zur gefestigten Anschauung erhoben hat. Infolge seiner Sprachschwierigkeit ist Prof. v. Laue für grosse grundlegende Vorlesungen nicht besonders geeignet."[152]

Der so beschriebene Wissenschaftler war zu dieser Zeit noch intensiv mit einer umfangreichen Veröffentlichung über die Fluoreszenzröntgenstrahlung von Einkristallen beschäftigt. Die experimentellen Möglichkeiten, mit Elektronenstrahlen kurzer Wellenlänge Kristalle zu bestrahlen, waren in den letzten Jahren erheblich verbessert worden. Walther Kossel war Professor in Danzig. Er fand den Interferenz-Effekt bei der Bestrahlung von Einkristallen mit Elektronenstrahlen. Der japanische Physiker Seishi Kikuchi hatte bereits 1928 eigenartige Linien in Elektronenbeugungsbildern entdeckt. Daran schloss sich Laues Arbeit mit acht Paragraphen an, und die Beschreibung der verwendeten Bezeichnungen für die Rechnungen füllte fast eine Seite. Am Ende der über 40 Seiten umfassenden Arbeit gab Laue eine kritische Zusammenfassung:

> „Bei der Fluoreszenz-***Röntgen***strahlung wirken die Atome sicher als unabhängige, inkohärente Strahlungsquellen. Sonst dürften wir nicht mittels Addition der ***Intensitäten*** von der Ausstrahlung eines Atoms auf die vieler schließen. Damit die Analogie stimmt, müssen entsprechend die Atome zur Erzeugung der Kikuchilinien als unabhängige, ***inkohärente*** de Brogliewellen aussendende Elektronenquellen wirken. Eine Theorie der Elektronenstreuung, welche das Atom einfach als Raum veränderten Potentials in der Schrödingergleichung auffaßt, macht diesen Punkt meines Erachtens nicht verständlich; nach ihr könnte man nur das normale, für die Einstrahlung bekannte Interferenzphänomen erwarten. In Wirklichkeit müssen also, sofern an der Analogie zwischen den Kikuchilinien und Kossels Beobachtungen an Röntgenstrahlen irgend etwas Wahres ist, neben den durch eine solche Theorie darstellbaren auch andere Streuvorgänge Platz greifen, welche die Phasenbeziehung zwischen einfallender und Streuwelle gänzlich verwischen. Und zwar dürfen sie die Energie der Elektronen, wenn überhaupt, nur wenig herabsetzen, weil man an den Kikuchilinien bisher keine Vergrößerung der Wellenlänge gegenüber den einfallenden Wellen bemerkt hat; freilich hat man wohl auch nicht danach gesucht."[153]

Die hohe wissenschaftliche Reputation und die aufrechte politische Haltung Laues führten zu einer Vortragseinladung des Institute for Advanced Study und der Universität Princeton, USA. Die Hauptthemen sollten die neuen Theorien der Röntgeninterferenzen, Atome als Strahlungsquellen sowie Elektronenstrahlbeugung sein. Selbstverständlich musste Laue für die Reise eine Genehmigung einholen, was in dieser Zeit mit einiger Unsicherheit verbunden war, denn die Eingriffe der Nationalsozialisten in den Wissenschaftsbetrieb gingen weiter. Arnold Berliner, der Herausgeber der Zeitschrift „Die Naturwissenschaften" und ein enger Freund von Laue, musste seinen Posten beim Verlag J. Springer aufgeben. Am 16. August informierte Laue Max Planck davon, der in Sulden in Südtirol Urlaub machte und sogleich antwortete:

> „Die Nachricht von der Entlassung Dr. Berliners ist mir ebenso unerfreulich wie unerwartet; natürlich werde ich mich in erster Linie an den Verlag J. Springer halten und alles daran setzen, um weitere üble Folgen dieses Ereignisses nach Möglichkeit zu vermeiden."[154]

Dann dankte er Laue für dessen Bericht und fuhr fort:

> „Dass Sie für Ihre amerikanische Reise die ministerielle Genehmigung erhalten haben, ist sehr erfreulich, meine besten Wünsche geleiten Sie auf dieser Fahrt. Bitte sagen Sie an alle bekannten Kollegen meine herzlichen Grüsse, und erwecken Sie überall Verständnis für die Schwierigkeiten, mit denen wir hier zu kämpfen haben, aber auch für den guten Willen, den wir aufzubringen suchen, ihrer Herr zu werden. Es werden ja auch ruhigere und normalere Zeiten kommen."[155]

Der Reise konnte sich Arnold Berliner anschließen, und mit der „Berlin" ging es nach New York. Noch an Bord schrieb Laue am 21. September eine Postkarte an die Tochter Hildegard, dann berichtete er seiner Frau von der Fahrt um Irland. Am 30. September kamen sie in New York an. Richard Courant holte sie ab, der nun an der New Yorker Universität unterrichtete. Am 4. Oktober waren sie in Princeton, am 6. sandte er ein „Night Letter Cable" nach Hause und fragte in einem Brief, ob die Nachricht angekommen sei:

> „[... Ich] möchte Dir doch am heutigen Tage, dem unserer silbernen Hochzeit, einen Brief schreiben. Sofern unser Hofjuwelier die Sache

nicht vergessen hat, hast Du ja ausserdem die 4 silbernen Serviet-ten-Ringe für uns Beide und die Kinder erhalten. Ich fand immer, dass sie uns fehlten, namentlich seit dem Einbruch von 1929."[156]

In den folgenden Briefen erwähnte er Besuche bei Hermann Weyl und Eugene Wigner, auch, dass er einen Arbeitsplatz im Institut hätte und Vorträge halten würde. Einstein käme nicht. Am 19. konnte er berichten:

> „Prof. Pannowski [Erwin Panofsky] und ich haben dabei einen Plan ausgeheckt, der Theo betrifft. Wie wäre es, wenn der Junge zum Oktober 1936 nach Amerika ginge?"[157]

Es folgten Überlegungen, ob Sohn Theodor nach Princeton oder Swarthmore gehen sollte, und über ein Scholarship für ein Jahr. Das Aufnahmeexamen würde ihm keine Schwierigkeiten machen. Laue wolle auch mit Abraham Flexner reden. Gestern sei er bei Einstein gewesen, der „Priece" [Maurice Pryce] zu Besuch hatte.
Weiter ging die Reise nach Baltimore, wo Laue James Franck besuchte. In Washington standen das Kapitol und das Weiße Haus auf dem Programm. In Pittsburgh hielt er einen Vortrag über „Thermodynamische Schwankungserscheinungen" und traf den emigrierten Psychologen Wolfgang Köhler sowie Otto Stern. Die Reise ging nun zu den Niagarafällen, und Postkarten wurden nach Hause geschickt, Fotos gemacht. Die nächste Station war Ithaca, wo er Hans Bethe besuchte, um Mitte November nach Cambridge zu fahren.

> „Ich freue mich teilweise auf die Heimkehr. Aber Theo muss im nächsten Jahr heraus aus der Stickluft, in die Freiheit."[158]

Am 22. November schrieb er, todmüde von allem Sehen und Erleben, dass er zwei Tage zuvor auf dem Schiff zur Heimfahrt angekommen sei. Am 5. Dezember war er wieder daheim.[159] Sehr wahrscheinlich hatte man ihm in den USA Angebote auf einen Lehrstuhl unterbreitet, die er aber ablehnte. Später wurde berichtet, er hätte gesagt, dass er Hitler so hasse, dass er wieder nach Deutschland zurückkehren müsse, um ihn zu bekämpfen.
Die fünf in den USA gehaltenen Vorträge erschienen noch 1935 bei Julius Springer. Sie gaben einen Überblick über den Stand der Forschung und

die Theorie der Röntgen- und Elektronenstrahlinterferenzen, einschließlich der von Kikuchi und Mitarbeitern entdeckten Streukegel.[160] Paul Peter Ewald besprach den kleinen Band für die „Naturwissenschaften":

> „Die im Herbst 1935 an der Universität Princeton gehaltenen fünf Vorträge führen mit erstaunlicher Frische und Gedrängtheit in eine als schwierig verrufene Theorie ein: die dynamische Theorie der Röntgen- und der Elektroneninterferenzen. Der Vortragende hat in den letzten Jahren, wie aus den Fachzeitschriften und Akademieberichten bekannt ist, der Theorie dieser Interferenzerscheinungen sein Interesse und seine fruchtbare Originalität erneut zugewandt." [161]

Ewald lobte Laues Behandlung der Interferenzfelder im Kristallinneren.

> „Diesen erst im Herbst 1935 gefundenen neuartigen Erscheinungen ist der vierte Vortrag gewidmet, in dem Laue seine meisterhafte Anwendung des ***optischen Reziprozitätssatzes*** zu ihrer Deutung vorführt."[162]

Zu Laues Behandlung der Beugungserscheinungen mit Elektronen in Kristallen merkte Ewald an, dass die Kikuchilinien bislang ungeklärt wären:

> „Laue erkennt im letzten Vortrag in diesen Linien die analoge Erscheinung zu der von Kossel mit Röntgenstrahlen in den Quellaufnahmen erhaltenen."[163]

Die Besprechung schloss mit der Bemerkung, dass die Vorträge „viel Freude und Gewinn" brächten:

> „Sei es um die Fremdgedanken kennenzulernen, sei es um auf geradester Bahn in den drei ersten Vorträgen zum Verständnis der in den zwei letzten behandelten Erscheinungen vorzudringen."[164]

Kurzfristig durfte Laue nach Oxford reisen, wie ein Brief an Einstein vom 1. Dezember zeigt, in dem er von der bevorstehenden Emigration von Ewald mit Familie berichtet.

> „Also kommt die Frage: Wohin mit ihm?"[165]

Ein Brief von Laue, am 7. Dezember an den Verlag geschrieben, zeigte wieder seine politische Vorsicht. Es ging um die Herausgabe des zweiten Bandes „Stereoskopische Bilder von Krystallgittern", zusammen mit Mises, der bereits im Exil in Istanbul war:

> „Ich möchte vorschlagen, auf dem Titelblatt des zweiten demnächst erscheinenden Bandes keine Angaben über die Universitäten zu machen, an denen Herr v. Mises und ich wirken, um allen etwaigen Schwierigkeiten aus dem Wege zu gehen."[166]

Mises wüsste von dem Vorschlag.
Das Jahr ging mit einer physikalisch-nationalsozialistischen Kundgebung zu Ende. Das Physikalische Institut der Universität Heidelberg wurde feierlich am 13. Dezember in „Philipp Lenard-Institut" umbenannt. Johannes Stark würdigte Lenards Verdienste. An den nachfolgenden Tag gab es Vorträge über Lenards Äthervorstellungen.[167]

Bereits in der Weimarer Republik hatte Berlin den Zuschlag zur Ausrichtung der Olympischen Spiele für 1936 bekommen. Das war ein bedeutender Schritt zur Wiederaufnahme Deutschlands in die Völkergemeinschaft. Die berühmten „Zwanziger Jahre" in Berlin hatten die Weltoffenheit der Berliner gezeigt. Die existierenden Sportstätten waren jedoch wenig für so ein großes Ereignis geeignet. Der Architekt Werner March entwarf eine großzügig angelegte Sportstätte, die von 1934 bis 1936 gebaut wurde. Die nationalsozialistische Diktatur musste nun Weltoffenheit vorspielen. Rudolf Hess, der Stellvertreter des Führers, wies zum Jahresbeginn die Gauleiter an, die Schilder, die Juden das Betreten von Parkanlagen, Schwimmbädern usw. verboten, abzuändern in „Juden unerwünscht". Mehrere Emigranten nutzten den Sommer, um noch einmal nach Deutschland zu kommen, denn sie brauchten keine offenen Repressalien befürchten. Auch Max Born nahm die Gelegenheit wahr und besuchte unter anderem Berlin und Max von Laue. An Rutherford schrieb er:

> „In Berlin I had a long talk with von Laue who asked me to send you his regards. He told me incredible thinks about the University life, and as he is one of the few who do not submit to every nonsense he was afraid to lose his position soon."[168]

Das Jahr 1936 brachte für Max von Laue nun endlich die Entscheidung für einen selbständigen Posten mit einer eigenen kleinen Abteilung im KWI für Physik. Am 10. Januar wurde ein Entwurf für die Satzungen des KWI für Physik dem Senat der KWG vorgelegt. In einer Besprechung mit Peter Debye konnte sich Laue über die Aufteilung der zu besetzenden Stellen einigen. Er sollte zwei Assistenten und einen Mechaniker erhalten.[169]
Max von Laue hat sich nie gescheut, auch Ideen zu Lösungswegen zu veröffentlichen, die noch nicht zur endgültigen Lösung führten. Die nächsten zwei Veröffentlichungen zeigen Beispiele.
Anfang Januar sandte er ein kurzes Manuskript an die Redaktion der „Annalen der Physik" mit dem Titel „Zur Theorie der Kikuchilinien". Er fand bei Max Borns Behandlung von Stoßvorgängen eine Erklärung,

> „[...] daß die unter Energieverlust von verschiedenen Atomen gestreuten Elektronenwellen inkohärent miteinander sind, selbst wenn die Energieverluste genau übereinstimmen. [...]
> Danach sind die Kikuchilinien durch ‚unelastische' Streuung bei kleinen, bisher gegenüber den beschleunigenden Spannungen unbemerkten Energieänderungen zu erklären."[170]

Laue erwähnte auch mehrfach eigene Bedenken, wie die Lokalisierbarkeit der energetischen Übergänge der Elektronen in bestimmten Atomen. Eine Ergänzung der Theorie auf die Leitungselektronen sei erforderlich, doch sie gäben keine Linien.[171]

Bereits Ende Februar reichte er das nächste Manuskript bei den Annalen ein: „Die äußere Form der Kristalle in ihrem Einfluß auf die Interferenzerscheinungen an Raumgittern". Schon in der Einleitung wies er darauf hin, dass man bisher keinen Einfluss einer bestimmten Kristallitform auf die Röntgenstrahlen beobachtet hätte.

> „Anders bei den Elektronenstrahlen. Da bei ihnen schon weit kleinere Objekte einen erheblichen Beugungseffekt geben, benutzt man sie mit viel Erfolg zur Untersuchung von Oberflächen und dünnen Häuten, Dingen, deren Beugungswirkung für Röntgenstrahlen kaum beobachtbar wäre."[172]

Laue verwies auf Arbeiten von Hans Lassen und Fritz Kirchner, die „merkwürdig sternförmige Interferenzflecke" bei der Elektronenbestrahlung von dünnen Schichten aus Silber, Gold und anderen Metallen gefunden hatten. Das sei der Anlass zu seiner Veröffentlichung. Dann gab er verschiedene Randbedingungen für den Lösungsweg an. Unter Benutzung der Fraunhoferschen Theorie der Beugungserscheinungen sowie des Abbeschen Satzes und mit Symmetriebetrachtungen stellte er mehrere „Sätze" zur Erklärung auf. Nach der mathematischen Behandlung diskutierte er seine Ergebnisse und die von Lassen und Kirchner und konnte aus der Struktur der Kristalle, Oktaeder, Tetraeder die Ergebnisse von Lassen und Kirchner erklären. Am Ende bemerkte Laue:

> „Die Elektronenbeugung an dünnen Schichten zeigt noch manche ungeklärte Eigentümlichkeit. Die hier gegebene Deutung macht sich keineswegs anheischig, über alles Einschlägige Auskunft zu geben; sie hat wohl schon dann Wert, wenn sie ***einen*** auffälligen Zug solcher Beugungsaufnahmen richtig erklärt."[173]

Im Januar war Laue wiederum eine Ehrung zuteil geworden, die Universität Manchester verlieh ihm die Würde eines „Doctor of Science".[174] Zur Entgegennahme wollte er im Mai nach Manchester reisen. Selbstverständlich musste er beim Ministerium um die Genehmigung bitten. Sein Kollege und Dekan an der Universität, der Mathematiker Ludwig Bieberbach, legte das Gesuch dem Ministerium zur Genehmigung vor und bemerkte: „Meines Wissens ist Manchester ein Emigrantenstützpunkt."[175] Doch die Reise wurde genehmigt, und so konnte Laue den englischen Kollegen berichten, wie die Zustände im Dritten Reich wirklich waren. Zurückgekehrt reichte Laue bei der „Zeitschrift für Astrophysik" eine Arbeit mit dem Titel „Theoretisches über die Helligkeit ferner Nebel" ein. Einleitend referierte er kurz die unterschiedlichen Erklärungen der Rotverschiebung von de Sitter bzw. Hubble und Tolman. Nach de Sitter sollte die Rotverschiebung durch einen noch unerforschten Energieschwund der Lichtquanten auf dem langen Weg verursacht werden. Die andere Anschauung gehe davon aus, dass die Rotverschiebung durch die allgemeine Vergrößerung des Universums bedingt sei. Leicht spöttisch bemerkte er dann:

> „Beide Parteien benutzen die Lichtquantenvorstellung. Geschaffen ist diese für die Vorgänge der Emission, Absorption und andere Wechselwirkungen zwischen Licht und Materie. Für die Frage der Ausbreitung im leeren Raum ziehen die Physiker wohl mit Recht die Maxwellsche Theorie vor. Darum scheint es mir im vorliegenden Falle, da die Rotverschiebung ohne materielle Einwirkung entstehen soll, sicherer, auf diese Theorie zurückzugreifen."[176]

Laue zeigte, dass die Abnahme der elektromagnetischen Energie durch die Zunahme der Gravitationsenergie ausgeglichen wird. Für die reale Beobachtung der Helligkeit würde ein Fernrohr verwendet, das an der allgemeinen Dehnung teilnehme. Sein Ergebnis bestätigte die Anschauung von Hubble und Tolman.[177]
Neben seiner wissenschaftlichen Arbeit und der Aufgabe, das Physikalische Kolloquium erfolgreich zu gestalten – das Halten einer großen Vorlesung hatte er mit Genehmigung aufgegeben –, musste sich Laue immer wieder um seine zukünftige Stellung im Rahmen des KWI für Physik bemühen. Mit seiner Einigung mit Debye im Januar waren noch nicht alle Fragen geklärt, wie aus einem Brief von Max Planck an Friedrich Glum vom 26. Juni hervorgeht:

> „Gestern sprach ich mit Hrn. v. Laue wegen des von ihm gewünschten Anstellungsvertrags. Die Sache liegt doch nicht so einfach, wie ich annahm. Der Hauptpunkt, auf den er Wert legt, ist nicht eine Erhöhung seiner persönlichen Bezüge (obwohl er eine solche in bescheidenen Grenzen dankbar begrüßen würde), sondern vielmehr die Bereitstellung eines besonderen Apparatefonds, über den er selbstständig verfügen kann. Er meint, daß seine Abteilung sonst nicht vollständig unabhängig arbeiten kann, und beruft sich dabei auf das Chemische Institut, wo Frl. Meitner auch ihre ganze Apparatur selbstständig unter sich hat."[178]

Er, Planck, hätte Laue gebeten, seine Wünsche schriftlich zu formulieren. Natürlich müsste man auch mit Debye sprechen.[179]
Am 1. Juli schrieb Laue den gewünschten Brief. Dann fuhr er nach Kopenhagen zu Niels Bohr. Nach seiner Rückkehr gab es am 28. Juli nochmals eine Unterredung mit Planck.

„Heute hatte ich in meiner Wohnung eine Unterredung mit Hrn. v. Laue, der soeben von Kopenhagen zurückgekehrt ist, und besprach mit ihm die einzelnen Wünsche, die er in seinem Schreiben an mich zusammengefaßt hat. Was die sachlichen Bezüge seiner Abteilung betrifft, so erklärte er sich damit einverstanden, daß in seinem Vertrag mit der K.W.G. hierfür einstweilen kein bestimmter Betrag festgesetzt wird, sondern daß die Höhe der Bezüge einer besonderen Vereinbarung mit Hrn. Debye vorbehalten bleibt. [...]
Ferner erklärte er sein Einverständnis damit, daß die Verantwortung für die politische Zuverlässigkeit seiner Mitarbeiter von Hrn. Debye übernommen wird."[180]

Im Sommer fand Laue wieder einmal eine Möglichkeit, an Einstein zu schreiben. Es ging um die Arbeit eines Schülers des Kollegen Rudolf Tomaschek über die Interferenz von Kanalstrahlen-Licht. Er erklärte Einstein:

„Meine Methode, die Interferenzerscheinungen mit dem Lichte bewegter Körper zu durchdenken, beruht auf der Transformation auf das Ruhesystem der Lichtquelle. Dann geht von ihr eine ganz normale Kugelwelle aus, und das Problem besteht allein darin, wie eine bewegte Interferenzapparatur darauf anspricht. Dieses läßt sich aber aus der Maxwellschen Theorie, wie sie nach der Relativitätstheorie für bewegte Körper gilt, beantworten."[181]

Er bat Einstein, über dessen Anschauung eine kleine Notiz zu veröffentlichen. Im Antwortbrief auf Einsteins Vorstellung wies Laue den Freund auf dessen Inkonsequenz hin, im selben Gedankengang einmal die primitive Quantenauffassung, ein andermal die Wellentheorie zu verwenden. Es wären wohl alle von der wellentheoretischen Überlegung überzeugt.[182]
Im April hatte der Präsident der KWG, Max Planck, den Reichs- und Preußischen Minister für Wissenschaft, Erziehung und Volksbildung gebeten, für das Kuratorium des KWI für Physik einen Vertreter zu benennen. Am 26. August wurde ihm mitgeteilt, dass Rudolf Mentzel dafür nominiert wurde. Damit war die politische und in gewissem Maße auch wissenschaftliche Überwachung des Instituts besiegelt. Das bedeutete für Laue sehr wahrscheinlich eine zusätzliche nervliche Belastung. Die Zeitumstände verstärkten seine Labilität und das Empfinden, verfolgt zu werden.[183]

Von dem früheren Vorschlag von Max von Laue zur Gestaltung des KWI für Physik wurde nichts übernommen. Der Architekt der KWG, Carl Sattler, ging auf alle Wünsche von Professor Debye ein, und so erhielt das Hauptgebäude des Instituts seinen eigenartigen Charakter mit einem Türmchen. Wie es bei der KWG üblich war, gab es auf dem Gelände auch ein großes Wohnhaus für den Direktor. Bis alles fertig war, vergingen aber noch mehr als zwei Jahre.

Laue bemühte sich stets, den Kollegen einen Einblick in seine doch sehr speziellen Forschungen zu geben. Zur Tagung des Gauvereins Thüringen-Sachsen-Schlesien der DPG im Juni in Halle a. d. Saale fuhr er mit dem Auto und berichtete über Kikuchi-Enveloppen.

Rudolf Mentzel (1900–1987). Von 1933 bis 1935 war er Abteilungsleiter und von 1938 bis 1945 wissenschaftliches Mitglied des Kaiser-Wilhelm-Instituts für Physikalische Chemie und Elektrochemie, von 1941 bis 1945 Zweiter Vizepräsident der Kaiser-Wilhelm-Gesellschaft.
Quelle: Archiv der Max-Planck-Gesellschaft, Berlin-Dahlem

> „Man versteht die Erscheinung zwanglos aus der Voraussetzung, daß jedes Atom unabhängig von den anderen strahlt, also die Einzelstrahlungen der Atome inkohärent sind […]. Man kann in gewissem Sinne den Kristall auch für Elektronenstrahlung ‚selbstleuchtend' machen."[184]

Nun behandelte Laue viele Einzelheiten der Entstehung der Strahlungskegel. Zum Schluss wies er darauf hin, dass die Kikuchi-Enveloppen vielleicht ein wertvolles Mittel zur Untersuchung der Strukturfehler sein könnten.[185]
Philipp Lenard war nicht mehr Ordinarius in Heidelberg, und legte als Emeritus 1936/37 seine historischen Vorstellungen von der Physik in einem vierbändigen Werk über „Deutsche Physik" vor! Max von Laue besprach die Darstellung. Walther Nernst hatte Laues Kritik gelesen und schrieb ihm am 16. Oktober:

> „Sehr treffend finde ich, dass Sie über den Titel ‚Deutsche Physik' nichts sagen, sondern nur auf das Verschweigen gerade deutscher

Der Physiker und Chemiker Walther Nernst (1864–1941) bekam 1920 für seine Arbeiten zur Thermochemie den Nobelpreis für Chemie. Er und Laue verteidigten mit anderen Physikern im August 1920 in überregionalen Zeitungen Person und Lehre Einsteins gegen die antisemitischen Anwürfe von Weyland, Lenard, Stark und deren Anhängern. Quelle: Archiv der Max-Planck-Gesellschaft, Berlin-Dahlem

Physiker, wie Röntgen u. Planck hiweisen, durch Nichts konnte der blödsinnige Gesamttitel stärker ad absurdum geführt werden. [...]
Wie schade, dass Sie nicht Theaterrezensent geworden sind!"[186]

Der Brief zeigt das enge Verhältnis der beiden charakterlich oft schwierigen Persönlichkeiten. Sie waren mit den Jahren sehr vertraut geworden. Nernst hatte 1922 ein sehr großes Gut, Zibelle in der Oberlausitz, gekauft, wo er nach seiner Emeritierung 1933 lebte. Er hatte auf seinem Anwesen Karpfenteiche und zu den Festtagen im Dezember belieferte er die Kollegen. Dort feierte er im engsten Kreise auch seinen 70. Geburtstag, zu dem er Max von Laue in dessen Frau einlud. Laue überreichte ihm die Urkunde der Ehrenmitgliedschaft der DPG, Nernsts fünf Enkelkinder führten ein „Festspiel" auf.[187]

An einer weniger fachbezogenen Stelle hatte Laue eine Art „Richtigstellung" zur Frage „Experimentelle und theoretische Physik" veröffentlicht, die sowohl Philipp Lenards als auch Johannes Starks Verhältnis zur Theoretischen Physik behandelte und das „Daseinsrecht der theoretischen und der mathematischen Physik" klarstellte. Nach einer Laudatio auf Faradays nicht mathematische Denkweise und Maxwells Umformung und Handhabungen der Gleichungen erwähnte Laue auch den Missbrauch der Mathematik. Er griff Starks Behauptung auf, dass an der Entdeckung des Elektrons, der Röntgenstrahlen, des Einflusses des elektrischen Feldes auf die Spektrallinien die Theorie „unbeteiligt" gewesen wäre, und fragte:

„Was verlangt hier J. Stark von der Theorie? Hoffentlich doch nicht, daß sie die Beobachtungen ersetzt?"[188]

Zu dem Planck'schen Strahlungsgesetz, das Laue als eines der größten Ruhmesblätter der theoretischen Physik bezeichnete, fragte er:

> „Wie würde J. Stark urteilen, wenn er ihn [den Schritt von der klassischen zur modernen Physik] ohne Rücksicht auf die Erfahrung getan hätte?"[189]

Auch die Bedeutung der Relativitätstheorie wurde angeführt und die Versuche zu ihrer Bestätigung.
Ein kurzer Abriss über die Quantenmechanik führte Laue zu Folgerungen, die er über die Unbestimmtheit von Ort und Ortsveränderung veröffentlicht hat.[190]
Im Juli 1936 erschien in der Physikalischen Zeitschrift ein längerer Aufsatz von Walther Meißner und seinem Mitarbeiter F. Heidenreich „Über die Änderung der Stromverteilung und der magnetischen Induktion beim Eintritt der Supraleitung".[191] Die erste Notiz darüber wurde schon 1933 in den „Naturwissenschaften" veröffentlicht.[192]
Robert Ochsenfeld berichtete 1986 in einem kurzen Brief über die damaligen Gründe für die Messungen:

> „Nun zu Ihren Fragen: die Anregung zu den Messungen an der stromdurchfloßenen Schleife im normalen und im supraleitenden Zustand kam von M. v. Laue. Zu Beginn der Untersuchungen habe ich auch mit ihm darüber gesprochen, während der Untersuchung hat er mit mir nur einmal gesprochen, aber im Anfangsstadium. Weiterer Gespräche kann ich mich nicht erinnern. Johannes Stark war von dem Ergebnis der Messung sehr angetan, wollte aber die Veröffentlichung erst dann genehmigen, wenn er den Effekt selbst gesehen hatte. Das geschah dann auch."[193]

In der Einleitung des 1936 erschienenen Beitrages von Meißner und Heidenreich hieß es:

> „Über einen Teil der Messungen, die im folgenden behandelt sind, ist schon von W. Meißner und R. Ochsenfeld kurz berichtet worden. Weitere vorläufige Mitteilungen finden sich in Vorträgen von W. Meißner im Deutschen Kälteverein, auf der Physikertagung in

> Bad Pyrmont, auf der Londoner Tagung über Supraleitfähigkeit sowie in Referaten von ihm. Eine ausführliche Veröffentlichung wurde durch äußere Umstände verzögert. [...]
> Aus den Messungen wurde bereits damals der Schluß gezogen, daß Stromverteilung im supraleitenden Zustand nicht dieselbe wie im nichtsupraleitenden Zustand sein kann. Dies wurde durch Messungen des Magnetfeldes nahe der Oberfläche von stromführenden supraleitenden Schleifen, die daraufhin mit Ochsenfeld angestellt wurden, bestätigt. Schließlich gaben diese Messungen, wie weiter unten näher ausgeführt ist, den Anlaß, die Magnetfeldverteilung in der Nähe von nichtstromführenden Supraleitern beim Eintritt der Supraleitung zu untersuchen, wobei der neue magnetische Effekt, die Änderung der magnetischen Induktion gefunden wurde."[194]

Streitigkeiten darüber, wer zuerst bestimmte Zusammenhänge erkannt hat, waren und sind keine Seltenheit in der Wissenschaft. Obwohl Meißner und Ochsenfeld den nach ihnen benannten Effekt erkannten und auch beschrieben, erwähnte Meißner in späteren Publikationen Ochsenfeld nicht mehr.[195] Eine Erklärung dafür gibt ein Brief von Meißner an Rudolf Brill:

> „Zu Ihrer Orientierung übersende ich Ihnen auch noch anliegende Photokopie einer von Ochsenfeld mit unterschriebenen Bemerkung betreffs der Entdeckung des magnetischen Verdrängungseffekts, die ich 1956 verfaßte, weil in den ausländischen Arbeiten immer von ‚Meißner' und nicht vom ‚Meißner-Ochsenfeld-Effekt' gesprochen wird, wogegen ich hätte Protest einlegen müssen, wenn Ochsenfeld irgendeinen Anteil an der Entdeckung gehabt hätte."[196]

Die nationalsozialistischen Anschauungen und Handlungen bestimmten immer stärker das Leben in Deutschland. Am Ende des Gottesdienstes musste ein Segen für den Führer gesprochen werden. Laue, der Kirchenältester war, setzte sich in der Kirche so, dass er kurz vor diesem Segen die Kirche verlassen konnte. Auch die Deutsche Physikalische Gesellschaft musste sich, wie alle anderen Gesellschaften im Dritten Reich, den Anordnungen des Regimes fügen. Als am 8. November 1936 der langjährige Geschäftsführer Karl Scheel starb, musste man einen Nachfolger finden. Laue hatte in der Gesellschaft immer wieder leitende Posten bekleidet, warum sollte er nicht Geschäftsführer werden? Der damalige Vorsitzende, Jonathan Zenneck, warnte Karl Mey:

> „1) Er ist bei Kreisen, an denen wir nicht vorbeigehen können, sehr unbeliebt.
> 2) Er hat sehr viel Zeit. Vor Leuten, die viel Zeit haben, habe ich aber größere Angst, als vor schlechten Menschen. Sie können einem das Leben gehörig sauer machen. Ich fürchte nach der bisherigen Erfahrung, die ich mit von Laue habe, daß dauernde Unruhe herrschen würde.
> 3) Von Laue ist unbedingt sprunghaft, so daß man nicht sicher weiß, ob er nicht einmal etwas ganz Ungeschicktes macht."[197]

Walter Grotrian, der Geschäftsführer des Gauverbandes Berlin der DPG, gab demgegenüber Zenneck zu bedenken:

> „Wahrscheinlich kennen Sie Herrn v. Laue näher aus seine Münchner Zeit. Damals war er wohl ein stark in sich verschlossener Mensch, man konnte mit Recht von seiner Weltfremdheit reden. Heute ist das aber meiner Ansicht nach nicht mehr berechtigt, er gehört hier in Berlin zu den Menschen, die dem physikalisch-wissenschaftlichen Leben den stärksten Antrieb geben, und hat sich seit Jahren für die Angelegenheiten der Physikalischen Gesellschaft besonders interessiert gezeigt. Das Einzige, was man sagen kann, ist vielleicht dieses, daß er auf Äußerlichkeiten etwas wenig Wert legt, als manchen anderen Menschen notwendig erscheint."[198]

Er hätte ausführlich mit Walter Schottky gesprochen, der diese Lösung für eine gute Entscheidung hielt.[199]
In den Weihnachtstagen ruhte die wissenschaftliche Arbeit offenbar nicht, denn mehrere Manuskripte wurden Anfang bis Mitte Januar eingereicht. Üblicherweise nannte der Autor einen Ort, meistens war es die Universität. Aber Laue gab auch gelegentlich seine private Adresse an: Berlin-Zehlendorf, Albertinenstraße 17. Doch er wechselte häufig die Angabe, mal war es Berlin, mal Berlin, Institut für Theoretische Physik, mal Berlin-Dahlem, Kaiser-Wilhelm-Institut für Physik. Die mathematischen Formeln wurden handschriftlich eingebunden. Das war für die Setzer eine große Heraus-

forderung. Die Druckerei Stürtz in Würzburg war berühmt für ihren fehlerfreien Satz. So war es auch bei Laues Manuskript „Helligkeitswechsel längs Kossellinien“ vom 17. Januar 1937. Der Text begann mit einem Lob:

> „In den schönen Aufnahmen, welche Borrmann und Voges kürzlich vom Kosseleffekt gemacht haben, ist der auffälligste, auch von den Verf. stark betonte Zug, daß manche Kossellinien sich zum Teil dunkel, zum Teil hell vom Untergrunde abheben. Sobald dies experimentell sichergestellt war, erhob sich die Frage, ob ein solcher Übergang in der Theorie des Kosseleffekts für den idealen Einkristall eine Deutung findet, oder ob diese Theorie zum Vergleich mit den Beobachtungen noch einer physikalischen Ergänzung bedürfe, wie etwa der Annahme einer Mosaikstruktur. Ich neigte anfangs (das geht ja auch aus den Mitteilungen der Herrn Borrmann und Voges hervor) zu der Ansicht, daß die bisherigen physikalischen Grundlagen nicht ausreichten. Bei längerer Überlegung aber hat sich das Bild verschoben. Und dies möchte ich hier auseinandersetzen.“[200]

Die Anwendung der „dynamischen Theorie“ versagte in diesem Fall, wie Laue deutlich machte. Er griff eine Bemerkung der Autoren über den unterschiedlichen Untergrund zu beiden Seiten der Kossellinie auf und kam zu der Folgerung, dass die dynamische Theorie einer mathematischen Verbesserung bedürfe.[201]

Max von Laue fühlte sich wieder einmal aufgerufen, in seiner Wissenschaft auf Ordnung zu sehen. So musste er den Kollegen Fritz Kirchner und O. Rüdiger unter dem Titel „Irrationale Interferenzpunkte“ seine Meinung auseinandersetzen.[202]
Doch es gab auch immer wieder etwas zu loben. In England, an der Royal Institution of Great Britain, arbeitete Kathleen Lonsdale über Röntgenbeugung und Kristallographie. Als erste hatte sie die Struktur einer organischen Verbindung, des Hexachlorbenzols, mit Hilfe der Fourier-Analyse aufgeklärt. Ergänzend zu den 1935 erschienen „Internationalen Tabellen zur Bestimmung der Kristallstrukturen“ veröffentlichte sie auf Grund ihrer Kenntnisse 1936 „Simplified structur factor and electron density formulae for the 230 space groups of mathematical crystallography“. Laue besprach das Buch für die „Naturwissenschaften“ sehr lobend, denn:

> „Sie bringt zudem für jede Raumgruppe in für numerische Rechnung bequemer Form die Gleichung, aus der man gemäß der grundlegenden Untersuchungen der englischen Strukturforscher die Elektronenverteilung aus Intensitätsmessungen an Röntgeninterferenzen bestimmt."[203]

Mitte Januar fand die Jubiläumstagung der Physikalischen Gesellschaft Zürich statt. Als Thema hatte man den „Festen Körper" gewählt. So wurden die fundamentalen Entdeckungen von Laue und Bragg jr. sowie Debye und Scherrer gewürdigt und viel über die Strukturbestimmung referiert. Max von Laue sprach über Kossel- und Kikuchi-Linien. Seine Einleitung war wieder eine Huldigung an die Geschichte der Physik:

> „25 Jahre sind es her, seit die Auffindung der Interferenzerscheinungen an Röntgenstrahlen die alte und sehr wahrscheinliche Hypothese der Raumgitterstruktur der festen Körper zur Gewißheit erhob, zudem die Wellennatur der Röntgenstrahlen über allen Zweifel sicherte. Und rund 10 Jahre sind vergangen, seit Davisson und Germer mittels derselben Raumgitter die Existenz der von de Broglie-Wellen für die Elektronen bestätigten, und damit die m. E. größte Entdeckung, die wir erlebt haben, vollendeten."[204]

Es folgte ein kurzer historischer Rückblick mit der Würdigung der Beiträge von Paul Peter Ewald und Arthur H. Compton, um dann Einzelheiten zu besprechen und auf das eigentliche Thema zu kommen, den Kristallformfaktor in der elementaren Theorie und den Kosseleffekt, den Reziprozitätssatz sowie die Anwendung der dynamischen Theorie auf den Kosseleffekt. Da es sich um einen Vortrag handelte, überwog der Text, und nur einige Figuren und wenige Formeln bildeten eine Ergänzung, um die Natur der Kikuchilinien zu erklären. Doch Laue wies zum Schluss darauf hin, dass die Theorie dafür schwieriger würde.[205]
Wie jeweils zu Beginn jeden Jahres wurden die Nobelpreisträger vom Nobelkomitee angeschrieben und um Vorschläge gebeten. Max von Laue hatte 1933 nochmals Arnold Sommerfeld und Otto Stern vorgeschlagen, 1935 Wolfgang Pauli und 1936 Carl David Anderson. 1937 wurde in den deutschen Physikerkreisen Enrico Fermi als preiswürdig diskutiert. Aber auch aus politischen Gründen, um Lise Meitner zu schützen, schlug Laue

mit Zustimmung von Heisenberg dann Otto Hahn und Lise Meitner für „die Entdeckung radioaktiver Elemente und die Aufklärung der Zerfallsvorgänge“ vor. Leider führten seine Vorschläge nicht zum Erfolg.
Im Herbst kam dann ein striktes Verbot für die deutschen Wissenschaftler, sich an der Nennung zu beteiligen oder den Preis anzunehmen. Der Grund war politisch. Der Publizist, Pazifist und Herausgeber der „Weltbühne“, Carl von Ossietzky, wurde von den Nationalsozialisten ins Konzentrationslager gebracht und schwer misshandelt. Seine Freunde schlugen ihn für den Friedensnobelpreis vor. Er wurde freigelassen und erhielt 1936 schwerkrank den Preis rückwirkend für 1935. Er starb 1938 an den Folgen der Haft.

> „Berlin, 6. Oktober 1937
> Der Reichs- und Preussische Minister für Wissenschaft, Erziehung und Volksbildung
> Betrifft: Beteiligung deutscher Wissenschaftler an den Vorschlägen für die Nobelpreise.
> Um Unklarheiten zu beseitigen, wird folgendes festgestellt: Abgesehen davon, dass die Annahme sowohl des Friedensnobelpreises als auch der wissenschaftlichen Nobelpreise nach dem Erlass des Führers und Reichskanzlers durch die Stiftung eines deutschen Nationalpreises für Kunst und Wissenschaft vom 30. Januar 1937 (RGB Bl. 1 Seite 305) Deutschen untersagt ist, muss auch die Beteiligung deutscher Wissenschaftler bei der Benennung und Begutachtung von Nobelpreisanwärtern unterbleiben. Das gilt sowohl für den Friedensnobelpreis als auch für die wissenschaftlichen Nobelpreise.
> Ich ersuche, diesen Erlass vertraulich den dort geführten Wissenschaftlern zur Kenntnis zu bringen.
> Der Erlass wird nicht im Ministerialamtsblatt veröffentlicht.“[206]

Die wissenschaftliche Arbeit ging weiter. Im Februar reichte Laue das umfangreiche Manuskript „Die Erkennung submikroskopischer Kristallflächen durch Elektronenbeugung“ mit mehreren Zeichnungen und Abbildungen ein.[207] Die Arbeit zeigte wieder einmal, wie genau er die Veröffentlichungen anderer Forscher studierte. Zu Einzelheiten seiner Ausarbeitung erhielt er Hilfe von Georg Menzer und Karl-Heinrich Riewe.[208]

„Die jüngst veröffentlichten Beugungsbilder Cochranes übertreffen nun alles frühere dieser Art so sehr an Klarheit, daß sich wohl eine erneute Diskussion der Theorie an Hand dieser Versuche lohnt."[209]

William Cochrane hatte Messungen mit Elektronen von 39.000 Volt an sehr dünnen Metallschichten von 10^{-4} bis 10^{-6} cm gemacht und sie mit streifendem Einfall untersucht. Vergleichbare Versuche hatte L. Brück durchgeführt. Es galt, die Beugung an den Schichten von Rhomboedern und Oktaedern zu analysieren.[210]

„Hier zeigte sich im Versuch die Wirksamkeit schon einer einzigen Atomschicht. Andererseits aber erkannte man an der Möglichkeit dieser Unterscheidung eine erstaunliche Regelmäßigkeit im Bau dieser Kristallflächen. Das hätte ich nicht geglaubt, als ich in der angeführten Annalenarbeit den Kristallformfaktor, genauer, das Integral E (A_0) der Gleichung (7), mittels einer Näherung berechnete, welche jede treppenförmige Grenzschicht durch makroskopischglatte Flächen ersetzte."[211]

Im April stellte Peter Debye in seinem Aufsatz „Das Kaiser Wilhelm-Institut für Physik" das noch nicht ganz fertige Institut vor. Eingehend wurden die baulichen Besonderheiten der Räume und ihre Ausstattung erläutert; Einzelheiten über den Höchstspannungsturm von 15 Metern Höhe mit der geplanten 2,8-Millionen-Volt-Anlage sowie das extra liegende Kältelaboratorium mit einer Verflüssigungsanlage für Wasserstoff und Helium wurden mitgeteilt.

„Aus der Beschreibung der Einrichtungen des Instituts geht zwangsläufig auch die Problemstellung der Arbeiten hervor."[212]

Weiter wurde aber nichts mitgeteilt. Dann wurde die Finanzierung durch die KWG, die Rockefeller-Stiftung und die Reichsregierung erwähnt.

„In einer Zeit höchster wirtschaftlicher Anspannungen, die viele Stellen mit Recht veranlaßt, auf Bekanntem aufzubauen und den Blick auf das Nächstliegende zu richten, wurde hier erneut gezeigt, daß auch der freien, nicht zweckgebundenen und unbehinderten

Forschung von den höchsten Stellen der Staatsführung in kluger und vorausschauender Weise das Interesse entgegengebracht wird, welches sie in der Tat im Hinblick auf die Zukunft beanspruchen kann und muß."[213]

Das Kaiser-Wilhelm-Institut für Physik in Berlin-Dahlem um 1937: links im Bild das Gebäude mit der Hochspannungsanlage zur Atomzertrümmerung, in der Mitte die Büroräume und kleinere Laboratorien, rechts vor dem Eingangsbereich mit dem Türmchen und dahinter nochmals ein Laboratoriumstrakt u. a. für die Tieftemperaturversuche.
Quelle: Archiv der Max-Planck-Gesellschaft, Berlin-Dahlem

In der Veröffentlichung wird der Name „Max-Planck-Institut" geflissentlich übergangen, denn das Ministerium war mit dieser Benennung nicht einverstanden. Die Abteilung von Laue blieb unerwähnt, ebenso die Wissenschaftler des Instituts.[214]
Die Fertigstellung des Baus mit allen speziellen Einrichtungen war eine besondere Leistung, denn in Deutschland waren nicht nur Baumaterialien, sondern auch die Buntmetalle knapp. In nicht so prestigeträchtigen Bauten musste Aluminium in den Kabeln und Leitungen das Kupfer ersetzen, die Türbeschläge waren aus Aluminium, oft fehlte es sogar an Nägeln. Ein Grund dafür waren der Bau des „Westwalls" und die starke Aufrüstung.

Der „Steglitzer Anzeiger“ brachte Ende März 1937 unter der Überschrift „Vor der Fertigstellung des Kaiser-Wilhelm-Instituts“ eine kurze Nachricht mit der Benennung des Instituts nach Max Planck und der Eröffnung an dessen 79. Geburtstag. Außer Debye wurden noch Laue und Hermann Schüler erwähnt.[215]

Die Bekämpfung der Relativitätstheorie und der Theoretischen Physik wurde immer noch von Philipp Lenard und vor allem Johannes Stark mit allen publizistischen Mitteln geführt. Das Hetzblatt „Das Schwarze Korps“ widmete dem Thema Mitte Juli eine ganze Seite unter der Überschrift „Weiße Juden in der Wissenschaft“. Dieser Begriff wurde in einem anonymen Aufsatz gebraucht:

> „Gesinnungsjuden
> Der Volksmund hat für solche Bazillenträger die Bezeichnung ‚Weißer Jude‘ geprägt, die überaus treffend ist, weil sie den Begriff des Juden über das Rassische hinaus erweitert. Man könnte im gleichen Sinne auch von Geistesjuden, Gesinnungsjuden oder Charakterjuden sprechen.“[216]

Selbstverständlich wurden Albert Einstein und die Relativitätstheorie angegriffen, aber auch Werner Heisenberg, der 1936 im „Völkischen Beobachter“ die Theoretische Physik, Einstein und die Relativitätstheorie verteidigt hatte. Er wurde als „Ossietzky“ der Physik bezeichnet. Johannes Stark nahm zu der Hetze positiv Stellung. Um nicht direkt angreifbar zu sein, vermied Stark irgendeine Namensnennung.

> „Nun mussten zwar die rassejüdischen Dozenten und Assistenten im Jahre 1933 aus ihren Stellungen ausscheiden; auch werden gegenwärtig die arischen Professoren, die mit Jüdinnen verheiratet sind, abgebaut; aber die große Zahl der arischen Judengenossen und Judenzöglinge, welche früher offen oder versteckt die jüdische Macht in der deutschen Wissenschaft stützten, sind in ihren Stellungen geblieben und halten den Einfluss des jüdischen Geistes an den deutschen Universitäten aufrecht.“[217]

Der abschließende Teil erhielt den Titel „Neue jüdische Sintflut“ und griff den Verlag von Julius Springer in Berlin und Wien an.[218]

Bei der 26. Ordentlichen Hauptversammlung der KWG im Juni wurde das nationalsozialistische „Führerprinzip" formal angenommen und damit auch die Macht des Präsidenten der KWG erweitert. Max Planck war bereits über den vorgesehenen Zeitraum hinaus als Präsident tätig, nun konnte er die Position an Carl Bosch (1874–1940) abgeben. Carl Bosch war ein Neffe von Robert Bosch. Er hatte Maschinenbau und Chemie studiert. In Zusammenarbeit mit Fritz Haber gelang ihm um 1908 bei der BASF die großtechnische Darstellung von Ammoniak aus Stickstoff und Wasserstoff unter Anwendung der Hochdrucksynthese mit Katalysatoren. Er erhielt 1931 zusammen mit Friedrich Bergius den Nobelpreis für Chemie. Bosch stieg bis zum Vorstandsvorsitzenden der IG Farben-Fabriken auf. Als Senator gehörte er bereits seit längerer Zeit zur KWG.
Am 10. Juni legte Laue den Kollegen in der Akademie wieder eine Arbeit vor: „Die Stromverteilung in Supraleitern". Er verwies auf seine Veröffentlichung von 1932 mit zwei Sätzen über die Stromverteilung: Der Strom fließt als Flächenstrom, sodass im Inneren kein Magnetfeld herrscht, und die Aufteilung des Stromes gehe dahin, daß die magnetische Energie den kleinstmöglichen Wert annehme. Laue bewies, dass man den ersten aus dem zweiten Satz ableiten könne. Die Rechnung wurde mit Hilfe der Maxwellschen Gleichungen durchgeführt. Er ging auf die Schwierigkeiten ein, die durch die nichtsupraleitenden Zuleitungen entstünden. Fritz London hatte im Exil in Frankreich eine mathematische Formulierung ohne Anlehnung an Maxwells Theorie entwickelt und Laue konnte zeigen, dass der Aufteilungssatz der Ströme auch bei Londons Theorie gültig blieb.[219]

Trotz des politischen Drucks versuchten manche Vereine, sich politisch nicht völlig zu unterwerfen. Auf einer gemeinsamen Sitzung der Physikalischen Gesellschaft zu Berlin und der Deutschen Gesellschaft für technische Physik am 9. Juni erwähnte Planck zu Beginn, dass Laue an derselben Stelle am 14. Juni 1912 vorgetragen hatte:

> „Da ich wohl der älteste unter Ihnen bin, so empfinde ich das Bedürfnis, Ihnen einen Gedenktag in Erinnerung zu bringen, der sowohl für unsere Gesellschaft wie auch für die physikalische Wissenschaft eine unvergängliche Bedeutung besitzt. Gestern vor 25 Jahren überreichte Herr Sommerfeld in München der Bayerischen Akademie der Wissenschaften eine Arbeit von Walter Friedrich,

> Paul Knipping und Max v. Laue, die den Titel führte ‚Über Interferenzerscheinungen bei Röntgenstrahlen'."[220]

Max Planck, Präsident der Kaiser-Wilhelm-Gesellschaft, um 1936/37. Quelle: Archiv der Max-Planck-Gesellschaft, Berlin-Dahlem

Planck sprach sehr ernsthaft und eindringlich über die Notwendigkeit der Theorie und ging auf die Einzelheiten und die Wirkung der Entdeckung ein.[221]
Für die DPG war es wichtig, eine starke und diplomatische Persönlichkeit an der Spitze zu haben. Sie stand 1937 vor dieser Frage. Max von Laue antwortete dem scheidenden Vorsitzenden Jonathan Zenneck am 27. August:

> „Ich danke herzlich für Ihren Brief vom 25. d. M. Ihre Bedenken, Planck den Vorsitz zuzumuten, muß ich schon teilen. Was Debye anbelangt, so hat er jetzt alle dafür erforderlichen Eigenschaften in höchstem Maße, bis auf eine, bei der ich nicht recht Bescheid weiß. Hat er zur Deutschen Physikalischen Gesellschaft die Liebe, daß er seinen unzweifelhaft erheblichen Einfluß, wenn es hart auf hart käme, zu ihren Gunsten durchsetzt? Das scheint mir die entscheidende Frage zu sein."[222]

Peter Debye wurde dann zum Vorsitzenden gewählt.[223]
Max von Laues Bemühungen, dem Sohn Theodor einen längeren Aufenthalt in den USA zu ermöglichen, waren erfolgreich. Nach seinem Abitur musste Theo zuerst den Arbeitsdienst und einen kurzen Militärdienst ableisten, bevor er zum Studium zugelassen wurde. Außerdem musste er als Student Mitglied einer nationalsozialistischen Organisation sein. So trat er der SA bei und nahm das Studium der Geschichte in Freiburg im Breisgau auf. Dort lebte die geschiedene Frau von Professor Wilhelm Westphal mit ihren Kindern. Laues kannten sie gut, und Theo lebte sich gut bei ihr ein.

In vielen Briefen berichtete Theo kritisch vom Studium. Das freie Studentenleben mit dem Musizieren, er spielte Geige, mit dem Singen und der Pflege von Freundschaften kam nicht zu kurz. Der Vater meinte, ein ein- oder zweisemestriger Aufenthalt in den USA würde eine Bereicherung seiner Ausbildung bedeuten. Es gelang ihm, ein Stipendium in den USA zu organisieren. In den ersten Septembertagen wurde Theo von den Eltern nach Hamburg begleitet und am 4. zum Schiff gebracht. Max von Laue hatte über Freunde in Baltimore bereits Einzelheiten klären können. Die Eltern kamen am 7. September wieder nach Berlin. Der Vater schrieb sogleich an den Sohn. Damit begann eine Korrespondenz, vom Sohn weniger intensiv geführt als vom Vater. Sie gibt Einblicke in Laues Erleben und Leben, seine Urteile über Menschen und Ereignisse, die für den bisherigen Teil der Biographie nicht vorliegen.

> „Diesen Brief sollst Du sogleich bei der Ankunft in Princeton erhalten, damit Du Dich dort nicht verlassen fühlst. Denn dies Gefühl kommt nach meiner Erfahrung sehr leicht bei der Ankunft an einem neuen Orte, an dem man erst allmählich heimisch werden soll. Immerhin hoffe ich ja, daß gute Aufnahme in Baltimore schon vorgesorgt hat, daß es Dir nicht einsam vorkommt; aber beßer ist eben beßer.
> Mama und ich sind heute von einer schönen Fahrt heimgekommen. Wir hatten überall prächtiges Wetter und nachts immer schönen Sternenhimmel. Den Reisebericht, wie er ins Autobuch kommt, lege ich Dir im Durchschlag bei. Hinzufügen kann ich ja noch, daß wir vom Hindenburgufer in Kiel aus auch Deine Kaserne in Wik gesehen haben. Gedacht haben wir oft an Dich.
> Der Mama geht es sehr nahe, daß Du jetzt fort bist, und das äußert sich bei ihr, soviel ich sie verstehe, in einer merkwürdigen Abneigung, junge Leute ins Auto zu nehmen, welche an der Landstraße darauf warten, daß sie Jemand mitnimmt. Ich habe aber doch mehrmals welche mitgenommen. Denn ich denke gerade dabei an Dich, und daß Du vielleicht auch einmal in die Lage kommen könntest, auf diese Weise für Dein ‚Fortkommen' zu sorgen."[224]

Dann erwähnte er eine mehrtägige Luftschutzübung, nachts müsse alles verdunkelt sein. Er werde dann voraussichtlich zur Physikertagung in

Bad Kreuznach sein; ob seine Frau mitkomme, ist noch ungewiss.[225]
In der „Sammlung Vieweg" erschien von Karl Steiner und Peter Grassmann ein 139 Seiten starkes Heft über „Supraleitung", das Laue für die „Naturwissenschaften" besprach. Einleitend erwähnte er, dass verschiedene Arbeiten zu den Phänomenen bereits erschienen seien.

> „Daß sie uns weniger rätselhaft wären als zu Anfang, kann man darum nicht sagen, eher gibt sie um so mehr Rätsel auf, je länger man sich damit beschäftigt. Der einheitliche leitende Gesichtspunkt fehlt noch gänzlich, wenn von ihr die Rede ist."[226]

Laue lobte die Ordnung des Stoffes und ging kurz auf die einzelnen Kapitel mit den experimentellen Ergebnissen ein. Im IV. Kapitel mit dem Meißner-Ochsenfeld-Effekt überwiege die Theorie und die Anwendung von Maxwells Theorie, die noch nicht gelungen sei. Er empfahl die Schrift. Aber Laue umging einen wichtigen Punkt, wie man aus einem Brief an Walther Meißner vom 9. September erfährt:

> „Ich lege Ihnen im ersten Entwurf die Besprechung des Steiner-Grassmannschen Büchleins für die ‚Naturwissenschaften' bei. Bitte, sagen Sie mir, wie Sie denken. Man könnte manche Stellen schärfer kritisieren, namentlich auch das Überwiegen Starkscher Ideen in den letzten Teilen. Aber wozu die Verlegenheit der Verfasser in die Öffentlichkeit bringen?"[227]

Laue berichtete noch, dass er einen Aufsatz gegen Stark verfasst hätte:

> „Sie müssen übrigens nicht denken, daß ich mich dabei gefährde. Ich lasse Helmholtz reden und schreibe dies wörtlich aus seinen Vorträgen ab – und Helmholtz hat doch Stark nie gekannt, kann also auch nicht auf ihn gemünzt haben."[228]

Philipp Lenard hatte, wie schon erwähnt, eine „Deutsche Physik" in mehreren Bänden geschrieben, von denen der zweite Band „Akustik und Wärmelehre" 1936 erschien. Laue schrieb eine kritische Besprechung.

> „An den vorliegenden Band konnte man zunächst mit erheblichen Hoffnungen herangehen. Man durfte erwarten, daß sich in ihm ohne die störenden Eigenheiten des ersten Bandes Lenards Größe als Lehrer dokumentierte. Leider erfährt man eine Enttäuschung."[229]

Laue wies auf die fehlende Erwähnung der Fortschritte in der Elektroakustik und der Klänge hin. In der Thermodynamik wurde das Fehlen des Nernstschen Wärmesatzes angemerkt, ebenso von Max Planck beim Strahlungsgesetz. Auch die Umbenennung der Brownschen Bewegung in „Klein-Gewimmel" wurde kritisiert.

> „Man sieht hier nicht zum ersten Mal, daß aus einer guten Vorlesung ein weniger gutes Buch wird, wenn der Verfasser nur diese wiederzugeben versucht, und insbesondere die eigene Anschauung nicht durch sorgfältiges Studium der Literatur ergänzt."[230]

Im Oktober erschien in den „Naturwissenschaften" die Rückschau „Fünfundzwanzig Jahre Laue-Diagramm. Mit einer Zusammenstellung der heutigen Kenntnisse über Atomabstände in Kristallen" von Fritz Laves. Einleitend hieß es:

> „25 Jahre sind vergangen, seit M. v. Laue der Welt einen der schönsten Gedanken schenkte, die jemals ausgesprochen wurden. Ein Gedanke, der nicht nur den begeistert, dem es gegeben ist, Ehrfurcht vor der Formenschönheit reiner Erkenntnis zu empfinden, sondern der auch demjenigen Anerkennung abzwingt, für den die Größe eines Gedankens erst durch einen sich in geschichtlicher Entwicklung zeigenden Erfolgs meßbar wird."[231]

Einen neuen Eingriff des Staates in das Universitätsleben gab es im November, nämlich den Ausschluss der „Nichtarier" vom Kolloquium, also auch von Lise Meitner. Max von Laue informierte Max Planck brieflich darüber, der er-widerte am 17. November, dass sich das „auf die Dauer nicht vermeiden ließ". [232]
Seit einiger Zeit sammelte Laue fremde Veröffentlichungen für ein Buch über Röntgen- und Elektronenbeugung.

Im Dritten Reich etwas Wissenschaftliches zur Allgemeinen Relativitätstheorie zu veröffentlichen, das war sehr unüblich, aber Laue, der sich nach wie vor für die Publikationen auf diesem Gebiet interessierte, musste dem Kollegen Howard P. Robertson doch seine Meinung deutlich sagen. „The apparent luminosity of a receding nebula" war der Titel.

> „Die erste Streitfrage zwischen Herrn Robertson und mir geht davon aus, ob in dem oft erörterten, sich ausdehnenden Kosmos jeder Körper, also auch das Fernrohr der Astronomen, an der Dehnung teilnimmt."[233]

Das hatte Laue bereits in seiner Arbeit „Theoretisches über die Helligkeit ferner Nebel" bejahend beantwortet. In der Erwiderung auf Robertson erwähnte Laue dann die von Einstein angegebenen Feldgleichungen.[234] Am 12. Januar schrieb Laue an den Sohn und bemerkte, dass er von James Franck erfahren habe, dass Theo bei ihm war und musiziert hat, um fortzufahren:

> „Ich habe hier keine Weihnachtsferien machen können, weil ich zwei Manuskripte fertigstellen mußte. Am 20.1. muß ich nämlich den Annalen der Physik einen Beitrag zum Planck-Heft senden; Du erinnerst Dich, daß Pl. am 23.4. den 80-ten Geburtstag hat (stoß auch Ladenburg und Andere darauf!). Da hatte ich nun zwei Themen, ein leicht und sicher zu behandelndes, ein mir wichtigeres, aber schwierigeres. Also habe ich auf alle Fälle zunächst das Leichtere niedergeschrieben. Mit dem anderen bin ich gestern glücklich fertig geworden und habe mir daraufhin heute Vormittag einen längeren Spaziergang vom großen Stern im Grunewald über Forsthaus Grunewald nach Schildhorn und über den Teufelssee zurück geleistet."[235]

Es folgt eine lebendige Schilderung der Vogelwelt, die er auf dem Weg sah.

> „Morgen Abend kommen Hahn und Frau, Lise Meitner, sowie Herr [Otto] und Frau v. Baeyer zu uns. […] Am Sonnabend (15.1.) fahre ich dann auf 3 Tage nach Kopenhagen, Bohr zu sprechen."[236]

Einen Tag nach seiner Ankunft in Kopenhagen berichtete er von der Bahnfahrt mit vier Dänen im Abteil, von denen einer ein antisemitisches Propagandabuch hatte und so darin blätterte, dass Laue die Bilder sehen konnte. Neben einigen Politikern war auch Albert Einstein abgebildet.

> „Ich weiss nicht, ob diese vier Dänen Spione waren, die mich aushorchen sollten; nimm Dich jedenfalls drüben vor solchen Elementen in Acht!"[237]

Schon bald, Anfang Februar 1938, wurde die nächste Veröffentlichung, diesmal an die Redaktion der Physikalischen Zeitschrift, abgeschickt. Unter dem Titel „Die Erwärmung des Kristalls beim Kosseleffekt" behandelte Laue eine technisch wichtige Anwendung. Die Antikathode einer Röntgenröhre wird durch die Energie der auftreffenden und eindringenden Elektronen erwärmt. Laue konnte zeigen, wie das mathematisch zu behandeln sei und dass die Form der Antikathode wenig Einfluss auf die Erwärmung hätte.[238]
Wieder nutzte Max von Laue die Gelegenheit, das verhasste Regime indirekt zu kritisieren. Am 16. März 1638 war Galileis „Discorsi e dimostrazioni matematiche" in Leiden erschienen. Das konnte die Inquisition nicht verhindern! Galilei dankte dem Grafen Francesco di Noailles im Vorwort für dessen Anteilnahme an seinem Schicksal. Für die „Naturwissenschaften" verfasste Laue eine umfangreiche Besprechung des reichhaltigen Werkes und des historischen Hintergrundes. Die „Unterredungen" von Galilei über die Mechanik, die Wurf- und Fallgesetze, den Luftwiderstand beim Fall und die Akustik wurden kritisch gewürdigt.

> „Dieser Wahrheitsdrang wirkte in vielen seiner Zeitgenossen, kam aber wohl in keinem zu so mächtigem Durchbruch wie bei Galilei – und setzte ihn damit auch der ***besonderen*** Feindschaft und den Verfolgungen der Verteidiger des Alten aus. Darin liegt eine Bedeutung Galileis, die noch über das naturwissenschaftliche Gebiet hinausreicht."[239]

Noch war Lise Meitner als Ausländerin von den rassistischen Einschränkungen des NS-Regimes nicht existentiell betroffen. Ihre reichsdeutschen jüdischen Kollegen in der KWG hatten ihre Stellungen „aufgegeben". Meitner hatte im KWI für Chemie nach wie vor ihre eigene Abteilung, doch durfte sie keine Doktoranden haben. Zu Weihnachten 1937 reiste sie wie so oft nach Wien zu ihren Geschwistern. Offenbar nahm sie den zunehmenden Nationalsozialismus in Österreich nicht wahr. Manche ihrer Berliner Freunde – wahrscheinlich auch die Laues – wussten bis 1933 gar nicht, dass sie Jüdin war, denn sie hatte sich taufen lassen und ging in Dahlem zum Gottesdienst in die Dorfkirche. Meitners Aufzeichnungen im Tagebuch im Februar 1938 weisen auf Besuche von oder bei Arnold Berliner, Gustav Hertz, den Hahns und am 11. März bei Rausch von Traubenberg hin. Auf dem Heimweg fiel sie und verletzte sich am Knöchel. Am 12. März blieb sie deswegen zu Hause und hörte Radio. Sie notierte im Tagebuch:

> „12. III. Hörte 12 h Führerbrief von Goebbels verlesen Einmarsch deutscher Truppen in Österreich."[240]

Durch den sogenannten „Anschluß" Österreichs war Lise Meitner Reichsdeutsche geworden, und sie fiel nun unter die „Nürnberger Gesetze", das „Gesetz zum Schutze des deutschen Blutes und der deutschen Ehre".
Vom 15. bis zum 19. April unternahmen Laues einen Ausflug in das Obere Saaletal, und Lise Meitner kam mit. Sie schrieb in das Autoreisetagebuch:

> „In unseres Lebens trüben Tagen
> Gab uns ein Gott Ersatz für alle Plagen,
> Daß unser Blick sich himmelwärts gewöhne,
> Den Sonnenschein, die Freundschaft und das Schöne.
> Daß mir dieser Goethesche Spruch wieder in Erinnerung kam, danke ich dem lieben Laueschen Ehepaar, das mich auf eine so schöne Osterreise ins Saaletal mitnahm."[241]

Am 30. Mai 1938 fand die Schlüsselübergabe für das KWI für Physik an Peter Debye statt. Doch die Einrichtung des Instituts war keineswegs vollständig, es fehlten die Heliumverflüssigungs- und die Hochspannungsanlage.[242]

Das Jahr 1938 war ein Jahr großer Feiern. Der 80. Geburtstag von Max Planck, dem Ehrenmitglied der Deutschen Physikalischen Gesellschaft (DPG), wurde am 23. April im Harnack-Haus in Berlin-Dahlem gefeiert.

Die Phyſikaliſche Geſellſchaft zu Berlin

beehrt ſich einzuladen

zu einer Feier des 80. Geburtstages ihres Ehrenmitgliedes

Herrn Geheimrat Profeſſor Dr. Max Planck

am Sonnabend, dem 23. April 1938,

im Harnack-Haus in Berlin-Dahlem, Eingang Ihneſtraße 20.

I. TEIL:

Feſtſitzung im Helmholtz-Saal des Harnackhauſes.

Beginn 18 Uhr pünktlich.

1. Begrüßungsanſprache des Vorſitzenden der Phyſikaliſchen Geſellſchaft zu Berlin, Profeſſor Dr. C. Ramsauer,
2. Anſprache des Schriftleiters der Annalen der Phyſik, Geheimrat Profeſſor Dr. E. Grüneiſen,
3. Anſprache des Vorſitzenden der Deutſchen Phyſikaliſchen Geſellſchaft, Profeſſor Dr. P. Debye,
4. Verleihung der Planck-Medaille durch Geheimrat Profeſſor Dr. M. Planck,
5. Wiſſenſchaftlicher Vortrag, Profeſſor Dr. M. von Laue:
   Supraleitung und ihre Beeinfluſſung durch Magnetismus.

II. TEIL:

Feſteſſen mit Damen im Goethe-Saal des Harnackhauſes.

Beginn 20 Uhr.

1. Gemeinſames Abendeſſen,
2. Muſikaliſche Darbietungen des Kammerorcheſters der ſtaatlichen Hochſchule für Muſik in Berlin. Dirigent Profeſſor Dr. Fritz Stein,
3. Vorführung eines Filmes von Nordlichtaufnahmen.

C. Ramsauer

Vorſitzender der Phyſikaliſchen Geſellſchaft zu Berlin.

Einladung der Physikalischen Gesellschaft zu Berlin anläßlich des 80. Geburtstages von Max Planck. Quelle: Z. Phys. 4/1938: 350

Gleichzeitig wurde die Planck-Medaille an Louis-Victor de Broglie verliehen, der aber aus gesundheitlichen Gründen nicht kommen konnte, sodass der französische Botschafter die Ehrung stellvertretend entgegennahm. Es wurde mehr als eine Geburtstagsfeier, mehr als eine Medaillen-Über-

gabe, es wurde ein Bekenntnis zur Verständigung, zur Freundschaft mit den französischen Nachbarn.
Der Vorsitzende der Berliner Physikalischen Gesellschaft, Carl Ramsauer, eröffnete, wie damals üblich, die Feier mit einem „Heil Hitler“ und begrüßte die Gäste. Dann erinnerte er an den Vortrag vom 19. Oktober 1900 mit Plancks Ausführungen zur Strahlungsformel. Es folgte eine Laudatio des Schriftleiters der „Annalen“, Eduard Grüneisen. Max Planck dankte sodann mit einem historischen Rückblick auf die Entwicklung der Theorie der Strahlung. Peter Debye überbrachte die Glückwünsche der DPG und bat Planck, die Medaille zu überreichen. Dabei gab dieser einen kurzen Rückblick auf seine Bekanntschaft mit de Broglie.

> „Wenn ich mich so der Ehre freue, die Überreichung der Medaille vollziehen zu dürfen, so gesellt sich dazu noch eine Freude von ganz anderer Art. Das ist der Umstand, daß mir dadurch Gelegenheit gegeben wird, nicht nur als Gelehrter mich an den Fachgenossen zu wenden, sondern auch als Deutscher zum Angehörigen eines benachbarten großen Volkes, desjenigen Volkes, dessen Verhältnis zu uns für eine eigene Zukunft wesentlich mitbedingend ist.“[243]

Planck ging dann auf die selbstverständliche Vaterlandsliebe ein und meinte, dass in Deutschland wie in Frankreich der ehrliche und sehnliche Wunsch bestehe nach einem echten dauernden Frieden, ehe es für Europa zu spät sei. Mit diesen Gedanken überreichte er die Medaille. Exzellenz André François-Poncet übermittelte den wärmsten Dank des Geehrten. Er sagte:

> „Denn Wissenschaft heißt Mitarbeit und Solidarität und so fasse ich auch die Aufgabe der Diplomatie auf. Die Herrn Prof. Louis de Broglie heute erwiesene deutsche Auszeichnung wird in Frankreich als ein Beweis dieser hohen Gesinnung aufgefaßt und dankbar empfunden werden.“[244]

Anschließend hielt Max von Laue einen Vortrag über „Supraleitung und ihre Beeinflussung durch Magnetismus“. Für die versammelten Physiker formulierte er die daraus hervorgegangene Veröffentlichung in den Annalen der Physik etwas um.[245] Danach gab es im Goethesaal des Harnack-

Hauses ein Festessen, an dem auch Lise Meitner teilnahm. Sommerfeld hielt die Tischrede und leitete sie mit einem Gedicht von Gottfried Keller über Waage, Stab und Uhr ein, um mit einer Anekdote von Kirchhoff fortzufahren und auf die Entdeckung und das Gelehrtenleben zu kommen:

> „Der Genius ist eine Gottesgabe. Zu einem großen Gelehrten gehören aber noch andere Dinge: Strenge Selbstzucht, untrügerische Sachlichkeit, der ‚Ernst, den keine Mühe bleichet', der Eigensinn, immer wieder auf das gestellte Problem zurückzukommen."[246]

Adriaan Fokker aus den Niederlanden überbrachte Grüße:

> „[...] weil Sie bei uns so gute Freunde gehabt haben und uns immer in Ihre Freundschaft aufgenommen haben."[247]

Der Astronom August Kopff berichtete im weiteren, dass ein kleiner Planet Planck zu Ehren „Stella Planckia" genannt wurde. Zum Abschuss dankte Planck allen Rednern.

> „Wenn man 80 Jahre alt wird, so hat man ja manches erlebt. Ich habe immer viel Freude an meiner Wissenschaft gehabt, und auch an meinen Schülern."[248]

Er könnte zahlreiche Namen anführen, möchte aber darauf verzichten.

> „Aber einen Namen möchte ich doch noch hier nennen, das ist Herr Max von Laue, der aus einem meiner nächststehenden Schüler nicht nur ein berühmter Physiker, sondern auch mir ein naher und treuer Freund geworden ist."[249]

Planck erwähnte dann auch noch Moritz Schlick. Zum Schluss bat er alle Anwesenden auf das Wohl der Deutschen Physikalischen Gesellschaft und der Berliner Physikalischen Gesellschaft zu trinken. Es gab einen lustigen Abschluss. Walter Grotrian hatte einen physikalischen Einakter geschrieben: „Die Präzisionsbestimmung des Planckschen Wirkungsquantums."[250] Die „Annalen" widmeten Max Planck zwei Hefte mit einer Laudatio von Laue und Beiträgen seiner Schüler und Freunde. Auch für die Sitzungsberichte der Preußischen Akademie der Wissenschaften schrieb Laue eine Adresse, ebenso in der englischen Zeitschrift „Research and Progress".[251] Die beiden Arbeiten Laues „Zur Thermodynamik der Supraleitung", eingegangen am 21. Januar, und „Der magnetische Schwellwert für Supraleitung", eingegangen am 18. Februar, gehören zusammen. Die erste behandelt „den Fall eines beliebig geformten Körpers in einem beliebigen Magnetfeld."[252] Bei der Umwandlung Normalleiter/Supraleiter nahm Laue an, dass beide im Raumgitter übereinstimmten, was durch Versuche anderer Physiker nachgewiesen sei. Seine thermodynamische Betrachtung zeigte,

> „[...] daß längs der ganzen gemeinsamen Oberfläche die auf die Volumeneinheit bezogene Differenz der freien Energie gleich der Normalkomponente der Kraft sein muß, welche das Magnetfeld auf den Supraleiter ausübt."[253]

Er verwendete für das Problem Londons Theorie und zur Prüfung die Messungen des Engländers Rex Bush Pontius an dünnen Bleidrähten. Mehrfach diskutierte Laue die Theorie von Fritz London, wenn er die mathematische Behandlung eines stark gekrümmten Körpers, d. h. eines Ringes, untersuchte. Die Ergebnisse der mathematischen Behandlung des Problems eines dünnen Drahts im longitudinalen magnetischen Feld standen in guter Übereinstimmung mit den von Pontius gemessenen Werten. Im letzten Paragraphen befasste er sich mit dem Ablauf der Umwandlung.

> „Im longitudinalen Felde führt der Übergang sicher nicht über Gleichgewichtszustände, sondern verläuft, hat er einmal eingesetzt, tumultuarisch bis zum Ende."[254]

Ebenso behandelte die zweite Veröffentlichung einen stark gekrümmten Supraleiter nach der Theorie von London. Laue ging davon aus, wie auch schon London annahm, dass einige magnetische Kraftlinien in den Supraleitern in die Oberfläche des Supraleiters eindringen. Es wurde die Rechnung für einen Kreiszylinder und eine Kugel durchgeführt.[255]

Anfang Mai teilte Laue dem Sohn mit, dass ein neues Auto, wieder ein Steyr, bestellt worden sei, der 55 PS und eine Höchstgeschwindigkeit

Max von Laue, Ende der 1930er Jahre. Quelle: Archiv der Max-Planck-Gesellschaft, Berlin-Dahlem

von 120 km/h hätte. Der Sohn hatte sich in der Zwischenzeit entschlossen, ein weiteres Jahr in den USA zu bleiben, was der Vater mit Freude bemerkte.[256] Die Sorge des Vaters, dass seine Briefe von „anderen" vorher gelesen würden, war nicht ganz unbegründet. Die Briefkontrolle war allerdings vor Beginn des Zweiten Weltkrieges in Deutschland wohl nur auf einen kleinen, bestimmten Personenkreis beschränkt.
Einen Ausflug nach Wiesenburg Anfang Juli unternahmen Laues mit Lise Meitner und Otto Hahn, und Lise Meitner bedankte sich für die „wunderschöne Fahrt".[257]
Noch war es für sehr viele Menschen, nicht nur in Deutschland, undenkbar, dass die Ausgrenzung und Schikanen gegen die deutschen Mitbürger jüdischer Herkunft, jüdischen Glaubens vom nationalsozialistischen Staat bis zu ihrer vollständigen Vernichtung geplant und ausgeführt werden könnten.

Nun zählte auch Lise Meitner zu den Ausgegrenzten. Nachdem deutlich geworden war, dass die Leitung der KWG ihren Austritt forderte, ohne ihr helfen zu können, musste sich Lise Meitner zur Emigration entschließen. Durch die Vermittlung von Debye, Hahn, Laue und Meitners niederländischen Freunden Fokker und Coster gelang die Flucht am 13. Juli in Begleitung von Dirk Coster mit der Bahn nach Holland. Die Endstation ihrer Flucht war Stockholm und eine Stellung am Nobel-Institut bei Manne Siegbahn. Max von Laue wurde erst nach der geglückten Flucht über diesen „Ausweg" informiert.[258]
Am 10. Juli reichte Laue bei der Redaktion der Annalen die theoretische Arbeit „Beugung konvergierender Lichtwellen" von Ilse Fränz-Gotthold und ihm ein. Sie war dem Freiburger Kollegen Gustav Mie zum 70. Geburtstag gewidmet und bezog sich auf Versuche von Ernst Lau über die Verringerung der Breite beim Beugungsmaximum nullter Ordnung.

Unter Benutzung der Sommerfeldschen Lösung für die Beugung an einer Kante und mit Hilfe der mathematischen Behandlung von Zylinderwellen durch Debye wurde zuerst eine allgemeine Theorie entwickelt und dann eine numerische Anwendung vorgenommen.[259]
Die Sommerferien wurden im italienischen Südtirol verbracht, und so konnte der Vater offener an den Sohn schreiben, dass Lise Meitner nach Stockholm „entwischt" sei:

> „Aber für mich ist es natürlich sehr traurig, dass ich mich nicht mehr mit Lise Meitner aussprechen kann; erst recht für Otto Hahn, dessen Frau nach dem Pfingsten schwer erkrankt ist. Er hat schwere Monate hinter sich."[260]

Am 23. Oktober gratulierte Laue der Kollegin Meitner zum 60. Geburtstag und bedauerte ihr Schicksal, die Flucht nach Stockholm, um dann fortzufahren:

> „Aber seien Sie froh, daß es gelungen ist. Ich schrieb Ihnen schon einmal, und ich wiederhole es hier: Viele beneiden Sie darum. Als es in den letzten Septembertagen nach Krieg aussah, sagte ich zu Hahn: ‚Nun wollen wir uns einmal recht von Herzen freuen, daß Lise Meitner fort ist; sie wenigstens kommt nicht in die Patsche.' Und die Kriegsgefahr ist ja nicht das Schlimmste. Es mag ja sein, daß es nicht ganz leicht ist, sich in Stockholm einzugewöhnen. Aber denken Sie immer daran, wie Sie hier schon 5 ½ Jahre gelitten haben. Heute aber ist es schlimmer […]."[261]

Und Magda von Laue schrieb:

> „Mein liebes Fräulein Meitner,
> viel lieber fiele ich Ihnen um den Hals und flüsterte Ihnen was herzliches ins Ohr, nun muß ich es leider etwas ungeschickt mit der Feder tun."[262]

Noch durfte Laue zu Niels Bohr reisen. Er benutzte die Gelegenheit zum Schreiben von Briefen, ohne die Sorge einer Postüberwachung zu haben, dennoch wählte er die Worte vorsichtig.

Die Preußische wie auch andere Akademien mussten ihre nichtarischen Mitglieder ausschließen. Am 26. Oktober schrieb Laue aus Kopenhagen einen Brief an Lise Meitner:

> „Planck scheint sehr frisch zu sein, hat aber viel Arbeit, da er als Vorsitzender Sekretar der Akademie die neuen Satzungen ausarbeiten muß. Denn die Akademie wird nun gleichgeschaltet. Die drei jüdischen Mitglieder, Norden, Goldschmidt und Schur sind schon ausgeschieden. Natürlich hat Planck sie persönlich besucht."[263]

Max von Laue wusste, dass sich Lise Meitner in Schweden durch die Zeitungen über die politischen Verhältnisse in Deutschland informierte. Sie konnte deshalb auch den weiteren Teil des Briefes verstehen:

> „Hat er [Otto Hahn] Ihnen geschrieben, daß er und ich am 28. September den Aufmarsch im Lustgarten mitgemacht haben? Er hatte gar keine Lust dazu, aber ich habe ihn dazu überredet, vor allem mit dem Hinweis, daß wenn der Krieg käme, und wenn, wie vorauszusehen, die SS die ausführende Gewalt übernähme, die Sicherheit aller Leute in Frage gestellt wäre, welche gar zu deutlich opponiert haben. Es hat sich auch gelohnt mitzugehen, denn Herr Graue war so erstaunt über unser Erscheinen seiner beiden schwärzesten Schafe, daß allein der Anblick seines Gesichtes die Mühe reichlich belohnte."[264]

Auch von emigrierten Kollegen berichtete Laue, und davon, dass Erwin Schrödinger pensionslos entlassen sei.

> „Im Kaiser Wilhelm Institut für Physik ist immer noch nicht alles fertig. Das flüssige Helium z. B. ist auf den Dezember verschoben. Hingegen kommen die Röntgenanlagen allmählich in Gang. Dr. Menzer ist eifrig bei den letzten Vorbereitungen."[265]

Zu den Kindern bemerkte er, dass Theos zweites Jahr in den USA gesichert sei, und Hilde fahre das neue Auto oft und recht gut. Er erwähnte noch seine Aktivitäten, die Waschküche des Hauses als Luftschutzraum sicher zu machen.[266]

Im September wurde die politische Lage bedrohlich. Über drei Millionen Deutsche wohnten in den Randgebieten der Tschechoslowakei, Böhmen und Mähren. Ihr politischer Führer war Konrad Henlein, der die Abtretung, den „Anschluss" an das Deutsche Reich, forderte. Am 29. September fand ein Treffen Hitlers mit Neville Chamberlain und Edouard Daladier in München statt, wo ein Abkommen zur Abtretung des Sudentenlandes an Deutschland unterzeichnet wurde. Als Druckmittel diente die Kundgebung am 28. September.[267]
Am 9./10. November fand die sogenannte „Reichskristallnacht" statt. Viele Synagogen wurden in Brand gesetzt und zerstört, jüdische Geschäfte geplündert und verwüstet, Juden wurden misshandelt, verhaftet, umgebracht. Im „Reichssteuerblatt" vom 15. November erschien die „Verordnung über eine Sühneleistung der Juden deutscher Staatsangehörigkeit" vom 12. November 1938:

> „Die feindliche Haltung des Judentums gegenüber dem deutschen Volk und Reich, die auch vor feigen Mordtaten nicht zurückschreckt, erfordert entschiedene Abwehr und harte Sühne. […]
> § 1 Den Juden deutscher Staatsangehörigkeit in ihrer Gesamtheit wird die Zahlung einer Kontribution von 1 000 000 000 Reichsmark an das Deutsche Reich auferlegt."[268]

Am 7. November beging Lise Meitner ihren 60. Geburtstag. Keine deutsche wissenschaftliche Zeitschrift wagte es, einen Glückwunsch zu veröffentlichen.
In München wurde am 5. Dezember der 70. Geburtstag von Arnold Sommerfeld mit mehreren wissenschaftlichen Vorträgen gefeiert. Laues fuhren mit dem Auto nach München, wofür sie neun Stunden brauchten, die Pausen inbegriffen. Manche Kollegen, die kommen wollten, durften nicht teilnehmen, weil sie „nicht arisch" waren.
Wieder in Berlin nahm Max von Laue am 14. Dezember an der Sitzung des Vorstandes der Deutschen Physikalischen Gesellschaft (DPG) unter der Leitung von Carl Ramsauer teil. Im Protokoll hieß es:

> „Der Vorsitzende berichtet über die bisherige Entwicklung der Nichtarier-Frage in der DPG. Nach dem durch ein Schreiben der Hrn. Stuart und Orthmann gegebenen Anstoss hat der Vorsitzende der

> DPG Hr. Debye nach Fühlungnahme mit einigen Herrn des Vorstandes und schriftlicher Befragung sämtlicher Mitglieder des Vorstandes der DPG ein Schreiben an alle deutschen Mitglieder der DPG gerichtet, durch das Juden im Sinne der Nürnberger Gesetze zum Austritt aus der Gesellschaft aufgefordert werden.
> Als zweiter Schritt soll eine Änderung der Statuten der Gesellschaft durchgeführt werden. […]
> In der Aussprache wies Herr Orthmann darauf hin, dass der erste Satz des an die deutschen Mitglieder gerichteten Schreibens so formuliert sei, dass er missverstanden werden könne."[269]

Das Schreiben lautete:

> „Unter den zwingenden Umständen muß ich das Verbleiben von reichsdeutschen Juden im Sinne der Nürnberger Gesetze in der Deutschen Physikalischen Gesellschaft als nicht mehr tragbar ansehen.
> Ich bitte daher im Einverständnis mit dem Vorstand alle Mitglieder, welche unter diese Bestimmung fallen, mir ihren Austritt aus der Gesellschaft mitzuteilen."
> Heil Hitler!
> gez. P. Debye
> Vorsitzender"[270]

Auch Lise Meitner erhielt das Schreiben, obwohl sie im Ausland war. Max von Laue schrieb an sie am 19. Dezember:

> „Wegen des Wortlauts seines Rundschreibens hat Debye hier Angriffe erfahren: man las aus dem ersten Satze ein ‚leider' heraus, und wollte ihn mit dem Hinweis auf das ‚Schwarze Korps' schrecken, welches kürzlich einige Firmen anprangerte, die jüdische Angestellte mit einem ‚leider' entlassen haben. Debye's Antwort war: ‚Das ist mir Wurst.'"[271]

Im Brief vom 11. Dezember an Theo ging Laue auf das bevorstehende Weihnachtsfest ein und empfahl dem Sohn das „Evangelium Matthäi" zu lesen, um zu bedenken, was die Menschen aus dieser Lehre gemacht hätten. Der Vater beklagte das Hexeneinmaleins von der heiligen Dreieinig-

keit und forderte ein neues religiöses Genie, einen Reformator.
Im letzten Brief des Jahres an den Sohn schrieb der Vater eine Passage über die aktuelle Politik:

> „Nun, auch ich sehe etwas von ‚großer Linie'. Sie führt ziemlich gradlinig vom Reichstagsbrand über die Verhaftung der Reichstagsabgeordneten, die nach der von Hitler beschworenen Verfassung immun waren, zum 30-ten Juni 1934. Und wenn ich sie weiter in die Zukunft zu verfolgen suche, so scheint sie mir zu völliger Vernichtung jeder geistigen Freiheit, zur zwangsweisen Einführung einer gemeinsamen, vorschriftsmäßigen, den Machthabern bequemen ‚Weltanschauung' zu führen, mithin Alles zu vernichten, wofür die Reformatoren im 16-ten Jahrhundert, die großen Gelehrten namentlich des 17-ten gekämpft und gelitten haben."[272]

Ein wissenschaftliches Ereignis von weltgeschichtlicher Wirkung fand am Ende des Jahres statt. Lise Meitner hatte Otto Hahn überredet, einige Versuche des Italieners Enrico Fermi über die Entstehung von neuen schwereren Elementen als Uran bei der Bestrahlung des Urans-239 mit Neutronen nachzustellen. Hahn und Fritz Straßmann hatten die äußerst schwierigen chemischen Trennungs- und Nachweisversuche 1935 aufgenommen. Die Ergebnisse wurden immer mit Frau Meitner diskutiert, aber sie waren schwierig zu interpretieren. Nach ihrer Flucht wurde weiter nach Transuranen gesucht. Anfänglich sah es so aus, als ob sie Radium gefunden hätten. Doch nun fanden Hahn und Straßmann Barium. Am 19. Dezember schrieb Hahn an Lise Meitner einen langen Brief über ihre Analysen. Die Sätze mit den wichtigsten wissenschaftlichen Aussagen lauteten:

> „Unsere Ra-Isotope verhalten sich nicht so wie Ra, sondern wie Ba. […] Vielleicht kannst Du irgendeine phantastische Erklärung vorschlagen. Wir wissen dabei selbst, dass es eigentlich nicht in ein Ba zerplatzen kann."[273]

Und im nächsten Brief vom 28. Dezember wurde Hahn konkreter:

> „Wäre es möglich, dass das Uran 239 zerplatzt in ein Ba und ein Ma. Ein Ba 138 und ein Ma 101 ergäben 239."[274]

Lise Meitner verlebte das Weihnachtsfest bei ihrer Freundin in Kungälv zusammen mit ihrem Neffen, Otto Robert Frisch, der aus Kopenhagen kam. Sie konnten um die Weihnachtszeit und die Jahreswende den Prozess physikalisch erklären und die sehr große freiwerdende Energie angeben. Zurückgekehrt nach Kopenhagen machte Frisch noch ein sehr übersichtliches Experiment, das die große freiwerdende Energie beim Spaltungsprozess zeigte.[275] Wenige Monate später wurde erstmals von einer Atombombe geredet und geschrieben.

Physik und Politik im Zweiten Weltkrieg

Am 6. Januar wurde Heft 1/1939 der Zeitschrift „Die Naturwissenschaften" ausgeliefert. Auf der Titelseite stand eine Anzeige des Buches „Der Aufbau der Atomkerne. Natürliche und künstliche Kernumwandlungen. Von Lise Meitner und Max Delbrück". Aus unerklärlichen Gründen gab es aber keine Rüge von staatlicher Seite, dass ein Buch von einer Jüdin und einem „Auswanderer" nach den USA angezeigt wurde!
Am 14. Januar schrieb Max von Laue an Lise Meitner. Im Nachsatz hieß es:

> „Am 14.3. ist in Princeton ein 60-ter Geburtstag. Ich muß immer wieder daran denken, ein wie guter Jahrgang doch 1878/79 war."[1]

In Deutschland wagte niemand mehr, zu Einsteins 60. Geburtstag am 14. März 1939 öffentlich zu gratulieren, sein wissenschaftliches Werk zu erwähnen, geschweige denn zu würdigen. Laue hatte seinen Glückwunsch bereits am 10. Februar geschrieben.[2] Wilhelm Lenz, Ordinarius in Hamburg, versuchte, für die akademische Lehre die Relativitätstheorie zu retten, indem er behauptete, nicht Einstein, sondern Henri Poincaré hätte sie als erster veröffentlicht. Darüber wollte er einen Aufsatz schreiben, da die Theorie doch „arisch" sei. Das wollte Laue verhindern und bat Einstein, für den Fall, dass es ihm nicht gelingt, selbst aktiv zu werden.

> „‚Nur darf mein Name nicht genannt werden', sonst heißt's von mir, wie in Mozarts ‚Entführung aus dem Serail':
> ‚Erst geköpft und dann gehangen,
> Aufgespießt auf glüh'nde Stangen [...].'
> Du siehst jedenfalls, Du hältst uns nach wie vor in Atem.
> Mit nochmaligem herzlichen Glückwunsch zum 60-ten Geburtstag."[3]

Seit sechs Jahren herrschte ein offener Antisemitismus in Deutschland. In seiner Reichstagsrede am 30. Januar 1939 verkündete Hitler:

> „Ich will heute wieder ein Prophet sein: Wenn es dem internationalen Finanzjudentum in- und außerhalb Europas gelingen sollte, die Völker noch einmal in einen Weltkrieg zu stürzen, dann wird das

> Ergebnis nicht die Bolschewisierung der Erde und damit der Sieg des Judentums sein, sondern die Vernichtung der jüdischen Rasse in Europa."[4]

Das Leben im Dritten Reich ging wie üblich weiter, wenn man nicht die unausgesprochenen Rechtsbrüche bedachte. An diktatorische Maßnahmen hatte man sich „gewöhnen müssen". 1939 folgte der Nationalsozialist und Mathematiker Ludwig Bieberbach in der Preußischen Akademie dem seit Jahrzehnten tätigen „beständigen Sekretar" der Physikalisch-Mathematischen Klasse, Max Planck, auf seinem Posten.

Am 20. April wurde mit großem Aufwand der 50. Geburtstag von Adolf Hitler gefeiert. Der Reichsminister für Wissenschaft, Erziehung und Volksbildung, Bernhard Rust, und sein Kollege, der Chef des Amtes Wirtschaft, legten mit einem 274-seitigen Band „Deutsche Wissenschaft. Arbeit und Aufgabe" Rechenschaft über ihre Arbeit ab.[5] Der Verlust an Fortschritt und Erkenntnis durch die Vertreibung der jüdischen Gelehrten wurde natürlich nicht erwähnt.
An der Berliner Universität hielt im Sommersemester Laues Assistent, Max Kohler, die Vorlesung „Physik". Er hatte 1932 bei Laue über ein Thema der Allgemeinen Relativitätstheorie promoviert.[6] Der Kristallograph Georg Menzer trug über sein Fach vor. Laue betreute nach wie vor das Physikalische Kolloquium und das Physikalische Seminar. Er bemühte sich bei beiden Veranstaltungen, die Qualität der Themen zu halten und gute Vortragende zu gewinnen.
In diesem Jahr fand Max von Laue kaum Zeit für Veröffentlichungen. Er schrieb nur eine Arbeit und zwei Referate, denn sein Buch „Röntgenstrahlinterferenzen" nahm ihn voll in Anspruch, wie man aus kurzen Bemerkungen in den Briefen an Lise Meitner schließen kann.
Laues erste Buchbesprechung in 1939 war nur kurz und galt Enrico Fermis „Moleküle und Kristalle"[7] in der deutschen Übersetzung:

> „Dieses Buch gibt eine ausgezeichnete Übersicht über die heutigen Kenntnisse von der Bindung der Atome zu Molekeln im allgemeinen und zu den Riesenmolekeln der Kristalle im besonderen. [...]
> Es gelingt dem Verf., in knappen Worten das Wesentliche des gerade betrachteten Erscheinungsgebietes herauszuholen, ohne auf

Vollständigkeit der Herleitung Wert zu legen. [...]
Man hat überall die Empfindung, daß hier ein bedeutender Mann spricht."[8]

Im Sommer erschien Laues Besprechung des in Cambridge edierten Bandes „Background to Modern Science. Ten Lectures at Cambridge arranged by the History of Science Committee 1936".[9] Laues Beitrag zeigt sehr deutlich sein Interesse an der Frage, wie und warum sich Wissenschaft entwickelt.
Einleitend beklagten die Herausgeber der „Lectures" die Situation der Wissenschaftsgeschichte im Allgemeinen; diesem Missstand sollte versucht werden durch Vorträge über die Wissenschaft 1895 bis 1935 abzuhelfen. Der Rezensent bekannte sich nicht für zuständig, eine Besprechung der Vorträge über Physiologie, Pathologie, Parasitologie, Tropenmedizin, Evolutionstheorie und Genetik zu geben. Dafür würdigte Laue die Beiträge zur Physik von Rutherford, Bragg jr., Aston und Eddington. Noch interessanter fand Laue aber die beiden Vorträge über Philosophie. Der erste Vortrag behandelte die Frage, warum die Naturwissenschaften, im Gegensatz zur Mathematik, nicht im alten Griechenland begannen. Der zweite Vortrag hatte die Zeit von Aristoteles bis Galilei zum Thema.

„Tatsächlich wartete diese Entwicklung [zu den heutigen Naturwissenschaften] auf Kopernikus und Galilei. Mit diesem, der den großen Umschwung herbeiführte, trat dann aber auch die bis dahin unbekannte Frage auf, wie der menschliche Geist zur Erkenntnis jener objektiven Außenwelt mit ihren mathematisch faßbaren Gesetzen kommt; die Frage, welche seitdem die ganze Erkenntnistheorie beherrscht."[10]

Wieder konnte ein 60. Geburtstag gefeiert werden: Otto Hahn war am 8. März der Gefeierte. Max von Laue war in die Vorbereitungen eingebunden. Für die „Naturwissenschaften" schrieb er einen Glückwunsch. Sicher empfand Laue das Unrecht, dass er öffentlich die gemeinsame Arbeit mit Lise Meitner nur andeuten konnte:

„Schon daß Hahn ***solche*** Mitarbeiter ***so lange und so eng*** an sich fesselte, rechnet zum Verdienst."[11]

Im Brief an Lise Meitner vom 14. März teilte er mit:

> „Fast alle Redner gedachten auch den 30 Jahren, die Sie mit Hahn zusammenarbeiteten."[12]

Für das Ehepaar Laue war der Aufenthalt von Sohn Theodor in den USA eine große Beruhigung und eine Freude zu lesen, wie der Sohn das Studium meisterte. Am 3. März teilte er ihnen mit, dass er beabsichtige, für immer in Amerika zu bleiben. Der Vater antwortete mit einem langen Brief am 25. April:

> „Es fällt mir schwer, aber ich kann nur sagen: Du hast Recht; Du tust am Besten, wenn Du, jedenfalls jetzt, nicht heimkehrst. Es soll vorgekommen sein, daß man junge Leute, die 2 Jahre im Auslande waren, hier zunächst in ein ‚Schulungslager' gesteckt hat. An ein nochmaliges Hinausgehen wäre dann wohl kaum zu denken.
> Wenn Du Dir also die Kraft zutraust, den nicht leichten Kampf um's Dasein drüben aufzunehmen, so suche zu bleiben. Aber sieh zu, daß Du Dir nicht für immer die Rückkehr verbaust. Es könnte sich hier einmal etwas verändern. Und dann wärest Du doch wohl nirgends so sehr am Platze, wie im Vaterlande."[13]

Der Vater meinte, dass Theo alles daransetzen solle, den regulären Abschluss zu erreichen.[14]
Mitte März marschierten deutsche Truppen in die Rest-Tschechoslowakei ein. Kurz darauf forderte Hitler von Polen die Rückgabe von Danzig.
Im Juni 1939 bestand Theo das Examen mit „magna cum laude"; der Vater gratulierte ihm herzlichst und bemerkte:

> „Daß Du nicht die ‚Highest honors' erhalten hast, darf Dich und mich nicht stören. Ich erhielt im Doktorexamen auch kein summa cum laude, und finde das durchaus richtig."[15]

Die Folgen der immer kritischer werdenden politischen Lage Deutschlands für Theos Bleiben in den USA wurden brieflich diskutiert, wenn auch das Wort „Fahnenflucht" und die Konsequenzen vermieden wurden. Der Vater reiste Anfang Juni 1939 zu Niels Bohr nach Kopenhagen,

wo er dem Sohn ohne Furcht vor einer Briefzensur schreiben konnte. Eine große Erleichterung war die Genehmigung für ein drittes Studienjahr in den USA.
Ende Juni wurde des 60-jährigen Doktorjubiläums von Max Planck mit einer „Adresse" der Preußischen Akademie der Wissenschaften gedacht, an deren Formulierung Max von Laue maßgeblich beteiligt war.[16] Es wurden einige Stellen aus Plancks Ansprachen zitiert, die man auch zeitbezogen lesen konnte, so aus seiner ersten Ansprache im Januar 1913:

> „Ernst ist die Zeit, und niemand vermag zu sagen, ob nicht durch sie sich eine weit ernstere ankündigt."[17]

Und in der Rede vom 3. Juli 1919 hieß es:

> „Denn je ernster die Not der Stunde droht, je unabwendlicher das Verhängnis heranzunahen scheint, um so schwerer lastet auf jedem einzelnen Angehörigen des heutigen Geschlechts die Verpflichtung zur Rechenschaft, die er einst der Nachwelt darüber wird ablegen müssen, ob er auch wirklich alles, was in seinen Kräften stand, getan hat, um das Hereinbrechen des gänzlichen Untergangs abzuwehren."[18]

Mit dem neuen Steyr fuhr die Familie Laue im August 1939 in die Ferien. Es war eine lange Fahrt bis ins Wallis. An Lise Meitner schrieb er am 19. August:

> „[…] im voll besetzten und bepackten Auto. Denn außer meiner Frau, Hilde und mir fuhr noch unsere Hausangestellte mit, die auf diese Art in ihre Heimat reiste, dort die Ferien zu verbringen."[19]

Aus Sorge, dass sie unterwegs kein Benzin kaufen könnten, das in Deutschland recht knapp war, nahmen sie einen 30-Liter-Extra-Tank mit. Der Vater und die Tochter wechselten sich auf der langen Fahrt ab. In der Schweiz trafen sie den emigrierten Otto Stern und Frau Schrödinger. Aus Champéry schrieb Max von Laue am 23. August an den Sohn, dass die Zeitungen voll wären von Kriegsgeschrei.

> „Hitler steht eben innerlich den Kommunisten viel näher als jedem bürgerlichen Rechtsstaat. Sein einziger wirklicher Grundsatz heisst: Macht. Alles andere ist nur Heuchelei."[20]

Am nächsten Tag schrieb er an Theo aus Neuchâtel:

> „Wir sahen kurz vor Neuchâtel noch einmal die Alpen. Abschied. Auch von Dir müssen wir Abschied nehmen, auf lang, vielleicht auf immer. Es ist wenig wahrscheinlich, dass unsereiner den ‚totalen Krieg' übersteht."[21]

Laues Haus in Berlin bewohnte solange die Familie von Georg Menzer, denn auch im Dritten Reich gab es Einbrüche in leer stehende Häuser. Als Laues an den letzten Augusttagen wieder daheim waren, wurde beschlossen, dass Menzers bei ihnen wohnen bleiben.

Die politischen Ereignisse überstürzten sich. Am 23. August hatte Deutschland mit der UdSSR einen Pakt abgeschlossen, dessen wesentlicher Teil die Nichteinmischung im Fall eines Krieges war. Er sah bereits eine Aufteilung von Polen vor. Das gab Hitler die Möglichkeit, auf Grund der angeblichen, hochgespielten „Provokationen" durch Polen ohne Kriegserklärung am 1. September 1939 Polen zu überfallen. Zum ersten Mal wurden von Deutschland aus Sturzkampfflugzeuge „Stukas" eingesetzt. Auf Grund der Beistandspakte erklärten England und Frankreich Deutschland den Krieg, griffen aber nicht ein. Am 17. September marschierten sowjetische Truppen in Ostpolen ein und besetzten es. Am 6. Oktober waren die Kampfhandlungen beendet. Polen blieb besetzt.

Max von Laue machte in dieser Zeit viele Wege mit dem Fahrrad. Da wurde ein Schlauch beschädigt. Aber es gab keinen neuen zu kaufen, ein Zeichen für die deutsche Wirtschaftskraft. Obwohl sich Laue über die Generalverwaltung der KWG an das Bezirksamt Zehlendorf wendete, konnte er keinen neuen Schlauch bekommen.
Im September war Semesteranfang und Laue übernahm eine vierstündige Vorlesung über Theoretische Optik, denn an der Universität war sonst niemand dafür da. Nach wie vor war er sprachlich kein guter Dozent. Wie beliebt er dennoch bei seinen Schülern und auch allgemein war, zeigten die

Veröffentlichungen zu seinem 60. Geburtstag am 9. Oktober. Die „Annalen der Physik" präsentierten eine Festschrift mit einem Foto von Max von Laue, aufgenommen von der 1933 emigrierten Schwägerin Lise Meitners, Lotte Meitner-Graf, London.[22] 19 Autoren beteiligten sich an den Glückwünschen mit ihren Forschungsergebnissen, unter ihnen waren Walther Meißner mit seiner Schwester Gertrud, Max Kohler, Georg Menzer, Walther Kossel und Otto Hahn. Arnold Sommerfeld lieferte einen Beitrag „Über die Dimensionen der elektromagnetischen Größen" mit dem Schusssatz:

> „Diese anspruchslosen Zeilen enthalten zwar keine Vertiefung unserer elektrodynamischen Erkenntnis, mögen aber doch wegen ihres systematischen und didaktischen Charakters das Interesse unseres Jubilars finden."[23]

Max von Laue, Anfang der 1940er Jahre.
Quelle: Fotografie im Nachlass des Autors

Die „Naturwissenschaften" brachten die Würdigung durch Max Planck, ebenfalls mit einem Foto von Laue. Nachdem er dessen intensive Tätigkeit und seine vielen Publikationen gewürdigt hatte, gab es eine längere Passage über sein Interesse an historischen Zusammenhängen, wie bei Galilei und Newton, um dann Laues Haltung zur aktuellen Frage der Kausalität zu besprechen. Er lobte seinen Einsatz im Seminar und Kolloquium sowie für die jüngere Generation.[24]

Theodor schrieb aus Princeton am 7. Oktober an den Vater:

> „Ich gratuliere Dir herzlich, wie jeder andere auch, zu allem, was Du in der Wissenschaft und den dazugehörigen Organisationen geleistet hast. Ich kann es zwar nur indirekt an der Achtung, die Du unter Deinen Kollegen überall geniesst, ermessen; aber das wird mir nicht schwer gemacht. Dein nicht-wissenschaftliches Leben, wie ich es miterlebt habe, glaube ich, dass Du die Gewichte verschieden verteilen

würdest – oder irre ich mich? – bringt Dir meine direkte Hochachtung, obgleich unsere Lebenswerte verschieden sind. Es wäre ungerecht, die Werte einer anderen Umgebung als Massstab heranzuziehen. Gewiss, ich tue es häufig und ich habe mein Recht dazu."[25]

Zwei Tage nach seinem Geburtstag teilte Laue dem Universitätskurator mit, dass er sich auf Grund einer Verordnung auf dem zuständigen Polizeirevier gemeldet hätte, da er zur Landwehr II gehören würde. Eine Einberufung konnte während des ganzen Krieges verhindert werden.[26]
Am 15. Oktober bedankte sich Laue bei Lise Meitner für die Blumen und zwei Briefe, die ihm große Freude bereitet hätten:

„Zwar eine etwas wehmütige Freude war es, und Wehmut lag ja über dem ganzen Geburtstage, weil so Viele nicht dabei sein konnten, die ich gern gesehen hätte und die wohl auch gern gekommen wären."[27]

Er hätte an dem Tag seine Vorlesung gehalten und wäre dann zu Arnold Berliner und danach nach Hause gegangen. Gefeiert wurde zuerst im KWI und dann zu Hause, wohin auch Plancks, Hahns, Hertzs, Justis, Lamlas und viele andere kamen.[28] Nach all den Feiern verschickte Laue eine gedruckte Danksagung:

„Für die zahllosen Glückwünsche zu meinem Geburtstage und die anerkennenden Worte, die dabei geschrieben, gesprochen und sogar gedruckt wurden, danke ich herzlichst. Zu beurteilen, wieweit meine Tätigkeit solches Lob verdient, ist nicht meine Sache."[29]

Er hätte sich immer an die Eidesformel als Doktor gehalten, die er im lateinischen Original zitierte. Bald nach seinem Geburtstag änderte sich Laues Situation im Institut. Am 17. Oktober wurde in einer Besprechung zwischen dem Oberregierungsrat Walter Basche und Kurt Diebner vom Heereswaffenamt über die Überlassung des KWI für Physik zum Zwecke des HWA (Heereswaffenamtes) im Auftrag von Ministerialdirigent Erich Schumann verhandelt.

„Der Direktor des Instituts, Prof. Debye, würde von der KWG auf Wunsch des Erziehungsministeriums und des Oberkommandos des Heeres (Heereswaffenamt) beurlaubt werden."[30]

Am 12. Dezember fand eine Sitzung des Beirates des KWI für Physik statt mit dem Ergebnis:

> „Der Hauptteil des Instituts wird während der Kriegszeit vom Heereswaffenamt übernommen."[31]

Am vorletzten Tag des Jahres schrieb Peter Debye einen langen Brief an Arnold Sommerfeld und schilderte ihm alle Einzelheiten der Verhandlungen, auch dass das Kältelabor ihm für seine Zwecke nach seinem Ausscheiden noch zur Verfügung stünde.[32]
Im Dezember schickte Laue an die Redaktion der „Annalen" das Manuskript „Einordnung der Kossel-Möllenstedtschen Elektroneninterferenzen in die Raumgittertheorie".[33] Die Arbeit erschien 1940. Es war mehr eine Diskussion der Abbildungen und deren Deutung durch die beiden Autoren Kossel und Möllenstedt. Einleitend führte Laue die geometrische Theorie aus. Er stimmte den Überlegungen der Autoren zu, die sichtbaren Nebenmaxima den nächsten Hauptmaxima zuzuordnen.

> „Damit wären wohl alle wesentlichen Züge der neuen Streifensysteme, soweit zunächst erforderlich, der Raumgittertheorie eingeordnet. Konvergenz der einfallenden Strahlung ist danach für ihr Entstehen nicht erforderlich, aber freilich ein dafür besonders vorteilhaftes Verfahren."[34]

Zum Jahreswechsel 1939/40 war Max von Laue im „Kurheim Hohenpeißenberg" in Oberbayern zur Erholung. Ob er dort an seinem Buch „Röntgenstrahlinterferenzen" arbeitete, geht aus den Briefen nicht hervor. Überhaupt ist nur gelegentlich mal ein einzelner Satz über diese große Arbeit in den Nachlässen zu finden, wie in einem Brief vom 14. Januar 1939 an Lise Meitner: „Ich sitze bis über die Ohren an meinem Buch."[35] Wahrscheinlich gab er das Manuskript oder Teile davon Anfang 1940 an den Verlag, die Akademische Verlagsanstalt Becker & Erler Kom.-Ges. in Leipzig. Das Lesen der Korrekturen zog sich bis zum Spätherbst 1940 hin.

Im Neuen Jahr schrieb Max von Laue aus dem Kurheim Hohenpeißenberg an Theo und bedankte sich für dessen Brief vom 15. Dezember. Es freute ihn sehr:

> „[…], dass Du Dich nicht einfach ‚mit den Tatsachen abfinden' willst. Das ist das Kennzeichen ethischer Menschen, dass sie dem ‚So ist es' entgegenhalten ‚Es soll aber anders sein'. Leider gibt es wenige solche Menschen."[36]

Er schilderte dann, wie es ihm ginge, um den Sohn an ein Gedicht von Friedrich Rückert über den Pharao zu erinnern, das er früher zitiert hätte und das Theo unerhört fand. „Es könnte jetzt sehr modern werden." Er empfahl ihm, in der Universitätsbibliothek den Band anzusehen. Der Brief ging ohne Beanstandung durch die Briefzensur, warum, ist unklar. Es hätte Max von Laue größte Schwierigkeiten bereiten können, wenn der Text des Gedichtes bekannt gewesen wäre.

Zum bösen Geist sprach Pharao:
Hilf mir und tu' das Deine,
Dass in den Augen meines Volks
Ich als ein Gott erscheine.

Der Böse sprach: Es ist noch nicht
Dazu die Zeit gekommen;
Erst musst du noch viel Böses tun,
Eh es soweit gekommen.

Und viel des Bösen tat er noch,
Die Würde zu verdienen;
Und endlich sprach der Lügengeist:
Nun ist die Zeit erschienen.

Warum denn nun? Sprach Pharao.
Der Böse sprach: Kein Mittel,
Das Volk gehorchen dir zu sehen,
Blieb als der Gottestitel.

Denn so hast du nunmehr gedrückt
Die Jungen samt den Alten,
Dass länger sie's ertragen nur
Wenn sie für Gott dich halten.

Das von Laue erwähnte Gedicht aus der Sammlung „Sieben Bücher Morgenländischer Sagen und Geschichten" von Friedrich Rückert, 1837.[37]

Anfang 1940 mussten die privaten Autos abgeliefert werden. Laue gab am 1. März seinen Steyr ab. In den 1¼ Jahren waren sie 24.000 Kilometer gefahren.[38]

Es gelang Laue immer noch nicht, sich gedanklich von einer ungerechten Einschätzung durch Sommerfeld zu befreien, was auch Laues Beurteilung der Arbeiten von Sommerfelds Schülern beeinflusste. So klagte er in einem langen Brief an Meißner, der versuchte, ihn zu beruhigen.[39]

In den aktuellen wissenschaftlichen Veröffentlichungen konnte man selbstverständlich nichts über die politischen und militärischen Geschehnisse finden; es entstand der Eindruck von friedlichen Zeiten. Max Planck unternahm in dieser Zeit den „Versuch einer Synthese zwischen Wellenmechanik und Korpuskularmechanik“:

> „Man darf aber keineswegs einfach sagen, daß für h → 0 die Wellenmechanik in die Korpuskularmechanik übergeht. Mag man das Wirkungsquantum noch so klein annehmen, aus einem Wellenpaket wird niemals ein Korpuskel, wenigsten nicht auf die Dauer […].“ [40]

Für Laue gab es 1940 nur zwei kleinere Veröffentlichungen in der Rubrik „Kurze Originalmitteilungen“ in den „Naturwissenschaften“ und eine größere in der „Zeitschrift für Kristallographie“, die er jetzt zusammen mit Menzer herausgab. Lange Zeit hatte der Schweizer Mineraloge Paul Niggli diese Aufgabe übernommen, aber durch die Übernahme der Präsidentschaft der Universität Zürich und die Schwierigkeiten durch den Krieg gab er sie auf. Zu den Mitarbeitern der Zeitschrift zählten namhafte Physiker und Mineralogen aus verschiedenen Ländern, auch Staaten, mit denen Deutschland im Krieg lag. Laue wollte den internationalen Charakter der Zeitschrift unbedingt erhalten. Einige Kollegen waren damit nicht einverstanden und beanspruchten die Zeitschrift für sich. Laue bat Sommerfeld um Unterstützung und begründete das ausführlich, auch, dass die Physiker einen Anspruch auf die Mitwirkung an der Zeitschrift hätten.[41] Die erste Veröffentlichung von Laue im Jahre 1940 mit dem Titel „Das elektrostatische mittlere Potential in Kristallen“[42] stand im Zusammenhang mit dem Manuskript für die umfangreiche Arbeit „Zur Elektrostatik der Raumgitter“, die 1940 erschien.[43] Sein Beitrag wurde eine sehr kritische Betrachtung über die bisherigen Methoden der theoretischen Behandlung, die davon ausgingen, dass das Potential eines Raumgitters mit dreifacher Periodizität einen Mittelwert hat.

> „[...] die Theorie nimmt heute immer an, daß dieses Mittel 1. eine charakteristische Konstante des Körpers ist und sich 2. ohne weiteres aus der Ladungsverteilung im Innern des Raumgitters berechnen läßt. Eine kritische Betrachtung zeigt nun aber, daß keine dieser beiden Annahmen gesichert ist.“[44]

Dann ging er auf die Möglichkeit der Berechnung ein, was auf dem bisher üblichen Weg nicht ginge, denn die Ladungsverteilung in der Gitterzelle wäre am Rande anders als in der Zelle. Das Potentialproblem wäre nicht einmal dann gelöst, wenn man von den Verlagerungen absehe. Es folgten Betrachtungen über NaCl, das sich zur Berechnung nicht eigne, um anschließend eine Art Ideal-Kristall zu behandeln. Bereits 1929/30 hatte Max von Laue in der Preußischen Akademie der Wissenschaften „Zur Elektrostatik der Raumgitter" vorgetragen. Nun griff er das Problem des Potentialverlaufs in einem Raumgitter noch einmal auf:

> „Während man aber bisher glaubte, dieser letztere [Teil des Potentials] müsse im Innern konstant sein, sollen unsere Betrachtungen zeigen, daß sich jenem dreifach periodischen Anteil im allgemeinen eine langsam veränderliche Ortsfunktion überlagert, für deren Bestimmung Beschaffenheit und Lage der Grenzen maßgebend sind."[45]

Laue zitierte zwar Veröffentlichungen von Hans Bethe, meinte aber, dass diese für seine Betrachtungen nicht von Belang wären. Ausführlich wurde die Anordnung der Gitterbausteine und die Geometrie der Grenzschichten mit einer „leichten Verallgemeinerung" beschrieben. Im dritten Abschnitt wurde das Potential des Halbraumgitters mit den Überlagerungen der Potentiale behandelt und im vierten die Einführung der makroskopischen Betrachtung. Die unterschiedlichen Kristallklassen wurden im fünften Kapitel kurz erwähnt. Im Abschnitt 6 ging Laue auf den Einfluss der Randstörungen ein, die insbesondere bei elektrisch leitenden Kristallen eine Rolle spielen. Das Randfeld eines Raumgitters wurde mathematisch in Kapitel 7 behandelt.
In Laues Selbstdarstellung „Mein physikalischer Werdegang" deutete er nur mit wenigen Zeilen an, dass er „Betroffenen" in der Hitler-Diktatur half. An der TH Berlin-Charlottenburg war der junge Dr. Fritz Houtermans bei Professor Gustav Hertz im Physikalischen Institut als Assistent tätig. Er war überzeugter Kommunist und musste 1933 nach England emigrieren. 1935 ging er an das Ukrainische Physikalische Institut in Charkow. Sehr bald wurde er dort verhaftet. Im Zuge der deutsch-russischen Verhandlungen im August 1939 wurde er im Mai 1940 nach Deutschland abgeschoben. Er wurde sofort wieder verhaftet und in das Gestapo-

Gefängnis am Alexanderplatz gebracht. Laue besuchte ihn dort und setzte sich mit anderen Kollegen für ihn ein, sodass er freikam.[46]
Die experimentellen Arbeiten zur Supraleitung kamen nicht voran, denn im KWI für Physik gab es, teils aus personellen Gründen, Schwierigkeiten mit der Erzeugung von flüssigem Helium. Ähnliches geschah in der Physikalisch-Technischen Reichsanstalt, wo es Komplikationen gab, wie Laue nach München an Meißner schrieb.[47]
Zu tun gab es aber immer etwas. Im August teilte Laue aus den Ferien an der Ostsee Lise Meitner mit:

> „Hier beschäftige ich mich, namentlich des elenden Wetters wegen, hauptsächlich mit Korrekturlesen. Die ersten Korrekturen werden hier so ziemlich fertig. Dann kommen sie zu Dr. Lamla, dann zu Professor Menzer, und zwischendurch sehe ich mir immer noch an, was diese Helfer auszusetzen gefunden haben."[48]

Bald darauf erschien Laues Mitteilung „Interferenz-Doppelbrechung von Röntgenstrahlen in Kristallprismen".[49] Es war eine kurze Beschreibung der Versuche von Werner Ehrenberg, Paul Peter Ewald, Hermann Mark u.a., wie sich in einer planparallelen Platte zwei Wellenfelder durch einen einfallenden Röntgenstrahl aufbauen und zur Interferenz-Doppelbrechung führen und die Strahlen bei einer Schrägstellung der Platte abgelenkt werden.

> „Es wäre um so interessanter, als wir von dem Schwingungsvorgang im Inneren sonst keine Kunde haben. Nur der Kossel-Effekt, als die zur Einstrahlung gemäß dem Reziprozitätssatz inverse Erscheinung, gibt darüber einen mittelbaren Aufschluß, den wir aber noch nicht in allen Einzelheiten zu entziffern vermögen."[50]

Am 27. Oktober 1940 teilte Laue in einem Brief Lise Meitner etwas vom Leben im Kriege mit:

> „Heute Nachmittag war bei uns Kaffee-Einladung. Wir wollten mit Dr. Lamla und Prof. Menzer die Vollendung der Buch-Korrekturen feiern, bei denen Beide mit geholfen haben."[51]

Er berichtete über die Luftangriffe und die Verbesserungen ihres Luftschutzkellers.

> „Meine Frau und Hilde benutzen ihn auch bei jedem Alarm – soeben beginnt wieder einer –, während ich in meinem Arbeitszimmer schlafe und dort auch bei Schießereien liegen bleibe."[52]

Das häusliche Leben im Kriege wurde schwierig. Infolge der eingeschränkten Versorgung mit Lebensmitteln und Lebensmittelkarten für die verschiedenen Berufsklassen mit genauer Angabe der zu beziehenden Mengen war das Einkaufen zeitraubend. Da die Haushaltshilfe Frida nicht wieder zu Laues zurückkehrte, musste Frau von Laue die Hausarbeit übernehmen. Das Einkaufen mit dem Schlangestehen in den Geschäften erledigten der Vater und die Tochter.
Der Streit über die Relativitätstheorie war keineswegs beigelegt. Doch gelang es wenigstens, eine Aussprache bei einem Treffen von Vertretern der beiden Anschauungen in München zu erreichen. Max von Laue hatte sich weitgehend aus diesen Diskussionen herausgehalten. Seine Meinung schrieb er am 30. Oktober 1940 an Meißner:

> „Die Zeit der öffentlichen Dispute über Wissenschaft ist vorüber – aus guten Gründen. Und wie bei einem solchen Disput überhaupt etwas herauskommen soll, vermag ich mir nicht vorzustellen. Die eine Partei wird, wenn sie, wie vorauszusehen, in wissenschaftliche Bedrängnis gerät, die Sache ins Politische, wahrscheinlich in's Rassenmäßige hinüberspielen und damit die Gegner mundtot machen. Und wenn sie dann laut verkündet, sie habe einen glänzenden Sieg errungen, wer will sie daran hindern?"[53]

Nichts in der wissenschaftlichen Arbeit deutete darauf hin, dass sich der Krieg ausgeweitet hatte, dass das Regime des Nationalsozialismus die brutale Herrschaft weiter ausdehnen und die Verfolgung der Juden weiter verschärfen würde. So war Laue stets in Sorge, ob Fritz Reiche und seine Frau noch ausreisen konnten. Arnold Berliner, der die Wohnung nur noch sehr selten verließ, wurde von Laue immer wieder besucht. Nichts von diesen Sorgen durfte in den Briefen angedeutet werden. Es gab keine Hoffnung auf einen baldigen Zusammenbruch des Systems.

Im April hatten deutsche Truppen Dänemark besetzt. Als die Judenverfolgung dort einsetzte, konnte Niels Bohr mit seiner Familie und einigen Mitarbeitern nach Stockholm fliehen. Norwegen war erobert worden. Im Mai begann der deutsche Angriff an der „Westfront“ mit einem Einmarsch in den Niederlanden und in Belgien und Kämpfen in Frankreich. Am 14. Juni wurde Paris besetzt, und acht Tage später musste die französische Regierung in Compiègne den Waffenstillstand unterzeichnen.

Durch die Entscheidung von Peter Debye, in die USA zu gehen, wurde Laue quasi alleiniger Direktor des KWI für Physik und musste Debyes Aufgaben übernehmen, was in der politisch schwierigen Situation viel diplomatisches Geschick verlangte und ihm Zeit für die eigenen Forschungen raubte. So hieß es sarkastisch im Brief vom 17. Januar an Lise Meitner über die Abnahme der Korrespondenz:

> „Im Gegenteil, ich freue mich gar nicht selten. Wie schön war es z. B., als in der Neujahrsnacht, bald nach Mitternacht, der Führergruß-Marsch von General Erich Schumann im Rundfunk ertönte!“[54]

Er machte dann Frau Meitner auf einen Emigranten in Stockholm, Prof. Dr. Harald Perlitz, aufmerksam und fragte, ob sie ihn kenne. Er erwähnte Justis Versuche in der PTR mit parallel geschalteten Supraleitern. Zum Schluss schrieb er:

> „Haben Sie übrigens in den Naturwissenschaften vom 1.11.40 die Beugung der Materiewellen an einer Kante gesehen (H. Boersch)? Das ist doch sehr schön; denn ein Skeptiker konnte alle bisherigen Beugungsversuche mit Materiewellen noch für eine Teufelei der ja immer boshaften Atome halten. Hier geht das nicht mehr.“[55]

Im ersten Brief im neuen Jahr an Walther Meißner schlug Max von Laue einen leichten Ton an, dennoch wurde die ernste Sorge um die Zukunft deutlich:

> „Ich möchte Ihnen heute zunächst wegen des Skilaufens schreiben. Ich glaube, es ist beßer ich entferne mich nicht so weit von Berlin, wie es dazu nötig wäre. Denn wenn nicht gerade bis zum März der

> Friede ausbricht – und es sieht zurzeit nicht danach aus – so muß man doch dann mit neuen und heftigeren Luftangriffen auf Berlin rechnen. Wenn dann aber die Engländer mit ihren Brandbomben unvorsichtig operieren, so möchte ich doch gern in der Lage sein, das Haus persönlich gegen Brand zu schützen."[56]

Laue erwähnte die Versuche von Eduard Justi und Gustav Zickner über die Stromverteilung bei Supraleitung. In der folgenden Passage machte der Theoretiker Laue sehr genaue Vorschläge für ein Experiment:

> „Außerdem plane ich noch einen Versuch zum Meißner-Ochsenfeld-Effekt (Ich fürchte der Name wird bleiben, wenn auch Ochsenfeld nur durch Zufall zur Mitbeteiligung gekommen ist). Denken Sie sich einen langen dünnen Metallzylinder isoliert in einem ebenso langen Hohlzylinder steckend, nur an den Enden mit ihm durch einen Deckel aus demselben Metall verbunden. Wir leiten bei hoher Temperatur [gemeint war wahrscheinlich die Raumtemperatur] Strom zu, der verteilt sich gemäß den Widerständen auf den inneren und den äußeren Leiter."[57]

Es folgte eine Beschreibung der Vorgänge bei der Abkühlung.[58]
Nach der Berufung Walther Meißners nach München entstand zwischen Eduard Justi in Berlin und Meißner eine gewisse Rivalität, die sich noch verstärkte, als Meißner anfänglich in München nicht experimentieren konnte. Laue hätte eigentlich im KWI für Physik, dem „Max-Planck-Institut", auch Supraleitungsversuche durchführen lassen können. Aber es gab nach wie vor einen persönlichen Streit zwischen den Verantwortlichen, der die Herstellung von flüssigem Helium stark verzögerte.[59]
Es war für Laue wichtig, dass seine Forschungsergebnisse und Erkenntnisse im Fall einer Katastrophe in Deutschland nicht verloren gingen; so schickte er im April 1941 an Niels Bohr in Kopenhagen sein Buch „Röntgenstrahl-Interferenzen". Dieses Thema lag nicht im Forschungsgebiet von Bohr, aber Laue schrieb dazu:

> „Sie mögen aus dem Buch ersehen, wie sehr jetzt die Quantentheorie in die Theorie der Röntgenstrahl-Interferenzen hineinspielt, obwohl diese sich anfangs unabhängig davon entwickelt hat."[60]

Obwohl Arnold Berliner nicht mehr die „Naturwissenschaften" als Herausgeber leiten durfte, behielt die Zeitschrift unter Fritz Süfferts ihr Niveau und auch den bewährten Stab an Mitwirkenden für die einzelnen Fachrichtungen: für die Physik Max von Laue und für die Chemie Otto Hahn. Anfang 1941 besprach Laue ein Buch von Erich Wintergerst „Die technische Physik des Kraftwagens".[61] Zuerst ging er auf die vielfältigen Anforderungen an ein Auto ein, die die Lösung einer Fülle von technisch-physikalischen Fragen erfordern. Es folgten Einzelheiten zur Motorenleistung, zu Schwingungserscheinungen, Getriebe, Reifen und Fahrbahn, Erzeugung der notwendigen Elektrizität, der Zündung, dem „Klopfen":

> „Wie das zustande kommt, darüber gibt dieses Buch Auskunft, das infolgedessen allen, die ein Auto nicht nur fahren, sondern auch verstehen wollen, warm empfohlen sei."[62]

Max von Laue erhielt Anfang April 1941 Post von Lise Meitner:

> „In den Naturwissenschaften las ich kürzlich die Besprechung eines Buches über Autos.
> Ich hatte nicht nach dem Namen des Referenten gesehen und dachte plötzlich bei einem bestimmten Satz: das klingt nach Herrn v. Laue. Und es machte mir Spaß, als ich dann nach dem Namen sah."[63]

Der stets um die Geschichte der Physik bemühte Max von Laue erinnerte seine Kollegen „etwas verspätet" an die Entdeckung des Strahlungsgesetzes. Dies tat er mit dem Faksimile eines Briefes vom 24. Oktober 1900 von Ernst Pringsheim und Otto Lummer an Max Planck über dessen Formel.[64] Ende März erschien von Carl Friedrich von Weizsäcker in den „Naturwissenschaften" der Aufsatz „Die Physik der Gegenwart und das physikalische Weltbild", in dem er einleitend das geschlossene Weltbild der Physik, wie es vor einigen Jahrzehnten bestand, für nicht mehr bestehend erklärte. Er behauptete:

> „Der heutige Zustand ist also reicher an positiven Kenntnissen als der frühere. Er erscheint aber ärmer an innerer Einheit."[65]

Später erschien von Weizsäcker ein Buch dazu[66], das Max von Laue kritisch besprach.
Laues Buch „Röntgenstrahl-Interferenzen“ erschien in der Reihe „Physik und Chemie und ihre Anwendungen in Einzeldarstellungen“ im April 1941.[67] Es war kein Lehrbuch, sondern eine kritische Zusammenfassung der Ergebnisse sehr vieler und sehr unterschiedlicher Experimente und vieler verschiedener Theorien. Im Vorwort wurde das klargestellt:

> „Über Röntgenstrahl-Interferenzen gibt es mancherlei Bücher; Kristallographen, Chemiker, Experimentalphysiker haben welche geschrieben; es gibt auch Handbuchartikel darüber aus der Feder theoretischer Physiker. Trotzdem droht sich im Bewußtsein der Fachgenossen eine Kluft aufzutun zwischen diesen Interferenzerscheinungen und der heutigen Theorie; schier, als hätten beide Gebiete nichts miteinander zu tun. Dieses Buch soll die Kluft überbrücken und die Röntgenstrahlinterferenzen da an die Theorie anschließen, wo sie hingehören, nämlich an die Atomphysik. Die erforderliche Denkarbeit ist schon geleistet, aber in zahlreichen Abhandlungen verstreut. Es gilt, die Vielzahl wertvoller Einzel-Veröffentlichungen zu einer Theorie zusammenzuschweißen; je weniger der Leser von der Mühe merkt, welche das gemacht hat, um so besser erfüllt das Buch seinen Zweck.“[68]

Max von Laue wies dann darauf hin, dass es keine so vollendete Theorie sein kann, wie die der Mechanik oder der Elektrodynamik, das läge an der Atomtheorie und zur Zeit an unüberwindlichen mathematischen Schwierigkeiten:

> „Zwei Uferpfeiler hat die zu erbauende Brücke, einen auf der Seite der Kristallographie, den anderen bei der Wellenmechanik. Von beiden Gebieten muß das Buch einiges bringen, legt dabei aber weder auf Vollständigkeit Wert noch auf Beweise. Der eigentliche Brückenbau jedoch soll so lückenlos ausfallen, wie es möglich ist.“[69]

Und mit einer sehr deutlichen Kritik an manchen aktuellen Veröffentlichungen fuhr er fort:

„Denn nichts wirkte auf unsere Wissenschaft verheerender, als wenn sich der Physiker gewöhnte, zu glauben, wo Beweise erforderlich und möglich sind. Dieses Buch will eben überzeugen, nicht als ob es lauter unumstößliche Wahrheit enthielte, wohl aber davon, daß die heutige physikalische Erkenntnis, leidlich folgerichtig durchgeführt, zu den hier dargelegten Ergebnissen leitet. Und einiges daran hat vielleicht doch die Kraft, den Wandel der Zeiten zu überdauern.“[70]

In der Danksagung für die aufgenommenen Abbildungen erwähnte er u. a. die amerikanischen Kollegen Samuel King Allison und Arthur Holly Compton. Dem Kollegen Ludwig Bieberbach dankte er für die Vervollständigung eines Integrationsverfahrens, Peter Debye für die Ergänzung der Interferenz-Theorie der Mischkristalle. Vom KWI dankte er seiner Mitarbeiterin Ilse Fränz und Georg Menzer, letzterem auch für das Lesen der Korrekturen, ebenso Ernst Lamla.
Der Inhalt ist in fünf Kapitel gegliedert, die jeweils etwa 50 Seiten umfassten. Das erste Kapitel, eine Übersicht, war unterteilt in § 1 „Die Röntgenstrahlen als elektromagnetische Wellen“ und § 2 „Quantenvorgänge bei Röntgenstrahlen“, wobei sich die Wissenschaftsgeschichte mit kritischen Anmerkungen durch das ganze Kapitel zog. Einstein wurde zitiert und viele ausländische Kollegen. Das zweite Kapitel „Die Streuung an einzelnen Atomen und Molekeln sowie in Flüssigkeiten“ behandelte die Streuung nach der Maxwellschen Theorie, Wellenmechanik, den Atomformfaktor, die Interferenzen an mehratomigen Molekeln und den Temperatureinfluss. Das dritte Kapitel „Röntgenstrahlinterferenzen an Kristallen, geometrische Theorie“ umfasste, wieder mit einer eingehenden historischen Rückschau, die Atomtheorie, Raumgitter, Strukturfaktoren und Lorentz-Faktoren. Seine eigenen Arbeiten und die von Friedrich, Knipping sowie W. H. Bragg und W. L. Bragg und P. P. Ewald wurden selbstverständlich mit ausführlichen Literaturangaben erwähnt. Bei der Beschreibung der wichtigsten Beobachtungsmethoden standen die Braggs an erster Stelle und Manne Siegbahn in Bezug auf die Präzisionsmethoden. Im vierten Kapitel „Gitterstörungen und ihr Einfluß auf die Interferenzen“ gab es zuerst eine Übersicht. Es folgten die Interferenzen bei Mischkristallen und der Einfluss der Temperatur, der Debye-Faktor als Funktion der Temperatur und der Mosaik-Kristall. Viele Arbeiten wurden erwähnt, auch die von Ivar Waller. Zu den Gitterschwingungen zitierte Laue Veröffent-

lichungen von Max Born und Theodor von Kármán. Im fünften Kapitel „Die dynamische Theorie der Raumgitterinterferenzen" wurde die Notwendigkeit der dynamischen Theorie behandelt, wobei Arbeiten von Charles Darwin, P. P. Ewald sowie Ivar Waller eingebunden wurden. In diesem Kapitel wurden die „Brückenanker" Kristallographie und Wellenmechanik behandelt; Aufhellungslinien und Umweganregung, Grundgleichungen der dynamischen Theorie, Entstehung der Interferenzen mit nur einem, mit zwei Wellenfeldern im Kristall, Verallgemeinerung und der Kossel-Effekt waren weitere Paragraphen. Die Bedeutung des Wertes der Elementarladung hob Laue vor. Im Anhang schließlich gab es eine ausführliche Tafel zur Geschichte der Kristallographie und der Physik zu dem Thema.
Laue ließ von dem Buch Exemplare an seine Freunde im In- und Ausland verschicken. In die USA wurden 50 Stück über Sibirien geschickt. Der Verlag versandte auch 70 Stück nach Japan.
Nur wenige Wochen nach dem Erscheinen seines Buches erwähnte Laue in einem Brief an Lise Meitner vom 27. Juli bereits die Arbeit an einem Buch über Elektroneninterferenzen.[71] Unverändert war dennoch Laues Interesse an der Supraleitung. Das zeigte die Korrespondenz mit Walther Meißner, die auch deutlich macht, wie komplex eine schriftliche Verständigung sein konnte. Am 15. Mai antwortete Laue auf einen Brief von Meißner vom 4. Mai, der u. a. seine Haltung zur Physik berührte:

> „Ich habe den Eindruck, Sie waren mir etwas böse, als Sie den Brief schrieben. Und ich führe das darauf zurück, daß meine vorhergehenden Briefe nicht gerade stilistische Meisterwerke waren. Aber ich bitte Sie, doch zwischen solchen Briefen zwischen guten Freunden und wissenschaftlichen Abhandlungen zu unterscheiden. In diesen soll man möglichst abgeklärte Meinungen äußern. In jenen rede ich aber gern, als säße ich mit Ihnen in Sulden beim Abendessen."[72]

Dann ging er auf Meißners Verhältnis zu Justi ein und fragte, ob er verärgert wäre:

> „Daß es beßer wäre, Sie säßen noch hier im Kältelabor, darüber ist sich alle Welt einig. Da dem aber nun nicht so ist, so soll das um so

> mehr anerkennen, daß Justi die Kälteversuche tatkräftig und mit wachsendem Verständnis in die Hand genommen hat […].“[73]

Laue schlug Meißner vor, den Meißner-Ochsenfeld-Effekt in veränderter Anordnung nochmals zu prüfen. Zur Begründung wies er darauf hin, dass er

> „[…] in den 20-er Jahren, als ich längst von der Richtigkeit der speziellen Relativitätstheorie felsenfest überzeugt war, doch immer für Wiederholungen des Michelson- und des Trouton-Noble-Versuchs eingetreten bin (bei der Notgemeinschaft), weil es in der Wissenschaft nicht allein darauf ankommt, daß man selbst oder in einem kleinen Kreis überzeugt ist. Sondern daß solche Überzeugung Gemeingut der Physiker wird.“[74]

Max von Laue erwähnte Zweifel an dem Meißner-Effekt, die Überzeugung von der Richtigkeit wäre noch nicht Gemeingut. Doch Meißner stimmte in seiner Antwort vom 23. Mai nicht mit Laues Ausführungen überein.[75]
Am 31. Juli tagte der Senat der KWG im Harnack-Haus. Ein Auszug aus dem Protokoll über das „Kaiser-Wilhelm-Institut für Physik“ lautete:

> „Das Institut ist weitgehend für Zwecke des Heereswaffenamtes in Benutzung genommen worden. Die Leitung hat Dr. Diebner vom Heereswaffenamt, während die wissenschaftliche Hauptleitung in den Händen von Prof. Hahn (Kaiser-Wilhelm-Institut für Chemie) und Prof. Heisenberg liegt. Das Heereswaffenamt trägt einen erheblichen Teil des Etats. Das Kältelaboratorium arbeitet unter der Leitung von Dr. Bewilogua, dem Assistenten von Prof. Debye, für die Luftfahrtforschung.“[76]

Weitere Angaben bezogen sich auf Debye, der auf sechs Jahre an der Universität Ithaca in den USA sei.[77]
In den Briefen an Lise Meitner erwähnte Laue gelegentlich seine vielfältige historische und aktuelle Lektüre. Im Brief vom 18. August schrieb er:

> „Dann liegt mir das Augustheft der ‚Deutschen Rundschau‘ vor mit einem meisterhaft geschriebenen Artikel Rudolf Pechels: ‚Dr. Leete‘.

> Der interessiert auch Sie sehr und Sie sollten versuchen, das Heft zu bekommen. Was in jenem Artikel steht, möchte ich nicht im Auszug mitteilen, weil jede Wiedergabe das Kunstwerk zerstörte."[78]

Bei der Redaktion der „Zeitschrift für Physik" ging am 12. September Laues Manuskript „Über die theoretische Bedeutung der Justi-Zicknerschen Versuche über Stromverzweigungen in Supraleitern" ein. Max von Laue bezog sich auf seine Veröffentlichung von 1932 in der „Physikalischen Zeitschrift". Die damals angegebene Stromverteilung sei durch diese Versuche „mit ziemlicher Genauigkeit" bestätigt worden. Er ging – ohne Autoren zu nennen – auf Ideen ein, dass es, im Unterschied zur Normalleitung, bei der Supraleitung einen „höheren Ordnungszustand" gäbe. Die Ergebnisse der Versuche von Justi und Zickner ließen aber solche Zustände nicht erkennen. Dann ging Laue auf die Vorstellung ein, dass man einen Restwiderstand im supraleitenden Zustand durch die Beobachtung der Dauerströme nachweisen könne. Das gelänge aber nicht. Er untersuchte theoretisch, ob das bei zwei parallel geschalteten Supraleitungen nachzuweisen wäre. Abschließend behandelte er die im Brief an Meißner vom 1. Februar d. J. vorgeschlagene Versuchsanordnung. Seine Überlegung führte zur Annahme einer Verdrängung des Stromes auf die Oberflächen des Supraleiters.[79]

Im September wurde für die jüdische Bevölkerung das Tragen des „Judensterns" Pflicht. Es war für die Betroffenen eine furchtbare Belastung, sich so in der Öffentlichkeit zu zeigen. Die Witwe des verstorbenen Professors Heinrich Rubens, Marie, nahm sich daraufhin am 20. September das Leben.

Manchmal brachte Laue es fertig, an Meißner einen Brief ohne physikalischen Inhalt zu schreiben, wie am 29. September 1941:

> „Hier ist schönstes Herbstwetter. Der Himmel ist auch nachts klar, und Hilde und ich benutzten den letzten Fliegeralarm dazu, Mars, Saturn und Jupiter im Fernrohr zu betrachten.
> Ich habe jetzt viele Wochen Ferien von der Physik gemacht, hatte mich dafür mit dem hinterlassenen Werk von C. Stumpf zu beschäftigen, das ich für die ‚Naturwissenschaften' zu besprechen habe. Es heißt ‚Erkenntnislehre' und umfaßt in 2 Bänden an die 800 Seiten."[80]

Die Besprechung für die „Naturwissenschaften" erschien Anfang 1942. Sie ist ein Beispiel für Laues eigene Gedanken zur Erkenntnis und Philosophie.[81]
Max von Laue zitierte aus dem Vorwort des Sohnes Felix Stumpf, dass der Vater den Vorsatz gehabt hätte, „in volkstümlicher Form eine Gesamtdarstellung der Philosophie zu geben". Doch im Laufe des Schreibens wandte sich Carl Stumpf mehr und mehr den tieferliegenden Problemen zu.

> „Denn jetzt liegt vor ihm [Stumpf] eine wissenschaftliche Erkenntnislehre, die sich vor allen Werken gleicher Art durch die weitgehende und meist verständnisvolle Berücksichtigung der ***neueren*** Mathematik und Naturwissenschaften ebenso vorteilhaft auszeichnet, wie durch die immer wiederkehrenden Hinweise auf alle bedeutenderen erkenntnistheoretischen Strömungen des 19. und 20. Jahrhunderts."[82]

Einleitend beschrieb Laue die Einteilung des Werks in „Grundbegriffe" mit „Ding oder Substanz", „Ursächlichkeit" u. a. auf 112 Seiten, „Der Weg der Erkenntnis" umfasse 450 Seiten. Bemerkenswert fand Laue die Definition des Begriffs „Wahrheit" als „das Angepaßtsein der Qualität an die Materie des Urteils". Kurz erwähnte Laue, dass man den Einfluss des Psychologen Stumpf gelegentlich spüre.

> „Als Ausgangspunkt dieser – wie jeder vernünftigen – Erkenntnislehre dient eine gründliche Absage an jenen Skeptizismus, welcher die Möglichkeit der Erkenntnis überhaupt in Zweifel zieht. Angesichts der kulturumwälzenden Erfolge gerade der Naturwissenschaft, deren Eindruck sich schlechthin niemand entziehen kann, weil sie keines Menschen Dasein unberührt lassen, lautet die Frage nicht, ***ob***, sondern ***wie*** Wissenschaft möglich ist."[83]

Stumpf stimme mit Kant über erfahrungsunabhängige Erkenntnisse überein. Nicht einverstanden war Laue mit der Ausführung zu den geometrischen Wahrscheinlichkeiten. Volle Zustimmung hingegen erhielten die Ausführungen zur Relativitätstheorie. Abschließend schrieb er:

> „Es [das Buch] sucht die Philosophie so recht in den Mittelpunkt allen wissenschaftlichen Strebens zu stellen. Daß sie diese Stellung, die man ihr zur Zeit wohl nicht allgemein zubilligt, wieder erringt, das erscheint aber dem Ref. als eine Kulturfrage allerersten Ranges."[84]

Das Leben im Krieg war nicht nur durch die nächtlichen Fliegeralarme für die Bevölkerung kräftezehrend, meist uneingestanden war es die Ungewissheit, wie würde es weitergehen, wer würde noch verfolgt werden, was würde nach dem „Endsieg" geschehen?
Magda von Laue war sehr erschöpft, als sie endlich im Oktober 1941 in Hohenpeißenberg ihren schlechten Gesundheitszustand auskurieren konnte, denn sie wog nur noch 57,5 Kilogramm. An Lise Meitner schrieb sie am 4. Oktober:

> „Ich liege täglich 6 St. im Freien und drei weitere Stunden strolche ich durch den Wald und Wiesen. Und was für Wald – vor lauter Andacht ob soviel Schönheit und Stille gehe ich barfuß. Ich gelte unter den 11 anderen Gästen als hochmütig u. langweilig, weil ich immer allein spazieren gehen will. Grad nur schauen möchte man immer."[85]

Als sie erholt zurück war, machte ihr Mann in Saal in Vorpommern Urlaub, und er erzählte Lise Meitner von der Landschaft und dem Zug der Wildgänse.[86]
Im April 1940 war überraschend der Präsident der KWG, Carl Bosch, gestorben. Der Gesellschaft gelang es, ihren Einfluss auf die Wahl ihres Präsidenten zu behalten. Das langjährige Mitglied des Senats Albert Vögler wurde am 31. Juni zum Präsidenten ernannt.[87] Wieder in Berlin nahm Laue an der Einführung des neuen Präsidenten und dessen Ansprache am 4. November im Harnack-Haus teil, was er Lise Meitner schrieb.
Am 18. November verstarb Walther Nernst in Zibelle (Oberlausitz), und sechs Tage später fand in Berlin im Krematorium die Trauerfeier unter großer Beteiligung statt. Max von Laue schrieb einen Nachruf, der die wissenschaftlichen Leistungen von Nernst würdigte.[88]

Zu einer grundlegenden Wende des Zweiten Weltkrieges kam es im Dezember 1941. Ohne eine Kriegserklärung zerstörten japanische Bomber am 7. Dezember in Pearl Harbor im Kriegshafen der USA acht Schlacht-

schiffe und elf andere Kriegsschiffe. Das führte am folgenden Tag zur Kriegserklärung der Vereinigten Staaten und Englands an Japan. Deutschland erklärte den USA am 11. Dezember den Krieg. Das bedeutete das Ende des Briefwechsels mit dem Sohn. Nur gelegentlich kamen über das Rote Kreuz kurze Lebenszeichen. Aber eine wichtige Nachricht gab es: Theo hatte eine nahezu gleichaltrige Frau, Hilli Hunt, kennen gelernt. Sie kannte Deutschland und sprach auch Deutsch. Lise Meitner diente nun als Relaisstation für den Briefverkehr zwischen Laue und seinem Sohn. Sie musste die Briefe übersetzen, die sie an Theo in Englisch schrieb.
Kurz vor Weihnachten berichtete Laue an Lise Meitner über die Beisetzung von Ellen Hertz, der Frau von Gustav Hertz. Sie war Anfang Dezember nach einer an sich kleinen Operation gestorben.[89] Das Ehepaar gehörte zum engen Freundeskreis von Frau Meitner und Laues. Die zwei Söhne waren in einem Internat, und die briefliche Erörterung des Familienlebens führte bei Laue zu einer aufschlussreichen privaten Äußerung.

> „Aber ich bleibe doch dabei, daß Kinder, sofern nicht ganz zwingende Gegengründe vorliegen, im Elternhaus aufwachsen sollen. Gründe, wie sie hier vorgelegen haben, oder genauer gesagt, wie Sie sie mir schreiben, kommen dabei überhaupt nicht in Betracht. Ich halte nämlich außerordentlich wenig von allen Erziehungsprinzipien, mit einer Ausnahme; die heißt: Liebe. Und die kann eben doch nur die Mutter in vollem Umfange geben, unter Umständen auch noch der Vater. Wenn Kinder sich schwer an den Umgang mit anderen Kindern gewöhnen, nun, was schadet das? Muß man denn schon im Kindesalter das geistige Nivellement beginnen, das später von selbst einsetzt und eine so große Gefahr für jede geistige Selbstständigkeit, und damit für unsere gesamte Kultur wird? [...]
> Auch mir hat man in meiner Jugend vorgeworfen, daß ich nicht umgänglich wäre. Ich halte dies heute für einen meiner wenigen Vorzüge vor Anderen."[90]

Gegen das Ende des Jahres berichtete Laue nach Stockholm von dem schlechten Befinden Berliners und regte an, dass Frau Meitner ihm doch zum Geburtstag am 26. Dezember schreiben könnte. Auch auf den technischen Geburtstag der Dynamomaschine wies er sie hin, der in den „Naturwissenschaften" gewürdigt werde, und meinte:

„Erst 75 Jahre ist sie alt, diese Maschine, und schon können wir uns das Leben ohne sie kaum vorstellen! Der Verbrennungs-Motor wird von der Erde wieder verschwinden, sobald die Öllager alle erschöpft sind, und der derzeitige Raubbau daran beschleunigt diesen Augenblick. Die Dynamomaschine aber dürfte bleiben, solange es noch Menschen auf dieser Erde gibt."[91]

Um an die 300. Wiederkehr des Todestages von Galileo Galilei zu erinnern, verfasste Laue für die „Frankfurter Zeitung" einen Abriss des Lebens und der wissenschaftlichen Bedeutung für die Astronomie mit Hilfe des gerade erfundenen Fernrohres und würdigte die Erkenntnis, dass es sich bei den Sonnenflecken um Vorgänge auf der Sonne handle, die Entdeckung von vier Jupitermonden sowie in der Physik die Überleitung der aristotelischen Anschauungen in gesetzmäßige Vorgänge. Die Auseinandersetzung mit Papst Urban VIII. und der Inquisition behandelte er sehr zurückhaltend, ohne das berühmte Zitat.[92]

Ob Max von Laue durch Flüsterpropaganda von der so genannten streng geheimen „Wannseekonferenz" am 20. Januar gehört hatte, ist fraglich. Aber die Auswirkungen der „Endlösung" der „Judenfrage" erlebte er in der unmittelbaren Nachbarschaft bei der Familie Ruge, wo die jüdische Großmutter abgeholt wurde. Sie hatte bereits Gift bei sich, um sich in diesem Fall das Leben nehmen zu können. Aber die Personen, die sie abholten, verhinderten das.[93]
In die Zusammenstellung seiner wissenschaftlichen Arbeiten nahm Laue auch die Veröffentlichung „Statistisches über Röntgendurchstrahlung vieler gleichartiger Schichten" auf.[94] Es waren die experimentellen Ergebnisse einer Durchleuchtung von Schichten gewebten Materials – also „Gittern" – mit Röntgenstrahlen, die er mit Hilfe einer von Lord Rayleigh angegebenen Methode und der Fourier-Reihe untersuchte, um den Fadenabstand zu bestimmen.[95] Vielleicht machte Laue die Bemerkung über Amplitude und Phase nur, um Einsteins Arbeit in den Annalen der Physik von 1915 erwähnen zu können?[96]
Sir William Henry Bragg starb am 10. März, und Laues Versuch, aus Berlin ein Beileidsschreiben zu schicken, scheiterte. Aber über Umwege durch eine Tochter von Walther Nernst in England erhielt Theo davon Nachricht und schrieb aus den USA im Sinne der Berliner an Braggs Sohn Lawrence.[97]

Die Situation für Laue änderte sich, denn ein wichtiges Ereignis fand am 24. Mai auf der Sitzung des Senats der KWG im Harnack-Haus statt. In der Niederschrift hieß es:

> „KWI für Physik
> Der Präsident teilt mit, daß das OKW auf Grund von Besprechungen zwischen General Leeb (HWA) und ihm das Institut, das seit Kriegsbeginn dem Heereswaffenamt zur Verfügung stand, der Kaiser-Wilhelm-Gesellschaft zurückgeben wird."[98]

Doch die kriegswichtige Forschung am Institut ging weiter.
Max von Laue besuchte weiterhin regelmäßig Arnold Berliner, dessen Gesundheitszustand sich verschlechterte. Dieser war deprimiert, da man ihn aus seiner Wohnung vertreiben wollte. Am 21. März nahm er sich mit Zyankali das Leben. Am 22. informierte Laue auf einer Postkarte aus Saal in Vorpommern Lise Meitner darüber. Seit längerer Zeit verwendete er den Decknamen „Kielgan" für Arnold Berliner. Nach seiner Rückkehr nach Berlin schrieb er an sie:

> „Die Einsamkeit heilt, und einsam genug war es dort am und auf dem Bodden. Auf, das heißt, der Bodden war noch fest zugefroren und infolgedessen gut zu begehen."[99]

Laue entwarf einen Nachruf für Berliner, wie er es mit dem Rechtsanwalt Dr. Ludwig Ruge in Berlin- Charlottenburg besprochen hatte. Dieser gehörte zu der Tischrunde, die sich im „Deutschen Club" traf. Die Mitglieder waren Max von Laue, zwei hohe Beamte des Kultusministeriums, Otto von Rottenburg und Wolfgang Windelband, Erich Seeberg sowie der Inhaber der „Berliner Handelsgesellschaft", Otto Jeidels. Verschiedene Gäste nahmen an der Runde teil, so auch Arnold Berliner. Laues Nachruf konnte selbstverständlich damals nicht erscheinen, er wurde erst 1946 in den „Naturwissenschaften" veröffentlicht.[100] Sehr eingehend wurden der Lauf des Lebens beschrieben, das schwierige Elternhaus, das Studium der Physik mit Hilfe der Familie Neisser, die Industrietätigkeit Berliners bei der AEG unter Rathenau und dann ab 1913 das Wirken als Herausgeber der „Naturwissenschaften" bei Springer. Den Abschluss des Nachrufs bildeten die Interessen Berliners an den Künsten.

Bei solchen Texten kann man davon ausgehen, dass Laue sie seiner Frau vorlas oder zum Lesen gab.[101]
Im September des Vorjahres hatte Laue seine Vorstellungen über die Stromverteilung bei Supraleitungen veröffentlicht, jetzt, im März, folgten „Bemerkungen zur Supraleitung".[102] Es waren sehr kritische Bemerkungen zu den bisherigen Arbeiten anderer Physiker. Sie zeigten sein intensives Interesse an deren Ergebnissen und sein erhofftes Ziel, eine abgeschlossene Theorie der Supraleitung zu entwickeln. Die von ihm bisher behandelten Problemkreise aus der Optik und den Röntgeninterferenzen konnten mit Experimenten eindeutig geklärt werden. Nun waren aber weder der theoretische Ansatz mit den Maxwellschen Gleichungen wie auch die Messergebnisse mancher Versuche keineswegs eindeutig. Laue erstellte eine „Einteilung" der umfangreichen Veröffentlichung:

„I. Die Ordnungsenergie.
II. Die Frage nach der Verschiebbarkeit der Stromlinien.
III. Supraleitung und Diamagnetismus.
IV. Zur Thermodynamik der Supraleitung.
V. Einige neuere Versuchsergebnisse.
VI. Der Zwischenzustand.
VII. Mathematischer Anhang."

Unter I. kam Laue zu dem Ergebnis, dass der Begriff einer stromabhängigen „Ordnungsenergie" überflüssig sei. Zu II. erwähnte er die Versuche von Heike Kamerlingh Onnes mit Kugeln und anderer Autoren mit Hohlkugeln. Um das theoretisch zu untersuchen, stellte er Fragen auf: 1. Verlagern sich die Strombahnen beim Einschalten eines Magnetfeldes? 2. Findet man nach Wiedereinschalten des Feldes die ursprünglichen Strombahnen wieder? Und die 3. Frage bezog sich auf den Kraftansatz. Die beiden ersten Fragen bejahte Laue, die dritte wurde mit der Theorie von Fritz London behandelt. Zu III. bezog er sich auf Überlegungen von Heinrich Welker und kritisierte die Auffassungen von Wander Johannes de Haas und Hendrik Casimir. Das IV. Kapitel umfasste Laues langjähriges Arbeitsgebiet, und so wurde es ausführlich unter Berücksichtigung einer älteren Arbeit von Casimir und C. Groth sowie David Shoenbergs Buch von 1938 behandelt. Laue folgerte, dass Londons „Elektrodynamik" eine Unbestimmtheit enthalte. In V. und VI. wurden Fragen nach der Ein-

dringtiefe eines Magnetfeldes bei Kugeln und Zylindern diskutiert.[103]
Die folgende Veröffentlichung „Das elektrische Elementarquantum und die Röntgenstrahl-Interferenzen“[104] zeigte eine andere Seite der Persönlichkeit von Laue, einen sehr belesenen Wissenschaftshistoriker, der die Bedeutung der Zusammenhänge der Naturkonstanten den Kollegen und auch Nichtphysikern erklärte. Laue ging von den Beobachtungen bei der Elektrolyse und Faradays Versuchen sowie der Avogadroschen Zahl aus, um die Größe der Elementarladung zu ermitteln. Ebenso wurde H. A. Lorentz erwähnt, der die Maxwellsche Theorie für Elektronen umformte. Weiter beschrieb er die Versuche mit Gasentladungen, die Entdeckung des Drehimpulses und des magnetischen Moments des Elektrons. Den Hauptteil nahm die exakte Bestimmung der Elementarladung ein, u.a. die Millikan-Versuche, um dann auf die Bestimmung der Wellenlänge der Röntgenstrahlen einzugehen und P. P. Ewald sowie A. H. Compton und R. L. Doan zu nennen. Er konstatierte, dass F. Kirchner 1940 durch die Berechnung aus dem Raumgitter einen größeren Wert für „e“ fand, als Millikan angab. Eine neue Bestimmung nach dieser Methode ergab 1937 eine Übereinstimmung mit einer Genauigkeit von 1 Promille.

> „Warum ist nun diese Geschichte der e-Bestimmung so interessant? Es erscheint vielleicht Manchem als gelehrte Pedanterie, oder auch als eine Art Sport, dass sich die Physiker so sehr um eine Dezimale mehr abmühen. Aber bedenken wir einmal die Lage, die sich ergeben hätte, wäre die Diskrepanz zwischen dem Millikanschen Wert von 1930 und dem röntgenographischen nicht behoben. Man müsste dann doch wohl auf einen Mangel in unserem Verständnis für die Interferenzvorgänge in den Kristall-Raumgittern schliessen.“[105]

In den wissenschaftlichen Veröffentlichungen findet sich selbstverständlich keinerlei Hinweis auf die aktuellen militärischen und politischen Ereignisse – und auch auf den Beginn der chemisch-physikalischen Erforschung der Kernspaltung mit ihren weit über das Jahrhundert hinausreichenden Folgen.
Im April 1942 war Werner Heisenberg zum Direktor am Max-Planck-Institut ernannt worden, also als „Stellvertreter“ für Peter Debye, aber er kam erst im Herbst nach Berlin. Heisenberg war ein außerordentlich erfolgreicher Forscher und seit 1927 Ordinarius auf dem Lehrstuhl für

Theoretische Physik in Leipzig. Bis Anfang 1933 hatte er mehrere Doktoranden aus dem Ausland. Sein aktuelles Forschungsgebiet war im weiten Sinn die Elementarteilchenphysik und die kosmische Höhenstrahlung. Als er in Berlin war, las er an der Friedrich-Wilhelms-Universität über diese Themen.

Werner Heisenberg (1901–1976), zwischen 1942 und 1945 Leiter des KWI für Physik und Professor an der Berliner Universität, wo er am Uran-Projekt des Heereswaffenamtes beteiligt war. Fotografie um 1939. Quelle: Archiv der Max-Planck-Gesellschaft, Berlin-Dahlem

Die Entdeckung der Kernspaltung des Urans durch Neutronenbeschuss von Otto Hahn und Fritz Straßmann in Berlin und die kernphysikalische Deutung durch Lise Meitner und ihren Neffen Otto Robert Frisch Ende 1938/Anfang 1939 in Schweden mit der Angabe der großen Energieabgabe des Prozesses wurden sehr bald von mehreren Physikern bestätigt, die auch über die Anwendung für den Bau von Bomben spekulierten.

Mit dem Beginn des Krieges 1939 hatte das Heereswaffenamt den damaligen Geschäftsführer des „Max-Planck-Instituts", Kurt Diebner, mit Forschungsaufgaben auf diesem Gebiet betraut, an denen auch Heisenberg mit entsprechenden Arbeiten des Ehepaares Robert und Klara Döpel in Leipzig Anteil hatte. Ein Ziel war es, einen energieerzeugenden Uran-Reaktor zu bauen. Dazu verfasste Heisenberg bereits im Dezember 1939, noch in Leipzig, die Schrift „Die Möglichkeiten der technischen Energiegewinnung aus der Uranspaltung" und im Dezember 1940 den „Bericht über die ersten Versuche an der im KWI für Physik aufgebauten Apparatur". Im März 1941 folgte eine ausführliche Arbeit mit dem Titel „Bericht über die Versuche mit Schichtenanordnungen von Präparat 38 (Uran) und Paraffin [als Moderator] am Kaiser Wilhelm-Institut für Physik in Berlin Dahlem".[106]

Nichts deutet in Laues Korrespondenz darauf hin, dass im „Max-Planck-Institut", dem KWI für Physik, Arbeiten zur Ausnutzung der Energie bei der Kernspaltung des Urans gemacht wurden. Diese Forschung war

Geheimsache, in die Laue nicht eingebunden war, jedoch werden ihm die Bauarbeiten für die Versuche nicht entgangen sein. Ob er gelegentlich etwas über die Forschung und ihre Ergebnisse erfuhr, ist nicht belegt. Es ist anzunehmen, dass Otto Hahn, der durch die chemisch-analytischen Untersuchungen an den Arbeiten teilnahm, Laue offen oder in Andeutungen informierte, denn Hahn und sein Mitarbeiter Straßmann veröffentlichten alle Ergebnisse über die Chemie der Kernspaltung.
Am 26. Februar 1942 hielt Heisenberg im Haus der Deutschen Forschung in Berlin im Rahmen der 2. Wissenschaftlichen Tagung der Arbeitsgemeinschaft Kernphysik (Reichsforschungsrat – Heereswaffenamt) einen längeren Vortrag über „Die theoretischen Grundlagen für die Energiegewinnung aus der Uranspaltung", wobei er auf die militärische Anwendung einer solchen „Maschine" als Antrieb für U-Boote hinwies. Dann erwähnte er:

> „Sobald eine solche Maschine einmal in Betrieb ist, erhält auch, nach einem Gedanken von v. Weizsäcker, die Frage nach der Gewinnung des Sprengstoffs eine neue Wendung. Bei der Umwandlung des Urans in der Maschine entsteht nämlich eine neue Substanz (Element der Ordnungszahl 94 [Plutonium]) die höchstwahrscheinlich ebenso wie reines $^{235}_{92}U$ ein Sprengstoff der gleichen unvorstellbaren Wirkung ist. Diese Substanz läßt sich aber viel leichter als $^{235}_{92}U$ aus dem Uran gewinnen, da sie chemisch von Uran getrennt werden kann."[107]

Unter strenger Geheimhaltung wurden am 2. Juni 1942 im Helmholtz-Saal des Harnack-Hauses Vorträge zu dem gleichen Thema gehalten, über die direkt nichts überliefert ist. Die Leitung der militärischen Forschung war Mitte 1942 Albert Speer übertragen worden, der sich über den Stand der Arbeiten am Uranprojekt informieren wollte. Der wichtigste Redner war Werner Heisenberg. Ob er den gleichen oder einen geänderten Text seines Vortrages vom 26. Februar verwendete ist nicht bekannt. Von Ernst Telschow, dem Generalsekretär der KWG, gab es Aussagen über diese Sitzung, die allerdings nicht nachprüfbar sind. Generalfeldmarschall Erhard Milch hatte nämlich die Frage gestellt, wie groß eine solche Bombe sein müsse, um London zu zerstören. Heisenberg habe geantwortet: „Etwa so groß wie eine Ananas." Laue war nicht unter den Eingeladenen.[108]

Am 10. Juni 1942 schrieb Laue die übliche Wochennachricht nach Stockholm an Lise Meitner und erwähnte seinen Artikel „Energiesatz und neuere Physik" in der „Frankfurter Zeitung" vom 3. Juni 1942, den sie direkt vom Verlag erhalten würde. Er fragte, was die Kern-Physikerin dazu sage.[109] Den Text werde er bei einem öffentlichen Akademie-Vortrag verwenden. Eingeleitet wurde er mit einer historischen Bemerkung:

> „Im Mai 1942 waren es 100 Jahre, daß jene berühmte Arbeit von Julius Robert Mayer erschien, welche die Physik als die historische Grundlage der Lehre von der Energie betrachtet. Von ihrem Grundgesetz, dem Satz der Erhaltung der Energie, soll hier die Rede sein, insbesondere von dessen Rolle in der neueren und neusten Physik."[110]

Er erwähnte die verschiedenen Erhaltungssätze, Impuls, Ladung, Wärme, um Hermann von Helmholtz und Rudolf Clausius 1852 mit dem zweiten und Walther Nernst mit dem dritten Hauptsatz 1906 zu würdigen. Im Folgenden beschrieb er die Versuche der Atomphysik zu den Hauptsätzen wie die Stoß-Beobachtungen in der Nebelkammer und den Compton-Effekt sowie Rutherfords Entdeckung der Kernumwandlung.[111]
Die verschiedenen Veröffentlichungen Laues zu geschichtlichen Ereignissen der Physik führten zu einer Aufforderung von Professor Erich Rothacker, eine „Geschichte der Physik" zu schreiben.[112]

Die Veröffentlichung Laues über „Eine Ausgestaltung der Londonschen Theorie der Supraleitung" begann mit einer Vorstellung von Fritz Londons Gedankengängen:

> „[Dessen Theorie ...] bewährt sich, wie ich an anderer Stelle zu zeigen suchte, nicht nur in der Deutung des Meißnereffektes und der Dauerströme in supraleitenden Ringen, sondern auch an neueren Versuchen so gut, daß man sie ernsthaft als Grundlage für die weitere Forschung in Betracht ziehen muß. Aber sie ist nicht vollkommen."[113]

Laue ergänzte die Londonschen Theorien durch seine Ideen, die Anwendung der erweiterten Maxwellschen Theorie und Vorstellungen über die Eindringtiefe des Magnetfeldes beim „Meißner-Effekt". Zusammenfassend postulierte er:

„Unsere Ausführungen suchen Ideen konsequent durchzubilden, welche schon F. London eingeführt, aber nie völlig gegeneinander abgeglichen hat. Sie nehmen im Supraleiter zwei unabhängige Strömungsmechanismen an, den gewöhnlichen, dem Ohmschen Gesetz genügenden, und einen neuen, für welchen die Londonschen Gl. [...] gelten. Diese beiden Formeln faßt die neu aufgestellte Gl. relativistisch einheitlich zusammen. [...]
Das Ziel der Theorie der Supraleitung ist selbstverständlich die wellenmechanische Erklärung dieser Erscheinung."[114]

Die Erwähnung des „Meißner-Effektes" begründete Laue in einem Brief an Walther Meißner:

„Immerhin steht auch etwas Neues darin, vor Allem über den Zwischenzustand. Sie haben sich früher keineswegs zu Unrecht beklagt, ich hätte den Meißnereffekt in seiner Bedeutung erst recht spät erkannt. Das lag eben daran, daß zunächst mir die Existenz eines solchen Zwischenzustandes nicht klar war und ich manche Ihrer experimentellen Ergebnisse nicht recht zu verstehen vermochte, nämlich alles, was Sie über die in Hohlzylindern nach dem Abschalten des äußeren Magnetfeldes zurückbleibenden Felder beobachten."[115]

In seinem Beitrag „Nochmals über Stromverteilung in Supraleitern" zitierte Laue Londons Broschüre nur mit dem Hinweis „deutet F. London an".[116] Laue beschrieb einen gedachten Probekörper, der aus einem äußeren Hohlzylinder und einem inneren Hohlzylinder besteht, die mit ebenen Deckeln zusammen verschlossen werden. Durch die Anordnung wird Strom geleitet und dann bis zur Supraleitung abgekühlt. Die sich einstellende Stromverteilung wurde mathematisch untersucht. Im ersten Teil legte Laue die grundsätzlichen Bedingungen fest:

„Vorausgeschickt sei, daß der Verteilungssatz nichts über die Gestalt der supraleitenden Stromzweige voraussetzt [...].
Sobald die Verteilung des Stromes über jede der Zweigleitungen gegeben ist (sie beschränkt sich natürlich auf dünne Oberflächenschichten), ist die magnetische Energie eine homogene quadratische

> Funktion der Teilstromstärken. Damit sind die Bedingungen für die Herleitung der Induktionsgleichungen aus dem Prinzip der kleinsten Wirkung gegeben."[117]

Die Korrespondenz mit Walther Meißner über Fragen der Supraleitung ging weiter. Am 21. Juli gab Laue einen Stimmungsbericht:

> „Ich schrieb Ihnen einmal, ich arbeite wie besessen. Was dabei herausgekommen ist, werden die drei jetzt im Druck befindlichen Supraleitungsarbeiten ja zeigen. Ich bin einigermaßen stolz auf sie, weil ich glaube, damit unsere theoretische Kenntnis der seltsamen Erscheinung erstens so klar gestellt zu haben, wie es heute möglich ist, und zweitens eine Unsumme von Unrat beseitigt zu haben, die in theoretischen Erwägungen darüber vorlag. Besonders schlimm steht es damit in dem Buch von Shoenberg, über welches Gerlach in der Physikalischen Zeitschrift ein so anerkennendes Referat geschrieben hat.
>
> Vor Jahr und Tag hat mich Dr. Jakobi einmal aufgefordert, ein Buch über Supraleitung zu schreiben. Ich habe es abgelehnt mit der Begründung, die Zeit dafür sei noch nicht gekommen. Nun, diese drei Arbeiten zusammen ergeben ungefähr den theoretischen Teil, den ein solches Buch enthalten müßte."[118]

Im Sommer 1942 machte das Ehepaar Laue einen Urlaub, erst in Saal, dann im Ostseebad Deep im Kreis Greifenberg in Pommern. Max von Laue las als Ferienlektüre die Briefe Jacob Burckhardts. Verdeckt informierte er im September Lise Meitner über das Schicksal zweier jüdischer Bekannter, der Witwe von Eugen Goldstein und von Professor Wilhelm Traube, von denen man nicht wisse, wo sie wohnen würden.[119]

Die Arbeit zum Thema Supraleitung ging weiter. Im Oktober 1942 erhielt die Redaktion der „Berichte der Deutschen Chemischen Gesellschaft" das Manuskript „Unsere heutige Kenntnis der Supraleitung". Die Art des Textes deutet auf ein Manuskript für einen Vortrag für mehr allgemein interessierte Zuhörer hin, denn es gab eine historische Einleitung, beginnend mit Kamerlingh Onnes' Entdeckung und dem Versuch, mit der Maxwellschen Theorie der Elektrodynamik die Vorgänge zu erklären, und ihre Erweiterung durch Fritz London, die auch den „Meißner-Effekt" einschließt. Die Eindringtiefe eines magnetischen Feldes sei bei Supraleitung in der Größenordnung von 10^{-5} cm, und auch der Strom dringe „unter keinen Umständen wesentlich weiter ein". Dann behandelte Laue die Aufhebung der Supraleitung durch ein Magnetfeld und zitierte seine eigenen vorangegangenen Arbeiten:

> „Eine wirklich im ganzen supraleitende Kugel kann als einfach zusammenhängender Supraleiter nach dem Obigen niemals einen Dauerstrom führen; es müßten sie dabei (siehe die Abbildung) magnetische Kraftlinien durchsetzen, welche in einen Supraleiter eben nicht so tief eindringen können."[120]

Die mündliche wissenschaftliche Diskussion über die Supraleitung konnte Laue mit Hartmut Kallmann führen. Dieser hatte auf Grund der „Nürnberger Gesetze" seine Stellung im KWI für Physikalische Chemie und Elektrochemie verloren. An Lise Meitner schrieb er, dass er sich mit ihm „immer ausgezeichnet verstehe".[121] Im üblichen Wochenbrief an Lise Meitner hieß es:

> „Was soll ich nun heute erzählen? Ich habe eine kleine Arbeit beendet, bei der es sich um die Form kleinster Kristallchen handelt, wenn sie aus der Mutterlauge oder aus dem Dampf wachsen. Diese Fragen liegen mir ja eigentlich ferner, aber als Redakteur der Zeitschrift für Kristallographie mußte ich mich, um eine Polemik abzuschneiden, etwas damit befassen und fand dann einen solchen Haufen von Unklarheiten und Verkehrtheiten in der Literatur, daß ich Ordnung zu stiften nicht umhin konnte. Da hat Gibbs schon 1878 den sehr einleuchtenden Satz thermodynamisch bewiesen, daß die Gleichheitsfigur durch ein Minimum der freien Oberflächenenergie (bei vorgegebenem Volumen) bestimmt ist, und der Kristallograph G. Wulff hat 1901 an Beispielen gezeigt, daß dies eintritt, wenn die Abstände der Kristallflächen von einem gewissen Punkte im Inneren sich verhalten wie die freien Energien dieser Flächen pro Flächeneinheit. Um den Beweis dieses Satzes handelte es sich. Der Münchener Mathematiker Liebmann hat schon 1914 einen zwingenden mathematischen Beweis gegeben, aber ich konnte ihn jetzt noch vereinfachen und erzielte damit auch einen näheren Anschluß

an die thermodynamischen Betrachtungen. Die Darstellung dieses ganzen Fragenkomplexes ist jetzt äußerst vereinfacht; [...] Ich bin auf meinen Beweis vor Allem deswegen stolz, weil er so Vieles gibt, was nicht darin vorkommt; es ist im Gegensatz zu anderen Arten des Beweises eben Alles vermieden, was überflüssig war."[122]

Im Spätherbst 1942 kamen die ersten zögernden Bemerkungen von Manne Siegbahn aus Stockholm, dass Laue vielleicht zu Vorträgen eingeladen werden könnte. Im November wurde bereits der Zeitpunkt bestimmt: der März nächsten Jahres.[123] Das deutsche Auswärtige Amt versuchte in den neutralen Staaten und auch in den besetzten Gebieten durch Vorträge zu kulturellen und wissenschaftlichen Themen Propaganda für Deutschland zu machen. Es mussten sowohl Nationalsozialisten als auch Wissenschaftler wie Werner Heisenberg und Max Planck in dieser Mission reisen.
Max von Laue betitelte den Vortrag von Carl Friedrich von Weizsäcker am 18. November über „Die Frage der Unendlichkeit der Welt als Beispiel für symbolisches Denken in der Wissenschaft" als „das Ereignis der Woche" in einem Brief an Lise Meitner. Es war eine historische Rückschau über die Unendlichkeit, und Laue war begeistert von den Aspekten. Doch nur drei Tage später schickte er dem Vortragenden einen Brief mit einigen Bedenken, so über den „Wärmetod" und die „Ungenauigkeitsrelation".[124]

Trotz der Sorge vor einer Briefkontrolle erwähnte Laue immer wieder das Schicksal von Verfolgten. Im Antwortbrief am 11. Dezember auf Sommerfelds Brief vom 8. Dezember teilte er ihm zuerst den plötzlichen Tod von Ellen Hertz mit, dann informierte er ihn über Arnold Berliners Schicksal, der „fast nach Osten verschleppt worden" wäre und nur durch das Eingreifen seines Konsulenten noch gerettet werden konnte. Aus Gründen der Sicherheit teilte er keine weiteren Einzelheiten mit.[125]
Durch den Krieg war nahezu ganz Europa unter nationalsozialistische Kontrolle gekommen. Die deutschen Truppen standen im Osten weit in der Sowjetunion. An dieser Front gelang es den sowjetischen Truppen, die deutschen Kräfte, die 6. Armee, in Stalingrad einzukesseln. War das die Wende im Kriegsgeschehen? Für Laue ging ein Jahr voller Sorgen und fast hektischer wissenschaftlicher Tätigkeit zu Ende. War seine wissenschaftliche Arbeit zum seelischen Überleben bei allen Bedrohungen durch den

nationalsozialistischen Terror und die Bombenangriffe vielleicht notwendig? Doch auch in der Physik empfand Laue Unsicherheit, wie ein Brief vom 9. Dezember 1942 an Walther Meißner deutlich zeigte:

> „Wie ich 1932 in den ‚Naturwissenschaften' veröffentlicht habe, glaube ich fest, daß die ganze an die Unbestimmtheitsrelation anknüpfende Erörterung einen Holzweg bildet. Man suche nach den Begriffen, mit deren Hilfe man eindeutige Aussagen machen kann, da man sie nicht hat. Ob das eine Aufgabe für Jahrzehnte, Jahrhunderte oder längere Zeiträume ist, weiß ich nicht, geht mich auch nichts an. Eine nicht kausale Physik aber, ich meine eine, die grundsätzlich auf Kausalität verzichtet, ist überhaupt keine Wissenschaft. Das ist meine heilige Überzeugung, mag man mich auch tausendfach als Ketzer verschreien."[126]

Ende Januar 1943 musste die 6. Armee in Stalingrad kapitulieren, und die deutschen Truppen gaben den Kaukasus auf.

Die schon angekündigte Reise nach Stockholm wurde Realität. Lise Meitner schrieb am 7. Februar an Laue, dass sie nach Besprechungen mit Siegbahn ein Hotelzimmer für ihn reserviert hätte.[127] Am 3. März gegen Mittag flog Laue nach Stockholm. Sein Vortragsprogramm war umfangreich. In der Universität Stockholm trug er über die „Supraleitung" vor, in Uppsala war das Thema „Die dynamische Theorie der Röntgeninterferenzen" und im Kolloquium der Universität „Wie es zu den Röntgeninterferenzen kam". Zusätzlich musste er in der Deutschen Gesellschaft, der Zweigstelle des Akademischen Austauschdienstes, und in der Ortsgruppe der NSDAP Vorträge halten. An Meißner berichtete er auch über den kulturellen Wettkampf zwischen England und Deutschland; England treibe das gescheiter.

> „Die Schweden wahren dabei ihre Neutralität sehr geschickt. Zum Ausgleich für meinen Besuch haben sie W. L. Bragg auf den April eingeladen und werden ihn bestimmt nicht weniger feiern wie mich."[128]

Selbstverständlich kaufte er allerlei ein, was es in Deutschland nicht mehr gab, und schrieb viele Briefe an Sohn Theo und Freunde mit Inhalten, die er von Deutschland aus nicht äußern dürfte. Am 14. März flog er zurück

und schrieb an Meißner: „Die Flüge waren beide genußreich.“[129]
Lise Meitner berichtete nach Berlin an ihre Freundin Elisabeth Schiemann:

> „Laue hat hier eine Reihe von Vorträgen gehalten, u.a. gab er einen Bericht über die Entdeckung der Röntgenstrahlen, der einfach entzückend war. Er hat sich die Herzen aller schwedischen Kollegen gewonnen, und auch die jüngeren Physiker und Mineralogen, die in großer Zahl zu seinen Vorträgen gekommen waren.“[130]

Bei Percy Quensel bedankte sich Laue für eine „alles glaubhaft übersteigende Gastfreundschaft, Ihre Hilfsbereitschaft bei den Einkäufen und nicht zum mindesten für die sachliche Hilfe, welche solche Freundlichkeit für mich bedeutet“.[131]
Das Reichserziehungsministerium, namentlich Rudolf Mentzel, musste Laue aber trotzdem in sehr gewundenem Stil rügen:

> „In den anerkennenden amtlichen Berichten über Ihre Vortragsreise nach Stockholm bin ich darauf aufmerksam gemacht worden, dass Sie in Ihren Vorträgen den Begriff Relativitätstheorie erwähnt haben, ohne in diesem Zusammenhang zum Ausdruck zu bringen, dass die deutsche Forschung von der Theorie Einsteins ausdrücklich Abstand nimmt. Dadurch hätte bei den anwesenden Schweden eine Unklarheit über Ihren Standpunkt entstehen können. Wenn dies an sich gegenüber dem kulturpolitischen Gewinn Ihrer Vorträge auch unerheblich sei, da die schwedische physikalische Forschung durchaus nicht allgemein auf dem Standpunkt der Einsteinschen Theorie steht und bei naturwissenschaftlichen Erörterungen in Schweden erfahrungsgemäß die wissenschaftlichen Gesichtspunkte schwerer wiegen als die politischen, so möchte ich doch nicht unterlassen, Sie für künftige Auslandsvorträge auf diesen Punkt hinzuweisen.“[132]

Der englische Geheimdienst beobachtete ebenfalls die deutschen Kulturaktivitäten. In einem Bericht hieß es:

> „Two physicists from the Third Reich – von Laue and Hahn – have recently spoken against the National Socialist régime while on tour in Sweden (in private). Since von Laue is banned from speaking on the

German home radio, it is clear that the Nazis were aware what risks they were running. Presumably they were prepared to connive at reasonable utterance abroad, hoping that the legend of a ‚Better Germany' may come in useful, should the facade of National Socialism collapse."[133]

Im April erschien in den „Naturwissenschaften" von Max Planck eine Rückschau auf sein Leben, und Laue ließ Lise Meitner wissen:

„Es war mir eine kaum zu schildernde Freude, wieder einmal die alten, lieben Gedankengänge vor mir zu haben, an denen ich mich zum Physiker gebildet habe. Es erinnerte mich an eine so ganz andere Welt. ... Und man kann jetzt die Freude wahrlich brauchen."[134]

Dem zweiten Heft 1943 der „Zeitschrift für Kristallographie" wurde eine kurze Würdigung zum 100. Geburtstag des Gründers der Zeitschrift durch Max von Laue vorangestellt, da eine ausführliche Biographie 1938 erschienen war. Laue begnügte sich mit einer persönlichen Erinnerung, dass ihn Paul von Groth gefragt habe,

„‚[...] ob die Röntgendiagramme an Kristallen die Wirklichkeit der Atome völlig sicherstellten [...]'. Damals konnte ich ihm nur erwidern, daß ich jedenfalls nur aus der festen Überzeugung von der Realität der Atome den Mut zu diesen Versuchen gezogen habe [...], ohne welche die Auffindung der Röntgenstrahlinterferenzen reine Glückssache, ihre Deutung ganz unmöglich gewesen wäre."[135]

Der Urlaub konnte wieder an der Ostsee, diesmal in Ahrenshoop, verbracht werden, und Hildes zukünftige Schwiegereltern in Schwerin wurden besucht. Zurückgekehrt erfuhr Laue von einem schweren Bombenangriff auf Berlin. Das Haus von Max Planck wurde so schwer beschädigt, dass es unbewohnbar war. Das Ehepaar fand auf dem Gut Rogätz von dem Freund und Unternehmer Dr. Carl Still in der Nähe von Magdeburg Aufnahme. Im eigenen Haus nahmen Laues den Mechaniker Koch und die Laborantin Margarete Schrödger vom Hahn'schen Institut auf.
Lise Meitner und Laues waren mit dem Physiker Heinrich Rausch von Traubenberg und seiner Frau befreundet. Er verlor seine Universitätsstel-

lung in Kiel, da seine Frau Jüdin war. In Andeutungen informierte Laue die Freundin in Stockholm über deren Schicksal.
Am 10. April ging er auf die Fertigstellung seines Buches über Elektroneninterferenzen ein.

> „Sonst lese ich jetzt die Korrekturen für das Schlußkapitel meines Buchs. Ist auch die Darstellung so, daß ich eigentlich nichts zu ändern brauche, auch kaum etwas hinzuzusetzen oder zu streichen finde, so ist doch die dynamische Theorie der Elektroneninterferenzen in noch höherem Grade als die der Röntgeninterferenzen eine schwierige und, fast möchte man sagen, unerquickliche Annäherungsmethode."[136]

Zur Feier des 85. Geburtstages von Max Planck wurde ein Beitrag von Laue über den Rundfunk weltweit verbreitet. Auch über das Fernsehen wurde der Bedeutung von Planck unter der Mitwirkung durch Laue gedacht, wobei Teile aus einem Film mit Planck von 1939 wieder gezeigt werden sollten.[137]
Aber Rudolf Mentzel ließ keine Gelegenheit aus, Laue zu zeigen, „wer das Sagen im ‚Dritten Reich' hat". Das Ministerium forderte Laue jetzt auf, an der Universität Vorlesungen zu halten, die er seit 1925 nicht mehr gehalten hatte, oder sich vorzeitig emeritieren zu lassen. Max von Laue unterrichtete die Generalverwaltung der KWG davon:

> „Reicht meine Tätigkeit am Kaiser-Wilhelm-Institut für Physik aus, um ein Eingreifen des Arbeitsamtes auszuschließen? Oder müßte ich mich nach meiner Emeritierung d. h. Enthebung von meiner Universitätsstellung diesem Amt zur Verfügung stellen?"[138]

Das konnte abgewendet werden. Max von Laue ließ sich emeritieren und, damit seine Bezüge nicht geringer wurden, erhöhte die KWG sein Einkommen.[139]
Im ersten Teil seines autobiographischen Beitrags, der ursprünglich 1944 veröffentlicht werden sollte, konnte Max von Laue seine Hilfe für jüdische Mitbürger nicht erwähnen. Im zweiten Teil – nach 1945 geschrieben – erwähnte er seine Hilfe, ohne jedoch Namen zu nennen. Ein eindringliches Beispiel war sein Einsatz für den jüdischen Professor Richard Gans,

der seinen Lehrstuhl für Theoretische Physik in Königsberg verloren hatte. In den Briefen an Lise Meitner wurde sein Name zwar mehrfach erwähnt, doch selbstverständlich nichts von Laues Hilfe, ihn zu retten. Der Physiker und Fabrikant Dr. Heinz Schmellenmeier wollte Gans als wichtigen und besonders kundigen Fachmann für die Entwicklung des Elektronenbeschleunigers „Rheotron" einsetzen. Gans musste von seiner Arbeit in der Trümmerbeseitigung abgelöst und auch vor der Einlieferung in ein KZ geschützt werden. Anfang Mai wurde Laue zu einer Besprechung bei Schmellenmeier über das Projekt und Gans gebeten, um ein Gutachten zu erstellen, das an Himmler ging. Doch das zuständige Luftfahrtministerium erteilte keinen Auftrag. Für eine alternative Anwendung in der Medizin schrieben Laue und Walter Friedrich befürwortend an Ferdinand Sauerbruch. Das war erfolgreich, am 4. Oktober wurde die Arbeit für geheim erklärt, und Richard Gans überlebte.[140]
Offen konnte Laue seinen Widersacher Mentzel nicht angreifen. So tat er das über eine Veröffentlichung. Im Sommer reichte er bei der Redaktion der „Annalen der Physik" die kurze Arbeit „Ein relativistischer Beweis für das Wiensche Verschiebungsgesetz" ein. Wolfgang Pauli und Laue hatten diesen Beweis bereits in den zwanziger Jahren abgeleitet, doch Laue fand eine einfachere Form, die von einem monochromatischen, polarisierten Strahlenbündel ausging. Die Invarianz der drei verwendeten Größen sei bereits bei E/hν durch Einstein 1905 rechnerisch gezeigt worden, die Invarianz der Entropie S bewies Planck und die dritte Größe Z, ein Näherungswert für die Zahl der Freiheitsgrade des Strahlenbündels und eine ganze Zahl, ist daher ebenfalls invariant.[141] Wieder benannte Laue Einstein und die Relativitätstheorie, doch von Seiten des Ministeriums und Mentzel gab es darauf keine Reaktion. An Lise Meitner schrieb Laue darüber:

> „Jetzt war nun ein Anlaß da, die Sache drucken zu lassen. Sie mögen sich denken, welcher."[142]

Und an Walther Meißner schrieb er am 13. Juni:

> „Daß ich auf das Mentzelsche Schreiben in der Form reagiert [habe], daß ich den Annalen d. Phys. eine kleine relativistische Arbeit einsandte […]. Nun ist – wahrlich ohne mein Zutun – im ‚Stürmer'

mein Bild, eine uralte Photographie, erschienen mit einer Unterschrift, die deutlich genug gegen Einstein gerichtet ist. Ich werde dort als ‚arischer Gelehrter' ihm gegenüber gestellt."[143]

Max von Laue, Anfang der 1940er Jahre
Quelle: Fotografie im Nachlass des Autors

Im Juni schickte Laue noch einen kurzen mathematischen Nachtrag zur Ausgestaltung der Londonschen Theorie der Supraleitung an die Redaktion der „Annalen der Physik".[144]
Die „Entpflichtung" Laues als lesender Dozent erfolgte am 16. Juli „wegen Dienstuntauglichkeit".[145] Lise Meitner erfuhr davon eher beiläufig in einem späteren Brief Laues:

> „Als ich Ihnen den Brief 42/43 schrieb, vergaß ich ganz, meine Emeritierung zu erwähnen. Sie sehen schon daraus, daß sie mir keinen großen Eindruck gemacht hat; aber immerhin ist der Eindruck erfreulich. Es ändert sich für mich so gut wie nichts. Ich halte nach wie vor mein Kolloquium und mein Seminar ab […]."[146]

Zum Nachfolger Laues wurde am 11. März 1944 Pascual Jordan berufen.[147]

Im August machte die Familie Laue Ferien in Ahrenshoop. Im Strandkorb las Laue „Zum Weltbild der Physik" von Carl Friedrich von Weizsäcker. Er war so begeistert von dessen Darstellung, dass er eine Besprechung für die „Naturwissenschaften" schreiben wollte, wie er Lise Meitner mitteilte.[148] Er erwähnte zudem einen Aufruf der Regierung zum Verlassen von Berlin, wenn man nicht beruflich gebunden wäre, und er wies auf die Folgen für die KWG hin. Am 1. September müsse er wieder im Institut sein, um Heisenberg zu vertreten. Am Briefende zitierte er aus einem Gedicht von Schiller:

„Eine Fackel seh ich glühen
Aber nicht in Hymen's Hand,
Nach den Wolken seh ich's ziehen,
Aber nicht wie Opferbrand!"[149]

Das Leben im Krieg wurde immer schwieriger, die Versorgungslage verschlechterte sich, die Anzahl und Stärke der Bombenangriffe nahm zu. Mal gingen nur einige, mal mehrere Fensterscheiben, ein Türrahmen und Dachziegel von Laues Haus bei nahen Bombenangriffen entzwei. Das Max-Planck-Institut blieb weitgehend verschont. Die Ausweitung des Krieges erforderte immer mehr Soldaten. Das bewirkte, dass selbst wichtige Industriezweige nur produzieren konnten, wenn man Menschen aus den von deutschen Truppen besetzten Gebieten rekrutierte, die dann als „Fremdarbeiter" bezeichnet wurden. Auch die KWG beschäftige solche Menschen. Laues luden gelegentlich vor allem junge Menschen zu sich ein, und es kam vor, dass sich daraus eine Freundschaft entwickelte. Auch Schulkameraden von Theo, die von der Front kamen, waren zu Gast. Es war überwiegend Frau von Laue, deren große Gastlichkeit das bewirkte. Ende Juli 1943 war zum Abendessen ein junger Geologe im Heeresdienst zu Gast, Dr. Kurt Lemcke, der bald darauf ihr Schwiegersohn wurde. „Hilde ist wirklich sehr glücklich", schrieb Laue an Lise Meitner.[150] Auch der Sohn in den USA verlobte sich. Nachrichten aus den USA kamen fast ausschließlich über Lise Meitner, weitere Nachrichtenwege führten über eine Verwandte von Laue in der Schweiz und das Rote Kreuz.
Die meisten Menschen vermieden es in dieser Zeit, über die politische und militärische Situation offen zu schreiben, die Gefahr einer Anklage und Verurteilung war groß. Dennoch muss sich Laue in einem Brief vom 24. August an Planck dazu deutlich geäußert haben, denn der antwortete am 31. August:

„Ihre schweren politischen Zukunftssorgen teile ich durchaus. Wer die Hauptschuld an dieser verhängnisvollen Entwicklung trägt, ist recht schwer zu sagen. Zu vermeiden wäre sie sicherlich gewesen. Das Grundübel besteht, wie ich glaube, an dem Emporkommen der Herrschaft der Masse. Schon das allgemeine direkte Wahlrecht (vom 20. Lebensjahr an!) halte ich für einen grossen Fehler. Aber das Rad der Geschichte lässt sich nicht rückwärts drehen, und wir müssen die Folgen auf uns nehmen."[151]

Trotz aller kleinen und großen Schwierigkeiten versuchte die Runde mit den Ehepaaren Planck, Laue, Hahn und Hertz sowie Clara von Simson und Paul Rosbaud, der an der Herausgabe der „Naturwissenschaften" beteiligt war, sich wie früher immer wieder einmal im „Bristol" zu treffen. Nahezu in jedem Brief an Lise Meitner berichtete Laue von Todesfällen an den Fronten und bei Luftangriffen. Laues erhielten im Oktober eine Anzeige mit der Mitteilung, dass Klaus Grüneisen im Alter von 22 Jahren gefallen ist. Max von Laue informierte Lise Meitner, denn sie hatte die Kinder des Ehepaares Grüneisen öfter abends betreut und war eng mit der Familie befreundet. So traf sie die Nachricht sehr.[152] Am Abend seines Geburtstages, nach drei Fliegeralarmen, schrieb Laue per Hand einen Brief an Lise Meitner, denn er hatte die Schreibmaschine aus Sorge vor Beschädigung im Keller deponiert.

> „Den schönsten Glückwunschbrief bekam ich von Planck. Nur klingt er etwas wehmütig, als fürchte er, nicht mehr oft schreiben zu können. Der Krieg geht ihm eben sehr nahe, und daß seine Gesundheit nicht mehr wie früher ist, weiß ich von seinem Sohn. [...]
> Unsere Hilde ist rührend in ihrer Liebe. Täglich geht ein Brief an ihren Kurt ab, und er erwidert so oft, als es ihm möglich ist. Vorgestern präsentierte sich Hilde mit Stolz in dem Brautkleid, das ihre Mutter vor 33 Jahren trug [...]."[153]

Zur Sicherung des Manuskriptes seines neuen Buches schickte Laue Reindrucke und Korrekturen an Lise Meitner zur Aufbewahrung. Bald darauf teilte ihm die Akademische Verlagsanstalt mit, dass das Buch erst im folgenden Jahr erscheinen könne.
Planck wollte, gleich anderen, seine Korrespondenz in Sicherheit bringen, und trotz der Schwierigkeiten zu reisen, brach er im Oktober 1943 mit seiner Frau zu einer Vortragsreise auf. Im schweren Gepäck hatte er wertvolle Briefe und Schriften. Aber bereits in Frankfurt am Main, seiner ersten Station, war ein Vortrag infolge der starken Zerstörungen nicht mehr möglich. Auch der Vortrag in Koblenz fiel aus, da Planck wegen eines Alarms nicht sprechen konnte. Am 22. Oktober trug er in Kassel vor. Doch kurz nach dem Vortrag fand ein sehr schwerer Luftangriff statt und das Haus von Verwandten, die die Plancks aufgenommen hatten, brannte aus. Erst nach Stunden konnten sie sich aus dem Keller retten, die mitge-

nommene Korrespondenz war allerdings verbrannt.[154]
Von den vielfältigen Bombenschäden seines Hauses in Berlin bei dem Angriff am späten Abend des 26. November berichtete Laue am 28. November Lise Meitner. In den folgenden Briefen informierte er sie immer wieder über die Zerstörung der Wohnungen von Verwandten und Kollegen.[155]
Gegen Ende des Jahres trafen aus Leipzig von der Akademischen Verlagsanstalt schlechte Nachrichten ein: die gesamte Restauflage der „Röntgenstrahlinterferenzen" wäre verbrannt, von dem geplanten Buch über Materiewellen seien eine Reihe von Bögen vernichtet worden und der Satz existiere nicht mehr.

Max von Laue war noch mit der zweiten Auflage seines Buches über „Röntgenstrahlinterferenzen" beschäftigt, als es der Druckerei gelang, sein Buch „Materiewellen und ihre Interferenzen" doch noch fertig zu stellen.[156]
Es begann mit einem richtungweisenden Vorwort Laues:

> „Die heute ältere Physikergeneration hat in ihrer Wissenschaft mehr der großen, umwälzenden Fortschritte erlebt als je eine zuvor, und sie sollte dieses unerhörte Glück als einen Ausgleich hinnehmen für alles, was ihr das Weltgeschehen sonst auferlegt hat, zumal spätere historische Übersicht wohl einen tiefen Zusammenhang zwischen beidem erkennen wird. Wenn ich sagen soll, was aus jüngeren Zeiten mir persönlich den tiefsten Eindruck gemacht hat, so muß ich aus dem letzten Jahrzehnt die Paarerzeugung nennen, die Entstehung eines positiven und eines negativen Elektrons aus Gammastrahlung und ihre Wiedervernichtung zu solcher, aus dem vorletzten aber die Entdeckung der Materiewellen. Für deren Existenz liefern die Spektroskopie unzweifelhaft den schärfsten, die Interferenzerscheinungen dieser Wellen jedoch den anschaulichsten Beweis. Vom letzteren handelt dieses Buch."[157]

Die Gliederung des Buches sei ähnlich wie das über Röntgenstrahlinterferenzen, doch müsse man zum Verständnis dieses Buch nicht kennen, auch nicht in Bezug auf die dynamische Theorie.

> „Viel weniger noch als bei den Röntgenstrahlinterferenzen ist die Forschung bei den Materiewellen abgeschlossen. So ist auch die

vorliegende Darstellung in noch höherem Maße zeitbedingt als bei meinem Buche über jene."[158]

Laue, Max v.: Materiewellen und ihre Interferenzen
Leipzig 1944.

Erstes Kapitel. Entdeckungsgeschichte der Elektronen- und Materiewellen
§ 1. Die Bahnen von Elektronen und anderen Korpuskeln der Materie
§ 2. Die mechanische Theorie der Einzelstreuung
§ 3. Die Wellenmechanik und die Entdeckung der Elektroneninterferenzen

Zweites Kapitel. Die geometrische Theorie der Elektroneninterferenzen an Atomen und Molekülen
§ 4. Die Herleitung der Theorie aus der Schrödinger-Gleichung
§ 5. Elektroneninterferenzen nach der Diracschen Theorie
§ 6. Elektroneninterferenzen an Molekülen
§ 7. Inkohärente Streustrahlung

Drittes Kapitel. Die Elektroneninterferenzen an Kristallen, geometrische Theorie
§ 8. Systematik und Atomtheorie der Kristalle
§ 9. Raumgitter-Interferenzen
§ 10. Pulverdiagramme
§ 11. Die Intensität der Debye-Scherrer-Ringe
§ 12. Elektroneninterferenzen an dünnen Einkristallplatten
§ 13. Kristallform und Intensitätsbereich, Theorie der Stacheln
§ 14. Experimenteller Nachweis der Stacheln

Viertes Kapitel. Beugung anderer Materiewellen
§ 15. Die Kreuzgitterspektren an Molekülstrahlen
§ 16. Beugung an vielen ungeordneten Kreuzgittern
§ 17. Neutronenbeugung

Inhaltsverzeichnis des 1944 erschienenen Buches „Materiewellen und ihre Interferenzen“ von Max von Laue (Quelle: Laue 1944).

Viele Abbildungen, Diagramme und Fotografien illustrierten die Texte. Das Inhaltsverzeichnis war wieder streng systematisch aufgebaut. Im ersten Kapitel wurde, ohne jede Rücksicht auf eine Ermahnung vom Ministerium, Louis de Broglies gedacht, für Rechnungen die Relativitätstheorie verwendet und eine Zuschrift Walter M. Elsassers an die Herausgeber der „Naturwissenschaften“ zitiert, die mit dem Satz begann: „Vor einiger Zeit ist Einstein auf dem Umweg über die Statistik zu einem physikalisch sehr merkwürdigen Resultat gelangt.“[159] Auch eine Arbeit des Emigranten Otto Stern wurde zitiert.[160]

Über die wenigen Versuche mit natürlichen Neutronenquellen, auch über die ersten Versuche unter Verwendung eines Cyclotrons zur Neutronenstrahlen-Erzeugung, bemerkte Laue:

> „Da man aber nach den Erfahrungen und einigen Atom- und Molekülstrahlen von der Richtigkeit der de Broglie-Theorie überzeugt ist, wird man wohl die Interferenz-Deutung dieser Neutronenversuche anerkennen müssen."[161]

Max von Laue nutzte im Anhang I mit der Erörterung der Kausalität die Möglichkeit, in einem Buch nochmals seine Meinung zu diesem Problem darzustellen, wobei er zu dem philosophischen Teil nicht Stellung nahm. Er begann mit Newtons Erkenntnissen über die Bahn eines Körpers, egal wie groß er wäre. Sie hätten sich über dreihundert Jahre bewährt. Aber Ernst Mach hatte das hinterfragt.

> „Und nun ist eben eingetreten, was über kurz oder lang geschehen mußte. Tatsachen haben sich gefunden, welche die in der Mechanik liegenden Hypothesen widerlegen. Das ist ein Vorgang, wie ihn die Physik oft erlebt hat; man denke nur an alle die Wandlungen der Optik, der Wärmelehre, der Elektrodynamik. Hat man bei ihnen an eine Änderung erkenntnistheoretischer Grundlagen gedacht?"[162]

Durch die Entdeckung des Spins durch Samuel A. Goudsmit und George E. Uhlenbeck kam ein fremdes Element in die Anschauung vom Massenpunkt. Durch Schrödingers Ideen von 1926, fußend auf de Broglies Vorstellung, „zerfloß ganz und gar" der Massenpunkt. Doch Laue stellte fest:

> „Wir haben zudem – und das ist wohl das größte Erlebnis der jetzigen Physikergeneration – unmittelbar durch Interferenzversuche erfahren, daß mit der Bewegung jedes Körpers Wellenvorgänge verknüpft sind; und zu deren Beschreibung ist dieser Begriff ganz ungeeignet."[163]

Laue ging dann auf die Rettung des Begriffs des Massenpunktes ein, was zwangsläufig zur Unschärfebeziehung führte. Er wandte sich nochmals der Erkenntnistheorie, der Kausalität, zu:

„Wir meinen das Prinzip der Nahewirkung und Newtons Anziehungsgesetz, welches bekanntlich eine Fernwirkung aussprach. Newton selbst hat scharf genug das Unbefriedigende daran betont; trotz dieses Mangels erwuchs aus dem Gesetz die theoretische Astronomie. Heute, da die allgemeine Relativitätstheorie jenes Prinzip endlich in sein Recht eingesetzt hat […].“[164]

Zum Quantenrätsel meinte er,

„[...] daß die Zeit zur Lösung nicht reif ist, daß vielmehr noch manche ungeahnte, scheinbar weit abliegende Beobachtung zuvor glücken muß. Auch möchten wir keineswegs behaupten, daß allein der Begriff ‚Massenpunkt‘ der Reform bedarf.“[165]

Laue führte nochmals Ernst Mach an und die Begriffe in anderen Gebieten der Physik.

„Die Quantenfrage ist eben die Grundfrage der Physik.“[166]

Anfang 1944 erschien in den „Naturwissenschaften“ Laues ausführliche und kritische Besprechung von Carl Friedrich von Weizsäckers Buch „Zum Weltbild der Physik“. Nach einer allgemeinen Einleitung über die Gliederung des Bandes aus vier gehaltenen Vorträgen und einer Laudatio für Weizsäcker behandelte Laue die philosophische Auffassung der Quantenmechanik mit ihrem Gegensatz von Partikel- und Wellenvorstellung. Laue zitierte:

„Also darf ich nicht sagen: ‚Das Atom ist ein Teilchen‘ oder ‚es ist eine Welle‘, sondern ‚es ist entweder Teilchen oder Welle‘, und ich entscheide durch meine experimentelle Anordnung, als was es sich manifestiert. [...]
Jede einzelne, durch ein Experiment geschaffene Kausalkette wird vollkommen durch die klassische Physik beherrscht; nur dadurch, daß sich die Versuchsanordnung klassisch verstehen läßt, kommen wir überhaupt zu einem Verständnis des Meßresultates.“[167]

Das setzte Weizsäcker kritisch gegen die Erkenntnislehre von Immanuel Kant. Zu diesem Teil bemerkte Laue:

> „Der Verf. wird unsicher und verfällt auch in sichtliche Mißverständnisse [wie z. B. bei den ‚Dingen an sich', ...].
> Aber ein Vergleich zwischen der geschilderten Auffassung der Quantenphysik und Kant kann nach meiner Meinung auch gar nicht positiv ausfallen; beide sind unversöhnliche Gegensätze."[168]

Zu Weizsäckers Frage, wie sähen die Atome aus, wenn man sie doch sehen könnte, meinte Laue:

> „Physikalisch heißt sie [die Frage]: Welche elektromagnetische Strahlung geht von einem Atom aus, wenn es von Strahlung bestimmter Wellenlänge beleuchtet wird? Und darüber geben die Theorien der Lichtstreuung und der Quantensprünge Auskunft und wo sie versagen sollten, zudem das direkte Experiment."[169]

Sehr kritisch behandelte der Rezensent den Text unter dem Stichwort „Komplementarität von Chemie und Mechanik" mit Vorstellungen über die Eigenschaften, den Aufbau und die Untersuchung der Materie, bei der die Atome zerstört werden würden. Dazu meinte Laue:

> „Wie paßt dies zu der doch anerkannten Tatsache, daß man die Atome eines Kristalls zur Emission von Röntgenspektren anregen kann? Diese Emission hat ihren Sitz tief im Inneren der Atome, man erfährt aus ihr viel über den Atombau. Und doch hören die strahlenden Atome nicht auf, Bausteine des Kristalls zu sein."[170]

Dazu machte er noch weitere kritische Anmerkungen, um zu einem versöhnlichen Schluss zu kommen:

> „Mir erscheint als das Wertvolle an dem vorliegenden Buch, daß es zeigt, wo es der Quantenmechanik noch fehlt; dies kann sich unter Umständen in der zukünftigen physikalischen Forschung günstig auswirken. Und in diesem Sinne wünschen wir ihm recht viele und recht verständnisvolle Leser."[171]

Die Luftangriffe der Alliierten gingen weiter. Am 15. Februar 1944 wurde das Haus von Max Planck vollständig zerstört. Laue hatte vorsorglich Teile der umfangreichen Bibliothek auslagern lassen.[172]

In einer Erinnerung an den 100. Geburtstag des österreichischen Physikers Ludwig Boltzmann am 20. Februar schrieb Laue sehr viel Lobendes: angefangen bei den frühen Arbeiten zur Thermodynamik von 1884, dann von den Veröffentlichungen über physikalische Statistik, die Hypothese von der molekularen Unordnung sowie den Satz von der Gleichverteilung der Energie. Es folgten die Untersuchung der Irreversibilität und Boltzmanns Erkenntnis über den Zusammenhang von Entropie und thermodynamischer Wahrscheinlichkeit sowie die Additivität der Entropie. Zum Schluss zitierte er Boltzmanns Bewunderung für Shakespeare, Goethe und Schiller mit der Aussage: „Durch Schiller bin ich geworden, ohne ihn konnte es einen Mann mit gleicher Bart- und Nasenform wie ich, aber niemals mich geben."[173]

Das KWI für Chemie nach dem Luftangriff in der Nacht vom 14. auf den 15. Februar 1944
Quelle: Archiv der Max-Planck-Gesellschaft, Berlin-Dahlem

Bereits im Vorjahr wurde die Verlegung der Kaiser-Wilhelm-Institute für Physik und für Chemie nach Süddeutschland geplant. Anfang 1944 wurde mit dem Umzug begonnen, für das KWI für Chemie allerdings zu spät, denn bei einem Bombardement in der Nacht vom 14./15. Februar wurde es schwer beschädigt, der Flügel mit Otto Hahns Büro und den Laboratorien, in denen die Kernspaltung entdeckt worden war, brannte aus. Auch die Direktoren-Villa, in der Lise Meitner bis zu ihrer Flucht gelebt hatte, wurde stark beschädigt.

Einige Tage später reiste Frau von Laue nach Hechingen, wohin das KWI für Physik verlagert werden sollte. Die für Hechingen bestimmten Möbel wurde Anfang März abgeholt. Vier Tage später gab es einen Tagesangriff auf Berlin, den Laue in einem Luftschutzkeller in der Innenstadt zusammen mit Walther Bothe erlebte. Sie waren auf dem Weg zu Bothes Vortrag in der Akademie.[174] Bei einem Tages-Bombardement am 9. März 1944 auf die nahe gelegene Funkstation wurde auch das Haus der Familie Laue sehr stark beschädigt, Fenster und Türen zerstört, Wände eingedrückt, eine Garage verwüstet.
Die Sorgen wurden für kurze Zeit vergessen, denn die Hochzeit von Hilde mit Kurt Lemcke wurde am 17. März in Pommern so festlich begangen, als ob es Frieden wäre. Es gab gute Reden, und die Schwiegereltern sorgten reichlich für Speisen und Getränke.[175]
Der Abschied von Berlin kam. Max von Laue traf am 13. April in Hechingen ein, seine Frau und die Tochter folgten einen Tag später, die Möbel noch einige Tage danach. Die Tochter war mit dem Institut von Otto Hahn nach Tailfingen gezogen und wohnte dort. Über das tägliche Leben in Hechingen berichtete Frau von Laue an Lise Meitner:

> „Ich muß aber richtig stellen, daß was das Einsamsein betrifft, auf mich nicht zutrifft. Erstens genügt mir die Natur vollkommen, gehe ich doch schon immer am liebsten allein spazieren, und es ist hier so schön und seit ich denken kann mein liebster Wunsch, in dieser Gegend leben zu können, daß ich mich demnach restlos glücklich fühle. An den jungen Physikerfrauen habe ich natürlich mehr Freude als mein Mann, deren Kinder und gemeinsame hauswirtschaftliche Fragen geben immer Stoff […]."[176]

Als sehr positiv beurteilte sie die Versorgungslage mit Obst und Gemüse. Max von Laue beschrieb der Freundin in Stockholm die recht gedrängte Einrichtung in zwei Zimmern mit Behelfsküche als Untermieter. Doch die Bilder konnten aufgehangen werden. Auch das KWI für Physik war räumlich sehr gedrängt untergebracht, und Laue litt unter der Hellhörigkeit der Räume. Heisenberg lebte ohne seine Familie im Ausweichquartier. Georg Menzer und Gerhard Borrmann waren ebenfalls nach Hechingen mitgekommen.[177]

Vom Kriegsgeschehen konnten schon lange keine Siegesmeldungen mehr verbreitet werden. Nichts ist überliefert, welche Gedanken sich Laue über die offiziellen Meldungen und die Berichte von den verschiedenen Teilen der Front machte, die er jetzt auch durch den Schwiegersohn bekam. Was für Kapitulations-, was für „Friedensbedingungen" waren zu erwarten, wie viel härter würden sie gegenüber der Niederlage von 1918 sein?
Ein mögliches siegreiches Ende des Krieges wurde durch die Propaganda über die „Wunderwaffen" vorgetäuscht. Die deutsche Luftwaffe konnte die anglo-amerikanische Luftüberlegenheit nicht überwinden. Die Raketen-Angriffe, anfänglich mit der V1, verhinderten nicht die Luftangriffe auf Deutschland. Die sehr viel gefährlicheren V2-Raketen brachten ebenfalls nicht die von der Propaganda beschworene Wende im Kriegsgeschehen.

In Haigerloch wurde in einem Felsenkeller der erste größere Urankernspaltungsreaktor mit Schwerem Wasser als Moderator aufgebaut und mit Messungen über die Vermehrungsrate der aus der Urankernspaltung kommenden Neutronen begonnen. Er wurde aber niemals kritisch.
Die Wende des Krieges kam am 6. Juni 1944, als amerikanische, englische und kanadische Truppen in der Normandie landeten. Nach heftigen Kämpfen konnten sie ihren Brückenkopf erweitern und in mehrere Richtungen vordringen. Südlich von Rom, bei Anzio und Nettuno, waren bereits die amerikanischen Truppen gelandet. Die sowjetischen Truppen drangen immer weiter vor und standen schon an der Weichsel.
Traditionsgemäß fand am 29. Juni 1944 in der Akademie in Berlin die „Leibnizsitzung" statt, auf der Max Plancks 50-jährige Mitgliedschaft gewürdigt wurde. Anschließend sprach Werner Heisenberg über das elementare Wirkungsquantum. Max von Laue flog zu der Sitzung nach Berlin, wie er Lise Meitner mitteilte.[178]

Heisenberg musste hin und wieder nach Berlin reisen. Er war seit kurzem Mitglied der „Mittwochsgesellschaft". Man traf sich im kleinen Kreis mit Gegnern des Regimes zu Vorträgen aus den Sachgebieten der Mitglieder. Heisenberg sprach am 12. Juli über „Astrophysik" und berichtete über

> „[…] die Atomenergie in den Sternen und ihre technische Ausnützung auf der Erde, soweit ich eben nach den Geheimhaltungsbestimmungen darüber reden durfte. An der Diskussion beteiligten sich vor allem [Ludwig] Beck und [Eduard] Spranger. Beck sah sofort, daß sich von hier aus alle bisherigen militärischen Vorstellungen von Grund auf ändern müßten."[179]

Am 20. Juli brachte Oberst Claus Schenk Graf von Stauffenberg eine Bombe in das Hauptquartier in Ostpreußen, um Hitler bei einer Besprechung zu töten. Die Explosion verletzte Hitler nur leicht. Stauffenberg war schon auf der Rückkehr nach Berlin. Er und seine Mitverschwörer wurden am selben Tag standrechtlich erschossen. Auch Plancks ältester Sohn Erwin wurde verhaftet. Der Volksgerichtshof verurteilte ihn zum Tode, obwohl er nicht aktiv in dem Kreis um Stauffenberg gewesen war.[180]
Max Planck dankte in seinem Brief vom 8. August Laue für dessen Brief vom 4., musste ihm aber mitteilen, dass er dessen Brief vom 29. [Juli?] nicht erhalten hätte. Sehr wahrscheinlich hatte Laue etwas über die Vorgänge am 20. Juli erwähnt und der Brief war konfisziert worden. Nach einigen Mitteilungen über Familien- und Freundes-Angelegenheiten schrieb Planck:

> „Auch wir selbst mussten allerlei Widrigkeiten erleben. Seit dem 20.7. herrscht in der Staatsführung eine erheblich schärfere Tonart. So ist auch gegen meinen Sohn Erwin – doch dies bitte ich mit völliger Diskretion zu behandeln – eine Überwachung eingeleitet worden, deren einzige Grundlage die ist, dass er mit einigen der Attentäter bekannt war.
> Mein Trost ist, dass eine ganze Anzahl anderer Persönlichkeiten von dem gleichen Schicksal betroffen worden sind, so z. B. der preussische Finanzminister Prof. Popitz. Man kann doch auf dieser Grundlage unmöglich ein vernünftiges Urteil aufbauen. Aber sehr unangenehm ist diese Sache immerhin, namentlich weil es vermutlich wochenlang dauern wird, bis eine Entscheidung fällt."[181]

Aus Gründen der Sicherheit wurde in den Briefen Laues an Lise Meitner nur in Andeutungen auf diese Ereignisse und die Folgen eingegangen. Die schwedischen Zeitungen brachten Nachrichten über das Attentat, die Namen der Verhafteten und über Hinrichtungen.

Zum 50. Todestag von Hermann von Helmholtz am 8. September 1944 schrieb Laue einen kurzen Lebensabriss. Seine Verehrung für Helmholtz hatte ihre Wurzeln in der Schulzeit in Straßburg, denn der Mathematik- und Physiklehrer empfahl ihm, sich die zwei Bände mit den Vorträgen und Reden von Helmholtz zu besorgen. Nach einer Würdigung von einigen Verdiensten von Helmholtz, dem Augenspiegel, der Klanganalyse und ihrer physiologisch-psychologischen Begründung, der Hydrodynamik, dem Energieerhaltungssatz und auch den Faraday-Maxwellschen Vorstellungen von Feldern, folgte ein Abschnitt über die zwei Bände, die Laue in seiner Jugendzeit so begeistert hatten.[182]

Magda von Laue schrieb am 21. September an Lise Meitner:

> „Planck hat nun ein Urenkelkind bekommen, ein Mädelchen. Dem Onkel [Erwin Planck] dieses Kindes geht es sehr schlecht, man hat nicht viel Hoffnung für sein Befinden, doch Urgroßvater und Urenkelkind geht es gut.
> Trotz Krieg mit seinem Leid und seinen Sorgen habe ich mit Bewußtsein den glücklichsten Sommer verlebt. Es klingt merkwürdig, denn grobe, schwere Arbeit gab es jeden Tag – 30 Zentner Koks allein vom Hof in den Keller tragen, die ganze Wäsche waschen, bis einem die Fingerknöchel bluten – trotzdem, so naturverbunden wie man hier ist, das hilft über Alles hinweg. Zumal es ein sehr schöner, sonniger Sommer war. Einmal am Tag laufe ich zu meinem Blick – dem Blick auf die Burg. Steil, hoch, unnahbar krönt sie den Gipfel, manchmal über dem Nebel wie Montsalvat, manchmal zum Greifen nahe im Abendsonnenschein. Wie ein Albdruck fällt es von mir, daß ich 25 Jahre in meinem engen, himmellosen Garten gehaust habe, während mein Mann noch jetzt dort sein möchte, wären nicht die Bomben auf unser Grundstück gekommen. So sterbe ich also gern, sollte der Winter uns schweres bringen.
> Meine (wirklich) bessere Hälfte möchte aber auch das Wort haben, …“[183]

Drei Tage später unterrichtete Max von Laue die Freundin in Stockholm vom plötzlichen Tod von Heinrich Freiherr Rausch von Traubenberg. Damit verlor seine jüdische Frau Marie den Schutz. Sie kam in ein Konzentrationslager. Otto Hahn versuchte ihre Lage zu verbessern, indem er behauptete, dass sie die wichtigen wissenschaftlichen Unterlagen ihres Mannes ordnen müsse, nur sie könne das. So konnte sie das KZ überleben, bis zum Ende des Krieges und der Befreiung.[184]
Wieder kam ein Besorgnis erregender Brief von Max Planck:

> „Das Schicksal meines Sohnes Erwin, der nach dem 20. Juli lediglich deshalb verhaftet wurde, weil einige der Attentäter zu seinem Bekanntenkreis gehörten, ist immer noch nicht entschieden. Er sitzt immer noch im Untersuchungsgefängnis, und ich bin in schwerer Sorge um ihn. Gewisse Anzeichen, die als Folge der von mir unternommenen Schritte anzusehen sind, lassen mir [?] aber die Hoffnung, dass wenigstens das schlimmste an ihm vorüber geht, als begründet erscheinen."[185]

Aus einem Brief vom 26. November erfuhr Lise Meitner von zwei fertigen Manuskripten Laues, seinem physikalischen Werdegang, der bei Keiper in Berlin erscheinen sollte, und einer Geschichte der Physik, die mit dem Verlag Junker & Dünnhaupt geplant war. Letzteres konnte durch die Kriegseinwirkungen zunächst nicht gedruckt werden. Es beinhaltete keine historische Beschreibung von den Anfängen bis zur Neuzeit der gesamten Physik. Laue behandelte lediglich die Geschichte einzelner Gebiete mit ihren grundlegenden Erkenntnissen, wobei die Theorie im Vordergrund stand: Zeitmessung, Mechanik, Gravitation und Fernwirkung, Optik, Elektrizität und Magnetismus, das Bezugssystem der Physik, die Grundlagen der Wärmelehre, der Satz von der Erhaltung der Energie, Thermodynamik, Atomistik, Kernphysik, Kristallphysik, Wärmestrahlung und Quantenphysik. Jedem Gebiet wurde ein historischer Bezug vorangestellt. Nach dem Krieg erschien das Buch auch in fremdsprachigen Ausgaben.[186]

Anfang 1945 korrespondierte Laue mit Friedrich Möglich über die Supraleitung. Immer ging es um Londons Theorie.

„Hinzufügen kann ich aber, daß mir jetzt eine Bestätigung der von mir umgearbeiteten Londonschen Theorie gelungen ist, die wahrlich unerwartet kam.“[187]

An Lise Meitner berichtete er ebenfalls über seine Ideen und Erfolge zur Theorie der Supraleitung, die noch von der Theorie Londons ausging. Im Brief vom 9. Januar hieß es über seinen Vortrag im Kolloquium, der in Hechingen stattfand:

„Die McLennansche Kurve beweist nicht nur die Existenz des Ohmschen Widerstandes beim Supraleiter, sondern auch die Abnahme der Leitfähigkeit unterhalb des Sprungpunktes. Dies hat mit der Abnahme den Londonschen Konstante λ eine gemeinsame Ursache: Die Leitungselektronen stellen sich bei der Abkühlung unter den Sprungpunkt allmählich vom Ohmschen Leitungsmechanismus auf den Supraleitungsmechanismus um.“[188]

Kopien des Manuskripts verschickte Laue zur sicheren Aufbewahrung an Freunde; die Sorge um die Zukunft wurde immer deutlicher.
Einige Wochen später teilte er Lise Meitner in einem Brief den Tod des Biologen und Direktors des KWI für Biologie, Friedrich von Wettstein, mit, der an einer verschleppten Lungenentzündung gestorben war. Man hatte auf dessen diplomatisches Geschick und wissenschaftliche Reputation für die Zukunft gesetzt. Andeutungsweise berichtete Laue auch von der Hinrichtung Erwin Plancks,

„[...] von einem anderen, schrecklicheren Todesfall, der vor Allem unserem alten Lehrer in Rogätz tiefste Trauer bereitet [...].“[189]

Die ständige Konfrontation mit dem Verlust von Freunden und Bekannten und die immer größer werdende Unsicherheit über die Zukunft konnten zeitweise zurückgedrängt werden, wie die Schilderung eines Hauskonzerts deutlich machte:

„Heute sollen Sie einmal staunen, was die KWI Alles können. Hören Sie: Gestern Abend war hier ein öffentliches Konzert. Die Mitwirkenden waren Frl. Troll vom biologischen KWI (Sopran),

> Dr. M. Pahl vom KWI für Physik (Bariton) und am Flügel Heisenberg. Dazu ein hiesiger Violinist und ein Cellist. Die Hauptlast des Abends trug Heisenberg, der die ganzen zwei Stunden am Flügel saß, ohne Pause. Programm: Trio in B-dur (Mozart) Arie für Sopran und Violine aus ‚Apollo und Hyacinthus' (Mozart), Duett aus ‚Figaros Hochzeit' (Mozart), zwei Arien des Cherubino aus derselben Oper (Mozart) (Ich habe ‚Sagt holde Frauen, die ihr sie kennt' nie so gut, auch im Text verständlich, gehört, wie gestern), die Frühlingssonate von Beethoven, 4 Lieder von Schubert für Bariton, zwei Duette von Schubert, ein Andante aus einer Cello-Sonate (Klingel) und schließlich zwei Lieder von Wolf und die ‚Zuneignung' von Richard Strauß."[190]

Wahrscheinlich beschäftigte sich Laue weiterhin intensiv mit der Theorie der Supraleiter und schickte Manuskriptteile an Lise Meitner zur sicheren Aufbewahrung.[191]
Mehrfach hatte sich Laue in schwierigen Situationen durch die wissenschaftliche Arbeit zu beruhigen versucht. Das tat er auch in Hechingen. John C. McLennan hatte zusammen mit A. C. Burton, A. Pitt und J. O. Wilhelm 1932 sehr komplizierte Versuche mit supraleitenden Spulen und Hochfrequenz im Bereich von $2 \cdot 10^6$ bis $3 \cdot 10^7$ Hertz gemacht. Der Hochfrequenzwiderstand fiel, gegenüber Versuchen mit Gleichstrom, erst bei deutlich niedrigeren Temperaturen steil ab. Dazu bemerkte Laue:

> „Die Folgerung, daß der Sprungpunkt von der Schwingungszahl des Meßstroms abhänge, steht, wörtlich genommen, in Widerspruch zu der heutigen Auffassung, daß der Normal- und der Supraleiter zwei Phasen im Sinne der Thermodynamik darstellen, deren Übergang ineinander nicht von dieser Schwingungszahl abhängen kann."[192]

Es gelang Laue, mit Hilfe der erweiterten „Telegraphengleichung" und der Berücksichtigung des Skineffektes sowie der Annahme von zwei Leitungsmechanismen nachzuweisen, dass der von den Autoren angegebene Kurvenverlauf auch theoretisch zu beschreiben sei.
Anfang März 1945 schickte Max von Laue Briefe mit einigen familiären Nachrichten an Lise Meitner ab, ohne jedoch zu wissen, ob sie befördert werden würden. Außerdem schrieb er einen ausführlichen Brief an Sohn

Theo, in dem noch die Sorge um einen Abtransport durch deutsche Dienststellen anklang. Am Ende des Briefes machte er Anmerkungen zu seiner wissenschaftlichen Hinterlassenschaft und zur Zukunft:

> „Mein lieber Sohn!
> Wir stehen jetzt kurz vor dem längst erwarteten großen Umschwung und erwarten mit gespannter Sorge die Form, in der er sich bei uns vollziehen wird. Voraussehen läßt sich gar nichts. Wir wissen nicht, wird Hechingen umkämpft werden, wird es sonst der Zerstörung anheimfallen, werden die Einwohner hier bleiben oder abtransportiert werden und wie, und eine ganze Reihe anderer Sorgen. Wir Gelehrte insbesondere scheinen noch besonders vom Abtransport bedroht zu sein, und wir überlegen intensiv alle Möglichkeiten dem vorzubeugen. [...]
> Was nun auch geschehen mag, wir haben jedenfalls ein im Großen und Ganzen schönes Jahr hinter uns. Die Mama insbesondere fühlt sich in der hiesigen Landschaft so glücklich, wie Nirgends sonst, und sie äußert sich gelegentlich dahin, sie wolle nie wieder nach Berlin zurück. Nun, darüber ist das letzte Wort wohl noch nicht gesprochen. Aber auch ich habe es hier besser gehabt, als so manches frühere Jahr. Keine überflüssigen und zeitraubenden Sitzungen […].“[193]

Er zählte die Menschen auf, mit denen sie zusammen kamen. An erster Stelle nannte er das Ehepaar Hahn, dann Alfred Kühn, Georg Menzer und Werner Heisenberg mit ihren Frauen. Er hatte die Freude, dass auch Max Kohler mit seiner Frau zu Besuch kam.

> „Aber das verblaßt Alles gegen das, was die Mama hier für mich getan hat.“[194]

Er schilderte ihre vielen körperlich schweren Arbeiten, Einkäufe, Holz holen. Er unterrichtete Theo von der nächsten Verwandtschaft, Laues Schwester Elly und der Stiefmutter, seiner Cousine Martha.

> „Sofern ich durch die Katastrophe durchkomme, so wird meine Hauptaufgabe für den Rest meines Lebens wohl in der Mitarbeit an dem geistigen Wiederaufbau Deutschlands bestehen.“[195]

Er hoffe auf das Wohlwollen seiner Freunde in Ausland.

> „Ich weiß, welch ein Berg Hasses dabei zu überwinden sein wird. Demgegenüber wird man immer und immer wieder betonen müßen, daß Haß die Menschheit und ihre Kultur zu Grunde richtet – wir sehen es wahrhaftig deutlichst, wohin er schon geführt hat – und daß christliche Nächstenliebe, die vor den Schranken der Nationalität keinen Halt macht, abgesehen von allen Anderen auch das beste politische Prinzip ist."[196]

Kriegsende und Farm Hall

In einem Brief vom 21. April 1945 schrieb Max von Laue erneut an den Sohn, ohne zu wissen, ob dieser den Brief erhalten würde. Er berichtete, dass die Franzosen jetzt in Tübingen, Horb, Balingen und Ebingen stünden, Tailfingen also eingekesselt wäre. Werner Heisenberg sei per Fahrrad zu seiner Familie in Urfeld gefahren. Vier Tage später schrieb er von der kampflosen Besetzung von Hechingen am 23. April und schilderte Einzelheiten:

> „Es folgten Haussuchungen bei den meisten Angehörigen dieser Institute [KWI]; auch bei mir war ein Offizier mit einem Mann 3 Stunden dabei, Papiere zu suchen (bei der Gelegenheit nahm er auch den erwähnten Brief an Dich mit). Die Amerikaner behandelten uns dabei kurz und sehr sachlich, aber ohne Unhöflichkeit. Der hier tätige Offizier entpuppte sich, als die Mama ihn französisch ansprach, als gebürtiger Schweizer aus der Nähe von Neuchâtel. [...] Wir hoffen, sie [die Amerikaner] bleiben längere Zeit hier oder lassen doch wenigstens eine Instituts-Besatzung zurück, damit wir unter ihrem Schutze weiterarbeiten können. [...]
> Der Zustand ist keineswegs ideal, aber das Ende des 3-ten Reiches unvermeidlich. Die Hauptsache ist und bleibt: Den Hitler sind wir los."[1]

Die Amerikaner hatten bereits bei der Einnahme von Straßburg im Physikalischen Institut der Universität Unterlagen über das deutsche Uran-Projekt gefunden und wussten, dass noch kein Projekt zur Herstellung einer Bombe existierte. Trotzdem wurden die beteiligten Wissenschaftler in eine Art „Schutzhaft" genommen und von Hechingen mit Autos ohne Angabe, wohin es gehen sollte, weggebracht. Das veranlasste Laue, in einem Brief vom 28. April an Theo einen Vergleich zu Martin Luther und dessen geheimen Aufenthalt auf der Wartburg zu ziehen. Er war voll Besorgnis über die unsichere Lage der zurück gebliebenen Familien. Er berichtete von der Fahrt von Hechingen über das zerstörte Stuttgart und Bruchsal mit einem unbekannten Ziel. Die Behandlung durch die englischen Offiziere, die sie ständig begleiteten, erwähnte Laue lobend. Sie erhielten auch einen kurzen Besuch von Samuel Abraham Goudsmit. Laue wurde zusammen mit Otto Hahn, Carl Friedrich von Weizsäcker, Karl Wirtz, Horst Kosching und Erich Bagge festgehalten. In Versailles kamen noch Werner Heisenberg, Kurt Diebner und Paul Harteck zu ihnen, später auch Walther Gerlach. Sie waren „detained for His Majesty's Pleasure". Otto Hahn und Max von Laue nahmen unter den Wissenschaftlern eine Sonderrolle ein. Sie konnten, natürlich unter Bewachung, in Reims die Kathedrale, in Versaille das Schloss besichtigen und sogar das unzerstörte Paris kurz besuchen. Laue schrieb:

> „Vieles Schöne, was ich nicht Alles aufzählen kann, und vor Allem das Innere von Notre Dame. – Das war ein Eindruck!!"[2]

Max von Laue meinte im Schreiben an Theo vom 26. Mai aus Le Vésinet bei Paris:

> „Alle außer mir haben an der ‚Uranmaschine' mitgearbeitet, und das ist wohl auch der Grund unserer Haft. Mich hat man anscheinend aus Versehen mitgenommen. Oder vermutet man bei mir, da man von meiner einschlägigen Tätigkeit gar Nichts weiß, ein besonders tiefes Geheimnis? Dann könnte der jetzige Zustand sich auf recht lange Zeit erstrecken; denn in ein nicht vorhandenes Geheimnis vermag ja Niemand einzudringen."[3]

Die Endstation der Reise war ein abgelegener Landsitz nördlich von Cambridge. Während des nun folgenden Aufenthaltes gestattete man ihnen vier Mal, streng zensierte Briefe an ihre Angehörigen zu schreiben. Man kann deshalb den Inhalt nicht als die Schilderung der realen Verhältnisse und der seelischen Verfassung Max von Laues einordnen.
Ausführlich schrieb Laue dem Sohn über die Luftangriffe und ihre Zerstörungen, die Geschicke der Verwandten und Freunde, das Geschehen in Berlin mit der Verfolgung der jüdischen Freunde. Es waren mehrere Seiten lange Briefe, die das aufgestaute Bedürfnis dokumentieren, Rechenschaft über das Erlebte abzulegen.[4]

Mit der Ortsangabe Huntingdon schrieb Laue am 7. August einen bedeutenden Brief:

Farm Hall, der nahe der Stadt Cambridge gelegene Landsitz, in dem die zehn Physiker und Chemiker vom 3. Juli 1945 bis zum 3. Januar 1946 festgehalten wurden.
Quelle: Archiv der Max-Planck-Gesellschaft, Berlin-Dahlem

> „Lieber Theodor!
> Dieser Brief bezieht sich auf ein weltgeschichtliches Ereignis von unabsehbarer Tragweite. Bin ich auch weit von Hiroshima entfernt gewesen, als dort die Uranbombe platzte, so habe ich doch die Nachricht davon inmitten von Kollegen erlebt, die an dem Uranproblem seit Jahren gearbeitet haben und gleich mir alle unter ganz exceptionellen Umständen, nämlich ‚detained for His Majesty's pleasure', leben."[5]

Laue beschrieb ihre Überführung per Flugzeug nach England und die gute Unterbringung, die vortreffliche Verpflegung und die Versorgung mit Zeitungen, Büchern und dem englischen Rundfunk. Auch ein Sportplatz wäre hinter dem Haus.

> „Um 19.45 Uhr begann gestern, wie stets, unser Abendessen, an dem auch die beiden uns bewachenden englischen Offiziere, Major Ritt-

> ner und Captain Brodie, regelmäßig teilnehmen. [...]
> Vorher schon hatte der Major dem Kollegen Hahn etwas von einer Rundfunkmeldung angedeutet, daß die Amerikaner eine Atombombe benutzt hätten. Bei Tisch ergänzte er diese Mitteilung und es erhob sich natürlich sogleich eine lebhafte Diskussion. Wir wollten nicht recht daran glauben. Einige Stimmen meinten, wenn überhaupt Etwas Wahres daran wäre, so bedeutete der Name ‚Atombombe' eben Etwas Anderes, als was wir darunter verstehen; mit Uranspaltung könne diese Sache jedenfalls nichts zu tun haben.
> Dann aber hörten wir die englischen Rundfunknachrichten um 21 Uhr. Und da wurde nun ja klipp und klar gesagt, daß Engländer und Amerikaner in gemeinsamer, jahrelanger, mühseliger und überaus kostspieliger Entwicklungsarbeit die Uranspaltung zur Konstruktion einer Bombe ausgearbeitet hätten."[6]

Es sei vielleicht sogar ganz gut, dass Otto Hahns Name in diesem Zusammenhang nicht genannt wurde.

> „Nach einem solchen [Zeitungs-]Kommentar, überschrieben ‚A Jewess found the clue', wäre Lise Meitner die Entdeckerin der Uranspaltung.
> Die Wirkung dieser Meldung auf die hier versammelten Physiker war natürlich eine sehr tiefgehende. Zwar war ich – wenn ich mit mir einmal beginnen darf – verhältnismäßig unbeteiligt; habe ich doch bei der ganzen Uranspaltungsforschung immer nur die Rolle eines Beobachters gespielt, den die Beteiligten manchmal, aber keineswegs immer, auf dem Laufenden hielten. Auch Otto Hahn, um dessen Stimmung sich Major Rittner ernstliche Sorgen machte, blieb ganz ruhig und sagte nur, er freue sich, an der Konstruktion einer solchen Mordwaffe unbeteiligt zu sein. Aber sehr erregt war Walther Gerlach, der sich als ehemaliger ‚Bevollmächtigter des Reichsmarschalls für Kernphysik' etwa wie ein geschlagener Feldherr vorkam und zudem durch ein paar unvorsichtige Bemerkungen eines der Jüngeren unter uns peinlich berührt war."[7]

Es folgte eine längere Passage, warum es in Deutschland nicht zur Entwicklung einer Bombe gekommen sei. Man hat beim Lesen den Eindruck, es handelt sich um eine abgesprochene Version. Nach der Rückkehr nach Deutschland wurde offenbar die Diskussion unter den Beteiligten fortgesetzt.

> „Die ganze Uran-Forschung war bei uns auf die Schaffung einer Uranmaschine als Energiequelle gerichtet, einmal weil Niemand an die Möglichkeit einer Bombe in absehbarer Zeit glaubte, zweitens weil im Grunde Niemand von uns eine solche Waffe in die Hände Hitlers legen wollte."[8]

Am 9. August wurde die zweite Atombombe – eine Plutoniumbombe – über Nagasaki abgeworfen. Die Reaktion auf dieses Ereignis fand keine Erwähnung in den folgenden Briefen Max von Laues. Die von Heisenberg am 26. Februar 1942 und dann sehr wahrscheinlich nochmals bei dem Vortrag im Harnack-Haus am 2. Juni 1942 erwähnte Plutonium-Bombe (vergleichbar mit der Sprengkraft der Uran 235-Bombe) wurde offenbar bewusst nicht im Kreis der Internierten diskutiert, oder aber das Thema wurde bei den veröffentlichten Gesprächsaufzeichnungen absichtlich weggelassen.
Auf Grund der unvollständigen Informationen durch die Zeitungsmeldungen und einen Besuch von Charles G. Darwin, dem Präsidenten der englischen „Reichsanstalt", des „National Physics Laboratory", erfuhren sie, dass Franz Simon und Rudolf Peierls den Anstoß zum Bau der Bombe gegeben hätten, so schrieb Laue an den Sohn am 19. August:

> „So stellt sich also die Geschichte der Atombombe nach Allem, was wir erfahren konnten, dar. Der leidenschaftliche Haß der beiden Emigranten gegen Hitler war es also, der Alles in Bewegung setzte. Hitler bewährte sich auch darin als wesentlicher Teil jener Kraft, die stets das Böse will – und stets das Gute schafft."[9]

Theodor wird das wahrscheinlich skeptischer beurteilt haben, er konnte die Genugtuung seines Vaters wohl so nicht nachempfinden.
Aber es war nicht Franz Simon, sondern Otto Robert Frisch, der mit Rudolf Peierls in einer Art Memorandum die Möglichkeiten des Baus einer Atombombe abschätzte, ihre Realisierbarkeit erkannte und davon ausging, dass im „Dritten Reich" ähnliche Überlegungen angestellt wurden. Beide sahen die Gefahr, dass Hitler mit dem Besitz einer solchen Bombe den

Krieg gewinnen würde. Sie wiesen auch schon darauf hin, dass, infolge der Verseuchung mit radioaktiven Stoffen, das Abwurfgebiet für Jahrzehnte nicht betreten werden darf. Nicht der Hass, sondern die Angst vor einer deutschen Uranbombe führte zur Entwicklung der Atombombe durch die englischen und amerikanischen Wissenschaftler. Dass es ein wissenschaftlich äußerst interessantes Problem war, kam dazu.
Die in den folgenden Tagen geführten Debatten zwischen den Hauptbeteiligten Heisenberg und Weizsäcker sowie den anderen Physikern sind nicht überliefert. Aber nach wie vor wurden alle streng von der Außenwelt abgeschirmt. Jahre später, in einem Brief an Paul Rosbaud vom 4. April 1959, schrieb Laue:

> „Allmählich entwickelte sich dann auch, in Tisch-Gesprächen, die Lesart, die deutschen Kernphysiker hätten die Atombombe gar nicht haben wollen, sei es weil sie es während der zu erwartenden Kriegsdauer für unmöglich hielten, sei es weil sie es überhaupt nicht wollten. Führend war bei diesen Diskussionen Weizsäcker."[10]

Das Schreiben an den Sohn war für Laue offenbar eine Entspannung. Er berichtete in seinen Briefen, die er wahrscheinlich nicht aus Farm Hall absenden wollte oder konnte, über allerlei Vorgänge in der Familie und dem Freundeskreis. Endlich, am 28. August 1945, kam die erste Post aus Deutschland mit Nachrichten von den Familien. Magda hatte dem Schreiben eine Art Tagebuch beigelegt, 18 doppelseitig beschriebene Blätter. Max von Laue erfuhr, dass Hildes Mann, sein Schwiegersohn, zurückgekommen war, ohne in Gefangenschaft zu geraten.
Bald verbreitete sich eine spürbare Unruhe unter den „Gästen Ihrer Majestät". Ihr Versprechen, nicht zu fliehen, war natürlich eine Barriere. Der englische Leiter des Atombombenprojektes, Wallace A. Akers, bat am 5. September Patrick Blackett, einen englischen Physiker, um Hilfe:

> „The reason I am writing to you now, at a time when you are on holiday, is because these German ‚visitors' have suddenly become extremely restive and today Heisenberg said that he thought he would withdraw his parole. As they were not very strictly guarded, it is probable that Heisenberg could get away from the house, if he set his mind in this."[11]

Zuerst wurde Charles Darwin nach Farm Hall geschickt, aber die Beruhigung hielt nicht lange vor. Es wurde auch überlegt, ob man einigen Deutschen wissenschaftliche Positionen in England anbieten sollte. Dann besuchte Patrick Blackett die Internierten und hatte zuerst eine lange Unterredung mit Heisenberg über die Zukunft der Physik in Deutschland nach der Rückkehr der Gruppe. Heisenberg erwähnte dabei niemals Laue. Heisenberg machte danach zwei Ausarbeitungen, die ausschließlich die Forschung auf dem Gebiet der Kernphysik behandelten.
Blackett sprach auch mit Otto Hahn, Max von Laue und Carl Friedrich von Weizsäcker.

Blackett: „You are very keen to get back to Germany?"
„Yes", war Laues Antwort, und Blackett erwiderte: „It ought to happen soon. It is all very unfortunate. Great efforts have been made over here by the people concerned to get everything cleared up, but, of course, we have had a very difficult position. We have not, in fact, been able to do what we want and I think, they tried to make it as comfortable as you can be under conditions which we did not invent."
Die Aussage Laues, dass einige jüngere Physiker wünschten, nach Amerika oder England zu gehen, beantwortete er ausweichend, zuerst sollten sie heimkehren. Laue fragte dann: „Do you think it is possible for me and my wife to go to our son at Princeton?"
Die Antwort war wiederum nur hinhaltend. Auf die Frage von Blackett „If you went back to Germany, what would you do?" antwortete Laue: „I would go to the seat of the ‚Kaiser Wilhelm Institut'."
Blackett erwiderte: „This is now moved to Hechingen."
Darauf entgegnete Laue: „Only a part of it has moved to Hechingen and I don't think, it is possible to go to Berlin yet."
Blackett sagte daraufhin: „I feel that you are one of the people who should, in my own personal view, be back there helping to re-build academic and scientific life. Your reputation is very high as a very wise man who has taken a very good line and you are respected enormously. I remember talking about your attitude to the Nazi-movement – do you remember – right back in '38, I feel you ought

to be one of the people back there, trying to get the right views and re-building things. That you would like to do?"
Laue antwortete: „Yes."

Ausschnitt eines aufgezeichneten und ins Englische übersetzten Gesprächs zwischen dem englischen Physiker Patrick Blackett und Max von Laue.[12]

Weizsäcker: „There is just one snag: if you don't get to Hechingen while Laue does, the institute will have the most incompetent leadership imaginable."
Heisenberg: „In fact, Wirtz would have the actual control. We would have to think over carefully how to work that. It will be difficult officially to take away Laue's authorithy. I might well do it in a friendly manner, saying: ‚You are the official head, but I recommend that, for the time being, you let Wirtz do everything'."
Weizsäcker: „I would even undertake a little intrigue to see that Laue doesn't get back either until you get back, but I should say that is rather difficult to bring about, as one should not too much in that direction."
Heisenberg: „As Laue is the only one who would gladly go to America, it might be possible to do it in that way."

Ausschnitt aus dem Protokoll einer Unterredung von Heisenberg mit Weizsäcker über Max von Laue und die eventuelle Rückkehr nach Hechingen.[13]

Der deutsche Originaltext des Gespräches von Heisenberg und Weizsäcker über Laue ist nicht verfügbar. So kann man nicht beurteilen, ob Weizsäcker in so scharfer Form Laue die Fähigkeit zur Führung des Instituts für Physik abgesprochen hat. Laue führte einige Jahre später in Berlin sehr erfolgreich das viel größere Fritz-Haber-Institut der Max-Planck-Gesellschaft. Die beiden Gesprächspartner wollten wohl auch nicht die Bedeutung von Laues Haltung im Nationalsozialismus für die Wiederaufnahme von deutschen Physikern in die internationale Gemeinschaft anerkennen. Aufmerksam verfolgte Laue die Nachrichten über die Förderung der Physik, auch der Theoretischen Physik, durch die englische Regierung. Dazu bemerkte er in einem Brief vom 22. September an den Sohn:

„Als ich zu studieren anfing, galt die Physik, namentlich die theoretische, bei Vielen als beßerer Müßiggang: ich hatte mein ganzes Leben darunter zu leiden, daß ich nicht Leutnant geworden bin, wie es mein Vater gewollt hatte. Und nun diese Bedeutung, die die Physik jetzt erlangt hat! Freilich birgt das auch Gefahren in sich. Früher, als die Physik noch ‚brotlose Kunst' war, gingen nur junge Leute zu ihr, welchen es eine Herzenssache war, die mehr oder minder ‚nicht anders konnten'. So war das Niveau der Physiker ein hohes."[14]

Einige der britischen Wissenschaftler, die in die Internierung von Hahn, Heisenberg und Laue eingeweiht waren, empfingen die drei unter strenger Geheimhaltung zu einem Gespräch, nicht in der Royal Society, das hätte vielleicht von der Presse bemerkt werde können, sondern in der Royal Institution of Great Britain in der Albemarle Street. Die Themen waren die Kaiser-Wilhelm-Gesellschaft und die deutsche Forschung. Der Krieg war vorbei, und das Leben in den Ländern der Siegermächte normalisierte sich nach und nach. So wollte man auch den 300. Geburtstag von Issac Newton und die 50-jährige Wiederkehr der Entdeckung der Röntgenstrahlen mit Gästen feiern, natürlich auch mit Laue. Nun begannen aber die Schwierigkeiten! Niemand sollte wissen, dass Laue in England war. Ihn einfach für die Feier freizulassen, das würde dazu führen, dass die Presse sehr wahrscheinlich von Laues Aufenthalt in Farm Hall erfuhr. Abenteuerlicher war der Plan, ihn erst nach Hamburg zu bringen und dann zurück nach England zu den Festlichkeiten. Aber das fand bei einer Behörde keine Zustimmung. Pragmatisch wurde daraufhin von englischer Seite entschieden, die Feier um ein Jahr zu verschieben.[15]

Noch war von einer Heimkehr keine Rede, ja es hieß, es könne noch Jahre dauern. Dennoch bemühte sich Laue in den Briefen an Theo, nur sehr wenig von der bedrückenden Situation zu schreiben – vielleicht durfte er es nicht, denn noch wurden die Briefe „zensiert". Anfang November 1945 schilderte Max von Laue dem Sohn in einem Brief sehr ausführlich das Leben und – mit kritischen Anmerkungen versehen – die damalige Politik in Straßburg und in Elsaß-Lothringen. Nur zwei Tage später schrieb er ihm, wie er mit seiner Frau den Kriegsbeginn 1914 erlebt hatte.[16]

Am 16. November wurde von den Internierten die Nachricht über die Verleihung des Nobelpreises für Chemie 1944 an Otto Hahn gefeiert. Max von Laue hielt die Tischrede und erwähnte, dass er einmal ein Foto von Hahn erbeten hätte. Da schrieb er, Laue, nicht nur das Datum des Geburtstages auf die Rückseite, sondern auch Theodor Fontanes Lob auf Adolf von Menzel: „Gaben, wer hätte sie nicht? Talente, Spielzeug für Kinder! Erst der Ernst macht den Mann, erst der Fleiß das Genie." und fügte hinzu:

> „Wenn ich die Gelehrten überblicke, deren Lebensweg ich einigermaßen zu kennen glaube, finde ich Keinen, auf den es so gut paßte, wie auf Dich."[17]

Anschließend ließ er Otto und Edith Hahn hochleben. Dies und noch einige Hintergründe der Verleihung teilte er Theo in einem Brief mit.[18] Eigenartigerweise erwähnte er nicht die Verleihung des Nobelpreises für Physik an Wolfgang Pauli für das von ihm formulierte Ausschließungsprinzip für die Quantentheorie.

Aus den Briefen Max von Laues kann man nicht schließen, ob es in Farm Hall Diskussionen über die vergangenen Jahre des nationalsozialistischen Terrorregimes wie über dier KZ's gab; ebenso ist nichts überliefert über eine Diskussion der Frage einer Schuld, einer moralischen Mitschuld an den Verbrechen. Auch die veröffentlichten englischen Tonbandaufzeichnungen enthalten keine entsprechenden Stellen.

Am 18. Oktober begannen in Nürnberg die Kriegsverbrecherprozesse vor dem Internationalen Gerichtshof, zuerst gegen die 22 Hauptangeklagten. Weitere Prozesse folgten 1946 und danach. Auch Carl Friedrich von Weizsäckers Vater Ernst war in einem der Folgeprozesse unter den Angeklagten. In den Briefen Max von Laues fand das keine Erwähnung, doch vielleicht wurde es ihm verboten. Nur im Brief vom 25. November berichtete er dem Sohn über ein Gespräch mit dem englischen Major Rittner zur „Schuldfrage":

> „Er deutete, wenn auch mit dem großen ihm eigenen Takt, darauf hin, daß auch die Nicht-Nazis unter den Deutschen sich am Hitlerkriege beteiligt hätten. Ich erwiderte ihm, das Schlechteste, was man ihnen vorwerfen könne, wäre doch die Befolgung des Spruches ‚Right or wrong, my country', und dieser stamme doch wohl kaum aus Deutschland. Er hat es mir, glaube ich, etwas übel genommen; aber das muß man in Kauf nehmen, wenn man die Wahrheit sagt. Und es ist eben doch wahr, daß der Nazi-Geist überall in der jetzigen Welt zu finden

> ist. Jener Spruch enthüllt in klassischer Kürze die tiefe sittliche Verworfenheit eines so übertriebenen Nationalismus. (Die Frage, wie weit Freiwilligkeit der Deutschen bei ihrer Beteiligung am Kriege war, übergehe ich hier.) [...]
> ‚Right or wrong, my country'. Das ist der Geist, gegen den ich von Jugend auf zu kämpfen hatte, erst bei meinem Vater, dann in noch höherem Maße bei meiner Stiefmutter. Wobei freilich beßer statt Country-Land zu setzen wäre: Militärstand. Nach der echt militärischen Auffassung gibt es überhaupt kein Verbrechen, das sich nicht durch die Rücksicht auf die Offizierskaste rechtfertigen ließe. Dazu hat man ja den Begriff der Offizierehre, jener über alles Maß erhabenen Ehre, deren kein Zivilist je teilhaftig werden kann. – Als ich sie so richtig kennen gelernt hatte, warf ich sie den hohen Herren vor die Füße."[19]

Max von Laue erhielt einen Brief von Theo vom 4. November, den er mit Freude beantwortete:

> „Wiederholend möchte ich Dir sagen, dass ich mich ganz unaussprechlich über Deinen Brief vom 4.11.1945 und Lise Meitners Ergänzungen dazu vom 13.11.1945 gefreut habe; vor Allem über die Mitteilung, daß Du promoviert hast. Und somit Dein Studium regulär abgeschlossen hast. Ich hatte im Stillen immer eine Sorge, Du könntest drüben, im fremden Land, beruflich nicht recht vorwärts kommen."[20]

Es freute den Vater, dass der Sohn bereits eine Vorlesung hielt. Rückblickend auf den Totensonntag berichtete er dem Sohn von seinen Erinnerungen an Menschen, die er sterben sah, an seine Mutter und an Arnold Berliner. Im letzten Abschnitt erwähnte er die Hinrichtung von Max Plancks Sohn Erwin.[21]
Kurz vor dem Weihnachtsfest 1945 wurde den Internierten mitgeteilt, dass sie Anfang des Jahres nach Deutschland zurückkehren werden.

Wieder in Deutschland

Die Heimkehrer wurden nicht nach Berlin gebracht, sondern in die Britische Zone Deutschlands nach Westfalen. Es war ein anderes Deutschland, in das sie zurückkehrten, als das, das sie verlassen mussten. Deutschland hatte bedingungslos kapituliert. Das nationalsozialistische Terrorregime war zusammengebrochen. Was viele wussten, manche in Folge der Angst nur vermuteten, andere nicht wissen wollten, die grauenhafte Ermordung von Millionen von Menschen in den Konzentrationslagern, sie hatte stattgefunden. Die Kollektivschuld traf die Deutschen.
Die vier Alliierten bestimmten die vier Zonen, in die Deutschland aufgeteilt wurde; im Norden die Britische Zone mit dem Ruhrgebiet und Hamburg, Göttingen und Hannover, in der Mitte Deutschlands die Amerikanische Zone, und im Süden, somit auch Hechingen und Tailfingen, lag die Französische Zone, der Osten wurde Sowjetische Zone. Berlin war von den sowjetischen Truppen im April 1945 erobert worden. In den späteren Westteilen der Stadt wurden die Industriebetriebe und Forschungslaboratorien von den Sowjets weitgehend demontiert. Im Juli wurde Berlin dann in vier Sektoren aufgeteilt, die weitgehend zerstörte Mitte mit der Friedrich-Wilhelms-Universität und den Ostteil erhielten die Sowjets. Das weniger zerstörte südliche Gebiet mit Dahlem, in dem die Kaiser-Wilhelm-Institute für Physik, für Chemie und für Physikalische Chemie und weitere Institute lagen, sowie Zehlendorf ging an die Amerikaner, die westlichen Stadtteile mit der Technischen Hochschule und der Physikalisch-Technischen Reichsanstalt an die Engländer, und der Französische Sektor umfasste die nordwestlichen Gebiete. Die Grenzen zwischen den Sektoren bestanden anfangs nur verwaltungstechnisch. Die deutschen Dienststellen hatten lediglich auf der unteren Ebene die Entscheidungsgewalt.
Die vielen Millionen von Parteigenossen sollten, mussten „entnazifiziert" werden, über Schuld und bloßes Mitläufertum musste entschieden werden. Das übernahmen zunächst die Besatzungsmächte, dann gaben sie es an deutsche Gerichte ab, die zu sehr unterschiedlichen Urteilen kamen. Doch wenn ein Spezialist für die Alliierten wichtig war, dann war seine politische Vergangenheit bedeutungslos und er konnte einer „Einladung" zur Zusammenarbeit folgen.

Die Alliierten verteilten „Großdeutschland", Frankreich erhielt das Saarland zurück, Polen, als Entschädigung für Ostpolen, das die Sowjetunion besetzte, erhielt Teile von Ostpreußen, Pommern und Schlesien. Die deutschen Bewohner dieser Gebiete – auch die seit langem in Polen lebenden Deutschen – zogen als Vertriebene gen Westen, es waren über sechs Millionen. Es dauerte lange, bis sie an anderen Orten in Deutschland heimisch wurden; die Lebensart, die Religion und der Dialekt waren oft eine Hürde. Aber durch diese und weitere große Zuwanderungen kam es zu einem Anstieg der Bevölkerung in den drei westlichen Zonen, denn auch aus der sowjetisch besetzten Zone zogen Menschen gen Westen, die bald zum Wiederaufbau im weiten Sinn notwendig waren.[1]

In der Proklamation der Siegermächte vom 5. Juni 1945 gab es den folgenden Passus:

> „Es gibt in Deutschland keine zentrale Regierung oder Behörde, die fähig wäre, die Verantwortung für die Aufrechterhaltung der Ordnung, für die Verwaltung des Landes und für die Ausführung der Forderungen der siegreichen Mächte zu übernehmen."[2]

Und vom Alliierten Kontrollrat in Berlin wurde im Gesetz Nr. 25 vom 29. April 1946 festgelegt:

> „Regelung und Überwachung der naturwissenschaftlichen Forschung
> Um naturwissenschaftliche Forschung für militärische Zwecke und ihre praktische Anwendung für solche Zwecke zu verhindern, und um sie auf anderen Gebieten, wo sie ein Kriegspotential schaffen könnten, zu überwachen und sie in friedliche Bahnen zu lenken, hat der Kontrollrat das folgende Gesetz beschlossen:
>
> Artikel I
> Alle technischen militärischen Organisationen werden hiermit aufgelöst und verboten. Gebäude und Ausrüstungen rein militärischen Charakters sind zu zerstören oder zu beseitigen. Gebäude und Ausrüstungen, deren friedensmäßige Verwendung möglich ist, dürfen mit Genehmigung der Militärregierung für solche Zwecke nutzbar gemacht werden.

Artikel II

1. Angewandte naturwissenschaftliche Forschung ist untersagt auf Gebieten, welche
   a) rein oder wesentlich militärischer Natur sind;
   b) in dem beigefügten Verzeichnis „A" besonders aufgeführt sind.
2. Angewandte naturwissenschaftliche Forschung auf irgendeinem der in dem beigefügten Verzeichnis „B" besonders aufgeführten Gebieten ist nur mit vorheriger schriftlicher Genehmigung des Zonenbefehlshabers, in dessen Zone das Forschungsinstitut liegt, zulässig."[3]

Unter „A" wurde auch die angewandte Kernphysik angeführt. Damit war in ganz Deutschland vielen Betrieben der Industrie und Teilen der chemischen Industrie die Fertigung sowie auch die Forschung auf solchen Gebieten verboten. Die Befolgung wurde durch unangekündigte Visitationen überwacht. Die Rüstungsbetriebe wurden weitgehend demontiert.

Am 3. Januar 1946 kamen die „Gäste Ihrer Majestät" mit einem Flugzeug in die Britische Zone. Sie wurden nach Alswede in Westfalen gebracht, einem unzerstörten kleinen Ort. Unterkunft fanden sie in einem beschlagnahmten Kaufhaus. Nun konnten sie ohne Einschränkung an ihre Angehörigen und Freunde schreiben. Die ersten Briefe von Max von Laue an Theo beschreiben das neue Umfeld. Laue erwähnt auch zwei Gottesdienste. Erst nach und nach gab es eine Rückschau auf die Ereignisse des Krieges. Eine Befreiung von den Erlebnissen und Ereignissen der Jahre 1933 bis 1945 wurde erst viel später und wohl nie vollständig erreicht. Es gab keine Bemerkungen zur Internierung und zum Verhältnis zu den Kollegen in Farm Hall. Das Tagesgeschehen stand im Vordergrund.[4]
Im Brief vom 20. Januar berichtete Laue dem Sohn:

> „Hier sieht man ja nicht viel vom Kriegselend, obwohl die hier untergebrachten Flüchtlinge aus Ostdeutschland zum Teil jammervoll aussehen; aber man begegnet öfter den Eingesessenen, die nie einen Mangel gelitten haben. Aber nach den Schilderungen, die uns z. B. einer unserer nun entlassenen, bisher kriegsgefangenen Ordonnanzen von seiner Reise in die Heimat gab, muß es auf den Bahnhöfen und anderen Verkehrsknotenpunkten grauenvoll aussehen."[5]

Werner Heisenberg, Max von Laue und Otto Hahn (v. l.) kurz nach ihrer Rückkehr aus der Internierung nach Deutschland im Januar 1946
Quelle: Archiv der Max-Planck-Gesellschaft, Berlin-Dahlem

Drei Tage später konnten Otto Hahn, Paul Harteck und Max von Laue mit einer englischen Begleitung zu einer Feier in Hamburg fahren. Sie fand zur Erinnerung an Röntgens Vortrag in Würzburg über die Entdeckung der nach ihm benannten Strahlen statt, und Laue sprach über Röntgens Entdeckung. Auf der Fahrt sahen sie die vielen Ruinen in Hannover und Minden und dann das stark zerstörte Hamburg.[6] Laue traf dort auch den Hamburger Wissenschaftshistoriker Hans Schimank, der berichtete, dass nur ein Zimmer der Wohnung der Familie Schimank geheizt werden kann. Die Not der Zeit, die gerade überstandene Katastrophe führte sehr häufig das Gespräch auf die Frage „Wie konnte das geschehen?" Auch Laue und Schimank kamen auf das Thema, wie ein Brief von Laue bald nach seinem Besuch in Hamburg zeigt.

> „Das Unglück der Menschheit scheint mir (wir sprachen im Januar darüber) in letzter Linie darauf zu beruhen, dass die christlichen Kirchen (beide!) in ihren Lehren der durch naturwissenschaftliche Erkenntnis umgemodelten Geisteshaltung des modernen Menschen bis heute Bekenntnisse [?] etc. und den Wunder-Glauben nicht aus ihr verbannt haben.
> So sieht die Mehrzahl der Menschen das Christentum als auf Wunder-Glauben beruhendes an und ist geneigt, jenes über Bord zu werfen. Und den Wunder-Glauben hat jeder moderne Mensch tatsächlich über Bord geworfen, selbst wenn er es sich nicht eingesteht."[7]

Und Laue setzte die Erfolge der Naturwissenschaft, Newtons Bewegungsgesetze der Planeten, gegen den Wunder-Glauben.

> „Trennt man das Christentum nicht säuberlich von ihm, so verlieren die Massen aber ihre Religion, die Ehrfurcht vor etwas Höherem, und werden zu den ‚Massen' im Sinne von Gustave Le Bon, zu den ‚Massen', die man mit Recht fürchtet. Ich habe keine Hoffnung, dass man die jetzt so kranke Menschheit mit noch so gut gemeinten und scharfsinnig ausgeklügelten politischen Organisationen heilen kann. Im besten Fall kann man damit die tödliche Krisis hinausschieben. Die Heilung gelingt nur, wenn man den Menschen, der grossen Mehrzahl, den Weg zum Christentum wieder frei macht mit Abschaffung, verdikter Abschaffung jeglichen ‚Wunders'. [...]
> Das wäre die Aufgabe der Kirchen in dieser Zeit; ich sehe bisher nicht, dass sie sie verstanden haben."[8]

Von den aus Farm Hall Zurückgekehrten durften zuerst Paul Harteck eine Professur in Hamburg und Kurt Diebner eine geschäftliche Stellung annehmen. Beide reisten am 28. Januar 1946 ab. Walther Gerlach, der Professor in München gewesen war, musste in der Britischen Zone bleiben. Er trat eine „Gastprofessur" in Bonn an, das zur Britischen Zone gehörte. Sehr bald wurde den deutschen Kernphysikern klar, dass der Betrieb von Forschungsgeräten wie Hochspannungserzeugern und Neutronenquellen nicht genehmigt werden würde. Wie sollte es weitergehen, auf welchen Gebieten der Physik konnte man künftig forschen?

Max von Laue schrieb an seinen Sohn über Erlebnisse im Krieg und das furchtbare Ende mit den zahlreichen Todesfällen und Selbstmorden in der Zeit des Zusammenbruchs. Von den Freunden und Bekannten waren es Paul Kirchberger, Wolfgang Windelband und seine Frau, Peter Paul Koch in Hamburg, Otto Hönigschmid in München und in Berlin der Chemiker Hermann Leuchs und sieben seiner Assistenten und Assistentinnen.[9]

Anfang Februar 1946 durften Otto Hahn und Werner Heisenberg nach Göttingen reisen. Sie wollten die Überführung der KW-Institute aus Hechingen und Tailfingen und den Umzug ihrer Familien nach Göttingen vorbereiten, wie Laue am 17. Februar an Theo schrieb. Über seine Zukunft in Göttingen, vereint mit seiner Frau, bemerkte er:

> „Insbesondere für die Mama wird es schwer sein. Kann sie doch Hilde nicht mitnehmen und deren Baby. Und wenn es dann gar so kommt, daß sich Kurt, um zu einer Anstellung zu gelangen, wieder auf längere Zeit von Hilde trennen muß, so weiß ich überhaupt nicht, wie die Sache gehen soll."[10]

Am 13. März war auch Max von Laue nach Göttingen übergesiedelt, in dem bereits eine gewisse Ordnung herrschte, denn die Universität war im September 1945 wieder eröffnet worden. Doch noch bestimmte die Britische Besatzungsmacht weitgehend die Entwicklung. Laue erhielt, wie auch Otto Hahn und Werner Heisenberg, in der nun leerstehenden Aerodynamischen Versuchsanstalt (AVA) ein eigenes Zimmer mit einem Bett und Strohsack. Die anderen bezogen Zweibettzimmer. Es gab zudem ein Gastzimmer, in dem Magda wohnen könnte, wenn sie von Hechingen kommen würde. Er hätte das Physikalische Institut mit seiner Bibliothek schräg gegenüber, wie er dem Sohn mitteilte.[11] Seit Jahrzehnten hatte er, wie auch Hahn und Heisenberg, im Familienkreis gelebt, Freunde eingeladen, war zu Freunden geladen gewesen. Fast ein Jahr war seitdem vergangen und die Zukunft noch sehr unsicher. Am 18. März 1946 besuchte Laue Max Planck und dessen Frau, die bei Plancks Nichte Hildegard Seidel und ihrem Mann in Göttingen wohnten.

> „Planck selbst ist doch sehr gealtert. Seine Frau meint, auch geistig. Ich konnte das nicht so finden. Seine Gesichtszüge sind noch ganz

frisch. Aber freilich ist sein Haupt noch mehr gelichtet, als früher. Er leidet, wie man mir hier sagte, an Eiweißmangel. So brachte ich ihm drei aus Alswede stammende Eier mit, was große Freude erregte."[12]

Es folgte für den Sohn eine Beschreibung der Erlebnisse von Planck in den letzten Kriegstagen in Rogätz und der Überführung nach Göttingen durch die Amerikaner auf Grund einer Initiative von Robert Pohl.[13]
Am 21. März konnte Frau Laue nach einer langen Bahnfahrt für 14 Tage nach Göttingen kommen, und das Ehepaar konnte die Übersiedelung besprechen.
Von seinem Verleger hatte Laue die Korrekturen seines kleinen Buches „Geschichte der Physik" erhalten. Infolge der komplizierten Postverhältnisse und Kontrollen verzögerte sich aber seine Sendung mit den Korrekturen, und so enthielt die erste Ausgabe einige Fehler. Eine wichtige Aussage zur Entdeckung der Kernspaltung machte er darin:

„Physikalisch handelt es sich um das größte Experiment, welches jemals Menschen angestellt haben. Es war die glänzende Bestätigung einer kühnen wissenschaftlichen Voraussage.
Wie tief die Folgen die Menschheit äußerlich und innerlich umgestalten werden, läßt sich noch nicht ermessen. Möglich, daß spätere Geschichtsschreibungen die oben erwähnten Daten für die wichtigsten einer ganzen Epoche betrachten wird."[14]

Die vielfältige Betätigung in der Wissenschaft war nach wie vor für Max von Laue wesentlich. Am 28. März schrieb er aus Göttingen an den Springer-Verlag und erwähnte eine Verabredung mit Paul Rosbaud Anfang 1945 über ein Buch zur Theorie der Supraleitung. Er hätte jetzt die Arbeit an einem Manuskript von achtzig Seiten mit zwanzig Abbildungen beendet. Anfang Juli waren die ersten Fahnen fertig. Nach der Freigabe durch die englische Behörde wurden zum Ende des Jahres 1.572 Exemplare gedruckt. Anstelle eines Honorars erbat sich Laue reichlich Freiexemplare.[15]

Ernst Telschow, der Generalsekretär der KWG, seit 1933 Mitglied der NSDAP, hatte offenbar frühzeitig gewusst, dass nach dem Kriegsende die westlichen Gebiete Deutschlands von den westlichen Alliierten besetzt sein würden, denn er hatte die Generalverwaltung vor dem Kriegsende

nach Göttingen verlagert. Der letzte Präsident der KWG, Albert Vögler, hatte sich bei Kriegsende das Leben genommen. Die KWG war also ohne Führung. Der 87-jährige Max Planck erklärte sich bereit, das Amt nochmals zu übernehmen. Er schrieb schon bald an Otto Hahn – nach wie vor wusste er nicht, dass Hahn damals in Farm Hall war –, dass er mit der Zustimmung einiger Direktoren Hahn für den Posten des Präsidenten vorgeschlagen hätte. Zögernd nahm Hahn das Amt an, noch war er in England.[16]
Nach dem Kontrollratsgesetz fiel die KWG unter das Gesetz Nr. 25, aber die vier Alliierten handelten unterschiedlich. In Berlin wurde, nach einigem Hin und Her, vom Magistrat der Stadt der Physiko-Chemiker Robert Havemann, ein Gegner des Nationalsozialismus, im Juli 1945 zum Leiter der Kaiser-Wilhelm-Gesellschaft bestellt.[17] Zugleich wurden sämtliche Vollmachten des früheren Präsidenten und des Generalsekretärs aufgehoben. Das stieß zwar auf Protest bei einigen früheren Berliner KWI-Mitgliedern, änderte jedoch nichts an der Anordnung.[18]

Einige englische Offiziere, die in der Britischen Zone die Universitäten und andere wissenschaftliche Einrichtungen wie die KWG zu überwachen und neu zu ordnen hatten, hatten vor 1933 verschiedene Bereiche der Naturwissenschaften in Deutschland studiert. Colonel Bertie Blount und Ronald Fraser gehörten dazu. Sie setzten sich sehr für den Erhalt der KWG ein. Aber das half wenig, da in einer Sitzung des Alliierten Kontrollrats im Frühjahr 1946 von amerikanischer Seite die Auflösung der KWG gefordert wurde, der die Sowjets und die Franzosen zustimmten. Nach den Regularien mussten die Engländer dann auch zustimmen. Eine Lösung ergab sich unerwartet, denn bei einem England-Aufenthalt von Colonel Blount kam von Sir Henry Dale der Vorschlag einer Umbenennung in Max-Planck-Gesellschaft. Das war der Ausweg! Aber diese Namensänderung fand von Seiten einiger Mitglieder der KWG, beispielsweise von Werner Heisenberg, erst einmal keine Zustimmung. Otto Hahn wandte sich daraufhin im Juli an Sir Henry Dale und bat ihn, sich für den Erhalt des Namens Kaiser-Wilhelm-Gesellschaft einzusetzen. Doch das half nichts. Schließlich, um die Auflösung der Gesellschaft abzuwenden, stimmten die Mitglieder zu, und die Besprechungen für die Formulierung neuer Statuten begannen.[19]

Max von Laue hatte vor mehr als vier Jahrzehnten in Göttingen einige Semester studiert, doch keiner seiner akademischen Lehrer lebte noch, auch Professor David Hilbert war 1943 gestorben. Richard Becker war von der Technischen Hochschule Berlin 1936 nach Göttingen auf die Stelle von Max Born „strafversetzt" worden. Ein zweiter Lehrstuhl für das Fach Theoretische Physik konnte für Laue nicht geschaffen werden.

Göttingen war damals eine kleine Stadt. Fast konnte man sagen: „Jeder kannte Jeden." Es gab nur wenige Arbeitsplätze in der Industrie, aber viele städtische und staatliche Verwaltungen. Die Universität war seit langem weltberühmt. In den 1920er Jahren bis 1933 setzten Max Born und der Nobelpreisträger James Franck in dem Fach der Theoretischen Physik, Robert Pohl in der Experimental-Physik und in der Mathematik Richard Courant die Tradition fort. Die Universität mit ihren Professoren, den Assistenten und der internationalen Studentenschaft wie auch den vielen Gastwissenschaftlern war das geistige Zentrum der Stadt. Trotz des hohen intellektuellen Niveaus fanden aber in den 1920er Jahren die Ideen des Nationalsozialismus bald eine wachsende Anhängerschaft, sowohl unter den Assistenten als auch den Studenten und der Bevölkerung. In den letzten Jahren vor 1933 erhielt die NSDAP bei den Wahlen mehrfach mehr als fünfzig Prozent der Stimmen. Auch Rudolf Mentzel hatte in Göttingen Chemie studiert und war dort der NSDAP beigetreten.[20] So war die „Machtübernahme" für viele Göttinger ein freudiges Ereignis. Auch in ihrer Stadt wurde 1933 eine „Bücherverbrennung" inszeniert. Die „nationale Säuberung" der Universität, die Emigration der Professoren Max Born und James Franck sowie von Richard Courant zerstörte weitgehend ihren internationalen Ruf.
Wie im gesamten „Dritten Reich" gab es auch in Göttingen viele Beamte, die nur Mitglieder der NSDAP geworden waren, um ihre Stellung zu behalten. Diese sogenannten Mitläufer wurden 1945 erst einmal entlassen, sie mussten entnazifiziert werden. Das war ein schwieriger Prozess. Zu den Verhandlungen wurden Zeugen geladen, was zu Spannungen innerhalb der Bevölkerung führte.[21]
Im Mai 1946 berichtete Laue brieflich dem Sohn von seinem Besuch bei einem Verwandten in der Nähe von Wolfenbüttel und den tragischen Schicksalen:

„Und was haben sie alle, auch die Kinder, schon durchgemacht! Als ich mit der 7-jährigen Elke einmal einen Spaziergang quer feldein machte, sagte sie: Das ist gerade, wie auf der Flucht. Da hat also dieses Kind schon Erfahrungen im Fliehen über Stock und Stein! Ihr ein Jahr älterer Bruder Jochen ist auf andere Art über die Grenze gekommen, nämlich in der Eisenbahn, versteckt unter den Mänteln der Mitreisenden."[22]

In einem Anhang ergänzte er:

„Ich lese in diesen Tagen eine Schrift ‚Die deutsche Katastrophe' von dem 83-jährigen Friedrich Meinecke [...]. Diese Schrift entspricht so vollständig meinen Anschauungen über die Hintergründe dessen, was ich seit meiner Jugend in der großen Politik mit angesehen habe, daß ich sie Dir auf's Wärmste empfehle."[23]

Noch war Max von Laue stellvertretender Direktor des KWI für Physik sowie emeritierter Professor der Berliner Universität. Er erhielt nun vom Land Niedersachsen eine Pension. Anfangs nutzte er seine Zeit ohne Verpflichtungen und ohne Familie, um seine Arbeiten über die Supraleitung in einem Buch zusammenzufassen, das bei dem Springer-Verlag erscheinen sollte. Außerdem sollte er im Juli in Hamburg einen Vortrag über Newton halten. Die Hamburger Hochschulverwaltung hätte ihn eingeladen, schrieb er an den Sohn, und:

„Bei den guten Freunden aus der militaristischen Clique, die mich auch noch in Alswede umgaben, gab es Klatsch, weil Du im Kriege die Staatsangehörigkeit gewechselt hast. Ich machte sie darauf aufmerksam, daß es einem Verbrecherstaat gegenüber keine Treue-Verpflichtung gebe. Du brauchst Dich darum nicht zu grämen."[24]

Lise Meitner war seit Januar auf eine Einladung von Karl Ferdinand Herzfeld hin an der Katholischen Universität in Washington als „visiting professor" tätig. Am 28. Juni fand sie Zeit für einen längeren Brief an Laue. Sie hätte viele alte Freunde getroffen:

> „Es müssen Ihnen oft die Ohren geklungen haben, denn so viele Menschen wollten von Ihnen hören. In Princeton traf ich außer Ladenburg auch Einstein und Weyls. Einstein fand ich beklemmend gealtert und müde, aber faszinierend wie immer, auch da, wo ich nicht mit ihm übereinstimmte. [...]
> Eine wirklich ungetrübte Freude war das Wiedersehen mit Franck. Er ist wirklich durch die bitteren Zeiten menschlich sehr gewachsen. Er hat mich daran erinnert, daß ich ihm in unserer Jugend öfters gesagt hätte, er solle um Gottes willen keine Physikmaschine werden, und er hat tatsächlich, bei aller Liebe zu seiner Arbeit, eine Aufgeschlossenheit für die schweren Zeitprobleme und ein Verantwortlichkeitsgefühl, das ich sehr bewundere. [...]
> Es sieht alles nach großer allgemeiner Verwirrung aus. Die Einen scheinen vergessen zu haben, was sie versprochen haben, die anderen vergessen zu haben, was geschehen ist und zugelassen worden ist."[25]

Meitner teilte Laue noch mit, was sie verständnisvollen Amerikanern sagte, einen Satz, den Planck in Stockholm 1943 gesagt hatte:

> „Uns müssen schreckliche Dinge geschehen, wir haben schreckliche Dinge getan."[26]

Planck hielt sich bewundernswert. Trotz seines hohen Alters und der vielen Behinderungen fühlte er sich verpflichtet, allgemeinverständliche wissenschaftliche Vorträge zu halten. Und so sprach er am 17. Juni in Göttingen über „Scheinprobleme in der Wissenschaft", nachdem Laue einige einführende Worte gesprochen hatte. Britische Wissenschaftler ehrten ihn, indem sie ihn nach London zur Newton-Feier einluden. Planck sagte zu. Selbstverständlich wollte er einiges über Newton sagen, und so gab Laue ihm seine Aufzeichnungen für den Hamburger Vortrag.
Aber das tägliche Leben war noch weit von einer Normalisierung entfernt. Es konnte keine „Bewältigung" der Vergangenheit geben, die Entnazifizierung konnte nur eingeschränkt wirken. In einem Brief an Theodor kritisierte Laue die Methoden der Entnazifizierung der Alliierten.[27]
Im Juni erhielt Laue eine Antwort auf seinen Brief an Erwin Schrödinger. Dieser hatte Berlin und Deutschland 1933 verlassen, um nach England

und 1936 nach Österreich zu gehen. Aber nach dem „Anschluss“ an das „Dritte Reich“ emigrierte er nach Irland und erhielt in Dublin eine Professur.

> „Vor allem möchte ich aber Sie persönlich – und uns – dazu beglückwünschen, daß Sie noch leben. Wenn in der Zeit vor dem Ende von Ihnen die Rede war, hatte ich öfters (wo es ohne Sie noch mehr zu gefährden erlaubt schien) gesagt, das war der mutigste Kerl von allen, wenn sie den zum Schluß am Leben lassen, ist's ein Wunder. Gott sei Dank ist das Wunder geschehen.“

Schrödinger erörterte ein Treffen bei der Newton-Feier in London. Vielleicht könne man sich auch in Cambridge sehen.

> „Ich gäbe viel drum, mit Ihnen sprechen zu können. Die ganze Situation ist ja so trostlos. [...]
> Sehnlichster Wunsch, das verhaßte régime vernichtet zu sehen – jahrelang schwebender Wunsch – endlich erfüllt – und nun? Ein guter Freund schrieb aus Wien, die Haltung der intellektuellen Anhänger des früheren régimes sei jetzt kühl und überlegen von oben herab: Na – ist es jetzt besser? – Und – ***ist*** es jetzt besser?“[28]

Mit britischer Begleitung fuhr Laue zur Leibniz-Feier nach Hamburg, auf der er über Newton vortrug. Beim Gang durch die zerstörte Stadt packten ihn die Erinnerung und die Verzweiflung. Er schrieb dem Sohn:

> „Hier komme ich auf dem Wege zum Rathaus immer wieder an der Stelle vorüber, da die Mama und ich Dich zum letzten Mal sahen. Wer dachte damals an einen Abschied auf 9 Jahre! Und wer weiss, ob es nicht ein Abschied fürs Leben war. Du hast natürlich recht, tausendfach recht damit, dass Du nicht wieder nach Deutschland zurückkehren willst. Als ich Dir 1943 von Stockholm aus dies ans Herz legte, wusste ich wohl, dass die Vereinigten Nationen siegen würden; aber dass das Kriegsende so aussehen würde, ahnte ich nun doch nicht. Gerade seit ich die Menschen in der Bahn gesehen habe, bin ich überzeugt, dass hier Alles verloren ist. Sieh zu, dass Du Kurt und Hilde mit nach U.S.A. ziehst. Hier gingen sie doch nur zu Grunde.“[29]

Aber die Verzweiflung wich, denn bereits am 8. Juli war Max von Laue nach einem zweistündigen Flug in London, um am Internationalen Kongress der Kristallographen in der Royal Society teilzunehmen, wie es schon 1945 geplant war. Er wohnte bei einem Kollegen in einem Vorort von London. Dem Sohn schrieb er zum wissenschaftlichen Thema:

> „Gegenstand aller Vorträge ist die Erforschung der Kristallstrukturen mit Röntgenstrahlen. Ich stehe diesem meinem Geisteskind mit ähnlichen Gefühlen gegenüber wie Dir, mein Sohn. Ich freue mich, dass es sich selbständig weiterentwickelt hat, und dass aus ihm viel mehr geworden ist, als ich je vermutete.“[30]

Am Abend fand ein großes Dinner statt, und Sir William Lawrence Bragg erwähnte in der „after dinner speech“ Laues „personal integrity“.

> „Darauf erwiderte ich: ‚Dass ist ein grosses Lob; aber ich muss beteuern: Es gibt in Deutschland Tausende von Männern und Frauen, die es mindestens ebenso verdienen.‘“[31]

Zwei Tage später fand er die Zeit, ausführlicher zu berichten, wen er von den Emigranten getroffen hatte, und dass er zwei Tage länger bleiben darf, um Lise Meitner zu sprechen, die aus den USA zurück kommt:

> „[…] ich freue mich auf das Wiedersehen mit Lise, ich freue mich riesig. Überhaupt geht hier alles besser, als ich dachte.“[32]

Er traf Paul Rosbaud und Marie Rausch von Traubenberg, die das KZ überlebt hatte, mit ihrer Tochter Helen. Ihre Eltern hatten sie mit ihrer Schwester rechtzeitig nach England in Sicherheit gebracht.
Abends saß Laue mit seinen Freunden und einer Französin zusammen. Sie sprachen über die Antigone von Sophokles und ihre Antwort an Kleon. Laue zitierte den griechischen Text, der in freier Übersetzung lautet: Nicht mitzuhassen, mitzulieben bin ich geschaffen.[33]
Am 15. Juli begannen die Feierlichkeiten zu Newtons 300. Geburtstag. Es gab einen Empfang in der Royal Society, und Planck wurde mit großer Herzlichkeit begrüßt. Der wissenschaftliche Teil begann mit einem Vortrag von Sir Edward Andrade. Wieder traf Laue Freunde wie Niels Bohr

und Vilhelm Bjerknes. Danach besuchte er Lise Meitners Schwägerin, Lotte Meitner-Graf, in ihrem Atelier, die von ihm Fotografien machte. Dort traf er auch Lise Meitner.

> „Das war ein Wiedersehen! Fast so, als hätte ich Dich dort vorgefunden. Doch davon spricht man nicht viel. Nur einiges Politische möchte ich berühren."[34]

Damit begann die psychologisch schwierige Auseinandersetzung über Schuld und Mitschuld mit dem Sohn und auch mit Lise Meitner, ohne dass das Wort „Kollektivschuld" gebraucht wurde. Max von Laue brauchte sich keine Vorwürfe zu machen. Mehrfach hatte er jüdischen Kollegen geholfen. Aber er versuchte, nun auch die Frage eines Schuldbekenntnisses und einer inneren Entnazifizierung für die Deutschen zu einer Lösung zu bringen. Das konnte ihm nicht gelingen, es gelang für Jahrzehnte nie vollständig, zu individuell war jedes einzelne Schicksal. Sein eigenes Handeln zeigte, dass der Wiederaufbau der geliebten Wissenschaft sein Hauptanliegen war.

> „Ich verstehe erst jetzt eine Bemerkung, die Du mir schriebst, man verstünde in U.S. nicht, dass sich bei uns niemand öffentlich von der Hitler-Zeit und ihren Greueln abwende. Woher wisst Ihr denn, dass dies nicht geschieht?"[35]

Der Vater versuchte dem Sohn zu erklären, dass zur Eröffnung des Semesters der Göttinger Rektor eine entsprechende Rede gehalten hätte und auch Zeitungsartikel zu dem Thema erschienen wären, aber die Bevölkerung – nach zwölf Jahren Propaganda – hielt diese Artikel auch für Propaganda. Lise Meitner nähme Anstoß an einem Interview, das Otto Hahn und Werner Heisenberg offenbar über den Bau der Atombombe gegeben hatten. Da Laue zu dieser Zeit nicht der ganze Umfang der Angst der Engländer und Amerikaner vor einer deutschen Atombombe als Angriffswaffe bekannt war, kam er zu einem Fehlschluss. Er verglich die Kriegsarbeiten der deutschen mit denen der englischen, amerikanischen und französischen Wissenschaftler.

> „Allenfalls können diese sagen: ‚Ihr habt für Hitler, wir gegen ihn gearbeitet'. Aber wenngleich ich mich unter diesem Gesichtspunkt im Hitler-Krieg (im Gegenteil zum 1-ten Weltkrieg) von aller Kriegsarbeit ferngehalten habe, so ist doch dieser Gesichtspunkt nicht so allgemein acceptiert, dass man aus einem Handeln gegen ihn einen grossen Vorwurf ableiten konnte. Ich bin nicht sicher, ob alle Diejenigen, welche daraus einen Vorwurf machen, anders gehandelt hätten, wären sie zufällig in Deutschland zur Welt gekommen. – Dieser Satz gilt übrigens auch für manche andere Tätigkeit im ‚dritten Reich'".[36]

Dann ging er wieder auf die Entnazifizierung ein und schrieb, dass selbstverständlich die großen Verbrecher „so oder so beseitigt werden". Für alle anderen müsse eine große Amnestie kommen.

> „Denn die Gesinnung eines Menschen – und es kommt schliesslich ja nur auf sie an – lässt sich mit Verwaltungsmassregeln nicht feststellen."[37]

Laue wandte sich gegen die Fragebögen, von denen es sehr viele gab, nicht nur für die Entnazifizierung. Ebenso verhielt er sich, wenn es um öffentliche Schuldbekenntnisse ging. Man spreche solche Selbstverständlichkeiten nicht besonders aus, am wenigsten in einer feierlichen Erklärung.[38]
Am folgenden Tag berichtete er Theo voll Freude, wen er alles in London getroffen hätte, auch Max Planck und seine Frau wären gekommen. Mit Lord Cherwell – Frederick Lindemann, dem früheren Assistenten von Nernst – hatte er eine politische Unterredung.[39] Am 18. Juli ging es von London wieder per Flugzeug zurück. Doch vor der Abreise schrieb er noch einen kurzen Brief an Einstein.[40]
Nur wenige Tage danach konnte das Ehepaar Laue in Göttingen eine eigene Wohnung im zweiten Stock eines Miethauses in der Bunsenstraße 16 beziehen. Es gab zwei Zimmer, eine Kammer und Küche mit einem Elektroherd und WC, aber zum Baden musste man in den Keller! Einige Fenster gingen nach Norden, so hatte Laue es sich ausgesucht. Die Möbel aus Hechingen konnten aufgestellt werden. Theo erfuhr von ihm über die Wohnung:

> „Sie fängt an, bewohnbar auszusehen dank Mamas Geschicklichkeit und Fleiß, und ich fange an, mich mit ihr etwas auszusöhnen.

> Aber ganz komme ich darüber nicht hinweg, daß sich der Angsttraum vieler Jahre, ich könne unser Zehlendorfer Haus verlieren, verwirklicht hat. Nun: ‚Wer besitzt, der lerne verlieren, und wer im Glück ist, der lerne den Schmerz.'"[41]

Nach einiger Zeit kam ein sehr großer Teil der Bibliothek in Göttingen an, deren Rettung in Berlin der Mathematiker Alexander Dinghas bewerkstelligt hatte. In Göttingen wohnte im selben Haus wie die Familie Laue auch Carl Friedrich von Weizsäcker mit seiner Frau. Es kam aber zu keinem freundschaftlichen Verkehr. Laues Haus in Zehlendorf war beim Einmarsch der Sowjettruppen geplündert worden; das niederländische Ehepaar, das es bewohnt hatte, war rechtzeitig geflohen. Von nun an wurde das Haus vom Berliner Senat verwaltet.
Das KWI für Physik wurde in Göttingen wieder ins Leben gerufen. Die Leitung übernahm Werner Heisenberg, sein Stellvertreter war wieder Max von Laue. Carl Friedrich von Weizsäcker übernahm die Abteilung Theorie und Karl Wirtz die Abteilung Experimentalphysik.[42]
Das wissenschaftliche Leben wurde fortgesetzt, die Sitzungen der Göttinger Akademie der Wissenschaften mit Vorträgen ihrer Mitglieder fanden wieder statt. Am 7. Juni trug Laue über „Die Eindeutigkeitssätze in der Theorie der Supraleitung" vor – ein Thema, das ihn während der Zeit in Farm Hall beschäftigt hatte. Er bezog sich auf Überlegungen von Fritz London aus dem Jahr 1937 und behandelte einen dicken supraleitenden Ring. Er fragte, welche Bestimmungsstücke man für die eindeutige Berechnung der Feld- und Stromverteilung benötige. Das ginge nicht mit der Maxwellschen Elektrodynamik. Die Kopplung von Magnetfeld und Supraleitung verhindere eine Zerlegung in Teilprobleme.

> „Der Zustand im Supraleiter ist danach eindeutig durch die Tangentialkomponenten entweder von $\mathfrak{J}^1$ [der Stromdichte des Suprastroms] oder von $\mathfrak{H}$ [der magnetischen Feldstärke] festgelegt."[43]

Eigentlich wichtiger als die wissenschaftlichen Probleme war die Lösung von drei großen politischen und verwaltungstechnischen Problemen. Sie mussten nahezu gleichzeitig bearbeitet werden. Auch Laue wurde in diese Aufgaben eingebunden. Es waren die Umgründung der Kaiser-Wilhelm-Gesellschaft, die Neugründung der Deutschen Physikalischen Gesellschaft sowie die Wiedererrichtung einer Physikalisch-Technischen Reichsanstalt, die die Engländer wünschten.

Max von Laue, um 1950
Quelle: Fotografie im Nachlass des Autors

Hinsichtlich der Wiedereröffnung der Physikalisch-Technischen Anstalt, wie sie jetzt bezeichnet wurde, gab es für Laue ein Problem. Es galt abzuschätzen, welcher Wissenschaftler für den Posten des Präsidenten wissenschaftlich und verwaltungstechnisch geeignet wäre. Dazu stellte sich die gleichbedeutende Frage, wie dessen Handlungsweise im „Dritten Reich" gewesen war und wie sie jetzt zu beurteilen ist? Psychologisch waren das sehr komplexe Fragen. Nach welchem Kriterium sollte entschieden werden? Zudem waren jüngere Wissenschaftler, die in der nationalsozialistischen Zeit ausgebildet wurden, an-ders zu beurteilen, denn die jüngeren Dozenten mussten pflichtgemäß an einem Dozentenlager teilnehmen und in der Regel Parteimitglieder sein. Das nunmehr übliche Wort „Umerziehung" bewies nur, wie wenig man von einem gefestigten Wandel, von Einsicht, einer Gesinnung verstand. Wenn Laue die Kollegen seit langem gut kannte, war sein Urteil natürlich sicherer.[44]

Neben manchen familiären Angelegenheiten berichtete Laue dem Sohn öfter über ihn beeindruckende Ereignisse. Am 10. Sonntag nach Trinitatis nahm er am Gottesdienst in der Universitätskirche teil. Ein vormaliger ostpreußischer Pfarrer predigte über die Zerstörung von Jerusalem durch Titus:

> „So wurde denn auch eine Stelle aus Elias verlesen, die als Strafe der Gottlosigkeit die Zerstörung des jüdischen Staates voraussagt. Nun war es das Gegebene, daß die Predigt alles dies auf den jetzigen Zustand Deutschlands anwandte. […] Die Kollekte war bestimmt für

die Mission unter den Juden. Der Pfarrer erinnerte an das furchtbare Unrecht, welches Deutsche den Juden in den letzten Jahren getan haben, und ermahnte, eine Art Sühneopfer bei dieser Kollekte zu geben."[45]

Die Berufsorganisationen des Dritten Reiches waren von den Alliierten verboten worden, sie mussten sich auflösen. Dazu gehörte auch die Deutsche Physikalische Gesellschaft (DPG) mit ihrem Sitz in Berlin. 1938 waren die jüdischen Mitglieder zum Austritt aufgefordert worden, 1939 hatte sie das „Führerprinzip" einführen müssen. Auch die DPG hatte zahlreiche Mitglieder, die mehr oder weniger überzeugte Anhänger, oft auch Mitglieder der NSDAP, waren. Die Gesellschaft musste sich entnazifizieren, wenn sie die Genehmigung zur Neugründung bekommen wollte. In Berlin bemühte sich Carl Ramsauer mit Robert Pohl in Göttingen um das Problem. Werner Heisenberg schrieb an Colonel Blount und beantragte die Zulassung in der britisch besetzten Zone für die Gründung einer Deutschen Physikalischen Gesellschaft, was genehmigt wurde. Dazu musste eine neue Satzung formuliert werden. Laue setzte sich vehement für eine leicht geänderte Fassung aus den 1920er Jahren ein. Mit der Gründung konnte man auch die mündliche Diskussion innerhalb einer Tagung organisieren.[46]
Zur ersten Physiker-Tagung nach dem Krieg vom 4. bis 6. Oktober 1946 wurde am 5. Oktober die öffentliche Gründung der DPG vollzogen. Max von Laue wurde zum Vorsitzenden gewählt, als Stellvertreter Clemens Schaefer aus Köln. Gleichzeitig erschienen „Die Neuen Physikalischen Blätter" als eine kleinformatige Zeitschrift unter dem Herausgeber Ernst Brüche.

An der Eröffnung der Physiker-Tagung nahm Max Planck teil, und Laue hielt eine Ansprache mit Erinnerungen an die Tagung in Würzburg 1933. Die Anwesenheit von Gästen aus England – es kamen Nevill Mott, der in den 1930er Jahren in Göttingen studiert hatte, und Wolfgang Berg, der Laue noch aus Berlin vom Institut von Nernst her kannte – und den Niederlanden trug dazu bei, dass die Tagung trotz der schwierigen Nachkriegsverhältnisse mit über achtzig Teilnehmern ein Erfolg wurde. Am 4. Oktober waren die Ausländer und noch zwei stationierte Engländer sowie einige deutsche Freunde bei Laues nach dem Abendessen zum Bier

Tagungen und Veranstaltungen

PHYSIKERTAGUNG IN GÖTTINGEN

Zum erstenmal nach Kriegsende trafen sich am 4. Oktober 1946 die deutschen Physiker der britischen Zone zu einer dreitägigen Tagung in Göttingen. Die Teilnehmerzahl mußte im Hinblick auf Unterbringungs- und Verpflegungsschwierigkeiten beschränkt bleiben. Trotzdem nahmen etwa 80 Physiker aus der britischen Zone teil. Einige wenige Teilnehmer waren aus der russischen Zone gekommen, unter ihnen der letzte Vorsitzende der DPG vor dem Zusammenbruch, Professor *Ramsauer*-Berlin. Am 4. Oktober wurde die Tagung um 10 Uhr durch Professor *v. Laue* eröffnet. Im Anschluß an die Begrüßung der Teilnehmer und Gäste, unter denen sich neben dem Vertreter der britischen Militär-Regierung, Dr. *Frazer*, u. a. auch Prof. *Mott*-Bristol sowie *Dr. Michels*-Eindhoven befanden, war der erste Tag bereits eine Reihe von Vorträgen gewidmet. Am Sonnabendvormittag fand dann eine Sitzung der Mitglieder der früheren Deutschen Physikalischen Gesellschaft statt, im Anschluß daran wiederum Vorträge, ebenso am Sonntagvormittag. Der Sonnabendnachmittag stand für die Besichtigung der verschiedenen Institute sowie für die persönliche Aussprache zur Verfügung. Das Tagesprogramm zeigt, daß es der Leitung (Professor *v. Laue* und Professor *Heisenberg*) gelungen war, eine größere Zahl interessanter Vorträge zusammenzustellen.

Vortragsverzeichnis. *Meixner* (Aachen): Theorie der Beugung elektromagnetischer Wellen an der Kreisscheibe. *Lauterjung* (Köln): Empfindlichkeitsänderungen an Lichtzählrohren. *Meyer* (Göttingen): Über eine Methode zur Bestimmung der Energie und der Energieverteilung ionisierender Teilchen. *Houtermans* (Göttingen): Über das Alter der Welt. *Kopfermann* u. *Meyer* (Göttingen): Ueber den Isotopie-Verschiebungseffekt an W.I.-Spektren. *Bartels* (Hannover): Stoßentladungen in Hg-Höchstdrucklampen. *Mannkopf* und *Peetz* (Göttingen): Die Akkommodationszeit der Elektronen-Temperatur in einer stationären elektrischen Entladung. *Maecker* (Kiel): Experimenteller Nachweis der von Schmidt'schen Kopfwelle in der Optik. *Mott* (Bristol): Oxydschichten auf Metallen. *Mollwo* (Göttingen): Zur Dichte aufgedampfter Salzschichten. *König* (Göttingen): Ändert sich die Gitterkonstante bei sehr kleinen Teilchen? *Jensen* (Hannover) und *Houtermans* (Göttingen): Zur thermischen Dissoziation des Strahlungshohlraums (vorgetragen von *Jensen*). *v. Laue* (Göttingen): Anschauliches über die Supraleitungs-Theorie. *Michels* und *De Groot* (Eindhoven): Einfluß

Mitteilung über die erste Physikertagung nach dem Zweiten Weltkrieg.
Quelle: Physikalische Zeitung 1946

zu Gast. Ein richtiges Abendessen war durch die Rationierung der Lebensmittel nicht möglich, aber Frau von Laue hatte einige belegte Brötchen gezaubert. Die Unterbringung der angereisten deutschen Physiker war sehr schwierig, denn Hotelunterkünfte standen nicht zur Verfügung. Sie wurden behelfsmäßig in Studentenwohnungen untergebracht, Bettwäsche und Handtücher mussten mitgebracht werden.

Max von Laue hielt am dritten Tag einen Vortrag zum Thema „Anschauliches über die Supraleitungs-Theorie", Eduard Justi sprach über „Supraleitung und periodisches System" und Werner Heisenberg „Zur Elektronentheorie der Supraleitung".[47]

Die Entnazifizierung ging auch an Laue nicht vorbei, denn alle ehemaligen öffentlichen Bediensteten waren betroffen. An den Sohn schrieb er am 5. September:

> „Hier wird weiter ‚entnazifiziert'. Die Kollegen und ich sollen nunmehr den vierten Fragebogen ausfüllen, ein Monstrum von 12 Seiten und mit 133 Fragen! Wir haben erklärt, die Ausfüllung zu verweigern. Die Sache wird allmählich unwürdig."[48]

Es mussten alle Auslandsreisen sowie alle Veröffentlichungen ab 1924 angegeben werden.

Auf den Brief vom 16. Juli aus London mit den Bemerkungen zu der Mitarbeit deutscher Wissenschaftler im Kriege, der man sich nicht immer entziehen konnte, hatte Theo am 4. August geantwortet. Doch sein Vater stand dem skeptisch gegenüber und bemerkte im Brief vom 6. September:

„Ich wüßte schon eine gute Methode dazu, die sich allerdings von den jetzt angewandten ziemlich unterscheidet. Nämlich: Möglichste Verbreitung humanistischer Bildung, oder, da man zu Homer und Sophocles doch nur Wenige wird führen können, wenigstens möglichste Zurückführung auf die deutschen Klassiker, wobei die ‚Romantiker' keineswegs auszuschließen wären. Es ist doch kein Zufall, daß der Militarismus sich ausbreitet, während die klassische Bildung zurückging. [...] Das Hauptziel muß m. E. sein, Männer zu erziehen, die in jeder Lage wissen, was Gut und was Böse ist, – und die danach handeln."[49]

Offenbar war es Laue gelungen, einen Brief an Einstein zu schicken, denn am 9. August schrieb dieser:

„Lieber Laue!
Es ist sehr lieb von Dir, dass Du Dich meiner so freundlich erinnerst, trotzdem ich alle meine fernen Freunde aus Faulheit und Indolenz vernachlässigt habe aus einer kuriosen Schwerfälligkeit im Schreiben. Dabei bin ich mir bewusst, dass Du Dich wundervoll gehalten hast in diesen unsagbar schweren Jahren, dass Du keine Kompromisse gemacht hast und Deinen Freunden und Überlegungen treu geblieben bist wie nur ganz wenige. Es ist nur recht und billig, wenn die Menschen im Ausland dies schätzen und sogar bewundern. Denn jeder weiss, dass es nicht leicht gewesen ist.
Deinen Sohn sehe ich eigentlich selten. Aber ich kann Dir sagen, dass er auch ein ganzer Kerl geworden ist."[50]

Die Debatte über die Judenverfolgung brachte keine Einigung. Einstein konnte auf Laues Antwortbrief nur bemerken:

„Jetzt stell Dir einmal folgendes vor: Denk Dir die Juden hätten 3,5 Millionen Deutsche massakriert, und zwar aus einem inneren Bedürfnis heraus. Denk Dir ferner, die uebrig Gebliebenen ausgeraubt und dem Elend preisgegeben und denk Dir Du wärst nun aufgefordert, für einen Juden Geld zu geben."[51]

Max von Laue zitierte Einstein gegenüber ausführlich Lessings „Nathan der Weise" mit dem Versöhnungstext im 4. Akt, 7. Auftritt. Doch Einstein erwiderte:

> „Was nun Lessings Modell, Moses Mendelsohn, betrifft, so war er in der Tat ein Gutes Modell für den weisen Nathan, das mit einschmeichelnden Worten mit harter Wirklichkeit fertig werden zu können glaubte. Selbsttäuschung stellt sich eben ein in Situationen, die sonst untragbar sind."[52]

Am 9. September teilte Max von Laue dem Sohn seine Freude über Einsteins lobende Worte ihn betreffend mit. Er informierte den Sohn, dass ihn Paul A. Schilpp, Professor an der Northwestern University, Evanstone, Illinois, und Herausgeber der Reihe „Library of Living Philosophers" aufgefordert habe, für den Band „Albert Einstein, Philosopher Scientist" einen Beitrag über „Inertia and Energy" zu schreiben. Er hätte zugesagt, und ein etwaiges Honorar sollte an Theo gehen.[53]

Auffällig ist die Nichterwähnung der Nürnberger-Prozesse durch Laue. Er nahm wohl zu Recht an, dass die amerikanische Presse darüber ausführlich berichtete. Im Brief vom 15. Oktober 1946 an Theo erwähnt er kurz die Hinrichtung der zum Tode Verurteilten durch Erhängen.
Immer wieder wurde die Vergangenheit lebendig. Im Oktober 1946 erhielt Laue einen Brief von Paul Rosbaud, der im „Dritten Reich" Nachrichten über Rüstungsprojekte ins Ausland geschmuggelt hatte:

> „Erinnern Sie sich, wie oft wir uns unterhalten haben über das kommende Europa in den dunklen Jahren, als wir jeden Tag ängstlich am Radio sassen und die englischen Sendungen hörten, es war ein ganz kleiner Kreis von Freunden, aber welch schöner und unvergesslicher Kreis."[54]

Eine freudige Nachricht kam aus Amerika: Theo und Hilli teilten den Eltern die Geburt eines Sohnes mit, dem sie den Namen Chistopher geben werden.

Die Frage der Schuld an den Verbrechen im Nationalsozialismus war immer noch ein heftig umstrittenes Thema. Der Heidelberger Professor für Philosophie, Karl Jaspers, hatte darüber eine Vorlesung gehalten, die als Buch mit dem Titel „Die Schuldfrage" erschien.[55] Max von Laue las es und wollte dem Sohn ein Exemplar schicken.

> „Für heute nur ein Zitat von S. 22: ‚Gewaltig ist der Unterschied [soll heißen zwischen den Menschen] bei dem Verlust eines Glaubens. Uns allen ist in irgend einer Weise der Boden unter den Füßen weggezogen. Nur ein transzendent gegründeter oder philosophischer Glaube kann sich durch alle diese Katastrophen halten.'"[56]

Der Vater erwiderte dem Sohn, der vom Glauben, der sich „entwickelt", geschrieben hatte:

> „Wir bleiben was wir sind, durch alle Katastrophen hindurch. Das bedeutet nicht, daß wir daraus nichts lernten; aber die Tiefe unseres Wesens berührt das nicht, und käme es auch noch viel schlimmer."[57]

Nur vier Tage später ging der Vater im Brief auf den Vorwurf der Alliierten wegen des mangelnden Widerstandes gegen das Regime ein und vertrat die Ansicht, dass eine Umsetzung der Vorstellungen der Alliierten einem Selbstmord gleichgekommen wäre. Das stände doch gegen den christlichen Glauben. Ihm habe Edith Hahn den Spruch „Lerne schweigen ohne zu platzen" geschenkt, der gerahmt über seinem Schreibtisch hänge. Laue meinte, er wäre doch manchmal unnötig unvorsichtig gewesen.[58]

In den Briefen an den Sohn finden die Aktivitäten zur Neugründung der noch nicht aufgelösten Kaiser-Wilhelm-Gesellschaft keine Erwähnung, vielleicht, um den Brief-Zensoren keine Hinweise zu geben, was durch das Entgegenkommen der britischen Besatzungsmacht geduldet wurde. Ein wenig musste an den alten Satzungen geändert werden, doch am 11. September 1946 kam es zur Gründung der „Max-Planck-Gesellschaft zur Förderung der Wissenschaften in der britisch besetzten Zone". Ihr Präsident wurde Otto Hahn. Als Gründungsort wurde das Clementinum im Theologischen Konvikt zu Bad Driburg gewählt. Das Dokument trug auch die Unterschrift von Max von Laue, der an den Satzungen mitgearbeitet hatte. Insgesamt 13 Institute der ehemaligen Kaiser-Wilhelm-Gesellschaft lagen in der britisch besetzten Zone. Allerdings war noch nichts über die Forschungsgebiete der Institute ausgesagt.[59]

Gründungssitzung der Max-Planck-Gesellschaft im Clementinum in Bad Driburg/Britische Zone, 11. September 1946. In der zweiten Reihe stehen Max von Laue und Otto Hahn.
Quelle: Archiv der Max-Planck-Gesellschaft, Berlin-Dahlem

In der sowjetisch besetzten Zone war in Weida bereits ein Deutsches Amt für Maß und Gewicht als Teil der früheren Physikalisch-Technischen Reichsanstalt (PTR) gegründet worden. Als „Präsident" fungierte Wilhelm Steinhaus, der schon in der PTR beschäftigt gewesen war. Mit der Unterstützung der britischen Besatzungsmacht betrieb Laue intensiv die Umgründung der Physikalisch-Technischen Reichsanstalt in der britisch besetzten Zone. Die Abteilung „Akustik" war noch vor Kriegsende aus Berlin nach Bad Warmbrunn in Schlesien und schließlich nach Göttingen verlegt worden. Das Gelände der Aerodynamischen Versuchsanstalt kam für die neue Physikalisch-Technische Anstalt (PTA) nicht in Frage. Ronald Fraser machte Laue auf das frühere Luftwaffen-Gelände mit einigen leerstehenden Gebäuden in Völkenrode nahe Braunschweig aufmerksam, das ein geeigneter Platz für das Institut sein könnte. Eine gemeinsame Besichtigung brachte ein positives Ergebnis. Dort hatte die Luftwaffe mehrere Gebäude für verschiedene Forschungen bauen lassen, die nun gesprengt werden sollten. Der englische Sprengtrupp kam gerade dort an, als Laue den Ort besichtigte. Er handelte sofort. Mit Hilfe von Sir Charles Darwin kam ein Telegramm der britischen Regierung, die die Sprengung aufhob. Der verantwortliche englische Leutnant meinte nicht ohne Sarkasmus, die Deutschen sollten an der Eiche, an der er das Telegramm gezeigt bekam, eine Inschrift anbringen: „von Laue vicit". Das wurde auch so gemacht.[60]

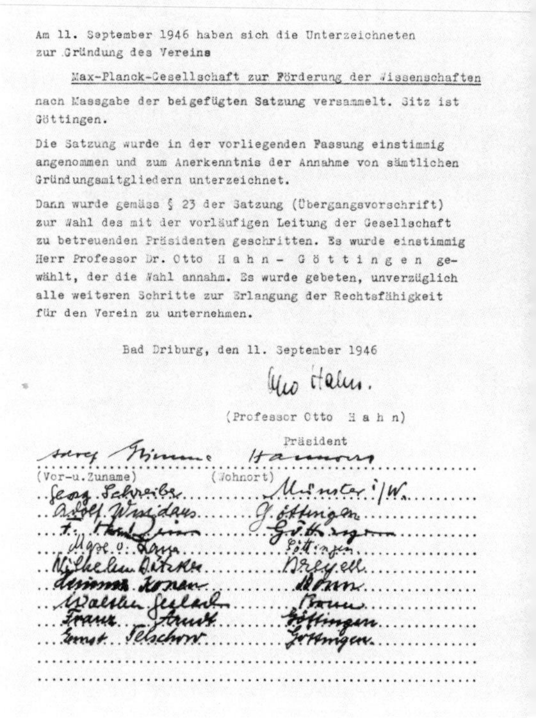

Am 11. September 1946 haben sich die Unterzeichneten zur Gründung des Vereins

Max-Planck-Gesellschaft zur Förderung der Wissenschaften

nach Massgabe der beigefügten Satzung versammelt. Sitz ist Göttingen.

Die Satzung wurde in der vorliegenden Fassung einstimmig angenommen und zum Anerkenntnis der Annahme von sämtlichen Gründungsmitgliedern unterzeichnet.

Dann wurde gemäss § 23 der Satzung (Übergangsvorschrift) zur Wahl des mit der vorläufigen Leitung der Gesellschaft zu betreuenden Präsidenten geschritten. Es wurde einstimmig Herr Professor Dr. Otto H a h n - G ö t t i n g e n gewählt, der die Wahl annahm. Es wurde gebeten, unverzüglich alle weiteren Schritte zur Erlangung der Rechtsfähigkeit für den Verein zu unternehmen.

Bad Driburg, den 11. September 1946

Otto Hahn.

(Professor Otto H a h n)

Präsident

(Vor-u. Zuname) (Wohnort)

Georg Schreiber Münster i/W.

Adolf Windaus Göttingen

Franz Arndt Göttingen

Ernst Telschow Göttingen

Eine Seite aus dem Gründungsprotokoll der Max-Planck-Gesellschaft zur Förderung der Wissenschaften mit Sitz in Göttingen, Bad Driburg, 11. September 1946.
Quelle: Archiv der Max-Planck-Gesellschaft, Berlin-Dahlem

Die Suche nach einem Präsidenten für die Physikalisch-Technische Anstalt (PTA) gestaltete sich sehr schwierig. Walther Gerlach, den Laue fragte, lehnte ab, er wäre für politische Verhandlungen nicht geeignet. Trotz aller Schwierigkeiten kam die wissenschaftliche Arbeit in Völkenrode in Gang. Es konnte sogar ein Tätigkeitsbericht von den vier Abteilungen mit insgesamt 108 Mitarbeitern für 1947 erscheinen. Die Leitung übernahm zunächst Martin Grützmacher, dann als Präsident Wilhelm Kösters. Zwischendurch musste sich Laue mit den Druckfahnen seines Buches über die Supraleitung beschäftigen. Die noch bestehenden Druckereien hatten keine Setzer, die Erfahrungen mit wissenschaftlichen Texten hatten, und so war Laue gezwungen, viel und öfter zu korrigieren.

Max von Laue unter der erwähnten Eiche sitzend vor dem Haus M 5 der Physikalisch-Technischen Anstalt in Braunschweig, 20. März 1950.
Quelle: Archiv der Max-Planck-Gesellschaft, Berlin-Dahlem

Was ihn politisch für die Gegenwart und Zukunft bewegte, bemerkte er in einem Brief an den Kollegen Carl Ramsauer in Berlin, in dem es um den Ort der Herausgabe der Physikalischen Berichte ging. Sie sollten, so Laue, in Berlin erscheinen:

> „Den Hauptgrund dafür sehen wir im Folgenden: Wir Deutsche müssen angesichts der Zonenteilung Deutschlands um so energischer betonen, dass Berlin für uns Reichshauptstadt bleibt."[61]

Drei Tage vor Heiligabend konnte er Theo etwas Erfreuliches mitteilen:

> „Von englischer Seite wird mir nahegelegt, mich in einem der nächsten Monate mit Otto Stern in der Schweiz zu treffen, und die Bewilligung eines Ausreisegesuchs dorthin zugesagt. Stern wird mich, so ist es in Stockholm bei der Nobelfeier verabredet, dorthin einladen."[62]

Theo solle an Wolfgang Pauli in Zürich schreiben, wenn er dem Vater Dinge mitteilen möchte, die für andere Briefe nicht geeignet wären.[63] Zehn Tage vor Heiligabend hatte Laue auf einen Brief von Otto Meyerhof geantwortet, dem noch im letzten Moment die Emigration in die USA gelungen war. Wie auch in Briefen an andere Emigranten erinnerte er daran, dass weder 1934 nach dem Röhm-Putsch noch zu den Olympischen Spielen 1936 Proteste aus dem Ausland kamen. Er meinte, die Biologen wie Eugen Fischer hätten einen erheblichen Anteil an der Ideologie des Nationalsozialismus durch die Entwicklung ihrer Theorien.

> „Der Mensch galt in ihr lediglich als ein wunderlicherweise auf zwei Beinen laufendes Säugetier. Von Menschenwürde und anderen ethischen Begriffen war in ihr nicht die Rede."[64]

An Lise Meitner schrieb Laue am 25. Dezember über Otto Hahns Bericht von der Verleihung des Nobelpreises und den fabelhaften Festen in Stockholm. Ihr kleiner Weihnachtsbaum hätte nur zwei Kerzen, denn die anderen bräuchten sie, wenn Stromsperren kämen.[65]

„Zum Jahresbeginn 1947" – so überschrieb Max von Laue sein Grußwort im 1. Heft 1947 der Physikalischen Blätter. Er erwähnte den notwendigen Gedankenaustausch im Zusammenhang mit der Physikalischen Gesellschaft.

> „Heute ist der Gedankenaustausch nötiger denn je, nämlich zur Ermutigung auf dem vor uns liegenden schweren Weg, der nüchtern und illusionslos, mit offenen Augen und kühlem Kopf, trotz tausend Nöten und Drangsalen zu leistenden Forschungs- und Unterrichtsarbeit. Freilich leuchtet uns auf diesem Wege wieder ein Gut, welches die hinter uns liegende Zeiten aufs schwerste gefährdete: geistige Freiheit."[66]

Die Reise in die Schweiz wurde Realität. Am 4. Januar konnte Laue aus Zürich an Bohr schreiben, dass Otto Stern ihm gesagt hätte, dass in Kopenhagen die Wiederherstellung der dort im Kriege deponierten Nobel-Medaillen stattfinde – sie waren durch Georg von Hevesy vorsorglich mit Königswasser aufgelöst worden, als die deutsche Besetzung erfolgte. Da den Deutschen der Besitz von Gold nach der Kapitulation 1945 verboten war, so bat Laue, die wiederhergestellte Medaille an seinen Sohn Theodor zu schicken. Dann fragte er nach seiner Nobel-Urkunde. Er nahm an, dass sie verlorengegangen sei, ob man sie ebenfalls wiederherstellen könne.[67] Bei den politischen Gesprächen mit Stern wurde das tiefe Misstrauen gegen die Deutschen erörtert, doch ohne eine Übereinkunft zu finden.
So wie Max von Laue nun mit dem Sohn in den USA korrespondieren konnte, so nahm er auch den Kontakt zu James Franck in Chicago wieder auf, der ihm ein politisches Rundschreiben geschickt hatte. Laue bemerkte:

> „Meiner Meinung nach ist alle politische Diskussion zurzeit überflüßig. Die Krise, in der die Welt – die ganze Welt – steht, ist eine religiöse. Und religiöse Krisen dauern lange. Viel Glück und prosperity, und wie solche Schlagworte alle lauten, kommen dabei nicht

heraus, wohl aber eine Hebung der Menschheit auf ein höheres Niveau – nach vielen schweren Leiden.“[68]

Er berichtete noch über seine Bemühungen um die PTA und eine mögliche Reise in die USA im August 1948.[69] Das interessierte Frau Ilse Rosenthal-Schneider aus Sydney, denn sie kannten sich aus Berlin, bevor sie emigrierte. Sie schrieb ihm, dass sie sich über ein Kommen nach Australien freuen würde.[70]
Mit der langsamen Stabilisierung der Verhältnisse stieg das allgemeine Interesse an Druckerzeugnissen, und so arbeitete Laue an einer verbesserten, zweiten Auflage seiner „Geschichte der Physik“. In einem Briefwechsel mit Hans Schimank konnten einige Fragen geklärt werden.[71]
Johannes Stark versuchte sich nun als Opfer des Nationalsozialismus darzustellen. Er behauptete, dass er sich für die Freiheit der Forschung eingesetzt hätte.[72] Darauf erwiderte Laue mit dem Wortlaut seiner Rede vom 14. Dezember 1933 in der Preußischen Akademie der Wissenschaften. Zuerst ging er auf Starks Lehrtätigkeit in Göttingen ein, wo er sein Hörer gewesen war. Dann erwähnte Laue verschiedene Gelegenheiten für Berufungen, bei denen Stark, zu seinem Bedauern, übergangen wurde. Aber jetzt ginge es um die Zukunft der Wissenschaft. Er führte Starks negatives Wirken in der PTR an, wie das Verhindern von Untersuchungen, die ihm nicht passten. Ebenso schädlich sei sein Umgang mit dem physikalischen Schrifttum gewesen. Abschließend bemerkte Laue: „Im Namen der Freiheit der Forschung bitte ich daher die Akademiemitglieder, ihn nicht zu wählen.“[73]
Dennoch, als Stark im Entnazifizierungsverfahren sehr hart bestraft wurde, setzten sich Sommerfeld und Laue für eine Milderung der Strafe ein.
Häufig wurde von einer „Bewältigung der Vergangenheit“ gesprochen und geschrieben, doch für einen nachdenklichen Menschen waren das leere Worte. Im neuen Jahr erhielt Laue Post von seinem Mitarbeiter Gerhard Borrmann, der zu ihm von Kossel in Danzig nach Berlin an das KWI gekommen war und über Röntgenstrahlinterferenzen bei idealen Kristallen forschte. Er kam mit nach Hechingen. Borrmann entschuldigte sein langes Schweigen, es entspränge nicht einem Mangel an Ehrerbietung:

„Der Zusammenhang ist etwa der folgende: Sieht ein Wissenschaftler sich heute in der ‚Welt‘ um (Grund genug hätte er wohl dazu), so wird er an seine Betrachtungen unwillkürlich seine gewohnten Massstäbe legen, d. h. wird nach Ordnung u. Gesetz suchen. Dabei gerät er aber an ein Meer von Fragen, und wenn ihm nicht ein Kompass eingeboren ist, so mag eine Odyssee daraus werden."[74]

Die amerikanische und die britische Regierung waren zum Jahresbeginn 1947 übereingekommen, ihre Zonen zu einer Bizone zu vereinen. Für die Gründung einer Physikalisch-Technischen Anstalt (PTA) war dies vorteilhaft, da sie für die amerikanische und britische Zone in Völkenrode bei Braunschweig errichtet werden konnte.
Anfang März schrieb Laue an Walther Gerlach und informierte ihn über eine Sitzung in Minden über die zukünftige PTA, auf der die notwendige Finanzierung auf den Weg gebracht wurde. Ein vorläufiger Präsidialausschuss, bestehend aus Werner Heisenberg, Hans Kopfermann, Robert W. Pohl und Laue als Vorsitzendem, wurde ernannt. Er hoffte noch, dass Gerlach den Posten des Präsidenten übernehmen würde, doch das tat er nicht. Unverdrossen suchte Laue weiter nach einem Präsidenten und versuchte, eine Besprechung darüber zustande zu bringen. Eine Dreierliste führte Karl Willy Wagner, gefolgt von Paul Harteck und Klaus Clusius auf, der Gerlach zustimmte.[75] Am 21. Mai sollte die Sitzung stattfinden, aber Laue erhielt Absagen und mahnte:

„Es besteht ja auch kein Zweifel, da die Teilnahme an dieser Sitzung mit Schwierigkeiten verbunden ist, wie sie Vorstandsmitgliedern einer wissenschaftlichen Vereinigung noch nie zugemutet wurden und auch in Zukunft wohl kaum wieder zugemutet werden. Dem gegenüber steht aber die einzigartige Bedeutung der Sitzung, die schon ein Opfer zu fordern rechtfertigt. Unserer Gesellschaft bietet sich hier eine Gelegenheit, sich durch Zusammenarbeit mit der Militärregierung und deutschen Ministerien in einer Lebensfrage der deutschen Physik und Technik eine Bedeutung zu sichern, weit höher, als was sie jemals daran besaß."[76]

Im Sommer 1947 war noch immer kein Präsident gefunden. Eine Zusammenkunft des vorbereitenden Präsidialausschusses mit ihren zwölf Mitgliedern, zwei davon aus der Industrie, wurde nun auf den 4. September festgesetzt. Als Vorsitzender des Präsidial-Ausschusses der Physikalisch-

Technischen Reichsanstalt lud Laue zu dieser Besprechung nach Göttingen ein.[77] Aber seine Aktivitäten führten wiederum nicht zum Erfolg, denn kurz vor Weihnachten lehnte auch Professor Wagner die Berufung auf die Präsidentschaft ab.[78]
Die zweite Jahrestagung der „Deutschen Physikalischen Gesellschaft in der britischen Zone" sollte vom 5. bis 7. September stattfinden. Max von Laue informierte rechtzeitig Lise Meitner und schrieb, dass er sich sehr freuen würde, wenn sie käme, und noch größer wäre die Freude, wenn sie einen Vortrag hielte.[79] Das führte dann bei Lise Meitner zu einer Aussage zu der damals akuten und noch immer nicht abgeschlossenen Diskussion über das Verhalten der Deutschen im Nationalsozialismus. Auf die Einladung Laues antwortete Meitner am 4. August, nachdem sie ihre Schwierigkeiten als quasi Staatenlose erläutert hatte:

> „Ich brauche Ihnen wohl nicht zu sagen, was es für mich bedeuten würde, wenn ich meine alten Freunde einmal ausführlich wiedersehen und sprechen könnte. Und ebenso hoffe ich, daß Sie wissen, wie sehr mir Deutschlands Schicksal am Herzen liegt und wie nahe mir die großen Schwierigkeiten gehen, mit denen Deutschland zu kämpfen hat."[80]

Sie erwähnte ihre Sendungen von Kleidung nach Deutschland.

> „Aber trotzdem kann ich die komplizierten Weltprobleme nicht <u>nur</u> vom deutschen Gesichtspunkt aus ansehen. Und wer von meinen alten Freunden steht nicht so stark unter dem Druck der Tagesnot, daß er meine Einstellung richtig verstehen wird?"[81]

Ihre Treffen mit Elisabeth Schiemann in London und dem Ehepaar Hahn in Stockholm hätten sie diesbezüglich sehr ängstlich gemacht.

> „Verstehen Sie mich, bitte, richtig: ich will meine Freunde nicht verlieren, weil ich manches Problem anders ansehe als sie. Die Gefahr besteht nicht von meiner Seite aus. Ich bin bereit, jede vorgebrachte ehrliche Ansicht gewissenhaft zu überlegen, und wenn ich sie nicht teilen kann, hat das nichts mit meiner Freundschaft zu tun. Aber wie steht es auf der anderen Seite?"[82]

Mit einem handschriftlichen Brief antwortete Laue:

> „Aber dann sollten Sie auch kommen, und zwar gerade dann, wenn Sie denken, daß wir hier einen von Ihnen abweichenden Gesichtspunkt hätten. Denn dann haben Sie bei der Wichtigkeit der Sache die Pflicht, mit Ihrer Meinung nicht hinter dem Berge zu halten. Und selbst wenn eine Auseinandersetzung ohne Resultat bleibt, ist es dann so schlimm? Bei uns geht die politische Meinungsverschiedenheit seit 1933 doch durch fast jede Familie, durch fast jeden Kreis von Menschen."[83]

Max von Laue vermied es bei diesen Meinungsverschiedenheiten mit Lise Meitner, ihr seinen Widerstand gegen den Nationalsozialismus und den Terror, seine Hilfe für Verfolgte entgegenzuhalten. Laue hatte in dieser Zeit auch eine briefliche Verbindung mit Otto Stern in den USA. Stern schickte an Laue CARE-Pakete, und dieser berichtete von der Familie und dem akademischen Leben.[84]

Max Planck und Max von Laue in Göttingen, 1947.
Quelle: Archiv der Max-Planck-Gesellschaft, Berlin-Dahlem

Die zweite Physikertagung in der britisch besetzten Zone fand vom 5. bis 7. September 1947 in Göttingen statt. Nach der Begrüßung und Nennung der Gäste aus Amsterdam, Cambridge, Kopenhagen, London, Manchester und Stockholm erwähnte Laue den 23. Juli vor einhundert Jahren, an dem Hermann von Helmholtz seine Arbeit über die Erhaltung der Kraft veröffentlicht hatte. Er gedachte der Toten der letzten Jahre: Heinrich Rausch von Traubenberg, Hans Geiger, Friedrich Harms, Werner Kolhörster, Walter Kaufmann, Friedrich Paschen, Friedrich Rogowski, Bernhard Bavink und auch des im Mai verstorbenen Philipp Lenard.

> „Wir können und wollen die Verfehlungen des Pseudopolitikers Lenard nicht verschweigen oder entschuldigen, aber als Physiker gehört er zu den Großen.“[85]

Ronald Fraser sprach von dem starken Eindruck, den das Programm mit vielem Neuen und Wichtigen auf ihn gemacht hätte, „dass – in der Physik wenigstens – hier in Deutschland wieder Stein auf Stein gelegt wird“. Er zitierte Niels Bohr: „Die Physik ist die Behandlung ***offener Fragen*** der Natur – alles andere ist Technik.“ Der wahre Physiker müsse mit Bewusstsein supranational sein.[86]
Die Themen der Tagung waren Kosmische Strahlung, Kernphysik, Supraleitung und Akustik. Mit ca. dreihundert Teilnehmern war die Tagung gut besucht. Anknüpfend an den Vortrag von David Shoenberg aus Cambridge schickte ihm Max von Laue sein Manuskript, in dem er Shoenbergs Vortrag zitiert hatte. Aber ihre beiden Theorien hatten wenig Gemeinsames.[87]
Auch bei dieser Tagung konnten manche Teilnehmer nach den rund 800 Tagen seit dem Ende das nationalsozialistischen Terrors, eingestanden oder uneingestanden, nicht ohne innere Hemmungen mit jedem Kollegen sprechen. Manche von ihnen waren überzeugte Nationalsozialisten geworden, vielleicht nun schon gewesen, viele nur Mitläufer, um die Stellung zu behalten oder um sie zu bekommen. War aber die Mitgliedschaft in der NSDAP oder einer ihrer Gliederungen wirklich das entscheidende Kriterium? Gab es nicht „Mitdenker“ der Prinzipien des Nationalsozialismus? Die sogenannte „Bewältigung“ der Vergangenheit konnte auch die DPG nicht leisten. Aber eine Teilnehmerin der Tagung, Ursula Maria Martius, gab einen Anstoß zum Nachdenken. Sie war Mitarbeiterin von Hartmut Kallmann in Berlin. Die „Deutsche Rundschau“ veröffentlichte ihre Empfindungen bei der Tagung „Videant consules“. Der Beitrag begann mit einer Rückbesinnung:

> „Es ist noch nicht drei Jahre her, seit ich vor dem Stacheldraht des Lagers stand, in dem mein Vater festgehalten wurde. Damals gelobte ich mir, für den Fall, daß ich überleben würde, zwei Dinge: einmal, daß ich arbeiten würde, mit allen mir zu Verfügung stehenden Kräften, um meinen Eltern so schnell wie möglich die Last des Täglichen erleichtern zu können, und zweitens, daß ich alles tun würde, um anderen jungen Menschen ein ähnliches äußeres und

inneres Schicksal zu ersparen. Denn dieser Abend vor dem Lager war ja nur eine Station eines langen Weges, dessen entscheidender Punkt für mich die Verweisung von der Universität gewesen war. Daß ich jedoch so schnell an die Lehren dieses Weges erinnert würde, hätte ich damals nicht geglaubt.
Im September dieses Jahres nahm ich an der ***Jahresversammlung der Physikalischen Gesellschaft*** in Göttingen teil, die für mich anregend und aufregend zugleich war. In erster Linie allerdings aufregend durch die dauernde Begegnung mit der Vergangenheit. Menschen, die mir immer noch in meinen Angstträumen erschienen, saßen da lebendig und unverändert in den ersten Reihen. Unverändert, wenn man nicht den schlichten blauen Anzug anstelle der Uniform und das Fehlen des Parteiabzeichens als ‚Veränderung' betrachtet."[88]

Martius führte mehrere Physiker auf, die im Dritten Reich in Partei-Uniform lasen, die in ihren Schriften und Reden Vertreter der nationalsozialistischen Ideologie waren. Sie mahnte das Verantwortungsbewusstsein der Professoren als Lehrende und Vorbilder an.

„Auch der Einwand, man könne auf den Hochschulen ohne diese Leute [gemeint waren die nationalsozialistischen Professoren] nicht auskommen, ist in keiner Weise stichhaltig. Es gibt genug andere, denn viele junge Akademiker sind während der letzten zwölf Jahre nicht in die Hochschullaufbahn gegangen, weil sie den ‚Rummel' nicht mitmachen wollten. […]
Die deutsche Intelligenz hat den Gedanken einer kollektiven Schuld den Ausschreitungen des Nationalsozialismus gegenüber entschieden abgelehnt. Eines der stärksten Argumente war, daß man damals nichts tun konnte. Heute aber kann man etwas tun […]."[89]

Max von Laue fühlte, dass er antworten müsse. Am 26. Dezember schrieb er:

„Sehr geehrtes Frl. Martius!
Prof. Hahn gab mir Ihren Brief vom 27.11.47 zu lesen. Ich erfuhr aus ihm und den Beilagen Manches, was mir neu und recht unangenehm ist, insbesondere den sträflichen Unsinn, den Jordan in

seinem Buche über das Geheimnis des Lebens produziert hat. Die D. Phys. Ges. in der Britischen Zone wird auf Ihren Artikel in der Deutschen Rundschau nicht erwidern. Aber ich möchte in diesem privaten Schreiben doch einmal dazu und weiteren Mitteilungen Ihres Briefes Stellung nehmen.
Da ist zuerst der Fall Schumann. Daß dieser Charlatan entnazifiziert wurde, verdankt er einem Empfehlungsschreiben von einem von Ihnen sicher ebenso wie von uns verehrten Gelehrten, der in seinem hohen Alter den Bezauberungskünsten ebenso zum Opfer gefallen war, wie früher Schumanns Lehrer Carl Stumpf."[90]

Dann ging Laue auf Schumanns Erscheinen bei der Tagung in der Mensa und dessen Versuch zu kandidieren ein, den Richard Becker vereitelte. Die Behörden in der Westzone wären darauf bedacht, „daß sich so stark Belastete nicht wieder im Wissenschaftsbetrieb festsetzen".[91] Im zweiten Teil seines Briefes ging es um die rechtlichen Prinzipien in einem geordneten Staat:

„Meine persönliche Einstellung zu den anderen, von ihnen genannten Fällen möchte ich so präcisieren: In jedem geordneten Staate müßen zwei die Justiz betreffenden Grundsätze streng eingehalten werden. Weder darf Jemand in der Presse in ein schwebendes Gerichtsverfahren eingreifen, noch nach dem gesetzmäßigen Urteilsspruch die Angelegenheit wieder aufrollen, Kritik ist selbstverständlich zuläßig gegen die dem Verfahren zugrunde liegenden Gesetzesbestimmungen. Daß das Entnazifizierungsverfahren zu solcher Kritik reichlichen Anlaß bietet, bestreitet kein vernünftig und billig denkender Mensch. Aber man beßert nichts, untergräbt vielmehr lediglich das Vertrauen zu einer Justiz schlechthin, wenn man einzelne Fälle immer wieder vornimmt. Die Beschuldigten haben ein Recht darauf, daß sie nach offizieller Erledigung ihrer Angelegenheit unbehelligt bleiben. Und dieses Recht verletzen Artikel, wie Sie einen geschrieben haben. Diese Erwägung ist übrigens auch der Grund, aus dem wir im Falle Schumann unser Vorgehen nicht an die große Glocke hängen, sondern ihn im Stillen erledigen."[92]

Laue plädierte für die Wiedereinführung von Rechtsgrundsätzen und schloss:

> „Im Übrigen verkenne ich keineswegs die gute Absicht, welche Sie beim Schreiben Ihres Artikels geleitet hat.“[93]

Max von Laues Ausführungen waren der Ausdruck eines im Dritten Reich stets gehegten Wunsches nach Rechtsstaatlichkeit, wie die Briefe an den Sohn zeigen, die der Vater aus dem Ausland schrieb. Als er Anfang August 1939 in Dänemark war, hieß es:

> „Deutschland braucht Leute Deiner Gesinnung und Begabung zur Wiederaufrichtung eines Rechtsstaates, gleichviel, wie dieser im Einzelnen aussehen mag.“[94]

Und aus Neuchâtel am 24. August 1939 beschwört er förmlich den Sohn,

> „dass Du […] mitzuwirken strebst an der Aufrichtung eines Rechtsstaates, eines Staates, in welchem sich die Freiheit auf das Recht stützt, in welchem das Recht an erster Stelle steht. Wie die junge Generation, die das machen muss, es im Einzelnen einrichtet, ist ihre Sorge. Aber Recht muss gelten, Recht, Recht!“[95]

Was sich Laue für seine Zukunft wünschte, vertraute er Hartmut Kallmann in einem Brief an:

> „Ich hänge mit allen Fasern meiner Seele an den Erinnerungen an Berlin und Zehlendorf und Dahlem, wenngleich ich weiß, daß ich diesen Empfindungen nicht nachgeben darf und kann.“[96]

Zum Wintersemester 1947/48 nahm Laue die Vorlesungstätigkeit an der Göttinger Universität auf. Er las jedoch nicht über Röntgeninterferenzen, sondern über die Geschichte der Physik in weitem Sinn, denn er bezog auch Entdecker wie Columbus und Vasco da Gama ein. Das handschriftliche Konzept für die Vorlesung enthält überwiegend biographische Daten und nur kurze Texte.[97]
Max von Laue bat Lise Meitner, Max Born, Hendrik A. Kramers und Nevill Mott brieflich um Beiträge für ein Heft der „Annalen“ zum 90. Geburtstag von Max Planck.

„Wir sind uns darüber klar, daß es aller Voraussicht nach ein Gedächtnisheft werden wird, denn sein jetziger Zustand wird sich wohl kaum bis dahin hinziehen."[98]

Max Planck starb am 4. Oktober 1947 in Göttingen. Max von Laue würdigte ihn in einem Nachruf.[99] Lise Meitner konnte zur Beisetzung nicht kommen, und Laue schilderte ihr die Feier, die am 7. Oktober vormittags in der Kirche St. Albani in Göttingen stattfand. Er berichtete auch von der Rede von Professor Friedrich Gogarten,

„[...] der sehr verständnisvoll und geschickt auf Stellen in Plancks Vorträgen einging. Ich habe selten eine so gute Trauerrede gehört."[100]

Zur musikalischen Umrahmung, zu der der Sarg herausgetragen wurde, bemerkte er:

„[...] das zweite Mal eine Paraphrase über den Choral ‚Nun danket alle Gott'. Das entsprach wohl einem Wunsch der Familie. Und zwischendurch spielte einmal das Klingler-Quartett, das andere Mal der tiefgerührte Klingler allein. Sonstige Reden hielten nur Hahn und ich. Die meine gedenke ich Ihnen noch beizulegen, wie ich sie heute zu rekonstruieren versuchte. Sie vorher festzulegen, ist mir nicht gelungen."[101]

Max von Laue ließ seine Ansprache später drucken.[102] In der Rede gab er einen Lebensabriss und wies am Ende auf die Kränze der verschiedenen Organisationen hin.

„Und dann liegt da auch noch ein schlichterer Kranz ohne Schleife. Den habe ich für die Gesamtheit seiner Schüler niedergelegt, zu denen auch ich mich ja zähle, als ein vergängliches Zeichen unserer unvergänglichen Liebe und Dankbarkeit."[103]

Die wissenschaftliche Arbeit an der Theorie der Supraleitung wurde fortgesetzt. Bisher war die Theorie auf kubische Kristalle beschränkt. Laue erweiterte sie, indem er λ als symmetrischen Tensor verwendete. Das führte aber zu einem asymmetrischen Spannungstensor. Es gelang ihm, aus der Hydrodynamik und der Dynamik der Relativitätstheorie eine Erklärung dafür zu finden.[104]

Die zwölfjährige Vergangenheit war keineswegs „aufgearbeitet". „Klärungen" führten wieder und wieder zu neuen Vorwürfen, nicht nur auf politischem Gebiet. Doch nicht vergleichbar war das mit dem „Krieg der Geister" im Ersten Weltkrieg. Die Frage der nicht realisierten deutschen Atombombe und der kriegswichtigen Arbeiten der Physiker gehörte dazu. Samuel A. Goudsmit hatte unter dem Kennwort des amerikanischen Bombenprojekts „Alsos" einen ausführlichen Bericht veröffentlicht. Im Oktober erschien von ihm ein Beitrag in der weit verbreiteten Zeitschrift „Life" unter dem Titel „The chief of a top-secret U.S. wartime mission tells how and why German science failed in the international race to produce the bomb".[105]
Goudsmits Buch wurde von Philip Morrison für das „Bulletin of the Atomic Scientists" besprochen. Über die Mitarbeit der Deutschen an der Atombombe – im Gegensatz zu der der Amerikaner – schrieb er allgemein anklagend:

> „But the difference, which it will be never possible forgive, is that they worked for the cause of Himmler and Auschwitz, for the burners of books and the takers of hostages."[106]

Zu dieser Stelle und dem anderen Text fühlte sich Laue verpflichtet, Stellung zu nehmen. Wieder habe sich ein tiefes Missverständnis über das Leben und Überleben in der nationalsozialistischen Diktatur gezeigt. Zuerst erwähnte Laue das tragische Schicksal der Eltern und Verwandten von Goudsmit, die in Konzentrationslagern umgekommen waren.

> „Wir haben volles Verständnis für den namenlosen Schmerz, den schon dieses Wort in ihm immer erneuern muss."[107]

Dann ging er auf den „barbarischen totalen" Krieg ein, dem die Angehörigen der Nation unterlagen.

> „Wenn es im letzten Krieg dem einen oder anderen der deutschen Wissenschaftler gelang, mit seiner Arbeit nicht in den Krieg-Strudel

hineingezogen zu werden, so darf man nicht daraus schließen, daß dies allen möglich gewesen wäre."[108]

Laue erwähnte die Möglichkeiten, politisch wie rassisch Verfolgte für „kriegswichtige" Arbeiten einzusetzen, um sie vor dem KZ zu schützen, und führte die Praxis größerer Institute an. Im KWI hatte er das selbst erlebt. Zum Ende des kurzen Beitrags fragte er nach dem Zweck des „Bulletins", einen dauerhaften Frieden zu schaffen. Diesem Zweck hätte der Beitrag von Morrison schlecht gedient, und er zitierte wieder die Aussage von Antigone „Nicht mit zu hassen, mit zu lieben bin ich da". Darüber schrieb Laue am 15. Juni 1948 an Lise Meitner:

> „Nun zu meinem Artikel im ‚Bulletin'. Er war mir einfach Herzenssache; ich konnte nicht anders. Daß ich drüben manchen Widerspruch erfahren werde, weiß ich. Ich weiß aber auch, daß das Buch ‚Alsos' keinen übermäßigen Einfluß und Anklang gefunden hat. Es wird nicht weit verbreitet.
> Man verkennt die Situation im Dritten Reich so leicht, weil selbstverständlich jede Äußerung für Hitler weit verbreitet wurde, hingegen alles Gegenteilige unterdrückt wurde. Die Macht eines heutigen Tyrannis (es gibt solche auch in sehr ‚demokratischen' Staaten) beruht nämlich zum größten Teil auf der Beherrschung aller Nachrichtenmittel."[109]

Eine Einladung von Laue zur Vorstandssitzung der Deutschen Physikalischen Gesellschaft am 20. Dezember ging auch an Walther Gerlach in Bonn. Wie Laue schrieb, hatte der Kollege Karl Willy Wagner die Berufung auf den Posten des Präsidenten der PTA abgelehnt. Nun musste weiter gesucht werden. In einer privaten Vorbesprechung wurde Richard Vieweg genannt.[110]
Die Gründung eines zweiten Firmensitzes des Berliner Springer-Verlages in Göttingen war wieder ein Zeichen der politischen und wirtschaftlichen Unsicherheit in Deutschland. Es gelang dem Verlag noch im Jahre 1947, Laues Buch „Theorie der Supraleitung" fertigzustellen. An Max Born hatte er im Juni des vorigen Jahres über die Arbeit an der Supraleitung geschrieben, es sei „seine Lebensaufgabe".[111] Die Druckgenehmigung der britischen Kontrollbehörde musste natürlich noch eingeholt werden. Es

war ein schmaler Band mit 123 Seiten. Laue betonte in der Einleitung den Zweck des Buches:

> „Diese Schrift strebt die Klärung der Anschauung über Supraleitung an, und zwar durch Ausdehnung der Maxwellschen Elektrodynamik auf die Supraleiter nach Ideen, die Fritz London 1935 und später angegeben hat. Sie soll genau so weit gehen, wie diese Erweiterung die Tatsachen deutet. Wie groß der von ihr umfaßte Bereich ist, wird der Leser sehen."[112]

Er führte die verschiedenen Schwierigkeiten bei anderen Theorien an und fuhr dann fort:

> „Die Theorie sucht sich eben der Wirklichkeit mittels sukzessiver Approximation zu nähern. Zudem haben wir bei mancher ungeklärten Tatsache den Verdacht einer gewissen Unvollkommenheit des Versuchsmaterials. [...]
> Außer Betracht bleiben daher alle atomaren, d. h. quantentheoretischen Ansätze zur Erklärung der Supraleitung. Dass erst eine solche Erklärung unseren Ansprüchen ganz genügt, weiß der Verfasser gut genug. Nur scheint die Zeit dafür noch nicht reif zu sein. [...]
> Man soll aber nicht vergessen, daß es quantenmechanische Erwägungen waren, welche Fritz London nicht nur auf die mathematische Form der hier vorgetragenen Theorie führten, sondern auch die kennzeichnende Konstante dieser Theorie, die Supraleitungskonstante λ, die nach heutiger Kenntnis richtige Größenordnung ergaben. Es fällt schwer, diese Übereinstimmung für rein zufällig zu erklären."[113]

Der Text ist in 18 Paragraphen, die meist nur wenige Seiten umfassen, gegliedert. Viele seiner eigenen Arbeiten waren eingearbeitet, ebenso fremde Ergebnisse. Die verschiedenen geometrischen Formen von Supraleitern hatten eigene Kapitel.[114]
Max von Laue verschickte seine Bücher über die Supraleitung und die Geschichte der Physik an viele Freunde. Das Buch über die Supraleitung erhielt u. a. Erwin Schrödinger, der anmerkte: „außerordentlich wertvoll". Das Buch über die Geschichte der Physik ging an Einstein, der sich bedankte:

> „Es ist wirklich verdienstlich, dass Einer, der die ganze Linie so verständnisvoll übersieht, den Philologen und Wortkrämern die Darstellung der Geschichte des menschlichen Gedenkens aus der Hand nimmt und das grosse Drama hinstellt gereinigt vom Staub der belanglosen Einzelheiten.“[115]

Das Buch über die Supraleitung wurde von Laues Kollegen Erwin Fues besprochen. Er lobte:

> „Zahlreiche wichtige Beispiele sind soweit durchgerechnet, daß ein unmittelbarer Vergleich mit den Versuchsergebnissen möglich ist, dabei eine Fülle neuer Versuche vorbereitend und anregend. […]
> Der Verfasser beschränkt sich dabei bewußt auf die theoretisch durchsichtigen Verhältnisse bei reinen Elementen […].
> Auf atomistische Theorien der Supraleitung wird nicht eingegangen, doch wird das Buch allen Fachgenossen, die sich mit dieser interessanten Erscheinung von der atomistischen oder phänomenologischen Seite her beschäftigen, ein guter Führer sein.“[116]

Die Besprechung erwähnte die Anwendung der Maxwellschen Theorie sowie Londons Theorie und im letzten Abschnitt die der Thermodynamik.[117] Walther Meißner besprach Laues Buch für die „Naturwissenschaften“ und erwähnte den Ausgangspunkt, die phänomenologische Theorie von Fritz London, und die Erweiterung durch Laue, basierend auf der Maxwellschen Theorie:

> „So aufgefaßt, gibt die Lauesche Schrift eine bewundernswert klare und einheitlich durchgeführte Theorie, die alle in Betracht kommenden Vorgänge in überraschend einwandfreier Weise erfaßt und erklärt. Darüber hinaus gibt sie vielfach Anregungen zu neuen Experimenten, was überhaupt grundsätzlich ein ganz besonderer Wert guter Theorien ist.“[118]

Es folgten eine erweiterte Inhaltsangabe und Hinweise auf interessante Einzelheiten.

> „Die Zerlegung des Stromes in einen normalleitenden und einen supraleitenden Teil erklärt die Versuche über das optisch normale Verhalten der Supraleiter und die Abhängigkeit des Hochfrequenzwiderstandes der Supraleiter von der Temperatur."[119]

Für einen außenstehenden Beobachter verlief das wissenschaftliche Leben in Göttingen wie in den Goldenen Zeiten der Zwanziger Jahre. Es gab ein großes Angebot an Vorträgen zu politischen und wissenschaftlichen Fragen, nicht nur in der Akademie. Heisenberg war wie Laue an der Supraleitung interessiert und hatte ebenfalls darüber vorgetragen. Zusammen mit Laue publiziert er einen Beitrag zur Frage: Kann man ein supraleitendes Barlowsches Rad bauen?[120]

Eingehend wurde die komplexe Frage der „Stromabnehmer" diskutiert, denn von ihnen hänge das Drehmoment des Rades ab. Die Londonsche Theorie gäbe darüber keine Auskunft. Wenn der Übergang auf das Rad durch Suprastrom erfolge, gäbe das kein Drehmoment. Wenn er auf andere Art erfolge – die Frage nach dem Material ließen die Autoren offen –, so würde sich das Rad drehen.[121]

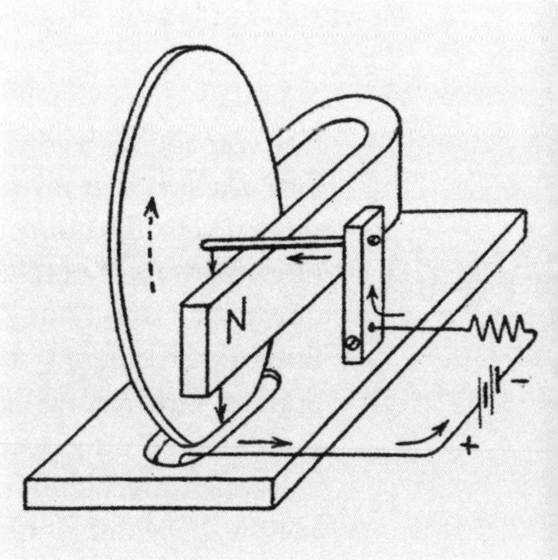

Skizze eines „Barlowschen Rades", das die Reibung der Elektronen in einem metallischen Leiter verdeutlicht.
Quelle: Pohl 1912

Ein mehr allgemeinverständlicher Beitrag macht Laues Gedanken über die Entwicklung seiner Wissenschaft und ihre Darstellung deutlich. Es war die Veröffentlichung „Was ist Materie?".[122] Im Vorwort zu seinem 1944 veröffentlichten Buch „Materiewellen und ihre Interferenzen" hatte er „persönlich den tiefsten Eindruck" von der Paarerzeugung und Paarvernichtung gewonnen. Nun begann er mit einer Analyse des Themas:

> „Auf jede Frage: ‚Was ist …' kann die Naturwissenschaft nur dadurch antworten, daß sie möglichst viele Eigenschaften des in Rede stehenden Gegenstandes aufzählt und damit

> ein Bild seines Verhaltens unter möglichst vielen verschiedenen Bedingungen entwirft."[123]

Er ging auf die historischen Wurzeln dieser Fragen in der Chemie und Physik im 19. Jahrhundert ein. Die Erfolge der Spektroskopie und das Bohrsche Atommodell, die Entdeckung der Radioaktivität und Rutherfords Forschungen schlossen sich an, um auf die Elementarteilchen überzugehen. Das Problem der Anschauung Welle – Teilchen und der Paarbildung und Paarvernichtung wurde behandelt. Kurz wurde die alles durchdringende Höhenstrahlung erwähnt. Der Schlusssatz lautete:

> „Und doch steht hier, wie von einem Blitz erhellt, auf einmal die ganze Schwere der Frage vor uns: ***Was ist Materie?***"[124]

Gegen Ende des Jahres 1947 schrieb Laue an Lise Meitner:

> „Ich lese jetzt einstündig Geschichte der Physik und arbeite im Zusammenhang damit viel an meinem Büchlein darüber. Das kommt freilich der zweiten Auflage nicht mehr zu Gute, die schon im Druck ist [...]."[125]

Es war noch Platz für Frau von Laue:

> „Liebes Fräulein Meitner!
> Das war aber lieb von Ihnen, mir einen so herzlichen Brief zu schreiben! Da sich hier alles nur um meinen Mann dreht, fühle ich mich nur zu sehr als quantité négliable und als Kocherl. Mein Mann ist hier mehr als je beschäftigt und hat nie für sich selbst, geschweige denn für seine Frau Zeit. Da ich seit Monaten an einem kranken Fuß und an einem kranken rechten Arm leide – die besten Orthopäden am Orte können nicht helfen, so fördert das auch nicht gerade meine Stimmung, kann ich deswegen leider nie mehr einen Spaziergang unternehmen, der mich wieder ins Gleichgewicht bringen könnte. [...] Frau Hahn sieht seit ihrer Krankheit nicht weiter als ihr Staubtuch, sodaß man nichts von ihr hat."[126]

Am 23. April 1948 sollte eine Gedenkfeier für Max Planck stattfinden; das verlangte eine rechtzeitige Vorbereitung. Vorgesehen wurden Ansprachen

von Vertretern der Berliner Akademie, der Royal Society und der Berliner Universität, von Otto Hahn sowie Reden von Max von Laue, Werner Heisenberg und Richard Becker, auch die Schwedische Akademie wurde eingeladen und Lise Meitner.
Ende November schickte Laue eine Untersuchung mit dem Titel „Londons Theorie für nicht-kubische Supraleiter" an die „Annalen".[127] Einleitend bemerkte er, dass bisher nur eine skalare mathematische Behandlung der Supraleitungskonstante λ für kubisch kristallisierende Elemente vorliege. Nun zeigte er, dass λ als asymmetrischer Tensor der klassischen Elektrodynamik für nicht-kubisch kristallisierende Elemente angewendet werden kann.[128] Nach einer Einleitung unterteilte er die Veröffentlichung in fünf Kapitel: I. Das Energieprinzip, II. Dauerströme, III. Meißner-Effekt, IV. Impulssatz und Londonsche Spannungen und V. Thermodynamik des Übergangs vom Normal- zum Supraleiter. Beim Meißner-Effekt merkte er „tiefer greifende Änderungen" an, zu IV. bemerkte er:

> „Die Kräfte, welche ein stationäres magnetisches Feld auf den Supraleiter ausüben, müssen ausschließlich an der Begrenzung wirken. Die Theorie muß daher einen Mechanismus ausfindig machen, welcher die Volumenkräfte des Feldes aufhebt und sie auf die Grenzfläche überträgt. […] So sorgt also die Unsymmetrie des Tensors […] dafür, daß der Suprastrom stationär fließen kann."[129]

Die Zukunft der geliebten Physik musste von der jüngeren Generation gestaltet werden, und Laue hatte schon in den Jahren in Berlin Talente gefördert. Im November 1940 hatte er gegenüber Lise Meitner die Beugungsversuche von Elektronen an einer Kante von Hans Boersch lobend erwähnt. Um Boersch, dessen wissenschaftliche Arbeiten er weiter verfolgt hatte, eine gesicherte Position zu verschaffen, bot er ihm im Dezember die Stelle eines Oberregierungsrates mit einem Mitarbeiter, einem Mechaniker, zwei Hilfskräften, Werkstattbenutzung und Laborräumen in der neuen PTA an. Einige Jahre später – Laue war bereits in Berlin – wurde Boersch von diesem Posten an die Technische Universität in Berlin als Ordinarius berufen.[130]

Die politischen Spannungen zwischen den drei West-Alliierten und der Sowjetmacht nahmen deutlich zu, ihre Allianz war praktisch zerbrochen.

Nachdem Anfang 1947 die Amerikanische und die Englische Zone zur Bizone vereinigt wurden, kam nun die Französische Zone dazu. Die Verwaltung der drei West-Zonen wurde nach und nach deutschen Behörden übertragen. Bereits im Februar 1947 hatten die Alliierten den Staat Preußen aufgelöst.

Am 16. Januar erhielt Otto Hahn die Nachricht, dass die Gründung einer Max-Planck-Gesellschaft zur Förderung der Wissenschaften in der Bizone genehmigt wurde. Die Militärregierungen setzten ein Komitee, bestehend aus Otto Hahn, Ernst Telschow, Max von Laue, Richard Kuhn und Erich Regener, ein, um die Gesellschaft zu konstituieren.[131] So konnte sich Laue wieder nicht vorrangig seiner Physik widmen. Seine Veröffentlichungen erhielten nun aber am Ende den Hinweis „***Göttingen***, Max-Planck-Institut für Physik".

Gründungssitzung der Max-Planck-Gesellschaft in Göttingen, 26. Februar 1948, v. l. n. r.: Theo Goldschmidt, Wilhelm Bötzkes, Erich Regener, Adolf Grimme, Otto Hahn, Max von Laue, Richard Kuhn und Adolf Windaus.
Quelle: Archiv der Max-Planck-Gesellschaft, Berlin-Dahlem

Zwei Arbeiten zur Supraleitung wurden Anfang 1948 fertig. Im März lieferte Laue eine ausführliche mathematische Untersuchung über „Supra-

leitung und elektrodynamisches Potential" bei der Redaktion der „Zeitschrift für Physik" ab.[132] Es wurde wiederum von den Maxwellschen Gleichungen ausgegangen und die Frage – bei einem Supraleiter – nach der Arbeit gestellt, die geleistet werden muss, wenn ein quasistationäres Magnetfeld eine Änderung seiner Geometrie erfährt.
Zwei Monate später gab es eine tabellarische Übersicht über die Supraleitung und ihre Kristallklassen, die an seine Veröffentlichung „Londons Theorie für nicht-kubische Supraleiter" anschloss.[133]

Kaum war auch ein Max-Planck-Institut für Physikalische Chemie beschlossen, da machte Laue – sehr wahrscheinlich nach einer Absprache mit Otto Hahn – am 8. März einen Vorschlag zur Gründung eines Max-Planck-Instituts für Strukturerforschung.

> „Es soll vor allem derjenigen Untersuchung der Materie dienen, welche Röntgen- und Elektronen-Interferenzen benutzt, jedoch andere Methoden zu demselben Zwecke, wie z. B. Elektronenspektroskopie keineswegs ausschliessen. Später vielleicht, wenn die jetzt der deutschen Forschung auferlegten Beschränkungen fortfallen, kann man die äusserst wichtige Untersuchung mit Neutroneninterferenzen hinzunehmen."[134]

Einen Großteil dieses Programms für insgesamt fünf Abteilungen konnte Laue vier Jahre später im Institut in Berlin aufnehmen.[135]
Am 23. April fand in Göttingen die Gedenkfeier für Max Planck mit musikalischer Umrahmung statt. Ansprachen gab es von Otto Hahn, dem Präsidenten der MPG, und dem Vertreter der Deutschen Akademie der Wissenschaften zu Berlin (im Ostsektor der Stadt). Sir Charles Darwin sprach im Namen der Royal Society, gefolgt vom Rektor der Universität Berlin. Die Gedenkreden hielten Max von Laue, Werner Heisenberg und Richard Becker. Auch Lise Meitner konnte nach Göttingen kommen und schrieb, zurück in Stockholm, an ihre Freundin Elisabeth Schiemann:

> „Aber im Ganzen war ich aufrichtig froh, einmal wieder in Deutschland gewesen zu sein und mit Hahn und Laue und manchen anderen gesprochen zu haben."[136]

Mit anderen hatte sie Schwierigkeiten, über die Vergangenheit zu reden.[137] Dann kam Max von Laue der schon im Vorjahr erfolgten Einladung nach Tübingen nach, um über Max Planck zu sprechen. Am 8. April berichtete er ausführlich über den Lebensweg seines verehrten Lehrers. Dabei zeigte sich, dass Planck ihm wohl manches aus seinem Leben erzählt hatte, u. a. über die kritische Haltung von Adolf von Baeyer in München zur Theoretischen Physik und von Kirchhoff in Berlin zu Plancks Dissertation. Besonders lobte Laue den Einsatz seines Lehrers für die Durchsetzung der Entropie in der Thermodynamik. Für einen Kenner von Laues frühen Arbeiten war eine Passage über Mosengeils Dissertation bei Planck interessant, die durch Laue nach Mosengeils frühem Tod 1906 revidiert wurde. Denn Laue nannte sich im Vortrag selbst nicht. Der Hauptteil des Vortrages war Plancks Arbeiten zur Strahlung gewidmet, seinem Einfühlungsvermögen, den Zusammenhang zwischen Energie und Entropie zu erkennen. Daran schloss sich eine Würdigung des Wirkens von Planck in der Preußischen Akademie der Wissenschaften an. Kurz ging Laue auf die Zeit nach 1933 ein, um dann die vielen öffentlichen Vorträge von seinem Lehrer zu erwähnen.[138]
Trotz oder vielleicht gerade durch den Besuch von Lise Meitner in Göttingen nahm sie die Auseinandersetzung über die Vergangenheit im Dritten Reich mit Laue wieder auf. Nach einigen Bemerkungen über Plancks Italienaufenthalt im Januar 1933 und ihre Kritik[139] gab der Freund ihr gegenüber zu bedenken:

> „Sie und weite Kreise im Ausland machen den Deutschen und besonders den deutschen Gelehrten zum Vorwurf, sie hätten Hitler nicht genug Widerstand geleistet. Haben denn jene Kreise im Auslande irgend einen Widerstand versucht, der doch für sie ohne jede Gefahr gewesen wäre? Ich erinnere mich nicht, daß irgend eine fremde Regierung nach dem 30. Juni 1934 ihr Mißfallen über die Morde in amtlicher Form zu erkennen gegeben hätte; und dabei wäre es doch wohl der Mühe wert gewesen, einmal zu versuchen, ob man den Hitler, durch Abbruch der diplomatischen Beziehungen mit ihm, zum Sturz bringen könnte. Und im Jahre 1936 haben jene angeblich so entrüsteten Kreise nicht auf das bißchen Vergnügen verzichten wollen, zur Olympiade zu kommen, sondern sind in hellen Scharen nach Berlin gereist. Es ist zweifellos richtig, daß

bei uns gesündigt wurde, aber vielmehr wurde gesündigt im Auslande, mehr deswegen, weil dort eine Opposition völlig gefahrlos gewesen wäre."[140]

Laue ging dann auf Lise Meitners Rückkehr in das MPI für Chemie ein; es war in Mainz linksrheinisch errichtet worden, und Fritz Straßmann hatte mit Billigung von Otto Hahn bei Lise Meitner angefragt, ob sie ihren Posten als Leiterin ihrer Abteilung wieder aufnehmen würde. Doch sie lehnte ab. Laue schrieb dazu:

„Sie erwähnen einige törichte Äußerungen, die Sie nach dem ersten Weltkrieg zu hören bekamen. Ich zweifle keinen Augenblick, daß Sie auch jetzt hin und wieder etwas derartiges zu hören bekämen; aber was geht Sie das an?
Wohin würden wir kommen, wenn wir alles, was hier gesprochen oder geschrieben wird, beachten wollten. Ich will Ihre Entschlüsse in keiner Weise beeinflussen, aber dieses eine Argument gegen Mainz macht mir keinen Eindruck."[141]

Die Physiker wollten nun die Wiederaufnahme der Verleihung der „Planck-Medaille" erreichen. Doch Gold wäre zur rar und zu teuer gewesen. Max Born war als Preisträger ausgewählt worden, und Sommerfeld schlug Lise Meitner vor, aber Laue meinte, es wäre besser, wenn Medaillen an Otto Hahn und Lise Meitner gegeben würden.[142]
Seit über vier Jahrzehnten beschäftigte sich Laue mit der Relativitätstheorie. Wann er auf den Physiker Ludwig Lange (1863–1936) und dessen Veröffentlichung zum Problem der Relativitätstheorie gestoßen war, gab er in der kleinen Veröffentlichung nicht an.

„Ludwig Lange hat das von Copernikus, Kepler, Newton nicht vollständig gelöste Problem des physikalischen Bezugssystems so weit zum Abschluß gebracht, daß erst die Einsteinsche Relativitätstheorie etwas Neues hinzufügte."[143]

Die Beiträge der drei Genannten analysierte Laue auf ihre Aussagen hin wie auch Langes Text:

„Lange's Lösung des Problems setzt an die Stelle jenes ‚etwas gespenstischen' absoluten Raumes und der absoluten Zeit die klaren Begriffe des Inertialsystems und der Inertialzeit. Alles ist bei ihm in zwei Definitionen und zwei Theoremen enthalten. [...]
Theorem I: In bezug auf ein Inertialsystem ist auch die Bahn eines jeden vierten sich selbst überlassenen Punktes geradlinig. [...]
Theorem II: Rücksichtlich einer Inertialzeitskala ist auch jeder andere sich selbst überlassene Punkt in seiner Inertialbahn gleichförmig bewegt. [...]
Die Definitionen haben ihren Sinn ohne jede Rücksicht auf die Erfahrung; freilich hätten sie wenig Wert, spräche nicht die Erfahrung für die Richtigkeit der beiden Theoreme."[144]

Laue ging dann kurz auf Ergebnisse von langfristigen astronomischen Beobachtungen ein:

„Erst Lange's Definitionen geben solchen Untersuchungen einen Sinn."[145]

Einige Angaben zum Lebensweg von Lange sowie sein Verhältnis zu dem Psychologen Wilhelm Wundt und die Wiedergabe von Wundts Lebens- und Krankengeschichte ergänzen Laues Bericht.[146]
In diesem Jahr musste Laue für die Reihe „Library of Living Philosophers", herausgegeben von Paul Arthur Schilpp, seinen Beitrag „Inertia and Energy" für den Band über Albert Einstein fertigstellen, denn der sollte im nächsten Jahr erscheinen. Der Text wurde ins Englische übersetzt.[147] Laue setzte sich auch für eine Veröffentlichung der Fassung auf deutsch ein, die der Verlag Kohlhammer in Stuttgart zwei Jahre später realisieren konnte. Einleitend in Kapitel I umriss Laue das Thema:

„In der heutigen Physik spielen Erhaltungssätze eine fundamentale Rolle. Ihrer sind drei im wesentlichen: Das Trägheitsprinzip, welches die Erhaltung des Impulses aussagt, das Energieprinzip, das die Erhaltung der Energie behauptet, und der Satz von der Erhaltung der Elektrizitätsmenge. Zwar kommen auch andere vor, z. B. der von der Konstanz der trägen Masse. Aber dieser ist, soweit wir ihn noch als richtig anerkennen, identisch geworden mit dem Satz von der Erhaltung der Energie. Schließlich verschmelzen für moderne, relativistische Betrachtung auch noch Impuls- und Energiesatz zu einer Einheit. Diese Verschmelzungen bilden das Thema der folgenden Ausführungen."[148]

Noch in der Einleitung behandelte Laue die Unveränderlichkeit der elektrischen Ladung, die Michael Faraday 1843 mit dem „Eiseimer-Versuch" eindringlich gezeigt habe. Das und der Energiesatz, deren wechselvolle Geschichte und Verflechtung wurden durch Laue in den folgenden Kapiteln behandelt.
Kapitel II unter dem Titel „Der Impulssatz in der Newtonschen Mechanik" umfasst eine historische Übersicht chemischer Reaktionen zur Erhaltung der Masse mit der Würdigung von Galileo Galilei, René Descartes, Christiaan Huygens, Leonhard Euler, John Wallis, Louis Poinsot sowie Hans Landolt.

„Als ***physikalisches*** Problem war die Mechanik durch Newton erledigt. Die Mathematiker zwar hatten noch anderthalb Jahrhunderte mit ihr zu tun. Sie errichteten dabei ein Gebäude von einer architektonischen Schönheit, von der Newton selbst nichts geahnt hatte."[149]

Das mit „Der Energiesatz" überschriebene Kapitel III enthält nochmals einen historischen Rückblick mit den Namen der Hauptbeteiligten: Gottfried Wilhelm Leibniz, Johannes Bernoulli, Leonhard Euler, Jean-Victor Poncelet, Thomas Young, Sadi Carnot, Émile Clapeyron, Robert Mayer, Ludwig August Colding, James Prescott Joule, Hermann von Helmholtz, William Thomson (Lord Kelvin), Wilhelm Ostwald, Hans Geiger und Walther Bothe. Unter IV. „Die Lehre von der Energieströmung" steht:

„Die Zeiten wandelten sich, die physikalische Erkenntnis drang tiefer. Nicht eine scharfe Scheide trennte zwar die Epoche, welche mit dem Durchbruch des Energieprinzips abschloß, von der folgenden Periode, deren Kennzeichen die Verdrängung der Fernwirkungstheorien durch die dem Kausalprinzip besser entsprechende Nahewirkungsvorstellung ist."[150]

An Namen führte Laue an: Heinrich Hertz, Gustav Mie, Hermann von Helmholtz, Michael Faraday, James Clerk Maxwell, John Henry Poynting,

Pjotr N. Lebedev, Ernest Fox Nichols und Gordon Ferrie Hull, Walther Gerlach und Alice Golsen, Henri Poincaré, Max Abraham, Max Planck, Kurd von Mosengeil, Frederick Thomas Trouton und Henry R. Noble, Rudolf Tomaschek sowie Albert Einstein. Im Abschnitt V. „Die Trägheit der Energie" heißt es:

> „Die Erkenntnis von der Trägheit der Energie schlechthin veröffentlichte Einstein 1905 (***Annalen der Physik 18, S. 639***), also noch im gleichen Jahr, wie die Grundlegung der Relativitätstheorie. Er leitete sie relativistisch ab. Und in der Tat bedarf eine strenge Herleitung dieses Ausgangspunktes."[151]

Als Ausgangspunkt der Erklärung wurde ein einfacher Versuch mit einem leeren zylindrischen Hohlraum mit Endplatten gedacht, bei dem von einem Ende A zum anderen Ende B Hertzsche Schwingungen oder Licht geschickt wurden, die bei B vollständig absorbiert wurden. Dann wurde durch die Bewegung von A auf B die Rückgabe der auf B gespeicherten Energie vollzogen.

> „Zum Schluß ist die Energie verteilt wie am Anfang, es bleibt aber eine Schwerpunktverschiebung vom Betrage $L/M\ (\Delta E/c^2 + m_2 - m_1)$ in der Richtung $B \rightarrow A$ übrig.
> Ist das nun glaubhaft, daß der Zylinder seinen Schwerpunkt, also im Endeffekt sich selbst, verlagern kann ohne Einwirkung von außen und ohne Veränderung in seinem Inneren? Das widerspricht nicht nur der Mechanik, sondern auch unserer ganzen physikalischen Anschauung, in der ja alte, wertvolle, wenn auch nicht immer bewußte und geklärte Empirie steckt."[152]

Dann klärte Laue das Problem:

> „Energie bedingt also träge Masse. Läßt sich ***alle*** träge Masse auf den Energieinhalt des Körpers zurückführen? Gilt die weitergehende Beziehung $m = E/c^2$? Die Relativitätstheorie hat diese Frage von Anfang an als Hypothese bejaht."[153]

Es folgte ein Lob auf Hermann Minkowskis mathematische Darstellung, der Zusammenfassung im Energie-Impuls-Tensor. Kurz ging Laue in Kapitel VI auf die Trägheit der Energie in der Kernphysik ein. Abschließend führte er aus:

> „Aber noch mehr: Werden sich die Begriffe des Impulses und der Energie auch in jede zukünftige Physik übernehmen lassen? W. Heisenbergs Ungenauigkeitsrelation, derzufolge man nicht Ort und Impuls eines Teilchens gleichzeitig beliebig genau festlegen kann – ein Naturgesetz steht dem entgegen –, kann für jeden kausal denkenden Physiker doch nur die Bedeutung haben, daß wenigstens einer der beiden darin vorkommenden Begriffe Ort und Impuls zur Beschreibung des Tatbestandes unzureichend ist. Einen Ersatz dafür kennt die derzeitige Physik aber nicht. Wir empfinden hier wohl besonders lebhaft, daß die Physik nie abgeschlossen ist, sondern in einer ewigen Umwandlung der Wahrheit schrittweise näher kommt.“[154]

Am 21. Juni wurde in den Westzonen die D-Mark eingeführt. Die in Reichsmark angelegten Konten wurden 10 : 1 abgewertet. Das Warenangebot nahm „überraschend“ zu. Als Reaktion auf diese Anordnung wurde von der sowjetischen Regierung eine Blockade der drei Westsektoren in Berlin verhängt und der Zugang verweigert. Westberlin wurde daraufhin durch eine Luftbrücke so gut wie möglich mit Lebensmitteln, Kohle für die Elektrizitäts- und Gaswerke und anderen lebenswichtigen Gütern versorgt. Je zwei mal zwei Stunden gab es täglich zu wechselnden Zeiten elektrischen Strom für die Haushalte, Geschäfte und für viele öffentliche Einrichtungen, wie Schulen, was vor allem im Herbst und Winter zu erheblichen Einschränkungen führte.

In Berlin gab es nach der Kapitulation 1945 von der Kaiser-Wilhelm-Gesellschaft noch das frühere Institut für Physikalische Chemie und Elektrochemie, das unter der Leitung von Peter Adolf Thiessen nationalsozialistisch geleitet und an dem kriegswichtige Forschung betrieben worden war. Thiessen folgte nach Kriegsende einem Angebot der Sowjetunion. Das KWI und verschiedene andere Forschungseinrichtungen wurden 1948 zur „Deutschen Forschungshochschule“ zusammengeschlossen. Für das Habersche Institut wurde 1947 der Physiko-Chemiker Robert Havemann als Leiter eingesetzt. Er gehörte im Dritten Reich zum politischen Widerstand. Zum Tode verurteilt wurde er in seiner Zelle mit kriegswichtigen Arbeiten beschäftigt und 1945 befreit.[155]

Max von Laue dürfte von dieser Problematik gewusst haben, ob aber im Kreis von Otto Hahn, Werner Heisenberg, Laue, Ernst Telschow und Carl Friedrich von Weizsäcker in Göttingen das Berlin-Problem diskutiert wurde, ist leider nicht überliefert, obwohl viele der Beteiligten eigene Häuser in Berlin hatten. Beispielsweise war das Haus Laues durch die Behörden an vier Familien vermietet worden.

Normalerweise verfolgt ein Wissenschaftler ***ein*** wissenschaftliches Problem, insbesondere im höheren Lebensalter, doch Laue leistete nach wie vor wichtige Beiträge zur Supraleitung, zu den Röntgeninterfrequenzen und dem Verständnis der Relativitätstheorie. Noch vor seiner USA-Reise schloss er eine wichtige Veröffentlichung ab, die in den 1950er Jahren immer wieder Anlass zu neuen Publikationen gab: „Die Absorption der Röntgenstrahlen in Kristallen im Interferenzfall".[156]

Gerhard Borrmann hatte in Hechingen seine Untersuchungen an perfekten Kristallen unter schwierigen Verhältnissen fortführen können. Die Zusammenfassung der Veröffentlichung von Laue war in Englisch verfasst:

> „Experiments by Borrmann show that the absorption of the primary X-ray in a perfect crystal is affected, and sometimes reduced, by the presence of diffracted rays. The paper discusses the case where both the primary and the diffracted rays leave the crystal slab by the same face; the change of absorption of the primary ray is calculated according to the dynamical theory of X-ray diffraction and is found to be in general agreement with Borrmann's observations."[157]

Im Kapitel über die „Problemstellung" wies Laue darauf hin:

> „Die ***Wellenfelder***, welche dabei an die Stelle der einfachen ebenen Welle treten, erleiden grundsätzlich eine ganz andere Absorption. Nun ruft eine ebene Welle, wenn sie auf einen Kristall trifft, in diesem zwei Wellenfelder hervor, die sich auch in der Absorption

unterscheiden; und dies bedingt eine Komplikation der Verhältnisse, welche eine genaue Durchrechnung notwendig macht […]."[158]

Er beschrieb kurz die Versuche von Borrmann

„[…] über den Durchgang von Röntgenstrahlen durch dünne, streng einkristalline Schichten kennzeichnende Interferenzeinflüsse auch in der Intensität des direkt durchgehenden Strahls."[159]

Dann ging Laue auf die verschiedenen Schwärzungen der Fotoplatte ein. Diese Erscheinungen seien der Grund für die folgenden Ausführungen zu einer Theorie. Er erwähnte zur Lösung das fünfte Kapitel seines Buches über Röntgenstrahlinterferenzen. Im Kapitel 3, „Die Absorption einzelner Wellenfelder", wurde die Bildung zweier Wellenfelder, die er mit + und – bezeichnete, mathematisch untersucht.

„Die beiden von der einfallenden Welle gleichzeitig angeregten Wellenfelder erleiden also verschiedene Absorption."[160]

Im vierten Abschnitt wurde das Zusammenwirken der beiden Wellenfelder mathematisch behandelt. Für ein Beispiel (Laue wählte eigenartiger Weise NaCl aus) wurden die Intensitäten des direkt durchgehenden und des abgebeugten Strahls graphisch dargestellt.[161]

In der Zwischenzeit hatten die Aktivitäten für die USA-Reise des Ehepaares Laue etwas hektische Formen angenommen, und Ronald Fraser war voll beschäftigt, alles zu regeln. Im Vorfeld war Laue politisch vom Military Government Department of Public Safety (Special Branch) überprüft worden.[162]
Noch vor Antritt der Reise kam eine bedeutende Ehrung aus den den USA. Am 12. Mai ernannte die „American Academy of Arts and Sciences" Max von Laue zum „Foreign Honorary Member".
Am 9. Juli begann die große Reise, die zuerst in die Niederlande führte, wo das Ehepaar vier Tage mit Freunden und Museumsbesuchen sowie Paul Peter Ewald und Franz Simon verbrachte.

> „Eine besondere Freude war das Wiedersehen mit einem jungen Holländer, der 1942–1943 als Zwangs-Verschleppter in Berlin war und oft sonntags in unserem Hause zu Gast gewesen war."[163]

Am 14. Juli ging es von Rotterdam mit dem Dampfer nach New York. Sie wurden dort abgeholt und trafen bald Theo. Zusammen ging es nach Cap Code, East Sandwich, wo die Schwiegertochter bereits mit dem Enkel wartete. Max von Laue freute sich über den 22 Monate alten Enkel Christopher, mit dem er am Strand gut spielen konnte, wie er an Lise Meitner berichtete: „Aber am Meisten beschäftigt sich Theo mit ihm. Er war ja stets sehr kinderlieb."[164]
Dann besuchten sie den recht kranken James Franck und nahmen in Cambridge am ersten Internationalem Kongress der Kristallographen-Union teil. Dort wurde Max von Laue zum Ehrenpräsidenten gewählt (in den Vorstand konnte er als Deutscher nicht gewählt werden). Seine Begeisterung über den Kongress musste er Lise Meitner mitteilen:

> „Es war eine solche Fülle guter Vorträge, wie ich sie selten auf einem Kongresse erlebt habe. Daß man jetzt die Kristallinterferenzen auf Neutronenstrahlen anwendet, wird Ihnen bekannt sein. Es wurden wunderschöne neue Ergebnisse bekannt gegeben und die zugehörigen Aufnahmen herumgezeigt. Schade, daß man dazu Uranpiles braucht! So haben wir armen Europäer wenig Aussicht, uns an diesen Versuchen zu beteiligen. Mir macht es besondere Freude, daß die elementare Theorie dieser Interferenzen für Neutronen eine noch bessere Annäherung darstellt als für Röntgenstrahlen."[165]

Laue erwähnte seine Arbeit darüber in der zweiten Auflage seiner „Materiewellen". Die Ergebnisse der Kristallzüchtung, insbesondere von großen Quarzkristallen, begeisterten ihn ebenfalls. Sie sollten wenige Jahre später für die Arbeiten von Borrmann in Berlin, in dem von Laue geleiteten MPI, von Bedeutung werden.
Von Cambridge brachte sie der Schwiegersohn von James Franck, Arthur von Hippel, in sein Blockhaus in den Bergen von West Hampshire und dann in das Haus in den Bergen, das Theodors Frau von ihren Tanten geschenkt bekommen hatte. Max von Laue musste für zwei Tage nach Chicago, wo ihm die Ehrendoktorwürde der Universität verliehen wurde.

Dass er mit „champion of freedom“ betitelt wurde, teilte er Lise Meitner nicht mit. Er schrieb ihr, er läse viel Zeitung.

> „Viel steht über Berlin und Moskau darin; erfreulich ist es nicht. Die Amerikaner sind sicher, daß sie einen eventuellen Krieg gegen Rußland gewinnen würden, wenn auch mit großen Opfern, die sie lieber vermeiden. Den Gesichtspunkt, daß dann die westeuropäischen Völker Entsetzliches leiden müßten, […] findet man selten ausgesprochen.“[166]

Die Max-Planck-Gesellschaft sei in Amerika völlig unbekannt. Frau von Laue berichtete im selben Brief etwas entsetzt vom täglichen Leben, insbesondere von der völlig anderen familiären Arbeitsteilung im Haushalt zwischen Mann und Frau, aber auch von einer Entfremdung durch unterschiedliche Einstellungen:

> „Dies geht soweit, daß Theo von seiner Frau und Familie beeinflußt ist. Daß er sich für uns schämt, und wir absolut nicht einander verstehen – er hört kaum zu, wenn wir von Europa erzählen, und dabei fällt es uns wirklich schwer, was zu erzählen, wenn der andere Teil nicht hören will. So sind wir uns nicht näher gekommen, eher entfremdeter durch die andere Einstellung.“[167]

Sie erwähnte dann, dass ihr Mann nie zu dem Arbeitspensum gekommen wäre, wenn sie nicht die größere Hälfte des Haushalts bestritten hätte.[168] Fast einen Monat später bekam Lise Meitner den nächsten Bericht aus den USA, diesmal aus Princeton, dem Institute for Advanced Study, mit Laues herzlichem Geburtstagsglückwunsch. Er begann mit einem Rückblick auf ihr erstes Treffen 1908 oder doch erst 1919 in Berlin.

> „Und wir haben seitdem in treuer Freundschaft vieles zusammen erlebt, von der Beratung des verzweifelnden Kollegen Haber bis zu Besteigung des Kaputschin [?]. Wie oft wir bei unserem gemeinsamen hochverdienten Lehrer und Freund Max Planck gemeinsam gewesen sind, entzieht sich jeder Abschätzung […].“[169]

Er würdigte Lise Meitners Verdienste um die Wissenschaft.

> „Jedenfalls wird die Geschichte der Wissenschaft dereinst von zwei großen Physikerinnen dieser Zeit sprechen und wird, wenn sie vernünftig ist, die Frage, wer die Größere war, nicht stellen, sondern froh sein, daß zwei von dieser Art da waren. Die Deutsche Physikalische Gesellschaft in der Britischen Zone hat jedenfalls in Anerkennung Ihrer hohen Verdienste Ihnen die Ehrenmitgliedschaft verliehen."[170]

Und er gratuliert ihr zu dieser Ehrung.[171]
Insgesamt besuchte Laue in den USA zwölf Universitäten. Über die sehr wahrscheinlich stattgefundenen Treffen mit Einstein hat Laue weder Lise Meitner noch Walther Meißner berichtet.

Zum Jahresanfang schrieb Laue aus Pasadena an Frau Dr. Ilse Rosenthal-Schneider in Australien. Sie war in den zwanziger Jahren bei ihm, Planck sowie Einstein Hörerin gewesen. Er dankte für den Weihnachtsbrief und antwortete auf ihre Frage, ob er nicht in den USA bleiben wolle. Seine Antwort lautete entschieden „Nein". Er führte zuerst gesundheitliche Gründe an, um dann auf den Hauptgrund zu kommen,

> „[...] daß ich hier nie etwas anderes sein kann, als das fünfte Rad am Wagen, und daß man mich in Deutschland braucht. Der Kern des deutschen Problems scheint mir die Wiederherstellung einer kulturtragenden Schicht, nachdem die alte, das so übel beleumundete Bürgertum, unter den Anfeindungen von Rechts und Links und von außerhalb, freilich nicht ohne eigene Schuld, zusammengebrochen ist. Der Wert jedes Volkes richtet sich nach seinen kulturellen Leistungen, und dies gilt doppelt und dreifach jetzt für uns, da uns jede andere Betätigung verschloßen ist. Aber es sind nicht mehr viel in Deutschland, die an dieser Aufgabe mit einigen Erfolgsaussichten arbeiten können."[172]

Laue hielte es für seine Pflicht, in Deutschland auszuharren, trotz aller Schwierigkeiten und Gefahren. Über die deutsche Geschichtsphilosophie kam er auf einen Vortrag von Sohn Theo über Leopold von Ranke und den Historizismus. Das Manuskript gab der Sohn ihm zum Lesen, und

Laue war seinem Sohn sehr dankbar für diese Belehrung.[173]
„Auf Vorrat“ gratulierte Laue noch während der Reise Einstein vorzeitig am 20. Februar zum 70. Geburtstag, denn sie würden an diesem Tag auf dem Atlantischen Ozean sein. Er erinnerte ihn an ihr erstes Treffen im August 1906 im Schweizer Patentamt, wo er ihn im Gang in Hemdsärmeln traf. Er hoffte, ihn noch am 3. März in Princeton zu sehen.[174]
Etwas verspätet brachte „Reviews of Modern Physics“ Laues Geburtstagsglückwunsch für Einstein mit einer komprimierten Angabe der wissenschaftlichen Leistungen und dem Echo auf sie.[175] Laue fragte: Was verehre man an Einstein am Höchsten? Nachdem er die mathematische Befähigung, die Vielseitigkeit seiner Begabungen, Unbefangenheit gegenüber bestehenden Theorien erwähnte, kam er zu dem Schluss:

> „Vielmehr steht über dem die schlechthin geniale, unmittelbare und, wenn sie einmal ausgesprochen ist, so einfache Einsicht in das, was in der Natur wesentlich ist. Sie hat sich in den beiden Zweigen gleichmässig bewährt. Aber, um sie wirksam zu machen, musste noch eine Charaktereigenschaft hinzukommen, nämlich eine absolute Ehrlichkeit und ungewöhnlicher Mut der Überzeugung, um gegen uralte, eingefleischte, mächtige Vorstellungen anzukämpfen – zunächst ganz allein.“[176]

Noch während der Reise des Ehepaares von Laue wurde ein von dem amerikanischen Außenminister George Catlett Marshall initiiertes Hilfsprogramm, der „Marshall-Plan“, Realität. Nach der Ablehnung der Teilnahme des Ostblocks erhielten nur die westlichen europäischen Staaten, auch Westdeutschland und Westberlin, finanzielle und materielle Hilfe sowie Forschungsgeräte. Max von Laue wurde vertraulich über die Ford-Foundation informiert, die ein weiteres Hilfsprogramm plante. Er berichtete umgehend einigen Kollegen von diesen neuen Möglichkeiten, die auch den Austausch von Forschern und wissenschaftlichen Zeitschriften umfasse.[177]

Im März des neuen Jahres kehrte das Ehepaar nach Deutschland zurück. Vieles hatte sich grundlegend geändert. Die drei Westmächte hatten in der Zwischenzeit den Länderregierungen den Auftrag zur Bildung einer verfassunggebenden Versammlung gegeben. Das wurde von manchen deutschen Politikern als Gefahr für eine Spaltung Deutschlands gesehen,

doch erkannten die westlichen Alliierten das nicht an. So wurde der „Parlamentarische Rat" gegründet und die Verfassung der Bundesrepublik – das Grundgesetz – ausgearbeitet. Bonn sollte die Bundeshauptstadt werden. Die spannungsgeladene politische Situation, der Ost-West-Konflikt, führte sehr bald auf beiden Seiten Deutschlands zur Bildung von militärischen Einheiten und zur Herstellung von Kriegsgerät. West-Berlin erholte sich nach der Aufhebung der Blockade am 12. Mai nur langsam. Im Amerikanischen Sektor lag die – aus Protest gegen die Politisierung der Berliner Universität neugegründete – „Freie Universität". Die „Technische Hochschule" hieß seit 1946 „Technische Universität". An den Universitäten wurde anfänglich keine Kernphysik gelehrt. Durch die Berliner Blockade und die politisch unklare Zukunft verlor West-Berlin Wissenschaftler und auch Facharbeiter. Berufungen nach West-Berlin wurden durch die politische Insellage schwierig.
Bald nach seiner Rückkehr aus den USA informierte Laue Lise Meitner über die Zustimmung der West-Deutschen Physikalischen Gesellschaften zur Verleihung der „Planck-Medaille" an Lise Meitner und Otto Hahn.[178] Sie antwortete auf Laues Telegramm:

> „Wenn irgend eine Auszeichnung mir Freude machen kann, ist es sicher diese. Dafür werden Sie bestimmt volles Verständnis haben, der Sie – wie ich glaube – auch die Medaille besitzen und – wie ich sicher weiß – meine große Liebe und Verehrung für Planck teilen. […] Jedes Band, das mich an das alte, von mir sehr geliebte Deutschland knüpft, das Deutschland, dem ich für die entscheidenden Jahre meiner wissenschaftliche Entwicklung, die tiefe Freude an der wissenschaftlichen Arbeit und einen sehr lieben Freundeskreis gar nicht genug dankbar sein kann, ist mir ein sehr wertvolles Geschenk."[179]

Sie wolle gern nach Bonn zur Tagung – sie fand vom 5. bis 16. September statt – kommen und fragte nach den Einzelheiten der USA-Reise, die ihr Laue in einem Brief vom 30. April ausführlich beschrieb, wie auch die Treffen in den USA mit Ladenburg und Franck, Debye, Max Delbrück und Einstein:

> „Er denkt immer noch krampfhaft nach über die allgemeine Feldtheorie, aber ohne Hoffnung, die mathematischen Schwierigkeiten

zu überwinden. Trotzdem sagte mir seine getreue Sekretärin, Frl. Dukas, er habe gerade eine sehr schöne neue Veröffentlichung fertig gestellt. Sonst ist er erfreulich ruhig und abgeklärt."[180]

Hartmut Kallmann – er war noch nicht lange in den USA – schimpfe, so Laue an Meitner, wie ein Rohrspatz auf die politischen Verhältnisse in Deutschland. Überall kämen die Nazis zu Einfluss usw., und Laue bemerkt dazu: „Ganz Unrecht hat er leider nicht."[181]

Am 24. April antwortete Einstein offenbar recht verspätet auf Laues Anfrage zur Allgemeinen Relativitätstheorie:

> „Auch gegenüber Dir hab ich ein schlechtes Gewissen wegen Nicht-Schreibens. Aber endlich funktioniert es doch. Wenn Du die allgemeine Relativität bearbeitest, glaube ich, solltest Du darauf eingehen, insofern das Gravitationsgesetz des leeren Raumes das Bewegungsgesetz impliziert."[182]

Es folgten Überlegungen zur Aufgabe der Symmetrie.[183]

Gleich nach der Rückkehr von einer kurzen Reise nach West-Berlin, noch auf dem Flugplatz von Bückeburg, schrieb Laue am 2. Juli an Carl Ramsauer, der an der Technischen Universität in West-Berlin den Lehrstuhl für Experimental-Physik hatte und der letzte Vorsitzende der Deutschen Physikalischen Gesellschaft bis 1945 gewesen war. Er informierte ihn, dass die fünf regionalen Verbände sich nun in der Bundesrepublik zusammenschließen würden und lud die „Berliner" zur Sitzung in München ein.
Frau Rosenthal-Schneider erhielt eine Schilderung Laues über seine Erlebnisse in Berlin. Sie zeigen, wie das Leben in dieser Zeit in diesem Teil Berlins war:

> „Vom 29.6. bis 2.7. war ich in Berlin, zum ersten Mal seit dem Kriege. Ich wollte einen Tag länger bleiben; aber die Götter wollten die Verantwortung für meine Sicherheit daselbst nicht länger tragen als notwendig. Zudem kam ich natürlich niemals auch nur in die Nähe der russischen Zone oder gar des russischen Sektors. Ein ‚Schatten' begleitete mich vom Moment der Landung in Gatow bis zum Ein-

steigen in den Omnibus, mit dem die Royal Air Force ihre Schutzbefohlenen vom Reisebüro am Fehrbelliner Platz nach dem Flugplatz Gatow befördert. Ich fuhr dauernd mit in einem Auto der amerikanischen Militärregierung und wohnte bei einem Mitglied dieser, was natürlich sehr angenehme Seiten hatte. Nur durfte ich von dieser Wohnung aus kein Telegramm in's russisch besetzte Gebiet aufgeben; das hätte den Empfänger gefährden können. Einmal machte ich mit einer jugendlichen Verwandten einen kleinen Spaziergang am Wannsee; mein Schatten blieb stets in Sichtweite. Wenn ich dann noch hinzufüge, daß man in dem fast unbeschädigten Dahlem, in dem ich wohnte, dauernd unter dem Gebrumm der in Tempelhof aufsteigenden und über Berlin noch niedrig fliegenden Flugzeuge leidet, so haben Sie ein ungefähres Bild der Lage in Berlin; allerdings hören dies die ständigen Bewohner kaum noch."[184]

Laue beschrieb ihr auch die drei rivalisierenden Berliner Universitäten und berichtete, dass er im ehemaligen Haberschen Institut über die Supraleitung und die Wellenlängenmessung von γ-Strahlen vorgetragen habe. Er erwähnte, dass die Akademie immer mehr ins bolschewistische Fahrwasser käme.[185]
In dieser Zeit erschien von einem Mitarbeiter des „Darmstädter Echos" ein Interview mit Max von Laue vom 27. Juli , in dem er die wenig gute Lage der deutschen Wissenschaftler in den USA erwähnte. Das wurde in den Vereinigten Staaten aufgegriffen und führte zu einer Verstimmung. Den Sachverhalt teilte Paul Peter Ewald Laue in einem kritischen Brief mit.[186]
Jedoch hatte das „Interview" nie stattgefunden. Auf einer Reise in England erhielt Laue den Brief des Freundes und antwortete am 5. Dezember 1949 aus Kensington:

„Lieber Ewald!
Ihren Brief wegen des angeblichen Interviews bekam ich heute im Zug zwischen Cambridge und London zu lesen. Ich bin empört. Das ‚Darmstädter Echo' ist mir ebenso unbekannt wie ‚Dr. W.'. Auch wüsste ich mich nicht zu erinnern, dass ich noch im Juli, also 4 Monate nach der Rückkehr, einen Journalisten empfangen und mit ihm über U.S.A. gesprochen hätte. Vorher kamen mehrere, aber ich wies sie wohl alle ab."[187]

Mitte Juni hatte Max von Laue ein längeres Manuskript aus Göttingen, Max-Planck-Institut für Physik, an die Redaktion der Annalen geschickt: „Eine nicht-lineare phänomenologische Theorie der Supraleitung“. Seine Theorie ging von bereits Erreichtem aus,

> „[…] ersetzt aber den bisher linearen Zusammenhang zwischen Supra-Impuls und Supra-Stromdichte durch einen nichtlinearen, den sie noch in weitem Umfange unbestimmt läßt. […]
> Diese neue Form ist geeignet, die Idee einer maximalen Stromdichte einzubauen und damit der Quantentheorie der Supraleitung entgegen zu kommen.“[188]

Er erweiterte gleichzeitig die Theorie auf nichtkubische Kristalle. Eine verwandte Betrachtung von Heinz Koppe konnte er vor der Veröffentlichung einsehen und merkte kritisch an, dass der Autor nicht die Grundfrage jeder Theorie der Supraleitung berührt,

> „[…] ob es nämlich ein vom Vektor $\mathfrak{J}$[1] abhängiges Spannungssystem gibt, welches im stationären Fall die Kräfte des Magnetfeldes auf die Träger des Suprastroms aufnimmt und an die Oberfläche des Leiters überträgt […].“[189]

Die weitere mathematische Behandlung durch Laue führte zu einem Lösungstypus, der den Meißner-Effekt beschrieb, die Verdrängung des Feldes aus dem Inneren an die Schicht unter der Oberfläche. Heisenbergs Theorie einer maximalen, unüberschreitbaren Stromdichte konnte eingebunden werden.

Den Sommerurlaub verbrachte das Ehepaar Laue in der Nähe von Isny im Allgäu, um der Tochter nahe zu sein. Zusammen wurden mehrstündige Wanderungen unternommen. Max von Laue las Sohn Theodors erstes Buch über Leopold von Ranke mit Interesse.[190]

Im September fand in Bonn die Physikertagung statt. Höhepunkt war der 23. September. In Gegenwart des gerade gewählten ersten Bundespräsidenten, Theodor Heuss, erfolgte die Verleihung der Goldenen Planck-Medaille an Lise Meitner und Otto Hahn. Die Laudatio hielt Max von

Lise Meitner im Physikalischen Institut in Bonn beim Vortrag nach dem Empfang der Planck-Medaille, 23. September 1949.
Quelle: Archiv der Max-Planck-Gesellschaft, Berlin-Dahlem

1. Reihe v. r.: Otto Hahn, Theodor Heuss, Lise Meitner, Nelly Planck, 2. Reihe v. r.: Schaefer, Pahl und Becker während der Ansprache von Max von Laue, Bonn, 23. September 1949.
Quelle: Archiv der Max-Planck-Gesellschaft, Berlin-Dahlem

Laue als Vorsitzender. Er ging auf die Geschichte der Medaille ein, die anfänglich nur für die Würdigung von Arbeiten zur Theoretischen Physik gedacht war. Es wäre Planck gewesen, der dieses Vorrecht nach einiger Zeit aufgehoben hätte. Seine Rede auf die beiden Ausgezeichneten gab einen Überblick über die Biographien und ihre Forschungen unter Einschluss der Entdeckung der Kernspaltung und der Folgen. Er schloss mit der optimistischen Aussicht auf die Anwendung der Kernspaltung als Energiequelle. Erster Gratulant der Geehrten war Theodor Heuss, der kurz etwas zur Bedeutung der Forschung sagte.[191]
Ein Fest folgte auf das andere. Seinen 70. Geburtstag verlebte Max von Laue mit seiner Frau bei der Tochter und den Enkeln in Tailfingen. In Göttingen fand er dann die umfangreiche Geburtstagspost vor, aber einige Briefe waren vorzeitig gekommen. Für Einsteins Glückwunsch bedankte er sich bereits am 4. Oktober:

> „Du schreibst mir in Deinem Geburtstagsbrief einige recht schmeichelhafte Lobsprüche. Gerade beim Besten, was mir gelungen ist, habe ich mich selbst nicht als Triebkraft empfunden, vielmehr wurde ich geführt; manchmal ganz anders, als ich es gedacht hatte. So geht es wohl Vielen.

Anhänglichkeit an Deutschland habe ich nie ablegen können, und hoffe auch jetzt noch auf eine geistige Wiedergeburt, selbst für den Fall, dass wir mit dem Bolschewismus noch näher Bekanntschaft machen. Übrigens scheint mir dieser Fall noch nicht unvermeidlich bevorzustehen."[192]

Nach der Rückkehr nach Göttingen fand Laue auch einen Glückwunsch von Frau Rosenthal-Schneider vor, der er antwortete:

> „Im Uebrigen fehlte auch der Thersites im Chor der Gratulanten nicht. Johannes Stark hat eine Schmähschrift gegen Sommerfeld, W. Voigt, Heisenberg und mich drucken lassen."[193]

Ausführlich schrieb Lise Meitner und erinnerte an das erst Treffen, die Motorradtouren, die letzte gemeinsame Autofahrt vor ihrer Flucht, um dann das sehr persönliche Freundschaftsverhältnis zu erwähnen.

> „[… Wir haben] viele frohe Stunden miteinander gehabt, wir haben manchen sachlichen oder persönlichen Kummer vertrauensvoll miteinander besprechen und ihn dadurch auflösen oder wenigstens mildern können. Dass ich die Jahre 33–38 in Deutschland aushalten konnte, verdanke ich wirklich zu einem erheblichen Teil Ihnen und Ihrer Frau.
> Nicht nur dass ich, wann immer ich kommen mochte, freundschaftlich aufgenommen wurde und in meiner prinzipiellen Einstellung auf Ihr Verständnis rechnen konnte. Fast noch mehr hat es für mich bedeutet, dass Sie beide so klar die unglückliche Auswirkung der nazistischen Ideologie sahen und die ganzen Kriegsjahre hindurch sich nicht beirren liessen und zu helfen versuchten, wo überhaupt zu helfen war. Das hat mein Menschenvertrauen sehr gestützt und mir geholfen, den moralischen Boden zu bewahren, auf dem wir stehen müssen, wenn das Leben einen tieferen Sinn behalten soll."[194]

Auch James Franck gratulierte zum 70. Geburtstag:

> „Es hat viel für mich bedeutet und tut es unverändert weiter, dass Freunde wie Sie in Deutschland existieren, die ihre großen Gaben

für die Bereicherung unserer Wissenschaft ständig benutzen und dabei nicht ihre Hauptpflicht vergessen ein Mensch zu sein. Es kann und wird Ihnen nicht vergessen, daß Sie unbeirrt durch Tod und Teufel sich stets für echte und edle Menschlichkeit mit Ihrer ganzen Persönlichkeit eingesetzt haben."[195]

Von der Max-Planck-Gesellschaft bekam Laue ein Saba-Rundfunkgerät, die Kosten für das Festessen im Ratskeller in Göttingen sowie die Reisekosten nach Tailfingen geschenkt.

Im zehnten Heft der „Physikalischen Blätter" wurde Arnold Sommerfelds Geburtstagsglückwunsch veröffentlicht.[196] Sommerfeld betonte das enge Verhältnis von Planck und Laue.

„Wesen und Wirken Max von Laues kann man wohl am besten dadurch kennzeichnen, daß man ihn den ***hervorragendsten und treuesten Schüler Plancks*** nennt. Beginnend mit seiner Berliner Doktorarbeit vertieft er den Begriff der Entropie, indem er ihn in die Optik der Interferenzerscheinungen einführt. Von Planck hat er auch die begriffliche Sauberkeit und die absolute Gewissenhaftigkeit in all' seinen Arbeiten übernommen."[197]

Max von Laue, etwa 1950
Quelle: Laue 1961, Bd. I, Vorsatzbild

Im Mittelpunkt von Sommefelds Ausführungen stand die vielschichtige Bedeutung von Laues Entdeckung der Röntgenstrahlinterferenzen.

William L. Bragg würdigte ebenfalls die Entdeckung, die gerade zu dem Zeitpunkt publik wurde, als seine Laufbahn begann, und die dann die Grundlage für seine Forschungen bildete.

„He has also won for himself a place in our hearts. To those who have the privilege of counting him as a personal friend, he is warmly loved for his kindness, his courtesy, his courage and his staunch adherence to his principles. If I may so express it, he has gained international affection and esteem as well as international fame."[198]

Im „Laue-Colloquium" in Göttingen im Oktober charakterisierte Walther Meißner den Freund:

„Wenn ich persönlich Sie als Wissenschaftler würdigen will, so kann ich es nicht besser tun, als daß ich sage: Max Planck hat Sie mit vollem, zutiefst begründeten Recht seinen Lieblingsschüler genannt. Sie haben die kristallklare, durchdringende wissenschaftliche Denkungsart Plancks, die ich ja als sein Schüler auch kennen lernen durfte, nicht nur von ihm übernommen, sondern – ich sage wohl damit nicht zu viel – auch die spielende Beherrschung der Mathematik durch eine ganz strenge Selbstkritik in gewisser Richtung noch ausgeweitet."[199]

Trotz der immer noch knappen Versorgung mit Papier konnte eine zweite Auflage der „Röntgenstrahlinterferenzen" bei der „Akademischen Verlagsanstalt" erscheinen.
Ohne Mathematik unterrichtete Laue die Leser von „Forschungen und Fortschritte" in einem Beitrag über „Geschichtliches über Supraleitung".[200] Nach einem Rückblick mit der Erwähnung der vielen Beteiligten und der Würdigung ihrer Beiträge zur Lösung ging er auf offene Fragen ein. Zur neuen, phänomenologischen Theorie bemerkte er:

„Freilich verliert diese damit einen Zug, den sie bis dahin mit der Maxwellschen Theorie gemein hatte, daß nämlich ihre Gleichungen und Differentialgleichungen linear sind. Es ist jetzt nicht mehr so, daß wir aus zwei nach ihr möglichen Feldern durch Superposition ein drittes bilden können. Das bedeutet für die mathematische Durcharbeitung der Theorie eine große Erschwerung."[201]

Die intensive Beschäftigung mit der Supraleitung verdrängte Laues Interesse an der Röntgenbeugung aber keineswegs, wie u. a. der in der Acta

Crystallographica veröffentlichte Beitrag „Die Absorption von Röntgenstrahlen in Kristallen im Interferenzfall" zeigt.[202] Angeregt durch die Ergebnisse der Untersuchungen von Gerhard Borrmann an nahezu idealen Kristallen zeigte Laue, dass der Brechungsindex und die normale Absorption ihre Bedeutung verlieren.

Im Herbst kam die älteste Enkelin zu den Großeltern nach Göttingen, nach Weihnachten die zweite, denn Laues Tochter Hildegard Lemcke erwartete ihr drittes Kind. Laues nahmen zur Betreuung eine Kindergärtnerin, und der Großvater las am Abend Märchen vor.
Noch am 23. Dezember 1949 gingen die Weihnachts- und Neujahrsgrüße Laues an Sommerfeld.[203] Er berichtete von familiären Ereignissen und darüber, dass er als deutscher Delegierter an der Konferenz der „Europäischen Bewegung" in Lausanne teilgenommen habe. Es sei viel ehrlicher Wille für eine Verständigung unter den europäischen Völkern zum Ausdruck gekommen. Er mahnte den Erhalt der Weltgeltung der deutschen Sprache an. Dann wies er Sommerfeld auf eine Arbeit von Borrmann hin, dem es gelungen war, die anomale Absorption von Röntgenstrahlen in einem Kristall im Interferenzfall zu messen, die um den Faktor $10^{-22,7}$ geschwächt sei.[204]

Am Anfang des neuen Jahres erhielt Laue den „Einstein-Band" der „Library of Living Philosophers" und schrieb an Einstein am 4. Februar, dass er bis jetzt hauptsächlich Einsteins „Autobiographical Notes" gelesen hätte:

> „Ich darf Dir sagen, dass ich selten etwas so interessantes Inhaltsreiches gelesen habe. Uebrigens kommt dieses Buch für mich gerade im richtigen Augenblick, insofern ich daran gehe, dem Verlangen des Verlages Vieweg zu folgen und mein Relativitätsbuch neu herauszugeben: namentlich an Band II, der allgemeinen Relativitätstheorie, beabsichtige ich viel zu ändern."[205]

Er erlaube sich eine Kritik an Einsteins Bemerkung zu „erlebnisnahen" Begriffen. Er hätte anfangs Angst gehabt, das Buch von Philipp Frank über Einstein zu lesen, doch nun erwähnte er die Schilderung der Akademiesitzung 1933 mit der Abwesenheit von Einstein und den leeren Sitzen.[206]
Noch im Februar schickte Laue seinen Glückwunsch zum 70. Geburtstag

an Richard Gans, der seit 1947 in Argentinien bei seinen Söhnen lebte.[207] Der Gratulant berichtete über seine Lektüre des von Paul Arthur Schilpp herausgegebenen Buches über Einstein sowie vom Nachwort Einsteins über die Erkenntnislehre von Kant: „Die Welt der Physik ist dem Menschen nicht gegeben, sondern aufgegeben." Und Laue fuhr fort:

> „Wie die Physiker sich dieser Aufgabe unterzogen haben, das habe ich stets sehr stark empfunden, als ich die Geschichte der Physik schrieb. Aber in keiner Epoche ist es deutlicher hervorgetreten, dass wir alle an ihrer Lösung mitarbeiten – ob wir es nun wissen oder nicht, – als in den letzten 50 Jahren."[208]

Ein historischer Rückblick Laues auf die Entwicklung der Supraleitung erschien auch in einer wissenschaftlichen Zeitschrift in Argentinien als Laudatio für Gans.[209]
Gerhard Borrmann war 1944 mit nach Hechingen gekommen und hatte dort bis zum Kriegsende und danach experimentell über die „anomale Absorption von Röntgenstrahlen in Kristallen im Interferenzfall" gearbeitet. Nun sollte die Arbeitsstelle in Hechingen aufgelöst werden. Laue wandte sich an die „Notgemeinschaft der deutsche Wissenschaft" und fügte ein Gutachten an, in dem er mitteilte, dass Borrmanns Ergebnisse bei kompetenten englischen Kollegen höchstes Interesse gefunden hätten.[210]
Die Einladungen zu Vorträgen ließen nicht nach. Die Gesellschaft Deutscher Naturforscher und Ärzte beabsichtigte, ihr Mitglied, Professor Paul Pfeiffer, auf einer Tagung der Chemie-Dozenten am 22. April in Bonn zu ehren. Laue war bereit, den Festvortag zu halten. Da in Pfeiffers wissenschaftlicher Tätigkeit Kristallstrukturen eine Rolle gespielt hatten, wählte Laue dieses Thema und erzählte von Johannes Kepler, der seinem Beschützer am Hofe Kaiser Rudolfs am Neujahrstag eine kleine Schrift über die sechseckige Schneeflocke überreicht hatte:

> „In seiner Jugend hatte er versucht, die Abstände der Planeten von der Sonne mit den Abmessungen gewisser regelmäßiger Polyeder in Beziehung zu setzen, und eines seiner späteren Hauptwerke trug den bezeichnenden Titel ‚Harmonices mundi'".[211]

Laue erwähnte das Streben Keplers nach geometrischer Ordnung und ging dann auf symmetrische Atomanordnungen in anorganischen Kristallen ein. Der Schlusssatz lautete:

> „Und so sehen wir in den Arbeiten unseres Jubilars eines der eindrucksvollsten Beweisstücke für die Wahrheit der Wissenschaft."[212]

Rechtzeitig zum Geburtstag gratulierte Laue seinem Freund Einstein. Nach dem Lesen im Einstein-Band der „Library of Living Philosophers" bemerkte er, dass er nun lernte,

> „[...] was Du eigentlich in den Jahren, nachdem Du nach US entschwunden warst, getan hast. Ich und die deutschen Physiker, wohl alle hatten keine Ahnung, dass Du so manche philosophische Arbeit veröffentlicht und so manche Rede desselben Themas gehalten hast. [...]
> Mich hat nichts so sehr daran gefreut, wie Deine Auseinandersetzung mit Kant, und dass Du Dir das A und O seiner Erkenntnislehre zu Eigen machst, dass nämlich die Aussenwelt nicht gegeben, sondern aufgegeben ist. Das halte ich in der Tat für den bleibenden Gewinn der Kritik der reinen Vernunft, der es sonst so geht wie der Bibel. [...]
> Du hast mir zuletzt in Princeton davon gesprochen, dass eine vollkommene universelle Feldtheorie keine physikalischen Konstanten aus der Erfahrung übernehmen dürfe, sondern Lichtgeschwindigkeit, Elementarladung, Wirkungsquantum, Gravitationskonstante müsse theoretisch bestimmen können."[213]

Max von Laue erwähnte, dass in dem Band Frau Rosenthal-Schneider dies auch so dargestellt hätte, und er fragte, um eine Antwort bittend:

> „Wie soll das zugehen? Bei mathematischen Operationen rein mit dimensionslosen Grössen kommt man doch nie aus dem Bereiche der Dimensionslosigkeit heraus!"[214]

Seine Genauigkeit behielt Laue auch nach seinem 70. Geburtstag: Wenn jemand auf seinen Arbeitsgebieten sich seiner Meinung nach nicht präzise genug ausdrückte, musste er mit einer Erwiderung rechnen. Als Eduard

Rüchardt eine Deutung von Lichtschwebungen veröffentlichte und sie von den Interferenzerscheinungen abgrenzte, trat Laue den Beweis an, dass zwischen beiden Arten überhaupt kein Wesensunterschied besteht.[215]

> „Ob wir vom Einen oder vom Andern reden, ist lediglich eine Frage des benutzten Bezugssystems. Und daran ändert sich nichts, wenn wir die unvermeidbare spektrale Breite jeglicher optischer Strahlung in Betracht ziehen; nur müssen die beiden Wellen kohärent sein."[216]

Bei aller Wissenschaft nahm das tägliche Leben seinen Lauf. Die Großeltern Laue erfreuten sich des Besuchs der ältesten Enkelin Grete. Bei dem Besuch eines befreundeten Physikers aus Wien, Hans Thirring, wurde ein Autoausflug nach Kassel gemacht. Begeistert erzählte Max von Laue Sohn Theo davon: „Ich habe mich selten im Leben so wohl gefühlt, wie jetzt."[217] Die nächste Veröffentlichung im Sommer war eine rein mathematische Betrachtung „Zur Minkowskischen Elektrodynamik der bewegten Körper".[218] Sie war durch Laues Arbeit zur neuen Herausgabe seiner Relativitätstheorie bestimmt. Die Zusammenfassung der Veröffentlichung zeigt die Fragestellung auf:

> „In dieser Elektrodynamik ist bisher noch keine Entscheidung gefallen zwischen dem Minkowskischen Welttensor und anderen Ansätzen dafür. Erstere ist unsymmetrisch und widerspricht daher der Planckschen Fassung für das Gesetz der Trägheit der Energie: Impulsdichte gleich Energieströmung, dividiert durch das Quadrat der Lichtgeschwindigkeit. Die anderen Ansätze sollen gerade die Symmetrie des Tensors, also jene Fassung des Trägheitsgesetzes retten. Diese Arbeit will nachweisen, daß der Minkowskische Ansatz der richtige ist."[219]

Die frühere Preußische Akademie der Wissenschaften in Berlin, die nun Deutsche Akademie der Wissenschaften hieß, beabsichtigte, ihr 250-jähriges Bestehen festlich zu begehen und lud dazu auch ehemalige Mitglieder ein, wie Max von Laue. Offenbar hatte Laue Hartmut Kallmann in New York davon in Kenntnis gesetzt. Der schrieb am 6. Juni in höchster Erregung und beschwor Laue, auf keinen Fall daran teilzunehmen. Er erinnerte daran, wie 1936 die Ausländer nach Berlin kamen und Hitlers Ansehen und Macht vergrößerten.

> „Und Heute! Anstelle der Nazis begehen die Kommunisten dieselben Missetaten, vielleicht noch größere. So hilft jede Beteiligung an einer von Kommunisten gefoerderten Institution nur den Kommunisten und ihren Verbrechen. […]
> Ich weiss es von der Nazi-Zeit, wie furchtbar es ist unterdrueckt zu sein und zu sehen, dass andere Menschen, die frei sind, freiwillig hinkommen und mitsingen.“[220]

Max von Laue hatte aber auch aus Gründen der persönlichen Sicherheit von vornherein seine Teilnahme abgelehnt.
Vor dem Urlaubsbeginn schrieb Laue an Einstein und informierte ihn über den Fortgang der Arbeit an der neuen Auflage der Relativitätstheorie. Er sei sich sicher, dass Minkowski mit der Einführung eines unsymmetrischen Tensors Recht hat,

> „[…] denn sein Ansatz führt dazu, dass für die Strahlgeschwindigkeit (Energiestrom/Energiedichte) das Additionstheorem der Geschwindigkeiten gilt, was unbedingt notwendig ist.“[221]

Von Mitte Juli bis Mitte August erholte sich das Ehepaar wieder im Allgäu in der Nähe von Isny, nah genug, um die Tochter mit Familie in Biberach zu besuchen. Laue hatte sich aber wohl auch in den Ferien Gedanken über die neue Auflage der „Allgemeinen Relativitätstheorie“ gemacht, denn am 8. September schrieb er an Einstein.[222] Es ging um die mathematische Behandlung von mitrotierenden Massstäben, und Laue teilte ihm seine Auffassung mit:

> „Ich möchte meinen, dass man nur mit freien, d. h. solchen Massstäben messen darf, deren Teile alle geodätische Weltlinien haben, also frei fallen. Jede auf einen Massstab ausgeübte Kraft, z. B. diejenige, welche ihn auf die von Dir vorgeschriebene Kreisbahn zwingt, verfälscht ihn. Bei jeder Präcisionsmessung von Strecken, bei der man ja die Massstäbe nicht frei fallen lassen kann, überlegt sich der Experimentator sehr genau den Fehler, der durch die Auflagerung des Massstabes auf eine Unterlage entstehen kann, und wählt die Unterlage so, dass die entstehenden, grundsätzlich unvermeidlichen Verfälschungen unter seiner Genauigkeitsgrenze bleiben. Deswegen scheint mir Dein Beweis irrig.“[223]

Frau Rosenthal-Schneider bekam aus Bad Nauheim einen Bericht Laues von dem unruhigen Jahr. Er musste an Sitzungen für die Physikalisch-Technische Bundesanstalt (PTB), wie sie jetzt hieß, in Bonn teilnehmen. Mit dem Institutsauto fuhr er von Göttingen nach Bonn und dann nach Bad Nauheim.

> „Es ist eine schöne Zeit für Autofahrten; die Temperatur ist angenehm und die Laubfärbung so herrlich, wie sonst nie im Jahr."[224]

Vom 11. bis 15. Oktober würde er in Bad Nauheim an der Physikertagung teilnehmen und hoffe, früher wegzukommen, da er am 16. in Berlin sein müsse.

> „Ich bin nämlich gefragt worden, ob ich das ehemalige Habersche Institut als dessen Direktor übernehmen will, und ich muss die Verhältnisse an Ort und Stelle studieren; denn die Entscheidung ist eine schwierige. Bedenken Sie, dass ich, wenn ich nach West-Berlin übersiedele, nur durch die Luft wieder heraus kann. Ich kann nicht die Mark Brandenburg auf Sonntagsfahrten durchstreifen, wie ich das früher so gerne tat, sondern bin eingesperrt in einem riesigen Trümmerfelde. Das ist nicht leicht. Andererseits legen so Viele und aus triftigen Gründen Wert darauf, dass ich nach Dahlem gehe [...]."[225]

Nach dem Berlin-Aufenthalt würde er in München an der Tagung der Deutschen Naturforscher und Ärzte teilnehmen, aber vorher noch in Stuttgart etwas erledigen. Zum 10. Dezember führen er und seine Frau nach Stockholm zu der Nobelfeier.[226]
Auf der Physikertagung gelang es unter Laues Leitung, den „Verband Deutscher Physikalischer Gesellschaften" zu gründen. Damit war ein Nebeneinander regionaler Verbände verhindert.
Am 16. Oktober flog Laue nach Berlin – aus Gründen der persönlichen Sicherheit war es ihm nicht gestattet, mit dem Auto oder der Eisenbahn durch die sowjetisch besetzte Zone zu reisen –, um sich vier Tage lang über die Arbeiten und die Ausrüstung des Kaiser-Wilhelm-Instituts für Physikalische Chemie zu informieren. Hans-Dietrich Schmidt-Ott führte ihn durch das Institut. Als sie die leergeräumte Bibliothek ansahen, Otto Hahn hatte das angeordnet, sagte Schmidt-Ott: „Wir nennen das die

'Hahnebücherei'", und Laue quittierte es mit einem dröhnenden Lachen. Neben den eigenen zukünftigen, wissenschaftlichen Arbeiten hatte Laue großes Interesse an der Fortführung von Borrmanns Untersuchungen. Denn, wieder zurück in Göttingen, informiert er mit deutlicher Ungeduld Borrmann über seinen Eindruck von den Arbeitsmöglichkeiten in Berlin. Er bot Borrmann eine Assistentenstelle mit dem Gehalt eines Oberassistenten an.

> „Ein grosses Laboratorium, das jetzt für chemische Untersuchungen eingerichtet ist, aber umgebaut werden kann. Es hätte Platz genug für Sie und ein bis zwei Mitarbeiter. [...]
> Ob Apparate für Sie vorhanden sind, konnte ich bei der Kürze der Zeit nicht genau herausbringen. Es könnte sein, dass eine Röntgen-Hochspannungsanlage vorhanden ist."[227]

Laue schlug ihm vor, er sollte nach Berlin fahren und es sich selber ansehen.[228] In der Zeit zwischen dem Abstecher nach Berlin und dem Brief an Borrmann war Laue in München auf der „Versammlung der Deutschen Naturforscher und Ärzte" und hielt am 23. Oktober einen Vortrag mit einem starken historischen Bezug über „Materiewellen". Er leitete seine Ausführungen mit mehreren Bildern ein, wie man sie bei Objekten in Hell- oder Dunkelfeld-Beleuchtung im Mikroskop sehen kann. Danach kamen Bilder mit dem Elektronenmikroskop, und man sah die Beugungsbilder an den Begrenzungen, wie sie von Hans Boersch bei der Beugung von Elektronen an einer Kante publiziert worden waren. Es folgte eine ausführliche, historische Übersicht über die Theorien und Interferenzexperimente, zuerst mit Elektronen, ausgehend von de Broglie-Wellen, den Ideen von Walter Elsasser dazu und Erwin Schrödingers theoretischem Beitrag. Danach behandelte Laue die Neutronenbeugung, die in den USA mit Neutronenquellen von Kernreaktoren gemacht wurden, und zeigte entsprechende Bilder. Er spekulierte über eine Wahrscheinlichkeitsverteilung, denn es gäbe kein von der Umwelt unabhängiges Teilchen. Die Auffassung der Komplementarität – von Welle/Teilchen – als Lösung wurde von ihm angezweifelt und auch die aktuelle Auffassung über die Aufgabe der Determiniertheit.[229]
Am 6. November benachrichtigte Karl Friedrich Bonhoeffer den Vorsitzenden des Stiftungsrates der Deutschen Forschungshochschule von sei-

ner Absicht, die Leitung des ihm unterstellten Kaiser-Wilhelm-Instituts für Physikalische Chemie niederzulegen. Er hätte diesen Entschluss den Abteilungsleitern mitgeteilt und bat den Stiftungsrat, Professor Max von Laue die Institutsleitung anzubieten, was von allen Herren „auf das lebhafteste" begrüßt worden wäre. Laue hätte das Institut besichtigt und „wir haben den Eindruck, dass es möglich ist, ihn für diese Stellung zu gewinnen".[230] Der Magistrat von West-Berlin beschloss am 4. Dezember die Auflösung der „Forschungsgruppe Dahlem", zu der auch das immer noch so benannte Kaiser-Wilhelm-Institut für Physikalische Chemie und Elektrochemie gehörte. Es wurde von der Deutschen Forschungshochschule übernommen.[231]

Lise Meitner, Magda und Max von Laue bei einem Besuch in Stockholm anlässlich der Nobelfeiern Quelle: Archiv der Max-Planck-Gesellschaft, Berlin-Dahlem

Vom 5. bis 13. Dezember des Jahres gab es eine große Festlichkeit in Stockholm: 50 Jahre Nobelpreis. Als Senior wurde Max von Laue eingeladen, der mit seiner Frau anreiste. Mit Lise Meitner wurde die Kleiderfrage geregelt. Magda von Laue verfasste einen ausführlichen Bericht für die Kinder.
Am 6. Dezember hielt Laue in der Schwedischen Akademie der Wissenschaften einen Vortrag. Er berichtete von der Auflösung der Kaiser-Wilhelm-Gesellschaft durch den Kontrollratsbeschluss 1946, der Organisation und Wiederbelebung der Forschung in Deutschland, der politischen Belastung von Forschern, dem Andrang der Studenten an den Universitäten. Vom Ostsektor der Stadt Berlin erwähnte er die starke Stellung der Akademie und den Abgang von Mitgliedern in die Bundesrepublik. Auch die Physikalisch Technische Bundesanstalt und Frasers Aktivität würdigte Laue. Weitere Themen waren die Bedeutung der Notgemeinschaft der Wissenschaften, vor allem für Studenten. Er schloss mit dem Wunsch nach Verwirklichung eines ehrlichen, dauerhaften Friedens.

Das Honorar reichte für die Nebenausgaben der Reise. Am 9. Dezember fand ein Empfang beim Präsidenten der Akademie statt, am 10. Dezember das große Bankett im Konzerthaus mit 900 Gästen, davon waren 250 geladene Gäste, die anderen mussten bezahlen. Max von Laue hatte keine Tischdame, doch der geliehene Frack stand ihm ausgezeichnet. Es gab kurze Reden der Nobelpreisträger. Zum Schluss sprach Laue – „am besten, würdigsten, inhaltsreichsten, deutlichsten", wie seine Frau in einem Brief an die Kinder berichtete. Laue sagte:

> „Ich habe zunächst unseren tief gefühlten Dank auszusprechen. Jeder hat dies seinerzeit bei seinem Nobelvortrag getan, aber es ist durchaus angebracht, diesen Dank heute zu wiederholen. Denn in der Zwischenzeit hat jeder von uns immer wieder erfahren, was der Preis für ihn bedeutet, nämlich eine unvergleichliche Stärkung des Mutes zur Forschung auch in Zeiten, die manchmal recht entmutigend waren."[232]

Er dankte für die schwedische Gastfreundschaft. Dann erwähnte Laue Röntgen als den ersten Preisträger und stellte die Frage, ob die Schwedische Akademie wohl im Stande wäre, jedes Jahr eine so glückliche Auswahl zu treffen. Und er konnte seine Frage mit „Ja" beantworten. Das Versagen der Politiker, einen dauerhaften Frieden überall in der Welt zu verwirklichen, merkte er an. Zum Schluss kam eine Würdigung der großen Verdienste der Schwedischen Akademie.
Natürlich wurde die Reise auch für ein Treffen mit Lise Meitner genutzt, aber auch für Einkäufe von Bekleidung und anderen Dingen, die es daheim nicht gab.[233]

Kaum hatte das neue Jahr begonnen, schrieb Laue einen recht inhaltsschweren Brief an Albert Einstein:

> „Heute muß ich Dir in zwei sehr verschiedenen Angelegenheiten schreiben. Die erste Frage wirst Du vielleicht für recht dumm erklären, und über die zweite Sache wirst Du, fürchte ich, sehr ungehalten sein. Dennoch muß ich Beide vorbringen.
> In der allgemeinen Relativitätstheorie sollen die g-Klammern so etwas wie Feldstärke des Schwerefeldes sein. Nun führen wir einmal in

> die normale pseudoeuklidische Maßbestimmung der speziellen Relativitätstheorie räumliche Zylinderkoordinaten oder sonstige krummlinige Koordinaten ein, ohne die Zeitvariable zu verändern. Erfolg: In den Gleichungen der geodätischen Weltlinien treten g-Klammern auf. Man kann doch aber wohl nicht physikalisch sinnvoll sagen, daß eine solche rein mathematische Operation ein Schwerefeld produziert."[234]

Laue führte noch ein weiteres Beispiel an. Dann ging er auf die Diskussion über seine und Fritz Londons phänomenologische Theorie der Supraleitung ein und führte Beispiele der unvollständigen Zitierung und Prioritätsfragen durch London und von amerikanischen Physikern an, die ihn wegen der Planmäßigkeit beunruhigten. Er ging so weit, dass er eine Art Verschwörung von Emigranten empfand, ein wissenschaftliches „Israel" zu schaffen, zu dem er keinen Zutritt hätte.
Einstein antwortete sehr einfühlsam bereits am 16. Januar.

> „Lieber Laue.
> Die Fälschung der Wissenschafts-Geschichte auf nationaler Grundlage ist eine alte Kunst, in der sich die löblichen Nationen den Rang ablaufen (ähnlich wie in der politischen Geschichte). Da wir Juden nun auch einen Staat haben, wäre es eigentlich an der Zeit, dass wir uns auch an dieser Kunst betätigen. Wenn dies nur die in Israel wohnenden Forscher täten, wäre der Effekt augenscheinlich ganz minimal und unter den anderen Juden besteht keinerlei Aktions-Zusammenhang!"[235]

Ihm erschien Laues Hypothese wenig plausibel und er riet ihm ab:

> „Nun zum Gravitationsfeld. Da muss man doch verschiedene Begriffe gehörig auseinander halten. In der Newton'schen Theorie wäre das Gravitationsfeld alles was an Ausdrücken aus dem Potential gewonnen wird. Als Feldstärke im besonderen wäre die erste Ableitung des Potentials zu verstehen. In der relativistischen Gravitationstheorie ist das Gravitationsfeld alles, was aus dem symmetrischen g_{ik} gebildet wird."[236]

Und zur Existenz eines wirklichen Gravitationsfeldes schrieb er:

> „In der Relativitätstheorie ist eben die Dimensionalität des Feldes das Einzige, was von dem früheren physikalisch-selbstständigen (absoluten) Raum übrig bleibt."[237]

Die meisten hätten das nicht begriffen.[238]

Mitte Januar schrieb Laue an Meißner, um ihn vom Stand seiner Berufung an das frühere KWI für Physikalische Chemie und Elektrochemie zu unterrichten:

> „[…] ob ich nach Berlin komme, liegt beim Stifterverband der ‚Deutschen Forschungshochschule', und dieser soll Ende Januar in Wiesbaden tagen. Jetzt scheinen alle deutschen Länder an ihm beteiligt zu sein. Da unter ihren Kultusministern Einige sind, die mich nicht leiden können, […] ist die Sache recht zweifelhaft, obwohl die Berliner Kollegen das Gegenteil behaupten."[239]

Wieder in Berlin, in West-Berlin

Im Jahre 1951 kam es zu grundlegenden Änderungen im Leben des Ehepaars Laue. Karl-Friedrich Bonhoeffer schied am 31. März aus seinem Amt als Direktor des KWI für Physikalische Chemie und Elektrochemie aus, und Max von Laue wurde zu seinem Nachfolger ernannt. Im Geburtstagsbrief an Einstein informierte ihn Laue darüber:

> „Ich habe nicht so viel Ruhe. Jetzt werde ich nach aller Voraussicht an das ehemals Habersche Institut in Berlin Dahlem gehen und mich dort mit allerhand widrigen Verhältnissen herumschlagen, die sich in der politischen Unruhe seit 1933 dort herausgebildet haben. Und doch gehe ich gern dorthin; weil ich dort endlich einmal in eine Umgebung komme, die mir wohl will, in der ich nicht bei jeder Äußerung überlegen muss, wohin sie gebracht werden könnte, und was sie dort schaden könnte. Was dabei für die Wissenschaft heraus kommt, muß man abwarten."[1]

Die Max-Planck-Gesellschaft (MPG) erhielt 1951 ein Mitspracherecht bei der Besetzung der Institutsleiterstellen der Deutschen Forschungshochschule. Der „Wissenschaftliche Rat" der MPG tagte am 5. April. Auf der Sitzung wurden Otto Warburg und Max von Laue in den Stiftungsrat der Forschungshochschule gewählt, und Laue nahm die Berufung zum Direktor des Instituts für Physikalische Chemie an. Er schlug den Namen „Fritz-Haber-Institut der Max-Planck-Gesellschaft im Rahmen der Deutschen Forschungshochschule" vor.[2]
Der 60. Geburtstag von Magda von Laue am 13. März konnte noch in Göttingen gefeiert werden, dann ging es mit großer Energie ans Packen, denn der Umzug nach Berlin-Dahlem im April musste vorbereitet werden. Zur Sicherheit packte Magda von Laue die Bücher und vieles andere eigenhändig, zumal die Spedition den Termin um drei Tage vorverlegte!
Die Freunde unterrichtete Laue vom geglückten Umzug nach Berlin. James Franck in Chicago erhielt am 30. April einen Brief von Laue mit Erinnerungen an die große Zeit seiner neuen Wirkungsstätte in der Weimarer Republik, als auch Franck kurzzeitig bei Fritz Haber arbeitete, wie dann auch Hartmut Kallmann und Rudolf Ladenburg.

Max von Laue mit Rudolf Ladenburg (1882–1952), um 1946. Ladenburg war von 1924 bis zu seiner Emigration in die USA im Jahre 1932 Leiter der Abteilung für Atomphysik am Kaiser-Wilhelm-Institut für Physikalische Chemie und Elektrochemie in Berlin-Dahlem.
Quelle: Fotografie im Nachlass des Autors

> „Meine Frau hat nur schwer Abschied von Göttingen genommen, ist aber freudig überrascht von der Wohnung, die wir hier bekommen haben. Wir wohnen nämlich im ersten Stock der Haberschen Villa und sehen nach allen vier Seiten auf schöne Gärten und Anlagen."[3]

Der Transport der Möbel musste von seiner Frau begleitet werden. Die Kontrolle an der Zonengrenze war harmlos; sie wurde nur gefragt, ob sie Hitlers „Mein Kampf" dabei hätte. Alles kam gut an, aber sie mussten doch noch Möbel kaufen.

> „Gestern machten wir auch den ersten Ausflug. Nach der Pfaueninsel, Moorlake und zur Glienicker Brücke, die jetzt ‚Brücke der Einheit' heißt. Ich weiß nicht, ob das beabsichtigte oder unfreiwillige Ironie ist [...]."[4]

Auch Lise Meitner wurde von der Übersiedelung informiert. Zuerst schrieb Magda von Laue Erinnerungen an ihren ersten Besuch zu Habers Zeiten, aber zur Gegenwart bemerkte sie:

> „Noch maule ich und will nicht aus dem Haus – aber ich muss zugeben, dass die Wohnung mit der Terrasse auf [?] den parkähnlichen Garten nicht schöner sein könnte."[5]

Die Einrichtung sei noch nicht fertig, die Glaser und Tapezierer wären noch tätig. Sie hatten eine Sechs-Zimmer-Wohnung bekommen. Zwei Tage später schrieb ihr Mann an Lise Meitner und berichtete von den anderen Mietern:

Frau Dr. Else Knake wohne im Erdgeschoß und über ihnen der Glasbläser und ein Mechaniker. Er selbst sei schon durch den Grunewald geradelt:

> „Die Seen machen doch immer wieder einen tiefen Eindruck in ihrer etwas schwermütigen Schönheit, die so ganz zu der politischen Situation passt."[6]

Die „Fritz-Haber-Villa", das Direktorenwohnhaus des Kaiser-Wilhelm Instituts für Physikalische Chemie und Elektrochemie, in dem Fritz Haber als Amtsinhaber einst wohnte, hier auf einem Bild aus dem Jahre 1952. Familie Laue bewohnte lediglich die erste Etage.
Quelle: Archiv der Max-Planck-Gesellschaft, Berlin-Dahlem

Max von Laue übernahm ein sehr großes Institut mit mehreren Abteilungen und teilweise sehr breiten Forschungsgebieten selbstständiger Forscher wie Iwan N. Stranski, Kurt Ueberreiter sowie später Ernst Ruska. Dazu kamen über hundert Mitarbeiter in den verschiedenen Abteilugen für die Gebiete Röntgen- und Elektronenstrahluntersuchungen an Festkörpern und Flüssigkeiten, Kristallstrukturforschung, Röntgenbeugung, Kristallzüchtung, Elektronenmikroskopie und Feldelektronenmikroskopie. Selbstständiger waren die Bereiche Hochpolymerenstrukturforschung, Elektrochemie und ihre Anwendungen, Synthese und Anwendung von Elektronenaustauschern, Redoxharzen, sogenannte Ionenaustauscher.

Die Verwaltung wurde von Hans-Dietrich Schmidt-Ott, einem Sohn von Friedrich Schmidt-Ott, geleitet. Es war selbstverständlich, dass Laue sein Interesse nicht gleichmäßig allen Gebieten zuwenden konnte, aber es gelang ihm sehr bald, den Zusammenhalt zu fördern und auch recht komplexe Persönlichkeiten einzubinden. Seine eigenen wissenschaftlichen Interessen konnte er ohne Schwierigkeiten fortsetzen. Habers früheres Büro, es war eigenartigerweise von den sowjetischen Truppen nicht geplündert worden, bezog nun Laue. Seine Sekretärin, Fräulein Liselotte Fritsche, bewältigte die umfangreiche Korrespondenz.[7] Für Laues eigenes Forschungsgebiet, die Röntgenstrahlinterferenzen und die Kristallstruktur, kam 1951 der Physiker Rolf Hosemann an das Institut, zunächst als Oberassistent.[8]

Arnold Sommerfeld, langjähriger Wegbegleiter von Laue, hier auf einem Foto aus dem Jahre 1949
Quelle: Archiv der Max-Planck-Gesellschaft, Berlin-Dahlem

An den Veranstaltungen der Physikalischen Gesellschaft in Berlin nahm Laue regelmäßig teil. Am 17. Juni würdigte er Arnold Sommerfeld und dessen Wirken, denn Sommerfeld war am 26. April an den Folgen eines Verkehrsunfalls gestorben.[9] Laues Ausführungen zu Sommerfeld waren mehr als ein biographischer Abriss vom Schaffen des Kollegen. An mehreren Stellen flossen eigene Vorstellungen über die Verbundenheit von Mensch und Physik ein. Sie werden deshalb hier ausführlicher zitiert.
Sommerfeld, der geborene Königsberger, studierte in seiner Vaterstadt, und seine wichtigsten Lehrer in seinem Studienfach Mathematik waren Ferdinand Lindemann, Adolf Hurwitz und David Hilbert. Nach der Promotion ging er 1893 nach Göttingen als Assistent am Mineralogischen Institut.

„Die pflichtgemäße Beschäftigung mit Kristallographie trug 1912 Früchte, indem Sommerfeld bei den ersten Experimenten über die Röntgenstrahlinterferenzen an

> Kristallen W. Friedrich, P. Knipping und mir wertvolle Ratschläge geben konnte."[10]

Dann wurde er Assistent bei Felix Klein. Laue führte als „hochbedeutendes" Ergebnis dieser Zeit die streng mathematische Behandlung der Licht-Beugung an der Kante an. Die alte Näherungsmethode hätte allerdings ausreichende Ergebnisse erzielt.

> „Aber eine strenge Lösung gewährt nun einmal weit größere innere Befriedigung als eine genäherte."[11]

Es folgte die Erwähnung von Sommerfelds weiteren Stationen an der Bergakademie Clausthal und dann ab 1900 in Aachen im Fach Technische Mechanik.

> „Aber die Liebe zur reinen Wissenschaft ließ sich nun einmal nicht unterdrücken."[12]

Dann beschrieb Laue die damaligen Wege und Umwege zur Theorie des Elektrons und den Kontakt mit Hendrik A. Lorentz, um schließlich die Arbeiten von Sommerfeld zur Relativitätstheorie und die Beugungsversuche von Röntgenstrahlen an Spalten zu würdigen. Noch eingehender wurden Sommerfelds Beiträge zur Quantentheorie des Atoms, die Erweiterung des Bohr'schen Modells in seinem Hauptwerk „Atombau und Spektrallinien" beschrieben. Darin hieß es einleitend:

> „Die wissenschaftliche Tätigkeit eines theoretischen Physikers erschöpft sich keineswegs in den kürzeren oder längeren Originalarbeiten, die in wissenschaftlichen Zeitschriften erscheinen. Eine wesentliche Pflicht für ihn ist die Abfassung größerer Werke, welche ganze Kapitel seiner Wissenschaft im Zusammenhang darstellen. Erst in solchen kann er der Mit- und Nachwelt seine Auffassungen über die innere Struktur, die Sicherheit und Reichweite einer Theorie vermitteln."[13]

In einem interessanten Vergleich von Planck, Einstein und Sommerfeld kommt Laue zu dem Ergebnis:

„Planck, 10 Jahre älter als Sommerfeld, war im wesentlichen Autodidakt; er hatte sich an den Druckschriften von Rudolf Clausius gebildet, mit diesem persönlich aber niemals Kontakt gehabt. Selbst Helmholtz, der ihn sehr schätzte und förderte, hat ihn innerlich nicht entscheidend beeinflußt. Auch später hat er eine wissenschaftliche, engere Zusammenarbeit niemals gefunden, nicht einmal gesucht. Was er geleistet hat, verdankt er der tiefen Versenkung in sich selbst. In seinen Vorlesungen war der Stoff, über den er sprach, sozusagen Selbstzweck. Der Hörer konnte unendlich viel dabei lernen, ja sich begeistern. Aber den meisten blieb doch die Theorie ein fernes Ideal, ähnlich den Hochgipfeln einer von der Weite geschauten Alpenkette. Den weiten, beschwerlichen Weg dorthin zu beschreiten, haben sich nicht viele unter ihnen entschlossen.
Für Einstein, der rund 10 Jahre jünger als Sommerfeld ist, gilt im Grunde ähnliches; zudem ließ sich seine übersprudelnde Genialität schlechterdings nicht lehren, ja sie wurde gelegentlich zur Gefahr für Schüler, die sie nachzuahmen sich vermaßen.
Sommerfeld hingegen hatte von vornherein viel engeren Kontakt mit seiner Umgebung. Er war in Göttingen durch eine ***Schule*** gegangen, und eine ***Schule*** zu begründen, war ihm ein wesentliches Anliegen. Seine Vorlesungen waren weit mehr an seine Hörer persönlich gerichtet und daher geeigneter, solche zur weiteren Beschäftigung mit Wissenschaft anzulocken; man sah die Alpen bei ihm mehr aus der Nähe, bekam infolgedessen vielleicht nicht die große Übersicht über den Zusammenhang der Gebirgszüge, aber man konnte bei ihm das Bergsteigen lernen."[14]

Sommerfelds Werk würde fortgesetzt, von allen, die bei ihm studiert hatten. Laue schloss mit dem Ehrentitel, den ihm ein Kollege gegeben hatte: Praeceptor Germaniae.[15]
Anfang September musste Laue in München an den Sitzungen des Wissenschaftlichen Rates teilnehmen, denn es ging um die Überführung der Deutschen Forschungshochschule in die MPG. Zur Festsitzung sprach Otto Hahn über die Gründung der KWG vor vierzig Jahren. Das Ehepaar Laue besuchte anschließend die Tochter in Biberach.
Zur „Forschungshochschule" gehörte auch das 1931 eröffnete KWI für Zellphysiologie mit Otto Warburg als Direktor. Obwohl Warburg im Dritten

Reich unter die „Rassengesetze" fiel, konnte er auf seinem Posten bleiben. Er hatte auch in der KWG stets eine recht eigenwillige Rolle gespielt. Nun kam es zu Schwierigkeiten zwischen ihm und Laue über Einzelheiten wegen der „Forschungshochschule". Seine Sorgen teilte Laue am 13. Oktober dem Präsidenten Otto Hahn mit. Er wolle aber keinen Streit mit Warburg.

> „Trotz alledem muß Otto II Senator der MPG werden. Ich habe ihm versprochen, dafür einzutreten, und habe sowohl Dich, wie Telschow in München darauf angesprochen. Wenn nun Telschows Behauptung, im Jahre 52 würde ein Platz für ihn frei, nicht stimmt, so muß ich eben meinen Platz frei machen, so gern ich auch dem Senat angehört habe. Ich kann meine Zusage nicht brechen."[16]

Als Max von Laue von Francis Simon zu einer Tagung über Supraleitung nach Oxford eingeladen wurde, lehnte Laue die Teilnahme ab, denn seines Erachtens enthielten die aktuellen atomaren Theorien über die Supraleitung unzulässige Forderungen. Jede solcher Theorien müsse das Magnetfeld mit berücksichtigen.[17]
In einer englischen Besprechung seines Buches über die Supraleitung war Laue vorgeworfen worden, dass er die englische Literatur nicht berücksichtigt hätte, wie er dem Verleger Ferdinand Springer mitteilte.[18] Laue verwahrte sich dagegen.

> „Das ganze versteht man wohl, wenn man bedenkt, daß Fritz London 1950 ein Buch ähnlicher Zielsetzung [wie das von Laue] veröffentlicht hat. Ich hatte in den letzten Wochen Anlaß, mich eingehender mit ihm zu beschäftigen. Den Vorwurf, gewisse Arbeiten unberücksichtigt zu lassen, könnte ich ihm hochgradig verstärkt zurückgeben. Aber schlimmer als dies ist die Unklarheit in vielen prinzipiellen Dingen und ein Mangel an Sorgfalt, der sich bis zu Widersprüchen innerhalb des Buchs und bis zu ganz unbegreiflichen Rechenfehlern steigert."[19]

Laue erwähnte noch, dass die beiden amerikanischen Übersetzer nicht mehr bereit seien, ihren Namen auf Laues Buch zu setzten, weil es durch das Londonsche überholt wäre. Wenige Tage später konnte er jedoch Springer mitteilen, dass sein Buch doch bei Academic Press erscheinen würde.[20]

Anfang November beendete Laue seinen Aufsatz „Kritische Bemerkungen zur Theorie der Supraleitung“ und schickte das Manuskript an Friedrich Möglich zur Veröffentlichung in den „Annalen“[21], denn Fritz Londons Buch „Macroscopic Theory of Superconductivity“ war 1950 in den USA erschienen, und Laue hatte Springer bereits von seinen Einwänden geschrieben. Nun meinte Laue, dass zwei Ausführungen nicht unwidersprochen bleiben dürften: der Beweis für die Existenz einer Oberflächenenergie zwischen der supra- und normalleitenden Phase sowie Londons Ausführungen zu einem Zwischenzustand. Sehr ausführlich zitierte Laue die Einführung von London, der von abwechselnd normal- und surpraleitenden Schichten, einer Art Domänen-Effekt, ausging. In seinem Buch hätte Laue aber bereits gezeigt, dass dies nur bei gekrümmter Supraleitung vorliegen könne. Er war der Meinung, dass es zwischen den Schichten (Phasen) keine beträchtliche Oberflächenenergie gäbe und erwähnte Arbeiten von Meshkovski und Schalnikow, die aufgrund ihrer Untersuchungen an dünnen Wismut-Drähten supraleitende „Einspringlinge“ von weniger als 10^{-3} cm befürworteten, während London nur 10^{-1} annähme.[22] Doch Laues abschließender Satz dazu zeigte seine eigene Skepsis:

> „Im übrigen kennt heutzutage wohl auch noch kein Physiker den Zwischenzustand genug, um ein abschließendes Urteil zu fällen.“[23]

Darauf erwiderte Fritz London:

> „Obwohl der Leser sich leicht selbst davon überzeugen kann, daß die kritischen Bemerkungen in der vorstehenden Arbeit sämtlich auf Missverständnissen beruhen, will ich, einer Anregung des Herausgebers der ‚Annalen‘ folgend, meine Stellungnahme zur Sprache bringen.“[24]

Es war nicht nur Max von Laue, der seinen Lösungsweg für den richtigen hielt. In einem Brief an Werner Heisenberg erläuterte er ihm verkürzt seine Vorstellung:

> „Ist nicht die ganze Atomtheorie der metallischen Leitung auf einem Holzwege? Mir erscheint die Supraleitung als das Einfache, Ursprüngliche, als ein typisches Quantenproblem, dessen Verständnis

sich aus Schrödingergleichung und Aehnlichem ohne Rücksicht auf thermische Bewegung ergibt. Und die Ohmsche Leitung ist nach dieser Auffassung nur eine Störung der Supraleitung durch thermische Bewegung, die vielleicht bei manchen Metallen schon beim absoluten Nullpunkt so stark ist, dass sie die Supraleitung aufhebt."[25]

Heisenberg antwortete:

„Mit der grundsätzlichen Formulierung des Supraleitung-Problems in Ihrem Brief bin ich viel mehr einverstanden als Sie denken. Ich bin ebenso wie Sie überzeugt, daß der Supraleitungszustand ein geordneter Zustand ist und insofern einfacher als der ungeordnete Zustand der Normalleitung. Nur glaube ich, daß man daraus nicht schließen soll, daß die bisherige Atomtheorie der metallischen Leitung auf dem Holzweg ist [...]."[26]

Max von Laue konnte sich mit Fritz Londons Einwänden nicht zufriedengeben, denn sein Mitarbeiter Friedrich Beck hatte einen bisher fehlenden Beweis für den stabilen Zustand geliefert. Die Schichtenanordnung Londons wurde kritisch untersucht und gefunden, dass die N-te normalleitende Schicht völlig verschwindet. Auch die Gleichgewichtsbedingungen für die supraleitende- und normalleitende Schicht wurden für falsch erklärt.[27]
Kurz vor Weihnachten schrieb Laue an Friedrich Möglich und legte zwei Manuskripte zur Veröffentlichung bei: „Bemerkungen zur Theorie der Supraleitung II" und von Friedrich Beck „Eine spezielle Form des elektrodynamischen Potentials von Supraleitern".[28] Vorher hatte Möglich bereits Becks Arbeit „Zur Phasenumwandlung zwischen Supra- und Normalleiter im kritischen Magnetfeld" erhalten.[29] Es kam zur Fortsetzung der wissenschaftlichen Auseinandersetzung mit Fritz London, und Laue wünschte eine bestimmte Reihenfolge der Veröffentlichungen in den „Annalen".[30] Der Herausgeber der Annalen bat nun wiederum Fritz London, zu diesen Veröffentlichungen Stellung zu nehmen. Dieser schrieb:

„Es scheint mir, daß sämtliche in v. Laues erster Note vorgebrachte Beschwerden nunmehr als erledigt betrachtet werden können. Die ursprünglich beanstandete Anwendung des thermodynamischen Potentials g ist nunmehr auch von Herrn Beck als korrekt anerkannt."[31]

Dann merkte London Unstimmigkeiten bei Gleichgewichtsbetrachtungen der Thermodynamik an, die er versuchte aufzuklären, und bezog sich dazu auf eine Veröffentlichung seines Bruders Heinz.
Max von Laue schrieb eine Besprechung von Londons Buch, die er am 7. November an die Redaktion der „Naturwissenschaften" schickte. Er merkte kritisch die Beschränkung auf lineare, mit skalaren Supraleitungs-Konstanten operierende Formen der Elektrodynamik an. Ebenso griff Laue die thermodynamischen Vorstellungen an:

> „Es wird nämlich vielfach die alte Vorstellung vom Supraleiter als einem ‚vollkommenen' Diamagnetikum benutzt, obwohl doch gerade Londons Gleichungen den fundamentalen Unterschied beweisen."[32]

Ganz verfehlt erschien Laue der Beweis für eine Oberflächenenergie zwischen Supraleitern und Normalleitern zu sein. Abschließend bemerkte er, dass das Buch für einen Leser, der den Stoff etwas beherrscht, interessant sei, ein nicht befähigter Leser würde, so fürchtete er, in die Irre geführt.[33]
Alle Beteiligten waren überzeugt, dass ihre Anschauungen von den Vorgängen der Supraleitung zutreffend wären. Doch einige Jahre später sollte eine neue Theorie auf einer gänzlich anderen Grundlage das Problem für metallische Supraleitung lösen. Dazu musste man eine neue und ungewöhnliche Vorstellung des Zustands der Elektronen im supraleitenden Zustand annehmen.[34]
Neben dieser Auseinandersetzung ging die Arbeit Laues an der fünften Auflage seines Buchs „Die Relativitätstheorie" weiter. Sein Doktorand Friedrich Beck erlebte direkt, wie Laue durch Zerschneiden von Manuskriptseiten, Zusammenkleben auf Blättern und mit von Hand eingetragenen, nur schwer lesbaren Einfügungen die Anpassung an seine jetzigen Vorstellungen vom Text realisierte, ohne Rücksicht auf die Schwierigkeiten, die der Setzer haben würde.
Über die inhaltliche Änderung bemerkte Beck:

> „Wichtiger als diese Äußerlichkeiten waren die Diskussionen über den Inhalt des Buches. Hier hatten wir Auseinandersetzungen, die aus dem ‚Generationenproblem' herrührten. Ich meinte, das Buch müsse modernisiert, dem inzwischen auch bei den Physikern erreichten mathematischen Bewußtseinsstand angepaßt werden.

Aber Laue, selbst ein mathematisch ja äußerst penibler Theoretiker, wehrte sich auf das entschiedenste. Und ich erkannte in den Auseinandersetzungen, was ihm das Anliegen seiner ‚Relativitätstheorie' war. Er faßte sie ganz und gar als Dienst an dem von ihm über alles bewunderten Freund Albert Einstein und dessen Ideen auf. Beide hatten sie Auseinandersetzungen um die Relativitätstheorie, die teils mit Unverstand, teils mit böswilligen politischen Argumenten geführt wurden, miterlebt. Einstein setzte sich darüber hinweg. Laue aber wollte mit seinem Buch gerade denjenigen, die am Experiment, an der anschaulichen Interpretation physikalischer Ergebnisse hingen, den Weg zur Relativitätstheorie mit zwingender logischer und empirischer Konsequenz öffnen."[35]

Das Vorwort zum Band war kurz, und Laue wies schon auf den zweiten Band über die „Allgemeine Relativitätstheorie" hin:

„Namentlich hat der Satz von der Trägheit der Energie ungeahnte Bestätigung gefunden. […]
Mehr als irgendeine andere physikalische Theorie sind beide Teile der Relativitätstheorie das Werk eines Mannes. Sein Name steht unverrückbar über allem Wandel, den die Theorie erfahren hat und vielleicht in Zukunft erfährt. Daß er es mir erlaubt hat, ihm mein Werk zu widmen und mit dem Jugendbild aus jener Zeit zu schmücken, da er die spezielle Relativitätstheorie schuf, gehört zu den schönsten Belohnungen, die ich in meiner Forschertätigkeit erhalten habe."[36]

Zu Weihnachten kam Hilde mit ihren drei Töchtern nach Berlin. Bei aller Belastung durch den Besuch war die Freude an den Enkelkindern bei den Großeltern groß, wie Laue an Lise Meitner schrieb.[37]

Der erste Brief Max von Laues an den Sohn wurde am 20. Januar geschrieben und war eine Schilderung einer der vielen Reisen, die Laue infolge der Lage von Berlin und seiner Stellung machen musste:

„Am Morgen des 16.1. flog ich nach Düsseldorf und fuhr sogleich mit der Bahn nach Bonn. Der Anlaß dazu waren Sitzungen der Max-

> Planck-Gesellschaft am 17. und 18.1. in Düsseldorf, doch wollte ich in Bonn mit dem Bundeswirtschaftsminister über die PTB sprechen und womöglich den Bundespräsidenten besuchen. Letzteres hatte mir der Bundesbevollmächtigte Dr. Vockel nahegelegt. Beide Unterredungen fanden am Vormittag des 17.1. statt. Bei Heuß war ich von 10 bis 10.30 Uhr."[38]

Er beschrieb dem Sohn, wie es früher bei Monarchen gehandhabt wurde, wo es nie über Formalitäten hinausging:

> „Heuß im Gegensatz erwartete, daß ich etwas über den Zweck meines Kommens berichtete, und er ging gern auf jeden davon ein. Selbstverständlich waren das keine hochpolitischen Angelegenheiten, sondern eine kleine Auswahl aus solchen, mit denen ich beruflich zu tun habe. Alles in Allem war das Gespräch für mich eine große Freude."[39]

Er erwähnte noch die Lage des Hauses und die einfache Möblierung des Büros von Heuss.[40]
Im gleichen Monat kam ein Brief aus Princeton:

> „Lieber Laue!
> Ich habe nun Dein Buch über spezielle R. Th. erhalten und finde, dass es sehr gut ist. Besonders gefällt mir die erschöpfende Behandlung der empirischen Grundlagen."[41]

Einstein wunderte sich über Laues abwertende Behandlung von Ludwig Langes Kritik an Newtons Konzept des absoluten Raumes und der absoluten Zeit und an Maxwells Gleichungen.

> „Aber 1905 wusste ich schon sicher, dass sie zu falschen Schwankungen des Strahlendrucks führt und damit zu einer unrichtigen Brownschen Bewegung eines Spiegels in einem Planck'schen Strahlungsfeld."[42]

In seiner Antwort ging Laue lobend und korrigierend auf Einsteins Einwände ein:

„Lieber Albert Einstein!
Gestern kam Dein Brief vom 17.1.52, und ich danke Dir herzlichst für die offene Darlegung Deiner Ansichten. Wenn mein Buch Dir einen zu günstigen Eindruck von der Leistung der Maxwellschen Theorie zu erwecken scheint, so zeigt mir dies vor Allem, wie sehr Du im Laufe Deines Lebens über Dein eigenes Werk hinausgewachsen bist, das doch von der Maxwellschen Theorie ausging. (Siehe den Titel ‚Elektrodynamik der bewegten Körper' Deiner ersten Publikation darüber) In diesem Nichtgenügenlassen den eigenen Erfolgen gegenüber liegt zweifellos der Kern Deiner Größe als Forscher. Aber es kann doch Niemand bestreiten, daß die Maxwellsche Theorie die Leistungen, von denen mein Buch berichtet, wirklich vollbracht hat, und das ihr Versagen, von dem Du sprichst, auf ganz anderen Gebieten liegt, die außerhalb des meinem Buch gesteckten Rahmens bleiben. Also hatte ich keinen Anlaß, ja nicht einmal eine Gelegenheit, darauf hinzuweisen, daß sie wie unsere ganze Physik Stückwerk ist."[43]

Er äußerte sich dann noch zu Einsteins Einwand zum Werk von Lange.[44]
Im Geburtstagsbrief wünschte Laue Einstein nicht nur Gesundheit:

„Mögest Du noch einen entscheidenden Fortschritt auf dem Gebiete erleben, das Dir einmal am meisten an's Herz gewachsen ist, nämlich bei der Ausgestaltung der Allgemeinen Relativitätstheorie. Ich persönlich nähre ja die Hoffnung, Du kannst die Arbeit von [Max] Kohler, die Dir kürzlich als Korrekturbogen zugegangen ist, als Fortschritt anerkennen."[45]

Sehr positiv berichtete er dann von seinem Besuch einer Kuratoriumssitzung der Physikalisch-Technischen Bundesanstalt in Braunschweig und deren Aufbau. Er lobte die Arbeit des Präsidenten Richard Vieweg.[46]

Die Vergangenheit wurde immer wieder aktuell. Die Schuld in den Jahren 1933 bis 1945 durch das Fehlverhalten von Kollegen vergaß Laue nicht. Am 3. März 1952 schrieb er an Dr. Ferdinand Springer:

> „Soeben übersendet mir die Buchhandlung Lange & Springer, Berlin W35, die Voranzeige für ‚Die Physik der Hochpolymeren Band I, von H. A. Stuart, o. Professor der Physik, Hannover, früher Technische Hochschule Dresden'. Diese Bezeichnung des Verfassers ist geeignet, den Irrtum hervorzurufen, als wäre er jetzt ordentlicher Professor an der Technischen Hochschule Hannover. Man muss schon einen Augenblick nachdenken, um zu erkennen, dass dies genau genommen nicht dasteht.
> Ich möchte Sie fragen, ob der Springer-Verlag die Hand dazu bieten will, diesem vom Verfasser sicherlich beabsichtigten Irrtum in die Öffentlichkeit zu bringen. Denn gegen eine Anstellung von H. A. Stuart in irgendeiner Lehrtätigkeit bestehen die schwersten Bedenken, die von verschiedenen Kollegen bei mehreren Berufungsfragen in der letzten Zeit geäussert wurden."[47]

Immer wieder gab es in den Briefen an den Sohn kurze Erinnerungen an weit zurückliegende Lebensjahre. Als Theo von der Beaufsichtigung der Kinder schrieb, bemerkte der Vater:

> „Du schreibst zudem, Du verlörst manchmal die Geduld, wenn Du auf Eure Kinder aufpassen müßtest. Ja, ja … Da erlebst Du nun, was ich mit Dir und Hilde auch erlebt habe."[48]

Aber auch traurige Mitteilungen musste er machen, denn Rudolf Ladenburg, mit dem er eng befreundet gewesen war, starb.[49]
Bei Gustav Hertz an der Technischen Hochschule in Berlin-Charlottenburg hatte 1936 Erwin Wilhelm Müller mit einer Arbeit über das Feldelektronenmikroskop promoviert, mit dem man Atome und Atomanordnungen sichtbar machen konnte. Nach dem Krieg war Müller an der „Forschungshochschule" und folgte 1952 einem Ruf in die USA. Die Braunschweigische Wissenschaftliche Gesellschaft verlieh ihm 1952 die Gauß-Medaille. Laue nahm sie stellvertretend für Müller am 30. April in Empfang und sprach über den „Atombegriff in der Physik". Nach einer historischen Einleitung mit der Erwähnung des vergessenen Ludwig August Seeber sowie von Dalton und Avogadro am Anfang und in der Mitte des 19. Jahrhunderts ging er auf die Erforschung der Kristallstruktur durch Arthur Moritz Schoenflies und Paul Heinrich von Groth ein. Ausführlich beschrieb

er Müllers Idee und ihre Realisierung mit einer sehr feinen Wolframspitze zur Erzeugung einer hohen Feldstärke um 1935. Er zeigte mehrere Aufnahmen, u. a. auch eine mit Barium belegte Spitze.[50]
Nicht die Physik, aber die Politik diskutierte der Vater in den Briefen an den Sohn:

> „Du sprichst von der Notwendigkeit eines Massenaustauschs zwischen den europäischen Völkern als notwendige Vorbereitung für ein geeintes Europa. Nun ja, aber leider benutzen Franzosen und Engländer die gute Gelegenheit ihrer Besetzung Deutschlands nicht dazu, halten vielmehr ihre Soldaten streng getrennt von der deutschen Bevölkerung, genau wie es die Amerikaner auch tun. Wir lernen von ihnen Allen nur ein paar Leute wirklich kennen, welche mit der Wissenschaft zu tun haben."[51]

Angemerkt wurde noch der 8. Juni vor vierzig Jahren, als Laue über die Röntgenstrahlinterferenzen in der Berliner Physikalischen Gesellschaft vortrug.[52]

Noch war das Reisen für Max von Laue ein wichtiger Bestandteil des Wiederaufbaus der internationalen Kontakte. So folgte er einer Einladung zu einer Tagung über Festkörperphysik in Göteborg vom 9. bis 13. Juni. Er wählte als Vortragsthema „Die Interferenz-Absorption von Röntgenstrahlen in Kristallen".[53] Das Ehepaar Laue machte die Reise mit dem Auto, und auch Frau Justi kam mit. Da Max von Laue nicht durch die „Zone" fahren durfte, sondern fliegen musste, fuhr Dr. Karl Plieth, der Assistent von Prof. Stranski, mit dem Auto durch die „Zone". Sie fuhren dann über Dänemark und mit der Fähre nach Schweden.
Laues Vortrag war für einen größeren Hörerkreis mit unterschiedlichen Forschungsgebieten bestimmt, und so passte er den Inhalt entsprechend an. Einleitend beschrieb er den Unterschied zwischen dem lichtelektrischen Effekt mit Röntgenstrahlen und der Absorption von Elektronen. Der wäre unabhängig von der Bewegung des getroffenen Atoms, anders wäre es im Interferenzfall. Eine einfache Überlegung zeige, dass im Interferenzfall die Absorption erheblich größer, aber auch erheblich kleiner sein könne. Das konnte von Borrmann an einer dünnen Kalkspatplatte experimentell gezeigt werden. Eine Analyse der Ergebnisse von Carleton

C. Murdocks Aufnahmen[54], die zur Illustration gezeigt wurden, ergaben weitere Einzelheiten des Absorptionsvorgangs. Die Experimente eröffneten die Möglichkeit zu einer bisher fehlenden Theorie für den Interferenzfall bei idealen Kristallen.[55]
Die Veröffentlichung des Vortrags bot die Möglichkeit für eine erweiterte Fassung mit ausführlichen mathematischen Teilen, wobei Laue die Theorie der Energieströmung mit dem Poyntingschen Vektor behandelte.[56] Er untersuchte das einzelne Wellenfeld im Kristall ohne Absorption, die gleichzeitig entstehenden Wellenfelder und dann den Fall der Absorption und der Mehrfachinterferenzen. Diese Überlegungen diskutierte er im Zusammenhang mit den experimentellen Ergebnissen anderer Forscher. Er dankte insbesondere Gerhard Borrmann für dessen Mitwirkung an der Diskussion der Theorie. Gegen Jahresende schrieb Laue eine kurze Ergänzung zu dem Thema, in der er zeigte, dass auch bei Materiewellen die Bahn der Teilchen ähnlich dem Energiestrom wie bei Röntgenstrahlen verläuft.[57]
Im Juli ging es zuerst zur Generalverwaltung der MPG nach Göttingen und dann zur Erholung in die Nähe der Tochter und ihrer Familie bei Isny. In einem Antwortbrief an Theo, der in den USA einen Vortag von Carl Friedrich von Weizsäcker hören wollte, bemerkte Laue:

> „Hoffentlich hast Du's getan. Hoffentlich, weil man bei ihm immer etwas lernt. Aber sei dabei recht kritisch! Ich und auch einige Andere kommen über den Eindruck nicht hinweg, dass er seiner Hörerschaft oftmals nach dem Mund redet. Dass er sich so bibeltreu ausgibt gehört dazu. Immerhin ist er ein sehr wertvoller Mann."[58]

Im Augustheft der „Naturwissenschaften" wurde der Entdeckung der Röntgenstrahlinterferenzen mit einem Abdruck der Veröffentlichungen vor vierzig Jahren gedacht.[59]
Der Verband Deutscher Physikalischer Gesellschaften veranstaltete die diesjährige Physikertagung vom 28. September bis zum 3. Oktober in Berlin. Die Hauptarbeit wurde von Heinrich Gobrecht von der Technischen Universität, Lehrstuhl für Experimentalphysik, und durch Laue geleistet. Einen Entwurf seiner einleitenden Worte schickte Laue an Heisenberg:

„Als Vertreter der Berliner Physiker begrüsse ich alle Landsleute, die vom Osten und Westen zum Deutschen Physikertag hierher gekommen sind, erst recht die ausländischen Kollegen, welche zum Teil weite Reisen, bis zu einem Drittel des Erdumfanges, hierher gemacht haben, um uns die neuesten Ergebnisse ihrer Forschungen vorzuführen."[60]

Zur Tagungsstätte, dem ganzen Institut, bemerkte er, dass sie ebenso wie die Umgebung – eine Ruine – sei, doch die Hörsäle seien wiederhergestellt und zeugten vom Wiederaufbau.

„Ich meine mit Wiederaufbau nicht nur das Wirken der Architekten, Maurer und Zimmerleute. Sie werden dann, denke ich, auch erkennen, dass der Geist der Forschung, der Wahrheit und Freiheit auch unter Ruinen gedeihen kann."[61]

Laue zitierte Goethes Gedicht „Feiger Gedanken, bängliches Schwanken".[62] Die 1.543 Teilnehmer konnten 113 Vorträge u. a. zur Neutronen- und Astrophysik hören. Der Rektor der TU, Jean D'Ans, hielt eine Gedächtnisrede auf Jacobus Henricus van 't Hoff. Der Vorsitzende, Karl August Wolf, ging in seiner Ansprache kurz auf die Gefahr der Atomwaffen und deren Entwicklung ein. Er erwähnte die Aufnahme einer entsprechenden Passage in die Satzung der Gesellschaft. Als geselliges Ereignis gab es eine Dampferfahrt auf der Havel.[63]
Die DPG versuchte, die Emigranten, die im Dritten Reich aus der Gesellschaft ausgeschlossen worden waren, zum Wiedereintritt zu bewegen. Das war eine moralisch schwierige Entscheidung – für beide Seiten. Wieder war Laue durch seine aufrechte Haltung im Dritten Reich gefordert, diese Bitten zusammen mit dem Vorsitzenden auszusprechen. Viele kamen der Bitte nach, so Lise Meitner und James Franck.[64]
Noch im Oktober fuhr Laue zur Aufnahme in den neugegründeten Orden „Pour le Mérite" für Wissenschaft und Künste durch den Bundespräsidenten Theodor Heuss nach Bonn. Bei Gesprächen mit Heuss war diese Ordensfrage wohl mehrfach ein Thema gewesen. Zu den so Geehrten gehörten auch der Physiker Walther Bothe und die Künstlerin Renée Sintenis, doch beide konnten aus gesundheitlichen Gründen an der Feier nicht teilnehmen.[65]

Am 24. und 25. Oktober wurde in London der Entdeckung der Röntgenstrahlinterferenzen gedacht. Sir Lawrence Bragg eröffnete die Tagung mit einem historischen Rückblick, und Max von Laue nahm als Ehrengast teil. Zum ersten Mal berichtete man von der Auswertung durch elektronische Rechenmaschinen sowie der Möglichkeit, die Struktur großer organischer Moleküle zu bestimmen.
Im Anschluss an die Tagung überreichte Laue in Cambridge Paul Dirac die „Planck-Medaille", wie es die Deutsche Physikalische Gesellschaft auf dem Physikertag in Berlin verkündet hatte.[66]
An Theodor ging am 17. November ein langer Brief ab, der eine nachdenkliche Passage enthielt:

> „Ich lese gerade ein kleines Buch von Fr.[iedrich] Meinicke ‚Straßburg, Freiburg, Berlin 1901–1919. Die letzten Kapitel, welche von den Geschehnissen im Weltkrieg I und den Versuchen der Berliner Historiker und anderer Berliner Professoren handeln, auf diese einen gewissen Einfluß auszuüben, sind außerordentlich aufregend. Viel friedlicher sind die ersten Kapitel, und doch für mich so interessant, weil ich die darin geschilderten Verhältnisse und auch viele der auftretenden Personen selbst gekannt habe. Immer aber habe ich dabei das Empfinden, wieviel einfacher es ein Geisteswissenschaftler doch im Leben hat, als ein Naturwissenschaftler, dessen Tätigkeit ‚unmenschlich' ist. Beim Ersteren ist zwischen Forschen und Leben lange kein Unterschied, wie zwischen Leben und Naturwissenschaft. Gewiß gibt den Letzteren gerade das Fernhalten alles ‚Menschlichen' ihre besondere Weihe. Aber für den Umgang mit den Zeitgenossen, der sich doch nun einmal nicht vermeiden läßt, ist diese Beschäftigung keine gute Vorbereitung."[67]

Das Jahresende wurde mit einer besonderen Feier beschlossen. Max von Laue hatte eine sichtbare Ehrung für Fritz Haber initiiert. Am Geburtstag des ersten Direktors des Instituts für Physikalische Chemie und Elektrochemie, Fritz Haber, wurde im Eingangsbereich des Instituts eine Gedenkplakette von Richard Scheibe enthüllt. Als Legende wählte Laue seinen Text von 1934 mit dem Vergleich des Ruhms von Themistokles. In seiner Rede gedachte Laue des Menschen, seines lebhaften Geistes, seines bewussten Pflichtgefühls, seiner inneren Verbundenheit mit dem Institut. Er zitierte Habers Rücktrittsgesuch von 1933 mit der Danksagung an seine Mitarbeiter. Er ließ die Zuhörer teilhaben an seiner ganz persönlichen Bindung an Fritz Haber:

> „Ich habe mit eigenen Augen den wochenlangen Kampf angesehen, in welchem sich Haber zu seinem Rücktrittsgesuch durchrang. [...] Schon im August 1933, als ich ihn in seinem Züricher Hotel wiedersah, war er nur ein Schatten seiner selbst."[68]

Enthüllung der Gedenktafel für Fritz Haber im Treppenhaus des Fritz-Haber-Instituts der Max-Planck-Gesellschaft am 9. Dezember 1952.
Quelle: Archiv der Max-Planck-Gesellschaft, Berlin-Dahlem).

Über das vielfältige wissenschaftliche Werk Fritz Habers sprach Karl-Friedrich Bonhoeffer.

Es wurde wieder ein Jahr mit vielen Verpflichtungen, Vorträgen und Reisen. Gleich zum Anfang gab es aber zwei freudige Nachrichten. Der Verlag hatte ihm das erste Exemplar seines Buches über die „Allgemeine Relativitätstheorie" geschickt und mitgeteilt, dass er schon zahlreiche Bestellungen hätte. Für die dritte, wiederum verbesserte Auflage der „Geschichte der Physik" gab es einen Briefwechsel mit Hans Schimank, der an mehreren Stellen Korrekturen vorgeschlagen hatte, die Laue dankbar annahm.[69] Und, voller Freude, erhielt das Ehepaar Anfang Februar die Mitteilung, dass Theo zu Vorträgen an die Freie Universität eingeladen wurde und die Familie mitkommt. Selbstverständlich sollten sie bei ihnen wohnen.

> „Was die Reisekosten anlangt, so würden wir, wenn nötig, dazu beitragen. Sieh einmal zu, daß Du ohne Zuschuß von uns auskommst. Und dann: kommt recht früh und bleibt recht lange!"[70]

Die gelöste Stimmung kam auch in einem Brief an Erwin Schrödinger zum Ausdruck:

„Über das Problem der physikalischen Deutung der Wellenmechanik habe ich erst kürzlich wieder schmerzhaft nachgedacht, als ich das Buch von Louis de Broglie in die Hand bekam, in welchem ja Einstein, Sie und mancher Andere wieder einmal Stellung nehmen. Als ich so richtig Kopfschmerzen darüber bekommen hatte, erschien mir mein Freund Mephistopheles und sagte:
‚Ich kenn es wohl, so klingt das ganze Buch;
Ich habe manche Zeit damit verloren,
Denn ein vollkommner Widerspruch
Bleibt gleich geheimnisvoll für Kluge wie für Toren.'"[71]

Die Korrespondenz mit Einstein brach nicht ab, denn es gab immer wieder grundlegende Fragen zu diskutieren. Am 27. März dankte Laue dem Freund für dessen Brief vom 21. März:

„Um noch einmal auf die Frage der Temperaturdefinition in der R. Th. zurückzukommen: Ich habe heute zufällig das Le Chatelier-Braunsche Prinzip auf die Dynamik des Massenpunktes anzuwenden Anlass gehabt. Es sagt für den ‚Massenpunkt' aus, daß der Differentialquotient des Impulses nach der Geschwindigkeit größer ist, wenn man die Temperatur, als wenn man die Entropie konstant hält. Das ist sehr einleuchtend. Aber schon die Möglichkeit, jenes Prinzip ohne Veränderung auf dieses Beispiel anzuwenden, hängt wesentlich an der Digition, welche Planck für die Temperatur des bewegten Körpers gegeben hat, und die ich übernommen habe. Das spricht wieder einmal dafür, daß sie unter verschiedenen möglichen Definitionen die zweckmäßigste ist."[72]

Nachdem er den Erhalt von Einsteins Manuskript für die Born-Ehrung bestätigt hatte, bemerkte Laue:

„Weißt Du übrigens, daß die Dahlemer Kaiser-Wilhelm-Institute zum 1. Juli in die Max-Planck-Gesellschaft aufgehen? Nur das meine macht insofern eine Ausnahme, als es ‚Fritz-Haber-Institut der Max-Planck-Gesellschaft' heißen soll. Trotz der allgemeinen Verehrung, die Plancks Name genießt, gibt es hier nicht wenige, die den Namenswechsel bedauern und ironisch fragen, ob etwa der Kaiser-Wilhelm-Turm

> im Grunewald auch in Max-Planck-Turm umgetauft werden solle. Ganz unberechtigt wäre das nicht; denn es ist sicher nie ein Kaiser auf ihm gewesen, während Planck bei seiner Vorliebe für Türme sicherlich oft ihn bestiegen hat."[73]

Immer wieder berichtete Laue dem Sohn von Ereignissen in der Zeit vor zwanzig Jahren, so am 3. April:

> „Am 1.4.53, genau 20 Jahre nach dem Judenboykott, bei welchem ein Glasbläser des KWI ‚dem Juden Haber' den Eintritt ins Institut verwehrt hatte, war seine ehemalige Frau Charlotte Haber hier, sowohl im Institut, die Gedenktafel zu besichtigen, als bei uns zum Mittagessen."[74]

Lise Meitner kam auf der Rückreise von Wien, ihrem ersten Besuch in ihrer Geburtsstadt nach 15 Jahren, nach Berlin und besuchte Laues vom 2. bis 10. April. Es war wiederum ein Erinnerungsbesuch. Sie gingen zum früheren KWI für Chemie, das nach der teilweisen Zerstörung im Krieg wieder aufgebaut und nun von der Freien Universität genutzt wurde. Die Direktoren-Villa, in der sie einst gewohnt hatte, war nicht wieder aufgebaut worden. Lise Meitner hielt am 8. April in der Physikalischen Gesellschaft einen Vortrag „Über das Neutrino". Der große Hörsaal der Technischen Universität war voll besetzt, und es folgte eine lebhafte Diskussion.[75]

Am 15. April folgte für Laue bereits die nächste gesellschaftliche Verpflichtung. Bundespräsident Theodor Heuss weihte das wieder aufgebaute Hauptgebäude der Technischen Universität (TU) ein und hielt einen Vortrag zu Hochschulfragen. Bei dieser Gelegenheit erhielten Otto

Bundespräsident Theodor Heuss und Max von Laue nach dem Rundgang durch das Fritz-Haber-Institut. Rechts im Bild Ernst Reuter, der Regierende Bürgermeister von West-Berlin, den Laue im November 1952 während eines Fluges näher kennen gelernt hatte. Quelle: Archiv der Max-Planck-Gesellschaft, Berlin-Dahlem

Warburg, der Berliner Finanz-Senator Friedrich Haas und Laue den Dr. rer. nat. honoris causa verliehen. Ob unter den anwesenden Professoren auch der 1945 aus politischen Gründen entlassene und seit 1953 wieder an der TU lehrende Franz Bachér war, war nicht zu klären. Nach der Einweihung der TU besuchte der Bundespräsident das Fritz-Haber-Institut.

Durch die politischen Verhältnisse in der DDR nahm der Flüchtlingsstrom nach West-Berlin weiter zu. Auch Wissenschaftler kamen, und einige konnten im Fritz-Haber-Institut aufgenommen werden.[76]
Wie weit gespannt Laues physikalische Aktivitäten und Interessen immer noch waren, trotz der Belastungen durch die wissenschaftliche Leitung des Fritz-Haber-Instituts, zeigen die zwei Veröffentlichungen „Relativitätstheorie, Doppler- und andere spektrale Verschiebungseffekte" sowie „Le Chatelier-Braunsches Prinzip und Relativitätstheorie", die er im Juni bzw. Ende August abschloss.[77] Die erste Veröffentlichung begann mit einer Vorbemerkung:

> „Der Aufsatz, hervorgegangen aus Besprechungen mit befreundeten Astronomen, soll die Ergebnisse der speziellen und der allgemeinen Relativitätstheorie über spektrale Veränderungen zusammenstellen, welche im Grundsatz für die Astronomie in Betracht kommen, gleichgültig, ob sie im Bereiche der heutigen Meßgenauigkeit liegen."[78]

Als erstes behandelte er kurz die Doppler-Verschiebung im Zusammenhang mit der speziellen Relativitätstheorie, einmal mit ruhendem Spektralapparat, einmal, wenn der Spektralapparat nicht gegen das Bezugssystem ruht. Bei der allgemeinen Relativitätstheorie wäre das Problem schwieriger, und er schrieb:

> „Erstens nämlich gibt es (von Ausnahmen reden wir später) keine elektromagnetische Welle, die sich mit unveränderlicher Frequenz ausbreitet. Zweitens vermag sie im Gegensatz zur speziellen Theorie den Begriff ‚Relativgeschwindigkeit' für zwei getrennte Körper nicht zu definieren."[79]

Das wurde weiter ausgeführt, wobei er Einsteins Veröffentlichung von 1911 heranzog. Zur Rotverschiebung in einem dreidimensionalen Raum mit dem Krümmungsradius $\boldsymbol{R}$ kam er zu dem Ergebnis:

„ν R = const. Wächst R mit der Zeit, wie es Hubbles Beobachtung entspricht, so nimmt ν während der Ausbreitung der Welle ab. Es ist das ein ganz anderer Einfluß als der, welcher in Dopplers Überlegung auftritt."[80]

Laue führte noch die Arbeit von Aleksander A. Friedmann über die Abhängigkeit des Krümmungsradius von der Zeit an.[81]
Auch die zweite Veröffentlichung über das Le Chatelier-Braunsche Prinzip und die Relativitätstheorie enthält eine Art Vorwort, das als Aufgabenstellung zu verstehen ist:

„Das Le Chatelier-Braunsche Prinzip ist schon so oft bei mechanischen, elektrischen, magnetischen, thermodynamischen und insbesondere thermochemischen Problemen herangezogen worden, daß man seinen Anwendungsbereich für erschöpft halten möchte. Die (spezielle) Relativitätstheorie aber ergibt einige neue Anwendungsmöglichkeiten, weil sie im Gegensatz zu der älteren Theorie, in welcher innere und kinetische Energie der Körper additiv zur Gesamtenergie zusammentraten, so daß man Dynamik und Thermodynamik unabhängig voneinander behandeln konnte, diese beiden Gebiete miteinander koppelt; die ‚innere' Energie hängt von der Geschwindigkeit ab, und eine eigene kinetische Energie gibt es nicht mehr."[82]

Laue merkte an, dass bereits Planck in seinen Arbeiten zur relativistischen Thermodynamik darauf hingewiesen hat. Nach einer kurzen Rechnung kam er zu den Aussagen:

„Bei isothermer Beschleunigung steigt der Impuls schneller, als bei adiabatischer. [...]
Bei isobarer Beschleunigung steigt der Impuls stärker, als bei isochorer."[83]

Am Schluss hieß es, dass die Unterschiede auf der Trägheit der Energie beruhen. Im Grenzfall käme die Newtonsche Dynamik heraus. Das sei kein Widerspruch zum Le Chatelier-Braunschen Prinzip.[84]

In der Mitte des Jahres kam James Franck aus Chicago nach seiner Teilnahme am 6. Kongress „Wissenschaft und Freiheit" in Hamburg nach Berlin, um über die Arbeiten seiner Gruppe zur Photosynthese, insbesondere über ihren Quantenbedarf, zu berichten:

> „Dann in Berlin: Ich sollte in Laues Colloquium vortragen und antwortete, dass wahrscheinlich Warburg kommen würde, und das gäbe eine Diskussion. Das war Laue recht, denn er wäre sowieso über den arroganten Kerl stinkwütend. Es wurde jedoch noch schlimmer, denn im letzten Moment wurde die Sitzung umgelegt auf die Berliner Physikalische Gesellschaft und das heisst einen sehr grossen Hörsaal, in dem 500-700 Leute kamen inclusive Warburg, Dean Burk u. Gefolge. Nun ich sprach glaube ich gut, das war auch die Meinung meiner Frau u. einer Reihe von Anderen. Sehr liebenswürdig gegen Warburgs Verdienste im Allgemeinen doch im Besonderen haben er und Burk eben Unrecht indem sie was anderes gemessen hätten als sie angenommen hätten etc. etc. Dann kam Warburgs Diskussion, unsachlich arrogant, ich wurde aber recht deutlich und rein äusserlich hatte ich die Oberhand. Es kam so weit, dass das Publikum bei seinen Grobheiten scharrte und bei mir trampelte."[85]

Die Abneigung Laues gegen Otto Warburg steigerte sich zeitweise so sehr, dass er sich in seinem Büro einschloss, wenn Warburg erwartet wurde.[86] Im Juli fand in Lindau auf Einladung des Grafen Lennart Bernadotte das dritte Treffen der Nobelpreisträger statt, diesmal der Physiker. Das erste Treffen 1951 galt den Medizinern, das zweite 1952 den Chemikern. Nun waren die Physiker eingeladen, und es sprachen:

Paul A. M. Dirac:	Quantendynamik und Äther
Otto Hahn:	Moderne Alchemie – der Weg über das Unwägbare zum Wägbaren
Werner Heisenberg:	Fortschritte und Schwierigkeiten in der Quantentheorie der Elementarteilchen

Georg v. Hevesy:	Biochemische Wirkung der ionisierenden Strahlung
Max v. Laue:	Röntgenstrahlinterferenzen
Cecil F. Powell:	Freiballonflüge in großen Höhen
Frederick Soddy:	Entdeckung der natürlichen Umwandlung der Radioelemente
Hideki Yukawa:	Versuch eine Einheitstheorie der Elementarteilchen

Quelle: aus Sterio 1963

Das Ausspannen in Lindau tat Laue gut, denn die Leitung so vieler verschiedener Forschungsgebiete seines Instituts mit so vielen sehr unterschiedlichen Forscherpersönlichkeiten und dem drängenden Wunsch, viel zu publizieren, wie Rolf Hosemann, und der sehr zurückhaltenden Art von Gerhard Borrmann, noch mehr Experimente und Messungen zu machen, war keineswegs einfach. Als die Physiker nach Lindau eingeladen wurden, nahm Laue gerne daran teil.
Im Juli wurde eine Erholungsreise nach Norddeutschland gemacht. In Hamburg wurden Schimanks besucht, und Laue bekam den Roman „Das Wunder des Malachias" von Bruce Marshall, den er noch auf der Reise voller Begeisterung las.[87] Vom alten Leuchtturm in Neuwerk (an der Elbmündung) beobachtete Laue lange den Schiffsverkehr. Dann ging es nach Bremen, um Theo und seine Familie in Empfang zu nehmen. Gemeinsam fuhren sie nach Steinhorst bei Celle, wo die Familie Lemcke nun wohnte. Die Großeltern erfreuten sich des Treffens.[88]

Im Herbst fand die Physikertagung statt, diesmal in Innsbruck. Vorher tagte dort die Deutsche Gesellschaft für Elektronenmikroskopie, die Max von Laue die Ehrenmitgliedschaft verleihen wollte. Laue nahm an beiden Tagungen teil. Die Fahrt dahin ging mit dem Auto, das Friedrich Beck steuerte, und so widmete sich Laue ganz der Freude an der herbstlichen

Landschaft, was im Brief an Theo deutlich zum Ausdruck kam.[89] In Innsbruck erhielt er die Ehrenmitgliedschaft, und bei der Physikertagung verlieh er die Planck-Medaille an Walther Bothe für dessen Arbeiten über die Koinzidenzmethode zur Bestimmung der Richtung der Höhenstrahlung.[90] Gelegentlich war Laue im Wirbel der politischen Überzeugungen in seinem Urteil nicht ganz gerecht. Es ging um die Ernennung von Hartmut Kallmann zum Auswärtigen Mitglied des Fritz-Haber-Instituts und dessen Animositäten gegenüber Deutschland, wie Laue an Paul Peter Ewald schrieb, der ihn aber korrigierte:

> „Daher ist es natürlich, dass wer ausgewandert ist, ängstlicher auf die Wiederkehr früherer Mentalität lauscht als diejenigen, die im politischen Trubel des Tages in Deutschland leben. Ich finde es unberechtigt, seine Einstellung, die freilich oft von der derzeitigen Beurteilung Deutschlands abweicht, als Animosität zu bezeichnen. Es ist vielmehr eine Besorgnis und vielleicht allerdings ein Mangel an Vertrauen darin ausgedrückt."[91]

Max von Laue bei einem Vortrag im Fritz-Haber-Institut am 9. Oktober 1953
Quelle: Archiv der Max-Planck-Gesellschaft, Berlin-Dahlem

Für die Physikalischen Blätter verfasste Laue über Walter Friedrichs Verdienste bei der Entdeckung der Röntgeninterferenzen zu dessen 70. Geburtstag eine kurze Würdigung. Friedrich war inzwischen Präsident der vormaligen Preussischen Akademie in Ost-Berlin geworden.[92]
Die englische Ausgabe von Laues Buch über die Supraleitung wurde nicht nur in England, sondern auch in Amerika kritisch beurteilt. Das veranlasste Laue zu einem längeren Brief an James Franck in Chicago, mit der Frage, woher die Kritiker kämen.[93] Er ging zuerst kurz auf die Kritik durch David Shoenberg ein. Dann hieß es:

> „Mein Buch hat, wie auf den ersten Seiten klipp und klar ausgesprochen, den Zweck, die Maxwellsche Theorie auf die Supraleitung auszudehnen. Dies Ziel ist m. E. ziemlich erreicht, und zwar auf einem recht zwangsläufigen Wege, ohne Willkür. Jene neueren Theorien sind alle atomar und haben – oder beanspruchen – denselben Vorzug vor meinen Ausführungen, welche z. B. die Theorie der [Textverlust durch Lochung] ischen Dispersion vor der alten Maxwellschen Theorie hat. […]
> Die Supraleitung ist das einfache Phänomen, die Ohmsche Leitung deren Verfälschung durch die thermische Bewegung der Atomanordnung. […]
> Sie mögen daraus meine innere Hemmung für eine Erweiterung meines Buches ersehen. Dass wichtige Supraleitungs-Versuche in den letzten Jahren bekannt geworden sind, steht auf einem anderen Blatt."[94]

In den Briefen an Sohn Theo und auch an Lise Meitner wurde das Wettrüsten zwischen den Vereinigten Staaten und der Sowjetunion auf dem Gebiet der Atomwaffen nicht erwähnt, in den Zeitungen gab es darüber genug Informationen. Die Erprobung von Wasserstoffbomben im Südpazifik 1951 durch die USA hatte nicht nur die große Zunahme der Zerstörungskraft solcher Bomben gezeigt, sondern auch die großflächige radioaktive Verseuchung verdeutlicht. Sehr wahrscheinlich wurden diese Probleme aber mit Freunden besprochen.

Eine ganz besondere Ehrung wurde Max von Laue brieflich am 15. Januar angekündigt: Die Société Francaise de Physique hatte ihn zu ihrem Ehrenmitglied ernannt. Er teilte das der Generalverwaltung der MPG mit und

wies darauf hin, dass 1915 Max Planck und Arnold Sommerfeld von der Société ausgeschlossen und nicht wieder aufgenommen wurden.[95]
Zur großen Feier von Otto Hahns 75. Geburtstag am 8. März fuhr das Ehepaar Laue nach Göttingen. Dort trafen sie auch Lise Meitner. Aber, wie sie schon vermutet hatten, konnten sie mit dem Geburtstagskind vor lauter Andrang gar nicht in Ruhe sprechen.

An Theo schrieb er am 4. April:

> „Am 15.4. werden es 3 Jahre, daß ich das Institut übernahm. Wenn ich auf diese Zeit zurückblicke, so hat es mehrere wichtige Verbesserungen in dieser Zeit erfahren; die wichtigste, der Anschluß an die Max-Planck-Gesellschaft, ist selbstverständlich nicht mein Werk allein, aber ich habe mir doch viel Mühe damit geben müßen, z. B. um Otto Warburgs Starrsinn zu beseitigen, der sich zunächst heftig dagegen sträubte."[96]

Ausführlich ging Laue, im Hinblick auf die Wiederbewaffnung der Bundesrepublik, auf die negative Einflussnahme des Offizierskorps auf die Politik im Kaiserreich und danach ein:

> „Aber auch mein eigenes Schicksal, der dauernde, in meiner frühesten Jugend beginnende Konflikt mit meinem Vater war im Grunde ein Kampf um Freiheit von meiner Seite, und der Versuch, ihn zu unterdrücken, von der anderen Seite."[97]

Nur sechs Tage später schrieb Laue an Walther Meißner,

> „[...] weil Sie offensichtlich eine Nachricht nicht haben, die Sie doch etwas erschüttern wird. Am 30.3. ist Fritz London in Durham gestorben. Er war erst 54 Jahre alt, aber bei dem Klima von Durham ist es kein Wunder, daß er nicht länger ausgehalten hat. Ich habe seiner Frau einen Beileidsbrief geschrieben."[98]

Dann schrieb er, dass er sich von seinen vielen Ämtern, die er zurzeit hätte, zurückziehen will.[99]
Mit Postkarten wurden die Familien Lemcke und Laue über die vielen Rei-

setermine informiert, so am 17. April der Schwiegersohn Kurt über eine Reise nach Goslar zu einer Tagung der Physiker:

> „Wie kehren am 26.4. heim, aber dann wird wohl wieder die geologische Ausgrabung meines Schreibtischs notwendig sein, auf dem sich viele Ablagerungsschichten angesammelt haben."[100]

Im Juli antwortete Laue Einstein auf dessen Brief vom 21. Juli mit einer Anfrage zu Plancks Sohn Hermann aus dessen zweiter Ehe. Dann berichtete Laue von seiner Reise nach Schweden zur Beobachtung der Sonnenfinsternis:

> „So war ich Ende Juni, zusammen mit meiner Frau und einer Enkelin [der ältesten Tochter von Hilde und Kurt Lemcke, Grete], zur Sonnenfinsternis in Öland, wo auch viele astronomische Expeditionen ihre Apparate aufgebaut hatten. Den umfangreichsten Aufbau hatte E. Freundlich zusammen mit Wempe von dem Potsdamer Observatorium dorthin geschafft. Dass Wolken die Beobachtung verhinderten, wirst Du schon gehört haben. Für uns, die wir nur ‚Schlachtenbummler' waren, hat sich die Reise aber doch gelohnt. Denn die Beobachtung, wie der Kernschatten des Mondes mit der Bahngeschwindigkeit des Mondes über die Erde hinweg jagt, hatte ich nicht erwartet."[101]

Laue beschrieb noch das Wandern des Schattens von West nach Ost als einen tiefen „Eindruck, den man nicht wieder vergißt", und teilte mit, dass sie die Ferien am Achensee zusammen mit der Familie Lemcke verbringen würden.[102]
Im Oktober zu seinem 75. Geburtstag verreisten die Laues. Es war eine Reise mit Erinnerungen, denn sie waren in Magdeburg am Grab seiner Mutter. Wieder in Berlin, wurde er mit dem Großen Verdienstkreuz mit Stern geehrt, und es gab mündliche, viele schriftliche Würdigungen und sehr viele Glückwunschbriefe.
Das Oktober-Heft der „Zeitschrift für Kristallographie" wurde dem 75. Geburtstag Max von Laues gewidmet. Es enthielt Beiträge von den Abteilungsleitern des „Fritz-Haber-Instituts" der MPG.
Zum Geburtstag bekam Laue von seiner Enkelin Grete einen Reisebericht

von der Sonnenfinsternis, über den er sich sehr freute. Er dankte ihr und den Schwestern für die Glückwünsche und schrieb:

> „Aber ich muß nun schwer arbeiten. Seit einigen Tagen tue ich nichts Anderes, als Gratulationen beantworten."[103]

Nach seinem Geburtstag trug Laue in der Physikalischen Gesellschaft zu Berlin zum Thema „Neues über Röntgenstrahlinterferenzen" vor. Der erste Teil war ein nicht ganz einfaches Gebiet, die „Friedelsche Regel nach der dynamischen Theorie", das zweite und dritte Thema bezog sich auf Borrmanns Versuche.[104]

Georg Menzer, der eine Professur an der Ludwig-Maximilians-Universität erhalten hatte, setzte sich dafür ein, dass Max von Laue zu seinem 75. Geburtstag die Ehrendoktorwürde der Münchener Universität verliehen werden sollte, denn er meinte, für Sommerfeld wäre Laue wohl noch zu jung für diese Ehrung gewesen. Die Feierlichkeit wurde auf den 23. November festgelegt, und Laue nahm in München die Ehrung persönlich in Empfang.[105]

Nach und nach durften die „dem Ruf der Sowjetregierung gefolgten" deutschen Wissenschaftler und deren Mitarbeiter aus der Sowjetunion in die DDR zurückkehren. Volmers zogen 1955 wieder in ihr Haus bei Babelsberg ein, und Gustav Hertz erhielt eine Professur in Leipzig. Im geteilten Berlin waren auch nichtpolitische Gedenkveranstaltungen problematisch. Etwas gemeinsam zu veranstalten erforderte diplomatisches Geschick und Geduld. Deshalb wurde bereits in der Sitzung des Vorstandes der Physikalischen Gesellschaft im Dezember beschlossen:

> „Am 18. März 1955 soll eine Festsitzung anläßlich des 50-jährigen Bestehens der Einstein'schen Arbeiten über Lichtquanten und Relativität stattfinden. Die Physikalische Gesellschaft der DDR hat eine gemeinsame Veranstaltung im Osten vorgeschlagen. Der Vorstand beschließt, am 18.3.55 im grossen Hörsaal des I. Physikalischen Instituts eine Festsitzung über die Geschichte der Quantentheorie zu veranstalten, für die Professor von Laue Herrn Professor Max Born als Vortragsredner gewinnen will. Die Einladung hierzu soll einen Hinweis auf eine Festsitzung der Phys. Ges. in der DDR enthalten, in der Prof. Infeld, Warschau über die Relativitätstheorie sprechen wird."[106]

Im Weihnachtsbrief an Lise Meitner teilte Laue mit, dass ihm Otto Hahn vorgeschlagen habe, zum 31. März 1956 sein Amt zu übergeben. Es sei aber nicht sicher, ob der Senat zustimmen würde. Er, Laue, wäre damit einverstanden.

> „Soweit wäre alles gut. Aber nun kommt ‚das dicke Ende nach'. Eine ganze Reihe von Senatsmitgliedern, die ich ausserhalb der Sitzung informatorisch sprach, traten dafür ein, dass ich keinen Nachfolger erhalte, sondern dass sich das Haber-Institut in 5 oder 6 kleine Institute aufspalte, deutlicher als Alles andere zeigt dieser Vorschlag, aus welcher Ecke der Wind weht."[107]

Laue vermutete Otto Warburg dahinter, dessen Institut sehr viel kleiner war. Zu Weihnachten kam Theo mit Familie nochmals nach Berlin, um über Kopenhagen nach Helsinki zu reisen. Laue ließ Schwiegersohn Kurt wissen:

> „Der Abschied ist mir schwer geworden, die Stille in der Wohnung tut mir weh."[108]

Das neue Jahr begann für Max von Laue mit Beschwerden durch zu hohen Blutdruck und für seine Frau mit immer wiederkehrender Mattigkeit und häufigen Asthma-Anfällen, trotzdem gingen sie zur Feier von Theodor Heuss' 71. Geburtstag am 31. Januar.
Im Weihnachtsbrief an Lise Meitner hatte Laue ihr von dem Plan der Generalverwaltung über eine Aufteilung des Fritz-Haber-Instituts in mehrere kleine Institute geschrieben. Sie antwortete am 18. Januar mit einem langen Brief, der nicht nur ihr Einfühlungsvermögen für Laues Situation zeigte, sondern ihm auch Beistand in der strittigen Frage bei Otto Hahn anbot, um für den Erhalt der derzeitigen Struktur zu plädieren.[109]
Laue hatte auch die Mitarbeiterinnen und Mitarbeiter über die Zukunft des Instituts sowie über seinen geplanten Rücktritt zum 1. April 1956 unterrichtet. Das beunruhigte die Abteilungsleiter, und sie schrieben deswegen am 31. Januar an den Präsidenten Otto Hahn:

> „Es ist unser Wunsch, Sie, sehr verehrter Herr Präsident, möchten eine Möglichkeit finden, Herrn Professor von Laue auch über die vorgesehene Frist hinaus als Leiter zu erhalten, in loserer oder feste-

rer Form, ganz nach seinem eigenen Ermessen, sei es auf Lebenszeit oder bis er sich endgültig zurückzuziehen wünscht. Dies würde eine schöne Anerkennung für seinen vor vier Jahren gefaßten Entschluß sein, sich im hohen Alter einem Berliner Institut zur Verfügung zu stellen, ein Dank für die mit allen Kräften einer großen Persönlichkeit geleistete Arbeit."[110]

Die Unterzeichnenden wiesen darauf hin, dass sich das Institut dann stetig weiter entwickeln könnte. Den Brief unterschrieben Iwan Nikolow Stranski, Ernst Ruska, Kurt Überreiter, Gert Molière und Gerhard Borrmann.
Noch immer hatte Laue eigentlich zu vielen Verpflichtungen nachzukommen. Zur 28. Glastechnischen Tagung in West-Berlin gewannen ihn die Veranstalter als Festredner. Er wählte als Thema „Der Strahlengang der Röntgenstrahlen in Kristallen", was aufgrund der Experimente von Borrmann besonders anschaulich war.[111]
Am 14. Januar hatte der Vorstand der DPG nochmals getagt und unter Punkt 4 Folgendes beschlossen:

„Betreffend der Einstein-Festsitzung am 18. März d. J. teilt Professor von Laue mit, daß die Physikalische Gesellschaft in der DDR eine gemeinsame Einladung an Professor Einstein schicken möchte. Der Vorstand beschließt, daß Professor von Laue und Professor Hertz gemeinsam im Auftrag ihrer Vorstände an Einstein schreiben und ihn einladen wollen."[112]

In der Einladung an Einstein führten sie seine Veröffentlichungen „Über einen die Erzeugung und Verwandlung des Lichtes betreffenden heuristischen Gesichtspunkt" und „Zur Elektrodynamik bewegter Körper" an und luden ihn zum 18. und 19. März zu den Festvorträgen ein:

„Die beiden unterzeichneten Physikalischen Gesellschaften bitten Sie um diese hohe Ehre, diesen Feiern durch Ihre Anwesenheit zu besonderem Glanze zu verhelfen."[113]

Laue hatte dem Freund bereits am 15. Januar von der Idee einer gemeinsamen Feier und der Einladung an ihn geschrieben, und dass dies einen Beitrag zur allgemeinen politischen Entspannung leisten könne.

> „Da dieses auch das Ziel Deiner politischen Wünsche ist, schien uns sicher, Du könntest etwas dafür tun, kämst Du im März zu uns."[114]

Doch Einstein entgegnete:

> „Liebe Kollegen:
> Ich danke Ihnen sehr für die freundliche Einladung zu den geplanten Festvorträgen. Es wäre für mich eine grosse Freude, wenn ich dabei sein könnte. Aber 50 Jahre Zwischenzeit haben von mir nur einen baufälligen Rest übrig gelassen, sodass ich keine grossen Reisen mehr unternehmen kann. Dies hindert aber nicht meine Freude über diesen Beweis freundlicher Gesinnung.
> Indem ich allen dabei Mitwirkenden und darüber hinaus allen Anwesenden einen erspriesslichen Verlauf der Feier wünsche, bin ich mit kollegialen Grüßen
> Ihr A. Einstein"[115]

Die Veranstaltung wurde ein großer Erfolg, trotz der räumlichen Aufteilung. Max Born trug über „Einstein und die Lichtquanten" in West-Berlin und Leopold Infeld über „Die Geschichte der Relativitätstheorie" in Ost-Berlin vor. An Einstein wurde ein Grußtelegramm geschickt. Ohne Einschränkungen konnte Laue an dem Vortrag von Infeld in Ost-Berlin teilnehmen.[116] Einen Bericht über die Feierlichkeiten erhielt Einstein durch die Schilderungen von Clara von Simson, die an beiden Feiern teilgenommen hatte, wie ihm Laue am 1. April schrieb.[117]

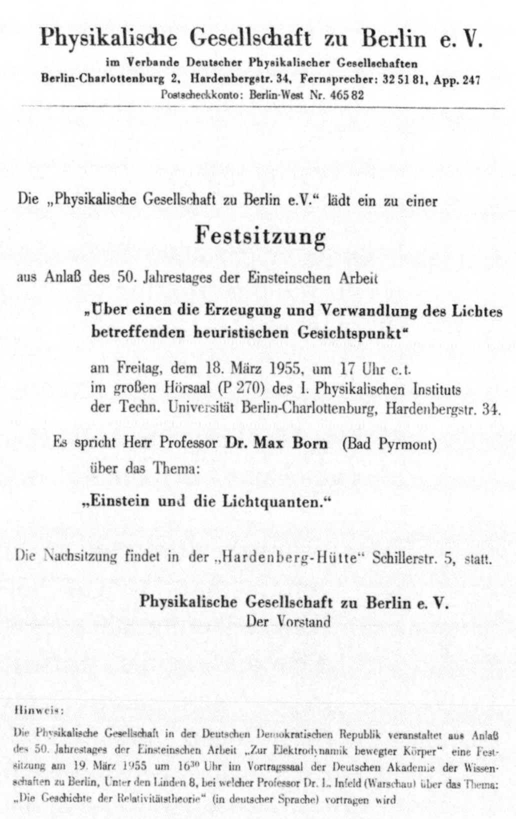

Physikalische Gesellschaft zu Berlin e. V.
im Verbande Deutscher Physikalischer Gesellschaften
Berlin-Charlottenburg 2, Hardenbergstr. 34, Fernsprecher: 32 51 81, App. 247
Postscheckkonto: Berlin-West Nr. 465 82

Die „Physikalische Gesellschaft zu Berlin e.V." lädt ein zu einer

Festsitzung

aus Anlaß des 50. Jahrestages der Einsteinschen Arbeit

„Über einen die Erzeugung und Verwandlung des Lichtes betreffenden heuristischen Gesichtspunkt"

am Freitag, dem 18. März 1955, um 17 Uhr c.t.
im großen Hörsaal (P 270) des I. Physikalischen Instituts
der Techn. Universität Berlin-Charlottenburg, Hardenbergstr. 34.

Es spricht Herr Professor **Dr. Max Born** (Bad Pyrmont)
über das Thema:
„Einstein und die Lichtquanten."

Die Nachsitzung findet in der „Hardenberg-Hütte" Schillerstr. 5, statt.

Physikalische Gesellschaft zu Berlin e. V.
Der Vorstand

Hinweis:

Die Physikalische Gesellschaft in der Deutschen Demokratischen Republik veranstaltet aus Anlaß des 50. Jahrestages der Einsteinschen Arbeit „Zur Elektrodynamik bewegter Körper" eine Festsitzung am 19. März 1955 um 16^{30} Uhr im Vortragssaal der Deutschen Akademie der Wissenschaften zu Berlin, Unter den Linden 8, bei welcher Professor Dr. L. Infeld (Warschau) über das Thema: „Die Geschichte der Relativitätstheorie" (in deutscher Sprache) vortragen wird

Programm der Festsitzung der Physikalischen Gesellschaft zu Berlin e. V., 18. März 1955
Quelle: Dokument im Nachlass des Autors

Nach einem kurzen Aufenthalt in einem Krankenhaus in Princeton starb Einstein am 18. April 1955 an einem Aneurysma. Max von Laue hatte seinen Freund verloren. Schon als junge Männer hatten sie Freundschaft geschlossen, und das „Du" war ein Ausdruck ihrer Vertrautheit. Noch am Abend des 18. April hielt Laue eine Traueransprache im „Sender Freies Berlin". Seinen Gefühlen und Erinnerungen, seiner immerwährenden Bewunderung für den Freund gab er Ausdruck in einem längeren Nachruf, den er in knapp drei Tagen schrieb:

> „Albert Einstein ist am 18. April im 77. Lebensjahr gestorben. Die Physiker, die ihn mit Stolz zu den ihren zählen, ja alle Naturwissenschaftler halten inne in der Arbeit; denn einer ihrer Größten ist dahingegangen. Aber auch die Geisteswissenschaftler, voraus die Philosophen vom Fach stehen in Ergriffenheit da; denn Einsteins Bedeutung ragt tief in die Philosophie der naturwissenschaftlichen Erkenntnis hinein. Ja, selbst jeder, der etwas von dem Einfluß des Geistes auf den Gang der Geschichte ahnt, sollte aufhorchen."[118]

Laue schilderte anschließend den Verlauf von Einsteins Leben, um dann wieder auf die Wirkung von Einsteins Veröffentlichungen auf die Physiker einzugehen.[119]
Ein politisch bedeutendes Ereignis fand am 5. Mai statt: Die Bundesrepublik erhielt von den West-Alliierten die volle Souveränität zurück.
Anfang Mai besuchte Nelly Planck, die Witwe von Plancks Sohn Erwin, Max von Laue. Noch unter dem Eindruck des Besuches schrieb er an Theo:

> „Wir haben uns über 2 Stunden im Anschluß an das Goerdeler-Buch von G.[erhard] Ritters über Erwin Planck und seine Erlebnisse in der Hitlerzeit unterhalten. Es war tief ergreifend. Was ist das für eine Frau, die mit Mühe die Hinrichtung ihres geliebten Mannes feststellt, die in der Nacht darauf sich von der Schweizerischen Gesandtschaft nach Rogätz, zu den Schwiegereltern fahren läßt, ihnen berichtet, und in der nächsten Nacht wieder im Auto der Schweizerischen Gesandtschaft nach Berlin zurückkehrt und die ersten Tränen findet, als ihr Schwiegervater, dem sie beim Aufstehen morgens früh die fürchterliche Botschaft überbracht hat, sich ans Klavier setzt und die Lieblingsweisen des Umgebrachten spielt!

Und was ist das für ein stolzer Mann, nämlich der Vater Planck, der sich nach der Verurteilung seines Sohnes weigert, an Himmler ein Gnadengesuch zu richten mit den Worten, der Tod des Sohnes würde ihn völlig zerbrechen!
Schließlich hat Frau Nelly Pl. sich zwei Blanko-Unterschriften von ihm geben lassen, und diese dann bei gegebener Zeit selbst ausgefüllt, mit Texten, die er wohl kaum ganz gebilligt hätte. Ich bin nicht imstande, die vielen Einzelheiten wiederzugeben, die sie mir berichtete."[120]

Die Konzentration auf die wissenschaftliche Arbeit lenkte Laue von der Trauer um den Verlust seines Freundes Einstein ab. Die Frage des Determinismus in der Physik war durch die Quantentheorie wieder aktuell geworden und je nach Empfinden wurde sie philosophisch, erkenntnistheoretisch behandelt. Max Born veröffentlichte 1955 den Beitrag „Ist die klassische Mechanik tatsächlich deterministisch?", und Laue erwiderte dem Kollegen, indem er anstelle der „Mechanik" die „Physik" mit dieser Frage konfrontierte.[121] Als Beispiel wurde die Bewegung eines Massepunktes gewählt. Die genauen Werte wären „physikalische Realitäten, unabhängig davon, was Menschen davon wissen". Im Weiteren führte er astronomische Bahnberechnungen an, wo die Bahnbestimmung mit immer mehr Messungen verbessert wird.

„Dieser Fall tritt bei der Planetenbewegung ein, wenn die anfängliche Orts- und Impuls-Bestimmung noch nicht die Entscheidung bringt zwischen einer elliptischen und einer hyperbolischen Bahn. [...] In der Quantentheorie liegen die Dinge anders; jene Zurückberechnung für Anfangs-Lage und Anfangs-Impuls aus einer späteren Beobachtung erklärt sie für unmöglich, weil jede Beobachtung den Zustand beeinflußt."[122]

Ende Juni kam Theo mit der Familie und blieb bis in den Juli. Gemeinsam mit der Familie Lemcke und Laues verlebten sie in der Lüneburger Heide ihre Ferien. Die Kinder konnten sich trotz der verschiedenen Sprachen gut verständigen. Theo wollte eigentlich danach noch nach Paris, aber das wurde wegen der dortigen Streiks aufgegeben. Sie fuhren dafür nach Berchtesgaden.[123]
Das Manuskript der völlig umgearbeiteten „Allgemeinen Relativitätstheorie" für die vierte Auflage war nahezu fertig, und das bot die Gelegen-

heit, zur Tagung über „Fünfzig Jahre Relativitätstheorie" nach Bern zu reisen. Es war eine illustre Versammlung, denn viele Freunde von Laue waren gekommen. Wolfgang Pauli war der Präsident. Die wissenschaftlichen Sitzungen waren jeweils in ein Hauptreferat und kurze Mitteilungen gegliedert. Am ersten Tag, dem 11. Juli, hielt Walter Baade vom Mount Palomar Observatorium den Hauptvortrag über die Expansion des Alls. In der ersten kurzen Mitteilung trug Laue eine Theorie der Rotverschiebung mit Hilfe der kovarianten Schreibweise der Maxwellschen Gleichung vor.

> „Darin liegt die Theorie der Hubbleschen Rotverschiebung an fernen Nebeln. Sie unterscheidet sich dadurch, daß die Änderung während der Laufzeit des Lichts allmählich eintritt, von dem eigentlichen Doppler-Effekt, bei welchem sie sich auf einmal, am Ort der Lichtquelle, einstellt."[124]

Nach dem letzten Vortrag von Max Born am 15. Juli hielt Wolfgang Pauli ein ausführliches und kritisches Schlusswort, und es entbehrte nicht des Paulischen Humors.[125] Von den Vorträgen berichtete Laue nach Australien an Frau Rosenthal-Schneider:

> „Niemand gedachte der Einsteinschen Quanten-Leistungen; die Quantenphysiker sind ihm böse, daß er die statistische Deutung nicht über-nehmen wollte. Sie haben sich ja viel Mühe gegeben, ihn zu ‚bekehren'. Aber das hieße denn doch die Selbstständigkeit, um nicht zu sagen, den erfreulichen Starrsinn Einsteins zu unterschätzen, wenn man eine Bekehrung für möglich hielte. Der Determinismus stak ihm viel zu fest in den Gliedern – wie mir auch. Wer weiß, ob ich Physiker geworden wäre, hätte in meiner Jugendzeit Jemand ernsthaft an ihm gezweifelt. [...]
> Sachlich war die Konferenz insofern wichtig, als ich aus ihr die Gewißheit bekam, daß das bisher Bleibende der allgemeinen Relativitätstheorie auch ganz in meinem Buche enthalten ist."[126]

Laue erwähnte auch kurz die Amerikanisch-Sowjetische Konferenz in Genf:

> „Immerhin ist die Gefahr eines Krieges mit Atombomben und anderen schönen Dingen diese Art etwas herausgeschoben."[127]

Die Teilnahme an den Feierlichkeiten in Bern verband das Ehepaar Laue mit einem Besuch in Straßburg und bei alten Schulfreunden. Dann ging es an den Thuner See, aber schlechtes Wetter und gesundheitliche Probleme von Magda von Laue führten zur vorzeitigen Heimreise.[128]

Obwohl Laue nun wusste, dass er im nächsten Jahr die Leitung des Instituts abgeben würde, war er weiterhin für die Verbesserung der Ausstattung des Instituts aktiv. Zwar hatte er das Geld für den Ankauf eines Helium-Verflüssigers noch nicht, doch er hoffte, dass er es im nächsten Jahr bekommen würde.[129]

Das Reisen war für Laue wichtig, trotz aller Anstrengungen und Beschwerden des Alters, insbesondere, wenn man die Kollegen treffen konnte. So nahm er wieder am Treffen der Nobelpreisträger in Lindau teil. Bislang warnten nur vereinzelte Wissenschaftler vor einem Krieg mit Atomwaffen. Nun entschlossen sich 18 Nobelpreisträger am 15. Juli in Lindau zu einer Mahnung, deren wichtigste Aussagen waren:

- „Wir, die Unterzeichneten, sind Naturforscher aus verschiedenen Ländern, verschiedener Rasse, verschiedenen Glaubens, verschiedener politischer Überzeugung.

- Mit Freuden haben wir unser Leben in den Dienst der Wissenschaft gestellt. Sie ist, so glauben wir, ein Weg zu einem glücklicheren Leben der Menschen. Wir sehen mit Entsetzen, dass eben diese Wissenschaft der Menschheit Mittel in die Hand gibt, sich selbst zu zerstören.

- Wir leugnen nicht, dass vielleicht heute der Friede gerade durch die Furcht vor diesen tödlichen Waffen aufrechterhalten wird.

- Alle Nationen müssen zu der Entscheidung kommen, freiwillig auf die Gewalt als letztes Mittel der Politik zu verzichten."

Mainauer Kundgebung der Nobelpreisträger. In Hahn, D., 1975: 217.

Anfänglich gab es nur 18 Unterschriften, am Ende waren es 51. Max von Laue war dabei.[130]

Für den Setzer: Die rot unterstrichenen Stellen sind wörtliche Zitate; sie sind ebenso wie die schwarz unterstrichenen Stellen kursiv zu setzen.

Eilt sehr

Einstein und die Relativitätstheorie.

Vortrag, auf dem Deutschen Physikertag in Wiesbaden, am 23.9.1955

Von M. von Laue

Am 18. April 1955, in früher Morgenstunde, ist Albert Eintein in Princeton, N.J., gestorben, an Aortenaneurysma, wie es die Mediziner nennen. Dieser für die Wissenschaft ungewöhnlich schwere Verlust hat überall auf Erden tiefe Trauer ausgelöst, nicht nur bei den Gelehrten, sondern auch in den weitesten Kreisen der Gebildeten. Bestand doch allgemein der Eindruck, dass Einstein eine Epoche der Wissenschaft gleichsam in sich verkörperte. Dazu kommt bei Allen, denen es vergönnt war, ihm ~~je~~ zu begegnen, die Erinnerung an seine mit überragender Grösse verbundene Bescheidenheit und Menschenliebe. Wir gedenken auch seiner Wahrhaftigkeit und der Charakterfestigkeit, mit der er in Zeiten, da Freiheit und Menschenwürde tief im Kurs standen, diese Ideale verteidigte. Er hat sich in der Geschichte, nicht nur in der der Wissenschaft, ein dauerndes Gedenken erworben.

~~Der Verband Deutscher~~ Physikalischer ~~Gesell~~schaften ~~hat~~ noch besonderen Anlass, seiner zu gedenken; ~~weniger, weil er während zweier Jahrzehnte recht aktiv an den Sitzungen dieser~~ Gesellschaft teilgenommen und von 1914 bis 1921 dem Vorstand der damaligen Deutschen Physikalischen Gesellschaft angehört hat [1], sondern hauptsächlich, weil wir ihn trotz allem, was in der Hitlerzeit geschah, mit Stolz als einen deutschen Physiker betrachten. Sind doch fast alle seine Veröffentlichungen, und gerade die genialsten, in deutschen Zeitschriften erschienen; hat er sich doch zeitlebens, sowohl literarisch als mündlich, vorwiegend der deutschen Sprache bedient. Er wurzelte eben, ob er es nun wollte oder nicht, in deutschem Gedankengut. Schriften von Helmholtz, Hertz, Kirchhoff nennt er als seine wesentliche Lektüre während der Studienzeit; Boltzmanns und Plancks Einfluss ist besonders in seinen ersten Arbeiten unverkennbar. Dafür spricht aber auch seine Art zu forschen, nicht an der Hand von Modellen, wie z.B. das Bohrsche Atommodell eins ist, sondern nach Prinzipien, wie es die grossen deutschen Physiker in der überwiegenden Mehrzahl der Fälle getan haben. Er ist sogar ein typischer Vertreter dieser Richtung.

1) Als Beisitzer von 1914/1915 und 1918–1921; als Vorsitzender von 1916–1917.

Eine Seite aus dem Manuskript des Vortrages, den Laue auf dem Deutschen Physikertag in Wiesbaden 1955 gehalten hat.
Quelle: aus dem Nachlass des Autors

An der Tagung der deutschen Physiker Ende September in Wiesbaden nahm Laue selbstverständlich teil, denn er wollte zu den Kollegen über Einstein sprechen. Im Entwurf betonte er die Bindung des Freundes an Deutschland:

> „Wir Deutsche haben noch besonderen Anlass, seiner zu gedenken, weil wir ihn trotz allem, was in der Hitlerzeit geschah, mit Stolz als einen deutschen Physiker betrachten. Sind doch fast alle seiner Veröffentlichungen, und gerade die genialsten, in deutschen Zeitschriften erschienen; hat er sich doch zeitlebens, sowohl literarisch als mündlich vorwiegend der deutschen Sprache bedient. Er wurzelte eben, ob er es wollte oder nicht, in deutschem Gedankengut."[131]

Das belegte Laue durch Einsteins Kenntnis der Schriften der bedeutenden Physiker des ausgehenden 19. und des 20. Jahrhunderts. Einstein hätte nicht mit Modellen, wie Bohr, geforscht, sondern nach Prinzipien.[132]
Der übliche Sonntagsbrief an Theo vom 6. November enthielt die Schilderung eines Spazierganges zwischen Wannsee und der Pfaueninsel bei herbstlichem Wetter und 10 °C.

> „Jetzt will man in der Bundesrepublik und Berlin mächtig an die Kernphysik herangehen. Und da stellte sich heraus, daß man keine Physiker dafür in annähernd ausreichender Zahl findet. Geld scheint jetzt oder in naher Zukunft reichlich verfügbar zu sein. Aber damit allein ist es auch nicht getan. Manche scheinen sich auch vor der Kernphysik zu fürchten, weil sich die Staaten damit zuviel befassen."[133]

Laue erwähnte Proteste von Frauen in Karlsruhe gegen den Bau eines Reaktors. Die friedliche Nutzung der Kernenergie sollte die Umweltbelastung durch die Abgase der Kohlekraftwerke absenken.
Der Anstoß zur friedlichen Anwendung der Kernenergie kam aus den USA. Unter der Regierung von Dwight D. Eisenhower wurde dort weiter an der Nutzung der Kernenergie gearbeitet. Bei einer Rede vor der Vollversammlung der Vereinten Nationen im Dezember 1953 hatte Eisenhower ein Programm zur friedlichen Nutzung unter dem Namen „Atoms for Peace" initiiert. Das führte, ausgehend von Professoren der Freien Universität und der Technischen Universität im Dezember 1955, zur Gründung

eines Kernforschungs-Instituts in West-Berlin. Laue war nicht Mitunterzeichner, wurde aber bei der Suche geeigneter Führungspersönlichkeiten eingebunden.[134]

Das Briefeschreiben ging auch im neuen Jahr weiter. Am 7. Januar teilte Max von Laue Hermann Heimpel vom MPI für Geschichte in Göttingen mit:

> „Sie wissen, daß der Herr Bundespräsident mich aufgefordert hat, für das Werk ‚Die grossen Deutschen' den Artikel über Heinrich Hertz zu schreiben. Ich habe die Weihnachtsferien benutzt, das Manuskript fertig zu stellen – bis auf eine Kleinigkeit, deretwegen ich ihren Rat haben möchte."[135]

Er bat um Auskunft über das Schicksal von Frau Hertz und den beiden Töchtern nach der Emigration und regte an, ihnen eine finanzielle Unterstützung zukommen zu lassen. Im Antwortbrief von Herrn Heimpel musste er etwas richtig stellen:

> „[… Ich] sehe mit herzlichem Bedauern, dass ein Missverständnis vorliegt bezüglich des Artikels über Albert Einstein für ‚Die grossen Deutschen'. Ich habe Herrn Professor Hahn nicht zugesagt, dass ich diesen Artikel übernehmen würde, im Gegenteil, ich bleibe bei der Ansicht, dass es eines so grossen Verstorbenen, wie es Albert Einstein ist, nicht würdig ist, wenn eine grosse Zahl von Nachrufen auf ihn von ein und demselben geschrieben werden."[136]

Er schickte ihm seine drei Nachrufe.
Laues Beitrag über Heinrich Hertz begann mit einer ausführlichen historischen Einführung in die Vorstellungen der Naturforscher des 18. und frühen 19. Jahrhunderts bis zu Clerk Maxwell über Elektrizität und Magnetismus. Es folgte die Biographie von Hertz, der zuerst Bauingenieur werden wollte, doch 1878 zu Hermann von Helmholtz nach Berlin kam, wo er als 23-Jähriger promovierte. Der Hauptteil beschreibt die Zeit in Karlsruhe mit der Entdeckung und Analyse der elektromagnetischen Schwingungen und deren wissenschaftlicher Bedeutung. Der theoretische Physiker Max von Laue umging nicht die Schwierigkeiten des Experimentators Hertz. Im letzten Abschnitt fragte Laue: Warum rechnen wir

nun Hertz zu den großen Deutschen? Als Erstes führte er die drahtlose Nachrichtentechnik und ihre Bedeutung für die Kommunikation an, als Zweites das Verständnis der Weltraumstrahlung und drittens

> „[...] hat die Entdeckung die Grundanschauungen der Physik umgestaltet, die nicht nur für die Physik selbst, sondern auch für die Philosophie von gar nicht abzuschätzender Bedeutung sind und tief in die Weltanschauung jedes einzelnen eingreifen, ob er sich nun dessen bewußt ist oder nicht."[137]

Magda von Laues Gesundheitszustand verschlechterte sich mehr und mehr, und ein längerer Krankenhausaufenthalt wurde im Frühjahr notwendig. Die Autoreise zur Teilnahme an der Frühjahrstagung der Deutschen Physikalischen Gesellschaft in Bad Nauheim, wo Laue über den Strahlenweg in Kristallen sprach, nutzte er zu Besprechungen in Göttingen bei der Generalverwaltung der MPG und zu Besuchen bei Freunden.

Auch die teils selbst auferlegten Verpflichtungen nahmen nicht ab. Max von Laue sprach am 4. Juni im RIAS (Rundfunk im Amerikanischen Sektor) Gedenkworte für den verehrten Friedrich Schmidt-Ott, der am 28. April im Alter von 95 Jahren verstorben war.[138] Er zeichnete dessen Lebensweg und Werk nach. Wieder wurde Laues historisches Interesse deutlich. Im ausgehenden 19. Jahrhundert organisierte im Königreich Preußen ***eine*** Persönlichkeit die Förderung der Wissenschaften: Ministerialdirektor Professor Friedrich Althoff. Sein Mitarbeiter wurde 1888 der 28 Jahre alte Friedrich Schmidt-Ott, der Althoffs Werk mit sanfterer Hand weiterführte und einen maßgeblichen

Friedrich Schmidt-Ott (1860–1956), Jurist, Politiker und Wissenschaftsorganisator. Im Jahre 1920 regte er zusammen mit Fritz Haber die Gründung einer Notgemeinschaft der deutschen Wissenschaft an (Vorläufer der heutigen DFG), deren erster Präsident er wurde. Quelle: Archiv der Max-Planck-Gesellschaft, Berlin-Dahlem).

Anteil an der Gründung der Kaiser-Wilhelm-Gesellschaft hatte. Am Ende des Kaiserreichs, 1918, schied er aus dem Staatsdienst aus, um sich sehr bald für die Gründung einer „Notgemeinschaft der deutschen Wissenschaft" einzusetzen. Er wurde deren Präsident mit den Präsidiumsmitgliedern Fritz Haber und Walter van Dyck. Sie gründeten zwanzig Fachausschüsse für die verschiedenen Gebiete und konnten so die Finanzierung vieler bedeutender wissenschaftlicher Projekte ermöglichen. Laue erwähnte auch die Förderung des wissenschaftlichen Nachwuchses durch Schmidt-Ott:

> „Sie hat außerordentlich viel Gutes gestiftet, nicht zum wenigsten, weil ihr Präsident bei strengster Wahrung des satzungsgemäßen Geschäftsganges diesen jungen aufstrebenden Kräften geradezu väterliche Liebe entgegenbrachte."[139]

Patrick M. S. Blackett:	Rock Magnetism and Movement of Continents
Max Born:	Bemerkungen über die Grundlagen der kinetischen Gastheorie
Sir John D. Cockcroft:	Science and Technical Problems in the Development of Nuclear Power
Paul A. M. Dirac:	Electrons and the Vacuum
Werner Heisenberg:	Probleme in der Theorie der Elementarteilchen
Gustav Hertz:	Physikalische Verfahren zur Isotopentrennung
Max von Laue:	Von Kopernikus bis Einstein
Sir C. V. Raman:	Physics of Crystals
Hideki Yukawa:	Elementarteilchen
Frits Zernike:	Fortschritte in der physikalischen Optik

Die Redner und ihre Vortragsthemen auf der zweiten Tagung der Nobelpreisträger für Physik

Im Juni 1956 fand in Lindau die zweite Tagung der Nobelpreisträger für Physik statt, auf der Laue erneut sprechen sollte.[140] Wie bereits die Überschriften der Abschnitte des Beitrags von Laue deutlich zeigen, war es eine erkenntnistheoretische Betrachtung, ein reiner Textvortrag ohne Formeln:

- Geschichte des Streites Ptolemäus – Kopernikus
- Standpunkt der Erkenntnistheorie
- Physikalische Überlegungen
- Die Inertialsysteme
- Die Lichtgeschwindigkeit in verschiedenen Inertialsystemen
- Die spezielle Relativitätstheorie
- Minkowskis „Welt"
- Die allgemeine Relativitätstheorie
- Feldgleichungen der Gravitation
- Folgerungen aus den Feldgleichungen
- Kosmologie
- Zusammenfassung

Die kurze Zusammenfassung war nochmals eine Laudatio für Einstein. Sie lautete:

> „Raum- und Zeit***anschauungen*** sind eingeprägte Formen der menschlichen Anschauung, Eigenschaften unseres Erkenntnisvermögens, an denen keine Erfahrung etwas ändern kann. Raum- und Zeit***messung*** sind hingegen der Erfahrungswissenschaft, das heißt, der Physik, zu entnehmen. Die lange Geschichte dieses Prozesses hat jüngst in der allgemeinen Relativitätstheorie einen Abschluß er-

Max Born, Max von Laue und Otto Hahn in Lindau anlässlich der Tagung der Nobelpreisträger für Physik. Quelle: Fotografie, im Nachlass des Autors

reicht, über den hinaus zu gehen zur Zeit wohl weder Anlaß noch eine Möglichkeit vorliegen. Das Verdienst daran gehört unzweifelhaft allein Albert Einstein."[141]

Laue hatte den Wissenschaftshistoriker Hans Schimank um Literatur zu Kopernikus gebeten. In seinem Dankesbrief für die Zusendung des Gewünschten sprach er ihm sein Beileid zum Tod der seit langem kranken Tochter aus:

> „Aber tief betrübt es mich, dass Ihre Gattin und Sie über den Verlust Ihrer Tochter so schwer hinwegkommen. Ein natürlicher Tod ist schliesslich das Ergebnis eines naturwissenschaftlichen Ablaufs, und wir Naturwissenschaftler sind doch gewohnt, uns mit dem Bestehen der Naturgesetze abzufinden – namentlich wenn wir in ihnen eine Willens-Auesserung Gottes sehen.
> Mit recht herzlichem Gruss drückt Ihnen die Hand
> Ihr ergebener M. v. Laue"[142]

Nach der Ehrung für Fritz Haber fand Laue eine weitere Möglichkeit, die Öffentlichkeit auf die bedeutenden Erfolge der Wissenschaft in Berlin hinzuweisen. In der unmittelbaren Nachbarschaft zum Fritz-Haber-Institut stand das ehemalige Kaiser-Wilhelm-Institut für Chemie, in dem 1938 von Otto Hahn und Fritz Straßmann – eigentlich gegen die Vorstellungen der Kernphysiker – die Spaltung des Uranatoms beim Beschuss mit Neutronen entdeckten wurde. Mit höchst diffizilen chemischen Analysen gelang es ihnen, in den Spaltprodukten Barium analytisch nachzuweisen. Hahn hatte an Lise Meitner am 19. Dezember 1938 geschrieben, nachdem er ihr die Ergebnisse der chemischen Analysen des mit Neutronen bestrahlten Urans aufzählte:

> „Vielleicht kannst Du irgendeine phantastische Erklärung vorschlagen. Wir wissen dabei selbst, daß es eigentlich nicht in Ba zerplatzen kann."[143]

Das im Krieg stark beschädigte Gebäude wurde außen im alten Stil wieder aufgebaut und von der Freien Universität Berlin für das Fach Chemie genutzt. Außen am Gebäude sollte eine Tafel mit einem kurzen Text und in dem Gebäude eine Tafel mit einem längeren Text angebracht werden, die an die Entdeckung durch Otto Hahn und Fritz Straßmann erinnern sollten. Zusammen mit dem Bildhauer Richard Scheibe besichtigte Laue das Gebäude, um die geeigneten Stellen für die zwei Tafeln auszusuchen. Für diese Ehrung mussten die Chemiker eingebunden werden, und Laue bat bei der Gesellschaft Deutscher Chemiker und der Deutschen Bunsen-Gesellschaft um Unterstützung, was zustimmend aufgenommen wurde. Dem schlossen sich auch die West-Berliner Chemiker an.[144] Nachdem auch die Chemiker dem Vorschlag zugestimmt hatten, sollte die Idee nun verwirklicht werden, und Lise Meitner wurde von Laue über den Stand der Verhandlungen informiert:

> „Hahn und Straßmann haben der ‚inneren' Tafel zugestimmt, aber nicht der ‚äußeren'. Und doch scheint uns gerade diese besonders wichtig zu sein, um weiten Berliner Kreisen die Bedeutung der in Berlin betriebenen Wissenschaft an einem durchschlagenden Beispiel klarzumachen, um auch das Selbstbewusstsein zu stärken, das sie in der heiklen Lage Berlins nötig haben."[145]

Aber auch Lise Meitner lehnte die äußere Tafel ab und meinte, dass man sie zu Hahns einhundertstem Geburtstag anbringen könne.[146] Laue verübelte ihr die Ablehnung nicht. Anfang März konnte er ihr mitteilen, dass für das geplante Institut für Kernforschung Karl Erik Zimen als Leiter für die Abteilung Chemie berufen wurde. Für die Kernphysikalische Abteilung machte Otto Hahn verschiedene, aber nicht realisierbare Vorschläge. Die politische „Inselsituation" West-Berlins hatte großen Anteil daran.[147] Im Rahmen der Vortragsreihen im Fritz-Haber-Institut sprach im Juli 1956 Ludwig Waldmann vom MPI für Chemie in Mainz über „Irreversible Vorgänge". Danach kam es zu einem Briefwechsel zwischen Laue und dem Vortragenden über das Problem der Irreversibilität. Laue argumentierte: In der klassischen Mechanik sei jeder mechanische Vorgang streng umkehrbar, und in der Quantenmechanik, zum Beispiel der Schrödingerschen Gleichung, bestünde doch nur eine Wahrscheinlichkeit dafür, nicht aber eine Gewissheit.[148] Sehr ausführlich antwortete Waldmann und brachte das Beispiel der Spiegelung von Elektronen.[149] Laue war mit der Erwiderung nicht zufrieden:

> „Dass man mathematisch aus einer auslaufenden Welle eine einlaufende machen kann, ist zweifellos richtig. Da aber eine Schrödingerwelle nur Wahrscheinlichkeiten gibt, und das Einzelgeschehen weitgehend offen lässt, kann man m. E. nicht sagen, dass ein so beschriebener inverser Stoss den ursprünglichen Stoss rückgängig macht. Er kann es zwar, aber die Wahrscheinlichkeit dafür scheint mir minimal zu sein."[150]

Erst einige Monate später kam Waldmann dazu, Laues Einwand sorgfältig zu bedenken, woraufhin Laue ihm brieflich antwortete:

> „Er hat mich weitgehend überzeugt. Ich hatte bisher an die Umkehrbarkeit des einzelnen Stoßes gedacht, und diese existiert meiner Meinung nach in der Quantentheorie nicht. Aber Ihr Gesichtspunkt, daß für die beobachtbaren Mittelwerte die Umkehrbarkeit gilt, ist in der Tat berechtigt."[151]

Die politischen Verhältnisse hatten keinen oder einen nur geringen Einfluss auf das wissenschaftliche Leben, die wissenschaftliche Tätigkeit, was im Nachhinein verwundert. Die Gefahr eines Krieges der Großmächte mit einem Einsatz von Atom- und/oder Wasserstoffbomben war keineswegs geringer geworden. Hinzu kam, dass man zur zerstörenden Kraft der Bomben durch einen Mantel der Bombe aus Kobalt noch eine langanhaltende tödliche Verseuchung erzielen könnte. In West-Berlin wollte man an der Entwicklung der zukünftigen friedlichen Nutzung der Kernenergie Anteil haben, und die Mitglieder des Abgeordnetenhauses von Berlin diskutierten am 1. Oktober die Gründung des Instituts für Kernforschung. Dazu wurden Otto Hahn und Fritz Straßmann eingeladen. Hahn sprach über „Die Bedeutung der friedlichen Nutzung der Kernenergie für die Zukunft" und Straßmanns Thema war „Die Berufung Berlins als Forschungs- und Ausbildungsstätte".
Es war Laues Wunsch, Lise Meitner in die Feier im ehemaligen KWI für Chemie einzubinden. Sie sollte dabei sein und einen Vortrag halten, wenn die „innere" Tafel angebracht würde – das hatte Laue ihr angetragen, aber sie ging darauf nicht ein. Nun bat Laue die Freie Universität Berlin, zur Einweihung der Tafel die Ehrendoktorwürde an Lise Meitner zu verleihen.[152]
Diesem Wunsch kam die Universität nach, doch Frau Meitner erkrankte

an einer Kiefervereiterung und konnte nicht kommen. So schickte sie zur Feier ein Telegramm, das Laue verlas. Die Reden hielten Siegfried Balke, Bundesminister für Atomfragen, Otto Hahn und Fritz Straßmann. Laue sprach einführend über die Idee einer großen Tafel an der Vorderfront des Gebäudes, die aber nicht die Zustimmung von Otto Hahn erhielt und nun einen „Dornröschenschlaf" halten soll. Er begrüßte Otto Hahn und Fritz Straßmann:

> „Erst ihre Anwesenheit gibt der heutigen Feier ihre eigentliche Würde. Aber kaum weniger müssen wir einer Persönlichkeit gedenken, welche heute leider nicht unter uns weilt. Ich meine Lise Meitner. 30 Jahre hindurch war sie Otto Hahns engste Kollegin und mit ihm durch eine wissenschaftliche Freundschaft verbunden, wie sie in der Geschichte wohl einzig dasteht."[153]

Laue erinnerte an Meitners Flucht und die theoretische Deutung der Kernspaltung zusammen mit ihrem Neffen Otto Robert Frisch. Bevor Otto Hahn auf die damalige Entdeckung und Lise Meitner einging, bemerkte er:

> „Neben der Freude über die heutige Feier empfinden wir aber auch ein Gefühl der Bedrücktheit. Wie stehen ja nicht allein auf dem Boden der neueren Erkenntnisse, um die es hier geht. Wie ist es denn? Wir bauen weiter an dem, was vor uns war, finden dabei etwas Neues, andere fahren fort und finden wiederum etwas Neues. So ist der heutige Stand der modernen Atomforschung die Aneinanderreihung vieler Bausteine zu einem grossen Gebäude."[154]

Noch war kein Nachfolger für Max von Laue ernannt worden, und Laue hatte nun Bedenken, ob die Wahl von Rudolf Brill die richtige Entscheidung sei, denn er schrieb am 15. Januar an Otto Hahn:

> „Ich habe seitdem meine Meinung geändert und möchte nunmehr Prof. Rolf Hosemann vorschlagen, der seit 1951 hier röntgenographisch tätig ist. Er ist durchaus rührig, beschäftigt fast ein halbes Dutzend jüngerer Mitarbeiter, und seine mit diesen gemeinsam durchgeführten Strukturuntersuchungen sind zweifellos das Beste und Tiefgehendste, was zur Zeit darüber gearbeitet wird. Prof. R.

> Brill hingegen ist in den letzten Jahren kaum mit wissenschaftlichen Untersuchungen hervorgetreten."[155]

Er fragte Hahn nach dem Verlauf der entsprechenden Besprechung des Wissenschaftlichen Rates. Da Hosemanns Arbeiten bisher zu wenig Beachtung fanden, bat Laue einige Kollegen um Gutachten.[156]
Eine andere wichtige Berufung war die eines Physikers für das Kernforschungsinstitut. Nachdem Arnold Flammersfeld einem Ruf an die Universität Göttingen folgte, fragte Laue bei Léo Szilárd an, ob er gewillt wäre, den Posten anzunehmen.[157] Aber nach einem Briefwechsel und einem Besuch von Szilárd in Berlin mit einem Vortrag entschied er sich, den Posten doch nicht zu übernehmen, denn sein aktuelles Interesse läge bei biologischen Problemen.[158]
Bei aller Verwaltungsarbeit: Max von Laue blieb Physiker. Wie stark er an die Kausalität glaubte, zeigte sein Glückwunsch an Max Born zum Goldenen Doktorjubiläum. Nach der herzlichen Gratulation schrieb er:

> „Sie wissen, daß ich mit Ihrer Wahrscheinlichkeitsdeutung der Quantentheorie nicht ganz einverstanden bin, insofern ich an dem Ziel einer kausal bestimmten Physik festhalte. Der Gegensatz ist weniger ein physikalischer als ein erkenntnistheoretischer. Aus der Geschichte der Philosophie aber weiß ich, daß die verschiedensten Strömungen zu ihrem Fortschritt beigesteuert haben. Ich möchte meinen, daß auch Ihre Auffassung auf jeden Fall eine ehrenvolle Stellung in dieser Geschichte findet."[159]

Max von Laue erhielt wieder eine besonders hohe Ehrung, das Offizierskreuz der Ehrenlegion der Französischen Republik. Sie wurde ihm im Maison de France am Kurfürstendamm feierlich am 22. Februar überreicht. Aus Paris war Maurice Bayen und von der Französischen Botschaft in Mainz Adolphe Lutz gekommen. Vom Fritz-Haber-Institut nahmen die fünf Abteilungsleiter und Laues Sekretärin an der Feier teil.
Am gleichen Tag gedachte die Physikalische Gesellschaft zu Berlin mit einer Feier des einhundertsten Geburtstages von Heinrich Hertz. Über „Die Entdeckung der Hertz'schen Wellen" sprach Laue und über ihre Anwendung in der Physik Richard Honerjäger. Die Nachsitzung fand in der Hardenberg-Hütte statt, wo kein Bier, sondern nur Wein ausgeschenkt

wurde, was überzeugte Biertrinker von der Teilnahme ausschloss.[160]
Es wurde politisch gesehen ein recht turbulentes Jahr. Der Kalte Krieg drohte heiß zu werden, denn die USA und die Sowjetunion vergrößerten ihr Arsenal an Atomwaffen, und die Bundesrepublik und die Deutsche Demokratische Republik waren die „Schnittstelle" zwischen West und Ost. Deshalb wurde die Bewaffnung der Bundeswehr mit Taktischen Atomwaffen diskutiert. War die Lindauer Erklärung von 1955 vergessen worden? Am 8. April bat Otto Hahn Max von Laue:

> „Vor einigen Monaten hat eine Reihe Physiker, nämlich der Arbeitskreis ‚Kernphysik' der Deutschen Atomkommission, einen Brief an den Atomminister und den Verteidigungsminister geschrieben, der sich mit der Verwendung von Atomwaffen befasste. Nach Rück-Sprache mit den beiden Ministern ist dieser Brief nicht veröffentlicht worden.
> Wir – Heisenberg, Born, Gerlach, Weizsäcker und ich – haben nun vor, eine neue Formulierung des früheren Briefes der Öffentlichkeit zu übergeben, und möchten dazu eine Reihe bekannter Physiker um ihre Zustimmung bitten."[161]

Hahn zählte zwölf Wissenschaftler auf.

> „Ich wäre Dir natürlich sehr dankbar, wenn Du auch Deine Zustimmung geben könntest, auch wenn Du Dich nicht unmittelbar mit Kernphysik oder mit Atomforschung beschäftigst; wir brauchen Deinen Namen, falls Du unterschreibst."[162]

Hahn bat um telegraphische Antwort, da die Erklärung noch vor Ostern veröffentlicht werden soll. Laue gab die gewünschte Unterschrift, die Erklärung der 18 Atomwissenschaftler wurde am 12. April 1957 veröffentlicht:

> „Die Pläne einer atomaren Bewaffnung der Bundeswehr erfüllen die unterzeichnenden Atomforscher mit tiefer Sorge. Einige von ihnen haben den zuständigen Bundesministern ihre Bedenken schon vor mehreren Monaten mitgeteilt. Heute ist eine Debatte über diese Frage allgemein geworden. Die Unterzeichnenden fühlen sich daher verpflichtet, öffentlich auf einige Tatsachen hinzuweisen, die alle Fachleute wissen, die aber der Öffentlichkeit noch nicht hinrei-

chend bekannt zu sein scheinen.
1. Taktische Atomwaffen haben die zerstörende Wirkung normaler Atombomben. Als ‚taktisch' bezeichnet man sie, um auszudrücken, daß sie nicht nur gegen menschliche Siedlungen, sondern auch gegen Truppen im Erdkampf eingesetzt werden sollen. Jede einzelne taktische Atombombe oder -granate hat eine ähnliche Wirkung wie die erste Atombombe, die Hiroshima zerstört hat."[163]

Dann wurde das Wort „klein" für die Bomben kritisiert:

> „2. Für die Entwicklungsmöglichkeit der lebensausrottenden Wirkung der strategischen Atomwaffen ist keine natürliche Grenze bekannt. Heute kann eine taktische Atombombe eine kleinere Stadt zerstören, eine Wasserstoffbombe aber einen Landstrich von der Größe des Ruhrgebiets zeitweilig unbewohnbar machen. Durch Verbreitung von Radioaktivität könnte man mit Wasserstoffbomben die Bevölkerung der Bundesrepublik wahrscheinlich schon heute ausrotten. Wir kennen keine technische Möglichkeit, große Bevölkerungsmengen vor dieser Gefahr zu schützen."[164]

Im folgenden Abschnitt wurde auf die Schwierigkeit hingewiesen, aus den aufgeführten Tatsachen politische Konsequenzen zu ziehen. Deswegen könnten sie nicht zu den politischen Fragen schweigen:

> „Wir bekennen uns zur Freiheit, wie sie heute die westliche Welt gegen den Kommunismus vertritt. Wir leugnen nicht, daß die gegenseitige Angst vor den Wasserstoffbomben heute einen wesentlichen Beitrag zur Erhaltung des Friedens in der ganzen Welt und der Freiheit in einem Teil der Welt leistet."[165]

Der vorletzte Passus enthielt eine Empfehlung an die Regierung:

> „Wir fühlen keine Kompetenz, konkrete Vorschläge für die Politik der Großmächte zu machen. Für ein kleines Land wie die Bundesrepublik glauben wir, daß es sich heute noch am besten schützt und den Weltfrieden noch am ehesten fördert, wenn es ausdrücklich und freiwillig auf den Besitz von Atomwaffen jeder Art verzichtet."[166]

Keiner der Unterzeichnenden wäre bereit, an der Entwicklung und Erprobung solcher Waffen mitzuwirken. Die friedliche Anwendung der Atomenergie sollte aber mit allen Mitteln gefördert werden. Die meisten Unterzeichnenden waren Staatsbeamte der Bundesrepublik. Ihre Kritik an der Regierung wäre im Kaiserreich strafbar gewesen, unter Hitler tödlich. In der Bundesrepublik kritisierten Adenauer und schärfer noch Strauß die Erklärung. Max von Laue erfuhr aus den Zeitungen, dass der Bundeskanzler Adenauer die Unterzeichner zu einer Aussprache am 17. April einlade. Otto Hahn, Walther Gerlach, Max von Laue und Carl Friedrich von Weizsäcker trafen sich vorab am 16. April in Bonn. Sie waren sich einig, nichts zu widerrufen. Wolfgang Riezler, Kernphysiker und Leiter der „Kommission zum Schutz der Zivilbevölkerung" beim Bundesinnenministerium, kam später dazu. Werner Heisenberg konnte aus gesundheitlichen Gründen nicht mitkommen. Das Treffen fand im Palais Schaumburg statt. Die Regierung war durch Konrad Adenauer, Franz Josef Strauß, Walter Hallstein, Hans Globke, den Pressesprecher Felix von Eckardt, einen Kanzleibeamten und Adenauers persönlichen Referenten Hans Kilb, die militärische Seite durch die Generäle Adolf Heusinger und Hans Speidel und den Staatssekretär Josef Rust vertreten. Adenauer eröffnete die Debatte mit einem versöhnlichen Grundton. Doch Strauß, Heusinger und Speidel schlossen sich dem nicht an. Sie wiesen nachdrücklich auf die vermeintliche Notwendigkeit der Bewaffnung der Bundeswehr mit Atomwaffen hin und erklärten anhand der ausgestellten Landkarten die strategische Lage. Die Entgegnungen von Hahn und besonders Weizsäckers führten zu keiner Annäherung der Standpunkte. Ein Protokoll durfte auf Anordnung von Adenauer nicht geführt werden. Die Sitzung wurde unterbrochen, da Adenauer einen hohen Besuch empfangen musste. Nach einem gemeinsamen Mittagessen legte Adenauer den Entwurf für eine Erklärung vor, der nach einigen Änderungen angenommen wurde. Am 18. April gab es die gemeinsame Presseerklärung, die deutlich Adenauers besorgte und verständnisvolle Haltung zeigte:

> „Der Bundeskanzler sprach den Wunsch aus, in diesen Fragen mit Vertretern der Wissenschaft in Verbindung zu bleiben und sie über die Entwicklung auf den genannten Gebieten sowie über die Entwicklung der internationalen Lage auf dem laufenden zu halten."[167]

Die Presse brachte ausführlich Berichte und Stellungnahmen zum Problem der Bewaffnung. Max von Laue hat sich in der Folgezeit dazu nicht mehr öffentlich geäußert. Aber viele Kollegen, vor allem Max Born, Walther Gerlach, Otto Hahn und Carl Friedrich von Weizsäcker, waren intensiv tätig. Die Zukunft zeigte dann, dass die Initiative der Wissenschaftler die geforderte Wirkung hatte; die Bundeswehr erhielt keinerlei Atomwaffen.[168]

Am 11. Mai fand die Ehrenpromotion von Lise Meitner in der Freien Universität Berlin statt. In seinem Schlusswort erwähnte Laue zuerst die üblichen zwei Motive des Forschens: das tägliche Brot zu verdienen und den eigenen Namen bekannt zu machen. Dann würdigte er die Geehrte:

> „Bei Lise Meitner liegt es anders. Sie haben wohl alle den Eindruck, dass aus ihr als primäres Motiv der Forschungsdrang selbst spricht. Es war nicht immer leicht, diesem Motiv nachzuleben."[169]

Laue erwähnte ihre Schwierigkeiten, als Frau in der ehemaligen Tischlerwerksatt mit Otto Hahn zu arbeiten, ihren Einsatz im Ersten Weltkrieg, die längst fällige Habilitation 1922 und den schwersten Schlag, die Flucht. Er kam schließlich auf ihr immer währendes Interesse an den Fortschritten der Kernphysik zu sprechen:

> „Das ist eben der echte Forschergeist, der sich gegen alle äusseren Schwierigkeiten durchsetzt und auch im Alter nicht erlischt. Solche Geisteshaltung trägt ihren Wert in sich selbst, bringt aber auch sonst ihre Früchte. Der alte Goethe wurde öfters befragt, welches Mittel er anwende, um sich seine geistige Frische zu erhalten. Er antwortete mit einem ‚Panacee' überschriebenen Verslein.
>
> ‚Sprich! Wie du dich immer und immer erneue'st?
> Kannst's auch, wenn du immer am Grossen dich freust.
> Das Grosse bleibt frisch, erwärmend, belebend;
> Im Kleinlichen fröstelt der Kleinliche bebend.'
>
> Wie gut dieses Allheilmittel bei Lise Meitner wirkt, davon haben wir uns soeben selber überzeugen können."[170]

Nachdem im Dezember 1955 Professoren der Freien und der Technischen Universität den Anstoß zur Gründung des Hahn-Meitner-Instituts für Kernforschung gegeben hatten, erfolgte am 25. Mai 1957 die Grundsteinlegung, an der auch Max von Laue teilnahm.[171]
Kurz darauf begannen die Vorbereitungen zu einer großen Feier zum 100. Geburtstag von Max Planck am 23. April 1958. Von vornherein war es ein Wunsch Laues und einiger Mitglieder der Physikalischen Gesellschaft, dass Ost und West gemeinsam feiern sollten. Das war zwar Politik, doch die Politiker sollten nicht dabei sein. Die Wahl der Redner musste besprochen werden, und Laue bat Lise Meitner, im Ost-Sektor vor einem kleineren Kreis über Planck zu sprechen.[172]

Grundsteinlegung für das Gebäude des Instituts für Elektronenmikroskopie (Ernst-Ruska-Bau) am 5. Juli 1957; v. l.: der Regierende Bürgermeister von West-Berlin, Otto Suhr, Max von Laue, Ernst Ruska. Laue ließ die „Haber"-Radierung von Emil Orlik mit einmauern.
Quelle: Archiv der Max-Planck-Gesellschaft, Berlin-Dahlem

Die Forschungen der Abteilung für Elektronenmikroskopie unter Ernst Ruska litten unter Platzmangel und unter den Erschütterungen im Gebäude durch Vakuumpumpen und Werkzeugmaschinen. Um das Auflösungsvermögen weiter zu steigern, und einzelne Atome sehen zu können, musste ein eigenes, besonders erschütterungsfrei gegründetes Haus errichtet werden. Die Firma Siemens und die Carl-Zeiss-Stiftung beteiligten sich an der Finanzierung ebenso wie das Land Berlin. Der Erfolg der schwierigen Verhandlungen basierte auf Laues Autorität und Zähigkeit.
Paul Peter Ewald lud Laue telegraphisch zu einem Kongress in die USA ein, aber, bei allem Interesse an der Teilnahme, sagte er doch nicht zu. Laue erwähnte die Arbeit an seinem Buch.

> „Zum 1.10.58 darf ich dann endlich mein Amt niederlegen. Ich habe es gern geführt, sehr gern. Aber jetzt ist meine Zeit um."[173]

Bei all den Verpflichtungen sorgte sich Laue um die dritte Auflage seines Buches „Röntgenstrahlinterferenzen" unter Einbeziehung der Forschungsergebnisse von Hosemann und Borrmann. Auch die Frage seines Nachfolgers beschäftigte ihn immer noch, und er schrieb am 21. November an Otto Hahn, dass Professor Brill nur gute Routinearbeiten gemacht hätte und im Fritz-Haber-Institut sowohl Hosemann wie auch Borrmann Vergleichbares geleistet hätten, und Stranski, den man ja nicht zu seinem Nachfolger mache wolle, hätte noch mehr geleistet. Dann schlug er seinen früheren Doktoranden Léo Szilárd vor, dessen Berufung an das Kernforschungsinstitut gescheitert war. Er würde gerne mit Hahn darüber reden, wenn sie sich am 17. Dezember in Frankfurt am Main zur Sitzung des Senats treffen würden. Auf dieser Sitzung bekräftigte Otto Hahn das sogenannte Harnack-Prinzip – „Wir bauen ein Institut um einen Mann herum".[174]
Im Weihnachtsbrief an Sohn Theo berichtete Laue von Frankfurt, wo er nicht nur an der Senatssitzung teilnahm, die kein klares Ergebnis für seine Nachfolge brachte, sondern auch noch beim Akademischen Verlag war, denn er hatte, wie bei den Büchern über die Relativitätstheorien, in die zweite Auflage der „Röntgenstrahlinterferenzen" wiederum zahlreiche Korrekturen, Ergänzungen usw. eingetragen, die schwer lesbar waren.[175]
Die Reise ging weiter nach München, wo Walther Meißners 75. Geburtstag gefeiert wurde. Frau von Laue, die eng mit Frau Meißner befreundet war, kam mit dem Flugzeug aus Berlin. Das Weihnachtsfest verlebte das Ehepaar Laue bei der Familie Lemcke, die jetzt in München-Pasing wohnte.

Der Beginn des neuen Jahres war ausgefüllt mit der Korrespondenz und den Besprechungen über den Ablauf der Feier zum hundertsten Geburtstag von Max Planck. Lise Meitner fragte mehrmals nach der Feier in Göttingen und in Ost-Berlin, der Unterbringung und ihrer Rede:

> „Ich finde es nicht ganz leicht, ein einigermassen adequates Bild von Planck zu geben, und dabei meine persönlichen Erinnerungen weder ganz auszuschalten noch zu stark mitsprechen zu lassen."[176]

Im März starb Laues Schwester Elly. Sie wohnte seit längerem in einem Pflegeheim in der Nähe von Potsdam. Obwohl das Verhältnis der Geschwister offenbar nie herzlich war, wollte Laue zur Trauerfeier nach

Potsdam fahren. Die Beisetzung fand schließlich im Familiengrab in Magdeburg statt.

Für die „Planck-Feier" war die Wahl der Veranstaltungsorte wichtig, da möglichst vielen Kollegen die Teilnahme ermöglicht werden sollte. In Ost-Berlin wurde die damalige Staatsoper für die Hauptfeier bestimmt. Dann gab es ein historisches Gebäude, das den Krieg überstanden hatte: das Magnus-Haus. Es hatte im 19. Jahrhundert dem Physiker Gustav Magnus gehört, der dort auch unterrichtete und 1843 das berühmt gewordene Colloquium eingeführt hatte. Nach vielfältigen anderen Nutzern bemühte sich die Physikalische Gesellschaft der DDR, zur 100-Jahrfeier das Gebäude zu bekommen, was auch noch rechtzeitig 1958 gelang. Es gab einen Vortragssaal für ca. einhundert Personen. In West-Berlin wurde die Kongresshalle im Tiergarten gerade rechtzeitig fertiggestellt, die genügend Sitzplätze bot, so dass auch zahlreiche Studenten an der Feier teilnehmen konnten.[177] Viele Emigranten kamen zur Feier, auch James Franck aus den USA reiste mit seiner zweiten Frau Hertha Sponer an. Ihn hatte sich Max Planck 1932/33 als Nachfolger von Fritz Haber gewünscht. Franck berichtete den Familien seiner beiden Töchter, Hippels und Liscos, von den Feiern:

Auf der Gedenkfeier anlässlich des 100. Geburtstages von Max Planck: Frau Hertz, Max von Laue, Gustav Hertz, Berlin, Opernhaus, 24. April 1958.
Quelle: Archiv der Max-Planck-Gesellschaft, Berlin-Dahlem

> „Die Festlichkeiten im Stil östlicher Potentaten in der wunderschön und prunkvoll wiederhergestellten Oper in Berlin, die in schreiendem Kontrast mit den umgebenden Trümmerhaufen, der zerschossenen Umgebung und der Aermlichkeit der Ostbevölkerung standen, waren eine traurige Combination. Sie wurde nicht besser durch die politischen Reden einiger Ostvertreter, die im Gegensatz zu festen Vereinbarungen, dass Politik vermieden werden sollte, im Osten gehalten wurden [Otto Grotewohl und Walter Ulbricht sas-

sen in der Loge], aber im Westen vermieden wurden, zeigten, dass man mit den Russen nur schwer verhandeln kann. Im Osten sprach Hahn kurz und äusserst nett, Laue leider lang. Sicher sehr gut, aber so leise, dass ihn auch Leute mit normalem Hörvermögen nicht verstanden."[178]

Dann ging Franck auf Lise Meitners Vortrag vor einer ausgewählten Anzahl von Teilnehmern im Magnus-Haus ein:

„[…] Lise Meitner über Planck's Persönlichkeit einfach wunderschön. Sie sprach frei vor einer kleinen Gruppe der östl. phys. Gesellschaft (einige Vertreter der westlichen Seite waren auch dabei). Leider ist sie recht schwach und sah aus, als ob sie sich nur mit Mühe aufrecht hielt. (Sie war geschmückt mit dem Pour le Mérite, wie auch Hahn und Laue, sie waren Ehrengäste von Heuss am Mittag.) Ich sagte ihr: ‚Lise, Du warst einfach zum Verlieben'. Sie antwortete lustig: ‚Ein bisschen spät, lieber Franck.'"[179]

James Franck musste Max Born davon abhalten, seinen Ärger über eine „Spiesser-Propaganda-Rede" des Ost-Berliner Oberbürgermeisters Friedrich Ebert mit einer Erwiderung klarzustellen. Von der Feier in West-Berlin erzählt er:

„Am 2ten Tag (in der Kongresshalle) sprach Trendelenburg kurz und ordentlich (er läßt Arthur [v. Hippel] grüßen), dann fast eine Stunde lang Heisenberg, der Hauptsache nach über seine neue Theorie. Wunderbar soweit ich sie verstehe, weit vom Ziel entfernt eine bewiesene Theorie oder überhaupt durchgerechnete Theorie zu sein, trotzdem grossartig in seiner allgemeinen Conception. Dann sprach Hertz über den Einfluss von Plancks Elementarquantum auf die experimentelle Forschung. Nach dem grossen, aber etwas fehl am Platze seienden Heisenberg Vortrag, war Hertz' natürliche, frische und sich selbst nicht wichtig nehmende Art wie ein Hauch von frischer Luft im duftgeschwängerten überheizten Saal. Reizend. Dann sprach Westphal, einfach und ordentlich über Plancks Persönlichkeit, durchaus nett, aber nicht vergleichbar der schönen, tiefen und kurzen Rede des Tages zuvor von Lise Meitner."[180]

Seinen ausführlichen Vortrag ließ Max von Laue in den „Naturwissenschaften" veröffentlichen.[181] Er hatte sich durch die Herausgabe von Plancks Werken „Physikalische Abhandlungen und Vorträge" einen umfassenden Überblick erarbeitet.

Es war eine einfühlsame Beschreibung von Plancks Leben, beginnend mit seiner Beisetzung und überleitend zu seinem Elternhaus mit dem Einfluss des Vaters, der Jurist war. Das hätte man bei seiner Arbeit in der Preußischen Akademie gespürt. Die Schilderung seines Studiums ab 1874 mit der Hinwendung zur Thermodynamik, dem Entropiebegriff, der Enthalpie und der Vielfalt seiner Beiträge zu diesem Problemkreis schloss sich an. Mehrfach brachte Laue sehr persönliche Einzelheiten, wie Plancks feines Gehör, das ihm die Konzertbesuche verleidete, da er die kleinen Fehler hörte. Ausführlich wurde Plancks Weg zum Verständnis der Strahlung bis zur großartigen Ableitung der Strahlungsformel behandelt. Die Versuche Plancks, die Kluft zwischen der klassischen Physik und der Quantenphysik zu überbrücken, bildeten den Schluss von Laues Vortrag.[182]

Anschließend fuhr Laue nach Leipzig, wo Heisenberg seine Ideen über die Quantenmechanik vortragen wollte. Er wohnte bei Gustav Hertz, der einen Lehrstuhl an der Universität hatte.

Am 30. September 1958 beendete Max von Laue seine aktive Dienstzeit als Direktor, doch er leitete das Institut noch bis zum 1. März des nächsten Jahres. Die Inbetriebnahme der Heliumverflüssiger-Anlage „System Meißner" war ein schöner Abschluss seines erfolgreichen Wirkens für das Fritz-Haber-Institut. Professor Rudolf Brill wurde am 1. Oktober zum Wissenschaftlichen Mitglied der MPG, aber noch nicht zum Direktor des Fritz-Haber-Instituts ernannt.

Max von Laue, Berlin, Ende der 1950er Jahre. Quelle: Archiv der Max-Planck-Gesellschaft, Berlin-Dahlem

In seinem Brief von Anfang November zum 80. Geburtstag von Lise Meitner ging Laue auf ihre großen Verdienste um die Erforschung der Radioaktivität ein:

> „Was Sie in rastloser Tätigkeit und selbstloser Hingabe an die Wissenschaft erarbeiteten, das gereicht Ihnen nicht nur zur inneren Befriedigung – die freilich für den Forscher selbst stets die Hauptsache ist –, es fand nicht nur bei den näherstehenden Kollegen hohe Anerkennung, sondern Ihr Ruhm ging weit um die Welt. Die Krönung war wohl die Verleihung des Pour le mérite, den Sie als erste Wissenschaftlerin empfingen."[183]

Dann erwähnte Laue die komplizierte Namensgebung des neuen Instituts für Kernforschung – an dessen Realisierung er erheblichen Anteil hatte –, denn in Mainz gab es bereits ein MPI für Chemie mit dem Namen von Otto Hahn. Welchen Namen könnte man dem Institut in West-Berlin geben? Und wiederum musste sich Laue mit einem ihm fremden Forschungsgebiet beschäftigen, denn nun galt es, geeignete Wissenschaftler für die Führungspositionen des Instituts auszuwählen und zur Übersiedlung nach West-Berlin zu überzeugen. Erfolgreich gelang das in den Verhandlungen mit dem Berliner Senat und dem zuständigen Bundesminister für Atomfragen, Siegfried Balke. So konnten die deutlichen Vorbehalte der drei westlichen Alliierten gegen ein solches Institut in West-Berlin überwunden werden. Er berichtete Lise Meitner, dass die Kernchemische Abteilung unter Karl Erik Zimen fertig sein würde, die Kernphysikalische Abteilung (mit einem Forschungsreaktor) könne erst später in Betrieb gehen. Auch wäre noch kein Leiter für diesen Bereich gefunden. Ausführlich erinnerte er sie dann an die vielen gemeinsamen Ausflüge, um zum Briefende mitzuteilen:

> „Jetzt sitze ich hier mit allerlei kleinen Leiden, wie Gicht in den Füssen, Rheuma im Rücken und vor allem einer grossen Mattigkeit, die mir z. B. eine Reise nach Stockholm nicht ratsam erscheinen lässt, und denke zurück."[184]

Frau von Laue fügte häufig kurze Grüße an Lise Meitner an die Briefe ihres Mannes an.[185] Auf einer Karte mit ihrem Foto bedankte sich Lise Meitner:

> „Sie haben mir einen so besonders freundschaftlichen Brief geschrieben mit so vielen von mir so lieb gehaltenen Erinnerungen und dem wiederholten ‚Wissen Sie noch', dessen Veranlassung u. Sinn mir sehr klar ist."[186]

Am 7. Dezember berichtete Laue Theo von Nikita Chruschtschows Drohung, aus Berlin eine „Freie Stadt" zu machen, doch ohne das allzu ernst zu nehmen.[187] Er hatte in der „Deutschen Akademie" in Ost-Berlin über die Arbeiten des Fritz-Haber-Instituts gesprochen; eine Einladung, im März des nächsten Jahres erneut zu sprechen, hätte er aber abgelehnt. Laue trug aber nicht nur Arbeiten des Fritz-Haber-Instituts vor, sondern auch seine Erkenntnisse von 1912 und die Entwicklung vom Verständnis der Interferenzen. Sein didaktisch hervorragender Vortrag „Röntgenwellenfelder in Kristallen" begann mit den Versuchen von 1912. Man experimentierte mit einem großen Abstand der Röntgenstrahlquelle vom Kristall.

> „Die Theorie [Laues Theorie] war vollständig in der Aussage gegeben, daß am Ort eines Interferenzmaximums die Partial-Streuwellen aller Atome mit gleicher Phase zusammenkommen, also auf Wegen, die sich um ganze Vielfache der Wellenlängen unterscheiden. Da dies eine Frage an die Geometrie ist, bezeichnet man diese Theorie als die geometrische. Von vornherein war klar, daß sie nur angenähert gelten konnte; denn sie vernachlässigt vollständig die nochmalige Abbeugung dieser Partialwellen an anderen Atomen. Dennoch hat sie bei der Strukturbestimmung an Kristallen erstaunlich gute Dienste getan; aus einem absonderlichen Grunde: Die Kristalle, welche die Natur darbietet, sind in ihrem Raumgitter so fehlerhaft, daß sie – so möchte man fast sagen – keine bessere verdienen."[188]

Laue erwähnte die ersten Ergebnisse von Gerhard Borrmanns Versuchen in den 1930er Jahren an sehr guten Kristallen und ging zu Wellenfeldern im leeren Raum und in Kristallen über. Der Nachweis der anormalen Absorption bei idealen Kristallen durch Borrmann im Zweiten Weltkrieg, 1941, und die folgenden Versuche an möglichst idealen Kristallen wurden mit zahlreichen eindrucksvollen Bildern und erklärenden Zeichnungen der Strahlengänge anschaulich dargestellt.[189]

Auch Anfang 1959 verminderte sich die amtliche und private Korrespondenz nicht. Am 5. Januar ging ein Brief an Lise Meitner. Nochmals ging es um das Thema Namensgebung des Kernforschungsinstituts in Berlin, denn die Generalverwaltung der MPG hatte Einspruch erhoben, dass die Chemische Abteilung nach Otto Hahn, die Physikalische nach Lise Meitner benannt wird. Bei einer Sitzung des Berliner Senats, an der Laue krankheitshalber nicht teilnehmen konnte, wurde sein Vorschlag angenommen,

> „[…] das ganze Kernforschungsinstitut Berlin als ‚Hahn-Meitner-Institut' zu bezeichnen. Die wissenschaftliche Verbundenheit, in der Sie den grössten Teil Ihres Lebens mit Otto Hahn zusammengearbeitet haben, kann gar nicht besser zum Ausdruck kommen als in diesem Namen."[190]

Er hoffe, dass sie mit seiner Eigenmächtigkeit einverstanden sei. Lise Meitner antwortete am 27. Januar 1959: „Natürlich bin ich in punkto Namensgebung mit allem einverstanden, wozu Hahn seine Zustimmung gibt."[191]

Lise Meitner und Max von Laue bei der Nachfeier zur Übergabe der Direktion des Fritz-Haber-Instituts der Max-Planck-Gesellschaft an Rudolf Brill, Wannsee-Terrassen, Berlin, 16. März 1959.
Quelle: Archiv der Max-Planck-Gesellschaft, Berlin-Dahlem

Am 1. März übernahm Rudolf Brill das Amt von Max von Laue, die von dem scheidenden Direktor eigentlich nicht gewünschte, feierliche Übergabe mit Reden erfolgte am 16. März.[192] Laue erhielt ein kleines Zimmer bei der alten Bibliothek und eine „halbe" Sekretärin. Aber erst einmal kam er nicht dazu, darin zu arbeiten, denn vom 2. bis 3. März nahm er an der Kuratoriumssitzung der PTB in Braunschweig teil, und am 7. März musste das Ehepaar in Göttingen sein, um an der Feier des 80. Geburtstags von Otto Hahn am 8. März teilzunehmen. Der Senat der MPG überreichte Hahn die Harnack-Medaille in Gold; üblicherweise war sie aus Bronze. Der erste von drei Texten der Verleihungsurkunde lautete:

> „Diese Auszeichnung gilt dem Forscher, der durch seine mit Lise Meitner und Fritz Straßmann ausgeführten Untersuchungen zum Ansehen der Kaiser-Wilhelm-Gesellschaft entscheidend beigetragen hat, vor allem durch die Entdeckung der Uran-Spaltung, die den Weg ins Zeitalter der Atomenergie gebahnt hat."[193]

Der zweite Text lobte den Organisator und der dritte bezog sich auf Adolf von Harnack, dem folgende Ziele der Gesellschaft vorschwebten: Entfaltung des Geistes, Förderung des Wohlstandes und Erhaltung des Lebens. In seiner Laudatio griff Laue auf die gemeinsamen Erlebnisse zurück, ihr Treffen bei der Veranstaltung in Wien als junge Ehemänner mit ihren Frauen, dann die Alpentouren, die Zeit nach 1933, in Tailfingen und in Farm Hall und die Verleihung des Nobel-Preises. Danach sprach Lise Meitner. Sie war zusammen mit Nelly Planck gekommen, ebenso kamen Theodor Heuss und Konrad Adenauer, und man saß dichtgedrängt im „Kameradschaftshaus" der MPG in Göttingen.[194]

Lise Meitner und Otto Hahn in Göttingen, anlässlich Hahns 80. Geburtstag, 8. März 1959. Quelle: Archiv der Max-Planck-Gesellschaft, Berlin-Dahlem

Die Drohung Chruschtschows hatte für die West-Berliner Universitäten und für das Hahn-Meitner-Institut Folgen, denn es wurden nun keine Berufungen ausgesprochen. Deshalb wurde auch Léo Szilárd abgeschrieben.[195] Aber die Arbeiten an den Gebäuden kamen voran, so dass man es am 14. März „taufen" konnte. Bundesminister Siegfried Balke sprach am 13. und überreichte als Geschenk einen Scheck über 500.000 DM.

Noch immer musste Laue sich mit den Korrekturen und mit den Figuren für die dritte Auflage der „Röntgenstrahlinterferenzen" beschäftigen und war froh, dass ihm Dr. Ernst Heinz Wagner dabei half. Über die weiteren Pläne unterrichtete Laue Mitte April Paul Peter Ewald.[196] Unter Verzicht auf eine Sommerreise wollten die Laues nach Teneriffa, um dort mit der Tochter und den drei Mädchen am 2. Oktober die totale Sonnenfinsternis zu erleben:

> „Zu jenem Verzicht drängen uns viele Umstände. Meine Frau ist ja, – wie Sie wissen – schon seit einigen Jahren kränklich, kann das Hotelessen nicht vertragen, erst recht nicht längere Spaziergänge machen, und ich bin seit einem Jahr fusskrank, habe Gicht, die zeitweise sehr schmerzhaft war, und wenn sie sich auch jetzt wieder sehr gebessert hat, so kann ich doch meines Herzens wegen Bergtouren, auch in kleinerem Umfang, nicht mitmachen.
> Aber in einem Hotel ‚zu sitzen', dazu kann ich mich nicht entschliessen. Es bleibt noch das Auto. Aber ich riskiere es nicht mehr, längere Strecken zu fahren und mag den Fahrer, den das Institut mir zur Verfügung stellt, nicht wochenlang vom Institut fernhalten."[197]

Im Juni fuhr das Ehepaar dennoch zur Hauptversammlung der MPG nach Saarbrücken. Dann ging es über Trier weiter in die Eifel, um nach wenigen Tagen über Aachen nach Düsseldorf zu fahren und weiter nach Bonn, wo das Ordenskapitel des Pour le Mérite tagen würde. Magda schrieb einen ausführlichen Bericht für Theos Familie über die Landschaft und Vegetation, doch auch von allen ihren Essbeschwerden.[198]
Wieder nahmen die Laues Ende Juni an der Nobelpreisträger-Tagung in Lindau teil, aber der Weg führte über Straßburg, wohl um Erinnerungen aufzufrischen. Im Hotel „Bad Schachen" trafen sie sich mit Otto Hahn und dem Ehepaar Hertz. Auf der Tagung sprach zuerst Max Born und erinnerte an sein Buch „Optik", das 1933 erschienen war und dann, aus politischen Gründen, keine Verbreitung gefunden hatte, um zur englischen Ausgabe allerlei halbernste Einzelheiten zu erwähnen. Ihm folgte Werner Heisenberg, der von seinen Fortschritten zur „Weltformel" unter Berücksichtigung der Elementarteilchen berichtete und die Einwände von Wolfgang Pauli entkräftete. Die Ergebnisse der Experimente von Borrmann an möglichst fehlerfreien Kristallen waren Max von Laues Thema.

Anfang August verreisten die Eheleute nochmals. Sie trafen sich mit der Familie Lemcke in Tirol, und Laue bewunderte die herrliche Gebirgslandschaft. Lise Meitner wurde von den zukünftigen Ereignissen unterrichtet, damit sie ihre Reisepläne danach einrichten könne, eine Einladung vom „Fritz Haber Institut" zum 9. Oktober würde sie erhalten. Die Physikertagung in Berlin sollte am 4. Oktober enden. Mitte Oktober wollte das Ehepaar nach Südbayern fahren. Die Reise zur Sonnenfinsternis konnte doch nicht realisiert werden.
Aus Versehen erhielt Laue bereits am 9. September die Nachricht, dass ihm das „Große Verdienstkreuz mit Stern und Schulterband" zum 80. Geburtstag verliehen würde, und Adenauer gratulierte ihm bereits dazu.[199] Theo schrieb dem Vater Ende September, dass er zum 80. Geburtstag kommen wolle, aber der Vater riet ihm am 1. Oktober ab:

> „Mama und ich möchten davon aber abraten. Schon weil sich nicht voraussagen läßt, wann wir an diesem oder den nächst benachbarten Tagen zu Hause anzutreffen sein werden."[200]

Mit Bedauern stellte Laue fest:

> „Seit vorgestern ist hier Physikertag. Er verläuft bisher sehr interessant. Schade, daß man nicht mehr jünger ist, um die vielseitigen Anregungen aufnehmen zu können. Viele Bekannte nehmen daran teil und bleiben zum Teil bis zum 9ten hier, z. B. Meissners."[201]

Die „Feierstunde" zu Ehren von Professor Max von Laue dauerte erheblich länger als eine Stunde, wie das Programm zeigt. Die Amerikanische Militärbehörde stellte das „Harnack-Haus", das ehemalige Gäste- und Veranstaltungshaus der KWG, für die Geburtstagsfeier zur Verfügung.
Der erste Redner, Rudolf Brill, brachte einen Abriss des Lebens unter Verwendung der Autobiographie Laues. Otto Hahn beschrieb, gewürzt mit charmanten Anmerkungen, die vielen gemeinsamen Bergwanderungen und Besteigungen. Mit Ernst gedachte er des Widerstandes durch Laue ab 1933 und seiner Hilfe für Verfolgte, doch ebenso, wie er nach 1946 durch diese Haltung anerkannt wurde. Als Geschenk wollte Hahn ihm eine Büste von Einstein überreichen, aber sie war nicht fertig geworden. Der Regierende Bürgermeister von West-Berlin, Willy Brandt, überreichte

Laue das „Verdienstkreuz mit Stern und Schulterband des Verdienstordens der Bundesrepublik Deutschland" im Namen von Theodor Heuss. Der nächste Redner war Werner Hartke, Präsident der Deutschen Akademie der Wissenschaften. Er erinnerte, dass Laue vor 39 Jahren Mitglied der Akademie wurde. Seinen Glückwunsch verband er mit einer von Gustav Hertz verfassten Adresse über die Bedeutung der Entdeckung der Interferenz der Röntgenstrahlen.
Sehr persönlich begann Paul Peter Ewald seine Ansprache mit einer Erinnerung an Laues Teilnahme an der Tagung der Kristallographen in London 1946 und dessen Dankesworte, „daß es die größte Freude für einen Vater wäre, seine Kinder wohl heranwachsen zu sehen, so sei es für einen Forscher die größte Freude, seine Geisteskinder sich fortentwickeln und ihre Ausbreitung zu sehen." Dann überbrachte er die Grüße von der Gemeinschaft der Kristallographen aller Länder der Welt: Aus Paris brachte er eine Medaille für Laue mit, aus England gratulierten die X-Ray Analysis Group, Charles W. Bunn, Dame Kathleen Lonsdale und Sir Lawrence Bragg. Abschließend erinnerte Ewald an ihr erstes Treffen von genau fünfzig Jahren in München:

> „Es wäre falsch, diesen Tag vorübergehen zu lassen, ohne Ihrer Gattin in Liebe und Verehrung zu gedenken, die eine treue Begleiterin Ihres Lebens gewesen ist, deren ordnende Hand sich überall wohltätig kundgetan hat. Für uns junge Studenten, damals in München, war sie eine rührende Wirtin und die Erinnerung an viele freundliche Stunden des Abends sind für mich und die vielen Gäste Ihres Hauses in späterer Zeit dankbar mit ihr verknüpft."[202]

Der nächste Redner war der Astronom und damalige Präsident der „Göttinger Akademie", Paul ten Bruggencate:

> „Wir denken mit Freude und Dankbarkeit daran, daß Sie während 5 Nachkriegsjahren in Göttingen wirken konnten, in Vorlesungen und im physikalischen Kolloquium ebenso wie in den Sitzungen der Akademie der Wissenschaften. Diese Jahre, in denen es galt, den aus dem Kriege Heimkehrenden neuen Lebensinhalt zu geben, den Wiederaufbau durchzuführen, zählen doppelt im Leben des einzelnen und im Leben einer Universität. Sie haben in dieser schweren

> Zeit das wissenschaftliche Leben Göttingens bereichert und durch Ihre Haltung vielen neuen Mut gegeben."[203]

Er erwähnte Laues Mitgliedschaft, später den Vorsitz im Kuratorium des Astrophysikalischen Observatoriums in Potsdam von 1923 bis 1934 mit all den politischen Schwierigkeiten.
Für den Präsidenten der Bayerischen Akademie der Wissenschaften sprach Walther Meißner und flocht ein, dass er und seine Frau sich persönlich freuten, dass Laues nun öfter nach München kommen, um ihre Tochter, den Schwiegersohn und die Kinder zu besuchen, so dass sie ihre freundschaftlichen Beziehungen auffrischen können. Anschließend verlas er eine Adresse des Präsidenten, die auch Laues Arbeiten zur Supraleitungstheorie würdigte. Der Rektor der Freien Universität Berlin, Professor Gerhard Schenck, überbrachte die Glückwünsche der Technischen Universität und der Freien Universität. Er verwandte den Spruch über der Saaltür „Das schönste Glück des denkenden Menschen ist es, das Erforschliche erforscht zu haben und das Unerforschliche ruhig zu verehren." Für die Physikalisch-Technische Bundesanstalt sprach ihr Präsident Richard Vieweg die Glückwünsche aus und brachte einen Bildband mit, der auch Max von Laue unter der Eiche zeigte, wo er damals die Nachricht verlas, dass die Sprengung des Gebäudes nicht genehmigt wurde.

> „Daß aus Trümmern so Neues und Gutes werden konnte, das danken wir in hohem Maße Ihnen, Ihrer nimmermüden Güte, Ihrer Förderung, Ihrer schirmenden Hand."[204]

Ferdinand Trendelenburg dankte in seiner Eigenschaft als stellvertretender Vorsitzender des Verbandes Deutscher Physikalischer Gesellschaften Laue für seine intensive, aufopfernde Mitarbeit in der Gesellschaft. Er erinnerte an die Herbst-Tagung in Würzburg 1933, wo Laue den Vergleich mit Galilei brachte, der Lehre abzuschwören:

> „Atemlos horchte das Auditorium auf, und Sie schlossen leise, aber für jeden verständlich: ‚Und sie bewegt sich doch'."[205]

Trendelenburg erwähnte ebenso Laues Bemühungen für den Erhalt der Deutschen Physikalischen Gesellschaft:

> „Es war dies keine kleine Arbeit, denn man muß Wissenschaftlern nun einmal eine gewisse Individualität zubilligen, und da ist es dann oft nicht ganz leicht, Einmütigkeit zustande zu bringen."[206]

Er lobte Laues Hilfe für die jüngere Generation und berichtete zum Schluss von einer herrlichen Autofahrt im Steyr durch die herbstliche Landschaft. Der Festredner Professor Fritz Laves von der Deutschen Mineralogischen Gesellschaft überbrachte die Grüße der deutschen Kristallographen und Mineralogen aus Ost und West und einen Dank:

> „[…] wie schwierig würden unsere Bemühungen sein und wie armselig wäre unser Dasein vom heutigen Standpunkte aus betrachtet, wenn Sie uns nicht zu unseren früheren Untersuchungsmethoden des Hammers und der Lupe die Röntgenographie geschenkt hätten."[207]

Die Universität Zürich und die ETH gratulierten Laue, und als Geschenk gab es ein Gwindel, einen Quarz. Für die Deutsche Bunsen-Gesellschaft sprach Clemens Schaefer die Glückwünsche aus. Auch er gedachte der aufrechten Haltung Max von Laues im Dritten Reich. Der Vorsitzende der Gesellschaft Deutscher Chemiker, Carl Wurster, ließ seinen Gruß von Professor Josef Schormüller überbringen. Laues früherer Mitarbeiter Georg Menzer gratulierte als Herausgeber der Zeitschrift für Kristallographie. Er erinnerte an die Jahre 1944 und 1954, in denen sie Laue zum Geburtstag ein Heft überreichen konnten. Anlässlich Laues 80. Geburtstag beschlossen die Herausgeber, Autoren um Beiträge für das Geburtstagsheft 1959 zu bitten. Es kamen sechzig Arbeiten zusammen, 35 davon sind im ersten Band, dem ersten Teil der „Von Laue-Festschrift", erschienen. Ein „Geburtstagsheft" der Zeitschrift für Physik überbrachte auch Friedrich Beck, verbunden mit der Gratulation der Autoren, der Herausgeber und Dr. Ferdinand Springers.[208]
„Es ist nicht leicht, wenn man in solcher Fülle geehrt worden ist, entsprechende Worte des Dankes zu finden; die Fülle war zu überwältigend […]" – so begann Max von Laue und dankte dem Bundespräsidenten für den hohen Orden, dem Regierenden Bürgermeister für die „Ernst-Reuter-Medaille" und Otto Hahn für die Einstein-Büste. Den größten Eindruck hätte auf ihn die Helmholtz-Medaille gemacht. Laue ging auf die Bedeutung der Schriften von Helmholtz für ihn persönlich mit einem langen

Zitat aus der Ansprache von Helmholtz zu seinem 70. Geburtstag ein, die er als Schüler gelesen hatte. Helmholtz sprach von einem anfänglichen Streben für die äußere Stellung im Beruf in der ersten Hälfte des Lebens. Dann träte für den, der weiter arbeiten möchte, eine höhere Auffassung der Verhältnisse der Wissenschaft zur Menschheit in den Vordergrund, die Wirkung der Belehrung auf Schüler, und wie die Gedanken der Schüler und Zeitgenossen schließlich ein unabhängiges Leben führen.

> „Die eigenen Gedanken des Einzelnen hängen natürlich fester mit seinem ganzen geistigen Gesichtskreise zusammen, als fremde, und er empfindet mehr Förderung und Befriedigung, wenn er die eigenen sich reicher entwickeln sieht, als die fremden. Schließlich stellt sich für ein solches Gedankenkind bei seinem Erzeuger eine Art Vaterliebe ein, die ihn treibt, für die Förderung dieser Sprößlinge ebenso zu sorgen und zu streiten, wie für die leiblichen."[209]

Diese Ideen hätten ihn sein ganzes Studium hindurch begleitet, namentlich bei Plancks Vorlesungen. Der Schlusssatz war nochmals ein Zitat von Helmholtz:

> „Daß auch diese Zeitgenossen mir Dank sagten und sagen für das, was ich ihnen geben konnte, ist mir neben der inneren Befriedigung der schönste Lohn für meine Arbeit."[210]

In ausführlichen Aufsätzen würdigten seine jüngeren Mitarbeiter, Friedrich Beck sowie auch Gerhard Borrmann, Laues wissenschaftliches Wirken. Beck beschrieb, wie er Laues Persönlichkeit erlebte, als er Laue von den aktuellen Ergebnissen der Quantenmechanik berichten musste, die sie dann diskutierten, wozu auch Arbeiten von John Bardeen, Leon N. Cooper und John Robert Schrieffer zur Supraleitung gehörten. Borrmann würdigte zuerst die organisatorische Leistung Laues nach 1946. Ausführlich beschrieb er Laues Arbeiten zu den Wellenfeldern, wie sie Laue in seinem Vortrag in der Deutschen Akademie vorgetragen hatte. Er ging auf den Unterschied der Bestrahlung der Kristalle mit Röntgenstrahlen und mit Elektronenstrahlen ein.[211]
Es gab noch ein Geburtstagsgeschenk: „Beiträge zur Physik und Chemie des 20. Jahrhunderts: Lise Meitner – Otto Hahn – Max von Laue zum 80. Ge-

burtstag", eine Sammlung von Aufsätzen, herausgegeben von Otto Robert Frisch, Friedrich A. Paneth, Friedrich Laves und Paul Rosbaud.[212] Zu Max von Laue schrieben William Lawrence Bragg, Friedrich Laves, André Guinier, Heinz Jagodzinski, Kathleen Lonsdale, Walter Hoppe, Johannes Martin Bijvoet, Rolf Hosemann und Gerhard Borrmann wissenschaftliche Aufsätze, teils mit persönlichen Erinnerungen, teils über ihre und von den Kollegen erzielten Ergebnisse der Forschung.[213]
Erst am 29. Oktober kam ein langer Brief für Theo und seine Frau Hilli zustande. 470 Gratulationen hätte er erhalten. Laue bedauerte, dass sie nicht dabei waren. Die Lemcke-Kinder hätten sich sehr amüsiert, bei dem Fernsehgespräch hatte er zwei verschiedene Schlipse gehabt, denn die Aufnahme war aus zwei Teilen zusammengesetzt, die zeitlich auseinander lagen. Magda war von den Anstrengungen sehr erschöpft, und sie versuchte, die dauernden Aktivitäten ihres Mannes etwas zu bremsen, was aber nicht gelang.[214]

Max von Laue konnte der Bitte der Leipziger Universität nicht folgen, zu ihrem 550-jährigen Bestehen zu sprechen, denn das war an seinem Geburtstag. Er hatte als Vortragsthema „Erkenntnistheorie und Relativitätstheorie" gewählt, eine Huldigung von Einsteins Werk. Den Text trug Friedrich Herneck vor. Einleitend hieß es:

> „Zu einem mich befriedigenden Verständnis der Relativitätstheorie bin ich erst gekommen, als es mir gelang, sie mit der Kantschen Lehre von Raum und Zeit in Verbindung zu bringen."[215]

Zu Kants Vorstellungen, dass Raum und Zeit eingeprägte Vorstellungen seien und der Mensch sich einen von jeder Materie leeren Raum vorstellen könne, führte Laue an, dass „kein solches Geschehen ohne Raum" sein könne und erwähnte die Erweiterung der euklidischen Geometrie durch Gauß und Riemann. Zur Zeit wies er darauf hin, dass sie eindimensional sei

Max von Laue, Ende der 1950er Jahre. Quelle: Fotografie im Nachlass des Autors

und nur in einer Richtung verlaufe. Der Zeitmessung mit Geräten lägen physikalische Gesetze zu Grunde. Dann erläuterte er den Begriff des Inertialsystems und die Galilei- sowie die Lorentz-Transformation.

> „Die spezielle Relativitätstheorie hat einen ungeheuren Gültigkeitsbereich. Sie umfaßt eigentlich alles, was man zur Deutung irdischer Experimente braucht, solange die Gravitation nicht in Betracht kommt, einschließlich der Elektrodynamik."[216]

Laue leitete zur allgemeinen Relativitätstheorie über, in die Einstein die Gravitation einbezog. Sie erfordere, daß alle physikalischen Gesetze auf eine alle Transformationen unveränderliche (kovariante) Form gebracht werden. Den Weg Einsteins skizzierte Laue. Er schloss:

> „Es ist keineswegs eine mathematische Erfindung, sondern eine in allen physikalischen Vorgängen zugrunde liegende Realität. Diese Erkenntnis ist Albert Einsteins größte Leistung, sie bewährt das Schiller-Wort: ‚Mit dem Genius steht die Natur in ewigem Bunde.'"[217]

Sein eigenes Geburtstagsgeschenk, die dritte Auflage der „Röntgenstrahlinterferenzen", kam erst 1960 heraus. Im September hatte Laue das neue Vorwort geschrieben.

> „Seit dem Erscheinen der zweiten Auflage ist die Forschung über die Strukturen der Kristalle und auch anderer Körper stürmisch fortgeschritten; es ist sogar, man könnte fast sagen, eine neue Wissenschaft entstanden über die Kristallbaufehler und ihre Folgen. Aber die Grundlagen der Theorie der Röntgeninterferenzen sind dadurch nicht berührt worden, und so kann dieses Buch die alte Form und Einteilung behalten."[218]

Er dankte darin Gerhard Borrmann, Wilhelm Hartwig, Edmund Hess, Gerhard Hildebrandt, Rolf Hosemann, Heinz Niehrs und Herbert Wagner vom Institut.[219]

Max von Laue hatte Friedrich Herneck von der Humboldt-Universität versprochen, zur 150-Jahr-Feier der Universität einen Festvortrag über Her-

mann von Helmholtz zu halten. Er hatte mit dem Schreiben des Textes begonnen und korrespondierte im März mit Herneck über Lebensdaten von Helmholtz. Die Einleitung bis zum Eintritt in den Kreis der Studenten, die dann die Physikalische Gesellschaft gründeten, war fertig.[220]
Mit ungemindertem Interesse nahm Laue an den Ergebnissen der physikalischen Forschung Anteil. Aus den USA kam eine Nachricht, die ihn außerordentlich interessierte: Es war eine Kernresonanzlinie mit sehr keiner Linienbreite gefunden worden. Sofort erkannte er die mögliche vielfältige Anwendung für die Untersuchung von Kristallen und Festkörpern.[221]
Rudolf Brill hatte nicht alle Verpflichtungen Laues übernommen, so auch nicht die Besprechungen über die Ausgestaltung des „Hahn-Meitner-Instituts". Am 8. April sollte wieder einmal eine Sitzung stattfinden. Wie üblich war Laue im Institut und wollte von dem Institutsfahrer Ahl um 10 Uhr zu einer Besprechung gefahren werden. Am 9. April schilderte Magda von Laue die folgenden Ereignisse in einem Brief an Theo und Hilli:

> „Auf dass ihr nicht die falsche Radiosendung oder die vielen falschen Zeitungsnachrichten erfahrt, möchte ich Euch alles richtig stellen, was die Presse unverantwortlicher Weise so übertrieben dargestellt hat. Max wollte am Freitag um 10 Uhr die Sitzung des Hahn Meitner Kernforschungsinstituts in Wannsee besuchen und, da Rohr mit Brill zum Flugplatz fahre musste, sollte Ahl ihn fahren. Je mehr aber ich und Ahl ihm davon abrieten, selbst zu steuern, je mehr versteifte er sich darauf und fuhr dann ohne Ahl allein nach Wannsee. Er war schon 2 Tage lang etwas aufgeregt und fuhr über die Avus. Es hatte eben seit Monaten wieder geregnet, sei nun die Strasse glatt gewesen oder ein Motorradfahrer ihm in die Quere gekommen ist, es ist kein Zeuge da – jedenfalls soll das Motorrad mit dem toten jungen Mann im Graben gelegen haben und der Mercedes ist ebenfalls die Böschung hinunter 3mal überschlagen gefallen."[222]

Sie erwähnte außerdem eine große Beule auf der Stirn, er schliefe noch.[223] Bei ihrem Besuch im Krankenhaus am 19. April sah es so aus, dass er sich wieder erholen würde, er war lebhaft und hatte guten Appetit.[224] Am 21. April schrieb Magda an Frau Meißner voll innerer Erregung:

„Herzlichsten Dank für Ihre und Ihres Mannes teilnehmenden Zeilen. Die erste Woche ging alles so gut vorwärts. Nach 10 Tagen stellte sich durch das lange Ruhigliegen müssen Kreislaufstörung ein, die noch jetzt anhält. Seitdem isst er nichts mehr, spricht nicht mehr, erkennt einen kaum und ist bloß sehr matt. Ob die Kreislaufspritzen helfen werden weiss man noch nicht. Eine kleine Beruhigung ist für uns alle, daß die Polizei festgestellt hat, dass der Motorradfahrer einen erst einen Tag alten Führerschein besass, selbst gebasteltes Rad und von links überholend das Auto geschnitten hat in der Unkenntnis, dass auf der Avus größere Geschwindigkeiten sind als in der Stadt 50 kil. Und zu früh nach rechts einbog. Leider hat der Chefarzt unverständlicherweise ihm gesagt er hätte jemand tot gefahren. Musste das sein – doch hat er es wohl lange nicht erfasst, sonst wäre ihm das schrecklich zu wissen."[225]

Max von Laue, 1959
Quelle: Fotografie im Nachlass des Autors

Drei Tage später starb Max von Laue, ohne noch einmal das Bewusstsein erlangt zu haben.
Es gab viele, viele Nachrufe, ausführliche von Paul Peter Ewald und von Walther Meißner. Lise Meitner trauerte:

„Max von Laue ist am 24. April 1960 in Berlin gestorben. Mit ihm hat die Welt einen ihrer wertvollsten und hervorragendsten Wissenschaftler und einen der edelsten Menschen verloren. Seine Einstellung zu seiner wissenschaftlichen Arbeit hat er selbst durch die Worte gekennzeichnet: ‚Theorie heißt, wörtlich verdeutscht, Gottesschau. Und mit entsprechender Ehrfurcht habe ich ihr manchmal gegenüber gestanden, wenn sie ein unverhofftes Licht auf eine bislang unverständliche Tatsache geworfen hatte.' […]
Sicher hat Max von Laue die internationale wissenschaftliche Aner-

kennung in der Form zahlloser Ehrungen bekommen, die seinen großen Leistungen gebührt haben. Und er hat auch die liebenswürdige Eigenschaft besessen, sich über sie freuen zu können.
Trotzdem hat er als Folge seiner sehr sensiblen Seele ein Leben gelebt, das zwar immer inhaltsreich, aber nicht immer leicht war. Zum Teil war das durch die Unruhe der zeitlichen Entwicklung bedingt. Laue hat als getreuer Freund mit seinem immer wachen Sinn für Gerechtigkeit und Freiheit und seiner tatkräftigen Hilfsbereitschaft alle Schwierigkeiten der ihm nahestehenden Menschen sehr intensiv miterlebt."[226]

Sie ging auch auf Laues Einfühlungsvermögen ein, als Fritz Haber mit dem Entschluss rang, zurückzutreten, sowie auf seine Rede 1933 in Würzburg:

„Manchmal hätte Laue mit seiner seelischen Verwundbarkeit Schwierigkeiten mit sich selbst gehabt, ohne die gütige ausgleichende Hand seiner feinfühligen, warmherzigen und menschenklugen Gattin."[227]

Lise Meitner zitierte Laue, der Friedrich Schillers Worte in seinem „Physikalischen Werdegang" anführte: „Spricht die Seele, so spricht ach schon die Seele nicht mehr." Laue fügte dem in seinem Buch hinzu: „Den Seufzer habe ich mein ganzes Leben hindurch nachempfunden." Sie korrigierte seine Bemerkung und führte an, wie er bei dem Nachruf auf Einstein seiner Zuneigung und Verehrung in geradezu ergreifender Weise Ausdruck geben konnte, ebenso 1958 bei seiner Rede auf Planck.

„Aber Laues Bild wäre sehr unvollständig ohne den Hinweis, wie heiter und voll Humor er im Grunde seines Wesens sein konnte. Wer hätte nicht sein frohes, helles Lachen im Ohr. Wie glücklich konnte er sein über ein gutes literarisches Werk, über eine schöne Landschaft, über Hochtouren im Gebirge und ähnliches. Ich habe eine Gletschertour in der Schweiz 1927 von Silvaplana auf den Capütschin mit Laue, Ladenburg und Mark (letzterer als Führer) in Erinnerung, wo Laue überhaupt nicht aus dem Scherzen und Frohsein herauskam."[228]

Es folgten ihre Erinnerungen an Ausflüge in die Mark Brandenburg und seine Liebe zur Natur. Lise Meitner schloss mit einem Goethe-Vers:

> „Sucht Ihr das menschliche Ganze? Oh, sucht es ja nicht beim Ganzen.
> Nur in dem schönen Gemüt bildet das Ganze sich ab."[229]

Die Beisetzung fand im engsten Familienkreis auf dem Friedhof in Göttingen statt. Max von Laues Grab liegt in der Nähe der Grabstellen von Planck und Nernst. Der Grabstein trägt eine griechische Inschrift, die Schlussworte aus dem Herakles von Euripides nach der Übersetzung von Wilamowitz.

> „So gehen denn auch wir, voll Schmerz, voll Tränen,
> Den wir verloren war der Freunde treuester."

Leider verschlechterte sich auch der Gesundheitszustand von Magda von Laue, und sie konnte sich nicht mehr selbst versorgen. Die Wohnung in der Haber-Villa musste aufgegeben werden. Einige Zeit war sie in Tutzing in einem Heim. Sie starb am 15. Juli 1961 und wurde in der Grabstelle neben ihrem Mann auf dem Stadtfriedhof in Göttingen beigesetzt.

Danksagung

Diese Biographie mit zahlreichen Zitaten aus Briefen und Dokumenten ist der steten Hilfe vieler Archivare zu verdanken, die mich bei der Suche nach Material umfassend unterstützt haben. Ihnen und den hinter ihnen stehenden Institutionen zuerst zu danken ist mir eine sehr angenehme Pflicht:

Archiv der Berlin-Brandenburgischen Akademie der Wissenschaften, Archiv der Max-Planck-Gesellschaft in Berlin-Dahlem, Archiv der Johann Wolfgang Goethe-Universität in Frankfurt am Main, Churchill Archives Centre in Cambridge, Cornell University Library in Ithaca, Archiv des Deutschen Museums in München, Archiv der Deutschen Physikalischen Gesellschaft, Archiv der Deutschen Akademie der Naturforscher Leopoldina, Albert Einstein Archives in Jerusalem, Geheimes Staatsarchiv Preußischer Kulturbesitz in Berlin, Archiv der Humboldt-Universität zu Berlin, Joseph Regenstein Library (Special Collections) der University of Chicago, Archiv der Ludwig-Maximilians-Universität München, The National Archives in Kew, Niels Bohr Archiv in Kopenhagen, The Royal Institution of Great Britain Archives in London, The Royal Society Archives in London, Staatsbibliothek zu Berlin Preußischer Kulturbesitz/Handschriftenabteilung, Archiv der Königl. Schwedischen Akademie der Wissenschaften in Stockholm, Stadtarchiv der Landeshauptstadt München, Archiv der Universität Göttingen, Archiv des Zentrums für Geschichte der Naturwissenschaft und Technik der Universität Hamburg, Archiv der Universität Zürich, Unternehmensarchiv Axel Springer SE und Zentral- und Landesbibliothek Berlin.

Herrn Christian Matthaei danke ich herzlich für das Entgegenkommen, den Nachlass Max von Laues benutzen zu dürfen, sowie für Auskünfte zur Familiengeschichte.

Herrn Dr. habil. Michael Maaser, dem Direktor des Universitätsarchivs der Goethe-Universität Frankfurt und seinen Mitarbeiterinnen und Mitarbeitern danke ich für die Unterstützung bei meinen Recherchen.

Sehr umfangreiches Material befindet sich im Archiv der Max-Planck-Gesellschaft. Nur durch die Hilfe von Frau Dr. Marion Kazemi, Herrn Dipl.-Archivar Dirk Ullmann und Herrn Bernd Hoffmann war es möglich, den vielfältigen Spuren nachzugehen. Ich danke dafür herzlich. Frau Dipl.-Bibl. Susanne Uebele verdanke ich die Auswahl der Fotografien.

Im Archiv des Deutschen Museums fand ich wertvolle Unterstützung durch Herrn Dr. Wilhelm Füssl, Herrn Dr. Matthias Röschner sowie Frau Irene Püttner.

Frau Dr. Vera Enke vom Archiv der Berlin-Brandenburgischen Akademie der Wissenschaften und ihren Mitarbeiterinnen und Mitarbeitern verdanke ich wertvolle Vorarbeiten bei den Recherchen.

Herr Professor Dr. Siegfried Hess und Herr Professor Dr. Heinz Lübbig haben liebenswürdiger Weise sich die Mühe gemacht, den wissenschaftlichen Teil des Manuskriptes kritisch zu lesen, wofür ich Ihnen sehr verbunden bin.

Viele Ratschläge und wichtige Verbesserungen und Korrekturen des Manuskripts verdanke ich Herrn Ralf Hahn (M.A.), Berlin, der auch den Nachlass von Peter Paul Ewald in der Cornell University Library recherchierte.

Herrn Professor Dr. Klaus Hentschel, Stuttgart, und Herrn Professor Dr. Dieter Hoffmann, Berlin, danke ich für Hinweise auf Sekundärliteratur.

Allen Archivaren und Magazinern danke ich für ihre wertvolle Hilfe.

Jost Lemmerich bei der Eröffnungsrede zur Dauerausstellung der Freien Universität Berlin mit dem Titel: „Die Geschichte der Physik in Berlin".
© Rainer Moeszcke, 2008

Jost Lemmerich

Der am 7. Juni 1929 in Berlin geborene Jost Lemmerich ist seiner Geburtsstadt ein Leben lang treu geblieben. Mehr als 80 Jahre wohnte er zunächst gemeinsam mit seinem älteren Bruder im Hause seiner Eltern in Siemensstadt. Als Schüler registrierte er genau das nach und nach voranschreitende Verschwinden seiner jüdischen Mitschülerinnen und Mitschüler. Manche verbrachten die Kriegsjahre im Untergrund und tauchten nach dem Krieg wieder auf, wie Lemmerich immer wieder verwundert feststellte. Die meisten kamen nicht zurück. Auch die Familie Lemmerich bezahlte einen hohen Preis für den verblendeten Wahn der NS-Ideologie. Josts älterer Bruder fiel als erster im sinnlosen Kampf, und auch der Vater ließ trotz des nahenden Untergangs noch im Volkssturm sein Leben. Selbst der gerade mal 15-jährige Jost wurde zum Volkssturm verpflichtet und überlebte verwundet.

Nur selten hat Herr Lemmerich von den Kriegsjahren gesprochen. Wenn überhaupt, dann von den Bombenabwürfen der Alliierten, die das Elternhaus erschütterten und ganze Wände darin verschoben. Einmal erzählte er die kuriose und für ihn unvergessliche Begebenheit, wie der enorme Druck einer Bombe die Wohnzimmeruhr eines Nachbarhauses direkt in einen Schrank der Lemmerichs schleuderte, bevor eine weitere Druckwelle anschließend die Schranktür wieder schloss. Es muss eine für den jungen Lemmerich sehr prägende Zeit gewesen sein, in der er gemeinsam mit der Mutter um das Überleben bangte und das Haus so gut es in ging in Stand hielt. Aus dieser Zeit hat er eine seiner Grundüberzeugungen gewonnen: Krieg darf es in Europa nie wieder geben, denn es wäre das Ende von Europa. Diese Überzeugung war zugleich eine seiner größten Ängste.

Trotz der widrigen Umstände im Berlin der Nachkriegszeit konnte Jost Lemmerich die Schule mit dem Abitur abschließen. An ein Studium war zunächst nicht zu denken, denn Geld musste verdient werden, um seiner Mutter und sich selbst das Leben zu ermöglichen. Gleich seinem Vater ging Lemmerich zu Siemens. Dort hatte er viel mit Chemikalien zu tun, und die Schutzvorschriften waren bei weitem nicht so ausgeprägt wie heute. Wenn er davon sprach, wunderte man sich immer, dass er die Ausbildungszeit ohne nachhaltige Schäden überlebt hat. Lemmerich war zäh, daran änderten auch zwei Herzinfarkte und andere gesundheitliche Beeinträchtigungen nichts. Vor allem war Herr Lemmerich bis ins höchste Alter ein unermüdlicher und ausgesprochen disziplinierter Arbeiter. Es wundert daher nicht, dass er nach Beendigung seiner Ausbildung bei Siemens und mit Unterstützung der „Weltfirma", wie er sie gerne nannte, doch noch das Studium der Physik an der Technischen Universität Berlin aufnahm. Anschließend wurde er Leiter in der Forschungsabteilung für Kabelfertigung bei Siemens. Natürlich wäre für ihn auch eine akademische Laufbahn infrage gekommen, aber der sichere Broterwerb stand noch im Vordergrund seines Handelns.

Zu den wenigen Auszeiten, die sich Herr Lemmerich gönnte, sind vornehmlich Reisen nach England und Schottland zu nennen. Er liebte die britische Kultur der Weltmetropole London gleichermaßen wie die Einsamkeit des Wanderns mit Zelt in den schottischen Highlands. Vermutlich war es dieser Einfluss, der Herrn Lemmerich zum Gentlemen werden ließ, stets höflich und souverän, immer im Anzug und, im Alter, stets mit Gehstock ausgestattet.

Im Jahr 1970 wechselte Lemmerich von Siemens zunächst an das Deutsche und später an das Europäische Patentamt in Berlin. Spätestens dort wird Lemmerich „in der Schule des Lebens", wie er es bezeichnete, und unter dem Einfluss der dort vorherrschenden Internationalität und Mehrsprachigkeit zur ausgereiften Persönlichkeit und zum kritisch denkenden Kosmopoliten mit ausgeprägtem Realitätsbezug.

Als Physiker mit Leib und Seele erwuchs bei ihm in jenen Jahren im Patentamt ein zunehmendes Interesse an Physik- und Wissenschaftsgeschichte im Allgemeinen. Aus dem begeisterten Physiker wurde ein enthusiastischer und äußerst fähiger Wissenschaftshistoriker, und er ist eines der besten Beispiele dafür, dass Fachgeschichte in erster Linie aus der Fachwissenschaft heraus betrieben werden sollte.

Ein Ärgernis war für ihn wohl der Stein des Anstoßes, der zu seiner ersten Ausstellung führte. Als im August 1977 in Berlin die Ausstellung „Tendenzen der Zwanziger Jahre" eröffnete und weder in der Ausstellung noch im gut zwei Kilo schweren und 1.200 Seiten umfassenden Ausstellungskatalog auf die herausragende Wissenschaftsentwicklung in jener Zeit eingegangen wurde, konzipierte und realisierte Herr Lemmerich kurzerhand die Ausstellung „Die Physik der Zwanziger Jahre", die im Verwaltungsgebäude der Siemens AG Berlin gezeigt wurde. Das Gewicht, das gerne auf Kunst, Kultur und Geschichte in unseren Museen gelegt wird, war für Herrn Lemmerich zu groß. Die Menschen vergessen dabei zu sehr, wie wichtig Wissenschaft und Technik für ihr tagtägliches Leben sind und wie bedeutsam auch deren museale Aufarbeitung und Präsentation ist. Diese Lücke wollte er schließen – und er tat es in 28 Ausstellungen über 30 Jahre hinweg, von denen manche nicht nur in Deutschland, sondern auch im Science Museum in London und gar in China, in der Halle des Volkes in Peking, präsentiert wurden. Das Spektrum der Themen ist dabei groß: Zum einen sind es Jubiläumsausstellungen, wie z. B. „Einstein – Hahn – Meitner – von Laue. Zu den 100. Geburtstagen" (1979), „Mass und Messen - 100 Jahre PTR/PTB" (1987), zur Epochalentdeckung „Wilhelm Conrad Röntgen – 100 Jahre Röntgenstrahlen" (1995), „100 Jahre Quantentheorie" und auch „Lise Meitner zum 125. Geburtstag". Aber es sind auch kritische, nachdenkliche Themen wie die Ausstellung „Max Born – James Franck. Der Luxus des Gewissens" (1982 – 1984), „Der Mensch und die Automation" (1984) und „Die Geschichte der Entdeckung der Kernspaltung" (1988). Darüber hinaus hat Herr Lemmerich auch die Ausstellung „Justus von Liebig. Analytik – Ernährung – Landwirtschaft. Einst und jetzt" (2003) gestaltet, die sowohl an der Universität Gießen als auch im Deutschen Museum in München zu sehen war. Anlässlich mehrerer Tollwutfälle in Berlin wandte sich Lemmerich 1987 auch diesem Thema zu und realisierte eine Ausstellung „Tollwut. Historische Ansichten – Aktuelle Bezüge". Das ganze Spektrum seines vielfältigen Wissens brachte er in die Ausstellung „13 Würzburger Nobelpreisträger" (2006) ein, bei der ich ihm ein erstes Mal assistierend zur Seite stehen durfte. Von Herrn Lemmerich konnte man einerseits aufgrund seines großen Erfahrungsschatzes sehr viel über das Gestalten und Organisieren von Ausstellungen lernen, andererseits war er aber auch in gewisser Weise bereits ein Museumspsychologe. Gleichermaßen wie Konrad Lorenz seine Graugänse beobachtete, so studierte Herr Lemmerich sehr sorgfältig und aufmerksam das Verhalten von Museumsbesuchern. Durch geschickte und wohl platzierte Fragen an manche Besucher ergänzte er sein Wissen und passte seine Ausstellungen an die Bedürfnisse und Bildungsgrade der verschiedenen Besuchergruppierungen an. Sicherlich ist das eine der Zutaten des großen Erfolgs von Lemmerichs Ausstellungen. Eine weitere Ingredienz ist die unnachahmliche und mitreißende Art seiner Führungen. Herr Lemmerich verstand es, den Besucher in einer Weise für eine Thematik zu gewinnen, die einzigartig ist. Selbst pubertierende Schüler, denen Wissenschaftsgeschichte meist so fernliegt wie die Steuererklärung ihrer Eltern, brachte er dazu, mit wachsender Neugier zu lauschen und sich an das Entziffern alter deutscher Schreibschriften zu wagen. Schließlich sind es auch die stets reich bebilderten Kataloge, die Herr Lemmerich in höchst unterhaltsamer Weise in seinem ihm eigenen Stil zu verfassen wusste, die den Erfolg seiner Ausstellungen ausmachten.

Neben diesen vielen Ausstellungskatalogen aus der Feder von Jost Lemmerich sind weitere große Werke im Ergebnis umfangreicher Archivrecherchen entstanden. Hervorzuheben ist dabei besonders Lemmerichs umfangreiche Bearbeitung von Lise Meitners Nachlass als Fellow des Churchill College der Universität Cambridge. Das Entziffern mancher, heute kaum noch gebräuchlicher Wörter ihrer Handschrift kostete ihn manchmal Tage. Dank dieser mühevollen Arbeit können wir heute umfängliche Korrespondenzen Lise Meitners mit Elisabeth Schiemann und mit Max von Laue nachlesen – beeindruckende und teils erschütternde Primärdokumente der Zeitgeschichte. Gleichermaßen lesenswert ist der Briefwechsel Max von Laues mit seinem Sohn, den Herr Lemmerich 2011 unter dem Titel „Mein lieber Sohn! Die Briefe von Max von Laue an seinen Sohn Theodor in den Vereinigten Staaten von Amerika 1937 — 1946“ herausgegeben hat.

Jost Lemmerich sah die von ihm dargestellten Wissenschaftler nie nur als Forscher, sondern er versuchte sie immer auch als Mensch zu ergründen und damit in ihrer gesamten Persönlichkeit zu verstehen. Ganz besonders hatte er sich dabei mit Max von Laue befasst, in dessen Familienwappen sich die Attitüden „Furchtlos und treu“ finden und der in seiner geradlinigen Haltung insbesondere in der NS-Zeit beeindruckte. Herr Lemmerich betrieb für die hier vorliegende Biografie über Max von Laue intensive Archivrecherchen, in die er all seine Erfahrung einfließen ließ. Es ist sehr bedauerlich, dass es ihm zu Lebzeiten nicht mehr vergönnt war, die publizierte Biografie als Frucht seiner jahrelangen Arbeit in den

Händen zu halten. Umso erfreulicher ist es jedoch, dass dieses Werk nun verfügbar ist – und dafür sei allen Beteiligten an dieser Stelle ausdrücklich gedankt. Herr Lemmerich wüsste es sehr zu schätzen.

Wer das Glück hatte, einmal mit Herrn Lemmerich eine Ausstellung vorzubereiten, erlebte einen unermüdlichen und höchst motivierenden Gestalter, der für jedes Problem meist recht schnell eine pragmatische und in der Regel auch museumsdidaktisch und ästhetisch schöne Lösung parat hatte. Er war sich für keine Arbeit zu fein und behielt selbst in angespannten Situationen stets die Ruhe. Er scheute sich auch nicht, Stellwände mit der Kreissäge zuzuschneiden, an die er sonst fast niemanden heranließ, damit Unfälle höchstens ihn selbst treffen würden. Über die Jahre hatte er einen umfangreichen Freundeskreis aufgebaut, in dem höchstes gegenseitiges Vertrauen herrschte. So gelang es ihm, besondere Leihgaben aus verschiedenen Sammlungen der Welt für seine Ausstellungen zu erhalten, die ansonsten nicht verliehen wurden. Der Name Lemmerich brauchte kein besonderes Gewicht durch ein Amt oder akademische Würden. Es war der gute Klang größter Zuverlässigkeit und herausragender Leistungen, der mit ihm schwang und ihm Tür und Tor öffnete. Die Auszeichnungen für seine Arbeiten kamen dann wie von selbst: Karl-Scheel-Medaille der Physikalischen Gesellschaft zu Berlin (1983), Verdienstkreuz am Bande der Bundesrepublik Deutschland (1995), Ehrenbürgerwürde der Universität Würzburg (1995), Ehrendoktorwürde der TU Berlin (1996), Justus-Liebig-Medaille der Universität Gießen (2003) und schließlich die goldene Fürstbischof-Johann-von-Egloffstein-Medaille der Universität Würzburg (2006).

Herr Lemmerich arbeitete bis ins hohe Alter und verstarb am 21. März 2018 im 89. Lebensjahr. Als er bemerkte, dass seine Kräfte schwanden, verschenkte er große Teile seiner Literatur und seines Privatarchivs in gute Hände. Überhaupt war er jemand, dem das Schenken größte Freude bereitete und der viele Ausstellungs- und auch Buchprojekte aus eigener Tasche finanzierte. Es bräuchte mehr Menschen solch philanthropen Charakters – und die Wissenschaft in Deutschland könnte den Glanz vergangener Zeiten wiederaufleben lassen.

Armin Stock, März 2020

Anmerkungen

Vorwort

1 Die Einstein-Biographie von Armin Hermann weist mehrfach auf Laue hin, aber in der Einstein-Biographie von Abraham Pais wird Laue nicht einmal erwähnt, ebenso bei Philipp Frank. Siehe auch: Cassidy 1995. Auf S. 132 heißt es: „Als Konservator der staatlichen Instrumentensammlung war Sommerfeld auch verpflichtet, wenigstens in geringem Umfang experimentelle Forschung zu ermöglichen – eine Arbeit für Assistenten, die er in den dunklen Keller verbannte. Trotz dieses untergeordneten Status machten dort Max von Laue und die mit ihm zusammenarbeitenden Außenseiter eine bedeutende Entdeckung. Sie erbrachten den Nachweis, daß sich Röntgenstrahlen wie elektromagnetische Wellen verhalten.“

2 Zeitz 2006.

3 Nachrufe und Würdigungen: Beck, Friedrich: Max von Laue 1879–1960. In Bethge/Klein 1989: 24; Hermann, Armin: Max von Laue. In Gillispie 1980; Ewald, Peter Paul: Max von Laue 1879–1960. Biogr. Mem. of the Fellows of the Roy. Soc. 6/1960: 135; Hildebrand, Gerhard: Max von Laue, der Ritter ohne Furcht und Tadel. In Hildebrandt/Treue 1987; Kazemi 2006: 170; Meißner, Walther: Max von Laue als Wissenschaftler und Mensch. Sitzungsber. Bayer. Akad. d. Wiss. Math.-Nat. Klasse 1960: 101; Meitner, Lise: Nachruf auf Max von Laue. Mitt. MPG 4/1960: 196. – Einen Überblick über die Quellenlage findet man bei Henning 2004: 249.

4 Boeters/Lemmerich 1979.

5 Im Jahre 1979 erschien in Leipzig eine nur knapp einhundert Seiten umfassende Biographie Max von Laues, die allerdings nur noch antiquarisch erhältlich ist. Siehe Herneck 1979.

6 Laue, Max v.: Mein physikalischer Werdegang. Eine Selbstdarstellung. In Laue 1961, Bd. III; auch in DMA, NL 045, „Geschrieben für Dokumente zur Morphologie, Symbolik und Geschichte“ (Deutsche Denker/Geistiges Antlitz) und in Hartmann 1952: 191.

7 Freud 1968: 137; siehe auch Bruder 2003.

Einleitung

1 Abraham, Max: Prinzipien der Dynamik des Elektrons. Ann. Phys. 315/1903: 105–179. Zur Bedeutung der Annalen der Physik siehe Pyenson 1985: 195.

2 Zur Frage, was Strahlung ist, siehe Hentschel 2007: 172, 283, 443, 525.

3 Sachse 1928: 234, 277; Brocke in Treue 1987: 195.

Kindheit und Jugend

1 Zum militärischen Werdegang des Vaters siehe GSta PK, Königl. Heroldsamt, I. HA, Rep. 176, Nr. 5833, Bl. 6; Lemmerich 2011: 155.

2 Lemmerich 2011: 282: „Jetzt sprach sie von ihrer Verlobung mit einem jungen, reichen Kaufmann, der sie mit Huldigungen überschüttete, aber leider starb, ehe es zur Hochzeit kam. Wie sein Familienname war, hat sie mir nicht gesagt. Sein Vorname ist der Meinige. Denn sie nannte ihren Sohn nach ihm.“

3 Max Laue musste bei seiner akademischen Laufbahn und der Mitgliedschaft in Akademien mehrmals Fragebögen zu seiner Person ausfüllen. Sie weichen voneinander leicht ab. So bei der Aufnahme in die Akademie Deutscher Naturforscher Leopoldina Halle (Archiv, Akte Max Laue) und von der Personalakte im Archiv der Humboldt-Universität (HUA, UKP, L51). In der vorliegenden Biographie werden die wahrscheinlich zutreffenden Daten verwendet.

4 Autoreise vom 1.–6.3.1932 mit Sohn Theodor. AMPG, III. Abt., Rep. 50, Nachtrag 1, Autoreisebuch [nicht paginiert, nicht chronologisch].

5 Laue 1961, Bd. III. V, auch in DMA, NL 045 sowie bei Hartmann 1952: VI. – Laue nahm auch an Vorträgen in der Urania teil.

6 Laue an Theodor, Berlin, 5.8.1954. AMPG, III. Abt., Rep. 50, Nachtrag 7/14, Bl. 31. – Laue verwendet zwei Schreibweisen dieses Namens: Veil und Weil.

7 Ebenda.

8 Unvollendete Ansprache von Laue in der Akademie, in Göber/Herneck 1960.

9 Fecht an Laue, 7.4.1954. UAF, NL Laue, 3.3. – Hermann Fecht war ein Schulfreund von Laue und nennt ihn bei seinem alten Spitznamen „Lehe“.

10 Adolf Wüllner war Professor an der Technischen Hochschule Aachen.

11 Laue an Meitner, o. O., 29.9.1943. Lemmerich 1998a: 310; siehe auch: AMPG, III. Abt., Rep. 50, Nachtrag (Autoreisebuch): „Im August dieses Jahres hätte ich mein 50-jähriges Radfahrer-Jubiläum feiern können.[…] bekam ich ein Fahrrad.

Es hatte noch Vollgummireifen." Als Laues im Juni 1933 eine Autoreise in den Schwarzwald unternahmen, erinnerte sich Laue an seine Radtouren in dieser Gegend als Schüler. Er hatte Verwandte väterlicherseits in Offenburg.

12 Schulmann 2012. – In zahlreichen Briefen wird Laue erwähnt. Die zitierte Bemerkung macht Einstein im Brief an Zangger v. 11.1.1915.

Studium der Physik

1 UAF, NL Laue, 1.10.
2 Kurylo/Süsskind 1981.
3 Jonathan Zenneck (1871–1954) erzählte gern, dass ihm seine Eltern in weiser Voraussicht drei Vornamen – Jonathan Adolf Wilhelm – gegeben hätten, damit er in den drei politischen Epochen in Deutschland jeweils den richtigen Vornamen hätte. Er war maßgeblich für das Deutsche Museum in München tätig. Max von Laue stand öfter mit ihm in Kontakt, siehe Lemmerich 2011: 204.
4 Lemmerich 2011: 282.
5 Laue 1961, Bd. III: V; UAF, NL Laue, 1.10. – Paul Kirchberger war u. a. Verfasser zweier Bücher, siehe ders. 1920 u. 1922. Er fiel unter die nationalsozialistischen Rassengesetze und beging 1938 Selbstmord, siehe dazu Lemmerich 1998a: 204.
6 Hartmann 1952: XV.
7 UAF, NL Laue, 1.10.
8 Es war nicht zu klären, woher Max Laue die finanziellen Mittel für den Lebensunterhalt und das Studium hatte. Wahrscheinlich hatte ihm seine Mutter das Geld gegeben.
9 UAF, NL Laue, 1.10.
10 Hartmann 1952: XIIIf.
11 Meißner, Walther: Gedenkrede auf Max Planck. Sb. Bayer. Akad. Wiss., Math.-Nat. Kl. 1948: 2.
12 UAF, NL Laue, 1.10.
13 Weder Max von Laue noch Lise Meitner ha-ben über den Inhalt dieser Besprechungen mit Max Planck berichtet.
14 Laue, Max v.: Über optische Abbildung. Naturw. 31/1914: 757–760.

Dissertation und erste wissenschaftliche Arbeiten

1 Laue 1961, Bd. III: V u. Hartmann 1952: XVI.
2 Vorarbeiten zur Doktorarbeit: UAF, NL Laue, 1.10: „Vorbereitung zur Doktorarbeit" und „Einfluß der Spaltbreite auf das Beugungsspektrum" [Als Titel geschrieben, o. D., 5 Seiten: 2 Zeichnungen, Text, Rechnungen] sowie „Über das Licht, welches von rotierenden Molekülen ausgesandt wird." [Als Titel geschrieben, o. D., 5 Seiten; Rechnungen].
3 Livingston 1973: 74.
4 HUA, Phil. Fak., No. 4, Vol. 175, 384, 65 b, 69v, Max Planck: Beurteilung mit der Erwähnung seiner Arbeit „Ueber irreversible Strahlungsvorgänge". Ann. Phys. 12/1901: 818–831 sowie „Über die Natur des weißen Lichtes". Ann. Phys. 2/1902: 390–400. Laue zitierte u. a. Lummer, Otto, u. E. Gehrcke: Über die Anwendung der Interferenz an planparallelen Platten zur Analyse feinster Spektrallinien. Ann. Phys. 3/1903: 457–477.
5 Laue, Max: Über die Interferenzerscheinungen an planparallelen Platten. Ann. Phys. 1/1904: 163–181.
6 Ebenda.
7 Siehe Lemmerich 2011: 282.
8 Laue, Max: Über die Interferenzerscheinungen an planparallelen Platten. Ann. Phys. 1/1904: 163–181.
9 Ebenda.
10 Lemmerich 2011: 68f.
11 Die Eidesformel lautete: „Te sollemniter interrogo, an fido data polliceri et confirmare religosissime constitueris, te artes honestas pro virili parte tueri, provehere atque ornare velle, non lucri causa neque ad vanam captandam gloriolam, des quo divinae veritatis lumen latius propagatum effulgeat." Frei übersetzt: „Ich frage Dich feierlich, ob Du, so wahr Dir Gott helfe, entschlossen bist, das folgende treu zu versprechen und zu bekräftigen, dass Du die Wissenschaften, soweit die Kräfte eines Mannes reichen, zu schützen gewillt bist, nicht um des Verdienstes willen, auch nicht um eitlen Ruhm zu ernten, vielmehr sollst Du geben, wodurch das Licht der göttlichen Wahrheit, in dem es weiter verbreitet wird, in hellem Glanz erstrahlt."
12 Laue, Max: Über die Interferenzerscheinungen in planparallelen Platten. Ann. Phys. 1/1904: 163–181.
13 Ebenda.
14 Laue III/1961: V; Hartmann 1952: XVII.
15 Laue 1947: 57f.: „Das aber eine allgemeine Zurückführung der Elektrodynamik auf Mechanik unmöglich ist, hat man um 1900 eingesehen. […] Daß ein Ladungs-

Anmerkungen

träger in Bewegung sein elektromagnetisches Feld mit sich führt und daß in diesem ein Impuls liegt, legte ja die Idee einer elektromagnetischen trägen Masse nahe. [...] Dies fand z. B. 1902 seinen mathematischen Niederschlag in der Theorie Max Abrahams (1825–1922) für den Impuls des bewegten, als geladene Kugel aufgefaßten Elektrons; die Masse ergab sich als abhängig von der Geschwindigkeit und die Abrahamsche Formel dafür stand lange Zeit in Konkurrenz mit der relativistischen."

16 Max Born war bei Hermann Minkowski Assistent und damals noch nicht entschlossen, zur Physik zur wechseln. Er war „Privatassistent" von David Hilbert. Laue machte Born auf die Vorlesung von Woldemar Voigt über Kristallphysik aufmerksam, die sie dann gemeinsam hörten.

17 Johannes Stark (1874–1957) war ein erfolgreicher Experimental-Physiker.

18 Laue, Max: Zur Theorie der kontinuierlichen Spektren. Jb. Radioakt. Elektronik 1/1904: 400–412.

19 Ebenda.

20 Ebenda, hier S. 406. – Gemeint sind hier die folgenden Physiker: Arthur Schuster (1851–1934), Johann Emil Wiechert (1861–1928), seit 1898 Professor in Göttingen, und George Gabriel Stokes (1819–1903).

21 Ebenda.

22 Laue, Max: Über die Fortpflanzung der Strahlung in dispergierenden und absorbierenden Medien. Göttinger Nachr. 1904: 480.

23 Voigt, Woldemar: Ueber die Aenderung der Schwingungsform des Lichtes beim Fortschreiten in einem dispergierenden und absorbierenden Mittel. Göttinger Nachr. 1896: 186.

24 Laue, Max: Über die Fortpflanzung der Strahlung in dispergierenden und absorbierenden Medien. Göttinger Nachr. 1904: 480.

25 Laue, Max: Über die Fortpflanzung der Strahlung in dispergierenden und absorbierenden Medien. Göttinger Nachr. 1905: 117.

26 Ebenda.

27 Laue, Max: Die Fortpflanzung der Strahlung in dispergierenden und absorbierenden Medien. Ann. Phys. 18/1905: 523–566.

28 Ebenda.

29 Planck, Max: Über das Gesetz der Energieverteilung im Normalspectrum. Ann. Phys. 3/1901: 553–563.

30 Laue, Max: Die Fortpflanzung der Strahlung in dispergierenden und absorbierenden Medien. Ann. Phys. 18/1905: 523–566.

31 Einstein, Albert: Zur Elektrodynamik be-wegter Körper. Ann. Phys. 10/1905: 891–921.

32 Laue, Max: Die Fortpflanzung der Strahlung in dispergierenden und absorbierenden Medien. Ann. Phys. 18/1905: 523–566, hier S. 550.

33 Laue, Max v.: Geschichte des Elektrons. Phys. Bl. 3/1959: 105–111.

34 Laue, Max: Die Krümmung der Interferenzlinien beim Stufengitter. Phys. Z. 9/1905: 283.

35 Max Laue wohnte in Berlin in der Pariser Straße 47, siehe Verh. Phys. Ges. Berlin. Mitgliederverzeichnis 1906. Das Assistentengehalt betrug damals üblicherweise 100 Mark.

36 Laue schrieb am 25.9.1944 an Lise Meitner: „Ich lese jetzt in Grillparzers Selbst-Biographie. Kennen Sie sie? Wenn er von seinem Besuch bei Goethe berichtet und von den Empfindungen, die er dabei hatte, so muß ich lebhaft an meine Empfindungen Planck gegenüber, namentlich in meinen jungen Jahren denken." Grillparzer beschreibt seine Gefühle, wie er dem schwarzgekleideten und mit Orden geschmückten Goethe entgegentritt. Aber am nächsten Tag war Goethe zu ihm viel liebenswürdiger und führte ihn zur Tafel. Grillparzer 1971. Siehe auch Lemmerich 1998a: 525; CAS, MTNR u. Sime 2001: 42, 54.

37 Laue 1961, Bd. III: V; Hartmann 1952: XVIII. – Lise Meitner, die ebenfalls eine Zeitlang nach Laue Plancks Assistentin war, hat keine Einzelheiten darüber berichtet.

38 Walther Meißner hatte bei Max Planck 1907 promoviert, als Laue bereits Plancks Assistent war.

39 Laue an Albert Einstein, Berlin, 2.6.1907. Einstein 1998; Einstein, Albert: Über einen die Erzeugung und Verwandlung des Lichtes betreffenden heuristischen Gesichtspunkt. Ann. Phys. 6/1905: 132–148.

40 Laue 1961, Bd. III: V; Hartmann 1952: XIX.

41 Laue an Sommerfeld, Berlin, 16.10.1907. DMA, NL 089.

42 Ich danke Herrn Ralf Hahn, M. A., für diese Mitteilung.

43 Laue an Lise Meitner, Berlin, 20.2.1944. Lem-merich 1998a: 352.

44 Laue, Max: Zur Thermodynamik der Interferenzerscheinungen. Ann. Phys. 7/1906: 365–378.

45 Ebenda, hier S. 365.

46 Ebenda, hier S. 366.
47 Ebenda, hier S. 372.
48 Ebenda, hier S. 376f.
49 Ebenda, hier S. 379.
50 Laue, Max: Die spektrale Zerlegung des Lichtes durch Dispersion. Verh. Dt. Phys. Ges. 8/1906: 170–180.
51 Ebenda, hier S. 170, 173.
52 Laue, Max: Zur Thermodynamik der Interferenzerscheinungen. Ann. Phys. 7/1906: 365–378.
53 HUA, Phil. Fak., 1228 mit den Gutachten. Paul Drude nahm sich am 15.7.1906 das Leben. Daher liegt in den Akten nur das Votum von Max Planck, siehe HUA, UKP, L 51, Laue, Bd. 1.2. Anzeige in Phys. Z. 23/1906: 872. Als Habilitationsschrift wurde „Zur Thermodynamik der Interferenzerscheinungen" angenommen. Siehe auch Verh. Dt. Phys. Ges. 21/1907: 606. Das Thema der Antrittsvorlesung war „Die Energieströmung in der Elektrizitätslehre und Elektrodynamik".
54 HUA, Phil. Fak., 1228, Schreiben vom 14.7.1906.
55 Laue war mehrere Jahre älter als Plancks Söhne Karl (geb. 1888) und Erwin (geb. 1893), die beide kein Interesse an den Naturwissenschaften hatten.
56 Planck, Max: Paul Drude. Gedächtnisrede, gehalten in der Sitzung der Deutschen Physikalischen Gesellschaft am 30. November 1906. Verh. Dt. Phys. Ges. 8/1906: 599.
57 Seelig 1952: 20. – Ob Laue in der Schweiz seine zukünftige Frau kennenlernte, ist nicht belegbar.
58 Einstein 1998: 41.
59 Helmholtz 1907.
60 Laue, Max: Die Entropie von partiell ko-härenten Strahlenbündeln. Ann. Phys. 6/1907: 1–43; ders.: Die Entropie von partiell kohärenten Strahlenbündeln. Nachtrag. Ann. Phys. 9/1907: 795ff.
61 Ebenda, hier S. 5.
62 Ebenda, hier S. 39.
63 Ebenda, hier S. 39f.
64 Laue, Max: Die spektrale Zerlegung des Lichtes durch Dispersion. Verh. Dt. Phys, Ges. 4/1906: 173. – Laue erwähnt, dass Wiechert und Stokes die Hypothese aufgestellt haben, dass Röntgenstrahlen elektromagnetische Impulse seien.
65 Mosengeil, Kurd von: Theorie der stationären Strahlung in einem gleichförmig bewegten Hohlraum. Ann. Phys. 5/1907: 867–904.
66 Planck, Max, an Wien, Berlin, 26.1.1907. SB PK, NL W. Wien. – Laues Hilfe wurde nicht erwähnt. Einstein griff diese Arbeit auf: ders.: Zur Quantisierung der Strahlung. Verh. Dt. Phys. Ges. Berlin 18/1916: 318.
67 Laue, Max: Die Mitführung des Lichtes durch bewegte Körper nach dem Relativitätsprinzip. Ann. Phys. 10/1907: 989f.
68 Einstein, Albert: Zur Elektrodynamik bewegter Körper. Ann. Phys. 10/1905: 891–921; siehe auch ders.: Über eine Methode zur Bestimmung des Verhältnisses der transversalen und longitudinalen Masse des Elektrons. Ann. Phys. 13/1906: 583–586. Einstein reagierte auf Laues Veröffentlichung, ders.: Über das Relativitätsprinzip und die aus demselben gezogenen Folgerungen. Jb. Radioakt. Elektr. 4/1908: 414 u. Einstein, A., u. J. Laub: Bemerkungen zu unserer Arbeit „Über die elektromagnetischen Grundgleichungen für bewegte Körper". Ann. Phys. 2/1909: 445ff.
69 Laue, Max: Die Mitführung des Lichtes durch bewegte Körper nach dem Relativitätsprinzip. Ann. Phys. 10/1907: 990.
70 Laue, Max: Zur Cohnschen Elektrodynamik. Ann. Phys. 10/1907: 991ff.
71 Corbino, O. M.: Das Zeeman-Phänomen und der zweite Hauptsatz der Thermodynamik. Phys. Z. 9/1908: 344; Laue, Max: Das Zeeman-Phänomen und der zweite Hauptsatz der Thermodynamik. Phys. Z. 9/1908: 617. – Laues Schlusssatz lautete: „Das Zeeman-Phänomen widerspricht also keinesfalls dem Entropieprinzip, während es fraglich bleibt, ob es überhaupt etwas damit zu tun hat."
72 Laue an Einstein, Berlin, 4.9.1907. Einstein 1998: 72.
73 Ebenda.
74 Ebenda.
75 Laue an Laub, 2.9.1907. Einstein 1998: 74.
76 Laue, Max, u. F. F. Martens: Beiträge zur Metalloptik I. Über die Polarisation der von glühenden Metallen seitlich emittierten Strahlung. Ber. Dt. Phys. Ges. 5/1907: 522. – Wie es zu dieser Zusammenarbeit kam, konnte aus den Nachlässen nicht geklärt werden.
77 Laue, Max v.: Die Fortpflanzung der Strahlung in dispergierenden und absorbierenden Medien. Ann. Phys. 18/1905: 523–566.
78 Laue an Sommerfeld, Berlin, 16.10.1907. DMA, NL 089.
79 Ebenda.
80 Laue, Max: Die Wellenstrahlung einer bewegten Punktladung nach dem Relativitätsprinzip. Verh. Dt. Phys. Ges. 10/1908:

Anmerkungen

838–844 u. Ann. Phys. 2/1909: 436–442.

81 Planck, Max: Zur Dynamik bewegter Systeme. Ann. Phys. 6/1908: 1–34.

82 Planck, Max: Bemerkungen zum Prinzip der Aktion und Reaktion in der allgemeinen Dynamik. Phys. Z. 9/1908: 828ff., hier S. 829.

83 Laue, Max: Das Additionstheorem der Entropie. Phys. Z. 22/1909: 778ff.

84 Minkowski, Hermann: Raum und Zeit. Jb. Dt. Math.-Verein. 1908: 1 (veröff. 1909).

85 Planck an Laue, Baden-Baden, 6.3.1909. UAF, NL Laue, 8.8.

86 Laue an Wien, München, 3.5.1909. DMA, NL 056/409.

87 Die gesamten Bände der Enzyklopädie erschienen erst 1920. Einzelne Beiträge wurden jeweils als Hefte vorab veröffentlicht.

88 Lebenslauf von Laue, Berlin, 4.3.1909. LMUA, E-II-2224, 1764, 13275. – Gründe für den Wechsel wurden nicht angegeben.

Privatdozent an der Universität München

1 Eckert 2013: Kap. 6.

2 Bereits in Clausthal beschäftigte sich Sommerfeld mit der Natur der Röntgenstrahlen, jedoch ohne zu einer eindeutigen Aussage zu kommen. Sommerfeld Arnold: Theoretisches über die Beugung der Röntgenstrahlen. Phys. Z. 1/1899: 105. Eine etwas frühere Arbeit zu dem Thema stammt von M. Maier, Phys. Z. 1/1899: 57.

3 Klein/Sommerfeld 1965.

4 Sommerfeld, Arnold: Über die Verteilung der Intensität bei der Emission der Röntgenstrahlen. Phys. Z. 19/1909: 969.

5 Laue, Max: Zur Thermodynamik der Gitterbeugung. Ann. Phys. 12/1909: 225–239; Laue, Max: Zur Thermodynamik der Beugung. Ann. Phys. 3/1910: 547–558. – Wie schwierig es für die Physiker war, zu verstehen, was Strahlung sei, geht aus dem Briefwechsel von Planck mit Lorentz hervor. Am 16.6.1909 schrieb Planck an Lorentz: „Aber nun zur Strahlung. Dass es ohne Annahme von Lichtquanten hν nicht geht, darüber sind wir uns ja einig (im Gegensatz zu Jeans). Dass ferner die Lichtquanten während der Fortpflanzung im freien Aether ihre Individualität unmöglich beibehalten können, haben Sie im zweiten Teil Ihres Briefes so überzeugend dargelegt, dass glaube ich auch hierüber kein Zweifel bestehen kann. Die ganze Optik, insbesondere die Theorie der Interferenzen und der Refraktion u. Diffraction, müssten umgestossen werden, wenn man den Lichtquanten im freien Aether eine besondere Existenz zuschreiben wollte." AMPG, V. Abt., Rep. 11, Nr. 568.
Paul Peter Ewald beschreibt einen Vortrag im Kolloquium vor Laues Berufung nach München über „Das Verhalten von Lichtwellen im Brennpunkt". Er meint, das wäre für Laue die Bedingung gewesen, um von Berlin nach München zu wechseln. Siehe Ewald, P. P.: Erinnerungen an die Anfänge des Münchener Physikalischen Kolloquiums. Phys. Bl. 24/1968: 538–542.

6 Laue, Max: Zur Thermodynamik der Gitterbeugung. Ann. Phys. 12/1909: 225, 239. – Die Anwendung des Plurals „wir" war üblich, wenn man sich selbst zitierte.

Privatdozent an der Universität München

7 Laue, Max: Zur Thermodynamik der Beugung. Ann. Phys. 3/1910: 547–558.

8 Ebenda, hier S. 557.

9 Laue, Max: Thermodynamische Betrachtungen über die Beugung der Strahlung. Phys. Z. 32/1909: 807.

10 Ebenda.

11 Ebenda.

12 Ebenda.

13 Laue, Max: Die Wärmestrahlung in absorbierenden Körpern. Ann. Phys. 10/1910: 1085–1094.

14 Laue, Max, u. F. F. Martens: Beiträge zur Metalloptik I. Über die Polarisation der von glühenden Metallen seitlich emittierten Strahlung. Dt. Phys. Ges. 5/1907: 522.

15 Laue, Max: Ist der Michelsonversuch beweisend? Ann. Phys. 11/1910: 186–191.

16 Ebenda, hier S. 186.

17 Michelson 1903; Morley, Edward W., a. Dayton C. Miller: On the Theory of Experiments to detect Abberrations of the Second Degree. Phil. Mag. 9/1905: 669–680.

18 Laue, Max: Ist der Michelsonversuch beweisend? Ann. Phys. 11/1910: 186–191, hier S. 191.

19 Planck an Laue, Grunewald (Berlin), 4.7.1910. AMPG, V. Abt., Rep. 11, Nr. 593. – Eine dazugehörige Veröffentlichung von Laue ist nicht nachweisbar.

20 Laue an „Hochverehrtes Fräulein" [Magdalena Degen-Milkau], München, 26.4.1909. UAF, NL Laue, 3.11.

21 Tobies 2010: 69ff., 74, 78f.

22 Laue an Wien, München, 3.4.1909. DMA, NL 056/409–452 u. HUA, UKP, L 51, Bd. 4.

23 Planck an Laue, Grunderhof bei Gmund, 5.8.1910. AMPG, V. Abt., Rep. 0011, Nr. 597.

24 Ebenda.
25 STAM, Heiratsregister, Standesamt München I, 1189/1910. – Die handschriftliche Mitteilung von Laue an das Rektorat gibt noch an: „Tochter des verstorbenen Hauptmanns Erwin Freiherrn Milkau und seiner Ehefrau Emmy, geb. Degen." Siehe auch HUA, UKP, L 51 u. LMUA, PA E-II, 2224.
26 Hermann 1994: 157. – Ende 1908 kam eine Anfrage des Hirzel-Verlages in Leipzig. Erst sagte Einstein zu, aber dann schrieb er: „Leider ist es mir ganz unmöglich jenes Buch zu verfassen, weil es mir unmöglich ist, Zeit dafür zu finden." Desgl. Fölsing 2004: 262. Unterlagen des Verlags Friedrich Vieweg & Sohn aus diesem Zeitabschnitt sind nicht vorhanden. Sehr wahrscheinlich wurden von diesem Verlag mehrere Physiker gefragt, ob sie bereit wären, ein Buch über die Relativitätstheorie zu schreiben. Wer Laue vorgeschlagen hat, ist nicht nachweisbar. Bemerkungen von Laue zur Relativitätstheorie, siehe Staley 2008.
27 Laue 1961, Bd. III: XXf., siehe auch ders.: Die Mitführung des Lichtes durch bewegte Körper nach dem Relativitätsprinzip. Ann. Phys. 10/1907: 989f.
28 Laue 1911.
29 Ebenda, hier S. V.
30 Ebenda, hier S. VI.
31 Laue 1921: 52.
32 Laue an Westphal, Berlin, 21.1.1951. Privatbesitz.
33 Laue, Max: Zur Diskussion über den starren Körper in der Relativitätstheorie. Phys. Z. 12/1911: 85–87.
34 Ebenda.
35 Ebenda.
36 Born, Max: M. Laue. Das Relativitätsprinzip. Phys. Z. 13/1912: 175f.
37 Ebenda.
38 Laue, Max: Zur Dynamik der Relativitätstheorie. Ann. Phys. 8/1911: 524–542; Trouton, F. T., u. H. R. Noble: The Forces Acting on a Charged Condenser moving through Space. Proc. Roy. Soc. 72/1903: 132.
39 Ebenda.
40 Laue, Max: Über einen Versuch zur Optik bewegter Körper. Sb. Math.-Phys. Kl. Bayer. Akad. Wiss. 1911: 62, 405.
41 Laue, Max: Zwei Einwände gegen die Relativitätstheorie und ihre Widerlegung. Phys. Z. 13/1911: 118.
42 Ebenda.
43 Laue an Einstein, München, 27.12.1911. Einstein 5/1993: 384.

Privatdozent an der Universität München

44 Ebenda.
45 Budde, E.: Zur Theorie des Michelsonschen Versuches. Phys. Z. 12/1911: 979–991.
46 Laue, Max: Zur Theorie des Michelsonschen Versuches. Phys. Z. 13/1912: 501–506. – Budde stimmte Laues Kritik zu: Phys. Z. 13/1912: 825.
47 Laue, Max: Bemerkungen zum Hebelgesetz in der Relativitätstheorie. Phys. Z. 12/1911: 1008ff.
48 Ebenda, hier S. 1008.
49 Trouton, F. T., a. H. R. Noble: The Forces Acting on a Charged Condenser moving through Space. Proc. Roy. Soc. 72/1903: 132.
50 Laue, Max: Zur Theorie des Versuches von Trouton und Noble. Ann. Phys. 7/1912: 370–384.
51 Ebenda, hier S. 370.
52 Ebenda. – Als Entstehungsort der Arbeit ist das Institut für Theoretische Physik in München angegeben, datiert auf März 1912.
53 Laue, Max: Wellenoptik. In Sommerfeld 1913: 362–373.
54 Ewald, Paul Peter: Max v. Laue – Mensch und Werk. Gedächtnisrede gehalten in Berlin am 2. März 1979. Physik. Bl. 8/1979: 339.
55 Eckert, M., u. W. Pricha: Die ersten Briefe Albert Einsteins an Arnold Sommerfeld. Erstveröffentlichung von bisher unbeachteten Briefen. Phys. Bl. 2/1984: 29–34, siehe auch Eckert 2013: 217, 233.
56 Mehra 1975: 75f.
57 Friedrich, Walter: Räumliche Intensitätsverteilung der X-Strahlen, die von einer Platinantikathode ausgehen. Ann. Phys. 12/1912: 377–430.
58 Röntgen, W. C.: Über eine neue Art von Strahlen. Sb. Phys. Med. Ges. Würzburg 1896: „Nun weiß man schon seit langer Zeit, daß außer den transversalen Lichtschwingungen auch longitudinale Schwingungen im Äther vorkommen können und nach Ansicht verschiedener Physiker vorkommen müssen. Freilich ist ihre Existenz bis jetzt noch nicht nachgewiesen und sind deshalb ihre Eigenschaften noch nicht experimentell untersucht. Sollten nun die neuen Strahlen nicht longitudinale Schwingungen des Äthers sein? Ich muß bekennen, daß ich mich im Laufe der Untersuchungen immer mehr mit diesem Gedanken vertraut gemacht habe, und gestatte mir dann auch diese Vermutung hier auszusprechen, wiewohl ich mir sehr wohl bewußt bin, daß die gegebene Erklärung einer weiteren Begründung noch bedarf."

Anmerkungen

59 Barkla, Charles G.: Der Stand der Forschung über die sekundäre Röntgenstrahlung. Jb. Radioakt. Elektronik 5/1908: 246–324.

60 Bragg, W. H.: Corpuscular radiation. Report of the British Asspociation for the Advancement of Science. 80th Meeting at Portsmonth, Aug. 31–Sept. 7, 1911: 340f.

61 Walter, B., u. R. Pohl: Zur Frage der Beugung der Röntgenstrahlen. Ann Phys. 4/1908: 715–724. – Eine frühere Arbeit von H. Haga u. C. H. Wind (Die Beugung der Röntgenstrahlen. Ann. Phys. 2/1903: 305–312) brachte keine Klärung.

62 Sommerfeld, Arnold: Über die Beugung der Röntgenstrahlen. Ann. Phys. 8/1912: 473–506. Zur objektiven Auswertung baute Peter Paul Koch in München im Physikalischen Institut ein registrierendes Mikrophotometer. Wolfke, Mieczyslaw: Über die Abbildung eines durchlässigen Gitters. Ann. Phys. 4/1912: 797–811. Diese Messungen von Beugungsaufnahmen gaben aber ebenfalls keinen eindeutigen Beweis der Wellennatur. Nicht diskutiert wurde dabei eine mögliche Fluoreszenzstrahlung, da der metallene Spalt beim Bestrahlen seinerseits Strahlung abgibt.

63 Eckert, Michael: Disputed discovery: The beginnings of X-ray diffraction in crystals in 1912 and its repercussions. Z. Kristall. 227/2012: 29. Siehe auch Authier 2013; Kubbinga; Henk: Crystallography from Haüy to Laue: controversies on the molecular and atomistic nature of solids. Z. Krystall. 227/2012: 1.

64 Laue, Max von: Mein Physikalischer Werdegang. Eine Selbstdarstellung. In Hartmann 1952: 178–207 u. Laue 1961, Bd. III: V–XXXIV.

65 Ewald, Paul Peter: Max von Laue – Mensch und Werk. Gedächtnisrede, gehalten in Berlin am 2. März 1979. Phys. Bl. 8/1979: 337–349; ders.: Erinnerungen an die Anfänge des Münchener Physikalischen Kolloquiums. Phys. Bl. 24/1968: 538–542. – Auf S. 541 beschreibt Ewald einen Vortrag von Laue vor seiner Berufung über „Das Verhalten von Lichtwellen im Brennpunkt". Siehe auch Boeters/Lemmerich 1979: 56.

66 Ewald, Paul Peter: Max von Laue – Mensch und Werk. Phys. Bl. 8/1979: 345f.

67 Ebenda, hier S. 346.

68 Ebenda, hier S. 346f.

69 Laue 1961, Bd. III: XXIII.

70 Laue, Max: Eine quantitative Prüfung der Theorie für die Interferenzerscheinungen bei Röntgenstrahlen. Ann. Phys. 10/1913: 989–1002, hier S. 989.

71 Friedrich, Walter: Die Geschichte der Auffindung der Röntgenstrahlinterferenzen. In Zehn Jahre Laue-Diagramm. Naturw. 16/1922: 363–366.

72 Ebenda, hier S. 364f.

73 Ebenda, hier S. 365.

74 Ebenda.

75 Ioffe 1967: 40.

76 Ebenda.

77 Eckert 2013: 246.

78 Laue an Westphal, München, 1.5.1912. DMA, NL 080/093/1.

79 Laue an Westphal, München, 23. [25?] 5.1912. Privatbesitz. Zitiert ohne Quelle bei Hildebrandt in Treue/Hildebrandt 1987: 229. Siehe auch Boeters/Lemmerich 1979: 59. Dort auf den 23.5.1912 datiert.

80 Laue an Westphal, o. O. [unleserlicher Poststempel]. Privatbesitz.

81 Verh. Dt. Phys. Ges. 14, H. 12/1912: 303.

82 Planck, Max: Zum 25-jährigen Jubiläum der Entdeckung von W. Friedrich, P. Knipping und M. v. Laue. Verh. Dt. Phys. Ges. 18/1937: 77.

83 Friedrich, W., P. Knipping u. M. Laue: Interferenz-Erscheinungen bei Röntgenstrahlen. Sb. Bayer. Akad. Wiss., Math.-Phys. Kl. 1912: 303–322, 363–373.

84 Ebenda.

85 Ebenda.

86 Laue an Sommerfeld, o. O., 3.8.1920. DMA, NL 056 (alte Sign. HS 1977–28/A 197). – Entsprechende Briefe von Laue bezeugen seine Verstimmung.

87 Laue an Wien, München, 6.6.1912. DMA, NL 056: 409–452.

88 Laue an Wien, München, 12.6.1912. DMA, NL 056: 409–452.

89 Einstein an Laue, Prag, 10.6.1912. UAF, NL Laue, 9.1; siehe auch Lemmerich 1982: 58.

90 Einstein an Laue, Prag, 10.6.1912. UAF, NL Laue, 9.1.

91 Laue, Max: Eine quantitative Prüfung der Theorie für die Interferenzerscheinungen bei Röntgenstrahlen. Sb. Bayer. Akad. Wiss., Math.-Phys. Kl. 1912: 363–373.

92 Ebenda, hier S. 373.

93 Ebenda.

94 Im Archiv der Royal Institution of Great Britain in London befinden sich Briefe von William Lawrence Bragg über den zeitlichen Ablauf der gemeinsamen Arbeiten mit Beginn des Sommers 1912: Bragg, W. L., an John Desmond Bernal, 30.10.1942. RI MS WlB/49b/42p.; Bragg, W. L., an Lord Rayleigh, 9.9.1942. RI MS, WLB/49b/36: 1.

95 Betrifft Gesuch des Herrn Prof. Dr. v.

Privatdozent an der Universität München

Laue. GSta PK, I HA, Rep. 76, Kultusministerium, Va, Sekt. 2, Tit IV, Nr. 68 D, Bd. 1, Bl. 208.

96 Debye an Sommerfeld, Maastricht, 23.3.1912 u. Zürich, 29.3.1912. DMA, 1977–28, 8 A, 61: 6f.

97 Ebenda.

98 Kleiner an Sommerfeld, 1.4.1912. DMA, NL 089, zitiert nach Sommerfeld 2000: 411.

99 Sommerfeld an Kleiner, München, 3.4.1912. DMA, NL 089.

100 Sommerfeld an Kleiner, München, 13.5.1912. DMA, NL 089.

101 Kleiner an Sommerfeld, o. D., DMA, NL 089: 411.

102 UZA, 116.3, 18.7.1912.

103 LMUA, Nr. 2403, München, 22.8.1912.

104 Laue an Meyer, Wangerooge, 2.8.1912. DMA, NL 080: 97/1.

105 Ebenda.

Professur in Zürich

1 Leider sind bisher keine Aufzeichnungen von diesen Treffen gefunden worden.

2 Einstein an Zangger, 20.5.1912. In Schulmann 2012: 97.

3 Fölsing 1995: 368. „Mehr in seinem Element war Einstein in einem einmal die Woche stattfindenden Kolloquium, zu dem Max von Laue mit einigen Studenten von der Universität herüber kam."

4 Schmidt-Böcking/Reich 2011: 33; Trageser 2005.

5 Protokoll des Regierungsrates, 24.10.1912 u. 18.7.1912. UZA, Rektorats-Archiv, 116.3.

6 Laue an W. H. Bragg, Zürich, 15.10.1912. TIMS, WGB 4a: 8pl.

7 Laue an W. H. Bragg Zürich, 10.11.1912. TIMS, WGB 4a/9p. – Die Nachfrage nach dem Buch war so groß, dass der Verlag eine zweite Auflage wünschte. Da in der Zwischenzeit einige wichtige Veröffentlichungen erschienen wa-ren, wollte Laue dieses Material einarbeiten, so auch die Arbeit von Plancks Doktorand Ernst Lamla: Über die Hydrodynamik des Relativitätsprinzips. Verkürzte Fassung. Ann. Phys. 4/1912: 772–796.

8 Laue an W. H. Bragg, Zürich, 10.11.1912. TIMS, WGB 4a: 9p.

9 Ebenda.

10 Laue an W. H. Bragg, Zürich, 13.11.1912. TIMS, WGB 4a: 9pp.

11 Laue, Max: Die Wellentheorie der Röntgenstrahlen. Himmel und Erde 25/1913: 433–438. – Da die Antrittsvorlesung erst im Dezember 1912 stattfand, las Laue im Wintersemester 1912/13 noch nicht.

12 Ebenda.

13 Laue, Max: Kritische Bemerkungen zu den Deutungen der Photogramme von Friedrich und Knipping. Phys. Z. 14/1913: 421ff.; ders: Die dreizählig-symmetrischen Röntgenstrahlaufnahmen an regulären Kristallen. Ann. Phys. 12/1913: 397–414; ders.: Berichtigung zu der Arbeit über die dreizählig-symmetrischen Röntgenstrahlaufnahmen an regulären Kristallen. Ann. Phys. 16/1913: 1592.

14 Ewald, Paul Peter: Zur Theorie der Interferenzen der Röntgenstrahlen in Kristallen. Phys. Z. 14/1913: 465–472, 1038.

15 Pohl, Robert: Die Physik der Röntgenstrahlen. Braunschweig 1912. – Der Band im Besitz der Bibliothek der Technischen Universität Berlin ist gestempelt mit „M. Laue" und enthält die handschriftliche Korrektur einer Formel, wohl durch Laue.

16 Ebenda: Vorwort.

17 Laue an Kgl. Preuß. Akad. Wiss., o. O., o. D. Hist. Abt. Wiss. Untern., Phys.-Math. Kl., II–VII, 1912–1914, Bl. 64f., 115.

18 Laue an Wien, Zürich, 9.5.1913. DMA, NL 056: 409–452.

19 Planck an Wien, 22.6.1913. DMA, NL 056.

20 Planck an Wien, 31.7.1913. DMA, NL 056.

21 Laue an die Universität Zürich, 30.6.1913, zitiert nach: Auszug aus dem Protokoll v. 2.7.1913 des Erziehungsrates des Kantons Zürich, UZA, Rektoratsarchiv 116.3.

22 Heroldsamt an Carl Julius Laue, Berlin, 29.7.1913. GStA PK, HA, Rep. 176, Nr. 5833. – Seitdem durfte sich der Sohn nunmehr Max von Laue nennen.

23 Laue, Max, u. Franz Tank: Die Gestalt der Interferenzpunkte bei den Röntgenstrahlinterferenzen. Ann. Phys. 10/1913: 1003–1011.

24 Ebenda.

25 Laue, Max v.: Zur Optik der Raumgitter. Phys. Z. 14/1913: 1040.

26 Laue an Wien, Zürich, 7.7.1913. DMA, NL 056: 409–452.

27 Bohr, Niels: On the Constitution of Atoms and Molecules. Phil. Mag. 26/1913: 476–502, 857.

28 Laue, Max v.: Röntgenstrahlinterferenzen. Vorträge und Diskussionen von der 85. Naturforscherversammlung zu Wien. Phys. Z. 14/1913: 1075–1079.

29 Laue, M. v.: Diskussionsbemerkung zum Vortrag von Friedrich, W.: Röntgenstrahlinterferenzen. Phys. Z. 14/1913: 1079–1084, hier S. 1084.

Anmerkungen

Professur in Zürich

30 Erziehungsrat des Kanton Zürich 1720: „Nach Entgegennahme eines Gesuches von Prof. Dr. M. Laue vom 24. November und eines Gutachtens der philosophischen Fakultät II. Sektion vom 5. Dezember 1912 verfügt die Erziehungsdirektion 1. Dr. M. Laue, Professor an der philosophischen Fakultät II. Sektion, wird zum Zwecke der Teilnahme an einem Ende Oktober 1913 in Brüssel stattfindenden Kongreß des Institut international de physique Solvay für die Zeit vom Beginn des Wintersemesters 1913/14 bis Anfang November 1913 beurlaubt." UZA, Rektoratsarchiv, 116.3.

31 Mehra 1975: 75f.; Hermann, Armin: Das Jahr 1913 und der zweite Solvay-Kongreß. Phys. Bl. 10/1963: 453–462. – Hermann erwähnt, dass auch W. C. Röntgen von Lorentz eingeladen wurde, er aber aus gesundheitlichen Gründen nicht kommen konnte. Das Atommodell von Niels Bohr wurde nicht diskutiert.

32 Ebenda.

33 Fizeau, H. L.: Untersuchungen über die Ausdehnung und Doppelbrechung des erhitzen Bergkrystalls. Ann. Phys. 11/1864: 515–526.

34 Debye, Peter: Interferenz von Röntgenstrahlen und Wärmebewegung. Ann. Phys. 348/1913: 49–92, hier S. 91.

35 Laue, Max v.: Über den Temperatureinfluß bei den Interferenzerscheinungen an Röntgenstrahlen. Ann. Phys. 16/1913: 1561–1571.

36 Ebenda, hier S. 1566.

37 Laue, Max v.: Die Interferenzerscheinungen an Röntgenstrahlen, hervorgerufen durch das Raumgitter der Kristalle. In Universität Zürich 1914: 203–245, Nachdruck in Rinne/Schiebold 1923.

38 Ebenda.

39 Laue, Max v., u. J. Stephan van der Lingen: Experimentelle Untersuchungen über den Debyeeffekt. Phys. Z. 2/1914: 75ff.

40 Laue an Stark, Zürich, 19.1.1914. SB PK, NL Stark.

41 Laue an Stark, Zürich, 23.1.1914, SB PK, NL Stark.

42 Laue, Max v.: Die Interferenzerscheinungen an Röntgenstrahlen, hervorgerufen durch das Raumgitter der Kristalle. Jb. Radioakt. Elektronik 11/1914: 308–345; Bragg, W. L.: Die Reflexion der Röntgenstrahlen. Jb. Radioakt. Elektronik 11/1914: 346–391.

43 Laue, Max: Das Relativitätsprinzip. Jb. Phil. 1/1913: 99–129.

44 Ebenda.

45 Ebenda.

46 Ebenda.

47 Ebenda.

48 Schaposchnikow, K.: Zur Relativdynamik des homogenen Körpers. Ann. Phys. 16/1913: 1572ff.

49 Laue, Max v.: Zur Dynamik der Relativitätstheorie. Entgegnung an Hrn. Schaposchnikow. Ann. Phys. 16/1913: 1575–1579.

50 Laue an Wilhelm Wien, 4.11.1913. DMA, NL 056/409–452.

51 Mandelstam, L.: Zur Abbeschen Theorie der mikroskopischen Bilderzeugung. Ann. Phys. 10/1911: 881–897.

52 Laue, Max v.: Zur Theorie der optischen Abbildung. Ann. Phys. 1/1914: 165–168, hier S. 165.

53 Ebenda, hier S. 166f.

54 Ebenda, hier S. 168.

55 Laue, Max v.: Die Freiheitsgrade von Strahlenbündeln. Ann. Phys. 16/1914: 1197–1212, hier S. 1198.

56 Ebenda, hier S. 1207–1209.

57 Laue an den Dekan, Bellagio, 5.4.1914. UZA.

58 Laue an den Dekan, 9.6. 1914. UZA 116.3: „Gestatten Sie mir bitte die Mitteilung, daß ich im Einverständnis mit dem Herrn Rektor vom Donnerstag dem 11. d. M. bis zum 18. d. M. verreise. Der Hauptzweck der Reise besteht in der Entgegennahme des Ladenburgpreises in Breslau."

59 Laue, Max v.: Über optische Abbildung. Naturw. 31/1914: 757–760, hier S. 758.

60 Ebenda: 759f. – Im Anschluss an diese Rede zitierte Laue den lateinischen Text des Doktoreides.

61 Laue an den Dekan, Berlin, 16.6.1914. UZA, 116.3.

62 Dekan an Laue, o. O., 18.6.1914. UZA, 116.3.

63 Laue an den Dekan, Zürich, 22.6.1914. UZA, 116.3.

64 Laue an den Dekan, Zürich, 15.7.1914. UZA, 116.3.

65 Aus dem Protokoll des Regierungsrates, Sitzung v. 1.8.1914. UZA.

Professur in Frankfurt am Main, I. Weltkrieg, Nobelpreis für Physik

1 Wachsmuth, Richard: Die Errichtung der Akademie und ihre Entwicklung zur Universität. In Trageser 2005: 19f.; Beck, Friedrich: Max von Laue 1879–1960 in Bethge/Klein 1989: 24.

2 Der Rektor der Akademie (Wachsmuth) an den Oberbürgermeister (Adickes),

Frankfurt/M., 6.1.1914. GSta PK I, HA, Rep. 76; Kultusministerium, Va, Sekt. 5, Tit. IV, Nr. 1, Bl. 30. – Auch Max Planck war noch aktiv. Auf der Sitzung der Fakultät der Friedrich-Wilhelms-Universität am 28. Mai 1914 wurde ein Antrag an das Ministerium vorbereitet: „...dass in das neuerrichtete etatmäßige Extraordinariat für Theoretische Physik Professor Max v. Laue in Zürich berufen werde und zwar mit der Massgabe seiner Ernennung zum persönlichen Ordinarius." HUA, Film 34, Bl. 241. Auf der Sitzung am 11. Juli wurde der Antrag für Laue angenommen und eine Absendung des Antrags an den Minister beschlossen.

3 Ebenda.

4 Ebenda. Debye war fünf Jahre jünger als Laue.

5 Minister an Laue (Abschrift), Berlin, 17.9.1914. UAF, NL Laue, 1.10 sowie GSta PK I, HA, Rep. 76, Va, Sekt. 5, Tit. IV, Nr. 5, Bd. 1. – Sehr umfangreiches Material.

6 „Es ist nicht wahr", ausführlich in Remane 2005: 399ff.

7 Haber an Arrhenius, 23.9.1914. Szöllösi-Janze 1998.

8 Laue an Wien, Frankfurt/M., 27.11.1914. DMA, NL 056.

9 Zur Berufung: GSta PK I, HA, Rep. 76, Va.

10 Laue, Max v.: Über Interferenzerscheinungen. Frankf. Univ. Ztg., 4.12.1914.

11 Laue an Stern, Frankfurt a. Main, 24.9.1915. UAF, NL Otto Stern.

12 Einstein, Albert: L'État actuel du Problème des Chaleurs Spécifiques. In Langevin/de Broglie 1912: 407–435, hier S. 419.

13 Laue, Max v.: Die Einsteinschen Energieschwankungen. Verh. Dt. Phys. Ges. 10: 198.

14 Laue an Einstein, Feldafing, 27.5.1915. Einstein 1998: 131.

15 Laue an Wien, 21.6.1915. DMA, NL 056.

16 Einstein, Albert, und L. Hopf: Über einen Satz der Wahrscheinlichkeitsrechnung und seine Anwendung in der Strahlungstheorie. Ann. Phys. 16/1910: 1096–1104.

17 Laue, Max v.: Ein Satz der Wahrscheinlichkeitsrechnung und seine Anwendung auf die Strahlungstheorie. Ann. Phys. 15/1915: 853–878, hier S. 853.

18 Ebenda, hier S. 877.

19 Wien 1914.

20 Einstein, Albert: Antwort auf eine Abhandlung M. v. Laues „Ein Satz der Wahrscheinlichkeitsrechnung und seine Anwendung auf die Strahlungstheorie. Ann. Phys. 15/1915: 879–885, hier S. 879ff.

21 Laue an Wien, Frankfurt/M., 15.7.1915. DMA, NL 056.

22 Laue, Max v.: Zur Statistik der Fourierkoeffizienten der natürlichen Strahlung. Ann. Phys. 21/1915: 668–680.

23 Ebenda, hier S. 668.

24 Ebenda, hier S. 669.

25 Ebenda.

26 Ebenda, hier S. 680. – Der Eingang der Arbeit beim Verlag ist mit dem 14.10.1915 angegeben.

27 Laue an den Universitätspräsidenten, 11.11.1915. UAF, NL Laue, 1.11.

28 Universitätskurator an Laue, Frankfurt/M., 15.11.1915. UAF, NL Laue, 1.11.

29 Laue an Wien, Frankfurt/M., 14.11.1915. DMA, NL 056/0423.

30 Arrhenius an W. H. Bragg, Stockholm, 12.1.1916. RI MS, WHB, 106/3. – Im Nachlass von Laue im Universitätsarchiv Frankfurt/M. befinden sich leider keine Briefe mit persönlichen Gratulationen von Planck und Einstein.

31 Laue an Ève Curie, [Berlin-] Zehlendorf, 5.8.1938. – Laue hatte die Biographie von Ève Curie über ihre Mutter gelesen. Er bemerkte, dass auch er sein Nobel-Preisgeld als Kriegsanleihe gegeben hätte.

32 Vetenskapsakademien an Laue, Stockholm, 31.1.1916, u. Laue an Vetenskapsakademien, Würzburg, 12.12.1917. UAF, NL Laue, 1.16.

33 Springer an Laue, 15.11.1915, u. Laue an Springer, 26.11.1915. UAS, Mappe 1.

34 Laue, Max v.: Die Wanderung von Unstetigkeiten in elektrolytischen Lösungen. Z. anorg. u. allgem. Chem. 93/1915: 329–341.

35 Laue an Wien, Frankfurt/M., 25.9.1915. DMA, NL 056.

36 Debye, Peter, u. Paul Scherrer: Interferenzen an regellos orientierten Teilchen in Röntgenlicht. Nachr. Kgl. Gesell. Wiss. Göttingen 1916: 1–26; desgl.: Phys. Z. 17/1916: 277–283.

37 Laue an Stern, 9.12.1915. UAF, NL Otto Stern.

38 Laue an Wien, 10.2.1916. DMA, NL 056/409–452.

39 Sommerfeld an Wien, 10.2.1916. DMA, NL 056.

40 Laue/Epstein 1915; Schäfer, Clemens: Buchbesprechung der Encyklopädie der mathematischen Wissenschaften. Phys. Z. 17/1916: 215.

41 Planck an Wien, Berlin, 1.3.1916. SB PK, NL Wien.

42 Planck an Wien, Berlin, 11.4.1916. SB PK, NL Wien.

43 Laue an Wien, Frankfurt/M., 26.6.1916.

Professur in Frankfurt am Main, I. Weltkrieg, Nobelpreis für Physik

DMA, NL 056.
44 Laue an Vorsitzenden des Kuratoriums, Frankfurt/M., 24.7.1916. UAF, NL Laue, 1.11.
45 Dekan der Universität Frankfurt/M. an Minister f. geistl. Angel. UAF, NL Laue, 1.11.
46 Ebenda, 1.8.1916.
47 Laue an Wien, Frankfurt/M., 26.7.1916. DMA, NL 056.
48 Laue an Sommerfeld, Frankfurt/M., 26.7.1916. DMA, NL 089.
49 Laue an Kultusminister, 16.8.1916. GstA PK 1, HA, Rep. 76 Va, Sekt. 5, Titel IV, Nr. 5, Bd. 1.
50 Laue an Wien, Tirol, 19.8.1916. DMA, NL 056.
51 Laue an Oberbürgermeister von Frankfurt, 14.11.1916. UAF, NL Laue, 1.10. – Der Brief liegt als handschriftlicher Entwurf im Nachlass vor.
52 Laue an Kultusminister, Frankfurt/M., 19.11.1916. GstA PK 1, HA, Rep. 76 Va, Sekt. 5, Titel IV, Nr. 5, Bd. 1.
53 Ebenda.
54 Ebenda.
55 Lenz an Sommerfeld, Gr.[oßes] H.[aupt-]Qu.[artier], 25.9.1916. DMA, NL 089/059. – Lenz erwähnte noch Überlegungen zu Bohrs Atommodell, die vierte Quantenzahl. Der Brief ist eine der wenigen Quellen, in der ein wissenschaftliches Gespräch wiedergegeben wird, natürlich unter der Berücksichtigung der Vorstellungen von Lenz.
56 Laue an Theodor. In Lemmerich 2011: 270.
57 XVII. Armeekorps an Laue, Frankfurt/M., 1.7.1915. UAF, NL Laue, 1.1.
58 Laue an den Dekan der Universität Frankfurt/M., Starnberger See, 15.9.1916. UAF, NL Laue, 1.11.
59 Naturwissenschaftliche Fakultät der Universität Frankfurt a. M. an Minister f. geistl. Angel. u. Unterricht, 18.10.1916. GstA PK 1, HA, Rep. 76 Va, Sekt. 5, Titel IV, Nr. 5, Bd. 1.
60 Laue, Max v.: Krystallforschung mit Röntgenstrahlen. Ber. Dt. Chem. Ges. 50/1917: 8–20. – Wahrscheinlich sind die 16 Abbildungen in der Veröffentlichung bei dem erwähnten Vortrag projiziert worden.
61 Ebenda.
62 Laue, Max v.: Die Nordströmsche Gravitationstheorie. Jb. Radioakt. Elektronik 14/1917: 263–313. – Die Arbeit daran kann man im Zusammenhang mit der Erweiterung seines Buches über die Spezielle Relativitätstheorie um einen Band über die Allgemeine Relativitätstheorie sehen.
63 Ebenda, hier die Einleitung.
64 Ebenda.
65 Ebenda, hier § 6.
66 Ebenda.
67 Laue an den Minister, Frankfurt/M., 24.3.1917. GStA PK, Rep. 76 Va, Sekt. 5, Titel IV, Nr. 5, Bd. 1.
68 Laue, Max v.: Glühelektronen. Jb. Radioakt. Elektronik 15/1918: 205–256; ders.: Die Entropiekonstante der Glühelektronen. Jb. Radioakt. u. Elektronik 15/1918: 257–270; ders.: Über die Wirkungsweise der Verstärkerröhren. Ann. Phys. 13/1919: 465–492.
69 Laue, Max v.: Glühelektronen. Jb. Radioakt. Elektronik 15/1918: 205–256.
70 Die Anschauungen von Laue führten zu einer Auseinandersetzung mit Walter Schottky. Vgl. Kaiser in Hoffmann u.a. 1996: 233.
71 Laue, Max v.: Glühelektronen. Jb. Radioakt. Elektronik 15/1918: 246.
72 Laue, Max v.: Die Entropiekonstante der Glühelektronen. Jb. Radioakt. Elektronik 15/1918: 257–270.
73 Laue, Max v.: Ein Versagen der klassischen Optik. Verh. Dt. Phys. Ges. 19/1917: 19ff.
74 Ebenda, hier S. 21.
75 Laue, Max v.: Röntgenstrahlinterferenz und Mischkristalle. Ann. Phys. 15/1918: 497–506.
76 Vegard, L., u. H. Schjelderup: The constitution of mixed crystals. Phys. Z. 18/1917: 93–96.
77 Laue, Max v.: Röntgenstrahlinterferenz und Mischkristalle. Ann. Phys. 15/1918: 497–506.
78 Laue an das Kuratorium der Universität Frankfurt/M., 20.5.1918. UAF, NL Laue, 1.10; Laue an Naumann, Frankfurt/M., 19.5.1918. GStA PK 1, HA, Rep. 76 Va, Sekt. 2, Titel IV, Nr. 68 D, Bd. 1, Bl. 205, 207, 209. – Anfrage des Ministeriums bei der Philosophischen Fakultät der Friedrich-Wilhelms-Universität am 9.8.1918, ob Bedenken gegen den Tausch der Lehrstühle von Born und Laue bestehen. Max Planck bat das Ministerium, „daß der zu Berufende nicht dem Ordinarius untergeordnet wird, sondern selbstständig sein sollte".
79 Einstein an Laue, Würzburg, 30.1.1918. In Einstein 1998: 620.
80 Ebenda, 18.2.1918.
81 Laue an Bohr, Frankfurt/M., 28.10.1918 u. 5.12.1918. NBA, siehe auch Bohr 1918: 1. – Laue schätzte die Arbeiten Bohrs über das Atommodell sehr. Er schlug ihn mehrmals für den Nobelpreis vor, den Bohr 1922 erhielt.
82 Bohr 1918: 1.

83 Ebenda.
84 Laue an Bohr, Würzburg, 20.11.1918. NBA.
85 Ministerium für Kunst u. Wissenschaft an Laue, Berlin, 28.12.1918. UAF, NL Laue, 1.10, siehe auch die Akten im GSta PK, Rep. 76.

Berlin – Allgemeine und Spezielle Relativitätstheorie

1 Siehe Preuß. Akad. Wiss. 1922 zum Leibniz-Tag und Plancks Rede, siehe auch Heilbron 1986: 122f.
2 Born 1969: 22f. – Einstein hatte am 25.11.1918 an das Kultusministerium, Heinrich Becker, mit einem nicht ganz eindeutigen Text geschrieben, dass Born ihm von dem Tausch erzählt habe. Die Berufung von Laue nach Berlin bringe „eine gewisse Unsicherheit bezüglich meiner hiesigen Anstellung." Er führte dann aus, dass er einen Ruf nach Zürich erhalten hätte. GSta PK, Rep. 76 Vc, Sek. 2.
3 Born 1969: 22f.
4 Warburg/Planck 1918; auch in Planck 1958.
5 Planck an Laue, Berlin, 19.7.1918. AMPG, V. Abt., Rep. 11, Nr. 889.
6 Ebenda.
7 GSta PK, Ministerium f. Wissenschaft, Kunst und Volksbildung, U I, K 7453, Bl. 326.
8 Laue an Wien, Berlin-Charlottenburg, 21.6.1919. DMA, NL 056.
9 Laue an Wien, Berlin-Charlottenburg, 18.7.1919. DMA, NL 056.
10 Laue an Wien, Berlin-Charlottenburg, 31.7.1919. DMA, NL 056.
11 Laue an Wien, 31.8.1919. DMA, NL 056. – Das Rathaus in Berlin wurde wegen der Farbe der verwendeten Ziegel so genannt.
12 Laue, Max v.: Zum Versuch von Harreß. Ann. Phys. 13/1920: 448–463.
13 Knopf, O.: Die Versuche von F. Harreß über die Geschwindigkeit des Lichtes in bewegten Körpern. Ann. Phys. 13/1920: 389–447.
14 Laue an Einstein, Würzburg, 18.10. u. 27.10.1919. UAF, NL Laue, 9.1. Auch in Einstein 1998: 207, 219. – Sehr ausführlich berichtet Laue über seine Schwierigkeiten mit der Arbeit von Harreß.
15 Laue trug in der Sitzung der Deutschen Physikalischen Gesellschaft am 23.1.1920 unter dem Titel „Über neuere Versuche zur Optik der bewegten Körper" vor, erschienen in Verh. Dt. Phys. Ges. 3/1920: 17.
16 Laue u. Max Wien an Helmholtz-Gesellschaft, 28.7.1921. DMA, NL 056/6090.
17 Laue an Wien, 1.10.1919. DMA, NL 056.
18 BBAW, PAW 1812–1945, II–II-38, Bl. 12.
19 Zum Vergleich: Einstein erhielt 36.000 Mark.
20 BBAW, PAW 1812–1945, II–II-38, Bl. 12; Laue, M. v.: Antrittsrede. Sb. Preuss. Akad. Wiss. 1921: 479ff., hier S. 479.
21 Ebenda, hier S. 479.
22 Ebenda, hier S. 480.
23 Ebenda.
24 Ebenda, hier S. 480f.
25 Planck, M.: Erwiderung des Sekretars. Sb. Preuss. Akad. Wiss. 1921: 481f., hier S. 481.
26 Ebenda, hier S. 482.
27 DPGA, 21216.
28 Laue, Max v.: Über die Auffindung der Röntgenstrahlinterferenzen. Nobelvortrag gehalten am 3.6.1920 in Stockholm. In Santesson 1920. – Die in der Müllerschen Hofbuchhandlung 1920 publizierte Fassung weicht vom Nobelvortrag ab.
29 Ebenda, hier S. 4.
30 Ebenda, hier S. 5.
31 Ebenda, hier S. 7f.
32 Laue an Wien, Berlin, 17.2.1920. DMA, NL 056. – Das Datum ist offenbar nicht richtig.
33 Laue an Einstein, Berlin, 27.3.1920. UAF, NL Laue, 9.1.
34 Laue an Sommerfeld, Berlin, 3.8.1920. DMA, NL 089.
35 Boehlich 1965: 7f. – Weitere Literatur zu Weyland: Kleinert in Albrecht 1993; Grundmann, Siegfried: Das moralische Antlitz der Anti-Einstein Liga. Wissenschaftl. Z. Techn. Univ. Dresden 16/1967: 1623f.; Hermann 1979: 54; Grundmann 2004: 170f. – Von dem Historiker und Professor Heinrich v. Treitschke (1834–1896) stammt die Sentenz „Die Juden sind unser Unglück".
36 Laue an Sommerfeld, Berlin-Zehlendorf, 25.8.1920. DMA, NL 089.
37 Ebenda.
38 Boehlich 1965: 7f.
39 Ebenda.
40 Laue an Sommerfeld, Berlin-Zehlendorf, 27.8.1920. DMA, NL 089.
41 Ebenda.
42 Laue, M. v.: Historisch-Kritisches über die Perihelbewegung des Merkur. Naturw. 8/1920: 735f., hier S. 736. Zu Paul Gerber siehe Hentschel 1996: 3; zum Antisemitismusstreit siehe Endnote 35.
43 DPGA, 21218.
44 Ebenda.
45 Laue, Max v.: Theoretisches über neue optische Beobachtungen zur Relativitäts-

Berlin – Allgemeine und Spezielle Relativitätstheorie

theorie. Phys. Z. 21/1920: 659–662.
46 DPGA, 21218. – Man kann Einsteins Bemerkung „Da das emittierende Atom als ‚Uhren' im Sinn der Theorie anzusehen sind [...]" als Vorahnung der Realisierung von „Atomuhren" auffassen. Herrn Prof. Dr. Lübbig danke ich für diesen Hinweis.
47 Allgemeine Diskussion über die Relativitätstheorie. Phys. Z. 21/1920: 666ff.
48 Einstein, Albert: A Brief Outline of the Development of the Theory of Relativity. Nature, Feb. 1921: 782.
49 Weyl, Hermann: Die Relativitätstheorie auf der Naturforscherversammlung in Bad Nauheim. Jb. Dt.-Math. Verein. 31/1922: 51.
50 Laue, Max v.: Die Lorentz-Kontraktion. Kant-Studien 26/1921: 91–95.
51 Ebenda, hier S. 91.
52 Ebenda, hier S. 92.
53 Ebenda, hier S. 93.
54 Die Spezielle Relativitätstheorie wurde von Laue auch als „beschränkte Relativitätstheorie" bezeichnet.
55 Schottky, Walter: Gleichgewichtssätze für die elektromagnetisch aufgebaute Materie. Z. Phys. 21/1920: 232–241.
56 Laue, Max v.: Zu Schottkys Gleichgewichtssätzen für die elektromagnetisch aufgebaute Materie. Z. Phys. 22/1921: 46ff. – Es handelte sich hier um die Frage der Notwendigkeit der Einbeziehung der Eigenfelder der Teilchen.
57 Laue, Max v.: In welchem Sinne kann man von einem „Mikroskopieren" des Feinbaus der Kristalle mittels der Röntgenstrahlen reden? Naturw. 8/1925: 968–971, hier S. 971.
58 Ebenda, hier S. 971.
59 Szilárd, Leó: His Version of the Facts. In Weart/Weiss-Szilárd 1980: 9f. Siehe auch Szilárd, Leó: Über die Ausdehnung der phänomenologischen Thermodynamik auf die Schwankungserscheinungen. Z. Phys. 32/1925: 753–788.
60 Laue 1921a.
61 Ebenda, hier S. V.
62 Ebenda, hier S. Vf.
63 Ebenda, hier S. VIII.
64 Ebenda, hier S. VIII.
65 Klein an Pauli, 28.4.1921. In Pauli 1993: 29.
66 Die Anstellung Einsteins bei der Kaiser-Wilhelm-Gesellschaft könnte einen finanziellen Grund gehabt haben. Einstein wollte zum zweiten Mal heiraten. Die Frage einer Witwenpension war zu klären. Als Mitglied der Akademie in Staatsdiensten hatte er einen Anspruch auf eine Pension, die nach seinem Tod, vermindert, seiner Witwe gezahlt würde. Bei einer zweiten Heirat gab es aber nach dem Gesetz nur eine Witwenpension an die erste Frau. Somit hätte Elsa keine Witwenpension erhalten. Gesundheitlich ging es Einstein nicht gut, er hatte gerade erst eine heftige Erkrankung des Magens überstanden. Durch die Anstellung bei der KWG war eine Witwenpension für Elsa gesichert. – Siehe die Hinweise im Nachlass Krüß, SBPK, HA.
67 Wien an Präsidium der Notgemeinschaft München, 21.1.1922. DPGA, 21218. – Siehe auch Hammerstein 1999 u. Zeitz 2006: 47.
68 Z. angew. Chemie 34 v. 27.5.1912: 209–230, hier S. 209.
69 Ebenda, hier S. 209.
70 Ebenda, hier S. 209f.
71 Seeliger, Rudolf: Die spezielle Relativitätstheorie. Jb. Radioakt. Elektronik 17/1921: 301.
72 Laue 1921b.
73 Ebenda.
74 Ebenda, IV. Abschnitt.
75 Soldner, Johann Georg: Über die Ablenkung eines Lichtstrahls von seiner geradlinigen Bewegung, durch die Attraktion eines Weltkörpers, an welchem er nahe vorbeigeht (1801). Berl. Astronom. Jb. 1804: 161–172.
76 Nachdruck von Soldner 1801. Mit einer Vorbemerkung von P. Lenard. Ann. Phys. 15/1921: 593–604.
77 Laue, M. v.: Erwiderung auf Hrn. Lenards Vorbemerkungen zur Soldnerschen Arbeit von 1801. Ann. Phys. 20/1921: 283f., hier S. 283.
78 Ebenda.
79 Laue, Max v., u. W. Gordon: Ein Verfahren zur Bestimmung der Wärmeleitfähigkeit bei Glühtemperaturen. Sb. Preuss. Akad. Wiss., Phys.- Math. Kl. V, 20.4.1922: 112–117. – Walter Gordon war einige Zeit Assistent bei Laue.
80 Laue, Max v., Richard Bär u. Edgar Meyer: Über den niedervoltigen Lichtbogen in Helium. Z. Phys. 20/1923: 83–95.
81 Speziali 1972: 170.
82 Born 1969: 96.
83 Ebenda.
84 Ebenda, hier S. 100.
85 Einstein, A.: Zur Theorie der Lichtfortpflanzung in dispergierenden Medien. Sb. Preuss. Akad. Wiss., Phys.-Math. Kl. 1922: 18. – Einstein korrigierte seine Aussage und dankte Laue, Geiger und Bothe.
86 Wohlbold in Rittelmeyer 1921.
87 Laue, Max v.: Steiner und die Naturwissenschaften. Dt. Revue 47/1922: 41–49.

Berlin – Allgemeine und Spezielle Relativitätstheorie

88 Ebenda.
89 Ebenda.
90 Ebenda.
91 Ebenda. – Die Erwähnung von Immanuel Kant zeigt, dass sich Laue auf diese Autorität beruft. Als Neukantianer kann man m. E. Laue deswegen aber nicht bezeichnen, zu beiläufig sind seine Äußerungen zu Kants Anschauungen. Durch die Relativitätstheorie musste die Frage des Raum-Zeit-Begriffs analysiert werden. Siehe auch Scheibe 2006.
Max von Laue nahm in Berlin aktiv am kirchlichen Leben teil. Der Sonntagsgottesdienst in Zehlendorf wurde regelmäßig besucht, später wurde er Kirchenältester. Sein persönliches Verhältnis zum Protestantismus, zum Glauben, geht aus einigen Briefen an seinen Sohn hervor. Siehe Lemmerich 2011: 88.
92 Laue, Max v.: Steiner und die Naturwissenschaften. Dt. Revue 47/1922: 41. – Eine Erwiderung von Steiner an Laue ist nicht bekannt.
93 Laue, Max v.: Die Bedeutung des Nullkegels in der allgemeinen Relativitätstheorie. Sb. Preuss. Akad. Wiss. 1922: 118–126.
94 Laue, Max v.: Theoretisches über neuere optische Beobachtungen zur Relativitätstheorie. Phys. Z. 21/1920: 659–662.
95 Laue, M. v.: Die Bedeutung des Nullkegels in der allgemeinen Relativitätstheorie. Sb. Preuss. Akad. Wiss. 1922: 118.
96 Philipp Lenard hielt sich nicht an die Verordnung des Trauertages mit Trauerbeflaggung. Es wurde im Institut gearbeitet. Das wurde von Mitgliedern des Sozialistischen Studentenbundes bemerkt. Zusammen mit Arbeitern wollte man über diese Missachtung mit Lenard diskutieren, was aber abgelehnt wurde und zur Eskalation führte. Siehe dazu Schönbeck, Charlotte: Albert Einstein und Philipp Lenard. Schriften d. Heidelberger Akad. Wiss., Math.-Naturw. Kl. 8/2000: 36f.
97 Einstein an Planck, Kiel, 6.7.1922. AMPG, V. Abt., Rep. 2, Nr. 26.
98 Planck an Laue, Grunewald (Berlin), 8.7.1922. UAF, NL Laue.
99 Planck an Laue, Grunewald (Berlin), 9.7.1922. UAF, NL Laue.
100 Ebenda.
101 Laue an Einstein, 8.7.1922. UAF, NL Laue, 9. 1.
102 Einstein an Laue, Berlin, 12.7.1922. AUFN, NL Laue, 9.1. Siehe auch Goenner 2005: 190 u. Schönbeck, Charlotte: Albert Einstein und Philipp Lenard. Antipoden in Physik und Zeitgeschichte. Schriften d. Heidelberger Akad. Wiss., Mathem.-Naturw. Kl. 8/2000: 37.
103 Heisenberg 1972: 66f. – Werner Heisenberg erwähnt in seiner Autobiographie seine Reise nach Leipzig. Er erhielt am Eingang des Vortragssaales das Flugblatt der Einstein-Gegner und behauptete, dort auch den Vortrag von Einstein gehört zu haben, was nicht zutreffen kann.
104 Springer, F.: Vorwort. In Schriftleitung der „Naturwissenschaften" 1922.
105 Laue, Max v.: Röntgenstrahl-Spektroskopie. Ebenda, hier S. 256–269.
106 Laue, M. v.: Unsere jetzigen Vorstellungen von der Natur des Lichtes: Licht und Lampe Rundschau 26/1922: 547. Siehe auch Ewald 1960: 151, dort als „Lichttechnik" zitiert. – Die Suche nach der richtigen Quelle verdanke ich Frau Fischer, SB PK.
107 Ebenda.
108 Ebenda.
109 Compton, Arthur H.: A Quantum Theory of the Scattering of X-Rays by Light Elements. Phys. Rev. 21/1923: 483.
110 Debye, Peter: Zerstreuung von Röntgenstrahlen und Quantentheorie. Z. Phys. 24/1923: 161. – Debye hatte, unabhängig von Compton, ähnliche Vorstellungen entwickelt.
Bohr, Niels, H. A. Kramers a. J. C. Slater: The Quantum Theory of Radiation. Philosoph. Mag. 47/1924: 785–802.
111 Geiger, Hans, u. Walther Bothe: Experimentelles zur Theorie von Bohr, Kramers und Slater. Naturw. 20/1925: 440f.; Über das Wesen des Comptoneffekts. Ein experimenteller Beitrag zur Theorie der Strahlung. Z. Phys. 32/1925: 639–663.
112 Laue, Max v.: Nachruf auf Hans Geiger. Jb. Dt. Akad. Wiss. Berlin 1946–1949. Berlin 1950: 150f.; Bothe an Laue, o. O. [Heidelberg], 28.12.1955. UAF, NL Laue, 3.1.
113 AMPG, III. Abt., Rep. 1A, PA Laue 1920–1925, Bl. 25, 9, 10.
114 Ebenda.
115 AMPG, I. Abt., Rep. 1A, Nr. 1659, Bl. 29, 36b.
116 Laue an das Kuratorium, Zehlendorf, 17.5. u. 23.6.1923. Aktennotiz, Bl. 44. – Piccard unternahm 1931 Flüge von Augsburg aus und erreichte 15.781 m Höhe.
117 Einstein an Laue, 3.10.1925. UAF, NL Laue, 9.1. – „Millern" bedeutete, das Michelson-Experiment von 1881 zum vergeblichen Nachweis der Existenz eines Äthers mit höherer Genauigkeit zu wiederholen, wie es 1904 auch Dayton C. Miller unternahm. Siehe Morley, E. W., a. D. C. Miller in Philos. Mag. 48/1904: 753f. Auguste Piccard

stieg zu diesem Zweck mit einem Ballon auf und sollte 1931 mit 15.785 Metern sogar einen Höhenrekord aufstellen. Piccard, A., u. E. Stahel: Neue Resultate des Michelson-Experimentes. Naturw. 15/1927: 140.

118 Verh. Dt. Phys. Ges. 3/1923: 22.

119 Stellenvermittlung für promovierte Physiker und Werkstudenten der physikalischen und physikalisch-technischen Richtung bei der Fachgemeinschaft deutscher Hochschullehrer der Physik. Verh. Dt. Phys. Ges. 1923: 47.

120 Verh. Dt. Phys. Ges. 1923: 8.

121 Laue, Max v.: Die Lösungen der Feldgleichungen der Schwere von Schwarzschild, Einstein und Trefftz und ihre Vereinigung. Sb. Preuss. Akad. Wiss. 1923: 27.

122 AMPG, I. Abt., Rep. 1A, Nr. 1659/1–3.

123 Planck an Laue, Berlin, 19.11.1923. AMPG, V. Abt., Rep. 11, Nr. 881.

124 Ebenda.

125 Sb. Preuss. Akad. d. Wiss. XXXIII, 13.12.1923: 349.

126 Laue, M. v.: G. A. Schotts Form der relativistischen Dynamik und die Quantenbedingungen. Ann. Phys. 3–4/1924: 190–194.

127 Ewald an Sommerfeld, Stuttgart, 28.4.1924. Sommerfeld 2004: 160.

128 Debye, Paul: Laue-Interferenzen und Atombau. Naturw. 16/1922: 384; Niggli, Paul: Die Bedeutung des Lauediagrammes für die Kristalle. Naturw. 16/1922: 391; Schiebold, Ernst: Beiträge zur Auswertung der Laue-Diagramme. Naturw. 16/1922: 399.

129 Sommerfeld an Planck, 11.12.1923. AMPG, V. Abt., Rep. 13, Nr. 886.

130 Laue, Max v.: Atomaufbau und Atomzertrümmerung. Z. Ver. Dt. Ing. 68, Nr. 30/1924: 769.

131 Verh. Dt. Phys. Ges. 3/1924: 42. Sitzung der Physikalischen Gesellschaft zu Berlin am 27. Juni 1924.

132 Paschen an Ministerium des Inneren, Berlin-Charlottenburg, 16.3.1925. HUA, L 51, PA Laue, Bd. 1.

133 Laue an Sommerfeld, Berlin-Zehlendorf, 12.11.1924. DMA, NL 089.

134 Laue an Generalverwaltung KWG v. 18.4.1924. AMPG, III. Abt., Rep. 1A, PA Laue, Bl. 13.

135 Zuber, Kurt: Über die Verzögerungszeit bei der Funkenentladung. Ann. Phys. 2–3/1925: 231–260.

136 Laue, Max v.: Bemerkungen zu K. Zubers Messungen der Verzögerungszeit bei der Funkenentladung. Ann. Phys. 2–3/1925: 261–265.

137 Laue, Max v.: Der Einfluß der Temperatur auf die Röntgenstrahlinterferenzen. Ann. Phys. 25/1926: 877–905; ders.: Über Röntgenstrahlinterferenzen an Mischkristallen. Ann Phys. 18/1925: 167–176.

138 Laue an Ewald, Zehlendorf (Berlin), 29.6.1926. UAF, NL Laue, 3.2.

139 Laue an Ewald, Zehlendorf (Berlin), 17.7.1926. UAF, NL Laue, 3.2.

140 Tammann, G.: Zum Gedächtnis der Entdeckung des Isomorphismus vor 100 Jahren. Die chemischen und galvanischen Eigenschaften von Mischkristallreihen und ihre Atomverteilung. Z. anorg. allg. Chemie 107/1919: 1–239.

141 Laue, Max v.: Über Röntgenstrahlinterferenzen an Mischkristallen. Ann Phys. 78/1925: 167.

142 Ebenda.

143 Laue, Max v.: Der Einfluß der Temperatur auf die Röntgenstrahlinterferenzen. Ann. Phys. 25/1926: 877–905.

144 Ebenda.

145 Ebenda.

146 Eine Gemeinsame Forschung der Friedrich-Wilhelms-Universität und der Technischen Hochschule Berlin-Charlottenburg auf dem Gebiet der Physik und/oder der Mathematik gab es bis 1945 nicht. Auch nicht, als 1928 Gustav Hertz Ordinarius an der TH wurde.

147 Laue/Mises 1926–1936; siehe auch ZLB, Disp. Springer-Verlag. – Die Überlieferung in den nicht erschlossenen Akten ist sehr unvollständig. Es ist unklar, wann die Arbeiten begannen. Mises musste nach 1933 emigrieren und ging nach Istanbul.

148 Die Aufteilung des Honorars geht aus einem Brief Mises an den Verlag vom 13.11.1923 hervor.

149 Laue, M. v., u. H. Mark: Die Zerstreuung inhomogener Röntgenstrahlen an mikrokristallinen Körpern. Sb. Preuss. Akad. Wiss. 58/1926: 586.

150 Laue, Max v.: Lorentz-Faktor und Intensitätsverteilung in Debye-Scherrer-Ringen. Z. Krist. 64/1926: 115–142.

151 Ebenda. – Die Arbeit erschien in der „Zeitschrift für Kristallographie", die bereits 1877 von Paul Heinrich Ritter von Groth gegründet wurde. Groth wurde 1883 in München Professor und war Direktor der bedeutenden Mineralogischen Staatssammlung. Er erlebte Laues Entdeckung als Siebzigjähriger. 1920 zog er sich als Herausgeber der Zeitschrift zurück, die der Schweizer Kollege Paul Niggli unter der Mitwirkung von Max von Laue, Paul Peter

Berlin – Allgemeine und Spezielle Relativitätstheorie

Ewald und Kasimir Fajans weiterführte.
152 Planck an Wien, Berlin-Grunewald, 12.10.1926. DMA, NL 056, Kopie in AMPG, V. Abt., Rep. 11, Nr. 943.
153 Born, Max, W. Heisenberg u. P. Jordan: Zur Quantenmechanik II. Z. Phys. 35/1926: 557–615.
154 Born, Max: Zur Quantenmechanik der Stoßvorgänge. Z. Phys. 37/1926: 863–867.
155 Heisenberg, Werner: Über den anschaulichen Inhalt der quantentheoretischen Kinematik und Mechanik. Z. Phys. 43/1927: 172–198.
156 Heisenberg, Werner: Bemerkungen über die Entstehung der Unbestimmtheitsrelation. Phys. Bl. 5/1975: 193–196. – Die erwähnte Gleichung ist diese: $\Delta p \cdot \Delta q \sim h$, wobei p der Impuls, q die Ungenauigkeit und h das Planck'sche Wirkungsquantum darstellt.
157 Reichhardt/Bering 1983: 87f.
158 Laue an Meitner, Zehlendorf, 22.12.1926. CAC, MTNR 5/27.
159 Laue an Wien, Berlin, 5.3.1927. DMA, NL 056.
160 Einstein an Laue, 12.5.1927. UAF, NL Laue, 9.1.
161 Sommerfeld an Laue, München, 8.6.1927. DMA, NL 089.
162 Sommerfeld an Laue, München, 14.6.1927. DMA, NL 089, siehe auch Eckert 2013: 186f.
163 Erwin Schrödinger hielt sich in den Vorlesungen nicht an die übliche Kleiderordnung. Im Sommer las er im Tennisdress.
164 Planck an Laue, Berlin-Grunewald, 3.7.1927. AMPG, V. Abt., Rep. 11, Nr. 964.
165 Laue, M. v., u. Lise Meitner: Die Berechnung der Reichweitestreuung aus Wilson-Aufnahmen. Z. Phys. 41/1927: 397–406.
166 Laue an Sommerfeld, 27.7.1926. DMA, NL 089.
167 Ebenda.
168 Zu den politischen Bedenken an der Teilnahme siehe Lemmerich 2007: 157.
169 GStA PK, NL C.H. Becker, Sachakten 1038, 1041.
170 Ebenda.
171 Geiger, H., a. J. M. Nuttall: The ranges of the α particles from various radioactive substances and a relation between range and period of transformation. Philosophical Magazine, Ser. 6, 22, No. 130/1911: 613–621.
172 Gamow, G.: Zur Quantentheorie des Atomkerns. Z. Phys. 51/1928: 204–212.
173 Laue, M. v.: Notiz zur Quantentheorie des Atomkerns. Z. Phys. 52/1928: 726–734, hier S. 726.
174 Ebenda.
175 Wien/Harms 1928.
176 Laue an Wien, Berlin-Zehlendorf, 20.2.1928. DMA, NL 056.
177 Planck an Wien, Berlin, 26.2.1928. DMA, NL 056, Bl. 37.
178 Wien/Harms 1928: 39–103, 125–207, 211–361.
179 Verh. DPG III, H. 1, 15/1928 u. H. 2, 26/1929.
180 Planck an Laue, Winterthur, Sept. 1928. AMPG, V. Abt., Rep. 11, Nr. 990.
181 Planck an Laue, Brand, 8.9.1928. AMPG, V. Abt., Rep. 11, Nr. 991.
182 Laue, M. v., u. E. Rüchardt: Willy Wien. Naturw. 17/1929: 675–680. – Von seinen Freunden wurde Wilhelm Wien „Willy" genannt. Der Beitrag erschien erst viele Monate nach Wiens Tod. Es ist nicht auszuschließen, dass Laue unter dem Eindruck des Verlustes dieses Förderers und Freundes anfänglich nicht in der Lage war, am Nachruf mitzuarbeiten. Der Satz über „das unvergessliche Glück" weist m. E. auf die wieder gewonnene Stabilität Laues hin. Siehe auch Wien 1930.
183 Einstein an Laue, Berlin, 30.1.1929. UAF, NL Laue, 9.1.
184 Ebenda. – Zur wirtschaftlichen Lage dieser Zeit siehe Zierold 1968: 108.
185 AMPG, I. Abt., Rep. 1A, Nr. 1650.
186 Ebenda.
187 Ebenda. Ein zweites Dokument mit sehr ähnlichem Inhalt wurde am 6. März 1929 von H. Freundlich, R. Ladenburg, ?, M. Polanyi, Wilhelm Eitel, Otto Hahn, Lise Meitner, ?, (Otto) Warburg und Carl Neuberg unterschrieben. Ein wichtiger Hinweis wurde am Schluss aufgeführt: „Es gibt kein Gebiet der exakten Naturwissenschaften, in dem wir an ausserordentlichen jungen Kräften reicher sind. Die Leitung des bestehenden Kaiser-Wilhelm-Instituts für Physik aber bietet uns ohne weiteres die Gewähr für die beste mögliche Führung einer solchen Anstalt."
188 Laue, M. v.: Zu Albert Einsteins fünfzigstem Geburtstage. Naturw. 17/1929: 173.
189 Ebenda. – Nicht abgedruckt in Laue 1961.
190 Grüning 1990: 218, 222 u. Grundmann 2004: 374.
191 AMPG, III. Abt., Rep. 50, Nachtrag 1, Autoreisebuch.
192 Hengstenberg, Josef, u. Hermann Mark: Über die Form und die Größe der Mizelle von Zellulose und Kautschuk. Z. Kristallogr. 69/1928: 271–284.
193 Laue, Max v.: Eine röntgenographische Methode, Größe und Form submikroskopischer krystalliner Teilchen zu bestim-

Berlin – Allgemeine und Spezielle Relativitätstheorie

men. Sb. Preuß. Akad. Wiss., Phys.-Math. Kl. 1929: 227f.

194 Ebenda.

195 Laue, Max v.: Zur Elektrostatik der Raumgitter. Sb. Preuß. Akad. Wiss., Phys.-Math. Kl. 1930: 26–41. Überarb. Fassung in Z. Kristallogr. 103, H. 1/1940: 54–70.

196 Adresse d. Preuß. Akad. d. Wiss. an Max Planck zum fünfzigjährigen Doktorjubiläum am 28. Juni 1929. Sb. Preuß. Akad. Wiss., Phys.-Math. Kl. 1929: 341f.

197 Planck, Max: Max von Laue zum 9. Oktober 1929. Naturw. 17/1929: 787f. – Siehe auch Hartmann 1936: 96.

198 Ebenda.

199 Ebenda.

200 Ebenda.

201 Laue, Max v.: Über die Eigenspannung in planparallelen Glasplatten und ihre Änderung beim Zerschneiden. Z. techn. Phys. 11/1930: 385–394.

202 Ebenda.

203 Ebenda.

204 AMPG, I. Abt., Rep. 1 A, Nr. 1650.

205 Ebenda.

206 Ebenda.

207 Ebenda.

Physik und Politik im Berlin der 1930er Jahre

1 Laue, Max v.: Zur Elektrostatik der Raumgitter. Sb. Phys.-Math. Kl., 16.1.1930: 26–41, hier S. 41.

2 Einige Versuche von Emil Rupp im AEG-Forschungslaboratorium erwiesen sich später als „unwissenschaftlich bearbeitet", und Rupp verlor seine Anstellung.

3 Davisson, Clinton J., a. Lester H. Germer: Diffraction of electrons by a crystal of Nickel. Phys. Rev. 30/1927: 705–740.

4 AMPG, I. Abt., Rep. 1 A, Nr. 1671/1–5. Protokoll der Besprechung zwischen Stern, Laue und dem Architekten Lewicki am 4.6.1929 über einen Neubau für das Kaiser-Wilhelm-Institut für Physik; Stern an Laue, Berkeley, USA, 26.1.1930. UAF. Nach Schmidt-Böcking u. a. 2011: 109. – Herrn Prof. Dr. Schmidt-Böcking danke ich für die Biographie und den Hinweis auf den Nachlass von Otto Stern in der Universitätsbibliothek Frankfurt.

5 AMPG, I. Abt., Rep. 1A, Nr. 55, Bl. 47, 73, 84; AMPG, III. Abt., Rep. 47, Nr. 1408; AMPG, I. Abt., PA Planck.

6 Elisabeth Warburg an Einstein, 21.3.1918 u. Einstein an Warburg, 23.3.1918. AMPG, Va Abt., Rep. 2, Einstein-Sammlung Nr. 12; siehe auch: Krebs 1979: 25; Zur Geschichte des Max-Planck-Instituts für Zellbiologie. Jahrbuch d. Max-Planck-Gesellschaft II/1961: 816; Macrakis, Kristie: Wissenschaftsförderung durch die Rockefeller Foundation im „Dritten Reich". Geschichte und Gesellschaft 12/1986: 348.

7 AMPG, III. Abt., Rep. 50, Nachtrag 1, Autoreisebuch.

8 Planck an Laue, Berlin, 19.8.1930. AMPG, Va, Rep. 11, Nr. 1023. Steinhauser u. a. 2011: 48f., 56.

9 Laue, Max v.: Amerikareise. UAF, NL Laue, 11.1. (Der Text ist mit zahlreichen Postkarten und kleinen eigenen Fotos illustriert.); Laue an Einstein, New York, 13.12.1930. UAF, NL Laue, 9.1.

10 Laue an Born, Postkarte, Berkeley, 29.10.1930. Privatbesitz. – Laue beschreibt begeistert die vielen Stationen der Reise, die „Fast"-Besteigung des Pikes Peak, die Fahrt über den großen Salzsee und die Sierra Nevada. AMPG, I. Abt., Rep. 1 A, Nr. 1650.

11 AMPG, I. Abt., Rep. 1 A, Nr. 1650.

12 Senatsprotokoll, 15.5.1930. AMPG, I. Abt., Rep. 1A, Nr. 1650, 1245–1247.

13 Ebenda.

14 Glum an Laue, 12.5.1931. AMPG, I. Abt., Rep. 1A, Nr. 1671.

15 Laue, Max v.: The Diffraction of an Electron-Wave at a Single Layer of Atoms. Phys. Rev. 1/1931: 53–59, hier S. 53.

16 Ebenda, hier S. 59.

17 Vossische Zeitung, 2. Juni 1931.

18 Laue, Max v.: Die Lichtfortpflanzung in Räumen mit zeitlich veränderlicher Krümmung nach der allgemeinen Relativitätstheorie. Sb. Preuss. Akad. Wiss., Phys.-Math. Kl. 1931: 123–131.

19 Ebenda. – In einem Brief an Eugene Wigner lobte Wolfgang Pauli diese Arbeit von Laue, siehe Pauli an Wigner, Princeton, 29.2.1936. In Pauli 1985: 784.

20 Laue, Max v.: Entstehung der Elemente und kosmische Strahlung. Naturwiss. 19/1931: 530–531, 641.

21 Israel u.a. 1931, auch in SBPK, 202 060 R.

22 Laue, Max v.: Die dynamische Theorie der Röntgenstrahlinterferenzen in neuer Form. Ergeb. d. exakten Naturw. 10/1931: 133–158, hier S. 133.

23 Ebenda, hier S. 134.

24 Ebenda, hier S. 140, 145, 153.

25 Paul P. Ewald Papers, #4586. Div. of Rare and Ms. Coll. CUL.

26 Persönliche Mitteilung der Tochter Hilde-

gard Lemcke, geb. v. Laue, und des Sohnes Theodor von Laue an den Autor.
27 Bragg, W. L., an Laue, London, 3.11.1931. RIGBA, Bragg Papers, 77 E/89.
28 Laue an Lauda, Rockefeller Foundation, Berlin, 10.6.1931. AMPG, I. Abt., Rep. 1A, Nr. 1650.
29 AMPG, I. Abt., Rep. 1A, Nr. 1650, 1664.
30 Ebenda.
31 Laue, Max v.: Zur Theorie des Doppelkristallspektrometers. Z. Phys. 72/1931: 472–477, hier S. 472.
32 Planck an Laue, Berlin, 10.11.1931. AMPG, Va, Rep. 11, Nr. 1039.
33 Ebenda.
34 Planck an Laue, Berlin-Grunewald, 30.11.1931. AMPG, Va, Rep. 11, Nr. 1042. – Über die Aussprache und die zurückliegenden Ereignisse gibt es keine Hinweise in den Nachlässen. Planck hatte nie Militärdienst ableisten müssen. Ob er von vergleichbaren Erfahrungen vom Militärdienst seiner beiden Söhne wusste, ist ebenfalls nicht bekannt. Aus der Biographie von Erwin Planck geht das nicht hervor (vgl. Pufendorf 2006).
Es kann sein, dass Laue einmal eine Arreststrafe absitzen musste. Das geht aus einem persönlichen Brief an ihn hervor. Laue hat in „Mein physikalischer Werdegang“ folgende Bemerkung gemacht: „Aber innerlich stand ich zu dem ganzen militärischen Wesen in scharfem Widerspruch. Welche nicht-militärischen Verhältnisse diesen immer mehr verschärften und schließlich bei mir zu einer schweren Erkrankung führten, entzieht sich der Wiedergabe an dieser Stelle.“ Laue 1961, Bd. III: XXVI.
35 Laue, Max v.: Zur Deutung einiger Versuche über Supraleitung. Vortrag gehalten bei der Überreichung der Planck-Medaille. Phys. Z. 33/1932: 793ff.
36 Ebenda. – Die Dissertation von Sizoo hatte Laue von Walther Meißner erhalten. In seinen Lebenserinnerungen, zwölf Jahre später, führte er dazu aus: „Man wußte, daß ein hinreichend starkes Magnetfeld sie [die Supraleitung] wieder aufhebt; doch zeigten die Messungen eine unverstandene Abhängigkeit der dazu nötigen Feldstärke gegen die Achse des Drahtes; nur in dieser Form untersuchte man damals jene Metalle. Da fiel mir ein, daß der supraleitende Draht ja seinerseits das Feld verzerrt, und zwar in dem Sinne, daß an seiner Oberfläche erheblich größere Feldstärken auftreten, als man in einiger Entfernung von ihm mißt. Meine Vermutung, daß tatsächlich immer die gleiche Feldstärke zur Aufhebung der Supraleitung erforderlich sei, ließ sich nun leicht quantitativ fassen und auf andere Körperformen, z. B. supraleitende Kugeln, übertragen.“ Laue 1961, Bd. III: XXV, siehe auch Gavroglu 1995: 114.
37 Laue, Max v.: Lorentz-Faktor und Intensitätsverteilung in Debye-Scherrer-Ringen. Z. Kristall. 64/1926: 115–142; ders.: Kreuzgitterspektren. Z. Kristall. 82/1932: 127–141.
38 Laue, Max v.: Zu den Erörterungen über Kausalität. Naturw. 20/1932: 915f., hier S. 915.
39 Ebenda.
40 Ebenda.
41 Ebenda. – Wolfgang Pauli war mit Laues Ansichten keineswegs einverstanden, siehe Pauli 1979: 405, 2. Fußnote.
42 Planck, Max: Die Kausalität in der Natur. In Planck 1944: 223f.
43 Ebenda. – Planck sprach in der Preussischen Akademie über den „Kausalbegriff in der Physik“. Eine verkürzte Fassung erschien in Sb. Preuß. Akad. Wiss. Phys.-Math. Kl. 1932: 13.
44 Lemmerich 2007: 187–193.
45 Vgl. Lemmerich 2015: 80.
46 Ebenda.
47 Ebenda.
48 Ebenda.
49 Ebenda.
50 AMPG, I. Abt., Rep. 1A, Nr. 808, Bl. 73.
51 Eine Schilderung der politischen Vorgänge, wie sie Erwin Planck erlebte, findet man in Pufendorf 2006: 278–312.
52 Verh. d. Reichstages, Bd. 457/58, 1933: 28 C.
53 Vossische Zeitung, Morgenausgabe, 31.1.1933: 2. – Bald wurde das als „Machtübernahme“ bezeichnet.
54 Meitner an Hahn, Berlin, 21.3.1933. AMPG, III. Abt., Rep. 14, Nr. 4869; CAC, MTNR 2/15 (Tagebuch von Lise Meitner).
55 Ebenda.
56 Ebenda.
57 Verh. d. Reichstages, Bd. 457/58/1933: 28 C.
58 Akad. d. Wissenschaften der DDR 1979: 246.
59 Ebenda.
60 Ebenda.
61 Ebenda.
62 Gesetz zur Wiederherstellung des Berufsbeamtentums (7. April 1933), Reichsgesetzblatt 1933, Teil I: 175, abgedruckt in Meier-Benneckenstein 1935: 172–175.
63 Planck an Glum, Taormina, 18.4.1933. BAK, N 1457, NL Glum.
64 Planck an Laue, Taormina, 16.4.1933. BBAW, NL Laue, U VIII.

Physik und Politik im Berlin der 1930er Jahre

65 Lemmerich 2007: 200.
66 Laue, Max v.: Zu Plancks 75. Geburtstage. Phys. Z. 34/1933: 305. – Die Abgabe des Manuskriptes war vor dem 7. April.
67 Haber, Fritz: Zum fünfundsiebenzigsten Geburtstage des Präsidenten der Kaiser Wilhelm-Gesellschaft Max Planck. Naturw. 21/1933: 293.
68 Ebenda.
69 DPGA 10011. Steinhauser u. a. 2011: 102, mit einer Kopie von Habers Gesuch; Stoltzenberg 1998; Szöllösi-Janze 1998; Laue an Meitner, Göttingen, 30.6.1948. Lemmerich 1998a: 519; Haber an Laue, 2.5.1933. DMA, 1964, 6 (30–34).
70 Siehe auch Laitko u. a. 1986: 32.
71 Hoffmann/Walker 2007: 531, zitiert nach AEA, Nr. 16–088.
72 Planck, Max: Mein Besuch bei Adolf Hitler. Phys. Bl. 5/1947: 143, siehe auch Albrecht 1993: 41–63 u. Henning, Eckhart: Max Planck – ein „armer Wirrkopf" als Kollaborateur der Nazis? In ders. 2004: 69f. – Dort eine kritische Stellungnahme zu Plancks Schilderung des Besuchs.
73 Laue an Sommerfeld, 21.5.1933. DMA, NL 089.
74 Einstein an Laue, Oxford, 26.5.1933. UAF, NL Laue 9.1.
75 Ebenda.
76 Einstein 1975: 234.
77 Laue an Einstein, 30.5.1933 in Hoffmann/Walker 2007: 531, zit. nach AEA, Nr. 16–091.
78 Einstein an Laue, Oxford, 7.6.1933. AMPG, III. Abt., Rep. 50.
79 Laue an Einstein, Berlin, 14.6.1933. In Hoffmann/Walker 2007: 533, zit. nach AEA, Nr. 16–094.
80 Laue an Einstein, Berlin, 26.6.1933. Ebenda.
81 Ebenda.
82 Planck an Laue, Fures, 11.9.1933. UAF, NL Laue 8.8.
83 Laue, Max v.: Ansprache bei der Eröffnung der Physikertagung in Würzburg. Phys. Z. 34/1933: 889f., hier S. 889.
84 Ebenda.
85 Ebenda.
86 Ebenda.
87 Ebenda, siehe auch: Hoffmann/Walker 2007: 535ff.
88 Laue, Max v. u. Friedrich Möglich: Über das magnetische Feld in der Umgebung von Supraleitern. Sb. Preuss. Akad. Wiss. 16/1933: 544f.
89 Ebenda. – Friedrich Möglich war damals Assistent von Laue. Nach 1945 war er für die Kontakte in der Deutschen Demokratischen Republik als Herausgeber der „Annalen der Physik" Laues Gesprächspartner. Zu Möglich, Friedrich siehe Müller-Enberga u. a. 2000: 587f.; Lippmann, G.: Sur les propriétés des circuits électriques dénués des résistance. Comptes rendus de l'Académie des sciences 168/1919: 73–78. Matricon/Waysand 2003: 416.
90 Stark an Reichsminister des Inneren, Berlin, 15.11.1933. Zeitz 2006: 45.
91 Meißner, Walther, u. Robert Ochsenfeld: Ein neuer Effekt bei Eintritt der Supraleitfähigkeit. Naturw. 21/1933: 787f. – Die Veröffentlichung hatte keine Abbildungen der Feldlinienbilder. Die Arbeit von Laue und Möglich wurde zitiert, aber nur hinsichtlich der Anwendung der Maxwellschen Gleichungen, nicht zu den Vorschlägen über die Form und Anordnung der Supraleitung.
92 Planck an das Ministerium für Wissenschaft, Kunst und Volksbildung, Berlin, 30.11.1933. AMPG, PA Akad. II–III, 75/2.
93 Laue, Max v.: Zur Verteilung der Nobelpreise für Physik am 10. Dezember. Metallwirtsch. 12/1933: 719.
94 Ebenda.
95 Ebenda.
96 Ebenda.
97 Ebenda.
98 Laue, Max v.: Materie und Raumerfüllung. Scientia 27/1933: 402; Ehrenfest, Paul: Bijzondere Vergadering der Afdeling. Natuurkunde, 31. Oktober 1933.
99 Berliner in Laue an Sommerfeld, Berlin-Zehlendorf, 10.1.1934. Sommerfeld 2004.
100 Laue an Sommerfeld, Berlin, 15.2.1934. Ebenda.
101 Laue, Max v.: Fritz Haber gestorben. Naturw. 22/1934: 97.
102 Ebenda.
103 Stark an DPG, Berlin, 3.3.1934. SPGA 10011.
104 Planck an Ministerium des Inneren, 5.3.1934. AMPG, I. Abt., Rep. IA, Nr. 1671.
105 HUA, UKP, PA Laue, Bl. 55; Gavroglu 2005: 137/Anmerkungen zu Kap. 7. – Die gegensätzlichen Vorstellungen über eine Theorie der Supraleitung waren nicht zu überbrücken, wie die Biographie von Gavroglu deutlich macht, zu unterschiedlich waren die Vorstellungen der Beteiligten (S. 125).
106 Planck an Laue, Cannero, 22.3.1934. AMPG, Va, Rep. 11, Nr. 1075.
107 Die Inlandspost wurde nur in Ausnahmen überwacht, siehe Leclere 1988: 120; BAB, R 47.01 Reichspostministerium 18331: 102. – Für die Auslandspost war die

Abwehrabteilung des Oberkommandos der Wehrmacht unter Wilhelm Canaris zuständig. Er wurde 1938 zum Gegner des Regimes. In den Briefen von Laue an Meitner wurden offenbar nur militärische Angaben getilgt. Diese Praxis bestätigte eine ehemalige Mitarbeiterin dieser Postüberwachung dem Autor. Es soll eine direkte Anordnung von Canaris gewesen sein. Andere, kritische Hinweise auf Missstände im Dritten Reich in den Briefen sollten nicht beachtet werden.

108 Planck an Laue, Cannero, 31.3.1934. AMPG, Va Abt., Rep. 11, Nr. 1077.

109 Justi, Eduard u. Max v. Laue: Neuartige Phasenumwandlungen bei einheitlichen Stoffen. Sb. Preuß. Akad. Wiss. 1934: 237. Zu Eduard Justi siehe Lautz, Günter: Von der Festkörperphysik zur Energieumwandlung. Phys. Bl. 9/1979: 409–411.

110 GStA, Akte Schmidt-Ott, Friedrich.

111 Laue an Schmitt-Ott, Berlin, 27.6.1934. Ebenda.

112 Im Reichsgesetzblatt I, Nr. 7: 529 von 1934 wurde bekannt gemacht: Die Reichsregierung hat am 3. Juli 1934 beschlossen: „Die zur Niederschlagung hoch- und landesverräterischer Angriffe am 30. Juni, 1. und 2. Juli 1934 vollzogenen Maßnahmen sind als Staatsnotwehr rechtens."
Schmitt 1940, 2. Veröff.: „Der Führer schützt das Recht vor dem schlimmsten Mißbrauch, wenn er im Augenblick der Gefahr kraft seines Führertums als Oberster Gerichtsherr unmittelbar Recht schafft. [...] In dieser Stunde war er verantwortlich für das Schicksal der deutschen Nation und damit des deutschen Volkes oberster Gerichtsherr. [...] Der wahre Führer ist immer auch Richter. Aus dem Führertum fließt das Richtertum. Wer beides voneinander trennen, oder gar entgegensetzen will, macht den Richter. [...] In Wahrheit war die Tat des Führers echte Gerichtsbarkeit. Sie untersteht nicht der Justiz, sondern ist selbst höchste Justiz. [...] In der höchsten Not bewährt sich das höchste Recht und erscheint der höchste Grad richterlich rächender Verwirklichung dieses Rechts." – Der Jurist Carl Schmitt (1888–1985) war Preußischer Staatsrat und Mitglied der NSDAP. Siehe auch: Poliakov/Wulf 1959: 22, 65f., 227ff., 473–476.

113 Laue, Max v.: Zu den Erörterungen über Kausalität. Naturw. 20/1932: 915f.; Laue, Max v.: Über Heisenbergs Ungenauigkeitsbeziehungen und ihre erkenntnistheoretische Bedeutung. Naturw. 22/1934: 439ff., hier S. 439.

114 Ebenda.

115 Ebenda, hier S. 440.

116 Ebenda.

117 Ebenda, hier S 441.

118 Ebenda.

119 Ebenda.

120 Mises, R. v.: Über Heisenbergs Ungenauigkeitsbeziehungen und ihre erkenntnistheoretische Bedeutung. Naturw. 22/1934: 822. – Heisenberg schickte einen Sonderdruck mit einem Brief an Max Born am 3.11.1936 und bemerkte: „Es stehen ja eigentlich nur ganz vage Gedanken drin, und ich hab' in Holland sehr lachen müssen, als ich hörte, daß die Jungen dort (Casimir etc.) die Arbeit mündlich stets als ‚Heisenbergs Traum' zitieren. Sie sehen also, wie unklar alles ist." Pauli 1985: 405.

121 Mises, R. v.: Über Heisenbergs Ungenauigkeitsbeziehungen und ihre erkenntnistheoretische Bedeutung. Naturw. 22/1934: 822.

122 Ebenda.

123 Laue an Einstein, Berlin, 22.8.1934. UAF, NL Laue 9.1.

124 Ebenda.

125 Meißner, Walther: Bericht über neuere Arbeiten zur Supraleitfähigkeit. Phys. Z. 35/1934: 931f. – Auf S. 933 schrieb Meißner im Anschluss an die Hysteresis-Messungen: „Das hängt zweifellos mit der Veränderung der Permeabilität der Supraleiter bei Eintritt der Supraleitfähigkeit zusammen, die Meißner und Ochsenfeld auffanden. [...] Ja, die Hysteresiserscheinungen waren es, die mich zuerst auf die Wahrscheinlichkeit der Permeabilitätsänderungen hinwiesen."

126 Ebenda.

127 HUA, PA Laue, Bl. 115; BAB, R 21/838, Fol. 1; Reichsministerium f. Wissenschaft, Erziehung und Volksbildung. BDC, Wi A 473.

128 Laue, M.v.: Aus dem Wirken der Kaiser-Wilhelm-Gesellschaft. Dt. Med. Wochenschr. 37/1934: 1376.

129 Boltzmann 1905: 79.

130 Laue, M.v.: Aus dem Wirken der Kaiser-Wilhelm-Gesellschaft. Dt. Med. Wochenschr. 37/1934: 1376.

131 Ebenda.

132 AMPG, I. Abt., Rep.1A, PA Laue. – Hier die Auseinandersetzung über Laues Aufsatz.

133 Ebenda.

134 Ebenda. – Franz Bachér war bis zum Ende der Zweiten Weltkrieges Professor für Organische Chemie an der Techn. Hochschule Berlin-Charlottenburg. Er wurde wegen seiner Parteizugehörigkeit

1945 entlassen, aber 1954 stufte man ihn als „entlastet“ ein, und er kam auf die Professur an der Technischen Universität Berlin zurück. Siehe Extra: TU intern, April 2016: 10.
135 AMPG, I. Abt., Rep. 1A, PA Laue.
136 Ebenda.
137 Ebenda.
138 Ebenda.
139 Bericht über die Sitzung des Vorstandes der Deutschen Physikalischen Gesellschaft am 10.9.1934. DPGA, 10011.
140 Kant, Horst: Arthur Wehnelt und die Elektronenphysik. Physik in der Schule 32/1994: 115.
141 Pers. Mitt. von Hildegard Lemcke, geb. von Laue, an den Autor. Im Nachhinein bedauerte sie dieses Defizit.
142 Lise Meitner, Tagebuch, 19.1.1935. CAC, MTNR 2/12; Hahn, D., 1975: 51; Deichmann, Ute: Dem Vaterlande – solange es dies wünscht. Fritz Habers Rücktritt 1933, Tod 1934 und die Fritz-Haber-Gedächtnisfeier 1935. Chemie in unserer Zeit 3/1996: 141–149; Hoffmann/Walker 2007: 557–561. – Brief von Max Planck an Rust vom 18.1.1935. Weitere Unterlagen, siehe DPGA, 10011.
143 Laue an Meitner, Göttingen, 15.6.1948. Lemmerich 1998a: 516; Eckert in Hoffmann/Walker 2007: 152, Anm. 31.
144 Planck an Debye, Berlin, 11.2.1935. AMPG, I. Abt., Rep. 1 A, Nr. 1651, Bl. 48.
145 Ebenda.
146 Laue, Max v.: Der Einfluß eines Magnetfeldes auf Wärmeleitung und Reibung in paramagnetischen Gasen. Ann. Phys. 415/1935: 1–15, hier S. 1. – Der Effekt wird als „Senftleben-Effekt“ bezeichnet. Herrn Prof. Hess danke ich für diesen Hinweis.
147 Ebenda.
148 Laue, Max v.: Der optische Reziprozitätssatz in Anwendung auf die Röntgenstrahlinterferenzen. Naturw. 23/1935: 373.
149 Ebenda.
150 Laue, M. v., London, F., u. H. London: Zur Theorie der Supraleitung. Z. Phys. 96/1935: 359–364.
151 Ebenda.
152 BAB, R21/838, fol. 1, Reichsminister f. Wissenschaft, Erziehung und Volksbildung, Deutsche Dozentenschaft.
153 Laue, Max v.: Die Fluoreszenzröntgenstrahlung von Einkristallen. (Mit einem Anhang über Elektronenbeugung). Ann. Phys. 415/1935: 705–746, hier S. 746. Siehe auch: Möllenstedt 1988: (14, nicht paginiert). – Gerhard Borrmann erwähnt, dass Laue 1935 nach Danzig kam, um die Experimente zu sehen. Borrmann wurde später ein Mitarbeiter Laues in Berlin.
154 Planck an Laue, Sulden, 16.8.1935. AMPG, I. Abt., Rep. Va, 11, Nr. 1109.
155 Ebenda.
156 UAF, NL Laue, 3.13: Amerikareisen 1935.
157 Ebenda.
158 Ebenda.
159 Ebenda.
160 Laue 1935.
161 Ewald, Paul Peter: M. v. Laue. Die Interferenzen von Röntgen- und Elektronenstrahlen. Naturw. 24/1936: 714f., hier S. 714.
162 Ebenda, hier S. 715.
163 Ebenda.
164 Ebenda.
165 Laue an Einstein, Oxford, 1.12.1935. UAF, NL Laue, 9.1.
166 ZLB, Disp. Springer-Verlag.
167 Schönbeck in Eckart/Sellin 2006: 1107, weitere Literatur dort. – Im Archiv der Berlin-Brandenburgischen Akademie der Wissenschaften befindet sich in dem Material zu Laue eine Zeitung mit folgendem Artikel: „Der Heidelberger Student No. 1/1935 (?) brachte eine kurze Danksagung von Lenard an die Studenten: Ich möchte, daß das Institut als ein Kampfzeichen dasteht gegen den Asiatischen Geist der Naturwissenschaften. Unser Führer hat diesen selben Geist in der Politik und Volkswirtschaftslehre – wo er Marxismus heißt – ausgemerzt. In der Naturwissenschaft sitzt er – mit der Einstein-Huldigung – teils noch sehr fest. Es gilt da zu wissen, daß es einem deutschen Menschen in jeder Beziehung unwürdig – und ihm auch nur abträglich – ist, einem Juden geistig zu folgen. Naturforschung im besonderen ist eine ganz und gar arische Gründung, und deutsche Menschen werden auch heute noch ihren eigenen Weg weiter ins Unbekannte finden.“ BBAW, Akte Laue.
168 Born an Rutherford, 17.10.1936: „During the vacation I have traveled in Germany and seen most of my relatives at different places. I thought that I could do so this safely during the time of the Olympian games.“ Abgedruckt in Lemmerich/Hund 1982.
169 AMPG, I. Abt., Rep. 1A, PA Laue.
170 Laue, Max v.: Zur Theorie der Kikuchilinien. Ann. Phys. 417/1936: 569–576, hier S. 569.
171 Ebenda, hier S. 573.
172 Laue, Max v.: Die äußere Form der Kristalle in ihrem Einfluß auf die Interferenzerscheinungen an Raumgittern. Ann.

Physik und Politik im Berlin der 1930er Jahre

Phys. 418/1936: 55–68, hier S. 55.
173 Ebenda, hier S. 68.
174 UAF, NL Laue, 1–18, Ehrungen. – Max von Laue war bereits zweifacher Ehrendoktor und Ehrenmitglied in vier deutschen und fünf ausländischen Akademien.
175 Bieberbach an Reichsminister f. Wissenschaft, Kunst u. Volksbildung, 2.4.1936. HUA, UKP, L 51, Bd. III, Bl. 5.
176 Laue, Max v.: Theoretisches über die Helligkeit ferner Nebel. Z. Astrophys. 11/1936: 208.
177 Ebenda.
178 Planck an Glum, Berlin, 26.6.1936. AMPG, I. Abt., Rep. 14, PA Laue, 10.6.1936. – Die Erwähnung, dass Laue eine Erhöhung seiner Bezüge dankbar begrüßen würde, war verständlich. Im Jahre 1935 stiegen die Lebensmittelpreise um 30 % und 1936 nochmals um 26,4 %.
179 Ebenda.
180 Aktenvermerk v. Max Planck, 28.7.1936.
181 Laue an Einstein, Berlin, 8.6.1936. UAF, NL Laue, 9.1.
182 Laue an Einstein, Berlin, 29.7.1936. Ebenda.
183 AMPG, I. Abt., Rep. 1A, Nr. 1655. – Mentzel hatte in Göttingen Chemie studiert und war seit 1922 Mitglied der SA. Er hatte im April 1933 gegen den Rücktritt von James Franck gehetzt, siehe Göttinger Tageblatt, 24.4.1933; Hentschel/Hentschel 1996: XXXIX.
184 Laue, Max v.: Kikuchi-Enveloppen. Phys. Z. 37/1936: 544–547.
185 Ebenda.
186 Nernst an Laue, 16.10.1936. UAF, NL Laue, 3–5.
187 Mendelssohn 1973: 213f., siehe auch AMPG, III. Abt., Rep. 50, Nachtrag 1 (Autoreisebuch).
188 Laue, Max v.: Experimentelle und theoretische Physik. Ostdeutsche Tagespost Nr. 89 u. 91/1936, auch in Z. phys. chem. Unterricht 50/1937: 164–167, hier S. 165.
189 Ebenda, hier S. 166.
190 Ebenda.
191 Meißner, Walther, u. F. Heidenreich: Über die Änderung der Stromverteilung und der magnetischen Induktion beim Eintritt der Supraleitung. Phys. Z. 37/1936: 449–470.
192 Naturw. 21/1933: 787. – In der „Kurzen Originalmitteilung“ wurde die Arbeit Laues mit Friedrich Möglich in den Berichten der Berliner Akademie mehrfach erwähnt: Berichte der Berliner Akademie 16/1933: 544.
193 Ochsenfeld an Lübbig, Hilchenbach, 28.5.1986. – Mit freundlicher Genehmigung von Herrn Prof. Dr. Heinz Lübbig. Siehe auch Hoffmann, Dieter: Wendepunkt in der Geschichte der Supraleitung: Vor 60 Jahren wurde der Meissner-Ochsenfeld-Effekt entdeckt. Phys. Bl. 10/1993: 899–901.
194 Meißner, Walther, u. F. Heidenreich: Über die Änderung der Stromverteilung und der magnetischen Induktion beim Eintritt der Supraleitfähigkeit. Phys. Z. 37/1936: 449–470.
195 Vgl. Lindner 2014: 61–70. – Max von Laue publizierte erst Jahre später über den Meißner-Ochsenfeld-Effekt.
196 Meißner an Brill, 16.8.1960, DMA, NL 045 006/1. Siehe auch Hoffmann 1999; Matricon/Waysand 2003: 57f. – Eine Recherche im Bundesarchiv Berlin, Akten des „Berlin Document Centre“, hat kein weiteres Material ergeben.
197 Zenneck an Mey, 7.11.1936. DMA, NL 053/012.
198 Grotrian an Zenneck, Potsdam, 23.11.1936. DMA, NL 053/012.
199 DMA, NL 053/012.
200 Laue, Max v.: Helligkeitswechsel längs Kossellinien. Ann. Phys. 420/1937: 528–532. – Gerhard Borrmann war 29 Jahre jünger als Laue. Er war bei Kossel in Danzig tätig. In den 1950er Jahren war er ein sehr erfolgreicher Mitarbeiter von Laue im Fritz-Haber-Institut der MPG in Berlin.
201 Ebenda.
202 Laue, Max.v.: Irrationale Interferenzpunkte (Erwiderung an Kirchner und Rüdiger). Ann. Phys. 422/1937: 616ff.
203 Laue, Max v.: Simplified structur factor and electron density formulae for the 230 space groups of mathematical crystallography. Naturw. 25/1937: 140.
204 Laue, Max v.: Kossel- und Kikuchi-Linien. Phys. Ges. Zürich 1938: 131–154.
205 Ebenda.
206 UAF, NL Laue, 1.16 (Nobelpreis).
207 Laue, Max, v.: Die Erkennung submikroskopischer Kristallflächen durch Elektronenbeugung (Nach Versuchen W. Cochranes und L. Brücks). Ann Phys. 421/1937: 211–238.
208 Laue Max v., u. K.-H. Riewe: Der Kristallformfaktor für das Oktaeder. Z. Kristall. 95/1936: 408–420.
209 Laue, Max, v.: Die Erkennung submikroskopischer Kristallflächen durch Elektronenbeugung (Nach Versuchen W. Cochranes und L. Brücks). Ann Phys. 421/1937: 211–238, hier S. 211.
210 Cochrane, W.: The structure of some metallic deposits on a copper single crystal as determined by electron-diffraction.

Physik und Politik im Berlin der 1930er Jahre

Proc. Phys. Soc., London, 48/1936: 723–735; Brück, L.: Die Struktur dünner auf Steinsalz aufgedampfter Metallschichten. Ann. Phys. 419/1936: 233–257.

211 Laue, Max, v.: Zur Erkennung submikroskopischer Kristallflächen durch Elektronenbeugung (nach Versuchen W. Cochranes und L. Brücks). Ann Phys. 421/1937: 211–238. – Laue trug darüber auch auf dem 13. Deutschen Physikertag in Bad Kreuznach im Juni 1937 vor. Die Frankfurter Zeitung berichtete von der Tagung zum zweiten Thema, der Kernphysik: „Der augenblickliche Stand der experimentellen und theoretischen Kernforschung ist folgender: Durch Beschießung von Atomkernen mit rasch bewegten Protonen und Neutronen gelingt es, den Atomkern eines Elements in den eines anderen umzuwandeln. Dabei werden außer den bekannten ‚stabilen' Atomkernen häufig bisher unbekannte, ‚künstliche radioaktive' Atomkerne erzeugt, die unter Aussendung von Elementarteilchen meist nach kurzer Zeit in bekannte stabile Kerne übergehen. Auf diese Weise gelingt es sogar, ‚Transurane' zu erzeugen – das sind Elemente, die einen komplizierter gebauten Kern besitzen als das schwerste bis jetzt bekannte Element Uran. Alle diese Transurane sind radioaktiv, zerfallen also in kurzer Zeit wieder in einfache Kerne." DMA, NL 053/37.6. – Dieser Aussage schloss sich Lise Meitner bei der Beurteilung der Analysen nach den Versuchen mit Uran im KWI für Chemie mit Otto Hahn und Fritz Straßmann an.

212 Debye, Peter: Das Kaiser-Wilhelm-Institut für Physik. Naturw. 25/1937: 257–260.

213 Ebenda, hier S. 260.

214 Reichs- und Preußischer Minister für Wissenschaft, Erziehung und Volksbildung an Generaldirektor der KWG, 11.5.1937. AMPG, I. Abt., Rep. 1A, Nr. 1652, desgl.: Aktennotiz, 27.5.1937. – Es ging um die Benennung des Instituts.
Siehe auch Kant in Brocke/Laitko 1996: 227–244; Heisenberg, Werner: Das Kaiser-Wilhelm-Institut für Physik. Geschichte eines Instituts. Jahrbuch der Max-Planck-Gesellschaft zur Förderung der Wissenschaften e.V. 1971: 46–89. – Laue wird nur als stellvertretender Direktor genannt. Nichts von seinem Einsatz bei der Gründung, nichts von seinen wissenschaftlichen Arbeiten und seiner selbstständigen Abteilung wurde erwähnt. Siehe auch Heisenberg 1969. Im Kapitel über seine Tätigkeit als „Direktor" am Kaiser-Wilhelm-Institut für Physik und den Aufenthalt in Farm Hall lässt Heisenberg Laues Tätigkeit bzw. dessen Persönlichkeit unerwähnt.

215 Steglitzer Anzeiger, 27.3.1937. AMPG, I. Abt., Rep 1a, Nr. 1652.

216 Weiße Juden in der Wissenschaft. Das schwarze Korps. Organ der Reichsführung SS, Ausgabe vom 15. Juli 1937: 6f.

217 Ebenda.

218 Ebenda.

219 Laue, Max v.: Die Stromverteilung in Supraleitern. Sb. Akad. Wiss., Math.-Phys. Kl. 1937: 240.

220 Verh. Dt. Phys. Ges. 3, Reihe 18, 3/1937: 77.

221 Siehe dazu Meitner, Lise, CAC, MTNR 3/2, Tagebücher: „9.VI abds. Die Nachsitzung fand im ‚Heidelberger' statt. Am nächsten Tag war eine große Einladung für v. Laue mit 26 Personen."

222 Laue an [wahrscheinlich] Zenneck, Berlin, 27.8.1937. DMA, NL 053.

223 Verh. Dt. Phys. Ges. 3, Reihe 18/1937: 77.

224 Laue an Theodor, Berlin, 7.9.1937. AMPG, III. Abt., Rep. 50, Nachtrag 6/7; auch in Lemmerich 2011: 22.

225 Ebenda.

226 Laue, Max v., Karl Steiner u. Peter Grassmann: Supraleitung. Naturw. 25/1937: 767.

227 Laue an Meißner, Berlin-Zehlendorf, 9.9.1937. DMA, NL 045/035.

228 Ebenda.

229 Ms. in DMA, NL 053/040/3. Eine Druckfassung war nicht nachweisbar.

230 Ebenda.

231 Laves, Fritz: Fünfundzwanzig Jahre Laue-Diagramm. Mit Einer Zusammenstellung der heutigen Kenntnisse über Atomabstände in Kristallen. Naturw. 25/1937: 705–708, 721–733, hier S. 705.

232 Planck an Laue, 17.11.1937. AMPG, II. Abt., Rep. 1 A, PA Laue.

233 Laue, Max v.: The apparent luminosity of a receding nebula. Z. Astrophys. 15/1938: 160f.

234 Ebenda.

235 Laue an Theodor, Berlin, 12.1.1938. Lemmerich 2011: 50.

236 Ebenda.

237 Ebenda, S. 51.

238 Laue, Max v.: Die Erwärmung des Kristalls beim Kosseleffekt. Phys. Z. 39/1938: 339.

239 Laue, Max v.: Zum dreihundertsten Geburtstag des ersten Lehrbuches der Physik. Naturw. 26/1938: 129–135, hier S. 135.

240 Meitner, Lise, CAC, MTNR 2/1, Tagebücher

241 AMPG, III. Abt., Rep. 50, Nachtrag (Autoreisetagebuch).

242 AMPG, I. Abt., Rep. 1 A, Nr. 1652.
243 Verh. Dt. Phys. Ges. 19/1938: 57–76.
244 Ebenda.
245 Laue, Max v.: Der magnetische Schwellwert für Supraleitung. Ann. Phys. 424/1938: 253–258.
246 Verh. Dt. Phys. Ges. 19/1938: 57–76.
247 Ebenda.
248 Ebenda.
249 Ebenda.
250 Hoffmann u. a. 2009.
251 Laue, Max v.: Zum 80. Geburtstag von Max Planck. Ann. Phys. 424/1938: 2–4; Sb. Preuss. Akad. Wiss., Phil.-hist. Kl. 1938: 157; Research and Progress 4/1938: 103.
252 Laue, Max v.: Zur Thermodynamik der Supraleitung. Ann. Phys. 424/1938: 71–84.
253 Ebenda.
254 Ebenda, S. 84.
255 Laue, Max v.: Der magnetische Schwellwert für Supraleitung. Ann. Phys. 424/1938: 253–258. – Darüber trug Laue auch auf der Festsitzung für Max Planck vor.
256 Laue an Theodor, 8.5. u. 19.5.1938. AMPG, III. Abt., Rep. 50, Nachtrag 6/7, auch in Lemmerich 2011: 59, 61.
257 AMPG, III. Abt., Rep. 50, Nachtrag, Autoreisetagebuch, Juli 1938.
258 Der bald darauf einsetzende Briefwechsel zwischen Lise Meitner und Max von Laue enthält viele Einzelheiten über das wissenschaftliche und private Leben Max von Laues und der Familie in Berlin siehe Lemmerich 1998a.
Meitner, Lise, CAC, MTNR 2/15, Tagebuch 1938. Einzelheiten zu Lise Meitners Flucht in Sime 1996 bzw. 2001, Lemmerich 2003: 86f.
259 Fränz-Gotthold, Ilse, u. Max von Laue: Beugung konvergierender Lichtwellen. Ann. Phys. 425/1938: 249–258. – Als Ort wurde angegeben: „Berlin-Dahlem. Max-Planck-Institut.“ Das deutet darauf hin, dass Frau Fränz-Gotthold im Institut tätig war. Auch bei anderen Gelegenheiten wurde sie erwähnt. Eine Personalaufstellung bestätigt das.
260 Laue an Theodor, Wetterstein, 20.7.1938. In Lemmerich 2011: 65.
261 Laue an Meitner, 23.10.1938. In Lemmerich 1998a: 34, 36.
262 Ebenda.
263 Laue an Meitner, 26.10.1938. In Lemmerich 1998a: 38.
264 Ebenda. – Dr. Georg Graue hatte bei Otto Hahn promoviert und anschließend im KWI für Physikalische Chemie und Elektrochemie gearbeitet. Er war Mitglied der NSDAP und Dozentenbundführer.

Physik und Politik im Berlin der 1930er Jahre

265 Ebenda. – Dr. Georg Menzer war wissenschaftlicher Mitarbeiter Laues am KWI für Physik.
266 Ebenda.
267 An seinen Sohn Theodor hatte Laue am 2.10. von der Kundgebung geschrieben: „Der Zug, der sich durch die (riesenhaft verbreiterte) Charlottenburger Chaussee mit durch's Brandenburger Tor nach dem Lustgarten bewegte, bestand aus Leuten, die sich gut und gemütlich über allerhand Alltägliches unterhielten, die von K.W. Instituten sprachen, wohl auch über Wissenschaft; aber von politischen Dingen, von Krieg oder Frieden, war nirgends die Rede.“ Laue an Theodor, Berlin, 2.10.1938. In Lemmerich 2011: 73.
268 Verordnung über eine Sühneleistung der Juden deutscher Staatsangehörigkeit vom 12. November 1938. In Dehlinger 1943: 1579. – Die Verordnung wurde von Hermann Göring als Beauftragtem des Vierjahresplans unterzeichnet.
269 BBAW, A II–I, 13 Tit.: Statuten 1937–1944, Bl. 16 u. 33; DPGA, 10013. – Am 8.10.1938 forderte Minister Rust die Akademie auf, die Satzung zu ändern: „In diesem Zusammenhang lege ich Wert darauf, daß die ordentlichen Mitglieder der Akademie, soweit sie Nichtarier sind, aus der Akademie ausscheiden.“
270 Ebenda; siehe auch Wolff in Hoffmann/Walker 2006: 91.
271 Laue an Meitner, Berlin, 19.12.1938. In Lemmerich 1998a: 42f.
272 Laue an Theodor, Berlin, 28.12.1938. AMPG, III. Abt., Rep 50, Nachtrag 6/7, auch in Lemmerich 2011: 82f., 87.
273 Sime 1996: 231.
274 Ebenda. – Masurium, das heutige Technetium.
275 Lemmerich 1998b: 158f., 180f.

Physik und Politik im Zweiten Weltkrieg

1 Laue an Meitner, 14.1.1939. In Lemmerich 1998a: 45. – Laue teilte Meitner auch mit, dass er in den Briefen die Namen verschlüsseln würde.
2 Laue an Einstein, Berlin, 10.2.1939, UAF, NL Laue, 9.1.
3 Laue an Einstein, Berlin, 27.2.1939. UAF, NL Laue, 9.1.
4 Hitler, Adolf: Erklärung vor dem Großdeutschen Reichstag am 30. Januar 1939 in Berlin. Verhandlungen des Reichstags. 4. Wahlperiode, Band 460. Stenographische

Anmerkungen

Berichte 1939–1942. 1. Sitzung, Montag, 30. Januar 1939: 1–21.

5 Rust 1939.

6 Gönner, H., u. R. Klein: Nachruf auf Max Kohler: Phys. Bl. 38/1982: 298f.

7 Fermi 1938.

8 Laue, Max v.: Fermi, Enrico. Moleküle und Kristalle. Naturw. 27/1939: 32.

9 Needham/Pagel 1938.

10 Laue Max v.: Background to Modern Science. Naturw. 27/1939: 434f., hier S. 435.

11 Laue, Max v.: Otto Hahn zum 60. Geburtstag. Naturw. 27/1939: 153. – In einem Brief vom 26.2.1939 an Theodor bemerkte er, dass er Lise Meitner in der Würdigung für Hahn nicht erwähnen dürfe.

12 Laue an Meitner, Sulden, 14.3.1939. In Lemmerich 1998a: 49.

13 Laue an Theodor, 25.4.1939. In Lemmerich 2011: 105f.

14 Ebenda, hier S. 106.

15 Laue an Theodor, Berlin, 28.6.1939. AMPG, III. Abt., Rep 50, Nr. 7/1. In Lemmerich 2011: 115.

16 Adresse der Preußischen Akademie der Wissenschaften zu Max Plancks 60. Doktorjubiläum am 28. Juni 1939. Naturw. 27/1939: 441f. – Die Veröffentlichung ist mit „(gez.) Vahlen" ausgewiesen. Theodor Vahlen war ein überzeugter Nationalsozialist. Das Ministerium wollte ihn zum Präsidenten der Akademie bestimmen. Jedoch musste er satzungsgemäß gewählt werden. Er verlor die Wahl und konnte den Posten nur kommissarisch verwalten.

17 Planck, Max: Neue Bahnen der physikalischen Erkenntnis. In ders.:Vorträge und Reden. Leipzig 1913: 65, zit. in Naturw. 27/1939: 441.

18 Ebenda.

19 Laue an Meitner, 19.8.1939. In Lemmerich 1998a: 61.

20 Laue an Theodor, 23.8.1939. In Lemmerich 2011: 120.

21 Laue an Theodor, 24.8.1939. In Lemmerich 2011: 121.

22 Festschrift zum 60. Geburtstage Max von Laues. Ann. Phys. 428 (3/4)/1939: 189–380.

23 Sommerfeld, Arnold: Über die Dimensionen der elektromagnetischen Größen. Ann. Phys. 428/1939: 335–339, hier S. 339.

24 Planck, Max: Max von Laue zum 9. Oktober 1939. Naturw. 27/1939: 665f.

25 Theodor an Laue, Princeton, 7.10.1939. Lemmerich 2011: 126. Der Vater dankte im Brief vom 17. November herzlich für die Glückwünsche: Laue an Theodor, Berlin, 17.11.1939. In Lemmerich 2011: 127.

Physik und Politik im Zweiten Weltkrieg

26 AMPG, III. Abt., Rep. 50.

27 Laue an Meitner, 15.10.1939. In Lemmerich 1998a: 71.

28 Ebenda.

29 HUA, PA Laue.

30 AMPG, I. Abt., Rep. 1A, Nr. 1652/1–3 (329). – Debye war holländischer Staatsbürger. Er wurde bei Kriegsbeginn aufgefordert, die deutsche Staatsangehörigkeit anzunehmen, was er aber ablehnte. So wurde er von seinem Posten in der KWG „beurlaubt". Ausführlich zum Verhalten des Ministeriums und Rudolf Mentzels siehe Sommerfeld 2004.

31 Ebenda.

32 Debye an Sommerfeld, Berlin-Dahlem, 30.12.1939. In Sommerfeld 2004: 469.

33 Laue, Max v.: Einordnung der Kossel-Möllenstedtschen Elektroneninterferenzen in die Raumgittertheorie. Ann. Phys. 429/1940: 169–172.

34 Ebenda, hier S. 172.

35 Laue an Meitner, 14.1.1939. In Lemmerich 1998a: 45.

36 Laue an Theodor, 3.1.1940. In Lemmerich 2011: 133.

37 Rückert 1837: 36f.

38 Laue an Meitner, 2.3.1940. In Lemmerich 1998a: 82.

39 Laue an Meißner, Berlin, 17.3.1940 u. Meißner an Laue, Pasing, 20.3.1940. DMA, NL 045/006.

40 Planck, Max: Versuch einer Synthese zwischen Wellenmechanik und Korpuskularmechanik. Ann. Phys. 429/1940: 261–277, hier S. 261.

41 Laue an Sommerfeld, Berlin, 17.11. u. 4.12.1940. In Sommerfeld 2004: 529, 533.

42 Laue, Max v.: Das elektrostatische mittlere Potential in Kristallen. Naturw. 28/1940: 515f.

43 Laue, Max v.: Zur Elektrostatik der Raumgitter. Z. Kristall. 103/1941, H. 1/1940: 54–70.

44 Laue, Max v.: Das elektrostatische mittlere Potential in Kristallen. Naturw. 28/1940: 515.

45 Laue, Max v.: Zur Elektrostatik der Raumgitter. Z. Kristall. 103/1941, H. 1/1940: 54–70, hier S. 54f. – Die Arbeit daran beendete er im Juli 1940.

46 Frenkel 2011: 72. Houtermans wird auch erwähnt in Lemmerich 2011: 153, 158, 162, 165, 258, 345.

47 Laue an Meißner, Berlin, 4.5.1940. DMA, NL 045/036.

48 Laue an Meitner, Dierhagen, 23.8.1940. In Lemmerich 1998a: 95. – Gemeint ist Laues Beschäftigung mit den Korrekturen an seinem Buch über Röntgenstrahl-Interferenzen.

49 Laue, Max v.: Interferenz-Doppelbrechung

von Röntgenstrahlen in Kristallprismen. Naturw. 28/1940: 645f.
50 Ebenda, hier S. 646.
51 Laue an Meitner, 27.10.1940. In Lemmerich 1998a: 102.
52 Ebenda.
53 Laue an Meißner, Berlin, 30.10.1940. DMA, NL 045/036.
54 Laue an Meitner, 17.1.1942. In Lemmerich 1998a: 110f.
55 Ebenda, hier S. 111. Siehe auch Boersch, Hans: Fresnel'sche Elektronenbeugung. Naturw. 28/1940: 710f. Es wurde die Fresnel'sche Beugung beobachtet.
56 Laue an Meißner, Berlin, 1.2.1941. DMA, NL 045/036.
57 Ebenda. – Für Walther Meißner war es gelegentlich schwierig, sich mit den Ideen von Laue auseinander zu setzen, auch Laues Überzeugungsversuche führten gelegentlich zu Missverständnissen, siehe Meißner an Laue, 27.1.1942. DMA, NL 045/036.
58 Laue an Meißner, Berlin, 1.2.1941. DMA, NL 045/036.
59 Laue an Meitner, 3.4.1941. In Lemmerich 1998a: 119.
60 Laue an Bohr, Berlin, 25.4.1941. NBA.
61 Wintergerst 1940.
62 Laue, Max v.: Die technische Physik des Kraftwagens. Naturw. 29/1941: 184.
63 Meitner an Laue, Stockholm, 27.3.1941. In Lemmerich 1998a: 118.
64 Laue, Max v.: Zum 40-jährigen Jubiläum des Wärmestrahlungsgesetzes. Naturw. 29/1941: 137.
65 Weizsäcker, Carl Friedrich v.: Die Physik der Gegenwart und das physikalische Weltbild. Naturw. 29/1941: 185–193, hier S. 185.
66 Weizsäcker 1943.
67 Laue 1941.
68 Ebenda, hier S. V. – Die Korrespondenz mit den vielen anderen Wissenschaftlern während der Arbeit an seinem Buch „Röntgenstrahl-Interferenzen" und die zahlreichen Bitten um Originalabbildungen sind leider in den verschiedenen Nachlassteilen nicht vorhanden.
69 Ebenda, hier S. V.
70 Ebenda, hier S. VI.
71 Laue an Meitner, 27.7.1941. In Lemmerich 1998a: 130.
72 Laue an Meißner, 15.5.1941. DMA, NL 045/037.
73 Ebenda.
74 Ebenda.
75 Meißner an Laue, 23.5.1941. DMA, NL 045/037.

76 AMPG, I. Abt., Rep. 1A, Nr. 1652/1–3.
77 Ebenda.
78 Laue an Meitner, Berlin, 18.8.1941. In Lemmerich 1998a: 136; Pechel, Rudolf: Bei Dr. Leete. Dt. Rundschau, Aug. 1941. – Der Herausgeber der Deutschen Rundschau, Rudolf Pechel, verwendete für seinen Beitrag den Roman von Edward Bellamy (1850–1898; Bellamy 1914). In dem Roman wird die Geschichte eines Mannes erzählt, der nach einem Tiefschlaf von 113 Jahren im Jahr 2000 wieder erwacht. Pechel fragt, was der Mann erleben würde, wenn er 1941 erwachen würde. Er schildert eine menschenverachtende Diktatur. „Denn jedes Volk bleibt verantwortlich für die Regierung, die es erträgt, und muß seine Strafe zahlen für alle Untaten seiner Despoten, die die Steine zum Reden hätten bringen müssen, wenn den Menschen die Angst die Zunge lähmt." Um nicht für diese deutliche Kritik am Dritten Reich verhaftet zu werden, ließ er den Mann 1941 in Sowjetrussland erwachen. Dennoch wurde Pechel verhaftet und kam ins KZ.
79 Laue, Max v.: Über die theoretische Bedeutung der Justi-Zicknerschen Versuche über Stromverzweigungen in Supraleitern. Z. Phys. 118/1941: 455–460.
80 Laue an Meißner, 29. 9.1941. DMA, NL 045/037, siehe auch Stumpf 1939/40 und Endnote 84.
81 Laue, Max v.: Erkenntnislehre. Naturw. 30/1942: 123f.
82 Ebenda, hier S. 123.
83 Ebenda.
84 Ebenda, hier S. 124. – Carl Stumpf (1848–1936) war seit 1894 Professor für Philosophie und Psychologie an der Friedrich-Wilhelms-Universität Berlin. Er war mit Max Planck befreundet. Nach seinem Tod gab der Sohn Felix das Werk heraus und bat Planck, eine Besprechung zu vermitteln.
85 Laue, Magdalena v., an Meitner, Hohenpeißenberg, 4.10.1941. In Lemmerich 1998a: 142f.
86 Laue an Meitner, Saal/Pommern, 21.10.1941. In Lemmerich 1998a: 145f.
87 Hachtmann 2007: 840.
88 Laue, Max v.: Walther Nernst zum Gedächtnis. Med. Klinik 1942: 7f.
89 Laue an Meitner, Berlin, 20.12.1941. In Lemmerich 1998a: 153.
90 Laue an Meitner, Berlin, 21.1.1942. In Lemmerich 1998a: 161f.
91 Laue an Meitner, 20.12.1941. In Lemmerich 1998a: 153.

Anmerkungen

92 Laue, Max v.: Galileo Galilei. Zur dreihundertsten Wiederkehr seines Todestages. Frankfurter Zeitung, 8.1.1942. – Max v. Laue verwendete für seinen Beitrag die Biographie von Wohlwill 1909/26.

93 Laue an Theodor, Schloß Facqueval (auf dem Weg nach Farm Hall), 22.6.194. In Lemmerich 2011: 238.

94 Laue, Max v.: Statistisches über Röntgendurchstrahlung vieler gleichartiger Schichten. Naturw. 30/1942: 205ff.

95 Franke, H.: Forschung a. d. Geb. d. Röntgenstr. 64/1941: 288; Laue, Max v.: Statistisches über Röntgendurchstrahlung vieler gleichartiger Schichten. Naturw. 30/1942: 205–207.

96 Einstein, Albert: Antwort auf eine Abhandlung M. v. Laues „Ein Satz der Wahrscheinlichkeitsrechnung und seine Anwendung auf die Strahlungstheorie". Ann. Phys. 352/1915: 879–885.

97 Lemmerich 2011: 211; RSA, MDA 7, A 9/94.

98 AMPG, I. Abt., Rep. 1A, Nr. 1652/1–3. Zur Wahl von Heisenberg zum neuen Direktor des KWI für Physik siehe AMPG, I. Abt., Rep. 1A, Nr. 1653.

99 Laue an Meitner, Ende März 1942. In Lemmerich 1998a: 177.

100 Laue, Max v.: Arnold Berliner. Naturw. 33/1946: 257f.

101 Arnold Berliner hinterließ einen Abschiedsbrief an Ludwig Ruge: „Sie dürfen mich nicht kurzer Hand verurteilen, bedenken Sie, daß ich seit Jahren wie in einem Gefängnis gelebt habe, ausgeschlossen von allen kulturellen Dingen, an denen ich mein ganzes Leben gehangen habe […]." In Lemmerich 1998a: 176. Laue an Meißner, Berlin, 13.4.1942. DMA, NL 045/037. – Bereits im Dezember 1941 war die Gefahr eines Abtransportes in ein KZ aktuell geworden. Laue schrieb darüber am 11.12.1941 an Arnold Sommerfeld und bat um Hilfe. DMA, NL 89.

102 Laue, Max v.: Über die theoretische Bedeutung der Justi-Zicknerschen Versuche über Stromverzweigungen in Supraleitern. Z. Phys. 118/1941: 455–460; Laue, Max v.: Bemerkungen zur Supraleitung. Phys. Z. 43/1942: 274–284.

103 Laue, Max v.: Bemerkungen zur Supraleitung. Phys. Z. 43/1942: 274. – Über diese Arbeit äußerte sich Laue gegenüber Frau Meitner am 20.5.1942: „Wenigstens habe ich in den letztvergangenen Wochen Einiges zu Wege gebracht an dem Elektronenbeugungsbuch und auch in der Theorie der Supraleitung. Da glaube ich eine Verallgemeinerung der Londonschen Theorie gefunden zu haben, welche in mancher Beziehung mehr als diese leistet und vielleicht den Weg zur Wellenmechanik dieser Erscheinung öffnet." In Lemmerich 1998a: 190.

104 Laue, Max v.: Das Elektrische Elementarquantum und die Röntgenstrahl-Interferenzen. Scientia 72/1942:14–19.

105 Ebenda, hier S. 19.

106 Papers on the German Uranium Project (1939–1945). In Heisenberg 1989: 378, 397, 432. Siehe auch Hermann 1976: 71.

107 Ebenda.

108 Ebenda. Abdruck der Vortragsfolge in Hahn, D., 1979: 171. – Zuerst sprach Prof. Schumann über „Kernphysik als Waffe". In Hachtmann 2007: 902–910. Anmerkung zur Zeitgeschichte: Im Bundesarchiv in Berlin (BAB) wird unter der Signatur R21/366 eine Meldung vom 19.6.1942 von einem deutschen Kriegsschiff aufbewahrt: „Im Unterhaus wurde am 19.6. [1942] von konservativer Seite eine Anfrage an die Regierung gestellt bezüglich der von den Deutschen für alle Polen im Alter von 18 bis 60 Jahren ausgeführten Zwangsarbeit. Ferner wurde der Außenminister gefragt, ob er wisse, wie viele polnische Universitätsprofessoren und Wissenschaftler ermordet oder im Konzentrationslager verstorben seien, wobei die Mitteilung der deutschen Regierung verlangt wurde, enthaltend die Forderung, diese Maßnahmen sofort einzustellen. Es wurde vorgeschlagen, mitzuteilen, daß bei einer verneinenden Antwort in gleicher Weise nach dem Krieg Zwangsarbeit für alle Mitglieder der nationalsozialistischen Partei verhängt werden solle, und dass alle deutschen Professoren, welche nationalsozialistische Philosophien, geopolitische Gedanken oder Rassenfragen vertreten hätten, nach dem Kriege auf längere Zeit ins Gefängnis kommen sollten. Eden erteilte die Antwort, daß die Regierung sich stets daran erinnere, daß die Vergeltung für die deutschen Verbrechen von nun an zu den Hauptkriegszielen gehöre."

109 Laue an Meitner, Berlin, 10.6.1942. In Lemmerich 1998a: 194.

110 Laue 1943.

111 Laue, Max v.: Energiesatz und neuere Physik. Forschung u. Fortschritte. Nachrichtenblatt der Deutschen Wissenschaft 19/1943: 983.

112 Erich Rothacker (1888–1965) lehrte in Bonn Philosophie und Psychologie und

fragte offenbar 1944 bei Laue zur Herausgabe einer Geschichte der Physik an. UAF, NL Laue, 3.2.

113 Laue, Max v.: Eine Ausgestaltung der Londonschen Theorie der Supraleitung. Ann. Phys. 2–3/1942: 65–83, hier S. 65; verkürzte Fassung in Verh. Dt. Phys. Ges. 2/1942: 62.

114 Ebenda, hier S. 83.

115 Laue an Meißner, Berlin, 4.9.1942. DMA, NL 045/038.

116 Laue, Max v.: Nochmals über Stromverteilung in Supraleitern. Z. Phys. 120/1943: 578–587 (eingegangen am 12. Juli 1942).

117 Ebenda, hier S. 578.

118 Laue an Meißner, Berlin, 21.7.1942. DMA, NL 045/038.

119 Laue an Meitner, Berlin, 13.9.1942. In Lemmerich 1998a: 215. – Es war unklar, ob sie im KZ oder tot waren.

120 Laue, Max v.: Unsere heutige Kenntnis der Supraleitung. Ber. Dt. Chem. Ges. 75/1942: 1427–1432, hier S. 1431f.

121 Laue an Meitner, 21.9.1942. In Lemmerich 1998a: 219.

122 Laue an Meitner, 1.11.1942. In Lemmerich 1998a: 229f.; Laue, Max v.: Der Wulffsche Satz für die Gleichgewichtsform von Kristallen. Z. Kristall. (A) 105/1943: 124–133 (eingegangen am 23.12.1942).

123 Laue an Meitner, Berlin-Zehlendorf, 17.11.1942. In Lemmerich 1998a: 232.

124 Laue an Weizsäcker, 21.11.1942. UAF, NL Laue, 3.9 sowie Laue an Meitner, Berlin-Zehlendorf, 22.11.1942. In Lemmerich 1998a: 235.

125 Laue an Sommerfeld, 11.12.1942. DMA, NL 089.

126 Laue an Meißner, Berlin-Zehlendorf, 9.12.1942. DMA, NL 045/006/038.

127 Meitner an Laue, Stockholm, 7.2. u. 14.2.1943. In Lemmerich 1998a: 254, 256.

128 Laue an Meißner, Berlin, 16.3.1943. DMA, NL 045/038.

129 Ebenda.

130 Meitner an Schiemann, Stockholm, 21.3.1943. CAC, MTNR 5/32, auch in Lemmerich 2010.

131 Laue an Quensel, 18.3.1943. KVA, NL Quensel.

132 Mentzel an Laue, 22.5.1943. BBAW, IV, 1–4 Laue und AMPG, III. Abt., Rep. 1A, PA Laue. – Wenige Wochen vor der Rüge durch Rudolf Mentzel hatte dieser es abgelehnt, dass Laue als Ausgleich für seine vorzeitige Emeritierung eine hauptamtliche Stellung in der Akademie erhielt. Laue an den Vizepräsidenten der Preußischen Akademie der Wissenschaften, Herrn Professor Dr. Grapow, 14.5.1943. BBAW, II–III, 75/2.

133 NAK FO, 371/43529, p. 70, 1944, Science.

134 Laue an Meitner, Berlin, 10.4.1943. In Lemmerich 1998a: 262.

135 Laue, Max v.: Zu P. v. Groths 100. Geburtstage. Z. Kristall. 105/1943: 81.

136 Laue an Meitner, Berlin, 17.3., 4.4. u. 10.4.1943. In Lemmerich 1998a: 262. – Hier wird das Schicksal der beiden Traubenberg-Töchter erwähnt. Die Eltern hatten sie rechtzeitig nach England gebracht.

137 Laue an Meitner, Berlin, 23.4.1943. In Lemmerich 1998a: 265.

138 AMPG, II. Abt., Rep. 1A, PA Laue, Nr. 6, Bl. 19f.

139 Laue an Meißner, Berlin, 21.4.1943. DMA, NL 045/038.

140 Swinne 1992: 115. – Zum 70. Geburtstag von Gans, er war wieder in Argentinien, erschien ein Sonderheft mit einem Beitrag von Laue: Aspectos históricos de la supraconductovidad. Revista de la Union Mathematica Argentina 24/1950: 109.

141 Laue, Max v.: Ein relativistischer Beweis für das Wiensche Verschiebungsgesetz. Ann. Phys. 435/1943: 220ff.

142 Laue an Meitner, 6.6.1943. In Lemmerich 1998a: 275.

143 Laue an Meißner, Pommern, 13.6.1943. DMA, NL 045/038. – Der Stürmer, 3.6.1943: 2. „Um in den Völkern Uneinigkeit und Unfriede herbeizuführen, verbreitet der Jude, alle Menschen seien gleich. Wer will behaupten, daß dieser Deutsche Physiker (Max von Laue), dem die Wissenschaft so viel verdankt, irgendeinem niederträchtigen Tunichtgut gleichzustellen sei."

144 Laue, Max v.: Nachtrag zu meiner Arbeit „Eine Ausgestaltung der Londonschen Theorie der Supraleitung." Ann. Phys. 435/1943: 223f.

145 HUA, PA Laue, Bl. 141; zur Entpflichtung: BAB, R 26–III/9 u. R 4901/13270.

146 Laue an Meitner, 31.10.1943. In Lemmerich 1998a: 318.

147 Hoffmann 2012: 131.

148 Laue an Meitner, Ahrenshoop, 5.8.1943. In Lemmerich 1998a: 292.

149 Ebenda, hier S. 293.

150 Laue an Meitner, Ahrenshoop, 10.8.1943. In Lemmerich 1998a: 293.

151 Planck an Laue, St. Jakob, 31.8.1943. AMPG, V. Abt., Rep. 13, Planck, Nr. 1300.

152 Laue an Meitner, 4.10.1943. In Lemmerich 1998a: 311.

153 Laue an Meitner, Berlin, 9.10.1943. In Lemmerich 1998a: 313.

154 Laue an Meitner, 31.10.1943. In Lemmerich 1998a: 318f. – Planck berichtete Laue nach

Physik und Politik im Zweiten Weltkrieg

seiner Rückkehr aus Kassel von dem verheerenden Luftangriff auf die Stadt und den Verlust seiner mitgeführten Schriften und Briefe. Laue informierte darüber auch Lise Meitner und nahm eine längere Abschrift des Berichtes von Planck in seinen Brief auf.

155 Laue an Meitner, Berlin, 28.11. u. 31.12.1943. In Lemmerich 1998a: 328, 338.

156 Laue 1944.

157 Ebenda, hier S. V.

158 Ebenda, hier S. VI.

159 Ebenda, hier S. 36. Elsasser, Walter: Bemerkungen zur Quantenmechanik freier Elektronen. Naturw. 13/1925: 711. – Elsasser emigrierte wegen seiner jüdischen Abstammung 1936 in die USA.

160 Stern, Otto: Beugung von Molekularstrahlen am Gitter einer Krystallspaltfläche. Naturw. 17/1929: 391.

161 Laue 1944, hier S. 222.

162 Ebenda, hier S. 366.

163 Ebenda.

164 Ebenda, hier S. 367.

165 Ebenda.

166 Ebenda. – In den vergangenen Jahren kam es, überwiegend in den USA, zur Entwicklung der Quanten-Elektrodynamik.

167 Laue, Max v.: Besprechung. Zum Weltbild der Physik von Carl Friedrich von Weizsäcker. Leipzig 1943. Naturw. 32/1944: 85–87, hier S. 86.

168 Ebenda.

169 Ebenda.

170 Ebenda.

171 Ebenda, hier S. 87.

172 Planck an Laue, Rogätz, 18.2.1944. AMPG, V. Abt., Rep. 13, Planck, Nr. 1337.

173 Laue, Max v.: Zu Ludwig Boltzmanns 100. Geburtstage. Forschung u. Fortschr. 20 (4–5)/1944: 46f. – Zitat aus Boltzmann 1905: V.

174 Laue an Meitner, 22.2., 24.2., 4.3. u. 8.3.1944. In Lemmerich 1998a: 353ff.

175 Laue an Meitner, Saal/Pommern, 20.3.1944. In Lemmerich 1998a: 358f. – Die Korrespondenz mit Lise Meitner enthält in dieser Zeit Schilderungen von dem Leistenbruch von Max Planck bei seinem Aufenthalt in Amorbach und die Operation durch Prof. Sauerbruch sowie kurz den Hinweis auf den Selbstmordversuch der Enkelin von Planck, Emma Fehling. Persönliche Mitteilung von Hildegard Lemcke, geb. v. Laue, an den Autor.

176 Laue, Magda v., an Meitner, o. O., o. D. [Mitte Mai 1944] u. 22.5.1944. In Lemmerich 1998a: 368f.

177 Laue an Meitner, Süddeutschland, 24.6. u. 2.7.1944. In Lemmerich 1998a: 377, 380.

178 Ebenda.

179 Heisenberg 1972: 258. – General Ludwig Beck stand ab 1935 an der Spitze des Generalstabs. Er trat 1938 zurück, da er Hitlers Expansionspläne nicht billigte. Am 20. Juli 1944 wurde Beck verhaftet und nach einem missglückten Selbstmordversuch erschossen.

180 Siehe Hoffmann, P., 1979; Roon 1994: 178; Pufendorf 2006: 447.

181 Planck an Laue, Rogätz über Wolmirstedt, 8.8.1944. AMPG, V. Abt., Rep. 13, Planck, Nr. 1375 K.

182 Laue, Max v.: Zum 50. Todestage von Hermann von Helmholtz. Naturw. 32/1944: 206f.

183 Laue, Magda v., an Meitner, Süddeutschland, 21.9.1944. In Lemmerich 1998a: 405.

184 Laue an Meitner, 24.9.1944. In Lemmerich 1998a: 406. – Frau von Traubenberg hatte eine Aufforderung zur Meldung in Hirschberg erhalten, wohin sie nach der Zerstörung ihrer Berliner Wohnung gezogen war. Ihr Ehemann begleitete sie und erlitt dabei einen tödlichen Herzanfall.

185 Planck an Laue, Rogätz, 11.10.1944. AMPG, V. Abt., Rep. 13, Planck, Nr. 1383 K.

186 Laue 1946.

187 Laue an Möglich, KWI für Physik, Zweigstelle Hechingen, 9.1.1945. AMPG, III. Abt., Rep. 50, Nr. 1378a.

188 Laue an Meitner, Süddeutschland, 9.1.1945. In Lemmerich 1998a: 431. – Hier schreibt Laue zum ersten Mal von einer Umstellung der Leitungselektronen. Die Veröffentlichung dazu erfolgte erst 1946: Laue, Max v.: McLennans Hochfrequenz-Beobachtungen an Supraleitern. Naturw. 33/1946: 92. – Die von Laue angegeben Kostante „λ" führte Fritz London ein. $\lambda \cdot J =$ e. J ist die Dichte des Elektronenstroms. An anderer Stelle ist $\lambda = m/n\ e^2$. Mit „n" wird die Anzahl der supraleitenden Elektronen bezeichnet. Siehe London, Fritz: A new conception of supraconductivity. Nature 140/1937: 793–797.

189 Laue an Meitner, Hechingen, 13.2.1945. In Lemmerich 1998a: 436.

190 Laue an Meitner, Süddeutschland, 23.2.1945. In Lemmerich 1998a: 437.

191 Laue, Max v.: Supraleitung und Hertzsche Schwingungen. Z. Phys. 124/1948: 135–143. – Das Ms. wurde im Februar 1945 an den Verlag zur Veröffentlichung geschickt.

192 Ebenda, hier S. 136.

193 Laue an Theodor, Hechingen, 7.4.1945. In Lemmerich 2011: 216.

194 Ebenda, hier S. 217.

Physik und Politik im Zweiten Weltkrieg

195 Ebenda, hier S. 218.
196 Ebenda.

Kriegsende und Farm Hall

1 Laue an Theodor, Hechingen, 21. u. 25.4.1945. In Lemmerich 2011: 218, 220f., hier S. 221. – Zu Hechingen siehe auch Laue, Max v.: Mein physikalischer Werdegang. Vollst. Abgedruckt in Hartmann 1952: 37–70: „Auch die Anstalten zur Verteidigung von Hechingen, so kindisch sie waren, hätten eine große Gefahr bedeutet, wenn es wirklich zum Kampf gekommen wäre. Zum Glück siegte die Einsicht in das Frevelhafte solchen aussichtslosen Widerstandes, und die Einwohnerschaft sah am 23. April 1945, trotz aller mit solcher ‚Eroberung' nun einmal verbundenen militärischen Maßnahmen, mit einem Gefühl der Erleichterung französische und rotspanische Truppen kampflos einziehen. Das alles konnte niemanden überraschen."
2 Laue an Theodor, Le Vésinet bei Paris (auf dem Weg in die Internierung in England), 26.5.1945. In Lemmerich 2011: 226. – Diese Nachricht schrieb Laue „auf Vorrat", als er bereits von den Engländern aus Hechingen abgeholt worden war.
3 Ebenda, hier S. 225.
4 Laue an Theodor, Le Vésinet bei Paris, 29.5.1945 u. Schloß Facqueval, 21.6., 22.6. u. 27.6.1945. In Lemmerich 2011: 219–240.
5 Laue an Theodor, Huntingdon, 7.8.1945. In Lemmerich 2011: 241.
6 Ebenda, hier S. 242
7 Ebenda.
8 Walker, Mark, u. Hellmut Rechenberg: Farm-Hall-Tonbänder: Über die Uranbombe. Werner Heisenbergs abgehörter Vortrag vom 14. August 1945 in Farm Hall. Phys. Bl. 12/1992: 994–1001. Siehe auch Hoffmann 1993.
Am 8. August 1945 wurde von den deutschen Wissenschaftlern eine Art Stellungnahme verfasst, die in fünf Punkten sehr kurz zu den deutschen Arbeiten über die Urankernspaltung berichtet: „Dagegen erscheinen die Voraussetzungen für die Herstellung einer Bombe im Rahmen der technischen Möglichkeiten, die in Deutschland zur Verfügung standen, damals nicht gegeben zu sein." (DMA, 1976–20/8). Die Original-Tonaufzeichnungen der Unterhaltung sind nicht veröffentlicht worden. Ob die Übersetzung in Englisch dem Wortsinn genau folgt, kann daher nicht nachgewiesen werden. Laue ist nur mit unwesentlichen, kurzen Beiträgen vertreten, siehe Hinsley 1996: 122 sowie National Archivs, Kew, TATC Papers. Aus den Besprechungsprotokollen ist eindeutig ersichtlich, dass einem kleinen Kreis der englischen Politiker und Wissenschaftler im Frühjahr 1941 die deutschen Aktivitäten zum Weg zu einer Atombombe bekannt wurden. Das deutsche Interesse an Schwerem Wasser der Norsk Hydro mit einer Monatsproduktion von 120 kg deutete auf einen Reaktor hin, um Plutonium zu erbrüten. In einem Bericht vom 23.4.1942 hieß es dazu: „Science recent experiments have confirmed that element 93 would be as good as U_{235} for military purposes, and since this element is best prepared in systems involving the use of heavy water, ..." Siehe auch Hinsley 1996 u. CAC, IV 12/2, Chadwick Papers.
9 Laue an Theodor, Huntingdon, 19.8.1945. In Lemmerich 2011: 245.
10 Laue an Rosbaud, Berlin, 14.4.1959. UAF, NL Laue, 3.5.
11 NARA, CAB 126/333. Auch in Lemmerich 2011: 250. – Patrick Blackett hat seine Erinnerungen an diese Zeit aufgeschrieben. Daraus geht hervor, dass er sich vor dem Besuch in Farm Hall in London beim Intelligence Dept. Informierte (RSA, P.M.S., Blackett Papers, A 10).
12 NARA, CAB 126/333: 16, auch zit. in Lemmerich 2011: 251f.
13 ATA, CAB 126/333, auch zit. in Lemmerich 2011: 253.
14 Laue an Theodor, 22.9.1945. In Lemmerich 2011: 255.
15 NARA, 70, 800/566, TOP SECRET – Dort erwähnt Laue die Einladung zur Röntgen-Feier, die dann verschoben wurde; auch in Lemmerich 2011: 267, siehe auch WO 22/22/17 über die irrtümliche Mitnahme Max von Laues nach England.
16 Laue an Theodor, Huntingdon, 11.11., 12.11.,14.11. u. 18.11.1945. In Lemmerich 2011: 267–275.
17 Tischrede vom 16.11.1945 zur Feier der Verleihung des Nobelpreises an Otto Hahn. In Lemmerich 2011: 272f., hier S. 273.
18 Laue an Theodor, Huntingdon, 18.11.1945. In Lemmerich 2011: 273f.
19 Laue an Theodor, Huntingdon, 25.11.1945. In Lemmerich 2011: 275f.
20 Laue an Theodor, Huntingdon, 9.12.1945. In Lemmerich 2011: 280f.
21 Ebenda, hier S. 280–285.

Kriegsende und Farm Hall

Anmerkungen

Wieder in Deutschland

Wieder in Deutschland

1 Jäckel 1996: 242.

2 Erklärung in Anbetracht der Niederlage Deutschlands und der Übernahme der obersten „Regierungsgewalt hinsichtlich Deutschlands" vom 5. Juni 1945. Online: http://www.verfassungen.de/de45-49/regierungsuebernahme45.htm [letzter Zugriff: 18.1.2019].

3 Alliierter Kontrollrat, Gesetz Nr. 25. Online: http://www.verfassungen.de/de45-49/kr-gesetz25.htm [letzter Zugriff: 18.1.2019].

4 Laue an Theodor, Alswede, 13.1.1946. In Lemmerich 2011: 286.

5 Laue an Theodor, Alswede, 20.1.1946. In Lemmerich 2011: 288.

6 Laue an Theodor, Alswede, o. D. In Lemmerich 2011: 291. – Im Vortragssaal betrug die Temperatur 14 °C.

7 Laue an Schimank, Göttingen, 6.4.1946, hs. GNT, NL Schimank.

8 Ebenda.

9 Laue an Theodor, Alswede, 3.2.1946. In Lemmerich 2011: 290.

10 Laue an Theodor, Alswede, 17.2.1946. In Lemmerich 2011: 293.

11 Laue an Theodor, Göttingen, 18.3.1946. In Lemmerich 2011: 295.

12 Ebenda, hier S. 296.

13 Ebenda, siehe auch Hermann 1973: 114.

14 Laue 1946. – Mit „die oben erwähnten Daten" meinte Laue die Entdeckung der Kernspaltung und die Atombombenabwürfe.

15 Laue an den Springer-Verlag, Göttingen, 28.3.1946. UAS.

16 Zu Ernst Telschow: AMPG, II. Abt., Rep. 1 A, PA Nr. 12, Telschow. – Zu Ernst Telschow und die KWG siehe auch Przyrembel 2004; Planck an Hahn, 25.7.1945. AMPG, II. Abt., Rep. 14, Nr. 3318, Bl. 43; Meitner an Hahn, Stockholm, 20.10.1946. AMPG, III. Abt., Rep. 14 A, Nr. 4897.

17 Hoffmann u. a. 1991.

18 Siehe Konsolidierung und Überleitung in die MPG. Ein Patchwork-Institut. In Steinhauser u.a. 2011: 140.

19 Ronald Fraser war für Laue kein unbekannter Physiker. 1930 hatte Fraser von Arnold Sommerfeld eine „Aeusserung" über seine wissenschaftlichen Leistungen erbeten. Sommerfeld informierte darüber Laue am 2.7.1930 aus München: „Der Kanalstrahl-Versuch von Herrn Fraser hat mich besonders interessiert, da er eine unmittelbare Bestätigung der neuen wellenmechanischen Anschauungen bringt." Sommerfeld an Laue, München, 2.7.1930. AMPG, III. Abt., Rep. 50, 2393. Laue an Meitner, Göttingen, 21.9.1946. In Lemmerich 1998a: 461f.; Hahn an Sir Henry Dale, Göttingen, 11.7.1946, Entwurf. AMPG, III. Abt., Rep. 53, NL Otto Hahn. – Die Frage der Umbenennung erwähnte Laue in einem Brief an Meißner, Göttingen, 30.7.1946. DMA, NL 045 006/1: „Ich sah übrigens in der zweiten Woche (nach dem 15-ten) auch Niels Bohr und Vilhelm Bjerknes aus Oslo. Beide bestürmten mich, die Kaiser-Wilhelm-Gesellschaft solle ihren Namen ändern, und deuteten an, daß sich dann Etwas für sie im Auslande werde tun lassen. In dasselbe Horn stieß auch Lise Meitner […]. Hier in Göttingen stößt der Vorschlag nicht gerade auf Gegenliebe. Ich bin aber der Ansicht, daß die Namensänderung eine unbedingte Notwendigkeit ist und habe den Namen ‚Harnack-Gesellschaft' vorgeschlagen."

20 Rasch 1994: 96ff.

21 Becker u.a. 1998: 229, 552, 709.

22 Laue an Theodor, Göttingen, 3.5.1946. In Lemmerich 2011: 298.

23 Ebenda, hier S. 299, siehe auch Meinecke 1946. – Laue ließ sich das Kapitel VI „Militarismus und Hitlerismus" des Buches fotokopieren, denn die Auflagen waren damals infolge der Papierknappheit niedrig und das Interesse groß.
Meinecke wurde 1862 geboren. Er studierte Geschichte und Germanistik. Von 1887 bis 1901 war er Archivar im Preußischen Geheimen Staatsarchiv in Berlin, dann Professor für Geschichte in Straßburg, Freiburg i. Br. und ab 1914 in Berlin. Das Kapitel VI begann mit einer historische Rückschau: „Es ist, soweit wir sehen, noch niemals beachtet worden, daß der moderne technisch utilitaristische Geist, über dessen Zusammenhang mit dem Hitlermenschentum wir uns eben Gedanken machten, eine um 1½ bis 2 Jahrhunderte ältere Vorform schon hatte in dem preußischen Militarismus, wie ihn Friedrich Wilhelm I [1688–1740] geschaffen hat. Und diese Vorform, über die wir schon einiges sagten, prägte sich den Menschen außerordentlich fest und tief ein. Der Typus des preußischen Offiziers entstand, der sich sowohl vom Offizierstypus anderer Länder wie von den Typen anderer Berufe im eigenen Lande scharf abhob. Das Entscheidende war, daß ein bestimmter rationaler Gedanke die

absolute Herrschaft erhielt über alles Wesen im Menschen – der Gedanke einer unbedingten nicht nach rechts und nicht nach links sehenden Hingabe an den Beruf und an den, der diesen Beruf ihm gab, den Obersten Kriegsherrn, um so ein Höchstmaß beruflicher Leistung als absoluten Wert hervorzubringen – auf dem Exerzierplatze wie auf dem Schlachtfelde, und auf dem Exerziersplatze noch mit besonderer ausgesuchter Berechnung und Technik. Denn hier wurde der Mensch eben dressiert, das heißt, nach einem rationalen Schema umgebildet zu jenem Wesen, das blindlings sein Leben für einen von ihm nicht gesetzten Zweck zu opfern lernen sollte." Meinecke ging in diesem Kapitel auf die Bedeutung der Reichswehr für Hitlers Erfolg der Machtübernahme ein sowie ihre Einvernahme durch Hitler und die Bildung der SS. „Der Geist, vielmehr der Ungeist der Waffen-SS bestimmte jetzt das Wesen und Wollen der Regierenden und führte uns in den Abgrund." Das Kapitel XIII erhielt die Überschrift „Hat der Hitlerismus eine Zukunft?", was er verneinte, um im XV. Kapitel den Weg zur Erneuerung aufzuzeigen. Alle Veröffentlichungen unterlagen damals der alliierten Genehmigung.

24 Laue an Theodor, Göttingen, 19.5., 21.6.1946. In Lemmerich 2011: 306; Laue, Max v.: Isaac Newton (1642–1727). Z. Kultur u. Technik 1/1946: 11f. – Er würdigte Newtons optische Versuche und die drei Ausgaben der „Philosophiae Naturalis Principia Mathematica".

25 Meitner an Laue, o. O., 28.6.1946. In Lemmerich 1998a: 451f.

26 Ebenda, hier S. 452. – Lise Meitner reflektierte erst sehr spät, was sie im „Dritten Reich" bis zu ihrer Flucht miterlebt hatte und dass sie trotz aller erlebten Brutalitäten des Regimes so lange in Deutschland geblieben war.

27 Laue an Theodor, Göttingen, 22.6.1946. In Lemmerich 2011: 308. – Die Fehlgriffe waren verständlich, denn die Alliierten hatten keine oder nur sehr unvollständige Vorstellungen vom Leben im „Dritten Reich". Erst nach einiger Zeit verstanden sie mehr von der Handlungsweise, in einer solchen Diktatur zu überleben.

28 Schrödinger an Laue, Dublin, 9.6.1946. In Sommerfeld 2004: 592.

29 Laue an Theodor, Hamburg, 3.7.1946. In Lemmerich 2011: 310.

30 Laue an Theodor, London, 10.7.1946. In Lemmerich 2011: 311.

31 Laue an Theodor, London, 12.7.1946. In Lemmerich 2011: 313.

32 Laue an Theodor, London, 14.7.1946. In Lemmerich 2011: 314. – Das Zitat stammt aus dem Brief vom 12.7.1946. Ebenda, hier S. 313. – Siehe auch Laue, Max v.: Deutsche Physiker auf britischen Tagungen. Göttinger Univ.-Ztg. 18/1945/46: 12.

33 Laue an Theodor, London, 12.7.1946. In Lemmerich 2011: 313.

34 Laue an Theodor, Purley, 16.7.1946. In Lemmerich 2011: 314.

35 Ebenda, hier S. 315.

36 Ebenda.

37 Ebenda.

38 Ebenda. – Zu Göttingen siehe Thadden/Trittel 1999, darin insbesondere: Tollmien: 275–290, Dahms: 395–443, Gidion: 539–586, Manthey/Tollmien: 675–760. Siehe auch Hentschel, Klaus u. Gerhard Rammer: Kein Neuanfang. Physiker an der Universität Göttingen 1945–1955. Z. f. Geschichtsw. 8/2000: 718–741. – Bereits im Oktober 1945 hatte die Deutsche Evangelische Kirche ein Schuldbekenntnis veröffentlicht.

39 Laue an Theodor, Purley, 17.7.1946. In Lemmerich 2011: 316.

40 Laue an Einstein, Purley, 17.7.1946. UAF, NL Laue, 9.1.

41 Laue an Theodor, Göttingen, 28.7.1946. In Lemmerich 2011: 318.

42 Henning/Kazemi 2011: 281.

43 Laue, Max v.: Eindeutigkeitssätze in der Theorie der Supraleitung. Nachr. Akad. Wiss. Göttingen, Math.-Phys. Klasse, 1946: 86ff., hier S. 88. – Die Rechnung ging von der London'schen Gleichung und einem stationären Strom aus.

44 Die Gründung der drei genannten Institutionen ist von Frau Dr. Zeitz (2006) beschrieben worden. Die große Belastung Laues durch die notwendigen, unterschiedlichen und oft gleichzeitigen Aktivitäten wird dort nicht so deutlich, wie im folgenden Teil ***dieses Buches***, wo die Gleichzeitigkeit der von ihm geforderten Entscheidungen deutlicher wird, aber vom Leser mehr Aufmerksamkeit erbittet.

45 Laue an Theodor, Göttingen, 25.8.1946. In Lemmerich 2011: 323. – Im selben Brief erwähnt Laue ein Dorf von 600 Alt-Einwohnern, in dem jetzt bis zu 800 Flüchtlinge aus dem Osten lebten.

46 Ausführlich bei Rammer in Hoffmann/Walker 2012: 359, 373. – Laue an Theodor, Göttingen, 5.10.1946. In Lemmerich 2011: 330.

47 Laue an Meitner, Göttingen, 7.10.1946. In

Wieder in Deutschland

Anmerkungen

Lemmerich 1998a: 464. Vgl. Neue Phys. Bl. 2/1946: 178f., darin die Liste der Vortragenden und ihre Themen, u.a. Marga Plancks Schilderung von Max Plancks Teilnahme an der Newton-Feier in London. AMPG, III. Abt., Rep. 50, Nr. 2388–90; DPGA, 40037, Tagung u. DPGA, 40038, Protokoll, 5.10.1946, Bekanntmachung 14.10.1946; siehe auch Zeitz 2006: 89.

48 Laue an Theodor, Göttingen, 5.9.1946. In Lemmerich 2011: 325.

49 Laue an Theodor, Göttingen, 6.9.1946. In Lemmerich 2011: 325.

50 Einstein an Laue, 9.8.1946. UAF, NL Laue, 9.1.

51 Einstein an Laue, 15.8.1946 [Datum wahrscheinlich der 15.9.; Anmerkung v. Laue: Poststempel 10.10.46]. UAF, NL Laue, 9.1.

52 Laue an Einstein, Göttingen, 15.10.1946, und Einstein an Laue, [Princeton], 9.1.1947. UAF, NL Laue, 9.1.

53 Laue an Theodor, Göttingen, 9.9.1946. In Lemmerich 2011: 327. Vgl. Schilpp 1949 bzw. 1955.

54 Rosbaud an Laue, London [?], o. D. AMPG, III. Abt., Rep 50, Nr. 1666.

55 Jaspers 1946. – Karl Jaspers gliederte die Schuldfrage in vier Begriffe: Kriminelle Schuld, Politische Schuld, Moralische Schuld, Metaphysische Schuld. Jaspers schrieb: „Recht kann sich nur beziehen auf Schuld im Sinne Verbrechen und im Sinne politischer Haftung, nicht auf moralische und metaphysische Schuld. [...] Moralisch kann man Schuld nur sich selber geben." Als Psychologe bemerkte er: „Unsere menschliche Artung – wenigstens in Europa – ist derart, daß wir ebenso empfindlich gegen Vorwürfe sind wie leicht bereit, anderen Vorwürfe zu machen." Ganz zeitbezogen war seine Aussage: „Mancher lässt sich verführen durch sein augenblickliches Desinteresse. Es erscheint ihm vorteilhaft, die Schuld zu bekennen. Die Entrüstung der Welt über das moralisch verworfene Deutschland entspricht seiner Bereitwilligkeit zum Schuldbekenntnis."
Die Schuldfrage konnte auch in den folgenden Jahren nicht gelöst werden. Sie war immer noch ein psychologisch komplexes Thema.
Ein wichtiges Publikationsorgan war die „Deutsche Rundschau", hrsg. v. Rudolf Pechel, dessen Aufsätze zum Aufkommen des Nationalsozialismus und den Folgen Stellung nahmen.

56 Laue an Theodor, Göttingen, 8.11.1946. In Lemmerich 2011: 335.

57 Ebenda.

58 Laue an Theodor, o. O., 12.11.1946. In Lemmerich 2011: 337.

59 AMPG, II. Abt., Rep. 1A, Gründung Nr. 5 (2–16), Gründung Nr. 1, 3. – Ob die Namensgebung nur auf Sir Henry Dale zurückgeht, ist nicht eindeutig. Angeblich hat Lise Meitner den Vorschlag gemacht. Sie verehrte Max Planck sehr. Siehe auch Lemmerich 1981 (ohne Quellen); Heinemann in Vierhaus/vom Brocke 1990: 407 u. Zeitz 2006: 79.

60 Report on Physikalisch-Technische Reichsanstalt, June 1945, R. H. Ranger, Combines Intelligence Objectives Sub-Committee (CIOS), Item No. 1. – Auf Seite 3 steht: „It is believed that this group is an important aid to rehabilitate the German equivalent of the Bureau of Standards, and should be tied in to whatever Government Institution is established to look towards economic technical rehabilitation of Germany.", zitiert nach: Kern 1994: 271; darin auch der Lageplan des Geländes mit eingezeichneten Gebäuden in Völkenrode (S. 276).
Zur Eiche: Verabschiedung des Präsidenten der Physikalisch-Technischen Bundesanstalt (PTB) Prof. Dr. Richard Vieweg. Amtsblatt der Physikalisch-Technischen Bundesanstalt, Beilage zu Nr. 1/1961: 4. Gerlach an Laue, Bonn, 2.12.1946. AMPG, III. Abt., Rep. 50, Nr. 2390–91; Laue an Gerlach, Göttingen, 13.2.1946. DMA, NL 80/282/1.

Wieder in Deutschland

61 Laue an Ramsauer, Göttingen, 4.11.1946. AMPG, II. Abt., Rep. 50, Nr. 2390–91, Bl. 12.

62 Laue an Theodor, Göttingen, 21.12.1946. In Lemmerich 2011: 345. – Der Physiker Otto Stern musste 1933 emigrieren und ging in die USA.

63 Ebenda.

64 Laue an Meyerhof, Göttingen, 14.12.1946. AMPG, II. Abt., Rep. 50. – Gemeint war wahrscheinlich die Rassentheorie von Eugen Fischer, dem Direktor des KWI für Anthropologie, menschliche Erblehre und Eugenik.

65 Laue an Meitner, 25.12.1946. In Lemmerich 1998a: 476.

66 Laue, Max v., Regener, E.: Zum Jahresbeginn 1947. Phys. Bl. 1/1947: 1.

67 Laue an Bohr, Zürich, 24.1.1947. NBA, NL N. Bohr, siehe auch: Schwarz, Stephan: The case of the bottled Nobel medals. Gamma 150: 8f. –https://schwarzstephan.files.wordpress.com/2015/11/medals-gamma4.pdf [letzter Zugriff: 18.1.2019] – Die Nobel-Urkunde war nicht verloren

gegangen. Sie wurde sehr viel später dem Archiv der Max-Planck-Gesellschaft übereignet.

68 Laue an Franck, Göttingen, 3.1.1947. Regenst. Libr. Univ., Chicago, Franck papers.

69 Ebenda.

70 Frau Ilse Rosenthal-Schneider hatte in Berlin Physik studiert und ein Buch über ihre Gespräche mit Einstein, Laue und Planck veröffentlicht, siehe Rosenthal-Schneider 1980.

71 Laue an Schimank, Göttingen, 5.3.1947. GNT, NL Schimank.

72 Stark, Johannes: Zu den Kämpfen in der Physik während der Hitler-Zeit. Phys. Bl. 8/1947: 271f.

73 Laue, Max v.: Bemerkung zu der bevorstehenden Veröffentlichung von J. Stark. Phys. Bl. 8/1947: 272f.; Laue an Meißner, Göttingen, 13.6.1947. DMA, NL 045; Sommerfeld an Laue, München, 24.7.1947. AMPG, III. Abt., Rep. 50, 2393. Siehe auch: Kleinert, Andreas: Das Spruchkammerverfahren gegen Johannes Stark. Sudhoffs Archiv 67/1983: 13.

74 Borrmann an Laue, 28.2.1947. UAF, NL Laue, 3.1.

75 Gerlach an Laue, o. O., 28.5.1947. DMA, NL 80/282.

76 Laue an Gerlach, Göttingen, 4.3.1947. DMA, NL 080/282/2.

77 Laue an die Präsidialausschussmitglieder der PTR, Tailfingen, 9.8.1947. APTB, G30/2–1, Teil 2.

78 Zeitz 2006: 142.

79 Laue an Meitner, Göttingen, 30.6.1947. In Lemmerich 1998a: 491

80 Meitner an Laue, Hjortnäs, 4.8.1947. In Lemmerich 1998a: 499.

81 Ebenda.

82 Ebenda, hier S. 499f.

83 Laue an Meitner, Tailfingen, 19.8.1947. In Lemmerich 1998a: 500f.

84 Laue an Stern, Tailfingen, 15.8.1947, u. Göttingen, 23.9.1947. UAF.

85 Physiker-Tagung in Göttingen. Phys. Bl. 3/1947: 317–325.

86 Fraser, R.: Begrüßungswort zur Physikertagung in Göttingen, September 1947. Phys. Bl. 3/1947: 289.

87 Physiker-Tagung in Göttingen. Phys. Bl. 3/1947: 317–325, siehe auch Rammer in Hoffmann/Walker 2007: 359f., 381f. (mit einer Liste der Teilnehmer). – Die folgenden Dokumente liegen zeitlich später, behandeln aber Fragen, die Bezug zur Tagung haben: Laue an Shoenberg, Göttingen, 2.10.1947. AMPG, III. Abt., Rep. 50, Nr. 1863; Ms. Laue: Nochmals zur Thermodynamik der Supraleitung. – Es gab danach einen Briefwechsel zu sehr speziellen Fragen wie zu den Arbeiten von Edgar Thomas Snowden Appleyard.

88 Martius, Ursula Maria: Videant consules. Dt. Rundschau 70/1947: 99–102. – Videant consules – eine Formel, mit der den römischen Konsulen besondere Vollmachten erteilt wurden.

89 Ebenda.

90 Laue an Frl. U. M. Martius, Göttingen, 26.12.1947. AMPG, III. Abt., Rep. 50, Nr. 23595.

91 Ebenda.

92 Ebenda.

93 Ebenda.

94 Laue an Theodor, Tisvilde, 1.8.1939. In Lemmerich 2011: 117.

95 Laue an Theodor, Neuchâtel, 24.8.1939. In Lemmerich 2011: 121.

96 Laue an Kallmann, Göttingen, 5.5.1947. UAF, NL Laue, 3.4.

97 AMPG, III. Abt., Rep. 50, Nr. 14.

98 Laue an Meitner u. Kollegen, Göttingen, 26.9.1947. In Lemmerich 1998a: 502.

99 Laue, Max v.: Max Planck (†). Phys. Bl. 3/1947: 249–252.

100 Laue an Meitner, Göttingen, 9.10.1947. In Lemmerich 1998a: 503.

101 Ebenda, hier S. 503f.

102 Planck 1958: 417f.

103 Ebenda.

104 Laue, Max v.: Eine Erweiterung der Theorie der Supraleitung. Naturw. 34/1947: 186. Noch einmal erweitert unter dem Titel: Londons Theorie für nicht-kubische Supraleiter. Ann. Phys. 1/1948: 31–39.

105 Goudsmit, Samuel A.: Nazis' Atomic Secrets. The Chief of a Top-Secret U.S. Wartime Mission Tells How and Why German Science Failed in the International Race to Produce the Bomb. Life 23/1947: 123–134 (20.10.1947); Goudsmit 1947.

106 Morrison, Philip: Alsos. The Story of German Science. Bulletin of the Atomic Scientists 3/1947: 354, 365.

107 Laue, Max v.: The Wartime Activities of German Scientists. Bulletin of the Atomic Scientists 4/1948: 103.

108 Ebenda, auch in AMPG, III. Abt., Rep. 50, Nr.125. – Der Beitrag erschien im April 1948 im Bulletin of the Atomic Scientists. Philip Morrison erwiderte Laue, dass er ihn selbstverständlich nicht angegriffen hätte. Dazu gab es noch einen Kommentar des Herausgebers: Morrison, Philip: A Replay to (Max von Laue). Bulletin of the

Wieder in Deutschland

Atomic Scientists 4/1948: 104. Siehe auch Henning, E.: Der Nachlaß Max von Laues. Neue Quellen im Archiv zur Geschichte der Max-Planck-Gesellschaft (Berlin). Phys. Bl. 11/1992: 938ff.
109 Laue an Meitner, Göttingen, 15.6.1948. In Lemmerich 1998a: 517.
110 Laue an Gerlach, Göttingen, 12.12.1947. DMA, NL 080/282/2.
111 Laue an Born, Göttingen, 18.6.1946. SBPK, NL Born, 429.
112 Laue 1947: Einleitung.
113 Ebenda.
114 Ebenda: Inhalt.
115 Einstein an Laue, Princeton, 15.5.1947. UAF, NL Laue, 9.1; Laue 1946. – Im Vorwort gedachte Laue der Aufforderung von Erich Rothacker, das Buch zu schreiben, sowie Arnold Berliners, der ihn ebenfalls dazu ermunterte (Berliner entzog sich 1942 durch Selbstmord der Judenverfolgung). Auch gab es ein eigenes Kapitel zur Kristallphysik mit einer historischen Einleitung. Weder in der zweiten noch in den nächsten Auflagen dankte Laue Hans Schimank für dessen Hinweise.
116 Fues, Erwin: Theorie und Supraleitung. M v. Laue. Buchbesprechung. Phys. Bl. 3/1947: 365f.
117 Ebenda.
118 Meißner, Walther: Theorie der Supraleitung. M. v. Laue. Naturw. 34/1947: 127.
119 Ebenda.
120 Heisenberg, Werner u. Max von Laue: Das Barlowsche Rad aus supraleitendem Material. Z. Phys. 124/1948: 514–518 (eingegangen am 1. September 1947).
121 Ebenda. – Die Idee und Realisierung eines sich im Magnetfeld drehenden Leiters stammt von Michael Faraday 1821. Peter Barlow erfand das „Rad" 1822. Das Drehmoment wird durch die Stärke des Stromflusses, des magnetischen Feldes und den Radius des Rades bestimmt.
122 Laue, Max v.: Was ist Materie? Universitas 2/1947: 1217–1224.
123 Ebenda, hier S. 1217.
124 Ebenda, hier S. 1224.
125 Laue an Meitner, Göttingen, 27.11.1947. In Lemmerich 1998a: 509.
126 Ebenda, hier S. 510.
127 Laue, Max v.: Londons Theorie für nichtkubische Supraleiter. Ann. Phys. 438/1948: 31–39.
128 Fritz London hatte für seine Supraleitungstheorie die Konstante λ eingeführt.
129 Laue, Max v.: Londons Theorie für nichtkubische Supraleiter. Ann. Phys. 438/1948, Kap. IV, hier S. 36, 38.
130 Laue an Boersch, Göttingen, 9.12.1947. AMPG, III. Abt., Rep. 50, Nr. 300, Bl. 9.
131 Hahn an Laue, Göttingen, 12.2.1948. AMPG, III. Abt., Rep. 50, Nr. 771.
132 Laue, Max v.: Supraleitung und elektrodynamisches Potential. Z. Phys. 125/1949: 517–530.
133 Laue, Max v.: Supraleitung und Kristallklasse. Ann. Phys. 438/1948: 40ff.
134 Laue an den Präsidenten, Göttingen, 8.3.1948. AMPG, 102.046, BiophCh 01.
135 Ebenda.
136 Meitner an Schiemann, Stockholm, 5.6.1948. In Lemmerich 2010: 354.
137 AMPG, II. Abt., Rep. 1A, PA Planck, Nr. 42, Bl. 1; Laue an Meitner, Göttingen, 1.1.1948. CAC, MTNR 5/32.
138 Laue, Max v.: Max Planck. Naturw. 35/1948: 1. – Max von Laue brachte weit mehr Einzelheiten aus dem Leben von Planck, als die „Wissenschaftliche Selbstbiographie" von Max Planck enthält.
139 Meitner an Laue, Stockholm, 24.6.1948. In Lemmerich 1998a: 517f.
140 Laue an Meitner, Göttingen, 30.6.1948. In Lemmerich 1998a: 519, auch in AMPG, III. Abt., Rep. 50, Nr. 1330. – In diesem Briefwechsel macht Laue Lise Meitner niemals einen Vorwurf, dass sie auch nach 1934 in Deutschland geblieben war und nicht wie der gemeinsame Freund James Franck 1933 aus Protest alle Ämter niedergelegt hatte und emigriert war, obwohl er als Kriegsteilnehmer anfänglich hätte bleiben dürfen.
141 Ebenda.
142 Laue an Sommerfeld, Göttingen, 26.5.1948. DMA, NL 89/010.
143 Laue, Max v.: Dr. Ludwig Lange (1863–1936): Ein zu Unrecht Vergessener. Naturw. 35/1948: 193–196, hier S. 193. Vgl. auch die Literaturangaben in Lange, Ludwig: Über die wissenschaftlich Fassung des Galileischen Beharrungsgesetzes. In Phil. Studien II/1885: 266, 539 u. ders. 1886. Zu Ludwig Lange siehe auch Laues biographischen Artikel in Laue 1982: 551f.
144 Laue, Max v.: Dr. Ludwig Lange (1863–1936). Ein zu Unrecht Vergessener. Naturw. 35/1948: 193–196, hier S. 193.
145 Ebenda, hier S. 194.
146 Ebenda, hier S. 194ff.
147 Laue 1949: 503.
148 Laue 1955: 364–388, hier S. 364.
149 Ebenda, hier S. 368.
150 Ebenda, hier S. 375.
151 Ebenda, hier S. 380.

Wieder in Deutschland

152 Ebenda, hier S. 381f.
153 Ebenda, hier S. 384.
154 Ebenda, hier S. 388.
155 Zu Robert Havemann siehe Hecht/Hoffmann/Richter 1991 u. Müller-Enbergs u. a. 2000: 320.
156 Laue, Max v.: Die Absorption der Röntgenstrahlen in Kristallen im Interferenzfall. Acta Cryst. 2/1949: 106–113.
157 Ebenda, hier S. 106. Laue bezog sich auf Borrmann, G.: Über Extinktionsdiagramme von Quarz. Phys. Z. 42/1941: 157–162.
158 Ebenda, hier S. 106f.
159 Ebenda, hier S. 107.
160 Ebenda, hier S. 109.
161 Ebenda, hier S. 112.
162 AMPG, II. Abt., Rep. 1A, PA Laue, Bl. 21.
163 Laue an Ruge, an Bord der Niew Amsterdam, 18.7.1948. SUB, Nachl. R. Ruge, 4" Cod. Philos., 221.
164 Laue u. Magda v. Laue an Meitner, West Dover, 27.8.1948. In Lemmerich 1998a: 521. Siehe auch AMPG, II. Abt., Rep. 1A, PA Laue, Bl. 37.
165 Laue an Meitner, West Dover, 27.8.1948. In Lemmerich 1998a: 521.
166 Ebenda, hier S. 523.
167 Laue, Magda v., an Meitner, 27.8.1948. CAC, MTNR 5/32.
168 Ebenda.
169 Laue an Meitner, Princeton, 23.9.1948. In Lemmerich 1998a: 525.
170 Ebenda.
171 Ebenda.
172 Laue an Rosenthal-Schneider, Pasadena, 8.1.1949. DMA, NL 264. – Herrn Dr. Wilhelm Füßl danke ich für den Hinweis auf diesen Nachlass.
173 Ebenda.
174 Laue an Einstein, Berkeley, 20.2.[1949]. UAF, NL Laue, 9.1.
175 Laue, Max v.: Zu Albert Einsteins 70. Geburtstag. Rev. Mod. Phys. 21/1949: 348f.
176 Ebenda.
177 Laue an Bothe, Correns, Hahn u. Meißner, Pasadena, 10.2.1949. DMA, NL 045/016.
178 Laue an Meitner, Göttingen, Telegr., 24.4.1949. CAC, MTNR 5/32.
179 Meitner an Laue, Stockholm, 25.4.1949. In Lemmerich 1998a: 528.
180 Laue an Meitner, Göttingen, 30.4.1949. CAC, MTNR 5/32.
181 Ebenda.
182 Einstein an Laue, 24.4.1949. UAF, NL Laue, 9.1.
183 Ebenda.
184 Laue an Rosenthal-Schneider, Göttingen, 3.7.1949. DMA, NL 264.
185 Ebenda.
186 Ewald an Laue, Brooklyn, 23.11.1949 u. 19.1.1950. AMPG, II. Abt., Rep. 50, Nr. 562f.
187 Laue an Ewald, Kensington, 5.12.1949 u. Göttingen, 28.12. 1949. UAF, NL Laue, 3.2.
188 Laue, Max v.: Eine nicht-lineare, phänomenologische Theorie der Supraleitung. Ann. Phys. 440/1949: 197–207, hier S. 197.
189 Ebenda, hier S. 198.
190 Laue an Theodor, Großholzleute bei Isny, 4.8.1949. AMPG, III. Abt., Rep. 50, Nachtrag 7/10.
191 Überreichung der Planck-Medaille an Otto Hahn und Lise Meitner durch Max von Laue. Phys. Bl. 10/1949: 471ff. – Der Tagungsbericht zur Physikertagung in Bonn, ebenda, hier S. 511.
192 Laue an Einstein, Göttingen, 4.10.1949. UAF, NL Laue, 9.1.
193 Laue an Rosenthal-Schneider, Göttingen, 19.10.1949. DMA, NL 264.
194 Meitner an Laue, Stockholm, 5.10.1949. CAC, MTNR 5/32.
195 Franck an Laue, Chicago, 28.9.1949. AMPG, III. Abt., Rep. 50, Nr. 626.
196 Sommerfeld, A.: Max von Laue zum 70. Geburtstag. Phys. Bl. 10/1949: 443.
197 Ebenda.
198 Bragg, W. L.: Glückwünsche aus England. Phys. Bl. 10/1949: 444.
199 DMA, NL 045 (Meißner).
200 Laue, Max v.: Geschichtliches über Supraleitung. Forschungen und Fortschritte 25/1949: 278ff.
201 Ebenda, hier S. 280.
202 Laue, Max v.: Die Absorption von Röntgenstrahlen in Kristallen im Interferenzfall. Acta Cryst. 2/1949: 106–113. Siehe auch: Laue, Max v.: Die Energieströmung bei Röntgenstrahl-Interferenzen an Kristallen: Acta Cryst. 5/1952: 619–625.
203 Laue an Sommerfeld, Göttingen, 23.12.1949. DMA, NL 089.
204 Ebenda. – Borrmann, G.: Die Absorption von Röntgenstrahlen im Fall der Interferenz. Z. Phys. 127/1950: 297–323, hier S. 299.
205 Laue an Einstein, Göttingen, 4.2.1950. UAF, NL Laue, 9.1.
206 Ebenda, siehe auch Frank 1947.
207 Laue an Gans, 27.2.1950. AMPG, III. Abt., Rep. 50, Nr. 669.
208 Ebenda.
209 Laue, Max v.: Aspectos históricos de la supraconductividad. Revista de la Unión Mathemática Argentina 14/1950: 109–117.
210 Laue an Notgemeinschaft, 10.1.1950. AMPG, III. Abt., Rep. 50, Nr. 324.

Wieder in Deutschland

211 AMPG, III. Abt., Rep. 50, Nr. 1514.
212 Ebenda.
213 Laue an Einstein, Göttingen, 5.3.1950. UAF, NL Laue, 9.1.
214 Ebenda.
215 Rüchardt, Eduard, in Optik 6/1950: 238. Laue, Max v.: Lichtschwebungen. Optik 7/1950: 125ff.
216 Laue, Max v.: Lichtschwebungen. Optik 7/1950: 126.
217 Laue an Theodor, Göttingen, 15.5.1950. AMPG, III. Abt., Rep. 50, Nachtrag 7/10.
218 Laue, Max v.: Zur Minkowskischen Elektrodynamik der bewegten Körper. Z. Phys. 128/1950: 387–394.
219 Ebenda, hier S. 387.
220 Kallmann an Laue, o. O., 6.6.1950. AMPG, III. Abt., Rep. 50, Nr. 991, siehe dazu auch Laue an Meißner, Göttingen, 7.3.1950. DMA, NL 045/006/1.
221 Laue an Einstein, Göttingen, 12.7.1950. UAF, NL Laue, 9.1.
222 Laue an Einstein, Göttingen, 8.9.1950. UAF, NL Laue, 9.1.
223 Ebenda, siehe auch Einstein 1950: 59f.
224 Laue an Rosenthal-Schneider, Bad Nauheim, 9.10.1950. DMA, NL 264.
225 Ebenda.
226 Ebenda.
227 Laue an Borrmann, o. O., 28.10. u. 7.11.1950. AMPG, III. Abt., Rep. 50, Nr. 324. – Persönliche Mitteilung an den Autor. Otto Hahn hatte angeordnet, dass der Gesamtbestand nach Göttingen überführt wird.
228 Ebenda.
229 Laue, Max v.: Materiewellen. Naturw. 38/1951: 55–61.
230 Bonhoeffer an Minister Stein, o. O., 6.11.1950. AMPG, I. Abt. Rep. 36 Nr. 14/1. – Bereits am 20.9. hatte Bonhoeffer dem Präsidenten mitgeteilt, dass er an Laue geschrieben hätte, ob er nicht Lust habe, nach Berlin zu gehen: AMPG, 102 046, BiophCh 01.
231 AMPG, II. Abt., Rep. 1A, Az. 1 A 9/1, Beiakte 1, Beschluß Nr. 2104.
232 Laue, Magdalena v.: Bericht über die Feierlichkeiten in Stockholm. UAF, NL Laue, 1.17.
233 Ebenda.
234 Laue an Einstein, Göttingen, 8.1. u. 11.3.1951. UAF, NL Laue, 9.1.
235 Einstein an Laue, Princeton, 16.1.1951. UAF, NL Laue, 9.1.
236 Ebenda.
237 Ebenda.
238 Ebenda.
239 Laue an Meißner, o. O., 14.1.1951. AMPG, III. Abt., Rep. 50, N

Wieder in Berlin, in West-Berlin

1 Laue an Einstein, Göttingen, 11.3.1951. UAF, NL Laue, 9.1.
2 AMPG, II. SP, MPG v. 6.4.1951, Teil II, S. 9; AMPG, III. Abt., Rep. 50, Nr. 2553, Bl. 22 u. AMPG, II. Abt., Rep. 1A, PA Laue.
3 Laue an Franck, Berlin-Dahlem, 30.4.1951. JRL, Franck papers, B 9, F 10.
4 Ebenda. – Das Ehepaar Laue zog nicht in ihr noch recht zerstörtes Haus in der Albertinenstraße, auch nicht nach dessen Wiederaufbau mit Hilfe eines Kredits. Frau von Laue wollte nicht in dem Haus wohnen, in dem sie mit Hilde einen schweren Bombenangriff überlebte hatte. (Persönliche Mitteilung an den Autor von Hildegard Lemcke).
5 Laue, Magda v., an Meitner, Berlin, 7.5.1951. CAC, MTNR 5/28.
6 Laue an Meitner, Dahlem, 9.5.1951. CAC, MTNR 5/28.
7 Steinhauser u. a. 2011: 151f.
8 Hosemann an Laue, Berlin, 24.7.1950. AMPG, III. Abt., Rep 50, Nr. 924.
9 DPGA, 10318.
10 Laue, Max v.: Sommerfelds Lebenswerk. Naturw. 38/1951: 513–518, hier S. 514. Als Manuskript in AMPG, III. Abt., Rep. 50, Nr. 90.
11 Ebenda.
12 Ebenda.
13 Sommerfeld 1919.
14 Laue, Max v.: Sommerfelds Lebenswerk. Naturw. 38/1951: 518.
15 Ebenda, hier S. 515.
16 Laue an Hahn, Berlin, 13.10.1951. AMPG, II. Abt., Rep. 1A.
17 Laue an Simon, Göttingen, 15.3.1951. AMPG, III. Abt., Rep. 50, Nr. 1877.
18 Laue an Springer, Berlin-Dahlem, 23.10.1951. UAS.
19 Ebenda.
20 Laue an Springer, Berlin-Dahlem, 29.10.1951. UAS.
21 Laue, Max v.: Kritische Bemerkungen zur Theorie der Supraleitung. Ann. Phys. 4–5/1952: 296–301. – Der Eingang des Ms. ist mit dem 2.11.1951 angegeben.
22 Meshkovski, A, u. A, Shalnikov: J. Physics 11/1947: 1. – Fritz London war zur Zeit der Abfassung in den USA.
23 Laue, Max v.: Kritische Bemerkungen zur Theorie der Supraleitung. Ann. Phys. 4–5/1952: 301.
24 London, F.: Bemerkungen zu vorstehender Arbeit „Theorie der Supraleitung" von Max von Laue. Ann. Phys. 4–5/1952: 302ff.

25 Laue an Heisenberg, o. O., o. D. AMPG, III. Abt., Rep. 50, Nr. 825–26, Bl. 22f.
26 Heisenberg an Laue, Göttingen, 12.11.1951. AMPG, III. Abt., Rep. 50, Nr. 825–26, Bl. 22f.
27 Beck, Friedrich: Das elektrodynamische Potential in der erweiterten phänomenologischen Theorie der Supraleitung. Z. Phys. A 3/1951: 246–274.
28 Laue, Max v.: Bemerkungen zur Theorie der Supraleitung II. Ann. Phys. 4–5/1952: 305–309; Beck, Friedrich: Eine spezielle Form des elektrodynamischen Potentials von Supraleitern. Ann. Phys. 4–5/1952: 310–313.
29 Beck, Friedrich: Zur Phasenumwandlung zwischen Supra- und Normalleiter im kritischen Magnetfeld. Ann. Phys. 6–7/1952: 317–326.
30 Laue an Möglich, Berlin, 21.12.1951. AMPG, III. Abt., Rep. 50, Nr. 1378.
31 London, Fritz: Zu den weiteren „Bemerkungen zur Theorie der Supraleitung" des Herrn von Laue. Ann. Phys. 4–5/1952: 314ff.
32 Laue, Max v.: Fritz London: Superfluids. Naturw. 39/1952: 287f., hier S. 288.
33 Ebenda.
34 Die zwei Arbeiten sind nicht in den „Gesammelten Schriften und Vorträgen". Vielleicht waren sie für Laue nicht wesentlich genug oder die darin geführte Auseinandersetzung mit Fritz London wollte er so nicht dokumentiert haben. In den USA beschäftigten sich zahlreiche Physiker mit der Theorie und Experimenten zur Supraleitung. Siehe Blatt 1964, Cooper/Feldman 2011 u. Dahl 1992.
35 Beck, Friedrich: Mit Max von Laue in Berlin 1951–1953. In Boeters/Lemmerich 1979: 141–144, hier S. 143f.
36 Laue 1952.
37 Laue an Meitner, Berlin, 22.12.1951. CAC, MTNR 5/28.
38 Laue an Theodor, Berlin, 20.1.1952. AMPG, II. Abt., Rep. 50, Nachtrag 7/12.
39 Ebenda.
40 Ebenda.
41 Einstein an Laue, Princeton, 17.1.1952. UAF, NL Laue, 9.1.
42 Ebenda.
43 Laue an Einstein, Berlin-Dahlem, 23.1.1952. UAF, NL Laue, 9.1.
44 Ebenda.
45 Laue an Einstein, Berlin, 7.3.1952. AFM, NL Laue, 9.1. – In dieser Zeit arbeitete Laue an einer redigierten Ausgabe seines Buches über die Relativitätstheorie. Es war die fünfte Auflage. Wie er am 27.12.1951 an Ilse Rosenthal-Schneider schrieb, wäre sein Manuskript zu Band II, der „Allgemeinen Relativitätstheorie", schon längst beim Drucker, „hätte nicht in den letzten Monaten Max Kohler in Braunschweig eine grundlegende Umgestaltung der ganzen allgemeinen Theorie herausgebracht, welche z.B. die Erhaltungssätze für Energie und Impuls besser zu formulieren gestattet". Zit. in Rosenthal-Schneider 1988: 40.
46 Ebenda.
47 Laue an Springer, Berlin-Dahlem, 3.3.1952. AMPG, III. Abt., Rep. 36, Nr. 14.
48 Laue an Theodor, Berlin. AMPG, II. Abt., Rep. 50, Nachtrag 7/12.
49 Ebenda.
50 Laue, Max v.: Der Atombegriff in der Physik. Abh. Braunschw. Wiss. Ges., III/1951: 228f.
51 Laue an Theodor, Berlin, 5.5.1952. AMPG, III. Abt., Rep. 50, Nr. 7/12, Bl. 22. – Viele Gaststätten hatten die Bezeichnung „Out of bound" für Militärpersonen. Doch ganz kontaktlos ging es nicht her, wie die Eheschließungen deutscher Frauen mit Angehörigen der westlichen Besatzungsmächte zeigten.
52 Ebenda.
53 Laue, Max v.: Die Interferenz-Absorption von Röntgenstrahlen in Kristallen. Proc. Intern. Symp.: On the Reactivity of Solids. Gothenburg 1953: 215–233.
54 Murdock, C. C.: Multiple Laue Spots. Phys. Rev. 45/1934: 117.
55 Laue, Max v.: Die Interferenz-Absorption von Röntgenstrahlen in Kristallen. Proc. Intern. Symp.: On the Reactivity of Solids. Gothenburg 1953: 215–233.
56 Ebenda.
57 Laue, Max v.: Die Energieströmung bei Röntgenstrahl-Interferenzen in Kristallen. Acta Cryst. 5/1952: 619–625; Laue, Max v.: Der Teilchenstrom bei Raumgitterinterferenzen von Materiewellen. Acta Cryst. 2/1953: 217. – Noch lautete die Anschrift: Kaiser-Wilhelm-Institut für Physikalische Chemie und Elektrochemie, Faradayweg 4–6, Berlin-Dahlem, Deutschland.
58 Laue an Theodor, Berlin, 7.6.1952. AMPG, III. Abt., Rep. 50, Nachtrag 7/12.
59 Lamla, Ernst: Vor 40 Jahren. Naturw. 39/1952: 361; Friedrich, W., Knipping, P., Laue, M. v.: Interferenz-Erscheinungen bei Röntgenstrahlen. Naturw. 39/1952: 361–371.
60 Laue an Heisenberg, o. O., 22.9.1952. DPGA, 10372.
61 Ebenda.
62 Ebenda.
63 Ebenda.

Wieder in Berlin, in West-Berlin

Anmerkungen

64 Hoffmann/Walker 2007; Wolff in Hoffmann/Walker 2007: 91f. u. 130 f.
65 Laue an Theodor, Bonn, 10.10.1952. AMPG, III. Abt., Rep. 50, Nachtrag 7/12.
66 Max-Planck-Medaille an Paul Adrien Maurice Dirac. Physik. Bl. 11/1952: 512f.
67 Laue an Theodor, Berlin-Dahlem, 17.11.1952. AMPG, III. Abt., Rep. 50, Nachtrag 7/12, Bl. 52. – Laue hatte Meinicke in Berlin öfter besucht.
68 Laue, Max v.: Am 9. Dezember 1952 zur Enthüllung der Haber-Gedenktafel von Professor R. Scheibe im Kaiser-Wilhelm-Institut für Physikalische Chemie und Elektrochemie, Berlin Dahlem: Eröffnungsrede. Z. Elektrochem. 1/1953: 1f. – Das intensive, ganz persönliche Engagement von Fritz Haber zum Einsatz von Chlor als „Waffe" im Ersten Weltkrieg wurde erst wieder in den 1960er Jahren sehr kritisch hinterfragt und die Umbenennung des Instituts gefordert.
69 Laue an Schimank, Berlin-Dahlem, 12.1.1953. GNT, NL Schimank.
70 Laue an Theodor, Berlin, 19.2.1953. APMG, III. Abt., Rep. 50, NL Laue, Nachtrag 7/13.
71 Laue an Schrödinger, 20.2.1953. In Pauli 1999: 73.
72 Laue an Einstein, Berlin, 27.3.1953. UAF, NL Laue, 9.1.
73 Ebenda.
74 Laue an Theodor, Berlin, 3.4.1953. APMG, III. Abt., Rep. 50, NL Laue, Nachtrag 7/13.
75 Einladung zur Vorstandssitzung und zum Vortrag von Frau Professor Lise Meitner am 8.4.1953. DPGA, 10052; Meitner an Laue, o. O., 21.1.1953. CAC, MTNR 5/32.
76 Laue an Theodor, Berlin, 8.3. u. 16.4.1953. APMG, III. Abt., Rep. 50, NL Laue, Nachtrag 7/13, Bl. 22, 25, 28.
77 Laue, Max v.: Relativitätstheorie, Doppler- und andere spektrale Verschiebungseffekte. Naturw. 41/1954: 25–29; Laue, Max v.: Le Chatelier-Braunsches Prinzip und Relativitätstheorie. Z. Phys. 137/1954: 113–116. – Diese Arbeit ist Otto Hahn zum 75. Geburtstag gewidmet.
78 Laue, Max v.: Relativitätstheorie, Doppler- und andere spektrale Verschiebungseffekte. Naturw. 41/1954: 25.
79 Ebenda, hier S. 26.
80 Ebenda, hier S. 27.
81 Friedmann, A.: Über die Möglichkeit einer Welt mit konstanter negativer Krümmung des Raumes. Z. Physik 21/1924: 326–332.
82 Laue, Max v.: Le Chatelier-Braunsches Prinzip und Relativitätstheorie. Z. Phys. 137/1954: 113–116, hier S. 113.
83 Ebenda.
84 Ebenda, hier S. 116.
85 Franck an Gaffron, o. O., 18.7.1953. Privatbesitz. Zit. in Lemmerich 2007: 287, siehe auch Krebs 1979: 84.
86 Pers. Mitt. an den Autor von Laues Sekretärin Liselotte Fritsche.
87 Laue an Schimank, Berlin, 7.8.1953. GNT, NL Schimank; Marshall 1953.
88 Laue an Möglich, o. O., 10.8.1953. AMPG, III. Abt., Rep. 50, Nr. 1379, Bl. 79.
89 Laue an Theodor, Schloss Aschach, 21.9.1953. APMG, III. Abt., Rep. 50, NL Laue, Nachtrag 7/13, Bl. 42f.
90 Physikertagung in Innsbruck. Phys. Bl. 9/1953: 514f.
91 Ewald an Laue, Brooklyn, 4.11.1953. AMPG, III. Abt., Rep. 50, Nr. 56.
92 Laue, M. v.: Walter Friedrich 70 Jahre. Phys. Bl. 12/1953: 561, auch in AMPG, III. Abt., Rep. 50, Nr. 93.
93 Laue an Franck, Berlin, 12.12.1953. AMPG, III. Abt., Rep. 50, Nr. 627.
94 Ebenda.
95 Laue an die Generalverwaltung der MPG, Berlin-Dahlem, 18.1.1954. AMPG.
96 Laue an Theodor, Berlin-Dahlem, 4.4.1954. AMPG, III. Abt., Rep. 50, Nachtrag 7/14, Bl. 18.
97 Ebenda.
98 Laue an Meißner, Berlin-Dahlem, 10.4.1954. DMA, NL 045/006/40.
99 Ebenda.
100 Laue an Kurt Lemcke, Berlin, 17.4.1954. Privatbesitz.
101 Laue an Einstein, Berlin, 24.7.1954. UAF, NL Laue, 9.1.
102 Ebenda.
103 Laue an Grete Lemcke, Berlin, 30.10.1954. Privatbesitz.
104 Einladung zur Sitzung der Physikalischem Gesellschaft zu Berlin zum 22.10.1954. DPGA, 100321, auch in Phys. Verh. 3/1954: 190.
105 Menzer an Laue, München, 2.10.1954. AMPG, III. Abt., Rep. 50, Nr. 1345.
106 Protokoll der Vorstandsitzungen am 3. u. 9.12.1954. DPGA, 10053.
107 Laue an Meitner, Berlin-Dahlem, 20.12.1954. CAC, MTNR 5/28.
108 Laue an Kurt Lemcke, Berlin, 5.1.1955. Privatbesitz.
109 Meitner an Laue, Stockholm, 18.1.1955. CAC, MTNR 5/32.
110 Stranski u. a. an den Präsidenten der MPG, Berlin-Dahlem, 31.1.1955. AMPG, II. Abt., Rep. 1A, PA Laue, Bl. 4/5.
111 Laue, M. v.: Der Strahlengang der

Wieder in Berlin, in West-Berlin

Röntgenstrahlen in Kristallen. Vakuum-Technik 2/1955: 2.

112 Vorstandssitzung am 14.1.1955. DPGA, 10054. – Der gemeinsame Briefentwurf wurde genehmigt.

113 Ebenda.

114 Laue an Einstein, Berlin-Dahlem, 15.1.1955. UAF, NL Laue, 9.1.

115 Einstein an die Physikalische Gesellschaft zu Berlin, o. O. [Princeton], 10.2.1955. UAF, NL Laue, 9.1.

116 Laue an Theodor, Bonn, 21.3.1955. AMPG, III. Abt., Rep. 50, Nachtrag 7/15, mit einer ausführlichen Schilderung der Feier in Ost-Berlin. Siehe auch Hoffmann, D., in Mayer-Kuckuk 1995: 157, mit Abb. S. 163.

117 Laue an Einstein, Berlin-Dahlem, 1.4.1955. UAF, NL Laue, 9.1.

118 Laue, M.: Albert Einstein. FAZ, 23.4.1955.

119 Ebenda.

120 Laue an Theodor, Berlin-Dahlem, 11.5.1955. AMPG, III. Abt., Rep. 50, NL Laue, Nachtrag 7/15 1955, Bl. 19, 21.

121 Born, Max: Ist die klassische Mechanik tatsächlich deterministisch? Phys. Bl. 2/1955. 49–54; Laue, Max v.: Ist die klassische Physik wirklich deterministisch? Phys. Bl. 11/1955: 269f.

122 Laue, Max v.: Ist die klassische Physik wirklich deterministisch? Phys. Bl. 11/1955: 270.

123 Laue an Stern, Berlin, 23.8.1955. UAF, NL Otto Stern.

124 Fünfzig Jahre Relativitätstheorie. Helv. Phys. Acta, Suppl. IV/1956.

125 Ebenda.

126 Laue an Rosenthal-Schneider, Berlin, 20.7.1955. DMA, NL 264.

127 Ebenda.

128 Laue an Theodor, Berlin, 12.4.1955. AMPG, III. Abt., Rep. 50, Nachtrag 7/15, Bl. 17.

129 Laue an Meißner, Berlin, 23.6.1955. DMA, NL 045/40.

130 Ebenda.

131 Laue, M.: Einstein und die Relativitätstheorie. Entwurf für den Vortrag in Wiesbaden. Mit zahlreichen Streichungen und Einfügungen. AMPG, III. Abt., Rep. 50.

132 Laue, M.: Einstein und die Relativitätstheorie. Naturw. 43/1956: 1–7. – Im Herbst 1955 kamen die Fahnen der Neuauflage der „Allgemeinen Relativitätstheorie", und Laue korrigierte, ergänzte und änderte, gelegentlich von Beck unterstützt. Es war, wie die alten Fahnen zeigen, eine Art Großunternehmen. AMPG, III. Abt., Rep. 50, Nr. 40–56.

133 Laue an Theodor, Berlin-Dahlem, 6.11.1955. AMPG, III. Abt., Rep. 50, NL Laue, Nachtrag 7/15, Bl. 47.

134 Atomforschung und Nutzbarmachung der Atomenergie und radioaktiver Isotope in Berlin. Denkschrift der Technischen Universität und der Freien Universität Berlin. Dezember 1955. Landesarchiv, Rep. 14, acc. 2881, Az. 318580. Siehe auch Weiss 1994.

135 Laue an Heimpel, Berlin, 7.1.1956.

136 Laue an Heimpel, Berlin, Jan. 1956.

137 Laue, M. v.: Heinrich Hertz (1857–1894). In Laue 1961, Bd. III: 247–256.

138 Laue, M. v.: Gedenkworte für Friedrich Schmidt-Ott. In Laue 1961, Bd. III: 238–242.

139 Ebenda.

140 Manuskript in AMPG, III. Abt., Rep. 50, Nr. 102.

141 Laue, M. v.: Von Kopernikus bis Einstein. Naturw. Rundschau 3/1957: 83–89.

142 Laue an Schimank, o. O., 6.5.1955. AMPG, III. Abt., Rep. 50, Nr. 1750.

143 Hahn an Meitner, Berlin, 19.12.1938. CAC, MTNR. Abgedruckt auch in Lemmerich 1988: 170f. mit einem Faksimile von Lise Meitners Brief an Otto Hahn vom 21.12.1938 über ihre Zweifel an den chemischen Ergebnissen: „Mir scheint vorläufig die Annahme eines so weitgehenden Zerplatzens sehr schwierig [...]." Die Entdeckung der eigentlich gesuchten Transurane geschah erst durch Edwin McMillan und Glenn Theodor Seaborg 1940/41.

144 Laue an D'Ans, o. O., 4.7.1955; Hahn an Lautsch, Göttingen, 7.10.1954. AMPG, III. Abt., Rep. 540, Nr. 776/777.

145 Laue an Meitner, Berlin, 17. und 18.1.1956. CAC, MTNR 5/32.

146 Meitner an Laue, Stockholm, 23.1.1956. CAC, MTNR 5/32 u. AMPG, III. Abt., Rep. 50, Nr. 772.

147 Laue an Meitner, Berlin, 5.3.1956. CAC, MTNR 5/32.

148 Laue an Waldmann, Berlin-Dahlem, 7.7.1956. AMPG, III. Abt., Rep. 50, Nr. 2074.

149 Waldmann an Laue, o.O. [Mainz], 10.7.1956. AMPG, III. Abt., Rep. 50, Nr. 2074.

150 Laue an Waldmann, Berlin-Dahlem, 27.7.1956. AMPG, III. Abt., Rep. 50, Nr. 2074.

151 Waldmann an Laue, o.O. [Mainz], 21.12.1956 u. Laue an Waldmann, Berlin-Dahlem, 31.12.1956. AMPG, III. Abt., Rep. 50, Nr. 2074. – Ich danke Herrn Prof. Siegfried Hess für diesen Hinweis.

152 Die Ehrenpromotion für Lise Meitner fand am 11.5.1957 statt.

153 Erinnerung an die Entdeckung der Kernspaltung. Ansprache zur Enthüllung einer

Wieder in Berlin, in West-Berlin

Gedenktafel. Ansprache von Max von Laue. Mitt. MPG 1/1957: 9f.
154 Lemmerich 1998a; Zeitz 2006: 199–204; AMPG, III. Abt., Rep. 50, Nr. 771f. u. 780f.
155 Laue an Otto Hahn, Berlin, 15.1.1957. AMPG, III. Abt., Rep. 50 Nr, 773. – Offenbar kannte Otto Hahn Rudolf Brill von einer Zusammenarbeit mit der I.G. Ludwigshafen über katalytische Wirkungen bei Niederschlägen. Vgl. Hahn, D., 1975: 39.
156 Laue an Menzer, Berlin, 15.1.1957. AMPG, III. Abt., Rep. 50, Nr. 1346, Bl. 20; Laue an Ewald, o. O., 25.3.1957. AMPG, III. Abt., Rep. 50, Nr. 565.
157 Laue an Szilárd, Berlin, 29.1.1957. AMPG, III. Abt., Rep. 50.
158 Szilárd an Laue, Chicago, 8.2. u. 4.4.1957. AMPG, III. Abt., Rep. 50, Nr. 1970f., siehe auch Frank, Tibor: Ever Ready to Go: The Multiple Exiles of Léo Szilárd. Physics in Perspective 7/2005: 204–252, hier S. 232.
159 Laue an Born, o. O., 19.1.1957. AMPG, III. Abt., Rep. 50, Nr. 318.
160 Laue an Theodor, Berlin, 23.2.1957. AMPG, III. Abt., Rep. 50, Nachtrag 7/17, Bl. 9. – Zum Vortrag über Heinrich Hertz siehe DPGA, 10324.
161 Hahn an Laue, Göttingen, 8.4.1957. AMPG, III. Abt., Rep. 50, Nr. 773.
162 Ebenda.
163 Erklärung der 18 Atomwissenschaftler vom 12. April 1957. In Hahn, D., 1975: 221f.
164 Ebenda.
165 Ebenda.
166 Ebenda. – Die „Göttinger Erklärung" vom 12. April 1957 hatten folgende namhafte Atomforscher unterzeichnet: Fritz Bopp, Max Born, Rudolf Fleischmann, Walther Gerlach, Otto Hahn, Otto Haxel, Werner Heisenberg, Hans Kopfermann, Max von Laue, Heinz Maier-Leibnitz, Josef Mattauch, Friedrich-Adolf Paneth, Wolfgang Paul, Wolfgang Riezler, Fritz Straßmann, Wilhelm Walcher, Carl Friedrich Freiherr von Weizsäcker und Karl Wirtz. Den Originaltext siehe: https://de.wikipedia.org/wiki/Göttinger_Achtzehn [letzter Zugriff: 19.1.2019].
167 Ebenda.
168 Siehe dazu Mitteilungen aus der Max-Planck-Gesellschaft zur Förderung der Wissenschaften 1957: 62f.; FAZ, 18.4.1957: 2; Hahn, O., 1968: 221. – Material zum Thema der Atom-Bewaffnung deutscher und ausländischer Truppen im DMA, NL 80 (Gerlach).
169 Laue, M. v.: Ansprache am 11.5.1957. AMPG, III. Abt., Rep. 50, Nr. 1332.

170 Ebenda.
171 Weiss 1994. – Max von Laue war nicht Mitunterzeichner.
172 Laue an Meitner, Berlin-Dahlem, 7.7., 13.7. u. 16.11.1957. AMPG, III. Abt., Rep. 50, Nr. 1331.
173 Laue an Ewald, Berlin, 29.7.1957. AMPG, III. Abt., Rep. 50, Nr. 565.
174 AMPG, II. Abt., Rep. 1A, IB-Akten, FHI, 6.2.1956.
175 Laue an Theodor, München, 21.12.1957. AMPG, III. Abt., Rep. 50, Nachtrag 7/17.
176 Meitner an Laue, Stockholm, 17.1.1958. AMPG, III. Abt., Rep. 50, Nr. 1331.
177 Becker, C., in Hoffmann, D., 1995b: 99f.
178 James Franck an seine Kinder, o. O., o. J., Teilnachl. J. Franck, Lisa Lisco. Abgedruckt in Lemmerich 2007: 299. – Die Verstärkeranlage funktionierte nicht, ob absichtlich oder zufällig?
179 Ebenda.
180 Ebenda, siehe auch Hoffmann, D., 1995a.
181 Laue, M. v.: Zu Max Plancks 100. Geburtstage. Naturw. 45/1958: 221–226. – Gleichzeitig wurde ein früherer Wunsch verwirklicht: die Herausgabe sämtlicher physikalischer Abhandlungen und Vorträge Plancks, die in drei Bänden 1958 bei Vieweg & Sohn in Braunschweig erschienen. Max von Laue übernahm die Koordination dieses Unternehmens der DPG und MPG.
182 Ebenda.
183 Laue an Meitner, Berlin-Dahlem, 4.11.1958. CAC, MTNR 7/3.
184 Ebenda.
185 Leider sind die von Magda von Laue geschriebenen Briefe und Grüße meist mit Bleistift geschrieben, und viele Stellen sind unleserlich.
Ruth Lewin Sime (2001: 471) zitiert einen Geburtstagsbrief von Max von Laue an Lise Meitner zum 80. Geburtstag: „In den Nachkriegsjahren litt Laue unter Depressionen. Er beschäftigte sich mit der Vergangenheit und seiner eigenen Handlungsweise. Sein Brief zu Meitners achtzigsten Geburtstag wirkt fast wie ein Bekenntnis: ‚Wir haben alle gewußt, daß Unrecht geschah, aber wir wollte es nicht sehen, wir betrogen uns selbst und brauchen uns nun auch nicht zu wundern, daß wir dafür zahlen müssen !! […] Das war das Jahr 1933, da ich einer Fahne folgte, die wir gleich hätten niederreißen müssen. Ich habe es nicht getan und muß nun auch dafür die Verantwortung dafür tragen.'"
Frau Sime gibt als Quelle den Nachlass von Lise Meitner im Churchill Archives Centre (CAC) an. Ein solcher Brief von

Max von Laue konnte aber im Nachlass von Frau Meitner im CAC nicht gefunden werden. Ein Stilvergleich mit den vielen Briefen von Laue an Lise Meitner deutet mit großer Sicherheit darauf hin, dass der Schreiber des Briefes nicht Max von Laue sein kann. Berücksichtigen muss man auch Frau Meitners Geburtstagsbrief für Laue von Oktober 1949. Da schrieb sie: „Dass ich die Jahre 33–38 in Deutschland ausgehalten konnte, verdanke ich wirklich zu einem erheblichen Teil Ihnen und Ihrer Frau. Nicht nur dass ich, wann immer ich kommen mochte, freundschaftlich aufgenommen wurde und in meiner prinzipiellen Einstellung auf Ihr Verständnis rechnen konnte. Fast noch mehr hat es für mich bedeutet, dass Sie beide so klar die unglückliche Auswirkung der nazistischen Ideologie sahen und die ganzen Kriegsjahre hindurch sich nicht beirren liessen und zu helfen versuchten, wo überhaupt zu helfen war. Das hat mein Menschenvertrauen sehr gestützt und mir geholfen, den moralischen Boden zu bewahren, auf dem wir stehen müssen, wenn das Leben einen tieferen Sinn behalten soll." Meitner an Laue, Stockholm, 5.10.1949. CAC, MTNR 5/32.

186 Meitner an Laue, 22.11.1958. AMPG, III. Abt., Rep. 50. Nr. 1331, Bl. 16/17.

187 Laue an Theodor, Berlin, 7.12.1958. AMPG, III. Abt., Rep. 50, Nachtrag 7/18.

188 Laue, M. v.: Röntgenwellenfelder in Kristallen. Sb. Deut. Akad. Wiss. Berlin, Kl. Math. Phys. Techn. 1959: 3.

189 Ebenda.

190 Laue an Meitner, Berlin, 5.1.1959. AMPG, III. Abt., Rep. 50, Nr. 1332.

191 Meitner an Laue, Stockholm, 27.1.1959. AMPG, III. Abt., Rep. 50, Nr. 1332..

192 AMPG, II. Abt., Rep. 1A, IB, Akten Fritz-Haber-Institut, allgem., Bd. 1, 15.9.1958 u. 12.3.1959.

193 AMPG, SP der Festsitzung zum 80. Geburtstag von Otto Hahn, 8.3.1959.

194 Ebenda.

195 Laue an Szilárd, Berlin, 17.4.1959. AMPG, III. Abt., Rep. 50.

196 Laue an Ewald, Berlin, 17.4.1959. AMPG, III. Abt., Rep. 50, Nr. 565.

197 Ebenda.

198 Laue, Magda v., an Theodor, Berlin, 6.6.1959. AMPG, III. Abt., Rep. 50, Nachtrag 7/19, Bl. 35.

199 Laue an Theodor, Berlin, 11.9.1959. AMPG, III. Abt., Rep. 50, Nachtrag 7/19, Bl. 48. Siehe auch: Feierstunde zu Ehren von Max von Laue an seinem 80. Geburtstag am 9. Oktober 1959 in Berlin. Mitt. MPG 6/1959: 329.

200 Laue an Theodor, Berlin, 1.10.1959. AMPG, III. Abt., Rep. 50, Nachtrag 7/19, Bl. 51.

201 Ebenda.

202 Feierstunde zu Ehren von Max von Laue an seinem 80. Geburtstag am 9. Oktober 1959 in Berlin, Ansprachen. Mitt. MPG 6/1959: 323–366, hier S. 347f.

203 Ebenda, hier S. 348.

204 Ebenda, hier S. 353.

205 Ebenda, hier S.355.

206 Ebenda.

207 Ebenda, hier S. 357.

208 Ebenda, hier S. 362f.

209 Ebenda, hier S. 365.

210 Ebenda, hier S. 366.

211 Beck, Friedrich: Max von Laue zum 80. Geburtstag. Phys. Bl. 15/1959: 446–452; Borrmann, Gerhard: Max von Laue und das Fritz-Haber-Institut. Phys. Bl. 15/1959: 453–456.

212 Frisch u. a. 1959.

213 Ebenda.

214 Laue an Theodor, Berlin, 29.10.1959. AMPG, III. Abt., Rep., 50, Nachtrag 7/19.

215 Laue, M. v.: Erkenntnistheorie und Relativitätstheorie. Phys. Bl. 4/1961: 153–159.

216 Ebenda.

217 Ebenda.

218 Laue, M. v.: Röntgenstrahlinterferenzen. Dritte, neu bearb. und erw. Auflage, Frankfurt/Main 1960.

219 Ebenda: Vorwort.

220 Laue in Göber/Herneck 1960: 359–366.

221 Es handelte sich hierbei um die von Rudolf L. Mößbauer entdeckte Kernresonanzfluoreszenz.

222 Laue, Magda v., an Theodor u. Hilli v. Laue, Berlin, 9.4.1960. AMPG, III. Abt., Rep. 50, Nachtrag 7/20.

223 Ebenda.

224 Laue, Magda v., an Theodor u. Hilli v. Laue, Berlin, 19.4.1960. AMPG, III. Abt., Rep. 50, Nachtrag 7/20.

225 Laue, Magda v., an Herrn und Frau Professor Meißner, Berlin, 21.4.1960. DMA, NL 45/006. – Die Nichte mit dem kleinen Enkelkind war bei Magda von Laue. Sie wurde täglich ins Krankenhaus nach Wannsee gefahren.

226 Meitner, Lise: Nachruf auf Max von Laue. Mitt. MPG 4/1960: 196–199, hier S. 196f.

227 Ebenda, hier S. 197.

228 Ebenda, hier S. 198.

229 Ebenda, hier S. 199.

Wieder in Berlin, in West-Berlin

Archive / Gesellschaften

Verzeichnis der Archive

AEA	Albert-Einstein-Archives, Jerusalem
AMPG	Archiv der Max-Planck-Gesellschaft, Berlin-Dahlem
APTB	Archiv der Physikalisch Technischen Bundesanstalt
BAB	Bundesarchiv, Berlin
BAK	Bundesarchiv, Koblenz
BBAW	Berlin-Brandenburgische Akademie der Wissenschaften, Archiv
CAC	Churchill Archives Centre, Cambridge, England
CUL	Cornell University Library, Ithaca
DMA	Deutsches Museum München, Archiv
DPGA	Deutsche Physikalische Gesellschaft, Archiv
DTANL	Deutsche Akademie der Naturforscher Leopoldina, Archiv
ETHZ	Hochschulbibliothek der Eidgenössischen Technischen Hochschule, Zürich
GNT	Zentrum für Geschichte der Naturwissenschaft und Technik der Universität Hamburg, Archiv
GSta PK	Geheimes Staatsarchiv Preußischer Kulturbesitz, Berlin
HUA	Humboldt-Universität zu Berlin, Archiv
JRL	Joseph Regenstein Library, Special Collections, University of Chicago
KVA	Königl. Schwedische Akademie der Wissenschaften, Archiv, Stockholm
LMUA	Ludwig-Maximilians-Universität München, Archiv
NARA	US-National Archives and Record Administration
NBA	Niels Bohr Archiv, Kopenhagen, Dänemark
SUB	Niedersächsische Staats- und Universitätsbibliothek, Göttingen
RIGB	Royal Institution of Great Britain, Archives, London
RSA	Royal Society Archives, London
SB PK	Staatsbibliothek zu Berlin Preußischer Kulturbesitz
STAM	Stadtarchiv Landeshauptstadt München
TNA	The National Archives, Kew
UAF	Universitätsarchiv Frankfurt/Main
UAS	Unternehmensarchiv Axel Springer SE
UGA	Universität Göttingen, Archiv
UZA	Universität Zürich, Archiv
ZLB	Zentral- und Landesbibliothek Berlin

Verzeichnis der Gesellschaften

DPG	Deutsche Physikalische Gesellschaft
FHI	Fritz-Haber-Institut
GDCh	Gesellschaft Deutscher Chemiker
KWG	Kaiser-Wilhelm-Gesellschaft
KWI	Kaiser-Wilhelm-Institut
MPG	Max-Planck-Gesellschaft
MPI	Max-Planck-Institut
PTB	Physikalisch-Technische Bundesanstalt
PTA/PTR	Physikalisch-Technische Anstalt/Physikalisch-Technische Reichsanstalt

Literaturverzeichnis

Akademie der Wissenschaften der DDR (Hrsg.): Albert Einstein in Berlin 1913–1933. Teil 1, Darstellungen und Dokumente, bearb. von Christa Kirsten u. Hans-Jürgen Treder. Mit einer Einleitung von Hans-Jürgen Treder. Berlin 1979.
Albrecht, Helmuth (Hrsg.): Naturwissenschaft und Technik in der Geschichte. 25 Jahre Lehrstuhl für Geschichte der Naturwissenschaften und Technik am Historischen Institut der Universität Stuttgart. Stuttgart 1993.
Authier, André: Early Days of X-Ray Cristallography. Oxford 2013.

Beck, Friedrich: Mit Max von Laue in Berlin 1951–1953. In Boeters/Lemmerich 1979: 141.
Becker, Christine: Zur Geschichte des Magnus-Hauses. In Hoffmann 1995: 99f.
Becker, Heinrich, Hans-Joachim Dahms u. Cornelia Wegeler (Hrsg.): Die Universität Göttingen unter dem Nationalsozialismus. 2. Aufl., München 1998.
Bellamy, Edward: Ein Rückblick aus dem Jahre 2000 auf das Jahr 1887. 2. Aufl., Stuttgart 1914.
Berninger, Ernst: Otto Hahn. Eine Bilddokumentation. München 1969.
Bethge, Klaus, u. Horst Klein (Hrsg.): Physiker und Astronomen in Frankfurt. Geschichte der Johann Wolfgang Goethe-Universität Frankfurt/Main. Frankfurt/M. 1989.
Beyerchen, Alan D.: Wissenschaftler unter Hitler. Physiker im Dritten Reich. Köln 1980.
Blatt, John M.: Theory of Superconductivity. New York, London 1964.
Bleyer, Ulrich, Dieter B. Herrmann u. Otto Lührs (Hrsg.): 125 Jahre Urania Berlin. Ausstellungskatalog. Berlin 2013.
Boeck, Gisela, u. Hans-Uwe Lammel (Hrsg.): Die Universität Rostock in den Jahren 1933–1945. Rostocker Studien zur Universitätsgeschichte 21. Rostock 2012.
Boehlich, Walter (Hrsg.): Der Berliner Antisemitismusstreit. Frankfurt/M. 1965.
Boeters, Karl E., u. Jost Lemmerich (Hrsg.): Gedächtnisausstellung zum 100. Geburtstag von Albert Einstein, Otto Hahn, Max von Laue, Lise Meitner in der Staatsbibliothek Berlin Preußischer Kulturbesitz. Ausstellungskatalog. Berlin 1979.
Bohr, Niels: On the quantum theory on line spectra. Dansk. Vid. Selk. Skrifter 1918.
Boltzmann, Ludwig: Populäre Schriften. Leipzig 1905.
Born, Max (Hrsg.): Albert Einstein, Hedwig und Max Born. Briefwechsel 1916–1955. Kommentiert von Max Born. München 1969.
Brocke, Bernhard vom: Friedrich Althoff. In Treue 1987: 195.
Brocke, Bernhard vom, u. Herbert Laitko (Hrsg.): Das Harnack-Prinzip. Berlin 1996.
Bruder, Klaus-Jürgen (Hrsg.): Die biographische Wahrheit ist nicht zu haben. Gießen 2003.

Cassidy, David C.: Werner Heisenberg. Leben und Werk. Heidelberg, Berlin, Oxford 1995.
Cooper, Leon N., a. Dmitri Feldman (Eds.): BCS: 50 Years. New Jersey, London 2011.

Dahl, Per Fridtjof: Superconductivity. Its Historical Roots and Development from Mercury to the Ceramic Oxides. New York 1992.
Dahms, Hans Joachim: Die Universität Göttingen 1918 bis 1989. In Thadden, Rudolf von, u. Günter J. Trittel (Hrsg.): Göttingen. Geschichte einer Universitätsstadt. Bd. 3. Göttingen: 395–443.
Dehlinger, A.: Systematische Übersicht über 76 Jhg. RGBl. (1867–1942). Stuttgart 1943.

Eckart, Wolfgang U., u. Volker Sellin (Hrsg.): Die Universität Heidelberg im Nationalsozialismus. Heidelberg 2006.
Eckert, Michael: Die Deutsche Physikalische Gesellschaft und die „Deutsche Physik". In Hoffmann/Walker 2007: 152.
Eckert, Michael: Arnold Sommerfeld. Atomphysiker und Kulturbote 1868–1951. Eine Biographie. Göttingen 2013.
Einstein, Albert: The Meaning of Relativity. 3. Aufl., Princeton 1950.
Einstein, Albert: Über den Frieden. Weltordnung oder Weltuntergang? Hrsg. v. Otto Nathan u. Heinz Norden. Bern 1975.
Einstein, Albert: The Collected Papers of Albert Einstein. Vol. 5: The Swiss Years, Correspondence 1902–1914. Princeton 1993.
Einstein, Albert: The Collected Papers of Albert Einstein. Vol. 8a+b: The Berlin Years, Correspondence 1914–1918. Princeton 1998.
Engel, Michael: Geschichte Dahlems. Berlin 1984.
Ewald, P. P.: Biographical Memoirs of the Royal Soc. 6. London 1960.

Literaturverzeichnis

Fermi, Enrico: Moleküle und Kristalle. Leipzig 1938.
Fischer, Wolfram (Hrsg.): Die Preußische Akademie der Wissenschaften zu Berlin 1914–1945. Berlin-Brandenburgische Akademie der Wissenschaften, Forschungsberichte 8. Berlin 2000.
Fölsing, Albrecht: Albert Einstein. Eine Biographie. Frankfurt/M. 1995.
Frank, Philipp: Einstein. His Life and Times. New York 1947.
Frenkel, Viktor J.: Professor Friedrich Houtermans – Arbeit, Leben, Schicksal. Biographie eines Physikers des zwanzigsten Jahrhunderts. Hrsg. u. ergänzt v. Dieter Hoffmann, unter Mitwirkung v. Mary Beer. MPI f. Wissenschaftsgeschichte. Preprint 414/2011: 72. – www.mpiwg-berlin.mpg.de/Preprints/P414.PDF [letzter Zugriff: 6.11.2018]
Freud, Ernst L. (Hrsg.): Sigmund Freud – Arnold Zweig. Briefwechsel. Frankfurt/M. 1968.
Frisch, Otto Robert, Paneth, Friedrich A., Laves, Friedrich u. Paul Rosbaud (Hrsg.): Beiträge zur Physik und Chemie des 20. Jahrhunderts: Lise Meitner – Otto Hahn – Max von Laue zum 80. Geburtstag. Braunschweig 1959.

Gavroglu, Kostas: Fritz London. A scientific biography. Cambridge 1995.
Gidion, Jürgen: Kulturelles Leben in Göttingen. In Thadden, Rudolf von, u. Günter J. Trittel (Hrsg.): Göttingen. Geschichte einer Universitätsstadt. Bd. 3. Göttingen: 539–586.
Gillispie, Charles Coulston (Ed.): Dictionary of Scientific Biography. New York 1980.
Göber, Willi, u. Friedrich Herneck: Forschen und Wirken. Festschrift zur 150-Jahr-Feier der Humboldt-Universität zu Berlin 1810–1960. Bd. 1, Berlin 1960.
Goenner, Hubert: Einstein in Berlin (1914–1933). München 2005.
Goudsmit, Samuel: Alsos. New York 1947.
Greenspan, Nancy Thorndike: The end of the certain world. The life and science of Max Born. The Nobel Physicist who ignited the Quantum Revolution. Chichester 2005.
Grillparzer, Franz: Werke. München 1971.
Grundmann, Siegfried: Einsteins Akte. Wissenschaft und Politik – Einsteins Berliner Zeit. 2. Aufl., Berlin, Heidelberg 2004.
Grüning, Michael: Ein Haus für Albert Einstein. Erinnerungen – Briefe – Dokumente. Berlin 1990.

Hachtmann, Rüdiger: Wissenschaftsmanagement im „Dritten Reich". Geschichte der Generalverwaltung der Kaiser-Wilhelm-Gesellschaft 2. Göttingen 2007.
Hahn, Dietrich (Hrsg.): Otto Hahn. Erlebnisse und Erkenntnisse. Mit einer Einführung von Prof. Dr. Karl-Erik Zimen. Düsseldorf, Wien 1975.
Hahn, Dietrich (Hrsg.): Otto Hahn. Begründer des Atomzeitalters. Eine Biographie in Bildern und Dokumenten. München 1979.
Hahn, Otto: Mein Leben. München 1968.
Hammerstein, Notker: Die Deutsche Forschungsgesellschaft in der Weimarer Republik und im Dritten Reich. Berlin 1999.
Hartmann, Hans: Max Planck als Mensch und Denker. Berlin 1936.
Hartmann, Hans: Max Planck. Berlin 1938.
Hartmann, Hans: Schöpfer des neuen Weltbildes. Große Physiker unserer Zeit. Bonn 1952.
Hecht, Hartmut, Dieter Hoffmann u. Klaus Richter: Robert Havemann. Dokumente eines Lebens. Zusammengestellt und eigeleitet von Dirk Draheim. Berlin 1991.
Heilbron: The Dilemmas of an Upright Man. Max Planck as Spokesman for German Science. Berkeley, Los Angeles, London 1986.
Heimpel, Hermann, Theodor Heuss u. Benno Reifenberg: Die großen Deutschen. Neue Deutsche Biografie 4. Berlin 1957.
Heinemann, Manfred: Der Wiederaufbau der Kaiser-Wilhelm-Gesellschaft und die Neugründung der Max-Planck-Gesellschaft (1945–1949). In Vierhaus, Rudolf, u. Bernhard vom Brocke (Hrsg.): Forschung im Spannungsfeld von Politik und Gesellschaft. Geschichte und Struktur der Kaiser-Wilhelm/Max-Planck-Gesellschaft. Aus Anlaß ihres 75jährigen Bestehens. Stuttgart 1990.
Heisenberg, Werner: Der Teil und das Ganze. Gespräche im Umkreis der Atomphysik. 4. Aufl., München 1972.
Heisenberg, Werner: Gesammelte Werke/Collected Works, Series A II. Ed. by W. Blum, H.-P. Dürr, and H. Rechenberg. Berlin, Heidelberg 1989.
Helmholtz, Hermann von: Vorlesungen über Elektrodynamik und Theorie des Magnetismus. Hrsg. von Max Laue. Leipzig 1907.
Henning, Eckart: Beiträge zur Wissenschaftsgeschichte Dahlems. Veröffentlichungen aus dem Archiv zur

Geschichte der Max-Planck-Gesellschaft 13. Berlin 2004.
Henning, Eckart, u. Marion Kazemi (Hrsg.): 100 Jahre Kaiser-Wilhelm-/Max-Planck-Gesellschaft zur Förderung der Wissenschaften. Teil 1: Chronik der Kaiser-Wilhelm/-Max-Planck-Gesellschaft zur Förderung der Wissenschaften 1911–2011. Daten und Quellen. Berlin 2011.
Hentschel, Klaus: Unsichtbares Licht? Dunkle Wärme? Chemische Strahlen? Eine wissenschaftshistorische und -theoretische Analyse von Argumenten für das Klassifizieren von Strahlungssorten 1650–1925 mit Schwerpunkt auf den Jahren 1770–1850. Diepholz, Stuttgart, Berlin 2007.
Hentschel, Klaus, a. Ann M. Hentschel (Eds.): Physics and Nationalsocialism. An Anthology of Primary Sources. Basel, Boston, Berlin 1996.
Hermann, Armin: Max Planck in Selbstzeugnissen und Bilddokumenten. Reinbek 1973.
Hermann, Armin: Werner Heisenberg in Selbstzeugnissen und Bilddokumenten. Reinbek 1976.
Hermann, Armin: Die neue Physik. Der Weg in das Atomzeitalter. München 1979.
Hermann, Armin: Einstein. Der Weltweise und sein Jahrhundert. Eine Biographie. München, Zürich 1994.
Herneck, Friedrich: Max von Laue. Leipzig 1979.
Hildebrandt, Gerhardt, u. Wilhelm Treue (Hrsg.): Berlinische Lebensbilder 1: Naturwissenschaftler. Einzelveröffentlichungen der Historischen Kommission zu Berlin 60. Berlin 1987.
Hinsley, F. H. (Ed.): British Intelligence in the Second Worldwar, Vol. II. London 1996.
Hoffmann, Dieter (Hrsg.): Operation Epsilon. Die Farm-Hall-Protokolle oder Die Angst der Alliierten vor der Deutschen Atombombe. Berlin 1993.
Hoffmann, Dieter: Die Physikalische Gesellschaft (in) der DDR. In Mayer-Kuckuk 1995: 157ff.
Hoffmann, Dieter: Ein Jubiläum wird gefeiert: Die Planck-Feier(n) in Berlin 1958. Forschungsschwerpunkt für Wissenschaftsgeschichte und Wissenschaftstheorie (Preprint Nr. 30). Berlin 1995a.
Hoffmann, Dieter (Hrsg.): Gustav Magnus und sein Haus. Stuttgart 1995b.
Hoffmann, Dieter: Robert Ochsenfeld. Neue Deutsche Biographie 19/1999: 412f.
Hoffmann, Dieter: Das Verhältnis der Akademie zu Republik und Diktatur Max Planck als Sekretar. In Fischer 2000.
Hoffmann, Dieter: Max Planck. Die Entstehung der modernen Physik. München 2008.
Hoffmann, Dieter: Pascual Jordan (1902–1980). Der gute Nazi. In Boeck/Lammel 2012: 131–162.
Hoffmann, Dieter, Fabio Bevilacqua a. Roger Stuewer (Eds.): The Emergence of Modern Physics. Proceedings of Conference Commemorating a Century of Physics Berlin 22–24 March 1995. Pavia 1996.
Hoffmann, Dieter, u. Mark Walker (Hrsg.): Physiker zwischen Autonomie und Anpassung. Die Deutschen Physikalische Gesellschaft im Dritten Reich. Weinheim 2007.
Hoffmann, Dieter, Hole Rößler u. Gerald Reuther: „Lachkabinett" und „großes Fest" der Physiker. Walter Grotrians „physikalischer Einakter" zu Max Plancks 80. Geburtstag. Max-Planck-Institut für Wissenschaftsgeschichte. Preprint 369/2009. – www.mpiwg-berlin.mpg.de/Preprints/P369.PDF [letzter Zugriff: 6.11.2018]
Hoffmann, Peter: Widerstand, Staatsstreich, Attentat. Der Kampf der Opposition gegen Hitler. 3. Aufl., München 1979.

Ioffe, Abram F.: Begegnung mit Physikern. Basel 1967.
Israel, Hans, Erich Ruckhaber u. Rudolf Weinmann (Hrsg.): Hundert Autoren gegen Einstein. Leipzig 1931.

Jäckel, Eberhard: Das deutsche Jahrhundert. Stuttgart 1996.
Jaspers, Karl: Die Schuldfrage. Von der politischen Hoffnung Deutschlands. Heidelberg 1946.

Kaiser, Walter: Electron Gas Theory of Metals and its Application in Technology. In Hoffmann u.a. 1996: 233.
Kant, Horst: Albert Einstein, Max von Laue, Peter Debye und das Kaiser-Wilhelm-Institut für Physik in Berlin (1917–1939). In Brocke/Laitko 1996: 227–244.
Kazemi, Marion: Nobelpreisträger in der Kaiser-Wilhelm-Gesellschaft zur Förderung der Wissenschaften: Max von Laue. Veröffentlichungen aus dem Archiv der Max-Planck-Gesellschaft 15. Berlin 2006.
Kern, Ulrich: Forschung und Präzisionsmessung. Die Physikalisch-Technische Reichsanstalt zwischen 1918 und 1948. Weinheim 1994.
Kirchberger, Paul: Was kann man ohne Mathematik von der Relativitätstheorie verstehen. Mit einem Geleitwort von Max von Laue. Karlsruhe 1920.
Kirchberger, Paul: Atom- und Quantentheorie. Leipzig 1922.
Klein, Felix, u. Arnold Sommerfeld: Über die Theorie des Kreisels. 4 Hefte, 1897–1910. Nachdr. d. Erstaufl. von 1897, 1898, 1903, 1910. Stuttgart 1965.

Kleinert, Andreas: Paul Weyland, der Berliner Einstein-Töter. In Albrecht 1993.
Krebs, Hans: Otto Warburg. Zellphysiologe, Biochemiker, Mediziner, 1883–1970. Stuttgart 1979.
Kurylo, Friedrich, a. Charles Süsskind: Ferdinand Braun. A Life of the Nobel Prizewinner and Inventor of the Cathode-Ray Oscilloscope. Cambridge 1981.

Laitko, Hubert, Dieter Hoffmann u. Horst Kant (Hrsg.): Berlin – Hauptstadt der DDR, Teil III. Berlin 1986.
Lange, Ludwig: Die geschichtliche Entwickelung des Bewegungsbegriffes und ihr voraussichtliches Endergebnis. Ein Beitrag zur historischen Kritik der mechanischen Principien. Leipzig 1886.
Langevin, Paul, e. Maurice de Broglie: La Théorie du Rayonnement et les Quanta. Rapports et Discussions de la Réunion Tenue à Bruxelles, du 30 Octobre au 3 Novembre 1911. Sous les Auspices de M. E. Solvay. Paris 1912.
Laue, Max: Das Relativitätsprinzip. Braunschweig 1911 (2., verm. Aufl., Braunschweig 1913).
Laue, Max: Die Relativitätstheorie. Bd. 1: Das Relativitätsprinzip der Lorentztransformation. 4., verm. Auflage, Braunschweig 1921a.
Laue, Max von: Das physikalische Weltbild. Vortrag gehalten auf der Kieler Herbstwoche 1921. Karlsruhe 1921b.
Laue, Max von: Die Interferenz der Röntgenstrahlen 1912–1914. Ostwalds Klassiker der exakten Wissenschaften 204. Hrsg. v. Friedrich Rinne u. E. Schiebold. Leipzig 1923.
Laue, Max von: Die Interferenzen von Röntgen- und Elektronenstrahlen. Fünf Vorträge. Berlin 1935.
Laue, Max von: Röntgenstrahl-Interferenzen. Physik und Chemie und ihre Anwendungen in Einzeldarstellungen 6. Leipzig 1941.
Laue, Max von: Energiesatz und neuere Physik. Vorträge und Schriften. Preußische Akademie der Wissenschaften. Berlin 1943.
Laue, Max von: Materiewellen und ihre Interferenzen. Physik und Chemie und ihre Anwendung in Einzeldarstellungen 7. Leipzig 1944.
Laue, Max von: Geschichte der Physik. Geschichte der Wissenschaften, 2. Naturwissenschaften. Bonn 1946 (zweite Auflage 1947).
Laue, Max v.: Theorie der Supraleitung. Berlin, Göttingen 1947.
Laue, Max v.: Inertia and Energy. In Schilpp 1949: 503.
Laue, Max von: Die Relativitätstheorie. Band 1: Die spezielle Relativitätstheorie. 5., neu bearb. Aufl., Braunschweig 1952.
Laue, Max von: Die Relativitätstheorie. Band 2: Die Allgemeine Relativitätstheorie und Einsteins Lehre von der Schwerkraft. 3., neu bearb. Aufl., Braunschweig 1953.
Laue, Max v.: Trägheit und Energie. In Schilpp 1955: 364–388.
Laue, Max von: Röntgenstrahl-Interferenzen. 3., neu bearb. und erw. Auflage, Frankfurt/Main 1960.
Laue, Max von: Über Hermann von Helmholtz. In Göber/Herneck 1960, Bd. 1: 359–366.
Laue, Max von: Gesammelte Schriften und Vorträge. Bde. I–III, Braunschweig 1961.
Laue, Max von: Lange, Ludwig. Neue Deutsche Biographie 13. Berlin 1982: 551f.
Laue, Max von, u. Paul Sophus Epstein: Wellenoptik. Encyklopädie der mathematischen Wissenschaften mit Einschluß ihrer Anwendungen, Bd. 5.3. Leipzig 1915.
Laue, Max von, u. Richard v. Mises (Hrsg.): Stereoskopbilder von Kristallgittern. Berlin 1926–1936.
Lemmerich, Jost (Hrsg.): Dokumente zur Gründung der Kaiser-Wilhelm-Gesellschaft und der Max-Planck-Gesellschaft zur Förderung der Wissenschaften: Ausstellung in der Staatsbibliothek zu Berlin, Preußischer Kulturbesitz, Berlin, 21. Mai–19. Juni 1981, veranst. durch die Max-Planck-Gesellschaft zur Förderung d. Wissenschaften. München, Berlin 1981.
Lemmerich, Jost (Hrsg.): Lise Meitner – Max von Laue. Briefwechsel 1938–1948. Berliner Beiträge zur Geschichte der Naturwissenschaften und der Technik 22. Berlin 1998a.
Lemmerich, Jost: Die Geschichte der Entdeckung der Kernspaltung. Ausstellungskatalog. Berlin 1998b.
Lemmerich, Jost (Hrsg.): Lise Meitner zum 125. Geburtstag. Ausstellungskatalog. Staatsbibliothek zu Berlin, Preußischer Kulturbesitz, 7. November – 13. Dezember 2003. Berlin 2003.
Lemmerich, Jost: Aufrecht im Sturm der Zeit. Der Physiker James Franck 1882–1964. Diepholz, Stuttgart, Berlin 2007.
Lemmerich, Jost (Hrsg.): Bande der Freundschaft: Lise Meitner – Elisabeth Schiemann. Kommentierter Briefwechsel 1911–1947. Österreichische Akademie der Wissenschaften, Mathematisch-Naturwissenschaftliche Klasse. Wien 2010.
Lemmerich, Jost (Hrsg.): Mein lieber Sohn! Die Briefe Max von Laues an seinen Sohn Theodor in den Vereinigten Staaten von Amerika 1937–1946. Mit zwei Beiträgen von Christian Matthaei. Berliner Beiträge zur Geschichte der Naturwissenschaften und der Technik 33. Berlin, Liebenwalde 2011.
Lemmerich, Jost: Politik und Werbung für die Wissenschaft. Das Harnack-Haus der Kaiser-Wilhelm-Gesellschaft zur Förderung der Wissenschaften in Berlin-Dahlem. Rangsdorf 2015.

Literaturverzeichnis

Lemmerich, Jost, u. Friedrich Hund (Hrsg.): Der Luxus des Gewissens: Max Born, James Franck. Physiker in ihrer Zeit. Ausstellung der Staatsbibliothek zu Berlin, Preußischer Kulturbesitz. Ausstellungskatalog. Wiesbaden 1982.
Lindner, Sigrid Annemarie: Walther Meißner (1882–1974). Physiker und Institutsgründer. Ressourcenmobilisierung in drei politischen Systemen. Studien zur Geschichte der Mathematik und der Naturwissenschaften. Augsburg 2014.
Livingston, Dorothy Michelson: The Master of Light. A Biography of Albert A. Michelsohn. Chicago 1973.

Manthey, Matthias, u. Cordula Tollmien: Juden in Göttingen. In Thadden/Trittel 1999: 675–760.
Marshall, Bruce: Das Wunder des Malachias. Frankfurt/M. 1953.
Matricon, Jean, a. George Waysand (Eds.): The Cold Wars. A History of Superconductivity. Mishawaka 2003.
Mayer-Kuckuk, Theo (Hrsg.): 150 Jahre Deutsche Physikalische Gesellschaft. Sonderheft der Zeitschrift Physikalische Blätter. Weinheim 1995.
Mehra, Jagdish: The Solvay Conferences on Physics. Aspects of the Development of Physics since 1911. Dordrecht, Boston 1975.
Meier-Benneckenstein, Paul (Hrsg.): Dokumente der deutschen Politik. Band 1: Die Nationalsozialistische Revolution 1933. Berlin 1935. – http://germanhistorydocs.ghi-dc.org/sub_document.cfm?document_id=1520&language=german [letzter Zugriff. 5.11.2018]
Meinecke, Friedrich: Die deutsche Katastrophe. Betrachtungen und Erinnerungen. Wiesbaden 1946.
Mendelssohn, Kurt: Walther Nernst und seine Zeit. Weinheim 1973.
Michelson, Albert Abraham: Light Waves and their Uses. Chicago 1903.
Möllenstedt, Gottfried (Hrsg.): Zum 100. Geburtstag von Walther Kossel. Sonderdruck „Aus Kossels Laboratorium, Danzig 1932–38" zum 100. Geburtstag am 4. Januar 1988. Tübingen 1988.
Müller-Enberga, Helmut, Jan Wielgohs u. Dieter Hoffmann (Hrsg.): Wer war wer in der DDR? Ein biographisches Lexikon. Berlin 2000.

Needham, J., a. W. Pagel: Background to Modern Science. Ten Lectures at Cambridge arranged by the History of Science Committee 1936. Cambridge 1938.
Neurath, Konstantin von: Deutsche Wissenschaft: Arbeit und Aufgabe. Leipzig 1939.

Pauli, Wolfgang: Wissenschaftlicher Briefwechsel mit Bohr, Einstein, Heisenberg u.a./ Scientific correspondence with Bohr, Einstein, Heisenberg a. o. 1919–1929, Bd. 1. Berlin, Heidelberg, New York 1979.
Pauli, Wolfgang: Wissenschaftlicher Briefwechsel mit Bohr, Einstein, Heisenberg u.a./ Scientific correspondence with Bohr, Einstein, Heisenberg a. o. 1930–1939, Bd. 2. Berlin, Heidelberg, New York 1985.
Pauli, Wolfgang: Wissenschaftlicher Briefwechsel mit Bohr, Einstein, Heisenberg u.a. Bd. 1. New York, Heidelberg, Berlin 1993.
Pauli, Wolfgang: Wissenschaftlicher Briefwechsel mit Bohr, Einstein, Heisenberg u.a. Bd. 4, Teil 2: 1953–1954. Berlin, Heidelberg 1999.
Physikalische Gesellschaft Zürich (Hrsg.): Der feste Körper. Vorträge an der Tagung der Physikalischen Gesellschaft Zürich anläßlich der Feier ihres 50jährigen Bestehens. Leipzig 1938.
Planck, Max: Vorträge und Reden. Leipzig 1913.
Planck, Max: Wege zur physikalischen Erkenntnis. Reden und Vorträge. 4. Auflage, Leipzig 1944.
Planck, Max: Physikalische Abhandlungen und Vorträge. Aus Anlass seines 100. Geburtstages (23. April 1958). Hrsg. v. Verband Deutscher Physikalischer Gesellschaften und der Max-Planck-Gesellschaft zur Förderung der Wissenschaften. 3 Bände. Braunschweig 1958.
Pohl, Robert: Die Physik der Röntgenstrahlen. Braunschweig 1912.
Poliakov, Leon, u. Joseph Wulf: Das Dritte Reich und seine Denker. Wiesbaden 1959.
Przyrembel, Alexandra: Friedrich Glum und Ernst Telschow. Die Generalsekretäre der Kaiser-Wilhelm-Gesellschaft: Handlungsfelder und Handlungsoptionen der „Verwaltenden" von Wissen während des Nationalsozialismus. Berlin 2004.
Pufendorf, Astrid von: Die Plancks. Eine Familie zwischen Pazifismus und Widerstand. Berlin 2006.
Pyenson, Lewis: The Young Einstein. Bristol, Boston 1985.

Rammer, Gerhard: Sauberkeit im Kreise der Kollegen. Die Vergangenheitspolitik der Deutschen Physikalischen Gesellschaft. In Hoffmann/Walker 2007: 359f., 381f.
Ranger, R. H.: Report on Physikalisch-Technische Reichsanstalt, June 1945. – https://collections.nlm.nih.gov/ext/dw/101641440/PDF/101641440.pdf [letzter Zugriff: 5.11.2018]
Rasch, Manfred: Menzel, Rudolf. Neue Deut. Biographie 17/1994: 96ff.
Reichhardt, Hans J., u. Dietz Bering (Hrsg.): Von der Notwendigkeit politischer Beleidigungsprozesse. Der Beginn der Auseinandersetzungen zwischen Polizeipräsident Bernhard Weiß und der NSDAP. Berlin in Geschichte und Gegenwart. Jahrbuch des Landesarchivs Berlin. Berlin 1983.
Remane, Horst: Der Chemiker und Nobelpreisträger Emil Fischer und der „Krieg der Geister". Acta Historica Leopoldina 45. Stuttgart 2005.
Rittelmeyer, Friedrich (Hrsg.): Vom Lebenswerk Rudolf Steiners. Eine Hoffnung neuer Kultur. München 1921 (2. Aufl. 1922).
Roon, Ger van: Widerstand im Dritten Reich. 6. Aufl., München 1994.
Rosenthal-Schneider, Ilse: Reality and scientific truth. Discussions with Einstein, von Laue, and Planck. Detroit 1980.
Rosenthal-Schneider, Ilse: Begegnungen mit Einstein, von Laue und Planck. Braunschweig 1988.
Rückert, Friedrich: Sieben Bücher Morgenländischer Sagen und Geschichten. Stuttgart 1837.
Rust, Bernhard: Deutsche Wissenschaft. Arbeit und Aufgabe. Leipzig 1939.

Sachse, Arnold: Friedrich Althoff und sein Werk. Berlin 1928.
Santesson, Carl Gustav: Les Prix Nobel en 1914–1918. Stockholm 1920.
Scheibe, Erhard: Die Philosophie der Physiker. München 2006.
Schilpp, Paul Arthur (Ed.): Albert Einstein. Philosopher – Scientist. Library of Living Philosophers VII. Evanston/Ill. 1949 (Reprint 2001).
Schilpp, Paul Arthur (Hrsg.): Albert Einstein als Philosoph und Naturforscher. Philosophen des 20. Jahrhunderts 1/1951. Stuttgart 1955.
Schmidt-Böcking, Horst, u. Karin Reich: Otto Stern. Physiker, Querdenker, Nobelpreisträger. Frankfurt/M. 2011.
Schmitt, Carl: Zum 30. Juni 1934. Positionen und Begriffe. Hamburg 1940.
Schönbeck, Charlotte: Physik. In Eckart/Sellin 2006: 1107.
Schriftleitung der „Naturwissenschaften" (Hrsg.): Ergebnisse der exakten Naturwissenschaften 1. Berlin 1922.
Schulmann, Robert (Hrsg.): Seelenverwandte. Der Briefwechsel zwischen Albert Einstein und Heinrich Zangger 1910–1947. Unter Mitarbeit von Ruth Jörg. Zürich 2012.
Seelig, Carl: Albert Einstein und die Schweiz. Zürich, Stuttgart, Wien 1952.
Sime, Ruth Lewin: Lise Meitner. A Life in Physics. Berkeley 1996.
Sime, Ruth Lewin: Lise Meitner. Ein Leben für die Physik. Frankfurt/M., Leipzig 2001.
Sommerfeld, Arnold (Red.): Encyklopädie der mathematischen Wissenschaften mit Einschluss ihrer Anwendungen. Fünfter Band in drei Teilen: Physik. Leipzig 1913.
Sommerfeld, Arnold: Atombau und Spektrallinien. Braunschweig 1919.
Sommerfeld, Arnold: Wissenschaftlicher Briefwechsel 1892 bis 1918, Band 1. Hrsg. v. Michael Eckert und Karl Märker. Berlin 2000.
Sommerfeld, Arnold: Wissenschaftlicher Briefwechsel 1919–1951, Band 2. Hrsg. v. Michael Eckert und Karl Märker. Berlin, Diepholz 2004.
Speziali, Pierre (Hrsg.): Albert Einstein – Michele Besso. Correspondence 1903–1955. Paris 1972.
Staley, Richard: Einstein's Generation. The Origins of the Relativity Revolution. Chicago 2008.
Steinhauser, Thomas, Jeremiah James, Dieter Hoffmann u. Bretislav Friedrich: Hundert Jahre an der Schnittstelle von Chemie und Physik. Das Fritz-Haber-Institut der Max-Planck-Gesellschaft zwischen 1911 und 2011. Berlin 2011.
Sterio, Alexandre Dées de: Nobelpreisträger in Lindau. Solothurn 1963.
Stoltzenberg, Dietrich J.: Fritz Haber. Chemiker, Nobelpreisträger, Deutscher Jude. Eine Biographie. Weinheim 1998.
Stumpf, Carl: Erkenntnislehre. 2 Bde. Leipzig 1939/40.
Swinne, Edgar: Richard Gans. Hochschullehrer in Deutschland und Argentinien. Berlin 1992.
Szöllösi-Janze, Margit: Fritz Haber 1886–1934. Eine Biographie. München 1998.

Thadden, Rudolf von, u. Günter J. Trittel (Hrsg.): Göttingen. Geschichte einer Universitätsstadt. Bd. 3: Von der preußischen Mittelstadt zur südniedersächsischen Großstadt 1866–1989. Göttingen 1999.
Thadden, Wiebke von: Die Stadt Göttingen unter britischer Militärverwaltung 1945–1947. In Thadden/Trittel 1999: 275–290.

Literaturverzeichnis

Tobies, Renate: Morgen möchte ich wieder 100 herrliche Sachen ausrechnen. Iris Runge bei Osram und Telefunken. Mit einem Geleitwort von Helmut Neunzert. Stuttgart 2010.
Tollmien, Cordula: Nationalsozialismus in Göttingen (1933–1945). In Thadden/Trittel 1999: 127–274.
Trageser, Wolfgang (Hrsg.): Stern-Stunden. Höhepunkte Frankfurter Physik. Frankfurt/M. 2005.
Treue, Wolfgang, u. Karlfried Gründer (Hrsg.): Berlinische Lebensbilder. Wissenschaftspolitik in Berlin: Minister, Beamte, Ratgeber. Berlin 1987.

Universität Zürich (Hrsg.): Festschrift des Regierungsrates Festgabe zur Einweihung der Neubauten, 18.4.1914. Zürich 1914.
Urania e.V. (Hrsg.): Mythos und Wissenschaft. 125 Jahre Urania. Begleitheft zur Ausstellung. Berlin 2012.

Vierhaus, Rudolf, u. Bernhard vom Brocke (Hrsg.): Forschung im Spannungsfeld von Politik und Gesellschaft. Geschichte und Struktur der Kaiser-Wilhelm/Max-Planck-Gesellschaft. Aus Anlaß ihres 75jährigen Bestehens. Stuttgart 1990.

Warburg, Emil, und Max Planck: Zu Max Plancks sechzigstem Geburtstag. Ansprachen gehalten am 26. April 1918 in der Deutschen Physikalischen Gesellschaft. Karlsruhe 1918.
Weart, Spencer R., a. Gertrud Weiss-Szilárd (Eds.): Leó Szilárd, his version of the facts: selected recollections and correspondence. Cambridge 1980.
Weiss, Burghard: Großforschung in Berlin. Geschichte des Hahn-Meitner-Instituts 1955–1980. Frankfurt/M., New York 1994.
Weizsäcker, Carl Friedrich von: Zum Weltbild der Physik. Leipzig 1943.
Wien, Wilhelm: Ziele und Methoden der Theoretischen Physik. Festrede zur Feier des 332-jährigen Bestehens der Julius-Maximilian-Universität in Würzburg am 11. März 1914. Würzburg 1914.
Wien, Wilhelm: Aus dem Leben und Wirken eines Physikers. Autobiographie. München 1930.
Wien, Wilhelm, u. Friedrich Harms (Hrsg.): Handbuch der Experimentalphysik, Bd. 18. Leipzig 1928.
Wintergerst, Erich: Die technische Physik des Kraftwagens. Berlin 1940.
Wohlbold, Hans: Rudolf Steiner und die Naturwissenschaften. In Rittelmeyer 1921.
Wohlwill, Emil: Galilei und sein Kampf für die Copernicanische Lehre. 2 Bde. Hamburg, Leipzig 1909/1926.
Wolff, Stefan L.: Die Ausgrenzung und Vertreibung von Physikern im Nationalsozialismus. Welche Rolle spielte die Deutsche Physikalische Gesellschaft? In Hoffmann/Walker 2007: 91f. u. 130 f.

Zeitz, Katharina: Max von Laue (1879–1960). Seine Bedeutung für den Wiederaufbau der deutschen Wissenschaft nach dem Zweiten Weltkrieg. Stuttgart 2006.
Zierold, Kurt: Forschungsförderung in drei Epochen. Wiesbaden 1968.

Personenregister

Die fett markierten Seitenzahlen beziehen sich auf Abbildungen

Personenregister

Personenregister

Personenregister